U0226093

地球大数据科学论丛　　郭华东　总主编

地球大数据科学与工程

郭华东　王力哲 等　著

科学出版社

北京

内 容 简 介

本书是一部全面分析地球大数据在地球系统科学中应用的著作，是"地球大数据科学论丛"的首卷。书中介绍了地球大数据如何重塑科研范式，涵盖数据感知、共享、融合等关键技术，并探讨了其在国家决策和实现可持续发展目标中的影响。书中还深入讨论了多源数据感知技术、资源管理、高性能处理等的进展，强调了数据共享、区块链技术及伦理隐私保护的重要性。本书通过案例分析，展示了地球大数据在构建数字孪生地球、全球变化研究、支持"一带一路"倡议等方面的实际应用，为科研和政策制定提供了全面视角和宝贵指导。

本书适合地球科学、环境科学、信息技术等领域的科研人员、管理决策者及相关专业的高校师生参考阅读。

审图号：GS京（2024）1176号

图书在版编目（CIP）数据

地球大数据科学与工程 / 郭华东等著. -- 北京：科学出版社，2025.2
（地球大数据科学论丛 / 郭华东总主编）
ISBN 978-7-03-075432-5

Ⅰ. ①地… Ⅱ. ①郭… Ⅲ. ①地球科学-数据处理 Ⅳ. ①P-37

中国国家版本馆 CIP 数据核字（2023）第 068697 号

责任编辑：董 墨/责任校对：郝甜甜
责任印制：徐晓晨/封面设计：蓝正设计

科 学 出 版 社 出版
北京东黄城根北街 16 号
邮政编码：100717
http://www.sciencep.com
北京建宏印刷有限公司印刷
科学出版社发行 各地新华书店经销
*
2025 年 2 月第 一 版 开本：720×1000 1/16
2025 年 2 月第一次印刷 印张：33 3/4
字数：661 000
定价：358.00 元
（如有印装质量问题，我社负责调换）

"地球大数据科学论丛"序

  第二次工业革命的爆发，导致以文字为载体的数据量约每 10 年翻一番；从工业化时代进入信息化时代，数据量每 3 年翻一番。近年来，新一轮信息技术革命与人类社会活动交汇融合，半结构化、非结构化数据大量涌现，数据的产生已不受时间和空间的限制，引发了数据爆炸式增长，数据类型繁多且复杂，已经超越了传统数据管理系统和处理模式的能力范围，人类正在开启大数据时代新航程。

  当前，大数据已成为知识经济时代的战略高地，是国家和全球的新型战略资源。作为大数据重要组成部分的地球大数据，正成为地球科学一个新的领域前沿。地球大数据是基于对地观测数据又不唯对地观测数据的、具有空间属性的地球科学领域的大数据，主要产生于具有空间属性的大型科学实验装置、探测设备、传感器、社会经济观测及计算机模拟过程中，其一方面具有海量、多源、异构、多时相、多尺度、非平稳等大数据的一般性质，另一方面具有很强的时空关联和物理关联，具有数据生成方法和来源的可控性。

  地球大数据科学是自然科学、社会科学和工程学交叉融合的产物，基于地球大数据分析来系统研究地球系统的关联和耦合，即综合应用大数据、人工智能和云计算，将地球作为一个整体进行观测和研究，理解地球自然系统与人类社会系统间复杂的交互作用和发展演进过程，可为实现联合国可持续发展目标（SDGs）做出重要贡献。

  中国科学院充分认识到地球大数据的重要性，2018 年初设立了 A 类战略性先导科技专项"地球大数据科学工程"（CASEarth），系统开展地球大数据理论、技术与应用研究。CASEarth 旨在促进和加速从单纯的地球数据系统和数据共享到数字地球数据集成系统的转变，促进全球范围内的数据、知识和经验分享，为科学发现、决策支持、知识传播提供支撑，为全球跨领域、跨学科协作提供解决方案。

  在资源日益短缺、环境不断恶化的背景下，人口、资源、环境和经济发展的矛盾凸显，可持续发展已经成为世界各国和联合国的共识。要实施可持续发展战略，保障人口、社会、资源、环境、经济的持续健康发展，可持续发展的能力建设至关重要。必须认识到这是一个地球空间、社会空间和知识空间的巨型复杂系统，亟须战略体系、新型机制、理论方法支撑来调查、分析、评估和决策。

一门独立的学科，必须能够开展深层次的、系统性的、能解决现实问题的探究，以及在此探究过程中形成系统的知识体系。地球大数据就是以数字化手段连接地球空间、社会空间和知识空间，构建一个数字化的信息框架，以复杂系统的思维方式，综合利用泛在感知、新一代空间信息基础设施技术、高性能计算、数据挖掘与人工智能、可视化与虚拟现实、数字孪生、区块链等技术方法，解决地球可持续发展问题。

"地球大数据科学论丛"是国内外首套系统总结地球大数据的专业论丛，将从理论研究、方法分析、技术探索以及应用实践等方面全面阐述地球大数据的研究进展。

地球大数据科学是一门年轻的学科，其发展未有穷期。感谢广大读者和学者对本论丛的关注，欢迎大家对本论丛提出批评与建议，携手建设在地球科学、空间科学和信息科学基础上发展起来的前沿交叉学科——地球大数据科学。让大数据之光照亮世界，让地球科学服务于人类可持续发展。

郭华东

中国科学院院士

地球大数据科学工程专项负责人

2020 年 12 月

前　言

近期以来，大数据驱动科学发现新范式逐步深入科技领域，以算力、算法、数据为核心的人工智能大模型不断涌现。这一切无不反映大数据的重要性，而地球大数据作为大数据的一个重要分支正在不断展现其旺盛的生命力。

笔者正式步入数据科学领域是 1988 年。当年，国际科学理事会国际科技数据委员会（CODATA）第 11 届会议在德国卡尔斯鲁厄召开，我投稿了一篇遥感数据科学论文，自此与数据科学结下了不解之缘。2004~2010 年的 6 年间，担任 3 届 CODATA 执委，2010~2014 年任职 CODATA 主席，其间（2011 年），值 CODATA 成立 45 周年之际发起召开了"数据密集型科学发现"国际研讨会，2014 年组织 CODATA 牵头联合 7 个国际科技组织和机构召开了"大数据促进科学发现"国际会议，会议提出了大数据发展 7 项建议和 4 项未来行动纲领，对科技领域大数据的发展起到重要推动作用。

顾名思义数字地球是用数据认识地球的学科领域。笔者 20 多年来从事数字地球研究工作。1998 年 10 月，作为国家 863 计划信息获取与处理主题（308）专家组组长组织召开了数字地球学术研讨会。1999~2019 年，先后担任国际数字地球会议秘书长、国际数字地球学会秘书长和国际数字地球学会主席，其间创刊主编《国际数字地球学报》，主编《数字地球手册》。推动数据科学和数字技术与地球科学的高度融合，彰显地球大数据的重要作用与发展潜力。

21 世纪第 2 个十年初期，大数据研究在国内逐步形成高潮。笔者在提出建立科学大数据基础设施、建立科学大数据研究中心、构建科学大数据学术平台科学大数据研究基础上，进一步开展地球大数据研究，于 2014 年《国际数字地球学报》第一期撰写"地球大数据与数字地球"一文，首次阐述了地球大数据概念，指出地球大数据是具有空间属性的地球科学领域大数据，具有规模大、来源广、多样化、多时相、多尺度、高维度、高复杂性和非结构化等特点，是地球科学、信息科学和空间科技等领域交叉融合的前沿科学方向。

中国科学院于 2018 年初设立了战略性先导科技专项"地球大数据科学工程（CASEarth）"，建立团队系统开展地球大数据研究。CASEarth 的宗旨是利用地球大数据驱动跨学科、跨尺度地球科学发现，以系统性和整体性的理念研究一系列重大科学问题，在对地球系统科学认知上寻求新突破，在决策支持上实现新跨越，在科学发现、宏观决策、技术创新和知识传播等方面持续产出重大成果。作为该先导专项负责人，笔者与同事们共同开展了为期 5 年的地球大数据研究，也为撰写本书奠定了坚实基础。

本专著由 4 部分共 16 章组成。第一部分介绍地球大数据概念和科学基础、地球大数据先导专项背景与实施；第二部分阐述地球大数据方法与技术，包括地球大数据获取、泛在感知、资源管理、高性能处理、云计算平台和智能挖掘六部分内容；第三部分研讨地球大数据共享与服务，区块链可信共享，伦理和隐私保护与数字孪生的关系；第四部分分析地球大数据在全球变化研究、美丽中国中脊带认知、"一带一路"倡议、可持续发展目标实现等 4 个领域的应用成果。

本书在中国科学院战略性先导科技专项"地球大数据科学工程"支持下完成，参与不同章节撰写的主要作者有王力哲、阎继宁、黎建辉、闫冬梅、陈方、何国金、梁栋、王心源、白玉琪、王媛媛、任伟、宋军、姜三、王玥玮、成路肖、金敏、周梦云、孙胜涛、薛勇，他们为本书做了大量工作；专项总体组和"地球大数据科学论丛"编委会给予了大力支持。值本书付梓之际，向为本书做出贡献的各位一并致以衷心感谢。

2024 年 12 月于北京中关村

目 录

第 1 章

地球大数据科学

1.1 地球大数据问世

1.1.1 大数据改变科学研究范式

20 世纪 90 年代中后期，大数据初露锋芒，受到人们关注，不过那时大数据定义主要侧重于数据量庞大这一特性，即"超出存储和计算能力上限的数据量"（Guo et al., 2017）。随着计算机领域在海量数据传输、存储以及处理能力方面的大幅跃升，大数据研究开始蓬勃发展，互联网数据中心在大数据处理技术上的突破被视作最为成功的范例之一。此后，大数据的定义转而强调数据的种类以及增长的速度，并朝着数据类型多元化（variety）、数据规模宏大（volume）以及处理速度快（velocity）这三个方向（合称 3Vs）迈进。随着从数据中挖掘信息的能力持续增强，在 3Vs 的基础上，又提出了大数据的新特质——数据价值密度偏低。随着各个领域研究的不断深入，准确性、可视性以及合法性等大数据的特征也陆续被发掘出来。

大数据时代的降临，是科技与社会众多学科迅猛发展的结果，其中蕴含着自然科学、社会科学、人文科学以及工程学发展的深刻变革（李学龙，2015）。大数据计算确立了数据密集型的科学研究方法，推动了从模型驱动向数据驱动的转变。大数据技术极大地推动了科学研究的进步。其一，大数据推动了学科的融合，使不同学科之间的研究对象以及数据获取、分析和挖掘的方式得以统一。其二，大数据提升了科学研究的可信度与普适性。将大量数据作为研究对象能够获得客观、真实的结果，避免主观因素对研究的干扰。与模型驱动不同，数据驱动在很大程度上规避了模型适用范围、精度以及离群值等方面的干扰。其三，大数据统一了"本地知识"与"云端知识"，通过云端检索和数据挖掘，极大地提高了知识获取的效率（郭华东等，2016）。

1.1.2 科学大数据的提出

随着大数据研究的持续推进，2013 年 9 月，相关论文在《科学通报》上以"科学大数据与数字地球"为题正式发表，科学大数据的概念被正式提出（郭华东，2013）。作为科学研究与工程实践的结合体，大数据兼具复杂性、综合性、全球性以及信息与通信技术高度集成性等众多特点。其研究范畴从单一学科向多学科、跨学科转变；研究内容从自然科学向自然科学与社会科学的深度融合过渡；研究群体从个人或小型科研团队向国际科技组织转变。作为一种较少依赖因果关系，主要依靠相关性来发现新知识的新型研究模式，科学大数据已然成为继经验、理论和计算模式之后，数据密集型科学范式的典型代表。2015 年，国务院发布《促进大数据发展行动纲要》[国发（2015）50 号]，科学大数据被明确列入其中，文件提出要发展科学大数据，构建科学大数据国家重大基础设施，以支持解决经济社会发展和国家安全重大问题。

科学大数据有着自身独特的属性与特征。从数据内容方面看，科学大数据通常表征自然客观对象及其变化过程；从数据体量和增长速率角度而言，不同学科之间存在较大差异；从数据获取方式来看，一般源于观测和实验的记录以及后续的加工处理；从数据分析方法上分析，其知识发现通常需要借助科学原理模型，单纯依靠数据分析而抛开科学原理模型的领域与方法较为少见。科学大数据主要源自对自然与物理过程的客观观测，过程中会引入系统观测误差及记录误差，并且包含多时空、多种类、多结构的数据，内容和形式极为复杂，所以不可重复、高度不确定、高维度以及高度计算复杂性成为科学大数据的主要特征。由此可以说，科学大数据具有与一般大数据显著不同的特点（郭华东，2014）。

1.1.3 地球大数据概念

2014 年，在地球科学与大数据蓬勃发展的大背景下，地球大数据这一概念得以正式提出。地球大数据乃是针对地球科学领域、具备空间属性的科学大数据的集合体，也是新一代数字地球的呈现形式（Guo, 2014）。地球大数据主要源自大型科学实验装置、探测设备、传感器、社会经济观测以及计算机模拟等过程，它既具有海量、多源、异构、多时相、多尺度、非平稳等大数据的普遍特性，又具有显著的时空关联与物理关联性，并且其数据生成方法和来源具有可控性（Guo, 2022）。

地球大数据在给人类带来巨大挑战的同时，也带来了绝佳机遇：其一，现有的数据处理方式难以充分发挥地球大数据的优势，故而需要研发出相应的整合机制与方法，探索由大数据驱动的科学发现新范式；其二，地球大数据将为地球科学乃至其他领域的可持续发展带来重大变革（郭华东，2024）。

1.2　地球大数据科学的内涵

科学是"通过观察和实验对物理和自然世界的结构和行为进行系统研究的智力和实践活动"。技术被认为是科学知识在系统和子系统中的应用，但是技术的进步也促进了新科学的出现。例如，伽利略望远镜帮助创建了现代天文学，而显微镜帮助生物学家引入了微生物学，并使微生物学科的研究成为可能。其他一些技术的发展也是如此。技术发展增强了科学家的观察和实验能力，使他们发现了需要创新和系统研究的新现象和新见解。近些年来我们见证了数据科学的兴起。数据科学可以被定义为对数据的组织、属性和分析，以及数据在推理过程中的作用进行系统性研究的领域（Dhar，2013）。

现代科学研究更加依赖数据驱动，不同领域以及不同学科的科学家们之间互相合作研究愈发重要，这些现象有望改变科学研究过程中的研究方法，并产生一种被称为"科学2.0"的热潮（Kobro-Flatmoen et al.，2012）。受到足以颠覆人类社会认知的"数据工业革命"浪潮的推动，人类历史上首次有平台能够收集全世界范围内的观测和测量数据（即地球大数据）。利用这些数据，人们能够以接近实时的方式监测各种行星现象。这些观测数据跨越自然、物理等学科，数据组合方式多样，以至于只有最近得到蓬勃发展的人工智能技术（类似于现代的望远镜或显微镜）才能够洞察其中蕴含的知识。

同样的，有必要引入一门新兴的数据驱动的工程科学，综合运用大数据、人工智能和在线平台等手段，对包括自然世界、物理世界以及数据领域在内的地球进行整体地观测与研究，即地球大数据科学。

地球大数据科学的本质是数据驱动型科学，旨在提供方法和工具，以便从各种各样的、众多的、复杂的数据源中获取知识，以确保建立一个对保护地球至关重要的可持续人类社会。我们认为，地球大数据科学必须采用包括自然科学、社会科学和工程科学等多种科学在内的整体方法处理大数据和人工智能问题。为了产生可操作和信赖的知识，地球大数据科学需要研究由地球观测和社会感知数据构成的地球大数据生态系统，其中地球观测数据主要包括大气圈、水圈、生物圈、岩石圈等的多时相、多源观测信息，以及来源于经济、社会、政治、文化等要素统计结果的社会感知数据。因此，地球大数据科学的目标是利用来自地球观测和社会感知的数据，发展相关理论来理解这种社会—物理系统的运行和演变机制。地球大数据科学对于研究地球大数据生态系统的设计和架构，以及它在当今社会的数字化转型和地球的全球可持续性领域中的应用，具有重要意义（Guo et al.，2020；宋维静，2014）。

地球大数据科学的研究背景、论述领域及赋能过程如图 1.1 所示，下面具体阐述。

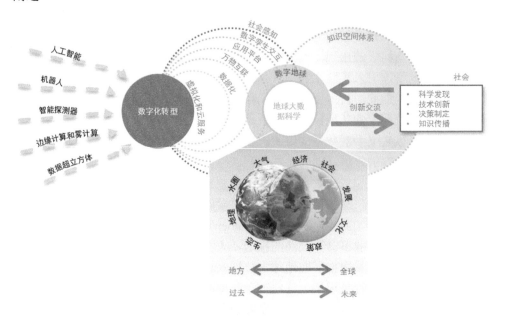

图 1.1　地球大数据科学背景、论述领域及赋能过程

1.2.1　地球大数据科学的缘起与背景

进入 21 世纪以来，传感器、电子存储设备以及通信技术的进步引领了"数据工业革命"浪潮。全球数据生产量以及存储量呈现爆炸式增长，人类社会进入前所未有的大数据时代。作为观察、探索和理解世界的革命性创新，大数据在新的数据密集型时代被视为"战略高地"，引起了世界各国政府的持续关注。尤其是全球观测技术的发展和人类社会的高度交互性，人们已经采集并存储了海量的有关自然和人类社会现象的大数据。2014 年，我们提出了"地球大数据"一词（Guo，2014），并于 2017 年创办了 *Big Earth Data* 期刊，为地球和社会科学研究带来了新的动力。

在大数据的推动下，所有新兴的知识平台和基础信息设施之间需要开放共享，涉及的所有合作伙伴需要相互信任、协作，以充分挖掘、利用大数据包含的丰富的知识。这种转变已经在现有的科学和技术系统中被具体落实，如迫使传统的数据管理、共享系统向更为复杂的、支持信息和知识生成的综合系统转变（Nativi et al., 2019; ITU-T, 2017; Big Data Value Association, 2019; Oliveira et al., 2019）。这些综合系统利用学习的分析方法来生成知识，通常需要公有的或私有的行业部门参与，如智慧城市平台、健康和工业 4.0 系统等（Song et al., 2017; Bohlen et al., 2018; Abidi, 2019; Wong et al., 2019）。

为了完成地球科学数字化转型，涵盖更复杂的应用领域，并应对国际和跨学科合作所带来的挑战，我们设想将全球共享和可操作的数据库、知识与当地现实和活动联系起来，提高数据透明度、可重复性，促进知识的共同创造。这种设想需要新的见解、工作方法和可持续发展的系统，不断完善以满足现代社会的动态需求。我们应该着眼于为可持续发展和人类福祉寻找最佳的可能解决方案，包括跨地域尺度协作的新方法，倡导科学独立于政治议程，并提出基于证据的数据民主化建议。同时，这种新方法的应用必须同样适用于不断变化的约束和边界条件，例如数据所有权和控制权，数据安全性要求，技术实施的可行性以及机器的高度自主性。

数字化转型以及对自然资源的日益开发使可持续性挑战比以往任何时候都更加复杂和动态化。鉴于这些转变不会停止甚至减速，因此迫切需要一种新的科学方法和先进的循证决策形式，以造福社会、经济和环境。为了获得有关人类社会与地球系统（如自然现象）之间存在的关键相互作用和联系的必要知识，我们认为需要一门新的科学学科，即地球大数据科学（Guo et al., 2020）。

这门科学研究以"数据工业革命"产生的海量信息为研究对象，并利用创新的技术框架，如人工智能、物联网和数字孪生，研究社会变化，支持人类福祉，协助管理日益枯竭的自然资源，并使我们有能力为随时间推移而来的全球变化做好准备（图 1.1）。总而言之，地球大数据科学旨在提供一种工具，从多样化的、众多和复杂的数据源中生成知识，以确保建立一个对保护地球至关重要的可持续人类社会。

1.2.2　地球大数据科学研究领域

地球大数据科学的一个重要方面是通过经验式总结分析来发展新的基本知识，这也是地球大数据分析生态系统如何解决问题并产生新的知识的方式。地球大数据分析生态系统通常利用海量（跨学科的）的观测数据以及启发式的搜索方法来生成可操作的信息。因此，地球大数据科学被描述为研究已知信息的启发式搜索，并回顾经验性发现，以揭示生态系统如何使行为变得智能化。换句话说，地球大数据科学需要了解如何收集和组织数据、如何处理信息和获取情报，以解决有关地球可持续发展的重大问题。

地球大数据科学致力于研究大数据分析平台在解决论述领域范围内的现象和问题时所产生的作用与影响，这些现象和问题涵盖了一系列地球观测和社会感知事件，同时也是我们地球特征的具体表现（图1.1）。这些事件包含与自然循环过程相关的局部和全球变化，同时也包括与人类社会（如我们的社会与经济系统）紧密联系的局部和全球变化。在这些事件上，某些感兴趣的元素（变量）用于建模或描述地球系统的相关变化（例如，大气、水、陆地表面、冻土层和生物圈），而其他一些则用于表示社会变化。然而在传统上，地球观测和社会感知数据是在不同的框架和工具内单独管理与分析的。地球大数据科学旨在在多尺度、多时相的框架下，从局部到全球、从变化检测到可持续发展规划等各个方面，克服这些文化、学科和技术障碍。

地理空间和时间体系提供了一个强有力的底座，以整合在自然系统上相互关联的数据，并将其与社会、经济和文化现象联系起来（Goodchild，2004），这些现象有助于我们对地球的各种复杂系统与过程的知识理解（Goodchild，2009）。总体而言，地球上这些来自于多方面的数据为我们提供了一个机会，让我们能够制定科学探究方案、考虑人为驱动因素及其脆弱性、了解自然动态系统，以及依据可持续性发展的社会潜力、脆弱性和风险性对信息进行分析。因此，地球大数据科学要求使用与（地理）数据科学相关的方法、过程与系统，来研究地球的综合现象及其变化，这也面临着多学科以及跨学科合作的挑战。

由于当前的社会挑战本质上是复杂的，因此这种新的科学方法不仅需要大量不同科学学科（有自然科学、社会科学以及人文科学等）之间相互协作，而且还需要跨学科的知识共享与共同创造。科学家必须与来自社会、行业和公共机构的学者们紧密合作，以解决与社会相关且合理的研究问题，从而将丰富的观点纳入解决方案和决策过程中。由于这些相互关联的情况遍及所有的空间与时间尺度范围内，因此地球大数据本质上是多学科且跨学科的，而正如图1.1所示。

地球大数据科学提供了一个全新的、整体性的、多学科的、跨学科的观测地球系统的机会。我们社会的数字化转型，为将地球理解和模拟成众多相互关联的数字系统提供了绝佳的环境（Guo et al.，2016）。在这方面，地球大数据分析平台需要应对的重要挑战包括：①在应对社会挑战方面，数字孪生最应当扮演什么样的角色？②在现实世界、数字孪生和增强现实的相互作用下，人们将如何互动？③我们如何推进和连接语义参考系统，使全球变化和可持续发展领域的多学科和跨学科研究成为可能？④如何更好地利用多源地球系统数据来创造科学价值？

基于数据驱动的科学发现范式，地球大数据科学与领域应用、当前的数字化转型、彼此交互模式以及技术驱动之间建立起了牢固的联系（图1.1）。从这个意义上说，地球大数据科学可以看作是一门由地球系统科学、数据科学、社会与经济科学等融合的交叉学科，具有一系列互补共有的学科基础、理论观点、技术方法和研究目标支撑地球可持续发展。

1.2.3　地球大数据支持科学发现

地球大数据科学包括研究地球大数据分析生态系统的方法和技术活动。作为一个有机体，它支持从与地球相关的数据中系统地发现信息，包括开发和部署各种方法和技术，以便在一个有效的分析环境中收集、存储、检索和获取不同自然和社会领域的数据。地球大数据生态系统必须能够在地理环境中集成不同的输入数据，从而使不同的社区能够访问，并确保集成数据和信息的民主化，最终赋能社区根据可证实的事件采取必要的措施。

地球大数据科学的重要目标是对从数据中生成信息的过程进行科学理解、建模与应用，并为社会提供应对全球变化以及实现真正可持续发展所需的知识。地球大数据科学研究对解决重人社会问题至关重要，主要包括指导：①我们如何观察、描述和理解社会在转型过程中的全球变化？②我们如何在数字地球的框架下识别和理解自然和社会（包括经济）现象的复杂性？③我们如何设想、支持和实施更加可持续的发展，防止自然环境退化、自然资源的枯竭，以及维护平等和减贫的价值观？

数字地球（Gore，1998）理念的提出，为国际科学和社会问题解决方案的寻找提供了有力的支撑，对于全球科学和技术发展做出巨大战略贡献（ISDE，2009）。2019 年 9 月，在意大利佛罗伦萨举行的第十一届国际数字地球会议强调"数字地球是一项跨学科的合作成果，需要不同的社会组织对自然和人类现象进行共同监测、处理和预测"。国际数字地球学会致力于扩大数字地球在"加速信息从科学理论到实践应用的转换，以支持联合国可持续发展目标的实现以及全球环境共同体的可持续管理"的作用。在此框架中，数字地球要求地球大数据科学致力于研究大数据分析平台与生态系统，充分利用地球观测和社会感知数据认知复杂的地球系统和社会系统，发展科学理论，加深对社会—物理系统发展、运行和演化机制的理解（Guo et al., 2020）。

因此，地球大数据科学将在以下几个方面发挥作用和价值：①将扩展和重新定义用于实现数字地球系统的虚拟领域，例如复杂性科学、高级人工智能技术、数字孪生，增强现实，以及泛在感知技术和高级数据工程技术；②将致力于研究社会科学和地球科学生态系统的基础设施、平台和工具。例如，研发以人为本的区域发展体系，开发城市大脑，构建可持续的知识传播基础设施；③将助力地球可持续发展目标的实现。例如，助力气候变化应对方案的确定、理解和实施，可持续城市和人类社会的建设，以及为全人类提供清洁饮水基础设施的开发。

1.3 地球大数据科学的发展历程

地球大数据科学作为数字地球新的发展阶段的里程碑，其发展大致经历了建立、发展、跨越三个阶段（图1.2）。

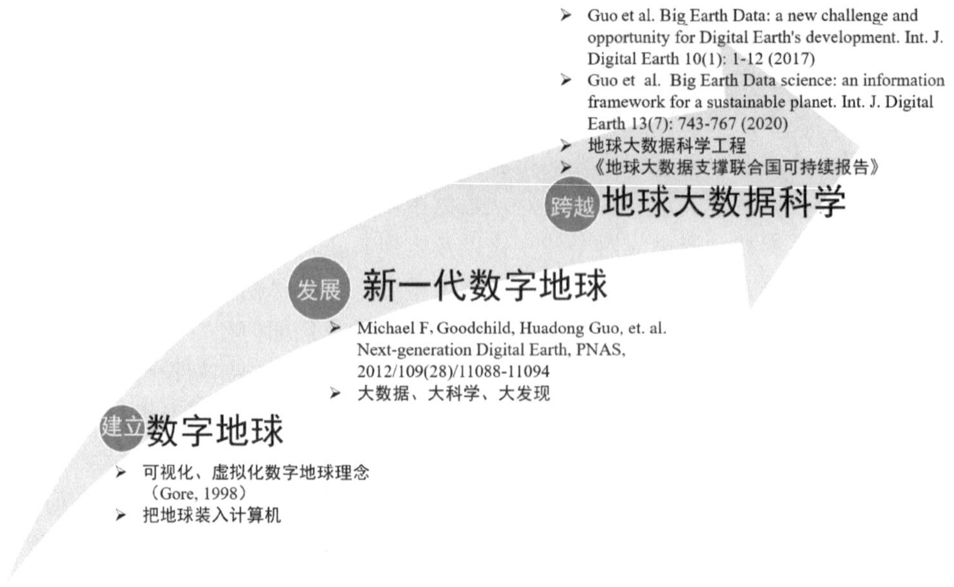

> Guo et al. Big Earth Data: a new challenge and opportunity for Digital Earth's development. Int. J. Digital Earth 10(1): 1-12 (2017)
> Guo et al. Big Earth Data science: an information framework for a sustainable planet. Int. J. Digital Earth 13(7): 743-767 (2020)
> 地球大数据科学工程
> 《地球大数据支撑联合国可持续报告》

跨越 地球大数据科学

发展 新一代数字地球

> Michael F, Goodchild, Huadong Guo, et. al. Next-generation Digital Earth, PNAS, 2012/109(28)/11088-11094
> 大数据、大科学、大发现

建立 数字地球

> 可视化、虚拟化数字地球理念（Gore, 1998）
> 把地球装入计算机

图 1.2 地球大数据科学发展历程

1.3.1 建立阶段：数字地球

1. 概念提出

地球是目前已知的唯一的人类赖以生存的星球，合理开发与利用地球资源，有效保护与优化地球环境，是全人类共同的责任。然而在人类社会经历了多次工业革命之后，自然资源的供应正在出现危机，威胁着强大的物质文明社会的基础。在受到自然和人为作用越来越严重的破坏后，一系列全球性和区域性的重大资源环境问题开始凸显且日益严重，影响着全人类的生存和可持续发展（郭华东，2009）。因此，人类迫切需要一个"数字地球"，即对地球的一个多分辨率、三维的表示，可以在其上添加许多与我们所处的星球有关的地学数据（戈尔，1998），以便更深入地了解地球、理解地球、进而管理好地球，保护好人类共同的家园。

2. 正式推进

1999 年 12 月，来自 20 个国家的 500 余名各界人士齐聚北京，在首届国际数字地球会议召开之际发表了著名的"数字地球北京宣言"。宣言指出：21 世纪是一个以信息和空间技术为支撑的全球知识经济的时代，强调综合全球对地观测系统、全球空间数据基础设施、全球导航与定位系统、地球空间信息基础设施及动态过程监控的重要性；认识到数字地球有助于回应人类面临的诸方面的挑战；倡议政府、科技界、企业等共同推动数字地球的发展；建议实施数字地球过程中，应优先考虑环境、灾害、资源、可持续发展与人类生活质量等方面。

数字地球北京宣言的发表，标志着 1998 年戈尔先生提出数字地球概念后该领域在全球范围的正式推进。数字地球是一种全球战略思想（陈述彭和郭华东，2000），是把有关地球的海量的、多分辨率的、三维的、动态的数据按地理坐标集成起来的虚拟地球，是地球科学、空间科学、信息科学的高度综合，数字地球建设是一场意义深远的科技革命，是地球科学研究的一场纵深变革（郭华东，2009）。

3. 全球响应

自 1999 年北京首届国际数字地球会议起，每两年召开一次国际数字地球会议。接着持续在加拿大弗雷德里克顿市、捷克布尔诺市、日本东京、美国伯克利市分别以"超越信息的基础设施""数字地球—全球可持续发展的信息资源""全球共享的数字地球""体验数字地球"为主题召开了第二届、第三届、第四届、第五届国际数字地球会议，参会人员逐年增长，影响力不断提升。

随着数字地球影响的不断增大，每两年一届的国际数字地球会议已难以满足学术交流的需要。经国际数字地球学会（International Society for Digital Earth，ISED）国际指导委员会讨论决定，自 2006 年起，在每奇数年举办一届国际数字地球会议基础上，每偶数年举办一届"数字地球高峰会议"，二者的不同在于前者是进行综合性讨论，后者为专题研讨等。2006 年 4 月，第一届国际数字地球峰会于新西兰奥克兰市举行，主题为"数字地球与可持续发展"，来自 35 个国家的 380 名代表与会，开幕式上新西兰时任总理克拉克作了 30 分钟的大会报告；2008 年 11 月，第二届国际数字地球峰会在德国波茨坦举行，主题为"数字地球与全球变化"，来自 15 个国家的 120 名代表参会。

国际数字地球会议和数字地球高峰会议的持续召开，促进了全球性数字地球的发展。2009 年 9 月，数字地球问世 10 年之际在北京召开的第六届国际数字地球会议已有近千人投稿，成为了国际数字地球发展史上里程碑式会议。

1.3.2 发展阶段：新一代数字地球

信息化浪潮带来全球数据的快速增长，大数据研究已逐渐成为科技、经济、社会等各领域关注的焦点，诸多国家也已将大数据研究上升至国家战略层面。大数据已然成为继边防、海防、空防之后，另一个大国博弈的空间。而作为大数据的重要组成部分，科学大数据正在使科学世界发生改变，驱动着科学研究进入一个全新的范式——数据密集型科学发现范式阶段。大数据的诞生与发展，为"数字地球"研究注入了新的科学推动力（郭华东，2016）。

2012 年，美国《国家科学院院刊》（*Proceedings of the National Academy of Sciences of the United States of America*，PNAS）发表了由 Goodchild 和郭华东等撰写的题为《新一代数字地球》的文章（Michael et al.，2012）。该文章面向 2020 数字地球发展理念，提出了大数据时代数字地球面临的挑战与机遇，赋予了数字地球新的理解和诠释，标志着大数据开启了新一代数字地球的序幕。新一代数字地球的形态，是一个功能强大、可视化的球体，可以以三维、四维甚至多维的形式发展，不仅观测地上信息，还可观测地下信息；不仅看楼层表面信息，还可观测楼内信息，同时要把现实和历史结合起来，不仅仅有数据，而且在科学论证和政策方面给人以更大的自主权，自然科学、社会科学要高度融合，不仅包含感性的空间要素，还要包括地理空间和虚拟空间要素（郭华东，2012）。

新一代数字地球不再是一个单一的系统，其研究也不再局限于自然科学研究工作者，它更紧密联合社会科学工作者共同发展。新一代数字地球的应用和服务在注重功能的科学性和注重实际需求的方便性上找到一个折中的解决方案，以利于对地球的未来进行科学预测。民众科学的新形式和"新地理"概念也为新一代数字地球指明了方向。新一代数字地球的实现需要与领域内重要的国际组织建立合作并开展合作研究计划，如国际科学理事会（International Science Council，ISC）、联合国教科文组织（United Nations Educational, Scientific and Cultural Organization，UNESCO）、地球观测组织（Group on Earth Observations，GEO）等。同时，也需要紧密联系行业内公司、开源组织、基金会等团体，为数字地球的发展提供创新思维，从而获得政府关注并争取更多支持（Michael et al.，2012）。

1.3.3 跨越阶段：地球大数据科学

作为知识经济时代的新型战略资源，蓬勃发展的大数据在为科学研究带来新的方法论和新的范式的同时，也为人们认识世界提供了全新的思维，从而使人类的生产生活方式以及对世界的认知被深刻改变着。作为大数据不可或缺的重要组成部分，地球大数据主要是指与地球有关联的大数据，数据来源于但不限于空天对地观测数据，还包括大气、海洋、陆地以及人类活动产生的诸多相关数据。在 1999 年首届国际数字地球大会上，我们通俗地把数字地球解释为"把地球装入计算机"，那么在大数据时代则可以认为数字地球就是地球大数据（郭华东，2016）。

2015 年 9 月，联合国在成立 70 周年之际通过了《变革我们的世界：2030 年可持续发展议程》。该议程的核心是实现全球可持续发展的目标，旨在让所有国家和利益攸关方携手合作，阻止地球的退化，以可持续的方式进行生产和消费，管理地球环境和自然资源，使地球能够满足今世后代的需求，让全球走上可持续且具恢复力的道路，形成一个人与大自然和谐共处的世界。中国高度重视落实联合国 2030 年可持续发展议程，以实际行动为应对全球挑战、实现共同发展做出重要贡献。联合国 2030 年可持续发展议程是一项宏伟的战略行动计划，包含经济、社会和环境 3 个方面，由 17 个可持续发展目标和 169 个具体目标组成。要实现这些目标，需要全面发挥科学技术在实现可持续发展目标中的作用。在众多技术中，大数据技术无疑正发挥着不可替代的作用。将地球科学、信息科学、空间科技等交叉融合在一起从而形成地球大数据，将成为人类认识地球的新钥匙和知识发现的新引擎，为推动地球科学深入发展并取得重大科学发现做出贡献，也可以在促进联合国可持续发展目标实现方面发挥重大作用（郭华东，2018c）。

1.4　地球大数据科学的学科建制

一个科学研究方向要成为一门独立的学科，必须具备完备的学科建制。费孝通（2001）认为："从内在建制来看，成熟学科要求有成熟的理论体系和较成熟的、得到公认的学科范式；从外在建制来看，学科成立的标准则表现为有专门的学会，独立的研究院所，单设的大学的学院、学系，专门的刊物和出版机构，图书馆中的专设图书序号等。"

数字地球是 20 世纪末期问世的定量化研究地球的一个新的战略方向，是集空间科技、信息科技、地球科学等于一体的交叉学科领域（郭华东，2009）。作为数字地球 20 余年持续发展的新的里程碑（Guo et al.，2020），地球大数据科学具有专门的学会——国际数字地球学会（ISDE），独立的研究院所——中国科学院对地观测与数字地球科学中心、中国科学院遥感与数字地球研究所，单设的实验室——中国科学院数字地球重点实验室，专门的刊物和出版机构——《国际数字地球学报》（IJDE）、《地球大数据》（*Big Earth Data*），专门的学术会议——国际数字地球会议和数字地球峰会，专设的国际研究中心——可持续发展大数据国际研究中心，以及系列专著——《数字地球手册》（*Manual of Digital Earth*）

等。因此，地球大数据科学已经具备了完整学科建制，一是属于"外在建制"的社会存在和社会影响的建构，二是属于"内在建制"的学科领域知识的系统构建，地球大数据科学建制完善，属于相对成熟的新兴学科（王力哲，2022）。

1.4.1 地球大数据科学的外在学科建制

地球大数据科学专门的学会、独立的研究院所、单设的实验室、专门的刊物和出版机构、专门的学术会议，以及专设的国际研究中心，建构了其社会存在和社会影响，属于学科外在建制。

1. 专业学会和学术团体

国际数字地球学会是由中国科学院联合数字地球领域国内外机构、学者发起成立的国际学术组织，以推动和传播"数字地球"理念发展为宗旨，打造数字地球国际交流合作平台，促进数字地球科学技术提升，推动数字地球全球和区域应用，服务全球可持续发展，并在全球气候变化、自然灾害防治与响应、生态环境研究、自然文化遗产保护和城市规划管理等方面发挥战略性作用。学会于 2004年 7 月经国务院批准在民政部注册，2006 年 5 月在京召开成立大会和首届执行委员会会议，首任学会主席为时任中国科学院院长路甬祥院士，首任学会秘书长为郭华东研究员。其后第二、三、四任学会主席分别为澳大利亚 John Richard 院士、中国郭华东院士、意大利 Alessandro Annoni 博士，郭华东院士为学会终身名誉主席。学会总部设在中国科学院。学会的主要任务是探讨数字地球的发展方向，展示数字地球相关领域的研究进展，交流数字地球理论、技术和应用等方面的经验和认识，促进数字地球建设的国际交流与合作。国际数字地球学会已在全球范围内举办了十二届国际数字地球会议和八届数字地球高峰会议。作为国际化的科学交流平台，这些国际学术会议的成功召开为不断完善并丰富数字地球理念、大力发展数字地球关键技术、努力加强国际交流与合作、持续推动数字地球应用和服务等奠定坚实基础。

国际数字地球学会中国国家委员会（Chinese National Committee of ISDE，CNISDE）（以下简称：中委会）是在我国设立的数字地球领域的学术组织，并代表中国加入国际数字地球学会。CNISDE 于 2006 年 5 月正式成立，由相关部委、科研部门、高校、企业等单位从事数字地球理论、技术研究，应用、开发，教学、管理工作的六十余位专家学者组成。CNISDE 的宗旨是以服务国家经济社会发展为中心，团结科技工作者，组织开展国内外学术交流研讨，致力于数字地球领域的基础理论、技术和应用发展。秘书处设在中国科学院遥感应用研究所。目前中委会共下设 13 个专业委员会，分别为：数字减灾、数字遗产、数字山地、数字农业、数字光谱、微波雷达、激光雷达、虚拟地理环境、空间信息产业化专业委员会、空间地球大数据、数字海洋、数字能源、数字极地专业委员会。自成立以来，CNISDE 始终致力于传播数字地球理念，推进和交流数字地球科学技术。先后举办了一系列国际国内学术会议，并已经形成了有影响力的几大专业性全国会议：中国数字地球大会、全国激光雷达大会、全国雷达对地观测大会、全国成像光谱对地观测大会、全国虚拟地理环境会议、空间大数据与国际标准化会议、全国数字山地研讨会等。

2. 独立研究机构

中国科学院对地观测与数字地球科学中心于 2007 年 8 月 27 日成立，是中国科学院直属事业单位，在中国科学院中国遥感卫星地面站、中国科学院航空遥感中心和数字地球实验室基础上组建，包括卫星遥感中心、航空遥感中心、空间数据中心、数字地球实验室 4 个科技机构，是运行与研究结合的综合性科研机构。它的组建，是中国科学院为了更好应对国际对地观测与数字地球发展潮流、贯彻中国陆地观测卫星地面系统整体部署、建设好航空遥感系统国家重大科技基础设施的重要措施，是为实现中国科学院知识创新三期工程空间科技等基地提出的战略发展目标的重大举措。

中国科学院遥感与数字地球研究所（简称遥感地球所）在中国科学院遥感应用研究所、中国科学院对地观测与数字地球科学中心基础上组建，于 2012 年 9 月 7 日成立，为中国科学院直属综合性科研机构。遥感地球所的成立，旨在于进一步加强中国科学院在遥感与数字地球科技领域的综合优势，更好地服务国家战略目标，更高水平地开展科学前沿研究，是中国科学院实施"创新 2020"的一项重大举措。遥感地球所战略定位为：研究遥感信息机理、对地观测与空间地球信息前沿理论，建设运行国家航天航空对地观测重大科技基础设施与天空地一体化技术体系，构建形成数字地球科学平台和全球环境与资源空间信息保障能力。

中国科学院数字地球重点实验室于 2009 年获批成立，以数字地球科技发展为核心，研究对地观测前沿理论与技术、地球大数据科学与方法、多元数据集成与信息虚拟仿真，建设数字地球科学平台，构建网络化、运行性的全球环境资源空间信息系统，服务于国家的全球化战略，以及资源环境保护与可持续发展。

（1）对地观测前沿理论与技术，围绕高光谱、微波、激光雷达等对地观测前沿技术领域，持续开展地物全谱段成像原理、地物与电磁波相互作用机理、遥感图像定量化分析以及对地观测技术前沿应用等研究，建立天空地一体化对地观测系统理论与方法。

（2）地球大数据科学与方法，开展新一代对地观测数据快速处理和数据驱动的知识发现方法研究，探索空间信息领域中的数据密集型计算科学，发展地球大数据环境下的数据获取、知识挖掘和网络发布技术。

（3）数字地球科学与平台，探索数字地球前沿理论，建设数字地球科学平台，面向陆地、大气、海洋等科学与应用领域形成网络运行的全球环境资源空间信息系统，服务于地球系统科学研究与国家可持续发展。

（4）全球环境资源空间信息系统，研究全球地表要素的观测理论和信息模型，探讨地球系统科学要素的结构、功能、演化特征及耦合、互馈规律等科学问题，为进行全球和区域环境资源空间信息动态监测与评估提供数据、模型与技术方法支撑。

3. 专门的学术刊物和出版机构

International Journal of Digital Earth（《国际数字地球学报》）是国际数字地球学会主办的国际性学术刊物（图 1.3），由学会与英国著名出版集团 Taylor&Francis 合作出版，编辑部设在中国科学院空天信息创新研究院。《国际数字地球学报》2008 年 3 月创刊，并在 18 个月后被 SCI 收录，2021 年影响因子 4.606，在全球 48 种 SCI 检索的地理类期刊中排名第 11 位，JCR（Journal Citation Reports）类别分区 Q1，其编委会由来自 19 个国家和组织的 30 位专家学者组成。作为国际数字地球领域第一本专业期刊，《国际数字地球学报》发表有关数字地球理论、技术与应用的相关文章，涉及数字地球原理与构架、可视化与数字模型、地球系统与全球数据库、数据共享、数据融合、数据挖掘、地球空间信息科学、空间技术以及数字地球技术应用，如全球环境变化等。此外，还关注数字地球技术在社会科学方面的应用，如资源信息管理、政策规划等。发表文章类型包括研究性文章、综述、快讯、书评、专栏文章以及与数字地球紧密相关的重要成果，如《2009数字地球北京宣言》、国际数字地球会议及高峰论坛的重要成果等（郭华东，2014）。

Big Earth Data（《地球大数据》）是由国际数字地球学会、中国科学院遥感地球所、中国科学院战略性先导科技专项"地球大数据科学工程"、中国科技出版传媒股份有限公司、英国泰勒弗朗西斯出版集团联合出版的国际学术刊物（图 1.3）。2018 年 2 月，《地球大数据》正式创刊，由郭华东院士担任主编，2021年被 EI 收录。《地球大数据》是全球地球科学领域的第一个大数据刊物，不仅发表与地球大数据相关的研究论文，同时也发表数据文章，鼓励作者把数据、算法等存储在被认可的公共存储器中，促进数据共享和利用。《地球大数据》将为科学家、工程师和决策者提供一个发表、推动数据开放及数据密集型研究的学术平台，以此，促进数据共享和开放，促进地球科学研究的创新，鼓励跨领域应用的科学探索，同时促进大数据教育与能力建设。

图 1.3　《国际数字地球学报》《地球大数据》期刊封面

4. 专门的学术会议

　　首届国际数字地球会议由中国科学院主办，联合国内外 19 个部门和组织于 1999 年在北京召开，主题是"走向数字地球"，来自 26 个国家和地区的 500 余名代表出席，会议发表了著名的《1999 数字地球北京宣言》，成立了"国际数字地球会议"国际指导委员会，拉开了数字地球的发展序幕。之后，学会分别于 2001 年、2003 年、2005 年、2007 年、2009 年、2011 年、2013 年、2015 年、2017 年、2019 年、2021 年先后在加拿大、捷克、日本、美国、中国、澳大利亚、马来西亚、加拿大、澳大利亚、意大利、奥地利召开了十二届国际数字地球会议。其中，在第六届和第十一届国际数字地球会议上，发布了数字地球纲领性文件《2009 数字地球北京宣言》和《2019 数字地球佛罗伦萨宣言》，是数字地球发展史上的又一里程碑。历届国际数字地球会议的主题，从"走向数字地球""超越信息的基础设施""全球可持续发展的信息资源""全球共享的数字地球""体验数字地球""数字地球与可持续发展"到"数字地球与全球变化""行动中的数字地球""知识时代""知识转化与持续科学实践""数字地球，改变未来""数字地球驱动社会转型""数字地球与可持续社会"，科学勾画了数字地球从起步到发展的宏观轨迹。第十三届国际数字地球会议于 2023 年在希腊雅典召开。

为适应数字地球科技的快速发展，同时满足学术交流的需要，在召开国际数字地球会议的间歇，又举办了数字地球峰会系列会议，前者侧重于综合研讨，后者侧重于专题研究。自 2006 年起在两届国际数字地球会议期间召开数字地球高峰会议。第一、二、三、四、五、六、七、八届数字地球高峰会议分别于 2006 年、2008 年、2010 年、2012 年、2014 年、2016 年、2018 年和 2020 年在新西兰奥克兰、德国波茨坦、保加利亚内塞巴尔、新西兰惠灵顿、日本名古屋、中国北京、摩洛哥杰迪代和俄罗斯莫斯科召开，主题分别是"数字地球可持续发展"、"地理信息科学——全球变化研究的工具"、"数字地球应用于社会服务——信息共享，知识传播"、"科技驱动的数字地球"、"服务于可持续发展的数字地球教育"、"大数据时代的数字地球"、"数字地球，服务非洲可持续发展"和"变化世界中的数字地球：挑战与机遇"。

此外，国际数字地球学会于 2019 年和 2021 年在国内成功举办了首届中国数字地球大会和第二届中国数字地球大会，已经形成两年一届举办中国数字地球大会的机制。作为国际化的科学交流平台，这些国际学术会议的成功召开科学地勾画出数字地球从起步到发展的宏观轨迹，为不断完善并丰富数字地球理念、大力发展数字地球关键技术、努力加强国际交流与合作、持续推动数字地球应用和服务等奠定了坚实基础。

5. 专设的国际研究中心

2020 年 9 月，习近平主席在第七十五届联合国大会上宣布"中国将设立联合国全球地理信息知识与创新中心和可持续发展大数据国际研究中心，为落实《联合国 2030 年可持续发展议程》提供新助力。"（习近平，2020）。2021 年 9 月 6 日，可持续发展大数据国际研究中心（简称 SDG 中心）在京成立，是全球首个以大数据服务联合国 2030 年可持续发展议程的国际科研机构。SDG 中心以联合国可持续发展技术促进机制为指导，开展可持续发展大数据科学研究，为联合国机构及成员国提供全方位数据共享、科技支撑、决策支持和智库服务，为践行全球发展倡议并促进全球可持续发展目标实现提供新助力（郭华东等，2021）。

2021 年 11 月，全球首颗专门服务 2030 年议程的可持续发展科学卫星 1 号（SDGSAT-1）成功发射。2022 年 7 月，SDGSAT-1 圆满完成半年期在轨测试任务，正式交付使用，开展科学研究工作。截至 2022 年 9 月 8 日，SDG 中心发布的可持续发展大数据平台系统，已汇聚地球科学数据约 14PB，已有超过 174 个国家和地区的用户访问，为联合国环境规划署、粮食及农业组织、防治荒漠化公约等多家联合国机构和组织提供了可持续发展大数据综合服务；SDG 中心连续三年发布了地球大数据支撑可持续发展目标系列报告，累计贡献了 64 个典型案例，包括 53 套空间数据产品、33 个 SDGs 指标监测模型和 42 项决策建议，有效填补了相关数据和方法论空白。2022 年 4 月，SDG 中心承办了金砖国家可持续发展大数据论坛，发布了金砖国家可持续发展数据产品，为国际社会开展可持续发展目标科学研究提供科学示范。2023 年 3 月，SDG 中心应邀参加联合国水事大会，向联合国赠送了 7 套数据产品，第 77 届联大主席克勒希代表联合国接受了数据并向 SDG 中心表示感谢。

1.4.2　地球大数据科学内涵

地球大数据科学是大数据时代的数字地球，其本质是数据驱动型科学，可以视为数据科学的子领域。数字地球成熟的理论体系和较成熟、得到公认的第四科学范式——数据科学，构成了地球大数据科学的内在建制。

1. 理论体系

数字地球是利用海量、多分辨率、多时相、多类型对地观测数据和社会经济数据及其分析算法和模型构建的虚拟地球。在海量空间数据广泛应用的背景下，1998 年国际上首次提出"数字地球"概念，2005 年以谷歌地球（Google Earth）为代表的数字地球系统开始利用互联网向全世界提供地球高分辨率的数字化呈现服务，使公众通过个人计算机免费便捷地实现对地球数据的基本操作。而大数据概念的诞生与发展，使得数字地球不断面临新的数据挑战，并引领其发展至新一代数字地球的阶段。

从科学角度来讲，数字地球的基本内涵包含以下 2 个方面：数字地球是一个巨型的数据、信息系统，汇聚与表征了与地球和空间相关的数据与信息；同时，数字地球是一个数字化的虚拟地球系统，可以对复杂地学过程与社会经济现象进行可重构的系统仿真与决策支持。从以上内容来看，当前数字地球学科中的基本科学问题主要包括 2 个方面：多源、多变量、异构、多尺度、具有高度时空属性的海量空间数据的汇聚、表征与分析及面向复杂地学过程和社会经济过程的复杂时空系统的模型构建与定量分析。

因此，数字地球的基本理论框架主要包括空间地球信息科学理论与地球系统科学理论 2 个部分。数字地球中的空间地球信息科学理论就是研究地球空间数据的获取与聚合方法、表征模型、信息提取与知识发现机理。具体来说是指：包括对地观测数据在内的空间数据获取的机理模型、聚合模型与方法，包括图谱认知、稀疏表征、数据融合在内的数据表征理论，空间数据的分析模型与理论，以及数字地球中的信息流模型与信息场理论。数字地球中的地球系统科学并不致力于地球系统中特定圈层或者子系统的地学过程机理分析,而是关注复杂地学过程的时空要素分析、复杂非线性系统的建模理论以及决策支持。具体来说包括:多变量、多尺度、高度时空属性的地学过程时空要素分析与决策支持和多变量、多过程、非线性、高度耦合的地学过程建模与系统分析(郭华东,2014)。

2. 学科范式

自 2007 年吉姆·格雷(Jim Gray)提出"数据密集型科学发现"范式后,经过十余年的发展,"数据密集型"的逻辑与实践已经影响到现代生活的各个领域,如营销策略制定、娱乐、教育等。在研究发展的每个转折阶段,都有证据表明社会正在向"数据化"方向发展,即人们往往将生活中的定性问题转化为可度量数据来表征。"数据化"进程已经影响到现代生活的各个方面,成为表征我们社会数据化转型的新范式。这一新范式主要建立在三个"数据化"过程之上,即大数据的感知和收集、深度洞察力的生成以及个性化服务(图 1.4)。

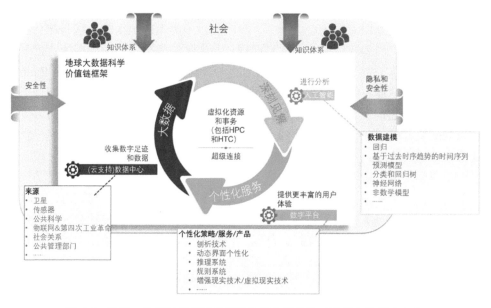

图 1.4 地球大数据科学高层价值链构筑在简单的"数据化"范式之上

(1)大数据的感知和收集:收集、汇总和语义化由人、机、物产生的数字实体,也就是我们熟知的大数据。虚拟数据中心(如亚马逊云、阿里云等)也为大数据的感知和收集发挥了重要的推动作用。社交网络、数字政务、物联网(Internet of Things, IoT)和新一代的遥感传感器等都是大数据的最佳来源。

（2）深度洞察力的生成：通过分析收集的大数据，从而得到有价值的深度理解（洞察力）。当前，人工智能、机器学习、深度学习等已经成为最常用的大数据深度分析技术。

（3）个性化服务：通过专业化的在线平台，将生成的情报、知识等与相关用户进行交互并为他们提供丰富的用户体验，引领数字化进程的蓬勃发展。

近年来，人、机之间的数字连接或超连接逐渐增长，"数据化"科研范式的实施得到重大进展。究其原因，则是因为高性能计算（High Performance Computing, HPC）和高通量计算（High Throughput Computing，HTC）基础架构的显著进步以及虚拟化技术在其中发挥了支柱作用。"数据化"进程弥补了传统的利用科学实验和数学模型创造数据而造成的数据短缺，使得在研究问题形成之前即有大量的数据可用，不仅促进和提高了数据科学实验的可重复性，而且使得数据以及算法更容易地被重用。

1.5　地球大数据科学的技术体系

地球科学研究包括对陆地、海洋和大气等圈层的研究，通过空天对地观测、陆地传感器网络及其他方式的观测生成了海量的地球科学数据集，这些数据来源于但不限于空间对地观测数据，还包括陆地、海洋、大气及与人类活动相关的数据，这些与地球相关联的大数据统称为地球大数据。地球大数据是大数据的重要组成部分，但有其独有的特征（郭华东，2014；郭华东，2016；Guo,2016）。地球大数据具有规模大、来源广、多样化、多时相、多尺度、高维度、高复杂性和非结构化等特点，是针对地球科学形成的新的数据密集型研究方向。

地球大数据通过多种对地观测方式、地球勘测方法及地面传感网产生。其数据集包含海量、多样、多来源、多时相、多标量、高空间、极复杂、非结构性的信息，这极有利于促进地球科学研究的深层次发展（Guo, 2017）。地球大数据具有大数据的特性，不仅具有体量大、来源广、多时相、高价值等特点，同时它也具有高瞬时性、任意空间性、物理相关性等特点。就其"海量规模"而言，地球大数据具有高分辨率、高动态性以及多波段的特点，数据的获取速度高且更新周期快。"来源广"是因为其数据来源和采集方法多种多样，归功于成像原理和模型变化的多样。"多时相"指其在极短的采样间隔和高频信息中的采集能力。"高价值"因为其对生态环境、陆地资源、自然灾害及其他地球科学研究的重要意义。

地球大数据可以加强人类了解地球的能力，同时在数据采集、传输、存储、处理、分析、管理和共享等方面，地球大数据又面临全新的挑战（Guo, 2018）。

例如，海量对地观测数据的实时获取和多源数据融合，从大量、长期、低成本的传感器网络中获得的数据增加了储存、处理和计算的复杂性，集成的数据储存环境需要考虑物理存储设备和统一存储平台的交互技术和可视化方法等。因此，为了有效应对地球大数据带来的全新挑战,地球大数据科学的技术体系应重点突破：数据泛在感知、数据可信共享、多元数据融合、数字孪生及复杂模拟、空间地球智能认知（图 1.5）。

图 1.5　地球大数据科学的技术体系

1.5.1　数据泛在感知

数据泛在感知即充分利用全空间体系的数据感知与采集设施，基于统一的数据资源体系框架，实现泛在数据的高效感知与集成，并能够为数据融合、关联分析、空间统计等提供即时可用数据源。

1. 空间对地观测

作为地球大数据科学的关键技术之一，经过近半个世纪的发展，空间对地观测技术为地球科学研究提供了新视角和新方法，尤其在地球系统的宏观认知方面发挥了巨大的作用（Guo, 2014）。在空间对地观测技术帮助下，人类可以更为方便、系统地观测地球，对地观测技术已成为衡量一个国家科技成就、经济实力、国家安全的重要指标（郭华东，2013）。

地球观测组织（Group on Earth Observations，GEO）在制定和实施《全球综合地球观测系统（GEOSS）十年执行计划》以来，面向建立一个全面协调、发展和可持续的地球观测系统以协调全球资源和地球观测活动,更好地认识地球系统，为决策者提供从初始观测数据到专业应用产品的信息服务的理念，已取得很大成就。目前由 116 个国家和 154 个国际组织参加的 GEO 已构成空间对地观测的强大力量和组织体系（地球观测组织，2022）。对地观测数据共享与服务作为 GEOSS 建设的核心内容，在优选的九大应用领域中发挥了重要作用，包括：防灾减灾、人类健康、能源资源管理、气候变化、水资源环境、气象、生态系统、农业、生物多样性等。

历经 50 余年的发展，我国在对地观测卫星研究中取得了长足的进步，对地观测技术发展较为全面，已形成资源卫星、环境卫星、气象卫星、海洋卫星等国家主体卫星对地观测计划，同时形成了北斗导航卫星系统。截至 2022 年 7 月，我国在轨对地观测卫星已超过 997 颗，逐步建成了一个高低轨立体观测、高中低分辨率结合、光学/微波/红外多手段配合的一体化全球综合观测体系。对地观测应用领域涵盖国家安全、国土普查、环境保护、应急减灾、气象海洋等 20 多个行业，金融、物流、交通等"遥感+"新业态应用潜力巨大。风云卫星已向 120 多个国家提供气象数据产品服务，与多个国际组织开展海洋卫星数据交换并签署数据共享合作谅解备忘录，高分系列卫星也已成为与"一带一路"共建国家开展合作的重要载体，碳卫星等为应对全球气候变化作出了中国贡献（江碧涛，2022）。值得一提的是，2021 年 11 月 5 日发射升空的可持续发展科学卫星 1 号，是全球首颗专门服务联合国 2030 年可持续发展议程的科学卫星。卫星数据面向全球开放与共享，旨在探测陆地、海洋等与人类活动密切相关的地表参数，精细监测人类活动与自然环境的相互作用，为落实可持续发展目标提供动态、多尺度、周期性信息，服务全球可持续发展目标监测、评估和科学研究。

2. 泛在感知与空天地一体化网络

我国"十四五"发展规划纲要指出，加快建设"高速泛在、天地一体、集成互联、安全高效的信息基础设施，增强数据感知、传输、存储和运算能力"。泛在感知是空间地球大数据的重要信息源，是智慧地球、智慧城市建设的基础（杨元喜，2022）。泛在感知网络是包括对地观测网络在内的空天地一体化的、无处不在、无时不在的信息采集基础设施。随着当前大数据、云计算、物联网、5G 等技术的飞速发展，无人机感知数据、众源地理感知数据、社交媒体感知数据、传感网数据以及历史资料的数字化转型，与传统的空间对地观测数据形成了良性互补，构成了人类认知地球的科学大数据，有效推动了人类社会的可持续发展。

1.5.2　数据可信共享

数据可信共享，即通过分布式记账账本，精确记录地球空间数据在整个生命周期中经历的全部处理流程及其精度水平，保证数据可溯源、决策可信、隐私数据可保护性使用。

1. 地球大数据语义参考

为了交流和协作，不同学科体系需要使用彼此共享的知识体系，此处的知识体系可以定义为根据其价值、构造、模型、原则和实例化的活动和结果的系统集合。一旦一群人确定了关注的相关问题，就需要引入一套知识体系来提供可靠且可行的解决方案。地球大数据所要求的多学科和跨学科融合，意味着具有不同需求、理念、理论和模型的人们之间的交流与协作。这些知识体系的多样性源于不同学科、不同成员的专业知识、基本理论框架等，他们对同一个研究目标有着不同的见解和观点。不同学科的高度多样性和协作性要求采用一种先进的沟通方式和方法，通过各学科专有的词汇和假设、可能的约束等来表达不同的知识体系。此外，为了避免误解或缺乏共识，我们需要在不同的知识体系之间进行相互比较和翻译，这是不同参与者之间进行富有成效交流的先决条件。换句话说，我们需要定义新一代的地球语义参考系统，使我们能够将知识体系及其相互关系充分正式化、标准化。

地球大数据语义参考系统由语义参考框架和语义数据两部分组成："语义参考框架"正式定义了在给定知识体系中使用的术语的预期含义。这些术语可能指的是实体（如"湖泊"或"水体"）、过程（如"降雨"或"蒸发"）和物理特性（如"温度"和"湿度"等基本变量）；"语义数据"为特定语义参考框架中使用的术语含义奠定了基础。在处理物理现象的模型时，语义数据可以通过将这些术语与现实世界中可观察到的结构联系起来，来定义在参考框架中使用的非常基本的术语。有了这样的地球大数据语义参考系统，将最终可以清楚地描述不同团体和不同知识体系使用的术语的预期含义，并提供不同团体和不同知识体系之间的语义翻译，从而为多学科和跨学科数据交互与共享提供基础（Guo et al., 2020）。

2. 数据可信管理

泛在感知网络、技术的发展，造成了地球感知数据体量的爆炸式增长、应用领域不断拓宽，同时也对于数据及信息产品的可信度提出了更高的要求。对于地球数据管理而言，如何有效跟踪各类数据源的采集、存储、处理、应用链条并保证其不被篡改，溯源各级数据产品的精确来源，力争各数据源都能够发挥其最大的应用价值服务于国计民生，是当前数据管理亟需解决的难题；对于数据处理及产品生产而言，各类数据源在各级别处理及产品生产过程中的精度控制直接决定了最终产生的决策价值。如，各卫星地面站点分发的遥感数据，需经过进一步的几何精校正、大气校正等流程才能应用于地表参数反演、信息提取等过程。然而，如何评价几何精校正、大气校正过程的处理精度，使得后续加工的增值产品质量较高，由其得出的决策知识受信并服务于更为广大的用户，是遥感数据产品生产面临的重大问题。

区块链是一种按照时间顺序将数据区块用类似链表的方式组成的数据结构，并以密码学方式保证不可篡改和不可伪造的分布式去中心化账本，能够安全存储简单的、有先后关系的、能够在系统内进行验证的数据。区块链使用"工作量证明"（proof of work，PoW）及"权益证明"（proof of stake）或其他的共识机制，再加上加密技术，使一个不可信网络变成可信的网络，所有参与者可以在某些方面达成一致，而无需信任单个节点。区块链技术不仅能够记录数据处理的全生命周期，解决各类数据源的产品溯源问题，更可以利用公开透明、可追溯、不可篡改、共识机制等特征解决数据版权保护及公众授信问题。

3. 数据开放与共享

科学是开放的事业，是合作的事业，是全球的事业，而开放数据是科学的重要组成部分，能将科学推向一个新的高度。开放数据已成为一种全球的共识。地球大数据正在成为认识地球的新钥匙，也是决策支持的新手段。地球大数据不仅具有体量大、来源广、多时相、高价值等特点，也具有高瞬时性、任意空间性、物理相关性等特点，是人们用以服务可持续发展的重要手段，是一项创新实践（郭华东，2021）。

中国科学院充分认识到地球大数据的重要性，2018 年初设立了 A 类战略性先导科技专项"地球大数据科学工程（CASEarth）"（以下简称"专项"），旨在用开放的科学理念和开放的数据为全球可持续发展提供服务；依托专项及 SDG 中心发射的可持续发展科学卫星 1 号数据已经于 2022 年 9 月开始面向全球开放与共享；截至 2023 年 6 月，SDG 中心发布的可持续发展大数据平台系统，已汇聚地球科学数据约 14PB，已有超过 174 个国家和地区的用户访问，为联合国和有关国家提供可持续发展大数据综合服务。

1.5.3　多元数据融合

多元数据融合，是指为了充分挖掘多元数据的关联关系及其价值，通过多层次、多角度、多尺度的数据关联、转换、过滤、集成等，实现价值提升，进而为决策制定提供支持。

1. 地球大数据集成

地球大数据种类繁杂，典型的如遥感数据、地理数据、经济社会统计数据、物联网采集数据、众包及志愿者采集数据、社交媒体数据等，差异巨大（例如非结构化或半结构化/结构化、时间敏感数据或时间不敏感数据等），不能直接由标准数据库处理，需要进行元数据及数据结构标准化操作。在地球大数据领域，比较常用的地球大数据标准化方案首先是定义一个统一的数据抽象模型，然后根据该抽象模型转换或扩展待集成的异构数据模型。此外，还必须有一套"数据完整性"规则，以确保数据源的完整性和最终集成结果的准确性。

2. 地球大数据预处理

由于云盖、缺失值等因素影响，集成的地球大数据往往需要预处理以生成即时可用的数据集（analysis ready data，ARD）。数据预处理主要是删除数据集中质量较差的数据（例如，多云层覆盖的卫星数据和受噪声影响的传感器数据），以及与要进行的分析不相关的数据。

地球大数据预处理通常实现以下功能：数据清理、数据上下文化、数据重组和数据索引。数据预处理的基本原则是尽可能多地保留原始数据完整性，避免添加其他信息。然而，根据要进行的分析算法特点，数据上下文化可能会明显地减少要处理的数据量，从而生成适合特定应用领域的"即时可用数据"。具体而言，①数据清理主要用于将原始数据转换为可理解的格式。因为实际采集的数据可能是不完整的（缺少属性值、缺少某些感兴趣的属性等）、有噪声的（包含错误值或异常值）和不一致的（如属性差异、名称差异等）。②数据上下文化是基于描述实体本身的上下文信息来识别与感兴趣实体（如自然或社会现象、地点）相关的数据的过程。③数据重组是必须更改数据物理或逻辑存储结构以适应后续的处理模型。④数据索引的目的是实现对地球大数据平台存储数据的快速访问，典型的如时空近邻树索引等。

3. 地球大数据可信融合

预处理后的地球大数据，在数据模态、时空不连续、统计量纲及语义基准方面基本统一，可以纳入数据融合模型实现数据级、特征级、决策级质量提升。其中，①数据级融合是直接在输入层面对原始数据进行变换、系数融合及逆变换，最终实现视觉层面或者计算机处理层面的质量提升。数据变换可以采用不同尺度的分解方法，典型的如小波变换、傅里叶变换等。②特征级融合主要采用机器学习、深度学习等特征提取技术，迭代提取原始数据的浅层形状、纹理、颜色特征以及深层语义特征，然后将这些特征融合成单一的特征向量，从而达到信息增强的目的。由于特征融合过程在特征层建立了一整套行之有效的特征关联技术，保证了最终融合信息的一致性。③决策级融合是对数据高层次级的抽象，输出的是一个联合决策的结果，在理论上该联合决策结果比任何单一数据源决策更精确。然而，由于研究目标及地物环境的时变动态特性，加之先验知识获取困难等因素影响，决策级数据融合往往无法达到预期的效果。

1.5.4　数字孪生及复杂模拟

数据孪生及复杂模拟，是指采用非线性、高维度的复杂系统模拟地理、人文、社会、经济等多要素约束下的地球系统演变和发展规律，并根据多重反馈源数据进行自我学习，几乎实时地在数字世界里呈现物理实体的真实状况（刘大同等，2018）。

在物联网框架中，连接的真实事物可以用数字模型来表示，即数字孪生。根据数据采集及处理方法的复杂程度，数字孪生可能位于虚拟云平台或边缘计算系统。数字孪生可以用来表示可能不会持续在线的、真实世界的事物或系统，或者用来在新架构、应用程序和服务部署到现实世界之前模拟运行。数字孪生能够代表那些监控现实世界的基础设施或系统，以及在此基础上表征的现实世界。在这个框架下，我们就有可能定义数字孪生地球。

数字地球可以认为是地球的数字孪生。为了实现这一目标，有必要对我们的星球进行深刻的数字化改造，以提供获取大量科学、社会和文化信息的途径，使人们能够了解地球系统、人类活动及其相互联系。数字孪生地球可以作为强有力的叙述和讲故事的基础，讲述人类面临的选择，以及我们每个人作为个人、组织、企业和政府如何发挥作用。结合三维实景建模技术和不同应用场景的视觉表现，数字孪生地球可能成为发展集体意识和行动不可或缺的工具。例如，生物多样性和生态系统服务政府间科学政策平台（Intergovernmental Science-Policy Platform for Biodiversity and Ecosystem Services，IPBES）2019 年报告提供了大量的生物多样性面临威胁以及空前的物种消失比例的证据。如果这些数据和行动方案能够在数字地球框架中建模和可视化，将对社会和决策的参与者造成更大的影响。值得注意的是，虽然物理沟通可能发生在有限的地理范围内，但全球挑战和局部行为的相互作用可以通过数字孪生地球表示并加以合并，进而可以将全球知识整合到局部决策中，同时允许将隐性知识整合和外推到一个跨地域的知识库中。通过数据通信、平台建设和数字孪生方法，从物理地球和人类社会感知和采集了大量的数字孪生地球输入数据，进而一个组织良好的地球大数据科学系统应运而生。

1.5.5 空间地球智能认知

空间地球智能认知，是在要素提取、识别、分类等机器视觉的基本功能完成基础上，辅以人工智能、机器学习和软件分析，使得模拟系统能够像人一样认知、理解地球系统的复杂现象和过程。

地球大数据是大数据的重要组成部分，主要是指与地球相关的大数据，数据来源包括但不限于空间对地观测数据，还包括陆地、海洋、大气及与人类活动相关的数据。地球大数据是地球科学、信息科学、空间科技等交叉融合形成的大数据，成为人类认识地球的新钥匙和知识发现的新引擎，可以为推动地球科学深入发展并取得重大科学发现做出贡献，也可以在促进全球可持续发展方面发挥重大作用（郭华东，2018a）。然而，地球大数据具有的"体量大、种类多、更新快、价值密度低"等大数据特征，构筑了数据与知识发现的鸿沟，进而导致耗费了巨大财力、物力、人力的地球大数据无法被充分利用、理解。因此，解释、分析地球大数据从而产生可被理解、利用的知识，被服务于人类社会的可持续发展决策，始终是地球大数据研究的最终目标。

知识发现是指从现有的信息提取可使用知识的过程，包括评估和解释在数据分析过程揭示的模式来做出决策。通常，知识发现存在于数据挖掘过程中，并且数据挖掘也通常被应用于知识发现过程，常用的知识发现工具包括统计论、信息论、人工智能等类型。

基于统计论的知识发现，通过对于地球大数据的整理、归纳和分析，达到知识发现的目的。比较有代表性的统计知识发现方法包括时间序列统计分析、回归分析、统计指数分析等。然而，该方法往往对非线性的数据集拟合效果较差，对于复杂模式的识别及知识发现不够理想。

基于信息论的知识发现方法是基于信息论的知识和观点针对信息流程进行处理分析，同时把知识发现的过程类比为信息传递和信息转换的过程，最终达到对特定复杂系统运动过程的规律性认识。它是一种从整体的视角出发，结合转化的、联系的观点综合系统运动变化过程的研究方法。比较有代表性的信息论知识发现方法包括傅里叶变换、小波变换、压缩感知等。然而，该方法不考虑系统内具体的物质状态，仅仅从可能出现的概率变化研究事物运动、变化过程并找出其内在联系，挖掘出的信息往往准确率不高。

基于人工智能的地球大数据知识发现，与人脑学习知识的过程是类似的，即通过对历史数据的训练学习，构建完备的知识发现模型，从而对新输入的数据进行分类与预测，最终获得隐藏的知识与规律等。基于人工智能的地学知识发现方法，可以充分利用大数据优势消除信息的不确定性，充分挖掘潜藏在数据之间的关联性，进而帮助我们全面分析地学现象及其发展变化规律。近年来随着计算机算力及深度学习技术的发展，人工智能技术在地球大数据深度分析，如全球气候变化监测（Plummer，2017）、厄尔尼诺预测（Ham，2019）、森林退化（Hansen，2014）、全球城市扩张（Liu，2019）、贫困评估（Jean，2016）等方面取得了重要进展。

1.6　地球大数据科学平台

作为数字地球新的发展阶段的里程碑，地球大数据科学更致力于"加速信息从科学理论到实践应用的转换，以支持联合国可持续发展目标的实现以及全球环境共同体的可持续管理"。国际上推出了一系列与地球大数据相关的研究计划。GEOSS、Google Earth Engine（GEE），以及"地球立方体"项目，寻求以整体视角审视地球系统并创建管理地球科学知识的基础设施；欧盟启动的"活地球模拟器"研究项目，依赖于开放的标准，为所有地球科学领域提供多维数据和可扩展的服务；澳大利亚在启动的地球科学数据立方体（Australian Geoscience Data Cube，AGDC）项目基础上，最近又推出了澳大利亚"数字地球"项目；2017 年，俄罗斯正式启动"数字地球"计划，包括发射一系列的地球观测卫星，为该计划提供源源不断的数据源。

我国在地球大数据科学平台建设方面，进行地球观测数据共享，整合卫星、地面监测和建模系统，评估环境条件和预测，以应对气候变化的挑战，推动地球系统科学发展（郭华东，2018b）。我国科学家发起的"数字丝路"国际科学计划、中国科学院战略性先导科技专项（A 类）"地球大数据科学工程"（CASEarth）等都是利用地球大数据，以系统性和整体性的理念去研究一系列重大科学问题，期待在地球系统科学认知上有重大突破，在决策支持上实现新的跨越（郭华东，2018b）。

本节将重点讲述极具代表性的 GEOSS、谷歌地球引擎，以及澳大利亚地球科学数据立方体项目，作为地球大数据科学框架的实现案例。其中，地球大数据科学工程将在第二章详细讲解。

1.6.1　GEOSS

地球观测组织（Global Earth Observation，GEO）于 2005 年由政府和对地观测组织合作成立（https://www.earthobservations.org），中心任务是建立 GEOSS。GEOSS 是一套协调独立的地球观测、信息和处理系统，可以为公共和私营部门的用户提供访问各种信息的途径。GEOSS 能够将地球观测、信息和处理系统链接在一起，以加强对地球状态的监视，同时有利于共享 GEO 内的国家和组织贡献的各种观测系统采集的环境数据和信息。此外，GEOSS 希望确保这些数据易于访问、质量可靠且可溯源，可以互操作以支持第三方工具的二次开发，以及信息和知识服务的交付。为此，GEOSS 旨在加深我们对地球过程的理解，并增强支持合理决策的预测能力（GEO，2016）。

随着信息和计算技术的发展，GEOSS 已经演变为一个多组织的全球生态系统，其通用基础结构已经转变为基于 Web 的 GEOSS 平台（图 1.6）。GEOSS 平台公开了一系列高级 API，实现了一系列代理（中介，聚合和协调）服务（GEOSS Platform Operation Team 2017, 2018; GEO DAB Team, 2019）。具体而言，主要包括①标准 Web 服务接口，基于法律和事实上的地理空间标准规范；②RESTful API，一个通过交换传输 JSON 编码消息的 HTTP 请求响应应用程序编程接口，实现与 GEOSS 的交互；③Web API，一个用于快速开发移动和桌面应用程序的 JavaScript 库，为广大的移动和桌面应用程序开发人员提供服务。

图 1.6 GEOSS 生态系统和 GEOSS 平台（GEO, 2018）

为了在 2025 年之前继续利用这些成果，并满足当前和新兴的高层需求（GEO，2016），GEO 将继续发展 GEOSS 平台及其基础设施。GEOSS 平台将通过引入数据分析服务来生成决策者所需的可操作信息，从而增强当前对地观测数据发现和访问的功能。预期的 GEOSS 框架如图 1.7 所示。这是一个协作的数字生态系统架构，包含三层：①资源层，包含通过在线分布式系统共享的必要的数据、算法、代码、工作流程、最佳实践项目、出版物和高性能计算基础架构；②中间件层，包含用于访问、聚集和协调所需资源的服务层，以及有助于从数据生成信息和知识的分析服务层；③应用程序层，包含利用所生成的见解向决策者提供可操作信息的应用程序，反过来这些应用程序也可以产生对资源层有用的新资源（例如数据，算法，文档）。

图 1.7　GEOSS 框架以协作方式从地球观测数据中获取知识（GEO, 2018）

GEO 引领下的数项举措已经证明了地球大数据在监控目标、跟踪进度以及为实现 SDG 议程发挥了深刻的作用。例如，GEO 倡议的"Earth Observations in Service of the 2030 Agenda"，介绍了政府和机构提供的一些案例研究，证明了地球大数据在可持续发展目标和国家计划中的具体应用（例如，森林监测指标 15.2 和水质监测指标 14.1）（Anderson et al.，2017）。GEO 人类星球计划给 UN-Habitat 提供有关建筑面积（Corbane et al.，2019）和人口动态（Freire et al.，2020）的全球基准数据，以支撑有关可持续城市和社区的 SDG 11 研究。此外，欧盟对于 GEO 的发展也做出了巨大贡献，其发起的哥白尼计划（免费的数据和主题服务信息，https://www.copernicus.eu/en ）以及数据和信息数据分析环境（DIAS，http://www.copernicus.eu/et/juurdepaas-andmetele/dias）为监测可持续发展目标的实现状况提供了宝贵的数据源。

1.6.2　谷歌地球引擎

谷歌地球引擎（GEE）是 Google 公司推出的一款免费地理空间数据云处理网页接口平台。GEE 上具有 200 个公共的数据集，总共超过 500 万张影像。GEE 每日新增约 4000 张影像。相比于 ENVI 等传统的处理影像工具，GEE 可以实现"巨大"影像快速化、批量化处理。例如，GEE 可以快速进行 NDVI 等植被指数计算，进行作物相关产量的预测，旱情长势变化的检测，全球森林变化情况的检测等多种应用。GEE 提供了丰富的 API，如在线的 JavaScript API 和离线的 Python API。通过这些 API 可以快速的建立基于 GEE 以及 Google 云的 Web 服务。

GEE 存储的数据主要包括两种类型：①支持地理数据点、线、面的混合表存储，主要存储矢量数据、时空相关或非相关的文档数据报表等。②瓦片存储服务。在维持原来影像投影、分辨率、比特率的情况下，所有影像摄取过程即被切分为 256×256 像素瓦片，存储在分布式文件系统，对应的元数据及目录数据存储到资产数据库。同时，切分瓦片按照金字塔降采样，降采样规则是①连续数据，取均值；②非连续数据，如地物分类结果，则利用最大值、中间值、最小值或者固定值采样（张滔，2018）。

GEE 简化后的体系架构如图 1.8 所示。

图 1.8　GEE 简化后的系统架构（Google Earth Engine）

GEE 简化工作流程为：①GEE Code Editor 和第三方应用程序使用客户端库利用 REST API 向 GEE 系统发送交互式即时处理（图渲染）或批处理（MapReduce 计算）。②交互式即时处理请求由前端服务器预处理，然后将复杂的子查询转发给集群主节点（主节点负责管理整个计算服务池资源分配）。③批处理请求与交互式查询处理方式类似，但是需要利用 Flume Java 负责任务分发。④交互式处理和批处理服务依靠数据服务器实现，即包含元数据存储和过滤功能的资产数据库。⑤每个组件、服务以及负载均衡均由 Borg 集群管理组件实现。⑥单个工作节点失效只需单独重启，不会影响其他节点，保证了高可用（熊元康，2021）。

GEE 的主要缺点包括：①它仅在"纵向"上将不同分辨率、多源遥感数据组织在不同的层级上，但"横向"上同一层级中多源遥感数据的组织问题没有进行考虑；②在数据存储方面，它将同一区域、不同分辨率的数据分散地存储在不同的存储节点上，使用"空间换时间"策略进行组织存储。该架构在提供数据服务时，要求所有存储节点与服务都必须时刻在线运行，造成了巨大的系统维护代价和耗电量消耗。

1.6.3　澳大利亚地球科学数据立方体

澳大利亚地球科学数据立方体（AGDC）是一个由一系列数据结构和工具组成的分析框架，有助于组织和分析对地观测数据，可以在 Apache 2.0 许可下作为一套应用程序使用。AGDC 允许对大量对地观测数据集进行编目，并通过一组命令行工具和 Python API 对其进行访问和操作。

图 1.9 为 AGDC 的体系结构。Data Acquisition and Inflow 代表了 AGDC 对对地观测数据进行索引前的采集和准备过程；Data Cube Infrastructure 为 AGDC 的主要核心，其中对地观测数据通过 Python API 被索引、存储和交付给用户；Data and Application Platform 构成了辅助应用模块，如作业管理和认证。AGDC 的源代码及其工具是开放的，并通过许多 git 仓库（https://github.com/opendatacube）正式发布，包括用于数据可视化的 web 界面模块、数据统计提取工具以及带有 AGDC 中访问和使用索引数据示例的 Jupiter Notebook。

AGDC 中负责数据索引的主要模块称为 datacube-core，它由一个 Python 脚本集组成，该脚本集使用 PostgreSQL 数据库对数据的元数据进行编目，并为数据检索提供 API。通过 datacube-core，AGDC 可以对存储在文件系统或 web 上的数据进行索引。AGDC 平台不使用任何方式在服务器之间进行数据分发，用户选择的文件系统负责确保数据存储和访问的可伸缩性。AGDC 使用 Product 和 Dataset 的概念来表示其目录中索引的数据。Product 是 Dataset 的集合，它们共享相同的度量和一些元数据子集。Dataset 表示最小的独立描述、分类和管理的数据集合。

为了处理 AGDC 实例索引的数据而开发的应用程序需要使用框架的 Python API，该 API 允许列出被索引的 Products，检索 Products 和 Dataset 以及元数据。数据检索由一个 load 函数执行，该函数接收诸如产品名称、边界框、周期范围和空间输出分辨率等参数。这个函数返回用户应用程序使用的 xarray 对象。在数据访问方面，AGDC 提供了 WCS、WMS 和 WMTS 等 OGC web 服务的实现，用户可以发现即时可用的产品、选择和检索数据集（GeoTIFF 和 NetCDF），并通过门户中可用的应用程序执行分析。

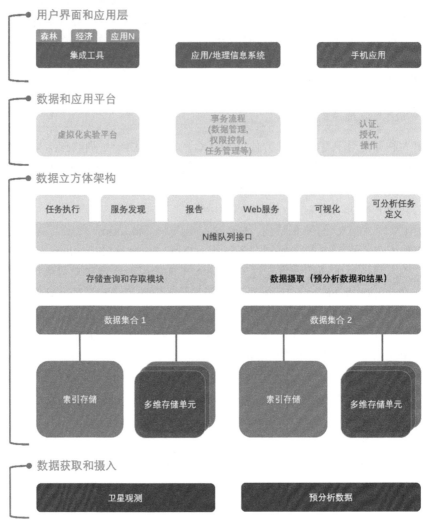

图 1.9　AGDC 平台架构图（Lewis et al., 2017）

1.7　实施地球大数据科学框架的国际合作

在地球大数据科学技术的推动下，国际合作数字框架可以涵盖政府治理、社会、商业和技术等多个方面，该框架必须满足能够影响到上述各个方面并在国际上得到认可的系统要求。此外，需要一组高层次的体系架构需求来确保服务于该框架的组件和资源的互操作性和有效性。

因此，表征地球大数据科学价值链框架的系统和互操作性需求包括：

（1）框架组件、服务和资源的公平性：应用公平原则（Wilkinson et al., 2016）框架组件、服务和数据必须是可查找的、可访问的、可互操作的且可重用的。这包括数据系统、分析模型、算法实现和高性能基础设施。

（2）框架组件、服务和资源的开放性：为了有效地管理框架组件、服务和资源（以及互操作性），所有这些元素都必须是开放的。例如，计算基础设施必须是透明的，以支持第三方大数据分析方法的应用。类似地，基础设施的开放性对于允许不同的贡献者和使用者在资源共享和重用方面拥有强大的技术支持也是必要的。

（3）虚拟化模型（或云计算模型）：该模型需要对共享的可配置计算资源池（例如网络、服务器、存储、应用程序和服务）进行无处不在的、便捷的和按需应变的网络访问，这些资源可以通过最少的管理工作或服务提供者的交互操作来快速地提供和发布。计算资源虚拟化使得物理资源的分配具有弹性和灵活性。

（4）应用分布式应用程序范式：该框架必须支持在虚拟和分布式环境中开发应用。例如，通过“网络即平台”（Web-as-a-Platform，WaaP）模式实现，避免了传统的企业级应用，并带来了基于高性能数据和计算基础设施（即云基础设施）的全组件协同工作。

（5）面向数据局部性：鉴于地球大数据的类型多样和海量特征，必须要尽可能地避免数据迁移，即数据分析过程中需要从原来存储位置迁移到其他位置。数据存储和分析过程应该依赖于相同的高性能基础设施（例如云基础设施），基础设施中的资源应该动态配置，以满足数据分析的需求；必须支持不同基础设施之间的互操作性机制以完成复杂的共享操作，例如为多重云互操作性提供解决方案。

（6）道德和安全设计：在实施地球大数据科学框架时，必须考虑来自社会的道德和安全（包括隐私和透明度）要求及约束，在框架概念形成的早期阶段让利益相关者和用户参与进来。

（7）地球大数据科学框架演化：随着新的科学理论和技术设备的不断发展，地球大数据科学框架必须能够动态地更新/演变和添加新的组件和资源（如数据源、数据分析模型和高性能基础设施）。此外，系统应不断演化出解决复杂问题的方法，使数据的应用价值不断提升。

除了公平性和开放性之外，对地球大数据科学框架的其他价值要求还包括：

（1）数据唯一性：为了确保数据的可发现性、可查找性和可用性，在发布和归档的过程（LIBER Europe, 2017）中，应该为每个框架资源分配一个全局唯一的持久标识符，帮助用户快速定位和索引与他们相对应的唯一数据集或元数据。

（2）数据标准化：为了最大限度地发挥数据价值并促进数据在科学界和社会团体之间的广泛流通，数据标准化应该涵盖数据生命周期的整个过程，包括信任和道德方面。

（3）数据的可理解性：为了增强数据的可重用性，数据发布者应该使用尽可能完整的元数据全面的描述每个数据集。特别是，元数据元素应该着重描述数据的生成过程，包括数据生产者、编辑器、发布者等的行为，以及数据的使用和重用条款。元数据和数据集可以被单独管理，并通过数据的持久标识符链接。

此外，为了支撑科学发现和智能地球管理，地球大数据科学价值链框架的数据分析功能还必须支持：

（1）可交互性：应该有健壮的算法来探索科学创新，以保证结果的再现性和可靠性。框架需要使得不同的研究方法之间能够相互作用，以确保结果是可靠的。这就要求在数据分析的过程中为专家提供实时的交互环境，来确保数据的可解释性。

（2）可视化：信息可视化（例如变化趋势、对象评价得分大小和对象间关系）可以提供一个更好的对数据和信息内容的理解，并支持快速决策。

1.8　小　　结

地球大数据科学正在成为一门重要的新兴交叉学科，以应对当前和未来由社会进化、数字化转型和资源短缺造成的全球性挑战。这门新兴学科的任务是整合世界的综合知识，使得在决策和政策制定过程中不同层次的个人都能获取到这些知识。它承认无形和不平等的挑战，从而通过利用数字变革和社会变革来推动可持续发展的极限，帮助我们为更美好的未来做准备。当前受欢迎的地球大数据科学平台实例，如 CASEarth、GEOSS、GEE 等，为正在进行的从数据管理方法到知识共享和价值共创的转变提供了证据。

地球大数据科学，着力于共享全球知识以使得世界上的每一个公民都享有平等的发展机会，而不受任何地理区域、人口或文化多样性的制约。此外，地球大数据科学为整合关于人类行为见解和地球复杂运行机制提供了机遇，促进了不同学科、不同利益群体和不同地理尺度的决策者之间的对话（Onnela, 2011），以改善世界各地人类和社会团体的福祉。

参 考 文 献

陈述彭, 郭华东. 2000. "数字地球"与对地观测. 地理学报, 55(1): 9-14.

费孝通. 2001. 关于社会学的学科、教材建设问题. 西北民族研究, (2): 1-6.

戈尔. 1998. 数字地球对二十一世纪人类星球的理解. 地球信息, (2): 8-11.

郭华东. 2009. 数字地球: 10 年发展与前瞻. 地球科学进展, 24(9): 955-962.

郭华东. 2014. 大数据　大科学　大发现——大数据与科学发现国际研讨会综述. 中国科学院院刊, 4: 500-506.

郭华东. 2018a. 利用地球大数据促进可持续发展. 中国战略新兴产业, 17: 94.

郭华东. 2018b. 地球大数据科学工程. 中国科学院院刊, 33(8): 818-824.

郭华东, 陈方, 邱玉宝. 2013. 全球空间对地观测五十年及中国的发展. 中国科学院院刊, 28(Z1): 7-16.

郭华东, 陈润生, 徐志伟, 等. 2016. 自然科学与人文科学大数据——第六届中德前沿探索圆桌会议综述. 中国科学院院刊, 31: 707-716.

郭华东, 梁栋, 陈方, 等. 2021. 地球大数据促进联合国可持续发展目标实现. 中国科学院院刊, 36(8): 11.

郭华东, 梁栋. 2024. 地球大数据缘起和进展. 科学通报, 69(1): 58-67.

郭华东, 王力哲, 陈方, 等. 2014. 科学大数据与数字地球. 科学通报, 59: 1047-1054.

郭华东. 2009. 数字地球: 10 年发展与前瞻. 地球科学进展, 24(9): 955-962.

郭华东. 2012. 空间对地观测与新一代数字地球. 中国建设信息, (21): 21-22.

郭华东. 2016. 大数据时代的"数字地球". 中国战略新兴产业, (17): 94.

郭华东. 2021. 开放数据与开放科学驱动可持续发展目标实现. 科技导报, (2): 68-69.

江碧涛. 2022. 我国空间对地观测技术的发展与展望. 测绘学报, 51(7): 1153-1159.

李学龙, 龚海刚. 2015. 大数据系统综述. 中国科学(信息科学), 45: 1-44.

刘大同, 郭凯, 王本宽, 等. 2018. 数字孪生技术综述与展望. 仪器仪表学报, 39(11): 1-10. DOI: 10. 19650/j. cnki. cjsi. J1804099.

宋维静, 刘鹏, 王力哲, 等. 2014. 遥感大数据的智能处理: 现状与挑战. 工程研究——跨学科视野中的工程, 6(3): 259-265.

王力哲. 2022. 地球大数据科学: 支持地球可持续发展的信息框架. 2021 高校 GIS 论坛主旨报告.

习近平. 2020. 在第七十五届联合国大会一般性辩论上的讲话. 中华人民共和国国务院公报, (28): 3.

熊元康, 张鸿辉, 梁宇哲, 等. 2021. 基于 Google Earth Engine 与多源遥感数据的土地覆盖变化监测. 地理空间信息, 19(9): 73-78, 82, 7.

杨元喜, 王建荣. 2023. 泛在感知与航天测绘. 测绘学报, 52(1): 1-7.

张滔, 唐宏. 2018. 基于 Google Earth Engine 的京津冀 2001～2015 年植被覆盖变化与城镇扩张研究. 遥感技术与应用, 33(4): 593-599.

Abidi S S, Abidi S R. 2019. Intelligent health data analytics: a convergence of artificial intelligence and big data. Healthcare Management Forum, 32: 178-182.

Anderson K, Ryan B, Sonntag W, et al. 2017. Earth observation in service of the 2030 agenda for sustainable development. Geo-spatial Information Science, 20(2): 77-96.

Big Data Value Association. 2019. Towards a European data sharing space: enabling data exchange and unlocking AI potential. BDVA. http: //www.bdva.eu/node/1277.

Bohlen V, Bruns L, Menz N, et al. 2018. Open data spaces: towards the IDS open data ecosystem. Fraunhofer Focus. http: //publica.fraunhofer.de/dokumente/N-555772.html.

Corbane C, Pesaresi M, Kemper T, et al. 2019. Automated global delineation of human settlements from 40 years of Landsat satellite data archives. Big Earth Data, 3(2): 140-169.

Dhar V. 2013. Data science and prediction. Communications of the ACM, 56(12): 64-73.

Freire S, Schiavina M, Florczyk A J, et al. 2020. Enhanced data and methods for improving open and free global population grids: putting 'leaving no one behind' into practice. International Journal of Digital Earth, 13(1): 61-77.

GEO DAB Team. 2019. GEO DAB APIs documentation. https: //www.geodab.net/apis.

GEO. 2016. GEO strategic plan 2016-2025: implementing GEOSS. Geneva. https: //earthobser vations.org/documents/GEO_Strategic_Plan_2016_2025_Implementing_GEOSS. pdf.

GEOSS Platform Operation Team. 2017. The GEOSS platform: all you need to know to become a GEO data provider. Geneva. http: //www.earthobservations.org/documents/gci/201711_gci_ manual_01. pdf.

GEOSS Platform Operation team. 2018. Executive report of the 3rd GEO Data. Geneva. https: // www.earthobservations.org/documents/me_201805_dpw/me_201805_dpw_summary_report.pdf.

Goodchild M F. 2004. GIScience, geography, form, and process. Annals of the Association of American Geographers, 94(4): 709-714.

Goodchild M F. 2009. Geographic information systems and science: today and tomorrow. Annals of GIS, 15: 3-9.

Google Earth Engine. https: //developers. google. com/earth-engine. [2022-11-20]

Gore A. 1998. The digital earth: understanding our planet in the 21st century. Speech Given at the California Science Center, Los Angeles, California, on January 31, 1998. ESRI. Accessed May 6, 2019. http://portal. opengeospatial. org/files/?artifact_id=6210.

Guo H D, Liang D, Chen F, et al. 2021. Innovative approaches to the Sustainable Development Goals using big earth data. Big Earth Data, 5(3): 263-276.

Guo H D, Liang D, Sun Z, et al. 2022. Measuring and evaluating SDG indicators with Big Earth Data. Science Bulletin, 67: 1792-1801.

Guo H D, Liu Z, Jiang H, et al. 2017. Big earth data: a new challenge and opportunity for Digital Earth's development. International Journal of Digital Earth, 10(1): 1-12.

Guo H D, Nativi S, Liang D, et al. 2020. Big Earth Data science: an information framework for a sustainable planet. International Journal of Digital Earth, DOI: 10.1080/17538947. 2020. 1743785.

Guo H D, Wang L Z, Chen F, et al. 2014. Scientific big data and digital earth. Chinese Science Bulletin, 59(35): 5066-5073.

Guo H D, Wang L Z, Liang D. 2016. Big earth data from space: a new engine for earth science. Science Bulletin, 61(7): 505-513.

Guo H D. 2014. Digital Earth: Big Earth Data. Int J Digital Earth, 7: 1-2.

Guo H D. 2017. Big earth data: a new frontier in Earth and information sciences. Big Earth Data, 1(1-2): 4-20.

Guo H D. 2018. Steps to the digital silk road. Nature, 554: 25-27.

Ham Y G, Kim J H, Luo J J. Deep learning for multi-year enso forecasts. Nature, 573: 568-572.

Hansen M, Potapov P, Margono B, et al. 2014. Response to comment on 'high-resolution global maps of 21st-century forest cover change. Science, 344: 981.

ISDE. 2009. Beijing declaration on digital Earth-September 12, 2009. The 6th International Symposium on Digital Earth. https: //web.archive.org/web/20120227195943/http: //159.226.224. 4/isde6en/hykx11. html.

ITU-T. 2017. AI for good: global summit report. ITU-T. https: //www.itu.int/en/ITU-T/AI/ Documents/Report/AI_for_Good_Global_Summit_Report_2017. pdf.

Jean N, Burke M, Xie M, et al. 2016. Combining satellite imagery and machine learning to predict poverty. Science, 353(6301): 790.

Kobro-Flatmoen A, Langdon G, Wright J, et al. 2012. Next Gen Voices Results. Science, 335(6064): 36-38.

Lewis A, Oliver S, Lymburner L, et al. 2017. The Australian geoscience data cube—foundations and lessons learned. Remote Sensing of Environment, 202: 276-292.

LIBER Europe. 2017. Implementing FAIR data principles: the role of libraries. Online document. https: //libereurope.eu/blog/2017/12/08/implementing-fair-data-principles-role-libraries/.

Liu X P, Pei F S, Wen Y Y, et al. 2019. Global urban expansion offsets climate-driven increases in terrestrial net primary productivity. Nature communications, 10(1): 1-8.

Michael F, Goodchild, Guo H D, et al. 2012. Next-generation digital earth. PNAS, 109(28): 11088-11094.

Nativi S, Santoro M, Giuliani G, et al. 2019. Towards a knowledge base to support global change policy goals. International Journal of Digital Earth. doi: 10.1080/17538947. 2018. 1559367.

Oliveira M I, de Fátima Barros Lima G, Farias Lóscio B. 2019. Investigations into data ecosystems: a systematic mapping study. Knowledge and Information Systems, 61: 589-630.

Onnela J P. 2011. Social networks and collective human behavior. UN Global Pulse. https: //www. unglobalpulse.org/2011/11/social-networks-and-collective-human-behavior/?highlight=Social% 20Networks%20and%20Collective%20Human%20Behavior.

Plummer S, Lecomte P, Doherty M. 2017. The ESA climate change initiative(CCI): A European contribution to the generation of the global climate observing system. Remote Sensing Environment, 203: 2-8.

Song H, Srinivasan R, Sookoor T, et al. 2017. Smart cities: foundations, principles, and applications. Hoboken, NJ: John Wiley & Sons.

Wilkinson M D, M. Dumontier I J, Aalbersberg G, et al. 2016. The FAIR guiding principles for scientific data management and stewardship. Scientific Data, 3(1): 160018. doi: 10.1038/sdata. 2016. 18.

Wong Z S, Zhou J, Zhang Q. 2019. Artificial intelligence for infectious disease big data analytics. Infection, Disease & Health, 24: 44-48.

第 2 章

地球大数据科学工程

大数据是知识经济时代的战略高地，是人类的新型战略资源（郭华东等，2016）。作为大数据重要组成部分的地球大数据，正成为地球科学的一个新的领域前沿，为推动地球科学的深度发展以及重大科学现象的认知发现作出贡献（郭华东，2014）。中国科学院充分认识到地球大数据的重要性，2018 年初设立了战略性先导科技专项（A 类）"地球大数据科学工程"（CASEarth），系统开展地球大数据研究。CASEarth 的宗旨即利用地球大数据驱动跨学科、跨尺度宏观科学发现，以系统性和整体性的理念去研究一系列重大科学问题，在对地球系统科学认知上有重大突破，同时在决策支持上实现新的跨越，持续地产出在科学发现、宏观决策、技术创新和知识传播等方面的重大成果。

2.1 地球大数据科学工程专项背景

2.1.1 总体思路

如图 2.1 所示，地球大数据科学工程专项（以下简称"专项"）面向国家全球化战略、可持续发展目标、"一带一路"倡议、美丽中国、海洋强国及生态文明战略等重大需求，整合中国科学院资源、环境、生物和生态领域社会统计数据、航空监测数据、遥感卫星数据、导航定位数据和地面调查数据，以大数据技术为支撑和纽带，建立大数据云服务平台，重点开展数字"一带一路"、全景美丽中国、生物多样性与生态安全、时空三极环境、三维信息海洋等多方面的基础与应用研究。通过系统集成院内相关项目和国家相关项目资源，建成国际地球大数据科学中心（后改为可持续发展大数据国际研究中心）。形成综合分析与决策支持、主题分析与展示、分布式网络化服务三种应用模式，为资源、环境、生物和生态领域提供高精度、高效能和高可视化的信息服务，全面提升该领域在国家技术创新、科学发现、宏观决策和社会公众知识传播服务等方面的重大成果产出（郭华东，2018a）。

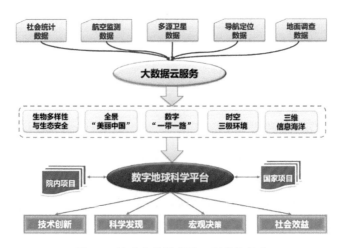

图 2.1 地球大数据科学工程总体思路

2.1.2 专项项目组织

专项以任务需求为牵引，如图 2.2 所示，共设置了九个项目，以实现理论和技术突破，取得创新成果。专项尤为重视数据的共享，并鼓励国内外学者依托本平台共同开展研究。

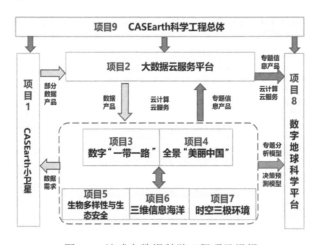

图 2.2 地球大数据科学工程项目组织

项目 1：CASEarth 小卫星（广目一号地球科学卫星，又称为"可持续发展科学卫星 1 号"）研制。研制服务于 CASEarth 的小卫星，建立 CASEarth 卫星运行管理与评估系统，完成 CASEarth 卫星数据接收与产品服务工作。研究面向观测任务总体设计技术，高集成、小型化载荷总体技术，红外、多光谱载荷技术，以及海量数据压缩存储与传输技术。通过对地观测卫星总体设计及载荷研制、卫星工程研制、卫星运行管理与评估、卫星数据的接收与产品服务研究 4 个方面的研究，形成一套由卫星需求到数据产品的全系统流程。北京时间 2021 年 11 月 5 日 10 时 19 分，CASEarth 小卫星成功发射升空；2022 年 9 月，卫星数据向全球开放，迄今已有 56 个国家应用该卫星数据。

项目 2：大数据云服务平台。建设具有一体化服务能力的地球大数据云服务平台，提供统一的计算与存储云服务；研究多源异构海量数据接入、汇聚、存储管理与统一访问的标准规范、协议、工具和系统，集成整合海量多源的科学数据资源及空天地一体地球大数据，建成有特色的地球大数据资源库。突破分布式计算资源统一调度和聚合服务的技术、格网数据计算技术、大数据计算处理技术与分析挖掘的新方法，实现大数据驱动的科学发现与决策支持。

项目 3：数字"一带一路"。构建"一带一路"地球大数据集成技术和评价体系，以及多要素科学数据库，实现"一带一路"地球大数据的综合集成，包括近 50 年 49 个大类要素的时空数据；开展"一带一路"地球大数据科学分析，认知"一带一路"全区域环境资源空间分布、可开发潜力、变化趋势科学规律；建立面向可持续发展目标的区域空间评估指标体系，实现"一带一路"可持续发展目标关键指标的科学监测；建立"一带一路"地球大数据分析与决策支持系统。

项目 4：全景"美丽中国"。在多角度、多维度、多环节、多因素、多层次的视角下，以地球系统科学和人—地关系理论为指导，开展基于大数据的资源环境本底分布与格局演变、清洁空气与环境健康、生态文明建设、区域发展与智慧城市以及"全景'美丽中国'"评价与决策支持系统的研究和开发，全面展示"美丽中国"的本底特征、清洁空气与环境健康、生态文明建设和城市发展等专题情景，对"美丽中国"建设现状及未来情景进行评价与预测，为"美丽中国"建设提供政策建议。

项目 5：生物多样性与生态安全。研究支持数据整合和共享的标准以及数据集成应用方法；有机整合生物资源数据与生态、环境、气象、国民经济等数据，形成完整的数据图层；利用分析模型和可视化技术实现对生物多样性资源数据功能挖掘和利用，构建开放开源的生物多样性与生态安全大数据处理利用的通用接口，建立一个以生物多样性与生态安全信息为核心的综合大数据平台，在不同层次上实现不同形式的数据个性化服务与决策支撑。

项目 6：三维信息海洋。形成"两点一面"的海洋信息资源池，其中"一面"是指全球尺度的海洋信息资源池和数据产品，建立全球海洋基础数据服务系统；

"两点"是指聚焦优势的方向和区域,在"中国近海"和"两洋一海"两个战略要点开展信息集成和科学研究。在"两洋一海"关键区域,研究南海岛礁多源数据及变化数据库与结构模型、西太平洋深海生物地理信息系统与深海极端生境的多维演示系统、印度洋及其重点港口区海洋灾害同化数据产品及海洋灾害预测预警系统,最终实现海洋信息的实时展示、动态模拟和情景分析。

项目 7:时空三极环境。通过三极专题大数据共享与集成、三极遥感对比研究、三极大数据分析方法和多圈层相互作用模型等基础研究,以及三极生态时空动态与预估、三极水环境与未来水安全、三极气候变化及对我国影响、北极航道监测与精细化预测、冰冻圈变化及其服务功能、极地重大工程冻土等专题研究,实现占领地球系统科学制高点,为极地治理和北极开发提供决策支持等目标。

项目 8:数字地球科学平台。该平台是"地球大数据科学工程"专项的综合展示平台,重点建设地球大数据综合展示与决策支持系统及网络化信息服务系统,主要为面向多学科融合与大数据驱动的科学发现和技术创新提供数据、服务、计算等多类资源及其关系的可视分析支持,兼顾资源、环境、生物、生态等领域的科学传播与公众服务。研制弹性可扩展、多模态数字地球科学平台,保障系统的安全可靠运行,为科学发现与技术创新提供环境和工具支持。

项目 9:CASEarth 科学工程总体,负责整个专项的顶层设计和信息共享集成。CASEarth 将突破数据开放共享的瓶颈问题,实现资源、环境、生物、生态等领域分散的数据、模型与服务等的全面集成,形成多学科融合、全球先进水平的地球大数据与云服务平台,构建大数据驱动的、具有全球影响力的数字地球科学平台,全景展示和动态推演"一带一路""美丽中国"可持续发展目标实现进展,全面提升地球大数据在科学发现、宏观决策、技术创新和社会公众知识传播服务等方面的重大成果产出。

2.1.3 专项建设目标

专项总体目标为构建国际地球大数据科学中心。具体包括:

(1)构建全球领先的地球大数据基础设施。突破数据开放共享的瓶颈问题,实现资源、环境、生物、生态等领域分散的数据、模型与服务等的全面集成,形成多学科融合、全球领先的地球大数据云服务平台,力争成为支撑国家宏观决策与重大科学发现的大数据国家重大科技基础设施。

(2)形成国际一流的地球大数据学科驱动平台。探索形成大数据驱动、多学科融合、全球协作的科学发现新范式,示范带动地球系统科学及相关学科的重大突破,成为具有全球影响力、国际化、开放式的大数据科学中心。

(3)构建服务政府高层的决策支持平台。平台具备多问题、多视角全景式可视化分析、模拟与推演能力，能够全景展示和动态推演"一带一路"可持续发展过程与态势，实现对全景美丽中国、可持续发展和面向人类命运共同体的国家全球化战略的精准评价与决策支持。

2020 年 8 月 31 日，中国科学院院长办公会同意建设"中国科学院可持续发展大数据国际研究中心"，作为可持续发展大数据科学领域的高水平平台与国际研究机构，以支撑服务国家战略和全球可持续发展。会议同意调整 A 类战略性先导科技专项"地球大数据科学工程"的建设目标，将原计划建设的"国际地球大数据科学中心"调整为"中国科学院可持续发展大数据国际研究中心"。

2020 年 9 月 22 日，习近平主席出席第 75 届联合国大会一般性辩论期间发表重要讲话，宣布中国将设立"可持续发展大数据国际研究中心"（可持续发展大数据国际研究中心，2021）。该中心是目前全球设立的唯一的可持续发展大数据研究机构，目标是为科技促进机制支撑联合国 2030 可持续发展议程的实现提供保障，为可持续发展大数据研究的国家立项、新的国家重点实验室建设等奠定了坚实的基础（高雅丽和倪思洁，2021）。

CASEarth 在以下 3 个方面鲜具特色并取得重要产出：

（1）实现系列科学发现。形成大数据驱动科学发现的新方法、新范式，通过再现陆地、海洋、大气、人类社会要素各参数的空间分布和时间动态，揭示全球和区域尺度不同要素之间复杂耦合的相互作用，揭示不同分辨率下要素的细节和不同层次以及耦合关联。

（2）产生系列技术创新。构建高精度地球大数据云服务平台和新型数字地球系统，通过精确的地理关联和物理关联，将海量数据和信息产品集成展示。建成"全国布局，统分结合，透明服务"的地球大数据与云服务平台，形成多学科交叉、可演进、可服务的地球大数据重大基础设施。

（3）服务于政府决策支持。建成大数据驱动、可视化、可交互、可动态演进的决策支持环境，实现多源空间信息的集成化数字再现与多要素交叉集成评估，提供宏观实时的地球大数据决策支持系统。

2.2　地球大数据专项研究成果

专项实施以来，在技术创新、科学发现、宏观决策和社会公众知识传播服务等方面取得了重要进展和亮点成果。地球大数据原型系统投入运行，被列入中国科学院国庆 70 周年重大活动、院庆 70 周年创新成果展；建成大数据云服务基础平台，地球大数据共享服务平台实现对社会全面开放共享；可持续发展科学卫星

1 号于 2021 年 11 月 5 日发射运行；截至 2020 年底，《地球大数据支撑可持续发展目标报告（2019）》被列为中国政府参加第 74 届联合国大会的四个正式文件之一和 2030 可持续发展目标峰会的两个正式文件之一；《地球大数据支撑可持续发展目标报告（2020）》被列入中国政府参加第 75 届联合国大会的正式文件。

专项在生命与环境协同演化、生物多样性变化及其环境制约、北极放大效应的物理机制和北极放大效应对中纬度气候的影响等方面取得了系列重大成果，已发表 SCI 论文 1000 余篇，其中 Nature、Science 及其子刊和 PNAS 论文 20 余篇，学科 TOP25 期刊论文 600 多篇，出版专著 20 余部，申请国家发明专利一百余项，国际 PCT 专利 6 项，提出国际标准 4 件，国家标准 11 件。专项围绕"一带一路"倡议、美丽中国建设、生物生态安全、海洋强国战略等国家重大需求，提交国家和省部级咨询报告超百篇，被国家领导人批示 27 份，提供国家或地方决策支持服务一百余次。

2.2.1 可持续发展科学卫星 1 号

可持续发展科学卫星 1 号是全球首颗专门服务联合国 2030 年可持续发展议程的科学卫星，搭载的红外载荷空间分辨率 30m，幅宽达到 300km，重访能力优于 3 天，是一颗具有国际领先水平的中高分辨率宽幅红外卫星。在气象领域，广目地球科学卫星的分辨率高于目前运行的 FY3、FY4 系列气象卫星，且 300km 幅宽红外热像仪可以对城市群区域的高空云进行有效的探测，可用于极端气象天气的预报；在应用领域，针对热红外数据与现有多光谱数据的有机结合的难题，中高分辨率热红外数据将提供创造性的解决方案，改善以往热红外数据使用评价单一性问题，有望为地表植被高精度健康识别、农作物病虫害监测、粮食估产等问题提供新的解决方案。

在卫星仿真系统集成方面，突破国产处理器数字化建模技术，针对广目地球科学卫星平台建立了指令级等效仿真模拟器，填补了国内空白；在科学数据产出方面，选用了国际一流的辐射和几何定标场，微光地面定标的开创性工作；星上定标方案达到国际先进水平。

2.2.2 地球大数据云服务平台

建成了国内领先的地球大数据云服务平台，实现了 PB 级多源异构、多学科领域数据按需汇聚、统一存储管理、共享发布与融合分析；针对地球大数据特点和大数据驱动科学发现与决策支持的需求，进行一体化设计与系统集成，实现了数据、算力与算法的有机融合，是一种典型的集成创新；就其管理与处理数据的规模、复杂度、性能及提供云服务丰富度等方面而言，总体达到了国内领先水平。

1. 大数据云服务平台

大数据云服务平台在 PB 级地球大数据管理、存储、计算与交互式分析等系列关键技术上取得突破；自主研发了地球大数据资源库系统、格网数据引擎DataBox、地球大数据挖掘分析系统 EarthDataMiner 等系统软件，建成集地球大数据管理、计算、分析与应用服务于一体的大数据云服务平台 V1.0，并为各项目提供了计算模拟、数据共享、大数据处理与分析等云服务，有力支撑了专项开展地球大数据驱动科学发现与决策支持工作。

云服务平台的关键技术指标和服务能力见表 2.1。

表 2.1 云平台关键技术指标和服务能力表

序号	关键能力	能力描述
1	总体技术指标	专用系统超级计算峰值计算能力 1.0016PFlops，大数据处理能力 1.0395PFlops，数据存储能力 50.2PB，支持最大 12000 核心大规模并行计算，最高可提供 10000 台虚拟云主机。聚合计算资源累达 100PF，存储资源累计达到 100PB。
2	数据传输能力	科研人员向云平台传输数据，其实测单机平均传输速率大于 240MB/s，可在 1 天内实现 100TB 数据向云平台的传输。
3	数据存储能力	文件存储容量 20PB，设计聚合 I/O 带宽 100GB/s，实测最大带宽 141GB/s；对象存储容量 20PB，可靠性不低于"5 个 9"。
4	数据流转能力	平台通过存储系统实现超级计算、云计算之间数据共享；数据网络采用 spine-leaf 全冗余架构，数据交换能力大于 1200Gbps。
5	数据处理能力	平台实现 100PFlops 分布式异构计算能力聚合，作业吞吐能力；平台内自建超级计算系统，设计峰值性能 1PFlops，实测性能 720.7TFlops，Linpack 效率 72%；自建云计算系统，提供物理核心 10576 个，支持 10000 虚拟主机创建。
6	应用软件部署	部署商业软件和开源软件 30 余个，EarthDataMiner、DataBox、MPP 数据库、对象存储系统、数据汇交系统、数据共享发布系统等自研应用软件 10 余个。
7	可共享的数据资源	包括基础地理、对地观测、地面监测、调查统计和社会经济等方面的数据 5PB，覆盖资源环境、生物生态、大气海洋等学科领域。
8	可提供的服务能力	·提供高性能计算服务、弹性云主机服务、弹性大数据处理服务等信息化基础设施服务能力； ·面向应用需求，提供按需计算分析环境定制服务，支持专项应用成果集成，提供应用服务入口； ·提供数据汇交、数据存储、数据共享、数据发布服务，提供多种数据在线处理、分析及发现服务； ·提供遥感数据引擎服务，支持多学科数据、计算与服务的完整链条； ·提供数据在线分析挖掘服务，集成机器学习领域相关算法，支持算法模型发布共享，在线编辑代码功能。

如图 2.3 所示，云服务基础平台主要由专用计算系统和资源聚合服务平台组成。如图 2.4 所示，专用计算系统是支撑地球大数据云服务平台的核心信息技术系统，是提供地球大数据云服务的基础设施平台，满足用户对科研数据的存储、分析、共享、发布等计算需求；承载专项数据汇交、高性能计算与数值模拟、大

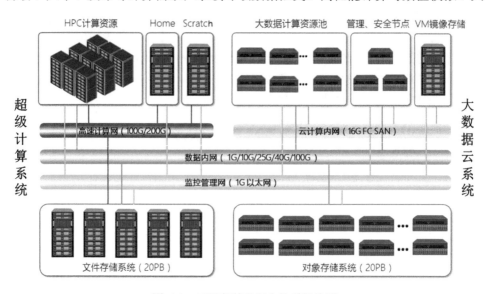

图 2.3 云服务基础平台体系架构图

图 2.4 地球大数据科学工程云服务基础平台技术体系架构图

数据分析处理、科研数据共享与发布、应用环境按需定制、"上球"数据前期分析处理等业务。为确保专用计算系统最大化契合用户的实际应用需求，项目建设团队创新性地提出了以数据为核心，高性能计算、云计算、云存储、大数据计算等融合的系统架构，实现了"全局统一认证、用户统一服务、统一监控运维"的目标。云服务基础设施实景见图 2.5。

图 2.5　地球大数据科学工程云服务基础设施实景图

云服务基础设施平台主要技术特点如下：

（1）超融合计算系统架构

云服务基础设施平台采用了一种用于科研大数据存算一体化处理的新型超融合计算系统架构，该架构是国内首次将超级计算系统、大数据云系统、数据存储系统以及高速网络系统融合于单一计算系统中。其中，超级计算子系统利用并行化计算方法满足对计算精度、计算规模具有较高要求的科研数据处理需求（He et al., 2015）；大数据云子系统借助虚拟化技术满足分布式计算环境、个性化科研计算环境的快速定制、发布需求；数据存储子系统用于储存文件形态、对象形态的海量科研数据，满足数据处理过程中的临时数据交换和存储需求，满足数据处理后共享发布的存储需求。高速内网子系统负责超级计算系统、大数据云系统、数据存储系统间的互联互通，满足海量科研数据在上述各系统之间的快速交换需求，为实现"流水线"式数据处理提供底层物理支撑。云服务基础设施平台实现了以数据为中心的一体化处理环境，方便专项内用户在单一系统/平台中完成对科研数据的存储、计算、仿真、分析、发布、共享等的全流程处理，较大地提高了科研效率。

（2）一站式融合服务平台

为提升专项用户与云服务基础设施之间的交互体验，结合用户需求，定制开发了一站式自助服务超融合服务平台。其中，融合服务平台的 IaaS 层采用 LDAP 协议保证用户的统一认证，LDAP 认证中心存储了用户账号、UserID 和口令信息，供超级计算子系统、大数据云子系统、数据存储子系统读取；以用户账号名作为识别用户的全局唯一标识，并将硬件资源与该标识绑定；以用户账号名和 UserID 的组合作为数据权限控制的全局唯一凭证，保证每个用户只能访问自己的数据，实现数据访问权限的隔离。融合服务平台的 PaaS 层提供高性能计算功能、数据汇交存储功能、基础设施供给功能和个性化计算环境定制功能。其中，高性能计算功能基于超级计算子系统实现；数据汇交存储功能基于数据存储子系统实现；基础设施供给功能由基于云计算技术实现的大数据云子系统提供；个性化计算环境定制功能基于大数据云子系统实现。融合服务平台通过统一服务门户，为专项用户提供科研数据的汇交、大数据处理分析、高性能计算模拟、科研成果发布—展示、重要数据存储备份、用户自定义数据处理平台快速构建等一站式自助服务。

2. PB 级地球大数据共享资源库

如图 2.6 所示，作为地球大数据专项数据资源发布及共享服务的门户，数据共享服务系统是地球大数据共享服务平台核心系统之一，于 2019 年 1 月 15 日正式面向全球用户上线服务（系统地址：http://data.casearth.cn）。截至 2022 年 9 月，在线提供了 14 PB 的数据共享服务。

图 2.6　地球大数据科学工程数据共享服务系统界面

　　基于专项数据特点，系统可提供多种数据发现模式，包括但不限于项目分类、关键词检索、标签云过滤、数据关联推荐等；提供在线下载、API 接口访问等多种数据获取模式；支持可定制的多格式数据在线查看、预览和查询；支持面向个性化需求统计、收藏、推荐、下载、评价服务，为数据有序化关联及全生命周期管理提供保障（杜珊珊，2020）。

　　3. 地球大数据全链条系统软件栈

　　自主研发对地观测数据管理、计算、分析挖掘系统软件，形成数据、计算与服务的完整链条。

　　1）PB 级格网数据引擎

　　面向国内海量对地观测数据的高效检索和按需分析的应用需求，自主研发了格网数据引擎软件系统，包含 4 项核心软件产品，支持 PB 级遥感剖分格网数据的高效组织、管理、分析和按需访问。目前格网数据引擎提供 20 个 Python3 版本支持并发读写的 dboxio API 接口函数，支撑超过 20 万景 Databank Landsat RTU 数据的管理和高效并发访问（数据量超过 100TB），实现超过 10TB 的全国高分一张图的免预切 TMS 快速发布服务。

　　2）面向时空数据的 MPP 数据库引擎

　　研制支持 GIS 扩展的 MPP 数据库引擎，已部署到云服务平台上，可支持千亿记录级结构化数据处理，相对单机数据库引擎在特定场景下可提高 70 倍的查询性能。实现了 ANSI SQL 2008 标准和 2003 OLAP 扩展，支持标准的 JDBC 和 ODBC 接口。同时具有良好的兼容性和开放性，可无缝集成业界主流 ETL 及 BI 工具。

　　3）地球大数据挖掘分析系统

　　研发了地球大数据挖掘分析系统（EarthDataMiner）云服务 V1.0，为地球大数据领域科学家提供多领域交叉融合的挖掘分析工具系统，引入前沿机器学习算法，利用高质高效的模型与算法共享机制，提升多领域综合分析模型的创新设计质量和效率。EarthDataMiner1.0 初步具备国际领先同类平台 Google Earth Engine 的基本功能，在模型算法共享、领域功能定制等方面具有特色。目前已与多个专项参研团队合作，基于该系统开发了一批典型案例。

　　基础设施平台的混合架构在国内尚属首创，形成为地球科学研究的一体化基础设施服务平台。自主研发的地球大数据系统软件栈，提供了时空数据管理与分析服务的中国方案。格网数据引擎是国内首个基于格网数据剖分的地球大数据高效处理分析与服务系统软件，目前部分服务的测试性能同国际领先的 Google Earth Engine 基本相当，并存在进一步提升的空间。提供了针对 GIS 数据的分布式查询处理实现方案，为国内栅格数据的查询分析提供了新的解决思路。EarthDataMiner

的研发，提升多领域综合分析模型的创新设计质量和效率，降低开发难度，实现挖掘分析全流程的开发运行一体化支撑，支持宏观决策、促进交叉科学研究和重大科学发现。

2.2.3 地球大数据平台系统

专项在系统平台研制方面通过多项目协同合作，制定了总体技术框架，设计了一套集数据管理、计算、分析、服务于一体的基础架构，实现了在"广目云"服务平台上，从数据到信息到挖掘的全过程功能，解决了地球大数据多源数据集成、大规模实时按需计算、云化服务、可视化分析等问题；研制了数字地球基础平台专业版 V1.0，实现了从数据到信息再到可视化模拟的全过程功能[中国科学院战略性先导科技专项（A类），2018]。

如图 2.7 所示，原型系统可视化环境建设，实现了集液晶拼接屏与雷达触控系统、270 度弧幕投影系统（图 2.8）、大型球幕投影系统、互动魔镜展示系统、AR 互动展示系统、异型 LED 拼接屏展示平台，六种于一体的多种新型可视化展示模式，建成了一个具有震撼力、自然交互与智能分析功能的可视化环境，具备了跨平台、跨设备多种模式的网络化展示与服务能力，突破了一系列地球大数据分析与可视化方法和大型球体展示系统构建技术，建成了包括专项总览区、地球大数据科学工程系统展示区、科普互动的地球大数据科学工程系统在内的综合展示平台。

图 2.7 地球大数据科学工程系统总体实景图

开展了地球大数据支撑全球可持续发展、"一带一路"、美丽中国、生物生态、海洋信息、三极环境等方面的专题应用示范，实现了全球和区域资源、环境、生态、生物等领域数据的集中展示和综合分析，揭示了生物物种演化、三极气候—生态系统协同变化等科学规律，支撑了在"一带一路"、美丽中国和海洋环境等方面的宏观决策。

图 2.8　地球大数据系统可视化系统

地球大数据系统的建设，探索了一个全新的地球系统科学研究范式和全球视野高度集成的决策支持模式，探讨了地球大数据科学工程专项技术系统构建的标准、规范、流程，提出了一套集数据管理、计算、分析、服务于一体的基础架构；为地球大数据科学工程的实施和未来国际地球大数据科学中心的建设提供了标准规范、技术框架、试验环境，展示地球大数据科学工程专项服务科学认知与决策支持的能力；为专项成果总体集成提供了一个集成测试环境和具震撼力、现代感强的集中展示平台，是我国首个地球科学大数据综合集成系统。

2.2.4　支持联合国可持续发展目标

2015 年 9 月，在联合国成立 70 周年之际，各国元首和代表相聚纽约联合国总部，通过了《变革我们的世界：2030 年可持续发展议程》。该议程的核心是实现全球可持续发展目标，旨在所有国家和利益攸关方携手合作，阻止地球的退化，以可持续的方式进行消费和生产，管理地球环境和自然资源，使地球能够满足今世后代的需求，让全球走上可持续且具恢复力的道路，形成一个人与大自然和谐共处的世界（Guo et al., 2014; United Nations，2018）。

联合国《2030 年可持续发展议程》是一项为人类、地球与繁荣制定的宏伟战略行动计划，包含经济、社会和环境 3 个方面，由 17 个可持续发展目标、169 个具体目标及 230 个指标组成。目前，联合国、各国政府、国际组织等正在开展联合国可持续发展目标（SDGs）指标体系构建以及指标监测评估研究。但由于 SDGs 在具体实施过程中面临许多挑战，其中数据缺失是监测 SDGs 各个目标最艰巨的挑战，数据统计体系不完善、不一致以及指标体系缺失是造成数据缺乏和质量不高的主要原因；SDGs 监测的评价指标模型化问题复杂，受限于数据的可获取性，在进行综合评价时，并不是所选指标均能模型化实现。因此，如何科学建立综合、交叉、多要素相互作用评价模型库是一个难点问题。

为应对上述问题和挑战，CASEarth专项提出基于地球大数据的科技创新以促进可持续发展目标实现。以地球大数据平台为基础，综合集成资源、环境、生态和生物领域的数据库、模型库和决策方法库，构建可持续发展评价指标体系和决策支持平台，对资源、环境、生态等方面的可持续性进行有效的监测和评估，将地球大数据纳入联合国和我国的支撑可持续发展评价体系中，同时也服务于我国的生态安全和资源安全保护工作。

CASEarth专项围绕SDGs的研究内容包括：①通过构建地球大数据共享服务平台，努力成为联合国可持续发展目标实施数据提供者、生产者和指标的官方联络者；②围绕SDG2、SDG6、SDG11、SDG13、SDG14和SDG15等目标开展全球、区域、国家以及地区4个不同尺度的SDGs重点指标选择与空间评估指标体系构建以及指标监测评估；③面向可持续发展目标监测的本土化问题，尤其是发展中国家，努力将我国的应用示范成果推动成为普适性的SDGs官方应用示范典型案例；④在数据收集分析的基础上，定期监测和评估可持续发展目标的进展，形成"地球大数据支撑联合国可持续发展系列报告"；⑤建设面向服务于SDGs目标评估和实现的开放型高端智库，引领我国和国际SDGs目标的相关工作，增强各层次上的科学决策能力（郭华东等，2021）。

《地球大数据支撑可持续发展目标报告》利用地球大数据以系统性和整体性的方法和理念研究和评估了SDGs发展，是中国服务于联合国可持续发展目标的一个科技创新平台和我国利用地球大数据促进SDGs实现所作的具体贡献。外交部刊文对报告给予了高度评价——《地球大数据支撑可持续发展目标报告》展示了中国利用地球大数据技术支持2030年议程落实和政策决策的探索和实践，揭示了有关技术和方法对监测评估可持续发展目标的应用价值和前景，为国际社会填补数据和方法论空白、加快落实2030年议程提供了新视角、新支撑（外交部网站报道）。系列报告彰显了中国科学院的总体优势和地球大数据战略先导专项支撑国家和国际重大发展战略需求的能力，显示了中国在联合国技术促进机制中调动高水平科技能力推进联合国落实可持续发展目标的监测、分析和评估工作的功效。

2.3　地球大数据专项成果影响

2.3.1　地球大数据理念传播

专项在国际上首次提出地球大数据概念，在国际上发表第一篇"地球大数据科学"论文，创刊全球第一份 *Big Earth Data* 期刊，开辟了地球大数据基本理论、技术与应用新方向。

地球大数据专项与欧盟联合研究中心合作发表了地球大数据引领性论文"Big Earth Data Science: an information framework for a sustainable planet"（Guo et al., 2020a），推动地球大数据理念在国际科技界的传播，促进地球大数据科学在学科领域的发展。此文被泰勒-弗朗西斯出版集团评选为地球与环境保护领域期刊 2017 年至 2020 年出版的 15 篇精品文章之一，入选第 51 个世界地球日（Earth Day）活动。

地球大数据专项与国际数字地球学会和泰勒-弗朗西斯出版集团等机构合作，在专项起始即创刊 Big Earth Data，推动地球大数据理论、技术、应用发展和数据共享新理念。2020 年该刊被 Scopus 数据库正式收录，继该刊被 DOAJ（国际开放获取期刊检索系统）收录后，获得另一大型文献数据库的认可。

专项在《中国科学院院刊》策划出版了"科学大数据国家发展战略"专刊，专项负责人郭华东发表《地球大数据科学工程》（郭华东，2018a）和《科学大数据—国家大数据战略的基石》两篇文章（郭华东，2018b），阐述了科学大数据发展战略，分析了地球大数据作为地球科学的一个新的前沿领域，在推动地球科学的深度发展以及重大科学发现上具有重大意义。

专项负责人主编出版的国际数字地球领域首部英文专著 Manual of Digital Earth（《数字地球手册》）（Guo H, 2020b），出版后全球下载量已逾 100 万次；联合主办并承办首届中国数字地球大会，并形成每两年一次的数字地球系列会议，构建了我国高水平数字地球学术交流平台。

专项总体统筹规划，提出了创新性的总体技术架构，研发了地球大数据基础设施平台，提供高效的数据管理和共享服务，开创了领先的计算分析与技术系统；构建了依托标准规范的数字地球平台的大数据驱动科学发现与决策支持，完成了《地球大数据科学工程技术白皮书》V1.0（图 2.9）。

图 2.9　专项顶层设计与数据共享服务规范

从科学大数据和地球大数据国内外开放情况入手，系统开展专项数据资源规划、共享体系建设与应用、科学数据开放共享，构建包含资源、环境、生物、生态等多个领域的大数据与云服务共享平台，完成并出版了《地球大数据科学工程数据共享蓝皮书》（2019），推动地球大数据系统技术和数据共享发展（图2.9）。

2.3.2 地球大数据支持国家宏观决策

1. 地球大数据服务美丽中国建设

利用地球大数据及技术平台集成的多源海洋和大气调查数据、气象和环保业务数据、卫星遥感数据、数值模拟模式等，在国际上首次产出覆盖全国 5km×5km 分辨率 2013～2017 年网格分析数据集；攻克高分辨率模式网格数据处理及展示吞吐率低的难题，研制了地球大数据原型系统"大气球"，展示从全球-中国-城市-街区高精度大气及空气污染要素的过去、现状及未来 7 天预报结果；系统分析了全国 $PM_{2.5}$ 污染分区特征，支撑生态环境部对汾渭平原污染治理协同控制区的划分和区域大气污染的短期预测业务；研究成果《世界卫生组织发布最新全球环境空气质量数据》分析了全球 2010～2016 年的空气污染趋势，空气污染导致的疾病负担，以及中国城市的空气质量水平，提出了我国提升环境空气质量的建议，该咨询被国办专报信息采纳（黄磊等，2021；黄春林等，2021）。

以 6 个野外站近 20 年长期监测数据为基础，结合近 40 年多源遥感数据，通过模型方法分析区域生态系统变化和工程成效，明确存在的问题与原因，提出解决对策，形成的《三北防护林体系建设 40 年成效、问题的分析与建议》、《关于在西南喀斯特地区实施生态服务功能提升工程的建议》和《关于优化和完善天然林保护工程实施工作的建议》3 篇咨询报告，被中办采纳。《关于严守祁连山生态保护红线的科技支撑建议》、《全球营商环境优化举措及对我国的启示》、世界银行发布《中国减贫和共享繁荣进程中面临的挑战与机遇》三份专报被中国科学院专报信息采纳。《京津冀产业协同发展路径的调研报告》被国办采用，并得到了国家领导人批示。

2. 地球大数据服务国家生物生态安全和粮食安全

服务国家生物生态安全方面，在国家重大工程实施保护成效、生物大数据发展建设、人畜共患疾病等方面的中办采纳咨询报告 5 份，其中 2 份获国家领导人批示。支持 IUCN 及林草局、生态环境部、科技部、发改委、濒科委等部委的重大决策与重大活动 14 次。提交的主要决策报告包括：《关于优化和完善天然林保护工程实施工作的建议》、《关于在西南喀斯特区实施生态服务功能提升工程的建议》、《"关于我国生物大数据发展现状与建议"院专题研究报告》、《北京发现食源性人兽共患寄生虫—对盲囊线虫建议紧急开展调查和研究》等方面（梁卓等，2019）。

服务重大疫情防控方面，国家微生物科学数据中心的"全球冠状病毒组学数据共享与分析系统"，发布了新冠病毒第一张电子显微镜照片和毒株信息，在国际疫情防控中提供了有效的科学依据，受到了广泛关注和认可。

服务国家粮食安全方面，开展了全球小麦和水稻等主要粮食作物主要病虫害遥感监测预警研究，在数字地球科学平台上开展全球范围病虫害监测预警建模与大数据分析，提供全球、洲际、全国、省、县域的多尺度病虫害监测与预测产品服务，在国际上首次发布了中英双语全球小麦和水稻病虫害遥感监测预警报告。基于专项数字地球科学平台，融合遥感、气象、生物、生态、地形、植保等多源数据，并耦合病虫害发生生物学机制和流行扩散模式，针对2019年年初首次入侵我国的草地贪夜蛾，开展了虫害发生发展情况遥感动态监测，并划定该害虫的周年繁殖区、迁飞过渡区和重点防范区共3个防治分区，为我国农业农村部草地贪夜蛾科学防控提供技术支撑（左丽君等，2021）。

面向粮食安全相关成果多次被中办、国办和农业农村部采纳，为中国科学院"第二粮仓科技示范工程"提供病虫害动态监测预警，报告《中国科学院遥感监测结果显示草地贪夜蛾为害我国24省区市1451县约1692万亩农田》获国务院办公厅和《中国科学院专报信息》采用；《中国科学院遥感监测结果显示草地贪夜蛾为害我国24省区市约1501万亩农田》获国务院办公厅和《中国科学院专报信息》采用；《2018年全年粮食减产，水稻减产》报告被中办和国办刊物同时采纳，《我国夏粮增产，冬小麦增产》报告被国办采纳；《今年全国大豆种植面积增加398万亩，未达1000万亩政策预期》被中办采纳；《我国秋粮减产，大豆增产》被国办采纳。

3. 地球大数据服务国家海洋强国战略

在系统收集中国近海地质、水文、化学、生物等数据的基础上，利用地球大数据及技术平台，基于ROMS的高分辨率（4km）海洋环流数值模式，实现了近海重要生态灾害发生区海洋学过程的精细分析和南海油气平台的动态监测，满足了政府部门对近海环境评估与油气田监测的迫切需求。通过对南黄海浒苔绿潮发生机制的系统分析，提出了构建"三道防线"防控黄海绿潮灾的政策建议，为上合峰会的召开提供海洋环境保障。针对桑吉号油船燃爆沉没事故，依据水动力学数值模式的分析结果，提出了其对我国近海的影响分析及应对建议，被中办和国办采纳；基于遥感监测数据及油气平台自动提取等关键技术，研制了重要战略资源（石油）安全高分动态监测与评估应用示范子系统，给出了典型海域油气平台的确切数目、精确坐标和完整分布，掌握了南海周边各国油气平台数目的增量，探明了各油气平台所在海域的深度，完成了南海油气平台生产能力估算及油气安全态势综合分析，提出了中菲（中国、菲律宾）油气开发合作区域的空间划设及具体合作建议，推动了我国在南海的油气资源开发和国际合作，为国家战略决策制定提供了坚实的信息支撑；研制的《中国海岸带土地利用数据库》及在此基础上形成的《中国海岸带地区开发利用现状与趋势研究报告》为自然资源部相关工作提供了重要的数据支撑和决策依据；基于地球大数据整理和分析，进一步改进了全球高分辨率海洋模式 LICOM 3.0，成功模拟出穿越北极点的洋流，并进行了北极航道关键海峡海冰冰情分析及通航风险评估，建立了北极海冰预报系统，为"冰上丝绸之路"开通提供了科学基础（钱程程和陈戈，2018；王福涛等，2021）。

2.4 小 结

地球大数据为地球科学研究提供了全新的方法论，正在成为认识地球的新钥匙和地球科学研究的新引擎，有可能给地球科学研究带来重大变革（Guo H D et al., 2016）。利用地球大数据，结合地球系统科学模型，发展地球大数据知识发现的理论与方法是地球科学中应解决的重大科学问题。地球大数据作为一个新的学科方向，应开展持续研究，注重地球科学、信息科学、空间科技等领域的交叉研究，发展地球大数据研究方向，促进地球系统科学研究迈上新的高度（Guo H D et al., 2017a, 2017b, 2018）。作为代表国家水平和能力的国家创新平台，CASEarth 通过地球大数据研究带来科学方法论和研究视角的创新，带来可持续发展宏观决策支持的革命，形成地球系统科学发现的新引擎。

参 考 文 献

杜珊珊, 2020. 国产卫星的日光诱导叶绿素荧光反演研究, 中国科学院大学.

高雅丽, 倪思洁. 可持续发展大数据国际研究中心成立. 中国科学报, 2021-09-07(1).

郭华东, 陈润生, 徐志伟, 等. 2016. 自然科学与人文科学大数据——第六届中德前沿探索圆桌会议综述. 中国科学院院刊, 31(6): 707-716.

郭华东, 梁栋, 陈方, 等. 2021. 地球大数据促进联合国可持续发展目标实现. 中国科学院院刊, 36(8): 874-884.

郭华东. 2014. 大数据 大科学 大发现——大数据与科学发现国际研讨会综述. 中国科学院院刊, 29(4): 500-506.

郭华东. 2018. 科学大数据——国家大数据战略的基石. 中国科学院院刊, 33(8): 768-773.

郭华东. 2018a. 利用地球大数据促进可持续发展. 中国科技奖励, (8), 6.

郭华东. 2018b. 地球大数据科学工程. 中国科学院院刊, 33(8): 818-824.

黄春林, 孙中昶, 蒋会平, 等. 2021. 地球大数据助力"可持续城市和社区"目标实现: 进展与挑战. 中国科学院院刊, 36(8): 914-922.

黄磊, 贾根锁, 房世波, 等. 2021. 地球大数据支撑联合国可持续发展目标: 气候变化与应对. 中国科学院院刊, 36(8): 923-931.

梁卓, 褚鑫, 曾艳, 等. 2019. 我国战略生物资源大数据及应用. 中国科学院院刊, 34(12): 1399-1405.

刘志远. 2020. "地球大数据科学工程"这 2 年: 读懂地球, 在路上——专访"地球大数据科学工程"专项负责人郭华东院士. 科技导报, 38(3): 132-134.

钱程程, 陈戈. 2018. 海洋大数据科学发展现状与展望. 中国科学院院刊, 33(8): 884-891.

王福涛, 于仁成, 李景喜, 等. 2021. 地球大数据支撑海洋可持续发展. 中国科学院院刊, 36(8): 932-939.

左丽君, 吴炳方, 游良志, 等. 2021. 地球大数据支撑粮食可持续生产: 实践与展望. 中国科学院院刊, 36(8): 885-895.

Guo H D, Fu W X, Li X W, et al. 2014. Research on global change scientific satellites. Science China Earth Sciences, 57(2): 204-215.

Guo H D, Liu Z, Jiang H, et al. 2017a. Big earth data: a new challenge and opportunity for digital earth's development. International Journal of Digital Earth, 10(1): 1-12.

Guo H D, Wang L, Liang D. 2016. Big earth data from space: a new engine for earth science. Chinese Science Bulletin, 61(7): 505-513.

Guo H D. 2017b. Big Earth data: a new frontier in Earth and information sciences. Big Earth Data, 1: 4-20.

Guo H D. 2018. Steps to the digital Silk Road. Nature, 554: 25-27.

Guo H, Goodchild M F, Annoni A. 2020b. Manual of digital Earth. Springer Nature.

Guo H, Nativi S, Liang D, et al. 2020a. Big Earth Data science: an information framework for a sustainable planet. International Journal of Digital Earth, 13(7): 743-767.

He G, Wang L, Ma Y, et al. 2015. Processing of earth observation big data: challenges and countermeasures. Chinese Science Bulletin, 60(5-6): 470-478.

United Nations. Transforming our World: The 2030 Agenda for Sustainable Development. [2018-06-30]. https://sustainabledevelopment.un.org/post2015/transformingourworld/publication.

第 **3** 章

空间对地观测技术

空间对地观测是地球大数据科学的重要基石，其在全球范围内蓬勃发展的同时，亦促进了地球大数据科学的发展（郭华东，2012）。自 1962 年诞生以来，历经半个多世纪发展，人类能够利用空间对地观测技术获取大量大气、海洋和陆地的高精度、高时空分辨率观测数据，可重复观测频率从月到分钟，空间分辨率从千米到厘米，电磁波谱从可见光到微波，模式从被动到主动，观测角度从单一角度到多角度，相位上采用偏振技术，微波遥感从单极化到全极化，天线系统从真实孔径到合成孔径。

空间对地观测技术的发展使人类具有了获取全球尺度地球数据的能力，中外各国已经逐步发展并形成了功能强大且种类丰富的航天、航空对地立体观测体系，使人类能够持续不断获取大量高空间分辨率以及高时间分辨率的陆地、海洋、气象遥感观测数据。空间对地观测技术的长足发展，以及丰富的全球数据的积累，为开展灾害、能源、气候、天气、农业、生态、生物多样性和水等社会、经济及其相关领域的工作，在全球范围内加强人类应对可持续发展的能力，奠定了坚实基础。

3.1 空间对地观测传感器

1962 年第一届国际环境遥感大会（International Symposium on Remote Sensing of Environment, ISRSE）在美国密歇根州召开，会议上"遥感"一词首次被国际科技界正式使用，标志着遥感的诞生，也揭开了人类利用遥感技术从空间观测地球的序幕。此后，人类开始从空间角度分析地球系统的水、碳、能量等循环要素的时空分布和变化规律，回答地球系统动态演变过程中出现的科学问题。空间对地观测（遥感）本质上是使用对电磁波敏感的传感器，在非接触条件下探测目标反射、辐射或散射的电磁波，并进行加工处理，获得目标信息的一门科学和技术。

按照传感器探测的谱段划分，空间对地观测包含光学遥感和雷达遥感两种类型。

3.1.1　光学遥感传感器

光学遥感传感器作为最为常见的卫星传感器，主要用于采集肉眼可以感知波长范围内的光和附近红外谱段的光。光学传感器使用的波长接近可见光，可以等同于 1μm，也使得光学传感器捕获的地物影像看起来更为平滑。光学遥感传感器测量方式可以认为是被动的，其在各种电磁辐射频率范围内观测地球表面。由于光学传感器测量反射的太阳光，使得这类传感器只能在白天工作，不能够穿透云层。此外，光学遥感传感器主要采用直视的测量方式，依靠太阳光或热辐射来产生传感器观察到的亮度。相较于雷达等其他类型传感器，光学遥感传感器也有明显的缺陷，其缺点是会受到天气条件的影响，在透视云层和植被方面有明显不足，只有在天气和阳光允许的情况下才能捕获高质量的遥感图像。光学遥感传感器采集的遥感影像也分为几个不同的类别，常见的光学遥感图像包括全色遥感图像、多光谱遥感图像、高光谱遥感图像等，下面将对上述三类数据分别做详细介绍。

1. 全色遥感传感器

由全色遥感传感器采集的遥感影像称为全色遥感图像。一般而言，全色遥感图像是单通道的，全色是指全部可见光波段 0.5～0.75μm，全色遥感图像为这一波段范围的混合图像。因为是单波段，所以在图上显示为灰度图片。全色遥感图像一般空间分辨率相对较高，但无法显示地物色彩，也就是图像的光谱信息少。在实际操作过程中，通常将全色图像与多波段图像融合处理，得到既有全色图像的高分辨率，又有多波段图像的彩色信息的图像。图 3.1 是 WorldView-3 卫星拍摄的全色遥感图像的例子。目前，已有多类传感器能够采集全色遥感图像，包括搭载了 OLI 传感器的 Landsat8 卫星、法国 Spot Image 公司的 SPOT 卫星和 Pleiades 卫星、WorldView-1 和 WorldView-2 卫星、高分系列卫星等。

一般而言，全色遥感图像具有较高的空间分辨率。空间分辨率指能够被传感器标识的单一地物或两个相邻目标地物间的最小尺寸。空间分辨率越高的遥感影像，遥感图像所包含的地物信息就越丰富，同时能够识别的目标也就更小。近年来，随着我国空间信息技术的进步与发展，特别是一些高分辨率对地观测系统国家重大专项项目的实施，我国的卫星遥感技术已迈进了亚米级时代。与中低空间分辨率遥感卫星相比，新型高分辨率遥感卫星的传感器的受光元件越来越小，同时时间延迟积分级数逐渐增高，各个卫星平台的机动能力、通信能力和稳定性越来越好。不过，高空间分辨率遥感受到传感器技术限制，幅宽较窄，卫星重访周

图 3.1　全色遥感图像示例

期长，可借助星座组网或者单星侧摆等方式改善。高空间分辨率图像，又称为高分图像，其包含了地物丰富的形状、结构、纹理、邻域关系等信息，可用于目标识别与提取、地物分类、变化检测等。借助高分图像，可以比较充分地提取出图像地物目标的上下文语义信息。

2. 多光谱遥感传感器

多光谱遥感通常利用多通道传感器进行不同波段的同步摄像或扫描，取得同一地面景象的不同波段的影像或数字数据，从而获取有用信息。随着卫星技术的不断发展，多光谱传感器被广泛搭载在卫星平台之上，有效地为地球大数据科学研究提供了丰富的多光谱卫星影像。多光谱卫星图像是横跨电磁光谱的离散波段，包括可见光和较长的波长，如近红外（NIR）和短波红外（SWIR）。

多光谱卫星中最常用的是 NASA 研制的 Landsat 系列卫星。该系列卫星陆续在轨 50 年，获取了百万计地球观测影像数据，由于其良好的数据质量和数据共享方式被广泛地应用于地质研究制图。在该系列卫星中 Landsat 7，Landsat 8 和 Landsat 9 的数据受到研究人员的青睐。Landsat 7 于 1999 年发射，并携带增强型专题制图仪。ETM+能够获取波长范围为 0.45～10.50μm 的八个光谱波段的数据，其中波段 1～4 为可见光和近红外（VNIR）波段，波段 5 和波段 7 为短波红外波段，空间分辨率为 30m。波段 6 为空间分辨率 60m 热红外波段，波段 8 为空间分辨率为 15m 的全色波段。

Landsat 8 于 2013 年发射并携带了 OLI 和 TIRS 两种传感器。它能够提供 11 个光谱波段的影像。OLI 提供波长范围为 0.43～2.29μm 的 9 个波段数据，而 TIRS 提供波长范围为 10.60～12.51μm 两个热红外波段数据。OLI 提供的 9 个波段的地面分辨率与 ETM+相同，均为 30m（全色波段为 15m）。其中包括一个光谱范围为 1.36～1.38 的卷云波段（Band 9）。两个热红外波段的空间分辨率为 100m。此外 OLI 针对 ETM+波段 4（0.780～0.900 μm）由于大气吸收特性在 0.825 μm 处容易受到水蒸气的影响的问题进行了优化，通过波段 4（0.630～0.680 μm）和波段 5（0.850～0.880 μm）的设置消除了该影响。Landsat 9 于 2021 年发射并携带了新一代传感器 OLI-2 和 TIRS-2。OLI-2 提供与 Landsat 8 光谱范围、空间分辨率、辐射测量和几何质量一致的可见光和近红外/短波红外（VNIR/SWIR）图像。TIRS-2 使用与 TIRS 相同的技术在两个热红外波段测量从地表发出的热辐射，此外 TIRS-2 能够最大限度减少杂散光。

Sentinel-2 是欧洲航天局为更好地支持哥白尼计划于 2015 年发射的多光谱卫星。为满足重访周期和覆盖区域的要求，使用 Sentinel-2A 和 Sentinel-2B 两颗卫星组成星座，为哥白尼计划中的多光谱高分辨率成像和极地轨道时动态监测提供基础数据集。Sentinel-2A 于 2015 年 6 月 23 日发射，携带了多光谱成像仪，可以覆盖从可见光到短波红外的 13 个光谱波段，分别有着 10m、20m、60m 的不同空间分辨率。作为 Sentinel-2A 互补星的 Sentinel-2B 于 2017 年 3 月 7 日发射升空，相关技术参数与 A 星相似。两颗卫星互补地进行对地观测，将重访周期缩短到了 5 天，有助于持续地、有效地监测地球生态环境变化。更重要的是，Sentinel-2 数据可以免费从 Copernicus Open Access Hub 上下载，革命性地推动了遥感数据的开源时代。

GF-2 卫星是我国自主研制的首颗空间分辨率优于 1m 的民用光学遥感卫星，搭载有两台高分辨率 1m 全色、4m 多光谱相机，具有亚米级空间分辨率、高定位精度和快速姿态机动能力等特点，有效地提升了卫星综合观测效能，达到了国际先进水平。

3. 高光谱遥感传感器

起源于 20 世纪 80 年代的高光谱分辨率遥感，又称为高光谱遥感（Hyperspectral Remote Sensing），该技术实现了遥感图像维数据和光谱维信息的有机融合，即实现了"图谱合一"，并且在光谱分辨率上有明显优势，是遥感技术发展的一个里程碑。随着高光谱遥感技术的不断发展与日趋成熟，其应用领域也越来越广泛，如今已经渗透到了国民社会经济的各个领域，如环境监测与保护、资源调查与利用、工程选址与建设等，其对于推动经济发展、社会进步、国防建设和环境改善都起到不可估量的作用。下面将分别从高光谱遥感的特点、优势、发展几个方面展开论述。

（1）高光谱遥感的特点与优势

高光谱遥感是处在电磁波谱的紫外、可见光、近红外、中红外和热红外波段范围内，来获取相对较窄且光谱连续的影像数据的技术，它是在传统的二维遥感的基础上增加了光谱维而形成的更为独特的三维遥感。这类遥感影像由高光谱遥感传感器采集而来，利用了成像光谱仪在连续的几十个到上百个光谱通道获取地物辐射信息。在成像的各个波段地物信息中，每个像元都可以得到包含地物光谱特征的连续光谱曲线。利用具有高光谱分辨率的传感器获取图像上任何一个像元或像元组合，能够反映地球表面物质的光谱特性，再经过相应处理可达到快速区分和识别地表地物信息的目的。

高光谱遥感传感器具有分辨率高（5～10nm）、光谱范围宽（0.4～2.5μm）的显著特点，可分离出数百个波段来接收信息，所有波段信息能够形成一条连续完整的光谱曲线，光谱的覆盖范围从可见光、近红外到短波红外的全部电磁辐射波谱范围。高光谱数据可以被看作是一个光谱图像的立方体，其空间图像维能描述地物在二维空间的特征，其光谱维则可揭示图像各个像元的光谱曲线特征，从而实现了遥感数据图像维与光谱维信息的有机融合。高光谱遥感在光谱分辨率层面上有很大优势，在对地观测时可借助高光谱遥感传感器获取到众多连续波段的地物光谱图像，可达到直接识别地物信息的目的。地球表面的地物光谱维信息的增加可为地物识别、对地观测和环境变化提供更充分的光谱信息，使得传统遥感影像的识别和分析方法发生了本质的变化。

（2）高光谱遥感的发展

高光谱遥感技术的发展最初是从航空领域开始的，世界上首个成像光谱仪AIS-1 于 1983 年由美国研制出来，在植被生化特征、矿物填图等研究方面获得了应用。再到 1987 年，美国又推出了第二代高光谱成像仪 AVIRIS，经过不断的发展更新，已经成为美国航空航天事业中高光谱遥感科技发展的孵化器。此后，多个国家先后研制出了不同类型的航空成像光谱仪器，如美国的 DAIS、TRWIS3，加拿大产的 CASI 和 FLI，德国产的 ROSIS，澳大利亚产的 HyMap 等。经过一系列的航空实验和成功应用之后，高光谱遥感逐步进入到了航天领域。1999 年美国所实施的新千年计划中，其 EO-1 卫星搭载了 Hyperion 航天成像光谱仪，具备采集两百多个波段信息的能力，其载荷外观如图 3.2 所示。

紧接着各个国家又多次将高光谱成像仪设备应用在航天任务中，比如美国MightySat2 小型技术试验卫星携带的超光谱成像仪器试验相机（FTHSI）、欧洲环境卫星 ENVISAT 上的 MERIS 卫星等。2001 年，欧洲空间局搭载于天基自主计划卫星 PROBA 的紧凑型高分辨率成像光谱仪 CHIRS 成功发射，其载荷外观及采集的图像数据如图 3.3 所示。CHIRS 采用了推扫型数据获取方式，光谱探测范围覆盖

405～1050nm，有 5 种探测模式，最多的波段数量为 64 个，光谱分辨率为 5～12nm。

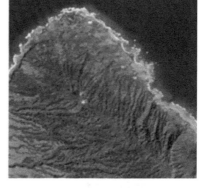

(a) Hyperion 载荷外形　　　　　　　　　　(b) 卫星图像数据

图 3.2　Hyperion 载荷图及其获得的图像数据

(a) PROBA 载荷外形　　　　　　　　　　(b) 卫星图像数据

图 3.3　PROBA 卫星及其获得的图像数据

　　随着各国对高光谱遥感技术的深入研究与发展，这也意味着当前世界已然进入了航天高光谱遥感时代。我国在高光谱遥感科技方面也在努力追赶先进国家的脚步，1989 年由中国科学院牵头研制了我国第一个模块化航空成像光谱仪（MAIS），并在几年后陆续研发了推帚式成像光谱仪（PHI）、新型模块化成像光谱仪（OMIS）和轻型高稳定度干涉成像光谱仪（LASIS）等。在 2002 年的神舟三号航天任务中，卫星搭载了我国第一台航天成像光谱仪。再到后来的"嫦娥-1"

探月卫星、环境与减灾小卫星（HJ-1）、风云气象卫星、"高分五号"卫星（GF-5）等都搭载了航天成像光谱仪。其中，"高分五号"卫星及其载荷配置如图3.4所示。

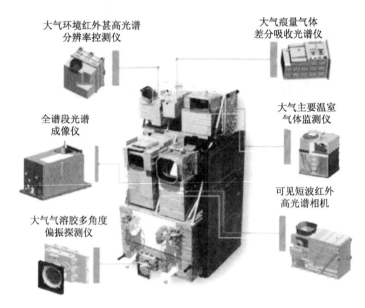

大气环境红外甚高光谱
分辨率控测仪

大气痕量气体
差分吸收光谱仪

全谱段光谱
成像仪

大气主要温室
气体监测仪

可见短波红外
高光谱相机

大气气溶胶多角度
偏振探测仪

图3.4   "高分五号"卫星及其载荷配置

3.1.2   雷达遥感传感器

1. 合成孔径雷达遥感发展回顾

合成孔径雷达 SAR（Synthetic Aperture Radar）是为雷达遥感的核心传感器，在雷达遥感中发挥着重要的作用。1978 年 SEASAT-A 卫星的成功发射和运行更是开启了星载 SAR 发展以及其广泛应用的序幕（图3.5）。

(a) SAR海洋影像   (b) SAR陆地影像   (c) SEASAT-A卫星

图3.5   第一颗星载雷达遥感卫星 SEASAT-A 及其获取的地表雷达影像（图片引自
www.asf.alaska.edu 网站［2019-09-30］）

纵观合成孔径雷达遥感的发展过程，本质上是对微波电磁波资源的不断发掘和利用的过程。根据其观测技术及所利用的电磁波资源，合成孔径雷达遥感已经历了单波段单极化 SAR，多波段多极化 SAR，以及极化和干涉 SAR 3 个阶段的发展，而以双/多站或星座观测、高时序高分宽幅测绘，以及三维结构成像能力为代表的新型 SAR 系统的出现标志着成像雷达进入了新阶段或者第 4 阶段（图3.6）。

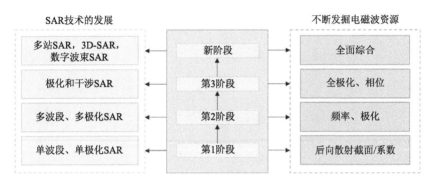

图 3.6　SAR 遥感发展阶段示意图

（1）单波段、单极化 SAR 遥感阶段

第 1 阶段以单波段、单极化 SAR 遥感为代表。该阶段获取的地物信息以单波段、单极化后向散射强度为主，包括点目标的后向散射截面以及分布式目标的后向散射系数等信息，代表星载 SAR 系统有 SEASAT-A、SIR-A/B、ERS-1/2、JERS-1、RADARSAT-1 等。

（2）多波段、多极化 SAR 遥感阶段

第 2 阶段以多波段多极化 SAR 遥感为代表。该阶段的 SAR 传感器能够同时获取多个波段和多种极化方式的地物后向散射回波信息，进一步加强了对微波电磁波频率和极化资源的开拓利用，同时也初步发掘了电磁波的相位资源，丰富了表征地物的 SAR 特征集，凸显了 SAR 在地球资源及环境探测中的重要的作用。该阶段代表 SAR 系统主要有机载 GLOBESAR、星载 SIR-C/X-SAR、ENVISAT 等系统。

航天飞机搭载的 SIR-C/X-SAR 系统［图 3.7（a）］是运行在地球轨道高度上的第一部多波段多极化同时成像雷达，能够同时获取 L、C 波段 HH, HV, VH,VV 极化方式，X 波段 VV 极化方式的 SAR 数据。通过与 SIR- C/X- SAR 飞行同步开展的中国试验区航天—航空—地面立体同步观测试验和对干沙的穿透性试验，获得了地物与后向散射特征的关系，表明了 L 波段 SAR 可穿透数十厘米至数米的干

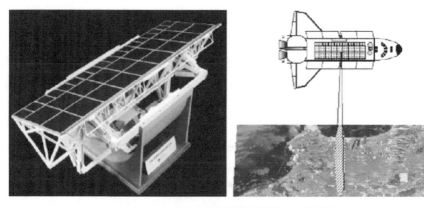

(a) SIR-C/X-SAR天线模型及其系统工作状态图

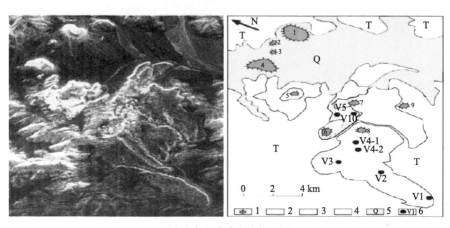

(b) 昆仑山火山群5个先前未知的火山口

(c) 明、隋古长城的发现

图 3.7　SIR-C/X-SAR 中国试验区航天—航空—地面立体同步观测试验和对干沙的穿透性试验

沙层。该研究还发现了阿拉善高原干沙覆盖下的古水系,和昆仑山火山群 5 个先前未知的火山口及两种熔岩[图 3.7(b)],识别出广东肇庆植被覆盖下岩层的展布,区分出阿拉善高原明、隋两代的长城及部分被干沙覆盖的古长城[图 3.7(c)],此外利用 SRTM 计划生成地表高程 DEM,开展了海洋及城市的相关分析和应用(郭华东,1997a,1997b,2000;王翠珍等,1998)。

（3）极化 SAR 和干涉 SAR 遥感阶段

随着对电磁波相位资源的不断开拓,SAR 极化和干涉技术得到了突破性进展,SAR 遥感进入到以全极化 SAR 和干涉 SAR 为代表的第 3 阶段,该阶段典型的 SAR 系统包括星载 ALOS/PALSAR、RADARSAT-2 和 TERRASAR-X（Li X W et al., 2012）。

全极化 SAR 不仅可以通过目标全散射矩阵的正交基变换获取任一极化状态下的后向散射信息,而且能够基于多种形式的相干、非相干矩阵分解模型提供以极化特征和散射机制特征为代表的丰富多样的地物信息,从而建立针对人工目标和自然目标的强大观测能力,大大增加了 SAR 地物类型分类和目标识别能力。干涉 SAR 成功地综合了合成孔径成像原理和干涉测量技术,利用雷达信号的相位信息提取地球表面的高精度三维信息,是目前空间遥感获取地表三维空间信息及其微小形变的独一无二的面测量手段,尤其是以永久散射体干涉 SAR（PS-INSAR）和小基线干涉 SAR（SBAS-INSAR）为代表的时序干涉 SAR 技术的出现,使其广泛地应用于断层运动、地震、滑坡及地下空间开发等引起的地表形变测量。全极化和干涉信息的获取极大地增加了雷达遥感的地物信息获取能力,促进了 SAR 遥感的广泛应用,也进一步奠定了 SAR 作为对地观测核心传感器之一的基础。

2. 新阶段 SAR 对地观测技术及发展

近年来,SAR 遥感技术飞速发展,以双/多站或星座观测、极化干涉测量、高时序高分宽幅测绘,以及层析 SAR 等三维结构成像能力为代表的新型 SAR 系统不断出现,标志着成像雷达进入了新阶段或者第 4 阶段（郭华东等,2011）。

从 SAR 观测技术角度,新阶段 SAR 的发展趋势大体上可以从多通道、多观测角、高时相、高分辨率和高测绘带宽等方面进行把握（图 3.8）。多通道方面包括多频率同时获取技术和紧缩极化技术,多观测角方面包括层析 SAR、圆周 SAR、阵列 SAR 为代表的三维 SAR 技术以及多方位 SAR 技术,高时相方面以同步轨道 SAR 技术和视频 SAR 技术为代表,高分宽幅方面包括数字波束形成技术（DBF）、多天线技术（双站/多站）以及多发多收技术（MIMO）等。除了 SAR 观测技术的发展,新阶段 SAR 遥感在数据处理理念方面也已经突破了传统,形成了多种 SAR 数据处理的新概念,例如 SAR 成像、图像、应用协同的一体化处理新概念,以及人工智能和大数据时代 SAR 遥感数据处理新概念等。

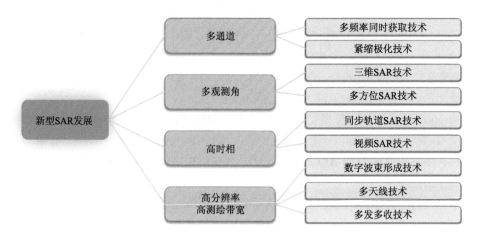

图 3.8　新阶段 SAR 技术发展趋势

目前国内外已经提出和实施了多个新阶段的 SAR 计划，如德国的 TANDEM-X/PAZ 计划和 TANDEM-L 计划、意大利的 COSMO-SKYMED 星座计划，西班牙的 PAZ 计划，ESA 的 BIOMASS 计划、阿根廷的 SAOCOM 计划、日本的 ALOS-2 计划、韩国的 KOMPSAT-5 计划、印度的 RISAT-1 计划、美国 JPL 和印度 ISRO 的双频 NISAR 计划、加拿大的雷达卫星星座计划（RCM）以及中国航天科技集团的"16+4+4+X"计划（其中有 4 颗是 SAR 卫星）等。

总之，新阶段 SAR 遥感面向全球性重大科学问题和国防民生需求，采用新观测体制和模式，全面利用波段、极化、振幅、相位等电磁波资源，满足对地球表面动态过程进行高精细、大尺度和连续不断监测的要求，突破了单一体制传统 SAR 的局限。接下来将结合具体实例介绍新阶段 SAR 遥感发展的几个典型方向。

（1）二维到三维的成像

传统 SAR 系统只具备方位向和距离向的二维分辨能力，丢失了高维度信息，不能反映目标场景的真实三维结构。新型的曲线/圆周 SAR、层析 SAR，以及阵列 SAR 实现了 SAR 系统三维成像，在森林调查、减灾救灾、城市规划、军事侦察等领域具有极大的研究价值和应用前景。

其中，层析 SAR 技术是在传统二维成像平面法线方向（高度向）上增加多副 AR 天线，在高度向合成一个大孔径，从而实现目标的高精度三维成像，该技术可以利用现有的 SAR 平台通过多次不同高度航过实现，且无需改变已有的 SAR 传感器或者平台，因此是目前较成熟且已具备了广泛应用能力的 SAR 三维成像技术。图 3.9（a），图 3.9（b）分别是传统 SAR 和层析 SAR 成像几何示意图，图

3.9（c），图 3.9（d）是利用多景重轨的 RADARSAT-2 数据，采用层析 SAR 技术获取的兰州市大型存储罐的三维结构信息的结果（Liang et al., 2018）。

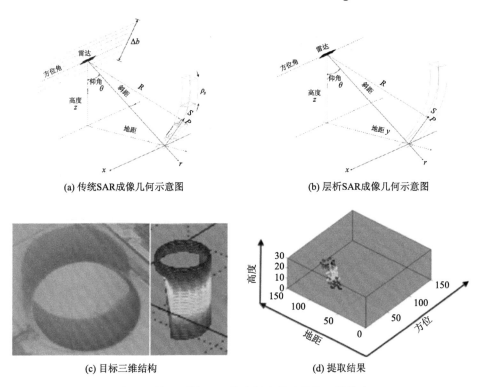

图 3.9　基于层析 SAR 技术提取的建筑物三维信息

（2）超分辨率 SAR 与人工智能的结合

近年来 SAR 影像的分辨率不断提高，已具有了亚米级分辨率获取能力，为目视解译和智能识别提供了丰富的地物细节，但同时使得 SAR 图像的散射信息更加复杂，地物目标通常表现为点、线等在空间上不连续的零散结构，其散射机理也非常复杂，给地物自动类型识别及信息提取带来挑战。针对超分辨率 SAR 影像信息提取，结合近年来快速发展的人工智能技术发展分级模型是一种有效方式。场景级—语义级—像素级是通常采用的 3 个级别，具体可以采用集成式深度卷积网络整体区分混有多类地物的不同场景；通过多尺度全卷积模型同时实现不同语义类的分割和分类；通过多类谱特征实现精细地物结构所属类别的有效区分（Wu et al., 2018）。图 3.10 给出了超高分辨率 C 波段极化 SAR 和 Ka 波段 SAR 图像。

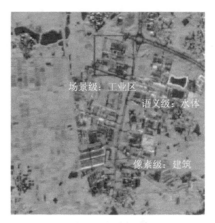

(a) C波段机载极化SAR图像(0.5m)　　　　(b) Ka波段机载极化SAR图像(0.15m)

图 3.10　超高分辨率 SAR 图像（Ka 波段图像由北京无线电测量研究所提供）

（3）海量 SAR 数据与大数据技术的结合

随着高分宽幅 SAR、同步轨道 SAR 以及视频 SAR 的出现，加之雷达无视天气、云雨的特点，目前 SAR 遥感已经拥有了高时相海量数据资源及获取能力。而近年来日益成熟的大数据云处理和信息挖掘技术，在充分利用这些海量的 SAR 数据资源的同时，不仅突破了传统 SAR 数据的处理模式，也突破了传统的信息提取和规律认知方式。结合大数据技术的 SAR 信息提取将是新阶段 SAR 所面临的新的挑战和机遇，已经成为国际遥感科学技术的前沿领域之一。

以近期在轨的哨兵数据（Sentinel-1）为例［图 3.11（a）］，其超宽模式 EW 数据幅宽 400 km，分辨率 20 m×40 m，每个月能够多次覆盖格陵兰冰盖、环南极冰盖冻融区以及高亚洲地区，为开展"三极"冰川、冻土、积雪、海冰研究，进行

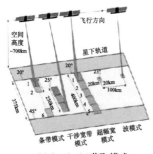
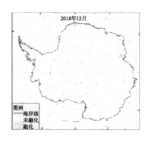
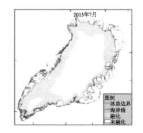

(a) Sentinel-1获取模式　　　(b) 南极2018年冻融状态分布图　　(c) 格陵兰2015年7月冻融状态分布图

图 3.11　基于 Sentinel-1 数据和遥感云平台提取的南极和格陵兰岛高分辨率冻融状态

时间尺度的变化对比及关联分析提供了海量的数据源。此外大数据技术的处理和分析方法保证了这些海量数据的处理速度，并为分析"三极"冰雪要素与全球变化的相互影响机理和适应机制的异同提供技术支持。图 3.11 是 Sentinel-1 卫星示意图及利用该数据和遥感云平台提取的南极和格陵兰岛高分辨率冻融产品的缩略图。

（4）SAR 一体化处理新概念

长期以来 SAR 成像处理、图像处理以及 SAR 环境参数反演的研究基本都是相互独立的，缺乏一体化的整体设计和协同，由于 SAR 数据处理各阶段的学科背景不同，目标不同，在处理时也往往各自使用自己的默认参数和评价标准，严重限制了 SAR 在环境参数反演中的应用效果。针对上述 SAR 信息处理各自独立的问题，郭华东等（Guo et al., 2014, 2017）在自然基金委重点基金项目支持下提出面向应用的 SAR 信息一体化处理新概念并取得进展。其内涵是面向 SAR 遥感科学问题和应用需求，以提升 SAR 图像质量和环境参数反演精度为目标，整体设计和协同全部或多个 SAR 处理阶段（SAR 成像处理、SAR 图像处理、SAR 应用）的 SAR 遥感应用新概念和科学模式，SAR 信息一体化处理的通用架构如图 3.12 所示。

3.1.3　夜间灯光遥感传感器

夜间灯光遥感属于一种可探测夜间微弱光线的光学遥感技术，能够获取白天遥感难以触及的信息。鉴于夜间较为稳定的亮光大多出自城市区域的人造光源，目前已证实夜间灯光遥感影像能够更为直观地呈现出夜间人类活动的不同之处。它具有覆盖范围广泛、时效性强以及易于获取等优点，能够在多尺度、长时序的城市问题研究中得到广泛应用。

当前，有多个卫星上搭载的传感器能够获取夜间灯光遥感影像，如 DMSP-OLS、NPP-VIIRS、EROS-B、"珞珈一号" 01 星、"吉林一号"、SDGSAT-1 等（Zheng 等，2018）。这些夜间灯光遥感影像的空间分辨率范围从 1000m 至 0.7m 不等，光谱信息也从单波段灰度图像演变为多波段彩色影像，为夜间灯光遥感的应用创造了更多可能。自 2017 年起，中国相继发射了具有夜间灯光探测功能的 "吉林一号" 视频 3 星、"珞珈一号" 以及 "SDGSAT-1"，进一步扩充了夜间灯光遥感的数据来源。国内外常见的夜间灯光遥感数据传感器及基本参数如表 3.1 所示。

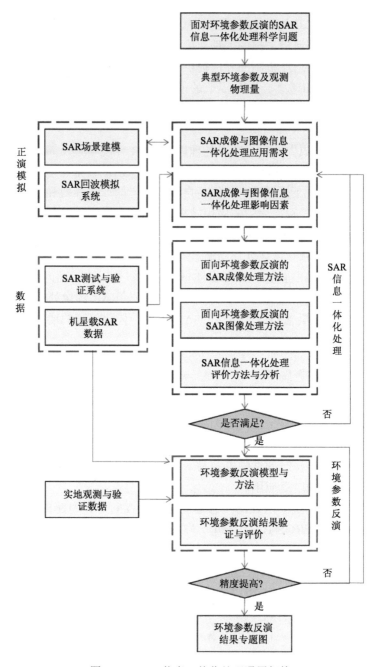

图 3.12　SAR 信息一体化处理通用架构

表 3.1　夜间灯光遥感数据传感器及基本参数

遥感平台	开始生产数据时间	空间分辨率/m	时间分辨率	辐射分辨率	光谱通道
DMSP-OLS	1992 年	～1000	1 年	6 bit	全色 400~1100 nm
SAC-C HSTC	2000 年 11 月	300	不规则	8 bit	全色 450~850 nm
SAC-D HSTC	2011 年 6 月	200~300	不规则	10 bit	全色 450~900 nm
NPP-VIIRS/DNB	2011 年 10 月	～500 ～700	1 年 1 月 1 天	14 bit	全色 505~890 nm
EROS-B	2013 年	0.7	\	10 bit	全色 500~900 nm
Aerocube 4	2014 年	500	不规则	10 bit	RGB
Aerocube 5	2015 年	124	不规则	10 bit	RGB
"吉林一号" 03B	2017 年 1 月	0.92	\	8 bit	蓝色 437~512 nm 绿色 489~585 nm 红色 580~723 nm
"吉林一号" 04-08B	2018 年 1 月	0.92	\	12 bit	蓝色 460~520 nm 绿色 510~580 nm 红色 630~690 nm
"珞珈一号" 01	2018 年 6 月	～130	15 天	15 bit	全色 460~980 nm
CUMULOS	2018 年	150	\	14 bit	全色 900~1700 nm
SDGSAT-1	2021 年 11 月 5 日	全色 10 m,彩色 40 m	～11 天		全色:444~910 nm 蓝色:424~526 nm 绿色:506~612 nm 红色:600~894 nm

1. DMSP-OLS

20 世纪 70 年代,美国启动国防气象卫星计划 DMSP（Defense Meteorological Satellite Program）,其搭载的线性扫描业务系统 OLS（Operational Line Scan System）原本旨在捕捉夜间云层反射的微弱月光以获取夜间云层分布,却意外地被发现能够捕捉城镇地表在夜间发出的灯光,由此开启了夜间灯光遥感影像应用的时代,并在与城市相关的各个领域得到广泛应用。美国国家海洋和大气管理局（NOAA）发布了 1992~2013 年、空间分辨率约为 1km 的年合成稳定夜间灯光数据,该数据至今仍是应用最为广泛的夜间灯光遥感数据之一。

尽管 DMSP-OLS 稳定夜间灯光遥感数据具有敏锐的夜光识别能力,但也存在三个明显缺陷:其一,受传感器较低的辐射分辨率限制,城市中心亮度较高区域的辐射信息无法完整记录，致使灯光亮度最大值被限制在 63，此现象被称为"过饱和"现象；其二，由于缺乏在轨辐射定标，不同卫星之间以及不同年份之间的数据不具可比性，给长时序分析带来困难；其三，该传感器获取的夜间灯光遥感数据在灯光边缘区会出现"溢出效应"。上述问题在一定程度上制约了 DMSP-OLS 数据的有效应用（余柏蒗等，2021）。

2. NPP-VIIRS

2012 年，美国国家极轨业务环境卫星系统 NPP（National Polar-Orbiting Partnership）所搭载的可见光红外成像辐射仪 VIIRS（Visible Infrared Imaging Radiometer Suite）带来了新一代夜间灯光遥感数据。相比 DMSP-OLS 数据，该数据在空间、时间以及辐射分辨率等方面实现了提升，进一步拓宽了夜间灯光遥感的研究方向与应用领域（Shi et al.，2014）。NPP-VIIRS 的日夜波段 DNB（Day/Night Band）主要用于探测夜间灯光强度，属于全色波段，空间分辨率约为750m，较 DMSP-OLS 夜间灯光遥感数据具有更高的空间分辨率。DNB 波段具备更高的光谱分辨率且进行了在轨辐射定标，所以数据不存在"过饱和"现象，并且不同时间的数据具有可比性。

然而，由于其较高的探测灵敏性，常常会捕捉到冰雪、戈壁等的反射光，致使数据中存在大量背景噪声和异常值，需要进行数据预处理。当前，NPP-VIIRS 夜间灯光遥感数据提供逐日原始数据（后文简称"日数据"）、月合成数据（2012-04至今）以及部分年份（2015 年、2016 年）的年合成数据。由于 NPP-VIIRS 夜间灯光遥感数据克服了 DMSP-OLS 夜间灯光遥感数据的主要缺陷，使得夜间灯光遥感数据能够在更精细的空间尺度下对城市问题展开研究（Yu et al.，2015）。

3. 国产卫星数据

2017 年 1 月，"吉林一号"视频 3 星（JL1-3B）成功发射，这是中国自主研制、发射并运营的具备夜间灯光探测能力的卫星。其携带的传感器能够机动灵活地获取夜间灯光遥感数据，在单次成像过程中可多次机动，一次成像基本能覆盖一个中型城市的空间范围。与 DMSP-OLS 和 NPP-VIIRS 夜间灯光遥感数据相比，"吉林一号"视频 3 星夜间灯光遥感数据的优势在于拥有较高的空间分辨率（0.92m），并且其成像仪具有红（580~723nm）、绿（489~585nm）、蓝（437~512nm）三个可见光波段，具备通过光谱曲线分辨地表光源类型的能力（Cheng et al.，2020）。

2018 年 6 月，由武汉大学主导发射的"珞珈一号"01 星（LJ-01）是全球首颗专业夜间灯光遥感卫星，其空间分辨率约为 130m，远远优于当前广泛应用的

DMSP-OLS 和 NPP-VIIRS 夜间灯光遥感数据（Zhang et al.，2018）。在理想状况下，"珞珈一号"01 星 15 天就能完成全球夜间灯光遥感数据的采集。

2021 年 11 月，由可持续发展大数据国际研究中心主导发射的 SDGSAT-1 卫星，携带了全球首台 10m 全色微光成像仪，关注人居格局（SDG 2、SDG 6）、城市化水平（SDG 11）、能源消耗（SDG 13）、近海生态（SDG 14、SDG 15）等以人类活动为主引起的环境变化和演变规律，探索夜间灯光或月光等微光条件下地表环境要素探测的新方法与新途径，服务可持续发展目标相关领域的研究。

"吉林一号"视频 3 星、"珞珈一号"01 星和 SDGSAT-1 的先后发射，标志着中国的夜间灯光卫星研究进入了快速发展阶段，其较高空间分辨率的夜间灯光遥感影像为城市发展研究带来了新的契机。

4. 其他数据

阿根廷在 2000 年和 2011 年发射的 SAC 系列卫星（SAC-C、D）具备一定的夜间灯光探测能力，然而其数据未向普通用户开放，这限制了该数据的广泛应用。另外，国际空间站 ISS（International Space Station）宇航员手持相机拍摄的地球夜间灯光影像数据集，因其能够快速响应自然灾害等动态事件的优势，对夜间灯光研究起到了一定的促进作用（Kyba et al.，2015）。

此外，以色列的 EROS-B 卫星能够生产高分辨率（0.7m）的夜间灯光遥感影像。从 2012 年起，美国航空航天公司 Aerospace 的 Aerocube 4、5 等小型立方体卫星（CubeSat）也开始获取地表夜间灯光影像，这些小卫星成本较低且获取数据较为灵活，可对感兴趣区域进行重点观测（Pack et al.，2017）。

随后，NASA 主导研究的立方体卫星系统 CUMULOS 也能够观察夜间地球发生的人类活动和自然现象，且其成像性能优于 VIIRS 传感器，显示出立方体卫星在环境监测方面的巨大潜力。虽然这些立方体卫星具有较高的分辨率和灵活性，但其数据获取较为零散，在大空间范围下的监测能力明显不足。除此之外，这些立方体卫星一般在轨运行时间相对较短（几个月），目前主要用于验证传感器性能以及执行临时任务等。

3.1.4　激光雷达传感器

激光雷达遥感作为一种主动光学遥感技术，是继被动光学与红外、主动微波（高度计、散射计、合成孔径雷达 SAR）、被动微波之后的又一重大遥感技术（唐军武等，2013），拥有主动获取全球地表及目标三维信息的能力，可以为快速获取三维控制点以及立体测图提供服务，同时在极地冰盖测量、植被高度及生物量估测、云高测量、海面高度测量以及全球气候监测等诸多方面发挥重要作用。

2016 年 5 月 30 日，我国首颗高精度民用立体测图卫星资源三号 02 星成功发射。02 星搭载了中国首台对地观测的激光测高试验性载荷，其主要作用是测试激光测高仪的功能与性能，探寻地表高精度高程控制点数据获取的可行性，以及利用该数据辅助提升光学卫星影像无控立体测图精度的可能性。

欧美发达国家尤其是美国，历经数十年的发展，在卫星激光测高领域积累了丰富的经验和应用成果。1971 年美国阿波罗-15 号所载激光测高仪是有资料可查的最早星载激光测高仪（Sjogren et al.,1973）；1996 年和 1997 年，美国国家航空航天局先后两次在航天飞机上搭载激光测高仪，即 Shuttle Laser Altimeter -01（SLA -01）和 Shuttle Laser Altimeter -02（SLA -02），构建了基于 SLA 的全球控制点数据库，获取了高精度全球控制点信息（Garvin et al.,1998）；2003 年，美国把 GLAS 激光测高仪搭载于 ICESat 对地观测卫星，此卫星用于观测极地冰川和海冰的高程以及厚度变化，它是美国 EOS（Earth Observation System）计划中的重要组成部分，也是在资源三号 02 星出现之前唯一一颗对地观测的激光测高卫星，该卫星已于 2009 年停止运行（Schutz et al.,2005; Wang et al., 2011）。2018 年，美国在国际空间站 ISS（International Space Station）上搭载了 GEDI（Global Ecosystems Dynamics Investigation）激光测高载荷，用于进行全球植被生物量测量，进而研究碳循环以及全球气候变化等。GEDI 激光器的工作重频为 242Hz，波长为 1064 nm，发射的激光通过光学衍射单元被分成 14 束，每个激光足印大小为 25m，垂轨方向足印相隔 500 m，扫描宽度总和为 6.5 km（Guo et al., 2015）。美国的 ATLAS（Advanced Topographic Laser Altimeter System）是于 2018 年发射的 ICESat - 2（Ice, Cloud and land Elevation Satellite - 2）卫星上搭载的新一代激光测高仪，旨在继续执行 ICESat 未完成的观测任务，主要用于长期研究海冰变化以及森林冠层覆盖等科学研究。ATLAS 激光工作频率为 10 kHz，沿轨间隔约 0.7m，将采用先进的光子计数技术（Abdalati et al.,2010）。

表 3.2 详细列出了国内外激光测高卫星主要技术指标及用途。

此外，激光测高仪与光学相机组合的方式在对地球、月球、火星等地外空间的探测任务中得到了广泛应用。例如，我国的嫦娥一号/二号同时配备了激光测高仪 LAM（Laser Altimeter）以及三线阵 CCD 立体相机；美国的月球侦察轨道器 LRO 上一同搭载了 5 光束的激光测高仪 LOLA 以及 LROC（Lunar Reconnaissance Orbiter Camera）（Smith et al.,2010）；美国的火星全球勘探者 MGS 上同时装有火星轨道激光测高仪 MOLA 和轨道勘测相机 MOC（Mars Orbiter Camera）（Smith et al.,2001）。在卫星对地观测方面，美国 2003 年发射的 ICESat - 1 卫星曾是唯一一颗用于对地观测的激光测高卫星，不过该卫星并未搭载对地观测的光学相机。由此可见，在卫星对地观测领域，资源三号 02 星是首颗同时搭载光学相机与激光测高仪的卫星，相关研究具有一定的开创性与挑战性。

表 3.2 国内外激光测高卫星主要技术指标及用途

卫星名称	发射时间	国别	探测方式（线性/单光子）	激光波束数	发射脉冲宽度（ns）	足印间隔（m）	重访天数	足印大小（m）	高程测量精度（m）	用途
SLA-01/02	1996/97	美国	线性	1 波束	10	750		100	1.5	全球高程控制点
ICESat-1/GLAS	2003	美国	线性	1 波束	6	170	8/183	70	0.15	地球陆地地表高程、植被高、极地冰盖、海冰、大气等
资源三号02 星	2016	中国	线性	1 波束	7	3500	59	75	1.0	试验性激光测高载荷
高分七号	2019	中国	线性	2 波束	7	2330	59	30	1.0	广义激光高程控制点
陆地生态系统碳监测卫星	2022	中国	线性	5 波束	7	200	59	25～30	1.0	林业碳储量监测、广义激光高程控制点
ICESat-2/ATLAS	2018	美国	单光子	6 波束	1	0.7	91	10	0.1	极地冰盖监测等
GEDI	2018	美国	线性	14 波束	10	500		25	1.0	森林生物量测量

3.2 空间对地观测卫星

对地观测系统能够基于航天航空等各种平台，利用可见光、红外、微波等电磁探测仪器远距离获取来自地球表层各种目标的电磁波谱信息，通过成像或非成像的形式进行记录和表达，并经加工处理（辅助其他必要信息）形成有用信息，为人类识别各种目标、认知物体特性、判别运动状态、监测各种状况、预测变化规律等提供空间信息服务（郭华东等，2013）。对地观测数据是电磁辐射与目标和传输介质相互作用的产物，具有波谱、空间、时间、角度、偏振、极化等特性，可广泛应用于国土、环保、农业、林业、水利、气象、测绘、海洋、军事侦察等领域。对地观测数据是国家战略性基础信息资源，我国发展以空间信息资讯服务为核心的空间信息产业，以促进新型大数据交易和信息消费（童旭东，2016）。

3.2.1 对地观测卫星

1. 国外卫星发展

当前，国际上卫星遥感技术发展迅猛，卫星对地观测体系日趋成熟。近几年新问世的卫星可搭载光学、雷达、激光测高、重力等多种类型的传感器，探测对象逐渐涵盖了可见光、近红外和高程等各个方面，卫星系统已从单星逐步向星座甚至星群体系延展。其中，国外主流卫星如表 3.3 所示。

表 3.3 国外主流卫星列表

光学卫星		国家	波段	分辨率（m）	幅宽（km）	发射时间
Planet Labs			4×多光谱	3（多光谱）	20	2017/2
Worldview-4			全色+4×多光谱	0.31（全色） 1.24（多光谱）	13.1	2016/11/11
Worldview-3			全色+8×多光谱+8×短波红外+12×CAVIS	0.31（全色） 1.24（多光谱）	13.1	2014/8/13
Worldview-2		美国	全色+8×多光谱	0.46（全色） 1.84（多光谱）	16.4	2009/10/8
Worldview-1			全色	0.5（全色）	17.6	2007/9/18
GeoEye-1			全色+4×多光谱	0.41（全色） 1.65（多光谱）	15.2	2008/9/6
IKONOS			全色+4×多光谱	0.82（全色） 3.28（多光谱）	11.3	1999/9/24
QuickBird			全色+4×多光谱	0.65（全色） 2.62（多光谱）	16.8	2001/10/18
Landsat系列	1/2/3	美国	4×多光谱	78	185	1972/1975/1978
	4/5		6×多光谱+1×热红外	30（多光谱） 120（热红外）	185	1982/1984
	7		全色+6×多光谱+1×热红外	15（全色） 30（多光谱） 60（热红外）	185	1999/4/15
	8		全色+8×多光谱+2×热红外	15（全色） 30（多光谱） 30（热红外）	185	2013/2/11

续表

光学卫星		国家	波段	分辨率（m）	幅宽（km）	发射时间
MODIS		美国	36×多光谱	250/500/1000	2330	1999/12/18
SPOT 系列	1/2	法国	全色+3×多光谱	10（全色）20（多光谱）	60	1986/1990
	4		全色+4×多光谱	10（全色）20（多光谱）	60	1998/4/24
	5		全色+4×多光谱	2.5/5（全色）10（多光谱）	60	2002/5/4
	6/7		全色+4×多光谱	1.5（全色）6（多光谱）	60	2012/2014
Pléiades-1A/B		法国	全色+4×多光谱	0.5（全色）2（多光谱）	20	2011/11/17 2012/12/02
RapidEye		德国	5×多光谱	5（多光谱）	77	2008/8/29
Sentinel-2A/B		欧洲空间局	13×多光谱+4×近红外+6×短波红外	10（多光谱）20（近红外）60（短波红外）	290	2015/2017
CARTOSAT-1		印度	2×多光谱	2.5（多光谱）	29/26	2005/5/5
CARTOSAT-2B			全色	0.8（全色）	9.5	2010/7/12
KOMPSAT-3A		韩国	全色+4×多光谱+中红外	0.55（全色）2.2（多光谱）5.5（中红外）	12	2015/3/25
KOMPSAT-3			全色+4×多光谱	0.7（全色）2.8（多光谱）	15	2012/5/18
ALOS		日本	全色+4×多光谱+SAR	2（全色）10（多光谱）10/100（SAR）	60	2006/1/24
ENVISAT		欧空局	图像模式/交替极化模式/宽幅模式/全球监测模式/波模式	10-1000	5-400	2002/3/1
Sentinel-1A/B		欧空局	条带模式/干涉宽场模式/超宽视场模式/波模式	5-20	20-400	2014/2016
Radarsat-2		加拿大	精细模式/标准模式/宽幅扫描模式/窄幅扫描模式	3-100	20-500	2007/12/14
TerraSAR-X		德国	聚束模式/条带模式/扫描模式	1/3/18	10/30/100	2007/6/15

2. 国内卫星发展现状

相较于国际发展前沿，我国遥感卫星测绘技术在光学高分辨率方面尽管还存在一定差距，然而近年来国产光学卫星传感器在空间分辨率、几何定位精度、敏捷机动能力方面均有明显的提升，卫星应用系统建设方面推进发展，差距在逐年减小。我国的陆地遥感卫星主要包括"中巴"（CBERS）、"资源"（ZY）、"环境"（HJ）、"高分"（GF）等系列，在轨运行卫星数量超过 15 颗，国内主流卫星见表 3.4。

表 3.4　国内部分卫星列表

卫星	波段	分辨率（m）	扫描带宽（km）	发射时间
高分一号	全色+8×多光谱	2（全色） 8/16（多光谱）	800	2013/4/26
高分二号	全色+4×多光谱	1（全色） 4（多光谱）	45	2014/8/19
高分三号	聚束模式/条带模式/扫描模式/波模式	1-500	5～650	2016/8/10
高分四号	5×多光谱+中红外	50（多光谱） 400（中红外）	400	2015/12/29
高分五号	可见光+短波红外	30	60	2018/5/9
高分六号	全色+多光谱	2（全色） 8/16（多光谱）	90/800	2018/6/2
高分七号	全色+4×多光谱	0.8（全色）、3.2（多光谱）	20	2019/11/3
资源三号 ZY-3	3×全色+4×多光谱	2.1/3.6（全色） 5.8（多光谱）	52	2012/1/9
中巴地球资源卫星 CBERS-04	4×全色+8×多光谱+4×红外	5（全色） 10/20（多光谱）	60/120/866	2014/12/7
环境卫星 HJ-1A/1B	4×多光谱+高光谱/4×红外	30（多光谱） 100（高光谱）	700	2008/9
吉林一号	全色+多光谱	0.72（全色） 2.88（多光谱）	11.6	2015/10/7
珠海一号	32×高光谱	1.98	150	2017/6/15

我国于 2010 年启动实施"高分辨率对地观测系统"重大专项，目前已经发射了高分一号、二号、三号、四号、五号和六号等十余颗高分辨率遥感卫星，从而逐步建成了高空间、高时间、高光谱分辨率的对地观测系统。"高分二号"卫星

的发射，标志着国产遥感卫星进入了亚米级"高分时代"；2018 年 3 月成功发射的 2m/8m 光学卫星星座（"高分一号" 02、03、04 卫星）是我国首个承担自然资源业务的卫星星座，不仅继承了"高分一号"卫星成熟的技术，还进一步突出了宽覆盖、高分辨率、灵活观测的应用导向，开启了我国自然资源调查监测和保护监管的新时代；2019 年发射的"高分七号"卫星是一颗亚米级测绘卫星，属于国家高分辨率对地观测系统，卫星搭载的有效负荷包括双线阵立体相机、激光测高仪等，由于突破了亚米级立体测绘相机技术，因而能够获取高精度激光测高数据和高空间分辨率光学立体观测数据。

此外，"北京二号"、"吉林一号"、"珠海一号"以及"珞珈一号"等商业卫星星座的先后发射进一步丰富了我国地球大数据的资源体系，并使我国基本摆脱了长期依赖国外遥感卫星数据的束缚。其中，"北京二号"由 3 颗高分辨率小卫星组成，是中英合作项目下的民用商业遥感卫星星座（DMC-3）；"吉林一号"卫星星座（2015）由长光卫星技术有限公司发射，由光学遥感主星、灵巧成像验证星、灵巧成像视频星（1 星和 2 星）组成，其中灵巧成像视频星是我国首个具备全彩视频拍摄能力的卫星，其技术达到了较高水平（唐新明等，2018）。

3.2.2　海洋观测卫星

"十五"以来，我国海洋卫星工程发展迅速，两大系列共 3 颗海洋卫星已相继发射。其中，2002 年 5 月 15 日发射了第一颗海洋卫星，标志着我国海洋卫星零的突破，完成了海洋水色、水温、水下地形探测试验验证与试验应用任务。2007 年 4 月 11 日发射了我国第二颗海洋水色卫星（海洋一号 B），完成了海洋水色卫星从试验应用型卫星向业务服务型卫星的过渡。2011 年 8 月 16 日发射了我国第一颗海洋动力环境卫星（海洋二号 A，HY2A），填补了我国在实时获取海洋动力环境要素领域的空白，卫星的主要性能指标均达到国际先进水平（刘畅等，2018）。2016 年 8 月 10 日，高分三号卫星在太原卫星发射中心成功发射，其应用以海洋应用为主，可从我国管辖的海域监视数据中提取油气资源勘探开发、船舶作业、岛礁变化、海面溢油、风暴潮、巨浪、海冰等信息，为海上突发的危害安全事件的快速响应提供了数据基础，提升海洋权益维护能力（庞丹等，2016）。2021 年 5 月 19 日，海洋二号 D 卫星被送入预定轨道，中国海洋动力环境迎来三星组网时代。截至 2021 年，我国已成功发射海洋一号、海洋二号卫星，并计划发射海洋三号卫星。其中，"海洋一号"（HY-1）卫星系列主要用于海洋水色环境数据监测，"海洋二号"（HY-2）卫星系列则侧重于海洋动力环境数据收割，"海洋三号"（HY-3）卫星系列关注海洋监视监测等方面的数据采集，同时完成在轨组网运行以及协同观测，基本建成系列化的海洋卫星观测体系、业务化的地面基础设施和定量化的应用服务体系。

3.2.3 气象观测卫星

截至 2018 年，我国已成功发射 9 颗地球静止气象卫星，其中风云二号 4 颗卫星 FY-2E、FY-2F、FY-2G、FY-2H 和风云四号的 1 颗卫星 FY-4A 目前在轨运行并提供应用服务，FY-2A、FY-2B、FY-2C 和 FY-2D 等 4 颗卫星已停止工作。2013 年 9 月 23 日，在太原卫星发射中心，第三颗"风云三号"气象卫星通过"长征四号丙"运载火箭顺利发射并进入预定轨道，开展中期数值天气预报，基于全球均匀分辨率的气象参数，提供各种气象参数、地球物理参数为研究全球气候变化奠定基石（徐建平，2013）。

3.2.4 可持续发展科学卫星

当前，联合国 2030 年可持续发展议程（2030 年议程）实施面临诸多挑战，可持续发展目标（SDGs）的按期全球落实存在巨大不确定性，其中数据缺失和指标体系研究不足是主要问题之一。作为数据获取的有效手段和地球系统科学研究的工具，空间对地观测技术能够为 2030 年议程有效实施提供特殊贡献。为践行此理念，可持续发展大数据国际研究中心（CBAS）研制了全球首颗专门服务 2030 年议程的可持续发展科学卫星 1 号（Sustainable Development Goals Science Satellite 1, SDGSAT-1），并于 2021 年 11 月 5 日发射升空。目前，SDGSAT-1 数据已通过"SDGSAT-1 开放科学计划"（https://www.sdgsat.ac.cn）面向全球开放共享，助力各国可持续发展研究和决策。

SDGSAT-1 卫星设计了全球首台 10m 全色微光+40m 彩色微光载荷、最高幅宽分辨率比（300000:30）热红外成像仪、深蓝+红边波段的多谱段成像仪和能够支撑地球大数据采集的专用卫星平台，提出了人类活动痕迹的卫星昼夜连续观测模式。该卫星从人类社会性的角度出发，主要关注人居格局、城市和社区（SDG 11）、农业作物（SDG 2）、清洁饮水（SDG 6）等可持续发展目标，通过选择地物温度和地物光谱作为表征人类生活生产分布的主要监测指标，研制探测温度范围在–50℃～70℃的高分辨率热红外成像仪（Thermal Infrared Spectroradiometer, TIS）；从经济发展的角度，关注城镇经济（SDG 11）、生产和消费（SDG 12）、能源空间分布（SDG 7），选择夜晚灯光和白昼光谱作为监测昼夜多时相人类经济活动的监测指标，研制具有高灵敏度的城镇微光成像仪（Glimmer Imager, GI）；从人居环境生态的角度出发，关注江海水质（SDG14）、陆地植被（SDG15），以近海水体光谱和植物光谱作为重要监测指标，研制具备两个深蓝波段和红边波段的多谱段成像仪（Multispectral Imager, MI）。

热红外成像仪的空间分辨率为 30 m，其NEΔT（噪声等效温差）的精度小于 0.041K@300K，而 Landsat 热红外波段NEΔT为 0.047K@300K（空间分辨率 100 m），MODIS 的中红外波段NEΔT为 0.05K@300K（空间分辨率 1000 m）。热红外成像仪对检测涉及热源信息的地表参数具有较强的效果，例如热辐射强度、温度场分布、水温以及各类热源等。因此热红外成像仪在观测冰川变化、生态系统变化和海港港口活动等方面具有很大的优势。微光成像仪采用了一种创新式的设计，除了传统的全色波段外，还设计了真彩色波段，这一思路是首次应用于空间卫星夜光传感器中。微光成像仪的彩色波段空间分辨率为 40 m，全色波段的空间分辨率为 10 m。相比之下，常见的夜间微光卫星中，珞珈一号的空间分辨率为 130 m，Suomi NPP 的空间分辨率为 750 m，DMSP 的空间分辨率为 3000 m。微光成像仪可以获取低光照数据，用于探测夜间城市人口、人类活动、社会和经济发展的空间估算、电力消耗评估，以及极地夜晚的雪和冰状况，并可将这些数据应用到其他可持续发展研究领域。多谱段成像仪专门用于沿海和陆地环境的监测、城市区域功能的识别、人工建筑和人类活动的强度评估等方面，此外还能够检测土地覆盖变化、地表生态系统演变等信息。多谱段成像仪配备了两个深蓝（Deep Blue）波段，旨在识别各种水体的水成分，如近海海水和湖泊；以及一个红边波段（Red Edge），用于监测陆地上的植被生长。

SDGSAT-1 的热红外、微光、多谱段三个传感器的扫描宽度均为 300 km，用以确保更有效的全球数据收集。该卫星幅宽优于世界上所有中高分辨率卫星，例如 Landsat 的热红外幅宽为 185 km，Sentinel-2 为 290 km，夜间微光空间分辨率更高的吉林一号 03C 星（空间分辨率 1.2m）幅宽则只有 14.4 km×6 km。

SDGSAT-1 的独特设计允许其三个传感器 24 小时协同工作，其中多谱段成像仪在白天收集数据，微光成像仪则在夜间工作。热红外成像仪则可以昼夜运行，或与其他两个传感器同时工作，或独立于其他传感器单独拍摄。白天多谱段和热红外，夜间微光和热红外等两个传感器的同时拍摄，使其有可能在相同的情况下，利用不同传感器同时观察同一地面物体，提高了关于该物体信息的一致性，并在此基础上进行更全面的分析。尽管多谱段成像仪和微光成像仪不能同时工作，但它们提供了利用地面上的物体光谱反应差异来描述地物在白天和晚上的光谱变化特征（表 3.5）。

图 3.13（a）～（c）分别是北京的夜间微光（10 m 图像，由全色和彩色数据融合而成）、多谱段和热红外图像。微光图像[图 3.13（a）]显示了一个细节丰富的城市夜景，其中的信息展示了不同的城市场景特征、光源分布、照明强度和灯光颜色。这些信息可以用来分析城市道路网、功能区的划分以及人类居住区和活

表 3.5　SDGSAT-1 技术指标表

类型	参数	指标
轨道	类型	太阳同步轨道
	高度	505 km
	倾角	97.5°
热红外	幅宽	300 km
	波段	8~10.5 μm，10.3~11.3 μm，11.5~12.5 μm
	空间分辨率	30 m
	辐射精度	相对精度：≤5%
		绝对精度：≤1K @ 300K
微光	幅宽	300 km
	波段	全色波段：444~910 nm
		蓝波段：424~526 nm
		绿波段：506~642 nm
		红波段：609~894 nm
	空间分辨率	全色波段：10 m
		红/绿/蓝波段：40 m
	辐射精度	相对精度：≤2%
		绝对精度：≤5%
多谱段	幅宽	300 km
	波段	深蓝波段 1：374~427 nm
		深蓝波段 2：410~467 nm
		蓝波段：457~529 nm
		绿波段：510~597 nm
		红波段：618~696 nm
		近红外波段：744~813 nm
		红边波段：798~911 nm
	空间分辨率	10 m
	辐射精度	相对精度：≤2%
		绝对精度：≤5%

动的分布。微光数据还可以利用光源的颜色和分布来估算并衡量经济发展的水平。在多谱段图像中[图 3.13（b）]，北京的城市整体布局和分布、地面特征和地表覆盖物的特点，以及城市道路网和交通基础设施都清晰可见。热红外图像[图 3.13（c）]能够映射出热能分布、城市居民区的集中程度以及活动热源区，有助于开展对城市的热能管理研究，了解社会经济活动和环境状况。图 3.13（a）～（c）的

子图则显示了鸟巢、水立方及其周围的细节，显示了 SDGSAT-1 通过其三个先进的传感器同时探测地球表面的同一物体的能力。

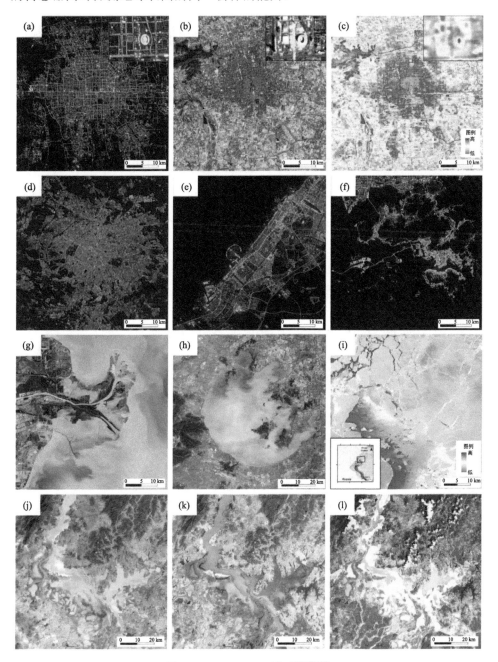

图 3.13   SDGSAT-1 遥感影像图

图 3.13（d）～（f）分别是巴黎、迪拜和香港的夜光微光图（10 m 图像，由全色和彩色数据融合而成）。利用这些图像，可以清楚地识别城市的布局、城市周围河流水系、沿海地区海岸带环境和植被生态系统的对比。

图 3.13（g）和图 3.13（h）是多谱段成像仪在中国黄河口和太湖上空获取的图像，多谱段成像仪能够准确地反映出水体的光谱信息特征，对研究 SDG 14 非常有效。黄河口的图像显示了黄河水和海水逐渐混合及混杂分布的状态，而水底的地形和水渠的方向可以从河水流向大海后的趋势中得到进一步挖掘与验证。太湖的图像显示，北部的水体比其余大部分水体更为清晰，说明了泥沙在湖面上因大风而积聚。在太湖的中北部、南部和中东部都发现了蓝藻藻华，而太湖周围的城市化布局及植被也清晰可见。图 3.13（i）是 SDGSAT-1 获取的俄罗斯北极地区 Maly Taymyr Island 的热红外图像。由于 SDGSAT-1 具有最高幅宽分辨率比，在探测热辐射强度和环境的详细纹理方面显示出更好的性能。图 3.13（i）表明 SDGSAT-1 热红外图像可以很好的显示该地区的温度分布模式。与 MODIS 和 Landsat 等数据相比，SDGSAT-1 在水体、海冰和冰间裂隙等方面都具有更多的信息，可以反演更多的温度变化和海冰形状细节。

图 3.13（j）～（l）是 SDGSAT-1 的多谱段成像仪分别在 2021 年 11 月、2022 年 4 月和 2022 年 9 月拍摄的中国鄱阳湖图像。随着长江流域雨季的到来，湖泊的水体面积［图 3.13（j）和图 3.13（k）中蓝色区域］大大增加。2022 年夏天，由于受到严重的热浪袭击，鄱阳湖遭受了极端干旱，湖泊的大部分地区干涸，湖底暴露，在图 3.13（l）中显示为白色高亮度地区。

3.3　空间对地观测多领域应用

3.3.1　森林多样性监测

多光谱遥感是最早应用于包括树种多样性在内的生物多样性监测的遥感技术，为早期区域尺度的树种多样性遥感估测提供了信息来源。目前基于多光谱数据的树种多样性监测研究的主要方法包括归一化植被指数（normalized difference vegetation index，NDVI）及其他植被指数法、纹理特征法及空间与光谱分辨率对树种多样性估测精度的影响探究等。

Gyamfi-Ampadu 等（2021）实验对比了 4 种卫星多光谱图像的光谱和空间分辨率在树种多样性模型中的影响，结果显示，大部分卫星多光谱数据对 Shannon、Simpson 和物种丰富度的预测精度均较高，而空间分辨率较低的 Landsat-8 模型预测精度较低。以 Shannon 指数为例，Sentinel-2、RapidEye 和 PlanetScope 模型决定系数相差无几，分别为 0.926、0.902、0.898。Mallinis 等（2020）借助 RF 算法，比较了不同空间分辨率卫星多光谱图像的反射率数据对树种多样性估测精度的影响，结果表明，RapidEye 数据的整体估算精度最低；Sentinel-2 优于 Landsat-8；而 WorldView-2 数据对研究区树种多样性指数的估算效果最好。

3.3.2 农业监测

高光谱的出现极大推进了精准农业的发展。利用高光谱遥感图像图谱结合的优点，能够精准监测农作物的长势，特别是在作物病虫害监测、作物长势评估和农业管理等方面。

借助高光谱遥感图像处理与分析，可以准确地反映农作物本身的光谱特征以及作物之间的光谱差异，较为准确地获取一些农业相关信息，如叶面积指数、叶绿素含量和作物含水量等，从而有效预测农作物的长势和产量。张霞等人利用了实用型模块化成像光谱仪在北京部分地区获取了航空高光谱遥感图像，并运用了红外、光谱吸收特征分析方法等算法，展开了高光谱遥感图像分析小麦氮含量的方法探索和可行性研究。

3.3.3 大气监测

在大气环境的应用中，波段很窄的高光谱遥感影像能够识别出由大气成分变化而引起的光谱差异，进而探测到更精细的大气吸收特征。大气探测对光谱分辨率要求相对较高，高光谱遥感在该领域的应用具有明显优势。

在大气监测领域，近二十年来国际上已经研制了多颗高光谱遥感卫星并应用在气体成分及温室气体探测，例如地球观测系统（EOS）上搭载的大气红外探测仪 AIRS、欧空局（ESA）ENVISTA-1 卫星上的气体扫描成像光谱仪 SCIAMACHY、加拿大微小卫星上的大气化学试验傅里叶变换光谱仪 ACE-FTS 和日本 GOSAT 卫星搭载的温室气体探测器 TANSO 等。

3.3.4 地质矿产

在地质矿产中的应用主要体现在区域地质制图和矿产勘探等方面，是高光谱遥感技术主要的应用领域之一，也是高光谱遥感应用中较为成功的一个领域。其次，还可以应用在岩性填图、矿物识别与填图、矿业环境监测、矿产资源勘探、矿山生态恢复和评价等多个方面。

谢红接等借助模块式航空高光谱仪（MAIS）影像数据，分析提取了研究区域的铀矿特征信息（例如矿化、蚀变等），为高光谱遥感在地质领域的应用奠定了基础。张宗贵等则使用机载可成像光谱仪（HyMap）采集的数据，开展了矿物识别的方法研究，并绘制了研究区域内矿物分布的分布图。Chabrillat 等利用航空高光谱数据开展了岩石鉴别和地质填图等研究工作。近年来，随着高光谱遥感地质应用的日益深入，在基于高光谱数据的矿物精细识别、地质信息反演和行星地质探测等方面取得了较为突出的进展。

3.3.5 灾害评估

利用机载 SAR 数据和 RADARSAT-1 星载 SAR 数据实现 1998 年鄱阳湖洪水监测是典型应用之一（郭华东，1999），该应用有效利用了微波电磁波后向散射系数对水体的敏感性以及其独特的全天时、全天候特征，从空间对地观测角度，全面、及时、客观的获取了洪水的灾情信息。

图 3.14 是极化和干涉 SAR 在 2010 年青海省玉树市地震灾情监测评估中的应用结果。其中图 3.14（b）是基于建筑物倒塌引起的散射类型和极化特征变化，仅利用震后单景 RADARSAT-2 极化 SAR 数据快速自动提取地震造成的玉树县城倒塌建筑物空间分布，分析发现地震造成玉树城区 57% 的建筑物倒塌。图 3.14（c）是利用 ALOS/PALSAR 干涉 SAR 数据，获取的同震形变场，结合区域地质背景分析了地表形变程度以及形变空间分布，分析发现震源位于区域主断裂上，并存在两个明显位错段，分别与仪器震中和宏观震中相对应（郭华东等，2010；Li et al.，2012）。相关结果体现了极化和干涉 SAR 在震害信息提取中的重要作用。

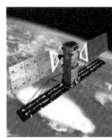

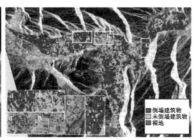
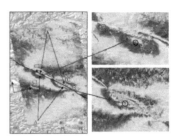

(a) RADARSAT-2卫星　　　(b) 极化SAR玉树建筑物倒塌分布图　　　(c) 干涉SAR同震形变干涉相位图

图 3.14　极化 SAR 和干涉 SAR 在 2010 玉树地震灾情监测评估中的应用

3.3.6 海洋监测

借助高光谱遥感技术手段，可以有效认识、了解海洋的温度变化、叶绿素分布、生态环境，以及河口海岸的泥沙含量等。当前，围绕海洋所开展的遥感应用研究主要是通过构建数学模型，而在如何解决水体的低反射率、大气对蓝紫波段光谱的散射影像研究等方面则不够深入。在海洋水质监测应用方面，通过可见光光谱能够观测到水下的状况，并可利用成像光谱技术观测到海洋水体中的浮游生物、叶绿素分布和沉积性悬浮物等状况。在国际上，围绕海洋遥感的研究主要涉及海洋生态系统、海洋碳通量研究、混合层物理性质的关系，以及海岸带环境监测与治理等多个方面。

3.3.7　海岸带土地利用/覆盖

多光谱遥感图像是海岸带土地利用/覆盖分类的重要数据来源。开展海岸带土地利用/覆盖分类工作一般需要结合多光谱遥感数据、高程信息等辅助数据，并结合专家知识对遥感影像进行人工解译，或者使用机器学习技术进行智能解译。研究人员早期大多使用例如 Landsat TM/ETM+影像开展海岸线土地利用/覆盖分类解译工作。Landsat TM/ETM+多光谱影像覆盖范围大、分辨率达到 30 m，且提供多个波段的光谱信息，为研究人员开展海岸线土地利用/分类工作提供了重要的数据源，被研究人员广泛应用。

随着卫星、传感器技术的不断发展，空间分辨率和光谱分辨率更高的多光谱遥感卫星被发射升空，例如 Sentinel-2、SPOT5、GF-2 等，极大促进了海岸线土地利用/覆盖分类工作朝着精细化方向发展。众多研究人员使用多光谱遥感图像开展该项工作。马云梅等人（马云梅等，2021）使用 GF-2 多光谱数据对广西海岸带红树林进行了精细化分类和制图。汪小钦等人（汪小钦等，2014）对 1986 年到 2009 年福州海岸带湿地地表覆盖分类进行了研究，并进行了变化分析。刘俊霞等人（刘俊霞等，2015）基于国产高分卫星遥感影像对海岸带盐田和水产养殖区进行了全面分析，并总结了地物的影像图谱特征。

3.3.8　全球变化监测

目前全球变化正在对人类生存与发展形成严重挑战，威胁着人类的生存环境，越来越成为包括我国在内的世界各国关注的重大命题，开展全球变化科学卫星的研究具有重要的科学和社会意义（Guo，2014）。国家重点基础研究发展计划（973 计划）"空间观测全球变化敏感因子的机理与方法"项目研究团队，结合多年在 SAR 遥感领域的研究经验，提出多颗全球变化雷达科学卫星概念和方案，包括亚洲水稻雷达卫星 RICESAT（郭华东等，2005；廖静娟等，2005）、热带雷达卫星 TSARSAT（Guo et al.，2006）、森林生物量雷达卫星，以及冰川雷达卫星等（郭华东等，2014；郭华东，2016）。这些面向全球变化的雷达卫星计划的实施，将为全球变化研究提供基础数据，为政府宏观决策提供科学支持，为应对全球变化、实现可持续发展做出贡献，具体参数如表 3.6 所示。

表 3.6　全球变化科学雷达卫星科学目标与技术参数

名称	探测因子	目标	技术参数
水稻雷达卫星	水稻生长期、种植面积	估算水稻分布及产量,为热带和亚热带粮食安全、战略决策及中国农业大数据提供数据和技术支持	系列小卫星。第一颗参数为 C 波段,HH/HV 极化,20°~30° 入射角,5 m/20 m 空间分辨率,5~7 d 重复观测周期;第二颗为 C 波段,全极化成像,可变入射角,多成像模式,5~7 d 重复观测周期
热带雷达卫星	热带亚热带土地类型变化、热带雨林生物量、洪水、海洋油气、海冰,海岸带地貌和地形,近海污染	为热带亚热带水稻生长监测和产量估算,热带雨林监测,灾害监测和预警,海洋探测,海岸带测量和地形图绘制提供数据	系列卫星。第一颗卫星的系统参数是 L 波段,HH/HV 极化或 HH/VV 极化,可变入射角;第二颗卫星参数是 L 波段和 C 波段,极化和多种成像模式,分辨率 5~20 m,幅宽 30~200 km,太阳异步回归轨道
森林生物量雷达卫星	森林生物量、森林高度	监测全球的森林生物量分布和变化;为陆地碳源汇研究提供数据	P 波段 SAR;紧缩极化或全极化;空间分辨率:50 m×50 m;对我国森林每年覆盖一次、全球 5 年覆盖一次
冰川雷达卫星	冰川变化、数字地形	研究冰川对全球变化的响应;探索冰川对中国生态环境资源以及国民经济的影响	多星座组网,L 波段 SAR;重返周期:24 d;全极化和可选极化;空间分辨率:5~100 m;幅宽:30~300 km,近极地太阳同步轨道

①亚洲水稻雷达卫星。水稻主要产于热带亚热带地区,全球 90% 以上的水稻产地分布在亚洲,大量研究表明星载雷达是迄今水稻长势监测的最佳的空间技术。在此基础上提出了面向多国多用户的水稻监测雷达系列小卫星概念,目标是监测水稻生长期和种植面积,估算热带和亚热带地区水稻产量,探测水稻区域甲烷温室气体分布,为热带和亚热带地区及世界的粮食供应安全、战略决策和信息技术支持提供服务。

②热带雷达卫星。热带和亚热带地区的资源环境和气候都十分特殊,通常被雨和云所覆盖,星载 SAR 所具有的全天时和全天候成像能力使其成为该区域探测的有效观测手段,据此提出了热带雷达卫星(TSARSAT)方案(Guo H D et al.,2006)。除了前面提到的水稻生长监测和估产外,热带雨林监测、灾害监测和预警、海洋探测、海岸带测量和地形测绘等方面也是该卫星的设计目标。

③森林生物量雷达卫星。森林是陆地上最大的碳储库,约 80% 的地上碳储量和 40% 的地下碳储量存在于森林生态系统之中。在区域或者全球尺度上准确估算森林碳储量及其动态变化对区域乃至全球的碳循环和气候变化研究至关重要。

SAR 具有一定的穿透能力，能反映森林的内部结构信息，极化干涉、层析成像等技术的出现，保证了精确的生物量反演结果。对森林生物量的探测和研究不仅可以丰富碳循环科学的研究理论与方法,更重要的是为全球变化研究提供科学依据。

④冰川雷达卫星。冰川变化是全球变化研究中的一个独特而重要的领域，是全球气候变化科学的代用指标和依据。冰川过程以其独有的方式记录或反馈全球环境气候变化，气温、降水与冰川进退、物质平衡密切相关，利用卫星观测冰川特征对研究全球变化有重大价值。SAR 数据在区分冰川和非冰川区、探测冰川移动、高度变化分析、冰川雪线提取等方面有着巨大优势。

3.4 小 结

空间对地观测技术自 1962 年诞生以来，卫星产业呈快速发展趋势，各国政府和国际组织都强烈意识到空间对地观测的重要性，投入大量资金发展各类应用卫星。据不完全统计，截至 2022 年 11 月，中国资源卫星应用中心已归档历史标准遥感数据产品 17597201 景，包含高分、资源、环境系列卫星约 30 多种传感器卫星数据（中国资源卫星应用中心）；中国国家气象卫星中心归档 FY 系列卫星数据约 30.2PB，包含 172 类数据产品（风云卫星遥感数据服务网）。

如此多源、海量的遥感归档数据，对于持久化数据存储、高效的数据发现与获取、高性能处理、智能挖掘及知识发现、共享与服务造成了巨大挑战。因此，大数据、人工智能时代的地球大数据新型存储、管理、处理、挖掘模式有必要深入研究，本书将在后续章节继续讨论。

参 考 文 献

风云卫星遥感数据服务网. http://satellite. nsmc. org. cn/PortalSite/Default. aspx.［2022-11-22］

郭华东, 1997. 航天多波段全极化干涉雷达的地物探测. 遥感学报, 1(1): 32-39.

郭华东, 1999. 中国雷达遥感图像分析. 北京: 科学出版社.

郭华东, 2000. 雷达对地观测理论与应用. 北京: 科学出版社

郭华东. 2012. 空间对地观测与新一代数字地球. 中国建设信息. (21): 21-22.

郭华东, 2016. 地球系统空间观测: 从科学卫星到月基平台. 遥感学报, 20(5): 716-723.

郭华东, 陈方, 邱玉宝. 2013. 全球空间对地观测五十年及中国的发展. DOI: 10. 3969/j. issn. 1000-3045.

郭华东, 傅文学, 李新武, 等. 2014. 全球变化科学卫星概念研究. 中国科学: 地球科学, 44(1): 49-60.

郭华东, 李新武, 2011. 新一代 SAR 对地观测技术特点与应用拓展. 科学通报, 56(15):

1155-1168.

郭华东, 廖静娟, 韩春明, 等. 2005. RICESAT 论析//第十五届全国遥感技术学术交流会论文摘
    要集. 贵阳: 中国地理学会: 257.

郭华东, 邵芸, 1997. 航空双波段全极化 SAR 信息分析. 遥感学报, 1(2): 94-100.

郭华东, 王心源, 李新武, 等. 2010. 多模式 SAR 玉树地震协同分析. 科学通报, 55(13):
    1195-1199.

廖静娟, 郭华东, 邵芸, 等. 2005. RICESAT 系统参数选择//第十五届全国遥感技术学术交流会
    论文摘要集. 贵阳: 中国地理学会: 258.

刘畅, 白强, 唐高, 等. 2018. 中国海洋遥感技术进展. 船舶与海洋工程, 34(1): 1-6. DOI: 10.
    14056/j.cnki.naoe.

刘俊霞, 马毅, 李晓敏, 等. 2015. 基于国产高分影像的海岸带盐田和水产养殖区图谱特征分析.
    海洋科学, 39(2): 63-66.

马云梅, 吴培强, 任广波. 2021. 基于高分影像光谱特征的广西海岸带红树林精细分类与制图.
    地球信息科学学报, 23(12): 2292-2304.

庞丹, 潘晨, 紫晓. 2016. 高分三号: 辽阔疆域的"守望者"——写在高分三号卫星发射成功之
    时. 中国航天, (9): 8-12.

唐军武, 陈戈, 陈卫标, 等. 2021. 海洋三维遥感与海洋剖面激光雷达. 遥感学报, 25(1):
    460-500.

唐新明, 胡芬. 2018. 卫星测绘发展现状与趋势. 航天返回与遥感, 39(4): 26-35.

童旭东. 2016. 中国高分辨率对地观测系统重大专项建设进展. 遥感学报, 20(5): 775-780.

汪小钦, 石义方, 魏兰, 等. 2014. 福州海岸带湿地分类与变化的遥感分析. 地球信息科学学报,
    16(5): 833-838.

王翠珍, 郭华东, 1998. 利用 SIR-C 极化数据提取地面参数. 遥感学报, 2(2): 107-111.

徐建平. 2013. 中国新型极轨气象卫星. 国际太空, (9): 2-5.

余柏蒗, 王丛笑, 宫文康, 等. 2021. 夜间灯光遥感与城市问题研究: 数据、方法、应用和展望.
    遥感学报, 25(1): 342-364.

中国资源卫星应用中心. https://data.cresda.cn/#/home.［2022-11-22］

Abdalati W, Zwally H J, Bindschadler R, et al. 2010. The ICESat-2 Laser Altimetry Mission.
    Proceedings of the IEEE, 98(5): 735-751.

Cheng B, Chen Z Q, Yu B L, et al. 2020. Automated extraction of street lights from JL1-3B nighttime
    light data and assessment of their solar energy potential. IEEE Journal of Selected Topics in
    Applied Earth Observations and Remote Sensing, 13: 675-684.

Garvin J, Bufton J, Blair J, et al. 1998. Observations of the Earth's topography from the Shuttle Laser
    Altimeter(SLA): Laser-pulse Echo-recovery measurements of terrestrial surfaces. Physics
    &Chemistry of the Earth, 23(9): 1053-1068.

Guo H D. 2014. Scientific satellite for global change research(in Chinese). Beijing: Science Press.

Guo H, Dou C, Zhang X, et al. 2015. Earth observation from the manned low Earth orbit platforms.

ISPRS Journal of Photogrammetry &Remote Sensing, 115: 103-118.

Guo H D, Chen J, Li X W, et al. 2017. Research on SAR data integrated processing methodology oriented on earth environment factor inversions. International Journal of Digital Earth, 10(7): 657-674.

Guo H D, Ding Y X, Liu G, et al. 2014. Conceptual study of lunar-based SAR for global change monitoring. Science China Earth Sciences, 57(8): 1771-1779.

Guo H D, Liao J J, Li Z, et al. 2006. TSARSAT: a radar satellite for observing tropical regions//Proceedings Volume 6200, Remote Sensing of the Environment: 15th National Symposium on Remote Sensing of China. Guiyany: SPIE.

Gyamfi-Ampadu E, Gebreslasie M, Mendoza-ponce A. 2021. Evaluating multi-sensors spectral and spatial resolutions for tree species diversity prediction. Remote Sensing, 13(5): 1033-1050.

Kyba C C M, Garz S, Kuechly H, et al. 2015. High-resolution imagery of earth at night: new sources, opportunities and challenges. Remote Sensing, 7(1): 1-23.

Li D R, Tong Q X, Li R X, et al. 2012. Current issues in high-resolution earth observation technology. Science China Earth Sciences, 55(7): 1043-1051.

Li X W, Guo H D, Zhang L, et al. 2012. A new approach to collapsed building extraction using RADARSAT-2 polarimetric SAR imagery. IEEE Geoscience and Remote Sensing Letters, 9(4): 677-681.

Liang L, Li X W, Ferro-Famil L, et al. 2018. Urban area tomography using a sparse representation based two-dimensional spectral analysis technique. Remote Sensing, 10(1): 109.

Mallinis G, Chrysafis I, Korakis G, et al. 2020. A random rorest modelling procedure for a multi-sensor assessment of tree species diversity. Remote Sensing, 2020, 12(7): 1210-1225.

Pack D W, Hardy B S, Longcore T. 2017. Studying the earth at night from CubeSats//Proceedings of the 31st Annual AIAA/USU Conference on Small Satellites. Logan, Utah, United States: AIAA, USU.

Shi K F, Yu B L, Huang Y X, et al. 2014. Evaluating the ability of NPP-VIIRS nighttime light data to estimate the gross domestic product and the electric power consumption of China at multiple scales: a comparison with DMSP-OLS data. Remote Sensing, 6(2): 1705-1724.

Sjogren W L, Wollenhaupt W R. 1973. Lunar shape via the Apollo Laser altimeter. Science, 179(4070): 275-278.

Smith D E, Zuber M T, Frey H V, et al. 2001. Mars Orbiter Laser Altimeter: Experiment summary after the first year of global mapping of Mars. Journal of Geophysical Research Planets, 106(E10): 23689-23722.

Smith D E, Zuber M T, Jackson G B, et al. 2010. The lunar orbiter laser altimeter investigation on the lunar reconnaissance orbiter mission. Space Science Reviews, 150(1-4): 209-241.

Wang X, Cheng X, Gong P, et al. 2011. Earth science applications of ICESat/GLAS: a review. International Journal of Remote Sensing, 32(23): 8837-8864.

Wu W J, Li H L, Zhang L, et al. 2018. High-resolution PolSAR scene classification with pretrained deep convnets and manifold polarimetric parameters. IEEE Transactions on Geoscience and Remote Sensing, 56(10): 6159-6168.

Yu B L, Shi K F, HuY J, et al. 2015. Poverty evaluation using NPP-VIIRS nighttime light composite data at the county level in China. IEEE Journal of Selected Topics in Applied Earth Observations and Remote Sensing, 8(3): 1217-1229.

Zhang G, Li L T, Jiang Y H, et al. 2018. On-orbit relative radiometric calibration of the night-time sensor of the luoJia1 01 satellite. Sensors, 18(12): 4225.

Zheng Q M, Weng Q H, Huang L Y, et al. 2018. A new source of multi-spectral high spatial resolution night-time light imagery—JL1-3B. Remote Sensing of Environment, 215: 300-312.

第4章

地球大数据泛在感知

随着科技水平的不断进步，信息采集设备的种类和数量不断增多，信息获取的手段无处不在，无所不在。从高、中、低轨道各类型卫星，到近空无人机等各种飞行器设备，再到地面 5G 基站、手机 GPS 定位系统、各种监控摄像头等都是信息获取的有效手段。这些信息让人们对于自己所处的周围环境有了更加丰富的认知。这种认识来源于人们和环境产生的大量数据，从这些数据中获取并分析得到有用的知识（或认知）是至关重要的一个环节。

"泛在感知"便是在上述这种背景下诞生的新兴概念。泛在感知是指利用广泛存在于环境之中的通讯信号，对人和环境进行感知。具体来说，泛在感知利用信号处理和人工智能的方法对感知信息进行多方面的分析，得到关于人或环境的演变态势，进而为人在合适的时间和地点提供定制化、智能化的服务。泛在感知是智慧地球、智慧城市建设的基础（杨元喜，2022）。

4.1 无人机感知

4.1.1 概述

1. 无人机平台

无人机是指由无线电遥控设备和独立的程序控制设备操作的非载人航空器。根据美国联合出版社《国防部词典》的定义："无人机是指由动力驱动，不搭载操作人员的一种空中飞行器，采用空气动力为飞行器提供所需的升力，能够自主或遥控飞行，既能一次性使用也能进行回收，能够携带杀伤性或非杀伤性任务载荷。弹道或半弹道飞行器、巡航导弹和炮弹不能看作无人机"。根据上述定义，能够搭载有效任务载荷的无线电遥控动力航空模型也应划入无人机的范畴。在实际应用中，航空模型由于具备设备成本低、使用操作灵活等特点，通常搭载数码相机等任务载荷，由操作手遥控或利用加装的飞控系统进行自主飞行。同时，航空模型的加工、生产、安装与调试的方法、技巧，极大地促进了小型低速无人机的发展。因此，无人机与其配套的控制站、起飞（发射）回收装置，以及无人机的运输储存检测设备统称为无人机系统。

当前，随着国内外无人机技术飞速发展，无人机系统功能多样、种类繁多、用途广泛，从而使其在尺寸、质量、航程、航时、飞行高度、飞行速度、适配任务等多方面都存在较大差异。由于无人机的多样性，无人机可从不同角度按照不同的方法进行分类（民航法规）：①按气动布局分类，无人机可分为固定翼无人机、旋翼类无人机、扑翼类无人机、伞翼无人机、无人飞艇和复合式无人机等。②按用途分类，无人机可分为军用无人机和民用无人机。③按重量分类，无人机可分为微型无人机、轻型无人机、小型无人机以及大型无人机。④按活动半径分类，无人机可分为超近程无人机、近程无人机、短程无人机、中程无人机和远程无人机。⑤按任务高度分类，无人机可以分为超低空无人机、低空无人机、中空无人机、高空无人机和超高空无人机。如图4.1所示。

2. 无人机智能感知

智能无人机感知，是指在高度动态、实时不透明的任务环境中，无人机应具有的感知环境、避障、灵活机动、实时容错飞行，并根据任务需求自主规划飞行路径，自主识别目标属性，通过自然语言与人交流等能力。简而言之，无人机智能感知应具备环境感知与避让、目标自动识别、鲁棒控制、自主决策、路径规划、语义交互等能力，作为智能无人机遥感技术的基础工具，为各种任务提供空中视角。

智能无人机系统的主要构成部分包括：机载控制系统、地面控制设备、导航系统和数据传送系统等。其中，导航系统及其辅助子系统是自主无人机的主要组成部分。自主导航系统利用来自各个子系统的信息来实现三个基本任务：估计无人机的姿态，识别周围的障碍物并做出反应等。工作一般流程包括：首先通过感知系统探测是否存在障碍物，若存在障碍物，则检测出障碍物的距离、角度、速度等信息；然后由决策系统判断障碍物是否影响飞行安全，并决定是否需要对航路重新规划；最后若需要对航路重新规划，则由航迹规划系统综合本机及外部信息，调整航路以规避碰撞，整个流程如图4.2所示。

综上所述，无人机智能感知的实现依赖以下几个关键技术：

（1）智能感知与规避技术。

（2）智能路径规划技术。

（3）智能飞行控制技术。具体包括：①鲁棒飞控技术，聚焦于容错、可重构飞行控制方法；②开放性飞控技术，侧重飞控技术的兼容性、可扩展性；③自主决策、融合技术；④自学习与进化技术。

（4）智能空域整合技术。

（5）智能飞行器技术。

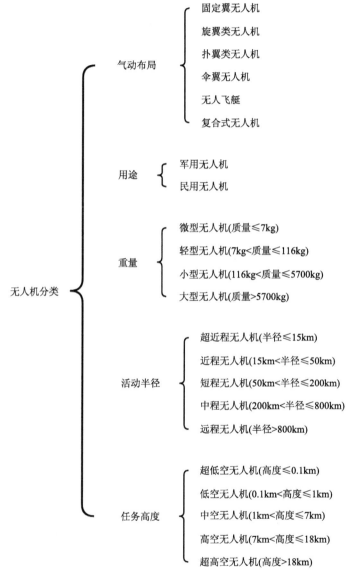

图 4.1 无人机平台分类

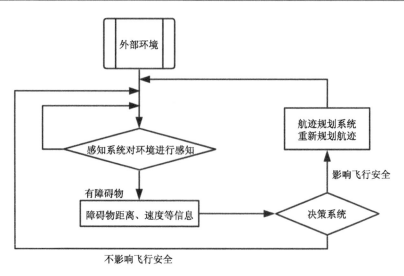

图 4.2　无人机感知与避障原理

4.1.2　无人机与感知设备

1. 无人机系统组成

无人机系统按功能组成划分为无人机平台、飞控系统、导航系统、通讯链路系统等，如图 4.3 所示。飞控系统又称为飞行管理与控制系统，相当于无人机系统的"心脏"，对无人机的稳定性与数据传输的可靠性、精确度、实时性等都有重要影响；导航系统的基本功能是控制无人机按照预定的任务航路飞行；通讯链路系统主要负责遥控指令的精确传输以及无人机信息的实时收发，确保反馈效率的及时实现和任务的顺利准确完成。

1) 飞控系统

无人机飞行控制系统是无人机完成起飞、空中飞行、任务执行和返回恢复等整个飞行过程的主系统，基本任务是在空中受到干扰时保护无人机保持飞机姿态和航迹稳定，根据地面无线传输指令要求改变飞机姿态和航迹，完成导航计算、遥测数据传输和任务控制。飞控系统一般包括传感器、机载计算机和伺服设备等三部分，实现无人机姿态稳定和控制、无人机任务设备管理和应急控制等三项功能。无人机飞控系统硬件主要由超声波传感器（低空高度精确控制或避障）、陀螺仪（飞行姿态感知）、控制电路加速度计、气压传感器（悬停高度粗略控制）、地磁感应飞控、光流传感器（悬停水平位置精确确定），以及全球定位仪（水平位置高度粗略定位）等仪器组成。

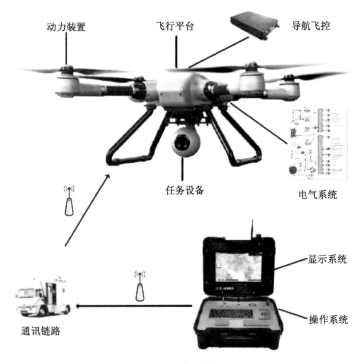

图 4.3 无人机系统组成

空地双向数据传输通道，实现地面控制中心对无人机进行远距离的遥控、遥测

2）导航系统

无人机导航系统的主要功能是指无人机飞行器根据搭载的电子设备和飞行控制软件实现对无人机进行姿态确定、路线规划、受控接近、降落控制等，其主要任务是引导无人机遵循预定的任务路径实现飞行任务。为实现导航的任务目标，无人机需要满足在飞行过程中系统能够实时获得飞行平台的地理位置、飞行状态、速度等数据信息。目前，轻小型无人机常用的导航方式包括卫星导航、惯性导航和组合导航等。具体地，卫星导航（Satellite navigation）方式是基于无人航天器获得自身定位信息，将航天器视作相对的动态坐标，通过计算运动中的载体的航行位置和速度，获得无人机自身的导航坐标等定位信息；惯性导航系统（inertial navigation system）根据计算飞行器的加速度，使用积分公式计算得出飞行器的瞬时速度和瞬时空间位置。组成惯性导航系统的硬件设施都安放在载体内部，执行飞行任务中不需要依赖外界信息，也不向外界辐射能量，因此具有较强的抗干扰能力，是一种自主式导航系统；组合导航系统是一种信息综合系统，主要包括导航定位、运动控制、设备校对等功能。组合导航系统利用计算机和数据处理技术

把具有不同特点的导航设备组合在一起，以达到优化的目的。常见的组合导航系统包括惯性导航/卫星导航组合导航系统、惯性导航/地形匹配组合导航系统，以及惯性导航/卫星导航/视觉辅助组合导航系统。

3）通讯链路

通讯链路作为无人机系统的重要组成成分，其核心任务是建立一个与任务信息传输的功能。其中，遥控功能实现地面控制中心对无人机和搭载的硬件任务设备进行远距离操作，遥测功能完成无人机飞行状态的监测工作，任务信息传输功能则通过下行无线信道向地面控制中心传送由机载任务传感器所获取的视频、图像等信息。在实现无人机任务的过程中，任务信息传输是通讯链路系统的重点任务，任务信息传输质量的优劣直接影响监测和获取任务目标的性能。任务信息在实际传输中会产生比遥控和遥测功能高出数倍的传输带宽（一般要几兆赫，最高的可达几十兆赫，至上百兆赫）。通常，任务信息传输和遥测可共用一个下行信道。

2. 无人机机载设备

（1）多光谱相机

数码相机是无人机平台最主要的传感器载荷，可分为量测型相机和非量测型相机。量测型相机是专门为航空摄影测量制造的，集成了低畸变的物镜和内置滤光镜，具有高几何测量精度。然而，由于有效载荷的限制，中小型无人机平台目前难以搭载量测型相机，只能选择非量测型相机作为中小型无人机平台的典型相机。非量测型相机，因不具备像移补偿装置而非专业用于航空摄影测量的相机，为减少摄影误差增加了陀螺稳定平台来保证相机工作时的稳定性。非量测型相机影像清晰度的保证不仅需要缩短曝光时间，还必须限制无人机的巡航速度。表 4.1 显示了典型的机载数码相机。

表 4.1　无人机机载多光谱相机及其参数

名称	说明	附图
Nikon Z7	影像尺寸：14204 像素×10652 像素； 影像大小：35.9×23.9mm； 像素大小：4.34μm； 焦距：35mm 重量：675g；	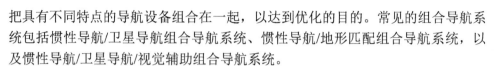

续表

名称	说明	附图
Canon EOS 450D	影像尺寸：4272 像素×2848 像素； 传感器尺寸：22.2×14.8 mm； 像素大小：5.2μm； 焦距：24mm； 重量：475g；	
SONY Cyber-shot DSC-RX1R II	影像尺寸：7976 像素×5317 像素； 传感器尺寸：35.8×23.9 mm； 像素大小：4.5μm； 视场角：54.16°（长边），37.7°（短边） 焦距：35mm； 重量：482g；	
SONY Alpha A7R III	影像尺寸：7952 像素×5304 像素； 传感器尺寸：35.9×24 mm； 像素大小：4.51μm； 焦距：23mm； 重量：657g；	

（2）机载激光扫描仪

机载激光扫描仪（Light Detection and Ranging，LiDAR）是一种主动测量仪器，能够直接获取测量区域的三维坐标点云数据。机载 LiDAR 技术是从 20 世纪末期逐渐发展起来的一门新兴技术，可实时获取地形表面三维信息的重要航空遥感技术。由于主动性、对天气依赖小、自动化程度高等诸多优点而引起了各行各业的广泛关注，广泛用于地理形态测绘、环境紧急监测、植物覆盖图像绘制、海岛沿岸保护、灾害管理与应急防控等众多学科领域。近年来，随着飞行器技术和三维激光扫描技术的成熟，社会需求持续扩大，表明对地观测领域的一个全新的发展方向即机载 LiDAR 系统正在迅猛发展。表 4.2 列举了典型的无人机机载激光扫描系统及其功能。

表 4.2　典型激光扫描系统及其功能描述

生产厂商	产品型号	功能描述
Optech	Eclipse	专注于低成本平台上紧密集成的无源和有源成像传感器的机载系统。Eclipse 专为小型项目区域和走廊应用的高效数据收集而设计，仅需要导航员。
	Galaxy	Galaxy 专为从广域测绘至走廊测量的各种应用而设计，是一款真正的通用传感器，可通过超密集数据实现与大型系统相媲美的测量精度和准确度。
Riegl	VQ-1560i	采用超高性能、完全集成和校准的双通道机载制图系统；利用 RIEGL 先进的 Waveform-LiDAR 技术，实现了出色的多目标检测能力和多时间周期处理。
	VQ-780i	专门为低、中、高海拔地区的高效数据采集设计，涵盖了从高密度到广域测绘的各种不同机载激光扫描应用。

（3）机载高光谱仪

高光谱遥感指的是用很窄且连续的光谱通道对地物进行持续成像的遥感观测技术。在紫外、可见光、近红外、中红外和远红外等波段范围内，高光谱遥感图像具有丰富的光谱通道数，可多达数百个，其分辨率也已达到纳米级别，从而可以产生一条完整而连续的光谱特征曲线。

高光谱遥感的出现与应用已有三十多年的历史，是基于成像光谱学理论发展起来的。相比传统的可见光光谱遥感技术，高光谱成像光谱仪能够为每个成像像元提供极窄的成像波段，且连续分布在不同的光谱区间，从而得到的地物高光谱曲线呈现连续的光谱信号效果。因此，高光谱遥感图像提供了非常丰富的地物光谱空间信息，为对地观测、地表环境监测等实际应用提供有力的数据支撑，推动传统遥感目标监测的发展。目前，国外在高光谱仪轻小型化方面已经有比较成熟的产品，比如美国的 Corning 公司与 HeadWall 公司、芬兰 Specim 公司、德国 Cubert 公司等，都研发了适用于无人机遥感平台的轻小型高光谱成像仪。表 4.3 显示了几种典型的无人机高光谱成像仪。

表 4.3　典型无人机高光谱成像仪

序号	生产厂商	仪器名称	光谱范围/nm	波段数	重量/kg
1	美国 HeadWall	A 系列	400～1000	270	0.50
		T 系列	900～1700	80	0.63
		M 系列	900～2500	167	1.13
2	美国 Corning	vis-NR microHSI-B	400～1000	180	0.45
		SWIR microHSI 640-B	600～2500	170	3.5
		extra-SWIR microHSI	964～2500	256	2.6
3	德国 Cubert	M185	450～950	125	0.50
4	芬兰 Specim	FX50	2700～5300	154	7

（4）机载高性能计算机

随着实时信息网络、人工智能、自主飞行、人机交互能力等技术的提高，无人机实时数据处理能力越来越强。但为了满足无人机功能多样化、自主化、智能化，仍需要研发更智能的具有局部自主或完全自主控制能力的新型无人机，因此无人机的核心系统，即机载计算系统的自主能力和智能水平，仍需提高和优化。受限于当前高性能计算设备，如何在不破坏原有系统结构的前提下提高整个系统的自主能力和智能水平是无人机系统面临的关键问题。目前，满足无人机高性能计算基本要求的高性能机载计算机有浪潮 NE1008N1 和大疆 Manifold2。

浪潮超级边缘 AI 计算小站 NE1008N1，是浪潮针对物联网接入和边缘场景设计的一款高性能、低功耗边缘计算产品。AI 算力高达 21 TOPS，最多支持 32 路 1080 高清视频解码与 6 路编码，面向智慧零售、智能制造、智慧城市和智慧物流等众多边缘 AI 应用场景。具有几个方面的特点：①超强 AI 算力，提供超高计算性能。提供超强边缘 AI 计算，在不足 30W 的功耗下支持高达 21 TOPS AI 算力，最多支持 32 路 1080 高清视频解码与 6 路编码。②生态互通，数据中心应用轻松迁移边缘端。基于 NVIDIA CUDA 应用生态，实现数据中心算法和应用到边缘端的快速移植，缩短产品上市周期，帮助用户加速边缘嵌入式 AI 平台的高效落地。③云边协同，统一管理边缘端设备。通过浪潮自主研发的平台管理软件，实现对大规模部署的设备的运行状态、资源使用情况进行远程监控和管理，有效减轻用户的运维和管理压力；导入硬件加密技术，充分保障信息安全。④灵活支持多通信方式，广泛适用于边缘应用。支持有线网络、Wi-Fi、ZigBee、4G、5G 等多种网络方式，全方位覆盖城市、工业、能源等多种应用场景；适用于智慧零售、智能制造、智慧城市、智慧物流等众多边缘 AI 应用场景。

大疆妙算 Manifold 2 是一款专为智能平台和设备打造的高性能机载计算机，其计算力卓越、响应灵敏，更支持灵活扩展，适配多款大疆飞行平台和飞行控制系统，极大助力开发者为复杂业务定制专业而智能的解决方案。妙算 2 为各种应用提供不同的版本，开发者可根据实际应用选择英特尔酷睿 CPU 版本（适用于自主飞行、实时数据处理、连接移动地面站、机器人应用）或 NVIDIA Jetson GPU 版本（适用于人工智能、物体识别、运动分析、图像处理）适配不同领域应用。两个版本都完美兼容经纬 Matrice 600 Pro、经纬 Matrice 210 系列、经纬 Matrice 210 RTK 系列和 N3 飞行控制器、A3 飞行控制器，并可搭配 Onboard SDK、Payload SDK 及 Windows SDK 进行深度开发，为农业、建筑、公共安全等关键垂直行业的用户，开发更多的商用无人机解决方案。基于英伟达人工智能平台的妙算 2，极大地提升了对物体识别及运动分析等人工智能任务的处理速度和准确性，常被应用于能源行业中对输电基塔、光伏发电板等基础设施的智能化巡检、精准农业中对农作物状态的识别，以及交通执法中对运动车辆的行为预测等。基于英特尔酷睿平台的妙算 2，进一步提升了无人机处理复杂计算的能力，提高了无人机自动化飞行作业水平。

4.1.3　无人机智能感知

影像智能地物提取是无人机智能感知的基础。几十年来，经过大量学者的不断努力，在该领域提出了很多针对特定地物的理论和技术。但到目前为止，仍然没有一种通用的地物智能提取算法。总的来说，多光谱遥感影像的地物提取主要是利用不同地物的光谱反射特性差异，通过遥感影像的波段运算区分出不同地物。全色影像和 RGB 彩色影像的地物提取则一般是利用图像的纹理特征、几何特征等进行图像分割实现地物提取。在计算机视觉领域，针对不同的地物提取需求一般设计特定的提取算法。无人机影像地物提取在实际应用中常见的提取对象有道路、建筑、植被、水土等。

1. 道路提取

道路提取作为地球大数据目标识别领域的关键研究方向之一，提取精度直接影响车辆、建筑物等地物的识别效果，对自然灾害预警、军事活动、无人驾驶路径规划等研究领域提供技术支持（张永宏等，2018）。过去的几十年里国内外学者对道路提取技术的研究取得了长足的进展，不同的无人机影像数据中的道路呈现出不同的特点。在遥感影像道路提取过程中，不同的背景导致道路提取难度各异，当道路附近存在规整建筑物且建筑物边缘与道路具有平行情况时，容易导致结果误判；此外，在山区背景下（赵晓锋，2010），道路曲率变化相较城市道路较大，虽然与背景环境的灰度差别较为明显，但复杂的山区地形与薄弱的几何特征仍使道路提取具有较大难度，如图 4.4 所示。因此，研究不同背景下的遥感图像道路提取具有重要意义。对于上述介绍的不同应用场景下道路提取方法的差异性，有关学者提出了一系列的方法，如图 4.5，经典的面向对象的方法包括最近邻、支持向量机、隶属度函数、知识模型等；第二类基于数学形态学的方法包括形态学滤波、矢量化、形态学修复等；第三类方法是随着人工智能和机器学习等技术发展提出的基于机器学习的道路提取方法（张永宏等，2018）；此外，基于像元的道路提取方法，主要利用波谱特征的差异性识别道路。上述方法中面向对象的方法重点在于数据和操作被封装到对象的统一体中；当前基于机器学习的方法综合了像元与对象两类方法的优点，利用机器学习算法将学习到的目标特征反馈到分类器中，经图像分割后获得识别目标，极大地提升了道路提取结果的准确性和完整性。传统的地物提取方法在以前遥感影像空间分辨率不高的时代也许能够解决一些实际问题，但随着传感器技术的进步，遥感影像已经达到亚米级的地面分辨率，传统图像分割算法并不能取得高精度的提取效果。近年来，深度学习技术的进步和发展给传统的遥感影像道路提取注入新的活力。在实际道路提取中，遥感影像包含的道路类别多样，例如柏油路、水泥路、土路等，其形状也复杂多变，而深度卷积神经网络的优势是能够从海量的特征中找出这些道路的共性，提取出道路本征特征，进而实现道路目标识别。基于深度卷积神经网络的道路提取算法如图 4.6 所示。

图 4.4　无人机影像道路提取结果

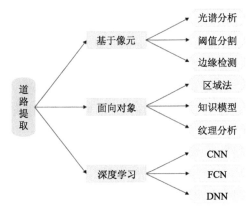

图 4.5　无人机影像道路提取方法

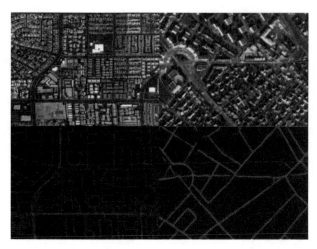

图 4.6　卷积神经网络提取的城市道路

2. 建筑物提取

无人机遥感应用中快速提取出建筑物的分布、位置、形状等信息具有非常重要的意义，可为地球大数据相关的各个领域的实践提供宝贵的基础数据支撑。城市场景环境下的建筑物地理位置和空间分布信息对地球大数据的建立意义重大。建筑物提取主要应用于城区的自动提取、城市更新检测、地图变化检测、城市规划、三维建模、数字化城市建模、应急响应和灾害评估等领域，如何实现建筑物的迅速、准确、自动化提取是当前研究的热点问题（张庆云，2015）。但是随着遥感影像空间分辨率的不断增加，带来了丰富的光谱纹理信息，同时致使类内光谱差异变大，类间光谱差异缩小，同物异谱以及同谱异物的现象更加频繁，这对高分辨率影像建筑物提取带来了前所未有的难度（朱岩彬，2020）。

截至目前，利用高分辨率航空影像或卫星影像进行建筑物或其他地表物体信息的识别方法可以分为两类：第一类，通过结合图像信息和高程信息来实现建筑物提取，其基本原理是基于城市建筑物具有一定高度的特征，通过建筑物与周围环境（地面）之间的高差进行屋顶边界的提取，此类方法大多需要一定的辅助数据如 DEM、DSM 等具有地物高程信息的影像。第二类，将高空间分辨率的遥感影像数据与不同的学科领域进行结合，如计算机视觉、图像处理、深度学习等技术手段，来完成建筑物半自动或全自动提取和定位。除上述分类方法外，还可以从原理角度将建筑提取方法分为四类，分别是：1）基于边缘和角点提取人工地物信息的方法；2）基于多尺度分割提取地物的方法；3）基于区域分割的提取方法；4）基于多学科或新理论的提取方法（高翔，2020）。

建筑物的提取过程中易受到周围环境的影响，主要有下面三个方面：1）房屋边缘与道路平行且相邻，边缘检测后的影像中道路和房屋边缘相互混淆；2）拍摄角度的差异性引起建筑物之间相互遮挡，直观表示为影像中部分被遮挡建筑物信息丢失；3）影像上建筑物阴影的灰度值与建筑物本身非常接近，因此难以区分建筑与阴影的边界，从而影响提取结果。

经典的建筑物提取方法，主要依赖影像数据中建筑物的灰度、光谱等特征信息进行自动提取，正因如此也使得经典模型不具有普适性。国内外学者将深度学习方法应用于建筑提取任务中取得了一系列成果。典型的卷积神经网络方法，受限于卷积核的大小，导致卷积神经网络识别高分辨率遥感影像中不同尺度建筑物的能力较差。同时，卷积神经网络在进行建筑提取任务时对边缘并不敏感，其识别结果往往出现破碎的建筑边界。全卷积网络技术因具有尺度不变性逐渐取代卷积神经网络技术，例如，U-Net 网络是一个经典的全卷积网络结构，在建筑提取任务中发挥出较好的表现（高翔，2020），如图 4.7。

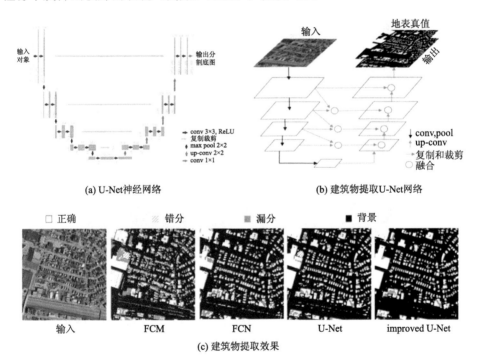

(a) U-Net神经网络　　　　　　(b) 建筑物提取U-Net网络

(c) 建筑物提取效果

图 4.7　无人机影像道路提取结果

3. 植被提取

植被是陆地生态系统最重要的组成部分，主要表现在维持生态系统平衡、保持水土和改善水文状况等（汪小钦等，2015）。植被覆盖度，作为衡量植被在地表分布情况的一项重要指标，能够表示农作物的捕光能力，表征农作物分布特征，评估区域范围内的生态环境等级等（赵健赟，2015）。

目前，从多光谱遥感影像中获得的植被指数类别已经有几百种，此类指数充分利用植被光谱反射特性，可有效提取植被信息。此外，较易获取的光影像同样被应用于植被指数计算，但其包含的可见光波段信息用于植被指数的研究仍不成熟（周涛，2021）。同时，机载激光雷达技术的快速发展，使其成为无人机智能地物提取检测最具潜力的技术之一，机载激光雷达技术能够生成高精度、高密度的三维激光点云数据，可以形成区域地物三维空间信息，其三维空间的精准测量能力显著提高了树障检测试验的精度（Guan，2016），如图4.8。

图 4.8　无人机点云数据单木分割

当前，各种自然灾害、环境污染已成为举世瞩目且亟待解决的问题。为了治理污染、保护环境、预防灾害，现在的智能无人机平台常被用于检测环境的变化情况。植物检测方法能够侧面获得地理空间环境变化，可以大大弥补传统手段的欠缺之处（林海森，2006）。

4. 水土监测

基于无人机遥感的水土监测，主要被应用于地质环境变化的动态监测、水土保持工程任务的监测、水土保护措施工程监测、土壤流失状况监测、水土流失治理效果监测等领域。无人机遥感技术在水土监测领域上仍存在很多问题，如水土保持监测任务实行过程中未形成系统的技术路线方法，还需要进一步探索与完善（张雅文，2017）。现阶段无人机搭载传感器主要包括可见光、热红外、高光谱等波段，以便满足环境影响评价的不同需求（叶林春，2020）。

无人机遥感技术在监测水土流失的过程中具有较高安全性、实用性、准确性，拍摄的角度更广。此外，其机身小，具有较强的作业适应性，可以适应更多的地质、地形环境，对气候条件要求低，因此全年时间段都可完成拍摄任务，可以根据实际情况对控制平台和飞行器参数进行调整（张小霞，2021），如图 4.9。

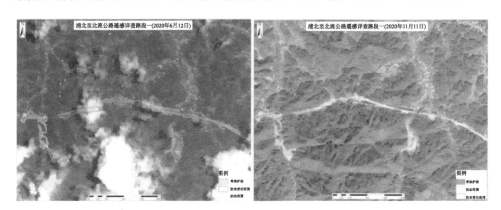

图 4.9　无人机影像土地利用变化监测

5. 目标识别

计算机视觉相关技术的快速发展，推动了无人机航拍图像在各行业的广泛应用，主要体现在侦察搜索、地形勘探、空地协同等军民领域。航拍图像因其背景内容复杂、干扰因素众多、目标相对较小、拍摄视角差异等使得目标识别任务较为艰巨。无人机移动拍摄的特点也使得目标获取相较一般图像情况更为复杂。因此，航拍图像在人工提取中较难完成，传统检测方法难以得到较好结果（姚桐等，2020）。

近年来，深度学习和计算机科学的迅猛发展，图像目标识别、分类任务都获得了显著的发展（陶磊等，2020），同时也为侦察无人机自主目标识别任务提供了新的技术支持。目前，基于深度学习的目标检测算法可以划分为两类：一阶段（one-stage）算法和二阶段（two-stage）算法，一阶段算法以 YO-LO 系列算法为代表，具有网络结构相对简单、目标识别速度快的优点，多应用于实时性计算场合，如自动驾驶、机械臂等。二阶段算法以 RCNN 系列算法为代表，主要原理是先提取物体区域再对区域进行 CNN 分类识别两个阶段的算法以实现更高的准确率，多应用于高精度、低速度的检测场合。其中，FasterRCNN 算法作为 RCNN 系列中的第三代算法，在各类公开数据集中表现出了较好的识别效果，因此广泛地应用于卫星遥感、航拍图像等工业领域。

6. 目标跟踪

目标跟踪利用无人机承载的云台和摄像装置，跟踪地面目标物体并获得其运动参数数据，通过调整云台方向来控制镜头，让目标保持在图像范围内。目标跟踪作为无人机在视觉领域的重要研究课题之一，已经广泛应用于相关领域，如对地打击任务里跟踪移动的目标对象、城市反恐作战中跟踪犯罪车辆以及海上搜救行动中跟踪待救援的漂流人员等。与普通载人直升机相比，无人机体积小、成本低、适用于城市山区等各种复杂环境下进行飞行任务，较强的机动性使无人机执行目标跟踪任务具备显著的优势（徐伟杰，2012）。

随着无人机在空中拍摄、跟踪侦察等各类领域的广泛应用，对其智能化的需求也相应提高。在目标跟踪应用领域中，主要特征包括信息量大、实时性高，因此提高无人机的智能飞行能力能够为目标跟踪任务提供极大帮助（严飞等，2021）。

基于无人机的目标跟踪方法可以分为以下两类：①生成式模型。目标跟踪初期工作围绕生成式模型跟踪算法进行展开，例如光流法、粒子滤波、Meanshift 算法、Camshift 算法等。这类方法的共性是先根据目标建立模型或者提取其特征，然后在后续帧中进行搜索，迭代完成目标跟踪与定位。但是单一的数学模型具有较大的局限性，主要表现在无法充分利用图像的背景信息，不能适应目标的外观变化，另外当存在光照变化、运动模糊、分辨率低、目标旋转形变等情况时，无法建立准确的模型，大大降低跟踪的准确性；同时这种生成式模型也没有预测功能，因此无法完成目标遮挡情况下的目标跟踪任务。②鉴别式模型。这类模型综合考虑了目标模型和背景信息，主要思想是将目标模型和背景信息的差异进行对比，从而提取目标模型，以此获得当前帧中的目标定位。这种将背景信息与跟踪模型相融合的方法能够很好地提高目标跟踪的准确性，因此鉴别式模型相比生成式模型具有很大的优势。例如，2010 年提出的将通信领域的相关滤波方法引入到目标跟踪中，使目标追踪的速度和准确率都得到优化，显现出更卓越的性能。自2015 年以后，随着深度学习技术的广泛应用，人们开始将深度学习技术用于目标跟踪，如图 4.10。

图 4.10　基于深度学习的无人机影像车辆实时识别

4.2　众源地理感知

4.2.1　众源地理数据概述

近年来，定位导航和计算机技术快速发展，普通民众能够方便地记录个人位置信息和参与到绘制其生活环境的地图活动中来。这些技术发展带来的数据极大地丰富了以往由政府或公司提供的地理信息，对地理数据、地理信息，甚至地理知识的产生和传播产生了深刻影响。

面对由公众产生的日益增长的地理数据，来自不同领域的学者逐渐意识到这些数据对地理空间信息的意义，从不同角度对这些数据进行了定义。Goodchild 在 2007 年提出了"volunteered geographic information"（VGI，志愿者地理信息）概念，指在各种社会活动中，普通民众在参与过程中主动或无意地创建出的地理信息；而 Heipke 在 2010 年将公众产生的地理数据定义为"crowdsourcing geospatial data"（CGD，众源地理空间数据）（Heipke, 2010）。他将地理数据描述为一种开放地理空间数据，该数据是由非专业人员志愿获取，然后经过互联网向各种专业机构或社会大众提供的。尽管这些概念表述不一，但其核心的关键词一致，均是指普通民众通过多种计算设备，使用互联网生成、分享、分析地理信息（Sui et al., 2013）。

众源最初在维基百科上被定义为通过一大群人的贡献获得所需服务、想法和内容的过程。随着计算机技术、移动终端、GPS 定位导航的发展，众源逐渐演变成为一种新的信息交互模式，它改变了信息的传播方式，让每个人都有机会成为信息的生产者、传播者和消费者。相比由政府部门、大型测绘遥感公司生产的传统地理数据，众源方式使大众在地理数据的生产和传播中起到了越来越重要的作用，地理数据由原先自上而下的生产方式转变为自下而上的生产方式。

相较于传统由政府部门、大型测绘遥感公司生产的专业测绘地理数据，众源地理数据往往并不具有明确的地理测绘目的，其来源广泛，几种比较典型的数据来源如下（单杰等，2017）：

（1）特定部门或公司公开的版权数据。此类数据主要由政府部门、企业和非营利组织以网站或网络服务的形式发布，例如可以免费下载美国地质调查局（United States Geological Survey，USGS）官网上提供的最新、最全面的全球卫星影像。对于一些特定的众源项目，一些部门和企业愿意免费提供它们拥有的地理数据，例如一些国家在 OpenStreetMap 上的主要交通道路上的交通数据由汽车导航数据公司 AND（Automotive Navigation Data）捐赠。

（2）开源地图要素数据。一些网站例如 OpenStreetMap、WikiMapia 向用户提供了创建地理对象的功能。一部分网民出于自我、利他或描述环境的目的，参照正射影像和 GPS 轨迹，主动在这些网站上创建、编辑和描述各种地理对象。谷歌地球甚至允许用户对自己感兴趣的地方进行三维建模。这些开源地图的出现和兴起，见证了由地图制作爱好者生产、更新地图的成功。我们以 OpenStreetMap 为例，与传统测绘部门制作的地图相比，OpenStreetMap 地图的制作参与者往往具有更好的本地知识，贡献者使用航空影像、GPS 设备和传统的区域地图来确保 OpenStreetMap 的精确性和实效性，使其具有更高现势性。

（3）来自城市公共交通管理部门的行驶数据。为便于公共交通团队管理和提升公共交通服务水平，当前不少公共交通运输部门都利用 GPS 记录仪器记录运输工具的轨迹，如航空公司飞机航线数据、浮动车（一般是指安装了车载 GPS 定位装置并行驶在城市主干道上的公交汽车和出租车）GPS 轨迹数据。这些带有时空地理信息的交通数据对于动态了解城市交通流变化、城市居民移动规律和城市热点具有重要研究价值。

（4）由公众日常生活中有意或无意产生的空间数据。公众在日常生活中，无意间产生了大量地理时空数据，如信用卡刷卡数据、手机通信记录、地铁及公交等公共交通刷卡数据，这些数据产生于居民日常生活，能被服务商记录下来，具有丰富的语义信息，对解读居民出行习惯、出行范围、交通方式选择等人类行为分析具有研究价值。

（5）公众在社交网站上共享的带有地理信息的数据。Web 2.0 的变革，改变了公众在互联网中的作用，公众不再仅仅是信息的阅读者，更是信息的创造者和传播者，同时，Web 2.0 也简化了客户交互过程。出于信息共享的目的，许多民众以即兴和松散的方式记录发生在某些地点和时间的事件，并将这些信息通过文字、图片或者录像片段等格式标注在相应的网站上，或将包含了位置数据的个人信息发布到网上[如签到（check-in）数据]。在此背景下产生的一系列社交网站成为用户分享个人生活状态、发表观点和传播观点的媒介，如国外的 Wikiloc 和国内的六只脚网站等轨迹共享网站，Facebook、Flickr、新浪微博、QQ 空间等社交网站。这些网站上的信息具有丰富的地理信息和语义信息，对研究网络群体的地理空间分布、聚落规模、区位、空间结构及功能区分布具有重要的研究价值。

4.2.2　众源地理数据分类

众源地理数据虽来源广泛，但按内容划分，基本可以分为两种类型：空间数据和属性数据。

空间数据包括点、线、面三种类型，按数据类型划分，又包括矢量数据和栅格数据。点数据如用户的签到位置数据、刷卡等位置信息，线数据和面数据如用户上传至网络的旅程线路 GPS 轨迹、网民自发编辑的地理对象（道路、湖泊等）、第三方无偿提供的矢量数据等。

属性数据多来源于社交网站，包括各种带有地理位置的照片、文本、视频、音频，表现出零散、无规则的特点。例如，Wikimapia 允许用户针对某一块地域进行文字描述，用户上传到 Flickr 上带有时空标签的照片不仅反映了用户活动轨迹，还能构成一定区域的影像数据。此外，用户的签到数据、刷卡数据等，往往具有附属信息，一定程度上含有描述该位置属性或活动行为的内容。需要说明的是，有时描述型数据既包含了地理对象的属性信息，又隐含了其拓扑信息（李德仁等，2010）。

4.2.3　众源地理数据的特点

综合比较不同来源的众源地理数据与传统测绘地理数据（单杰等，2017），其特点如下：

（1）数据量大。很大一部分众源地理数据来自互联网用户有意或无意提交至网络的数据，互联网用户群的迅速发展使众源地理数据激增，任何人都可以参与数据的生产和传播，也能便捷地通过互联网获取开源地理数据。这也意味着，无论是像 OpenStreetMap 这样的共享网站，还是具体的众源地理数据使用者，经常需要面对数据量大带来的一系列技术难题，如高效存储、网络共享中的快速传输等。

（2）现势性强。不少众源地理数据是由互联网用户在互联网上发布实时状态和位置数据产生的，因此具有明显的实时更新特性。大众实时发布的与位置相关的数据使众源地理数据在灾难制图、人道主义援助和救灾中具有显著的应用价值。此外，这种现势性强的地理数据能极大地缩短信息获取和更新时间，对交通状况实时分析和道路更新也具有重要意义。

（3）传播迅速。众源地理数据大多来源于互联网，利用社交网站和地方新闻等媒体系统的传播能力，迅速的传播和扩散。

（4）信息覆盖面广。传统的地理空间数据缺乏社会化属性信息，众源地理空间数据来源于大众，具有很强的社会性。而大众用户活动的场所多集中在城市，并以交通为主要空间表现，其本身包含丰富的位置信息、语义信息和行为信息，与人类活动及社会发展紧密相关。此外，其参与创作的规模又使得众源地理数据能够从更多的角度和方向描述地理要素，因此信息覆盖面广。

（5）成本低廉。众源地理数据主要来自互联网上网民自发或无意收集的地理空间数据，与专业的地理数据生产相比，收集和处理的工作量非常低。这极大地降低了地理信息获取和使用的成本，将更有效地促进地理信息技术的推广应用。

（6）缺乏统一规范。众源地理数据来源广泛，数据格式多样，不同数据的内容、精度、格式不同，数据组织与存储方式也千差万别，缺乏统一的标准规范，有时难以满足一些专业的地理数据要求。此外，数据缺乏统一的规范还表现在元数据的标准不一，部分众源地理数据常常缺乏元数据或元数据描述不清晰，难以检索和查询。

（7）质量不确定。与传统规范的地理数据相比，众源地理数据来源广泛，包括政府、公司发布的公共服务数据，以及普通民众由移动终端、互联网分享的带有地理坐标信息的数据。一方面，由于缺乏市场监管力量和专业生产标准，众源地理数据的生产方式和过程不同，所采用的数据采集设备精度、方法不一，质量差异大，具体表现在数据精度和完整度上；另一方面，志愿者创建、分享地理数据的动机多样、主观性高低和技术水平也增加了数据的不确定性。数据质量不可预测，可能存在偏差、重复、错误，甚至恶意扭曲的成分，政府部门和决策者往往对众源地理数据抱有怀疑态度，因此拒绝将众源地理信息数据用于决策过程。

（8）覆盖不均匀。首先，众源地理数据的空间分布不均匀，尽管当前的众源地理数据增长迅速，数据量巨大，一些地区正被海量数据所淹没，同时经过多次提交或编辑的数据存在着大量冗余，而另一些地区却严重匮乏。其次，众源地理数据的来源不均匀，以社交网站上公民自发产生的地理数据为例，生产者的年龄大多为使用智能手机的年轻人，年长者较少。此外，这些生产者的性别比例也不均衡，社会分工也不均匀。

（9）开放性。众源模式大多采用开放的开源平台、开放的数据标准和协同工作规范，其数据成果多采用开放、共享的免费应用模式。

（10）隐私和安全难以控制。自由创建和分享的众源地理数据有时会影响其他人和某些组织的隐私和安全。

4.2.4　众源地理数据采集

众源地理数据的采集是指该类数据被普通民众通过各种生产方式生产出来并传递到数据管理者的过程。从采集者加入的原因来看，众源地理数据的采集大致可分为以下三类（单杰等，2017）：

（1）志愿者应招募而参加的采集。例如，基于手机或 GPS 记录器的志愿者出行数据采集，采集过程如下：采集项目管理者向一部分社会群体发出参与邀请，有时提供采集所需的一部分工具（如手机软件或 GPS 位置记录器），志愿者自愿加入并借助这些工具或自己持有的工具来采集数据。整个过程对于志愿者可能是有偿的也可能是无偿的，常见的志愿者的参与驱动力有兴趣、利他主义等。受限于招募和推广需要人力和物资的投入，这种采集相比其他起因采集的一个特点是采集者的候选范围比较小、采集时长比较明确，例如，基于手机的位置数据采集多局限于某个学校或部门或参加了特定活动的人群，采集的时长通常确定为两个星期、一个月等。

（2）没有或鲜有招募过程，志愿者有意识地自发参与。这种采集的典型例子是 OpenStreetMap，道路寻宝软件也是类似的项目。这样的项目常见为无偿参与，也可能有偿；由于项目管理者不主动招募，参与者往往通过朋友、网友、新闻而得知相关的项目信息，并且主动、有意识地参与其中。参与候选者范围一般较广，参与时长也一般不固定、不限制。

（3）没有招募过程，并且志愿者没有察觉到自己在采集地理数据，地理数据的产生是用户在参与另一种活动时的副产物。这种形式的采集常见于各类互联网公司及其软件用户，例如，谷歌保存了各地人使用谷歌搜索时输入的关键字，这些关键字后来被谷歌用来预测流感的流行方向；百度用户也通常没有意识到百度通过安装在他们手机中的百度地图软件来收集他们以往的位置。这种采集的参与者候选范围一般较广，参与条件常见为只要满足相关项目的项目软硬件要求就可参与；参与时长与项目本身持续时长有关，一般没有固定时限，例如，只要百度地图持续在手机软件市场流行，其位置数据的采集过程就不会停止。

众源地理数据采集所使用的软件、硬件工具各异，典型的有以下三类（单杰等，2017）：

（1）志愿者自己的手机及手机软件。很多与志愿者的时空信息有关的项目往往会选择在志愿者手机上安装一个手机软件，并使用手机的多种传感器收集位置、附近 Wi-Fi 热点等信息，有时候这些信息会与用户的私人信息相配合以拓展可研究与分析的方向，这些私人信息如用户的经济状况、心理状况，用户拍的一张照片（可能来自 Flickr）或对某件事物的感想（可能来自新浪微博）。

（2）个人电脑及网站。用户通过网站完成数据采集过程，这样采集到的数据往往并不与采集者的时空信息相关。例如，虽然 OpenStreetMap 的编辑者们总是对其附近的位置更了解，但实际上 OpenStreetMap 本身并不一定要知道编辑者们处于什么国家的什么位置。

（3）相对更专业的 GPS 设备。手机和个人电脑是大多数人拥有的个人财产，对于很多众源数据采集项目而言，它们在硬件上极大限度地减轻了数据需求者或管理者的物资投入，但是也有些采集项目无法利用这种先天条件。一种常见的情况是某些项目需要高频率、长期、精确地获取志愿者的地理位置，需要 GPS 接收器长时间持续工作，而手机上的 GPS 如果长期工作会给志愿者带来极大的耗电负担，因此这种情况下数据项目的管理者往往会向志愿者提供腕表、GPS 记录器、为 GPS 耗电优化了的手机等相对更有针对性的 GPS 设备，以此来减少志愿者的参与负担。

4.2.5 众源地理数据的主要应用方向

众源地理数据作为一种开放地理数据，其来源广泛，包含丰富的时空地理信息、语义信息、属性信息和规律性知识。空间数据分析和挖掘方法可用于提取信息、挖掘知识，并为特定应用提供服务，在很多方面，它可以弥补传统时空数据更新速度慢、成本价值高、语义缺失等不足。众源地理数据的主要应用方向如下：

1. 城市交通基础地理信息提取

城市交通系统是一个由人、车辆、路网、私人交通、公共交通和专业运输组成的动态复杂系统，是城市中极为重要的组成部分。城市交通基础地理信息是包括城市道路网、路网附属信息和城市拥堵状况等内容的综合地理信息，在交通管理、车载导航、城市规划和网络地图服务等领域都具有重要作用（Wilson et al.，1998），也是智慧城市的重要内容之一。大部分众源地理数据源于城市中生活的民众、行驶的公共交通工具和私人交通工具，其蕴含丰富的城市交通信息，且具有现势性强、容易获取、成本低廉等优点，相比于测绘部门或测绘型、导航服务型公司所生产的路网地图，往往还含有丰富的小道路、人行道等信息。这些数据能够用来提取、更新路网，挖掘城市交通附属物，如停车场、高速路收费站、加油站等道路交通基础设施，作为城市基础地理信息提取的基础数据源。此外，众源地理数据还能用来做导航分析，为人们出行提供帮助。

2. 人类时空活动分析

计算机技术和移动定位技术的飞速发展，使得普通民众开始成为地理信息的生产者和传播者。众源地理数据的生产主体大多为民众，因而这些时空数据一定程度上能够反映个体、群体的活动规律，可用于人类时空活动分析。一方面，众源数据能用于人类动力学研究，研究个体的行为活动规律和偏好。另一方面，众源数据还能用于城市居民群体活动规律研究，挖掘城市热点信息。

3. 灾害应急响应

在灾害应急方面，众源地理数据，特别是志愿者地理信息，在近几年的重大自然灾害中发挥了重要作用（Goodchild et al., 2010）。近年来全球范围内重大灾害频发，造成了较大的人员伤亡和经济损失，紧急情况下政府机构和管理部门不可避免地捉襟见肘，特别是那些对生命和财产安全有巨大威胁的社会危机和自然灾害。政府机构和管理部门往往人员有限，缺乏当地地形分布的有效信息，对重要地理信息的有效反映能力差，而普通民众对所在地具有更好的本地知识，更了解灾害发生或蔓延情况，同时具备通过互联网生产、发布救灾消息的能力。快速、准确地获取灾害相关信息，如灾害现场信息、受灾人员信息、基础设施信息、救援人员信息、救援物资信息，是启动灾害应急响应、制定救援方案和实施救援的重要依据之一。良好的灾害应急系统和平台设计，有利于政府和救援部门在灾害发生时迅速获得受灾信息和民众需求，并将它们综合到容易理解的地图和状态报告中，以在灾害中迅速做出合理、正确的反应，挽救人民财产和生命安全。

4. 公共卫生和流行病蔓延监测

在公共卫生和流行病蔓延方面，GIS 因其强大的空间分析和可视化能力已经受到国内外专家的重视。众源地理数据的出现，特别是志愿者地理信息，依靠智能手机和其他位置感知设备等简单易用的数据收集工具，能提供来源广泛的数据池，为公共卫生健康研究提供新的机遇（Goranson et al., 2013）。

有学者指出，当前大多数众源地理数据的研究集中于数据准备、数据融合、异常值处理和数据平滑等数据处理工作,较少关注社会经济层面的问题（Granell et al.，2016），但是，可以肯定的是，众源地理数据的价值已然越发明显地体现在城市交通、社会经济学、人类学等学科研究中。

4.3 社交媒体感知

4.3.1 社交媒体概述

社交媒体是随着网络科技发展而兴起的概念，是一种新型的媒体形式，与传统媒体差别很大。社交媒体的英文表达为"Social Media"，在中国也称为"社会化媒体"。目前，对于社交媒体的定义较多，并没有一个较为明确的定义与概念。一些从事与社交媒体相关研究的专家与学者对于社交媒体有着不同的理解；Kaplan 与 Haenlein（2010）认为社交媒体是"一系列基于网络的应用，这些应用是建立在 web 2.0 相关技术与思想的基础上的，并且这些应用允许用户所产生信息的在线交互"。Mayfield 将社交媒体定义为"是一种给予用户极大参与空间的新型在线媒体"。社交媒体与传统媒体最大的不同在于社交媒体有着自上而下的传播模式（Mayfield, 2008）。在社交媒体平台上，每个社交媒体用户不仅是社交媒体信息的创造者，同时也是信息的传播者。

随着智能移动设备上基于位置的服务的发展和普及，大多数社交媒体服务都提供了用户在社交媒体平台上发布位置的功能。例如，当用户在新浪微博发布信息时，他们可以附带他们的 GPS 位置坐标或者附近的兴趣点（point of interest，POI）的名称和坐标。在大众点评软件中，用户可以对商业设施发表评论时，同时发布该商业设施的位置。近年来，随着社交媒体提供了更丰富的位置服务功能，社交媒体用户愿意发布位置的人数在总用户数中所占的比例不断增加，每天社交媒体平台都会产生大量带有位置信息的社交媒体数据。

社交媒体已经成为现实世界中人们信息交流的主要平台之一。随着社交媒体服务的发展，社交媒体用户量增长较快。社交媒体用户可以在平台上以文本、图片、视频以及链接的形式发布信息。相比于传统的媒体形式，社交媒体为用户提供了更多的自主权限，并且构建了用户之间的社交网络关系。在发布信息的同时，发布者还可以附带自己当时所在的位置，并且使用社交媒体提供的"@"服务提醒其他用户浏览自己发布的信息。

相比于传统的数据获取方式，社交媒体数据具有三大优势（姜伟，2017）：

（1）社交媒体数据的数据量大。以新浪微博为例，2020 年新浪微博日均发帖量超过 2 亿条，而这些信息可以通过新浪微博所提供的 API（application programming interface）获取。

（2）社交媒体数据的时间跨度较长。每个社交媒体服务自成立就开始存储用户在其平台上发布的每条信息，这些信息的时间跨度最长可达到 10 年。更长的时间跨度不仅可揭示现实世界中的变化，还可以监测现实世界的变化过程。

（3）社交媒体数据具有多重属性。社交媒体数据包含用户发布的文本信息，信息发布的时间和地点。通过社交媒体用户之间的转发与提醒功能，每条社交媒体数据都具有了网络关系的属性。多属性的社交媒体数据出现，为跨行业跨学科的研究提供了更好的数据支持。

作为真实世界的传感器，社交媒体用户每天都会产生大量反映现实世界中不同区域变化的数据，这些数据已被用于不同学科和领域的研究。添加地理信息增加了社交媒体数据的维度，使社交媒体数据成为集文本、时间、社交网络关系，以及地理信息于一体的多维数据。与传统的调查数据相比，社交媒体数据具有更大的力度和广度，可以解决传统数据无法解决的问题。此外，社交媒体数据获取相对容易，可以利用网络爬虫和相关 API 从社交媒体网站上收集大量社交媒体数据。目前，社交媒体数据已经成为学者们的研究热点，大量的社交媒体数据进入数据挖掘领域。通过对于社交多维特征的分析与挖掘，将社交媒体数据挖掘结果应用于选举预测、空气污染监测、城市动态变化探测、商业设施选址，以及灾害应急响应等研究之中，具有巨大的应用潜力及价值。

4.3.2　社交媒体分类

社交媒体在不断地发展，形式与类型也在不断地增多。到目前为止，社交媒体具有以下几种类型：

（1）社交网络应用。社交网络指的是真实世界中的人际关系网络映射在虚拟网络世界中的网络。社交网络应用是一个在线的网络交流平台，是基于真实世界中的人际关系网络所构建的，为社交网络用户提供不同的交互方式。例如，查看别人的状态、与别人分享自己的状态、给别人留言及私信等。具有类似特征的用户之间可以组成一个社区或者群体。例如，相同学校毕业的学生会组织在一起，频繁地交流自己的意见和看法。社交网络应用程序非常流行，大多数年轻的互联网用户都会参与到社交网络应用中。代表性的社交网络应用有国外的 Facebook、Myspace，以及国内的人人网、开心网、新浪微博等。

（2）博客。博客是社交媒体早期形式的典型代表，是一系列较为特殊的网页，这些网页按照时间标签进行逆时序排列。博客相当于每个人的私人页面，类似于网络日志的形式，并且包含的内容多种多样。内容涉及从作者本人的日常生活描述到某个领域专业信息的总结。博客一般只是由一个人经营，并且可以通过博客所提供的相关功能与其他人进行交互。由于其历史原因，大部分的博客仍然是以发布文字信息为主。目前，已经开始有博客允许发布其他类型的信息。例如，一些博客应用为用户提供了发布视频及图片的功能，从而与其他人分享。

（3）共享平台。共享平台是用户之间共享媒体资源的网络平台。目前，具有代表性的共享平台有 BookCrossing、Flickr、YouTube、Slideshare。有很多类型的资源可以在共享平台上共享。例如，人们可以在 BookCrossing 上共享文本书籍，在 Flickr 上分享照片及在 YouTube 上分享视频等。与一般的社交媒体服务最大的不同在于，用户不必在共享平台上创建私人页面。当他们创建这些页面时，这些页面只包含一些简单的信息。例如，用户进入平台的日期和他们分享的视频数量。共享平台现在也允许用户之间通过留言的方式相互交流，从而弥补之前版本中人机交互的不足。

（4）网络协作项目。网络协作项目是为了一个特定目标所相互协作创造信息的群体。该项目允许大量终端用户积极参与信息的创造和用户之间的交互。在某种程度上，这类社交媒体类型应该是用户创造内容（user generated content, UGC）最为自由的表现。网络协作项目的核心理念认为，多人的在线协作结果会明显优于单人努力的结果。维基百科（Wikipedia）是目前最为普遍的网络协作项目之一。维基百科用户可在其网站上添加、变换以及删除文本内容。除此之外，维基百科上还可以使用超过 230 种语言，并且存在相关的修改奖励机制。网络协作项目已经开始深入到了各个领域之中。在地理信息领域，OpenStreetMap（OSM）是一种由公共大众所打造的常用的协作项目。OSM 的目标就是利用大众的力量，打造一个可供大众自由编辑的世界地图服务。

这些社交媒体类型都是以用户作为社交媒体内容的主要贡献者以及传播者。与传统的单向传播模式不同的是，社交媒体是双向传播模式。这种传播模式更有利于信息的传播以及人们对于话题的深入讨论。在社交媒体服务平台上，每个用户都是参与者。以 Twitter 及新浪微博为例，不同的用户之间通过"@"功能向特定的一个或多个用户分享信息，通过转发功能分享特定用户的信息。基于转发与"@"功能，可以建立一个在用户之间传播的社交网络。在该网络中，拥有粉丝数越多的用户会具有越强的信息传播作用（例如，网络名人）。每天，一些被大量分享的信息在平台上被标记为热点信息，并被分享给所有的用户，促进了这些信息的更广泛传播。

4.3.3　社交媒体数据

社交媒体数据指社交媒体服务平台在运行的过程中由用户生成的所有数据，包括用户资料，用户之间的关系，用户发布的信息，用户之间的交互活动记录等。自社交媒体服务出现以来，社交媒体服务记录了每个在其网站注册的用户，并存储了该用户发布的所有信息。社交媒体服务创立时间的长短，用户数量和用户活跃度决定了存储的数据量。社交媒体数据具有数据量大，来源众多，内容形式复杂等大数据的典型特征。

（1）社交媒体数据是海量数据。自社交媒体服务创立以来，每天都有大量信息发布并且用户数一直在迅速增长，因此社交媒体数据较大并且持续增长。

（2）社交媒体数据来源众多。主要社交媒体服务都有不同的特点，并且都提供允许第三方下载社交媒体数据的 API。

（3）社交媒体数据内容形式复杂。用户在不同的社交媒体服务上发布的信息具有不同的形式。例如，在 Facebook 上发布的信息一般都会包含图片信息。

随着地理信息服务的普及，大量的社交媒体服务都已经开始支持用户分享其位置信息或为用户提供基于位置的服务。在现实世界中，人们可以在社交媒体平台上发布信息并从任何位置接收基于位置的服务。带有位置信息的社交媒体数据在整个社交媒体数据中所占的比例越来越大。社交媒体用户在社交媒体平台上发布的位置信息的定位方式主要有：GPS 定位、移动基站定位、IP 地址定位、用户提供的注册地址定位等。在不同类型的定位方式中，GPS 定位的精度最高，但是出于隐私原因，大多数社交媒体用户都不愿意分享高度准确的位置。与准确位置相比，用户更喜欢选择附近的一些兴趣点的位置，而不是他们的精确位置。

相对于传统的空间数据，社交媒体数据包含更详细的时间信息。这些时间信息可精确到秒级，非常精确地记录了信息的具体发布时间。精确的时间属性也方便对社交媒体数据按时间进行重采样，比如以小时、天、星期、月等间隔进行数量统计从而发现特征随时间的发展趋势或者周期性的变化规律。

4.3.4　社交媒体数据采集

社交媒体数据的采集方法主要可以归纳为两种：网络爬虫与社交媒体 API。不同社交媒体服务的数据政策会有一定的差别，有些社交媒体对于第三方较为友好，提供了可供收集数据的 API（例如，新浪微博以及 Twitter 等）。一些社交媒体如大众点评、Facebook 等，不对第三方提供任何数据获取方式，因此需要使用网络爬虫来爬取其网页上的信息。针对这两种采集方式，社交媒体服务也会由于用户隐私保护等原因对其进行数据获取限制。

1. 网络爬虫

网络爬虫是一种典型的脚本程序，主要通过浏览网页的方式获取网页上的信息并加以存储。一般网络上都是通过 URL 来对网页进行唯一识别的，不同的网页之中又包含了其他的 URL 信息。因此，不同的网页之间通过 URL 进行相互的关联，从而形成了 URL 网络。网络爬虫则会将每个网页作为一个结点，顺着URL 网络寻找其他的网页，从而爬取不同网页的信息。"通用网络爬虫"和"聚焦网络爬虫"是两种主要的爬虫类型。通用网络爬虫会有一定的目标，首先浏览起始的网页，解析并存储每个网页里的 URL 信息；然后循环遍历所储存的每个 URL 所对应网页里的信息；最后直到达到目标为止。相对于通用网络爬虫，聚焦网络爬虫主要指的是针对某一主题的信息进行爬取，其信息爬取机制更为复杂。该类爬虫可以根据一定的算法对 URL 进行鉴定，不需要对所有的 URL 进行检索，因此节约了大量的时间与资源。由于需要一定的鉴别网页主题的能力，因此如何设计高效的鉴别算法一直是聚焦网络爬虫的应用难点。

网络爬虫在社交媒体数据爬取方面具有一定的优势。即使社交媒体服务并不提供数据，大部分的社交媒体信息都展现在网页上，网络爬虫可以通过网页爬取较为全面的信息。在社交媒体数据收集过程中，首先需要对要爬取数据以及被爬网页的相关结构有清晰的认识，然后为网络爬虫设定爬取的目标，从而更高效地使用爬虫。

目前，网络爬虫在应用过程中也会遇到一些困难。随着公众对于隐私以及数据越来越敏感，大部分的网络服务商开始采取相关的数据保护措施，限制第三方大批量获取其数据。网络爬虫的限制则是其数据保护措施中的重要内容。社交媒体服务网站分析第三方访问请求，从中提取高频率、大规模的访问请求。对于发出这些访问请求的网络，将会对其进行严格限制或者要求每次访问时输入验证码，严重时还会禁止其 ID 继续访问，这一系列的措施限制了网络爬虫的广泛使用。除了相关的数据获取限制措施，网页本身的缺陷也会为爬虫的实施带来较大的困难。例如，网页结构复杂或者包含信息冗余，会造成爬虫获取了较多的非目标数据，爬取结果中的杂质较多。

2. 社交媒体 API

一些社交媒体服务为第三方提供 API 来收集它们的数据。以新浪微博为例，主要的接口类型有：微博接口、评论接口、用户接口、关系接口、位置服务接口和地理信息接口，第三方可使用各种编程语言（例如，Python）调用这些接口。例如，利用微博接口可以获取用户所发布的微博的属性信息（如，微博编号、发布的文本、发布的时间等），利用评论接口则可获取微博的相关评论信息（如，微博的评论数、微博的评论文本以及微博的评论用户编号等）。

相比于网络爬虫，社交媒体 API 具有一定的优势。通过 API 获取的数据较为全面，属性完整，并且每种属性都附有详细的解释。除此之外，API 受到的限制较弱，高级权限的 API 使用者几乎不受到限制。然而，API 所提供的数据收集方式较少，不能按照内容或者主题收集数据。社交媒体服务商对于 API 所能获取的数据量也有一定的控制权，有时可以获取的数据并不全面。

4.3.5　社交媒体时空分析方法

社交媒体时空分析是将时空分析方法应用于时空关联的社交媒体数据的过程。由于社交媒体是一种新型应用程序,它产生的数据也不同于传统的空间数据,在将传统的时空分析方法在与社交媒体数据结合时需要从两个方面进行改进。一方面,需要对社交媒体数据进行时空特征增强。目前可用的大部分社交媒体原始数据不是传统意义上的空间数据,其时间属性、空间位置等信息往往以文本字段的形式存在,在进行时空分析之前需要将这些信息转换成时间数据、空间坐标数据等形式,导入空间数据库,建立相应的索引。对于海量的社交媒体数据,需要将原始数据根据情况按照时间段、空间范围等进行聚合,形成便于分析的格式。另一方面,需要改进和扩展时空分析的方法技术,引入其他领域的分析方法和计算技术。基于社交媒体的时空分析除了使用空间分析领域的原有方法外,一般还需要引入文本分析、时间序列分析、统计分析、网络分析等方法,以及基于机器学习和高性能计算的分析处理模型等新技术手段。

社交媒体应用的迅速普及和社交媒体数据的快速增长引起了大量研究人员的关注,并展开了一系列基于社交媒体的分析研究工作,其中很大一部分涉及时空分析。社交媒体时空分析一般包括数据采集与存储、数据预处理、时空分析与处理、可视化四个阶段。

(1)在数据采集和存储阶段,需要根据填充内容通过专门的程序在社交媒体平台上收集相关数据,并存储在数据库中。主要涉及的分析和处理操作包括确定要收集的数据来源、收集方式和获取的范围。在不同的社交媒体平台上,人们所关注的焦点有所不同,需要根据分析应用的目的选取合适的社交媒体来源。可以通过设置关键词的方式进行数据获取,得到和特定主题相关的信息。可以实时地获取最新的数据,也可以限制数据采集的时间范围和空间范围。

(2)在数据的预处理中,对采集到的社交媒体数据进行清理和时空属性的增强。由于社交媒体的开放性,不可避免会出现一些用于广告营销为目的的账户,会发布一些与分析应用无关或者对分析过程产生干扰的垃圾信息,需要通过关键词或者机器学习等方法对这类信息进行识别并去除此类信息。社交媒体原始数据中的位置有时不直接以地理坐标的形式提供,需要增强此位置信息,例如通过地理编码将地址转换为可用于分析的地理坐标。为了便于进行时间序列分析,有时需要将原始数据按照一定时间间隔进行划分,并对每个时间段内的数据进行汇总。

(3)在时空分析挖掘阶段,主要针对社交媒体数据集和其它用于辅助分析的地理信息数据和社会统计数据,采用空间分析、时间序列分析、统计分析等多种方法分析变化,探索社交媒体活动中的时间特征、空间特征和属性特征的变化规律。空间分析方法利用 GIS 的各种空间分析模型和空间数据操作处理包含地理坐标信息的社交媒体数据,从而产生新信息和新知识。例如通过将对新浪微博中带有坐标点的签到数据作为点数据集进行核密度分析,可以得到用户活动的空间分布特征。时间分析方法以社交媒体数据中的时间属性为基础,分析其他属性特征随着时间变化的趋势和规律。例如,通过分析带有灾害关键词的微博数量随时间的变化可估计灾情严重程度和发展趋势。统计分析方法侧重于对社交媒体数据中的非空间特性进行分析。例如,通过对微博中的文本进行词频的统计分析从而发现主题。在实际社交媒体时空分析处理应用中,需要综合使用各种不同类型的分析方法。

(4)在可视化阶段,主要从社交媒体的时空分析中得到的数据使用制图手段以多种形式呈现出来,以帮助人们发现数据中的结构、特征、模式、趋势、异常现象或相关性等。例如,通过将微博活动热点图和地图叠加,可以直观地发现人群聚集的位置。通过将微博文本的词频统计生成词云图,可以直观地展示出微博中话题分布。

4.4 传 感 网

4.4.1 对地观测传感网

对地观测传感网(earth observation sensor web)(陈能成等,2013)是执行地球观测任务的综合观测网,又称为(地理)空间传感网(geospatial sensor web),是指综合对地观测传感器、传感器网络、互联网的信息系统,将具有感知、计算和通信能力的传感器以及传感器网络与万维网相结合而产生的,实现了大规模网络化观测、分布式信息的高效融合和实时信息服务。

对地观测传感网的目标是利用传感网的数据采集、查询、处理方法和系统来进行地球感知,促进基于空间的地球科学研究和应用。它具有传感网的所有特性,所有传感器资源以 Web 为中心,无论是真实的传感器还是仿真模型,都可以成为网络上可访问的真实传感器或虚拟传感器。地球观测数据和信息资源都可以在 Web 服务架构下统一,传感器都可以通过标准服务接口访问。因此,对地观测传感网可以极大地提高地球观测资源的使用性、互操作性、灵活性以及共享性。

对地观测传感网不仅包括可网络获取的传感器和无线通信基础设施,还包括构筑在两者基础之上的面向领域的各种应用。传感器层、通信层、信息层,由下至上共同构成了对地观测传感网。

（1）传感器层是对地观测传感网的基础，包含各种类型的传感器。这些异构传感器可以部署于任意空间位置，通过与物理世界观测对象之间的各种交互来采集所需的观测数据。目前，已经有百余种物理、化学和生物属性可以通过地球观测传感器进行观测。

（2）通信层控制着数据或命令在传感器层内部和信息层内部以及两层之间的传输。它包括各种媒介、协议和拓扑关系等。该层可以是因特网、卫星、手机或基于无线通信的网络等，其配置受特定空间环境的制约。

（3）信息层是对地观测传感网的核心，通过各种基于标准接口的 Web 服务来存储、分发、交换、管理、显示和分析各种感知资源。感知资源包括传感器、传感器位置、传感器实时、近实时或存档测量、对传感器的命令和控制以及与用户应用相关的传感器测量和其他信息科学模型。传感网的信息层随数据传输和访问命令、数据使用和数据用户的不同而存在巨大差异性和多样性。

对地观测传感网具有以下三大内涵：

（1）从系统科学的角度来看，它是一个集成化、自组织、动态的协同感知网（sensing web）。网中每个传感器节点都具有独立的事件感知和观测能力。针对特定的观测目标，可以将所有节点动态地整合起来作为一个全局观测系统，有效解决当前观测平台之间传感器、数据和信息无法互补的瓶颈，实现自主的、任务可定制的、动态化、适应性强并可重新配置的观测系统，满足多种观测应用需求，提高观测资源的使用效率，发挥观测资源的聚焦效能，并为用户提供个性化或通用的观测资源使用环境。

（2）从计算角度而言，它是一个网络化的服务网（service web），可以定义为"一组遵循特定传感器行为和接口规范的互操作的 Web 服务"。并且根据这个定义，我们可以根据它们遵循的规范来细分不同的传感网。例如，遵循了 OGC SWE 规范的可以称为 OGC 传感网，而遵循了 IEEE 规范的称为 IEEE 传感网。因此，所有 Web 服务的所有属性都适用互联网使能（web-enabled）的传感器上，如动态性、灵活性、即插即用、自描述和可扩展性等。同时，该定义表明任何具有互联网使能的传感器产生的数据和信息都可以实现共享，并且传感网服务也可以相互连接。

（3）从应用角度看，它是一个可互操作的模型网（model web），是沟通异构传感器系统、模型与仿真和决策支持系统之间的桥梁，提供了传感器、观测和模型的标准化描述，为多粒度、不对称、高动态复杂网络环境下多用户任务和可变传感器资源提供一致性理解，为建立与完善综合定量应用模型、应用模型驱动和优化观测奠定基础。

从以上对地观测传感网的描述，可以看出对地观测传感网的定义随着人们认识的深入以及应用范围的扩展而不断进化。

4.4.2 对地观测传感网的特征

对地观测传感网充分利用多种对地传感器、计算和服务资源的优势，为地球科学研究和应用提供基于万维网的基础设施，其特征呈现出网络传感器类型多样化、传感网资源共享、交互式服务、动态实时传输、自治性、可扩展性、灵活性、智能性等八个方面（陈能成等，2014）。

因此，对地观测传感器网络能够更加合理地利用观测资源，满足日益多样化的观测需求，使人们能够透明、高效、可定制地利用观测资源，真正实现网络环境下多传感器资源动态管理、事件智能感知、跨平台系统耦合和实时空间信息服务，从已有的地球空间信息（4A 即 anytime、anywhere、anything、anyone）服务转变为灵性（4R 即 right Time、right Information、right Place 和 right Person）服务（李德仁等，2009）。

4.5 泛 在 网 络

4.5.1 泛在网络概述

泛在计算（ubiquitous computing），由 Mark Weiser 于 1991 年首次提出，是一种超越桌面计算的全新人机交互新模式，将信息处理嵌入到用户生活周边空间的计算设备中，协同地、不可见地为用户提供信息通信服务。在此基础上，日本和韩国几乎同一时间提出"泛在网络"，是指由智能网络、先进的计算技术及其他领先的数字技术基础设施组装而成的技术社会形态。2009 年 9 月，国际电信联盟电信标准分局（International Telecommunication Union，ITU）在 Y.2002（Y.NGNUbiNet）标准中给出的"泛在网络"的定义：在预订服务的情况下，个人和/或设备无论何时、何地、何种方式以最少的技术限制接入到服务和通信的能力。同时，ITU 初步描绘了泛在网络的愿景——"5C + 5A"：5C 指的是融合、内容、计算、通信和连接；5A 对应的分别是任意时间、任意地点、任意服务、任意网络和任意对象（ITU，2009），该愿景也被认为是泛在网络的关键特征。2012 年，中国通信标准化协会从个人和社会需求出发，将泛在网络定义为：实现人与人、人与物、物与物之间按需进行的信息服务，且环境感知、上下文处理都较为智能化，能为个人及社会提供泛在的信息服务和应用的网络。

ITU 于 2010 年在 ITU－TY.2221 标准中对泛在网络的体系架构进行描述，主要包括传感器网络层、接入网层、网络核心层、中间件层和应用层，如图 4.11 所示。泛在网络中各种信息的来源构成传感层，传感层负责通过传感器对外部信息的收集、目标事物的初步识别。网络接入层简单来说是由多个有线网和无线网组合构成的，其工作任务主要是将传感层收集的信息传入泛在网络。NGN 网络层（next generation new-network，下一代新型网络），将多个信息网络传导来的数据整合、分析与处理，形成统一的数据平台进行管理，最终实现泛在网络的目标，即将物理世界连接进入信息世界，因此 NGN 层是泛在网络的核心网络。中间层负责异构数据源的集成，并通过网络信息的集成为应用层提供相应的接口。应用层通过中间层界面传输的信息进行综合评价和分析，为用户提供无处不在的网络服务，促进人类智能、物质和社会能源的潜力充分发挥，为不同的行业提供公共服务支持环境。泛在网络应用极其广泛，常应用于物流追踪、医疗健康、农业生产、智能家居等领域（许瑞阳，2015）。

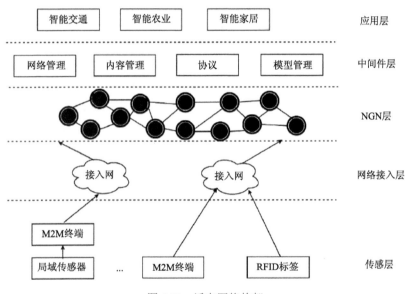

图 4.11 泛在网络构架

4.5.2 泛在网络中信息服务的发展

信息服务是一种以信息为内容的服务业务，是为有客观需要的所有社会群体提供的服务。随着信息时代网络技术的飞速发展，用户对信息服务的需求也越来越多。基于泛在网络的信息服务将朝着以下方向发展（吴寒雪，2019）：

（1）个性化信息服务。泛在网络下，随着用户使用信息服务的成本逐渐降低，用户的信息服务需求会变得复杂，出现高度异质和多样化，这将对泛在网络信息服务提出重大考验。泛在网络在满足信息服务用户多样化需求的同时，还可以为不同用户提供个性化的信息服务。具体地，首先，在对海量信息资源进行信息挖掘的基础上，可以显式或隐式收集用户的兴趣和偏好，建立用户需求模型；其次，系统将各类信息资源进行分类、存储、加工，通过聚类、分类、协作等方法，根据信息资源的类别将符合用户需求的信息提供给用户；最后，用户可以根据自己的需求和兴趣进行信息的定制，系统可以根据这些信息，基于用户的反馈不断修正用户需求模型，使得个性化推荐服务更加准确。

（2）流媒体信息服务。信息服务机构在提供流媒体服务时，可以通过网络的形式不间断的将图片、音频、视频等信息提供给用户，在实时和非实时的情况下满足用户实现信息传输、信息交流、信息共享等需求。泛在网络中，一方面，可以通过智能终端、传感器网络等手段感知用户周围环境，收集上下文信息，实现信息空间与物理空间的融合，不仅限于文本、图像等，例如语音、视频以及更复杂的商业交易中使用流媒体服务都可以实现准确、安全和高效传输与存储。另一方面，流媒体本身具有信息存储量大、信息呈现更直观、内容多样化等优点，泛在网络的高带宽和实时性，为流媒体技术应用和信息服务带来更多的机会。

（3）泛在移动信息服务。通过移动设备提供移动信息服务是当前的研究热点，也是未来的一个重要研究方向。移动通信网络与互联网的融合使得用户可以随时随地享受互联网的信息资源。一方面，随着4G的普及和5G时代的到来，泛在网络为用户提供高带宽、低延时的信息服务，为互联网上的信息共享提供了可行的解决方案。另一方面，泛在网络可以更准确地定位用户的空间位置，大大提高空间资源的整合能力，还可以通过收集和分析显性和隐性用户信息，为用户提供及时准确的信息。

（4）基于用户感知的信息服务。泛在网络提供的信息服务不仅要满足用户的检索需求，还要充分利用泛在网络的特点，通过感知用户使用信息服务时的交互方式、使用习惯、使用地点等的变化，提供基于用户感知的信息服务。一方面，多个用户可以通过相关设施相互广播、共享和互动；另一方面，信息服务机构可以利用智能无线终端随时随地检测用户的需求，为用户提供相应的信息服务。

4.5.3　泛在网络关键技术

（1）射频识别技术。射频识别技术是一种非接触式自动识别技术，由标签、识读器和天线三个部分组成，被广泛应用到零售及供应链管理、门禁和安全管理、图书及资产管理等领域。射频识别根据标签的能源供给方式不同可分为被动射频识别和主动射频识别，被动射频识别的标签不配备电源，其能源主要来自于识读器发送的问询信号，而主动射频识别的标签则自带电源。被动射频识别适用于读写距离近的场景，而在远距离读写的场合则大多使用主动射频识别。

（2）无线传感技术，支撑无线传感网络在更大空间范围中的收集、处理和分析数据。低功耗集成电路技术和无线通信技术的发展，使得开发具有中远距离通信能力、价格低廉、有效节能的传感设备成为可能，大力推动了无线传感技术的发展。

（3）设备编址技术，使得对数以十亿计的设备进行准确识别和通过网络对其进行远程控制成为可能。该技术最重要的特征包括：唯一性、可靠性、持久性和可扩展性。每个加入或即将加入连接的设备都必须具备唯一可被识别的能力。

（4）数据存储及处理技术。泛在网络必将产生空前规模的数据，存储及处理这些数据也将面临极大的挑战。数据必须被更加智能的形式存储以进行智能监控和探测。利用当前最先进的基于神经网络、深度学习等机器学习方法以及其他人工智能技术，开发具有智能决策分析能力的数据管理系统，是一种有效的甚至也许是唯一的解决方案。

（5）可视化技术。可视化技术关系到用户与环境交互体验，具有吸引力且易于理解的可视化技术，是使得泛在网络技术走进普通大众日常生活的必备前提条件之一。从原始未经处理的大数据中，提炼出有意义的信息并利用可视化工具直观展现出来，这将使得信息获取变得尤为便利，根据这些大量的易于理解的信息，用户可以做出更好的决策。

4.5.4　泛在地理信息的特征

通过对泛在地理信息概念的描述和解析可知，泛在网络的"5A+5C"的特征决定了泛在地理信息的四个基本特征（陈万志，2015）：

（1）地理信息类型和数据采集方式泛在化。地理信息除传统的空间信息技术专业产品外，逐步向全景地图、三维影像、街景等形式进一步贴近普通用户的服务需求。同时，各类事件主题式地理信息数据更加鲜活。为满足用户所需，这些地理信息数据不再仅是传统的地图底图而是以加载各种音频、视频、实时图片、三维场景、统计图表等"富媒体"技术数据相融合的形式呈现；数据采集方式也从传统地理空间数据专用采集设备泛化到各种无线传感器、摄像头、专题数据采集器，特别是综合采集车、用户的智能终端设备。如百度全景就是通过半专业性指导全民参与并给予一定费用的方法推广业务，保证了地理信息数据的实时、海量、持续的互联网泛在采集与更新。

（2）以无线网络为主体的多网融合化。传统地理信息服务的局限性很大程度上是由于用户与服务系统间的数据交互和实时更新不同步所导致的。移动互联网为泛在地理信息服务提供了基本的网络传输环境，但尚未完全释放泛在地理信息服务的所有能力。由车联网、物联网等多个网络融合而成的泛在网络，可以为数据存储、计算、分析等全过程的有机链接提供网络支持和运行保障。因此，泛在网络从其本质来讲，可以理解为以下一代互联网为主体的多网融合网络支撑环境，这样描述既有助于互联网泛在地理信息自动发现关键技术问题的提出和解决，也符合互联网不断发展和扩充成为大众生产生活不可或缺的要素之一的特性。

（3）用户终端智能化、便携化。计算机硬件芯片价格的下跌使得用户终端越来越智能化和便携化。智能手机和平板电脑已经成为在线实时显示地图的主要设备。网络时代地理信息服务的随时随地快速更新、个性化服务、承载各种主题信息量大的特点日渐凸显，智能终端和可穿戴设备将成为工作场所或公共场所无处不在、网络中无处不在的计算运动的一部分。

（4）地理信息服务表达情景化。泛在地理信息服务必须具有情景感知能力和一定的自主性，才能为用户提供个性化的需求。通过不同的网络传输介质、不同的应用软件系统和环境、不同的硬件和交互方式现实世界地理空间信息服务情景化表达。无处不在的地理信息服务已经成为人们日常生活和生产中不可或缺的空间情景底层支撑。

4.5.5 泛在地理信息服务的体系结构

地理信息是在人类改变世界的生产生活过程中不断发展进而泛在化的，UBGI是指地理信息随时随地都存在，其泛在性体现在使用或操作信息的系统、服务和应用特性上。因此，为实现随时随地能够提供时空信息资源的服务目标，基于下一代互联网和普适计算的泛在地理信息，应用在数据采集、数据传输、数据处理与分析、内容表达等各个方面，实现与移动互联网、大数据、云计算等最新信息技术相融合，从而构建成为真正实时、高效、易于扩展、面向应用的服务框架。

（1）在数据采集方面，除对原始纸质数据、电子数据（表格、图形文件、遥感影像、航片等）的矢量化，利用卫星遥感、飞机航拍、各种采集仪器（全站仪、GPS 数据采集车等）直接采集数字化数据实现地理信息相关数据采集及加工处理工作以外，泛在地理信息数据采集方式和类型不断扩展，特别是智能地理传感器设备和情景感知式测绘的出现，不仅扩大了数据采集的种类和范围，还进一步实现了实时采集与交互。

（2）在数据传输方面，通过广电网络、电信基础设施网络等多种网络的有机融合，由 UBGI 供应商通过中间件提供以下一代移动互联网为特征的泛在网络是情景感知式服务的数据传输网络基础支撑。

（3）在数据处理与分析方面，通过建立同网处理管理、绑定服务和操作、UBGI

特征目录、地理标记库、情景感知流、综合智能处理与管理的云端存储与处理，实现互联网泛在地理信息的存储、计算、处理与管理，为用户提供各种情景感知下的需求服务中间件。处理分析功能实现相关地理信息的计算、处理及服务解析和运作分配，用户的不同应用需求可能涉及各种不同的服务资源，包括地理情景流、室内外地理信息、绑定服务与运作、特征目录等资源的动态更新和自主服务组合、匹配等；协同监管功能实现地理信息服务资源及功能的无缝空间流动与协同处理管理，保证整体架构可控性和安全性，包括对分布式云存储中大规模服务资源属性的动态管控，实现系统资源的合理规划和支撑按需服务；监控海量数据的网络存储、处理与分析的负载平衡；系统安全性既包括数据、服务资源及网络环境的安全，还包括用户个人隐私信息和数据的安全。

（4）在内容表达方面，能够依托泛在网络环境和数据分析处理中间件的基础，通过泛在智能终端实现无缝的情景感知式地理信息服务，为用户提供情景感知服务，同时完成情景感知式测绘，满足用户更新应用情境相关联的地理信息数据需求。因此，泛在地理信息服务，以自然的如同现代人类社会中的电力融入生产生活中、智能的如同定制开发服务应用一样，能够在异构的应用系统与泛在网络环境中为用户提供按需的个性化服务，能够依据情景感知场景提供普适的最佳的内容表达方法。

4.6　小　　结

泛在感知是地球大数据的重要来源。它不仅包括传统意义上的空间对地观测，更包括无人机智能感知、众源地理感知、社交媒体感知、传感网，以及泛在网络信息接入技术。泛在感知数据时空连续性强、时间和空间分辨率高，能够有力地支撑地球大数据精细尺度分析与挖掘。当前，泛在感知数据已成为数字地球信息更新的重要支撑，为地球大数据服务于人居环境监测、人类行为认知、人群动态监测，以及人类社会的可持续发展发挥了重要作用。

参 考 文 献

陈能成, 陈泽强, 何杰, 等. 2013. 对地观测传感网信息服务的模型与方法. 武汉: 武汉大学出版社.

陈能成, 胡楚丽, 王晓蕾. 2014. 对地观测传感网资源集成管理的模型与方法. 北京: 科学出版社.

陈万志. 2015. 互联网泛在地理信息自动发现关键技术研究. 辽宁工程技术大学.

高翔. 2020. 基于无人机影像中建筑轮廓规则化研究. 安徽理工大学.

姜伟. 2017. 基于社交媒体顾及空间效应的商业区竞争选址研究. 武汉大学.

李德仁, 钱新林. 2010. 浅论自发地理信息的数据管理. 武汉大学学报(信息科学版), (4): 379-383.

李德仁, 邵振峰. 2009. 论天地一体化对地观测网与新地理信息时代//中国测绘学会第九次全国会员代表大会暨学会成立 50 周年纪念大会论文集. 北京: 中国测绘学会.

林海森. 2006. 植物监测在环境保护和绿化工作中的作用. 长春大学学报, (2): 73-75.

单杰, 贾涛, 黄长青, 等. 2017. 众源地理数据分析与应用. 北京: 科学出版社.

陶磊, 洪韬, 钞旭. 2020. 基于 YOLOv3 的无人机识别与定位追踪. 工程科学学报, 42(4): 463-468.

汪小钦, 王苗苗, 王绍强, 等. 2015. 基于可见光波段无人机遥感的植被信息提取. 农业工程学报, 31(5): 152-159.

吴寒雪. 2019. 泛在网络中基于知识融合的信息服务模式研究. 郑州大学.

徐伟杰. 2012. 基于视觉的微小型无人直升机位姿估计与目标跟踪研究. 浙江大学.

许瑞阳. 2015. 基于 Web 的泛在网应用开发及地址分配技术研究. 中国科学技术大学.

严飞, 马可, 刘佳, 等. 2021. 无人机目标实时自适应跟踪系统. 计算机工程与应用, 3(5): 1-8.

杨元喜, 王建荣. 2022. 泛在感知与航天测绘. 测绘学报.

姚桐, 于雪媛, 王越, 等. 2020. 改进 SSD 无人机航拍小目标识别. 舰船电子工程, 40(9): 162-166.

叶林春. 2020. 无人机遥感技术在水土保持监测中的应用研究. 水利技术监督, 4(6): 267-269.

张小霞. 2021. 浅谈遥感技术在水土保持监测中的应用. 农业科技与信息, 4(8): 24-25.

张雅文, 许文盛, 沈盛彧, 等. 2017. 无人机遥感技术在生产建设项目水土保持监测中的应用——方法构建. 中国水土保持科学, 15(1): 134-140.

张永宏, 何静, 阚希, 等. 2018. 遥感图像道路提取方法综述. 计算机工程与应用, 54(13): 1-10, 51.

赵健赟. 2015. 地表植被覆盖度遥感估算及其气候效应研究进展. 测绘与空间地理信息, 38(8): 77-80, 84.

赵晓锋. 2010. 高分辨率遥感影像城区道路提取方法研究. 华中科技大学.

朱岩彬, 徐启恒, 杨俊涛, 等. 2020. 基于全卷积神经网络的高分辨率航空影像建筑物提取方法研究. 地理信息世界, 27(2): 101-106.

Goodchild M F, Glennon J A. 2010. Crowdsourcing geographic information for disaster response: a research frontier. International Journal of Digital Earth, 3(3): 231-241.

Goodchild M F. 2007. Citizens as sensors: the world of volunteered geography. GeoJournal, 69(4): 211-221.

Gornson C, Thihalolipavan S, di Tada N. 2013. VGI and Public Health: Possibilities and Pitfalls //Crowdsourcing Geographic Knowledge. Berlin: Springer: 329-340.

Granell C, Ostemann F O. 2016. Beyond data collection: objectives and methods of research using VGI and geosocial media for disaster management. Computers, Environment and Urban Systems, 59: 231-243.

Guan Y, Yu Y T, Li J, et al. 2016. Extraction of power-transmission lines from vehicle-borne lidar data. International Journal of Remote Sensing, 37(1): 229-247.

Heipke C. 2010. Crowdsourcing geospatial data. ISPRS Journal of Photogrammetry and Remote Sensing, 65(6): 550-557.

Kaplan A M, Haenlein M. 2010. Users of the world, unite! The challenges and opportunities of Social Media. Business Horizons, 53(1): 59-68.

Mayfield A. 2008. What is social media. O'Reilly Media.

Sui D, Goodhild M, Elwood S. 2013. Volunteered Geographic Information, the Exaflood, and the Growing Digital Divide// Crowdsourcing Geographic Knowledge. Berlin: Springer: 1-12.

Wilson C K H, Rogers S, Weisenburger S. 1998. The Potential of Precision Maps in Intelligent Vehicles//Proceedings of the 1998 IEEE International Conference on Intelligent Vehicles: 419-422.

第 5 章

地球大数据资源管理

地球大数据同其他科技资源一样，具有形成、成长、成熟和衰亡的生命过程。宏观的科学数据管理贯穿整个地球大数据生命周期，通常包括地球大数据集成、数据归档、数据存储、数据发布和数据共享、数据质量控制、数据安全管理等，本章也将从上述几个方面展开论述。

5.1 地球大数据来源

地球大数据是大数据的重要组成部分，数据来源包括但不限于空间对地观测数据，还包括陆地、海洋、大气及与人类活动相关的数据（郭华东，2018a）。

1. 空间对地观测数据

根据国际卫星对地观测委员会（Committee on Earth Observation Satellites, CEOS）的全球卫星任务统计数据，1962～1980 年期间全球共发射 14 颗对地观测卫星（苏联发射的卫星未列入统计），其中，法国 2 颗、意大利 1 颗、欧洲机构 1 颗和美国 10 颗。1981～1990 年期间全球有 43 颗卫星发射，除上述国家和机构外，中国、日本、俄罗斯、印度开始启动本国的卫星发射任务。1991～2000 年期间共发射 89 颗对地观测卫星，是全球卫星发射的第一个高峰期，丹麦、德国、加拿大、巴西、阿根廷等 8 个国家开始拥有对地观测卫星。2001～2012 年期间是对地观测卫星发射数量最多的时期，共发射 174 颗卫星，拥有对地观测卫星的国家达 26 个。

从卫星携带的传感器来看，1962～1980 年间全球对地观测卫星携带的传感器以光学相机为主，1970 年后开始出现少量的多光谱传感器。1981～1990 年主要以针对大气温度、湿度，大气化学测量的传感器和多光谱传感器为主。1991～2000 年是全球卫星传感器快速发展的阶段，降水和云扩线、地球辐射能量、海色测量、高空间分辨率光学成像、成像雷达等新型传感器不断出现，对地观测传感器数量达 80 台。2001～2012 年是全球传感器研发和产出最多的时期，传感器的类型更为多样化，一些新型的传感器如激光雷达开始服务于空间对地观测，全球用于对地观测的传感器数量达 222 台，空间对地观测形成了以成像光谱技术、成像雷达技术和激光雷达技术为代表的先进对地观测技术体系（Jenson, 2006; Schowengerdt, 2007; Weng, 2011）。

2. 空间科学数据

空间科学聚焦于宇宙和生命的起源与演化、人类与行星关系前沿科学主题，致力于解决宇宙演化、地外生命形成演进、黑洞、太阳活动、引力波、暗物质与暗能量、地球全球变化等科学问题，涉及行星科学、空间物理、空间天文、空间地球科学、微重力科学、空间生命科学和空间基础物理等领域，具有鲜明的学科交叉性，隶属于创新导向的前沿学科领域。

近年来，空间科学得到快速发展，世界各国都在大力发展空间探测技术，空间科学探测形成了多信使、多波段、天地一体化联合探测的新格局（邹自明等，2018）。以我国为例，在地基方面，东半球空间环境地基综合监测子午链（简称"子午工程"）一期建设已竣工并投入使用，二期工程也在建设当中。子午工程为多学科交叉、链网式、多台站协同的监测国际子午圈计划奠定了良好基础；天基方面，中国科学院战略性先导科技专项（A 类）"空间科学"（即"空间科学先导专项"）成功了发射"墨子"、"慧眼"、"悟空"和"SJ-10"4 颗科学卫星，成果斐然。系列重大项目的实施依托于大视场、高分辨率、高灵敏度等新型观测技术，也使得空间科学数据的采集速率呈现指数增长态势。空间科学先导专项一期、二期卫星积累了超过 50PB 的数据，涵盖数据种类 2000 余种、数据产品达 200 万个。此外，美国国家航空航天局（National Aeronautics and Space Administration，NASA）空间科学卫星编目显示，21 世纪在全球共发射空间科学卫星 674 颗，年平均数量超过 35 颗。空间科学观测数据的规模和体量急速增长，空间科学也开启了大数据时代。

3. 地理数据

地理数据是以地球表面空间位置为参照，描述自然、社会和人文景观的数据，它直接或间接关联着相对于地球的某个地点的数据，是表示地理位置、分布特点的自然现象和社会现象的诸要素文件，包括自然地理数据和社会经济数据（汤国安，2019）。

自然地理数据，主要描述自然地理环境的组成、结构、功能、动态及其空间分异规律,属于地理数据传统且重要的分支。典型的自然地理数据包括土地覆盖类型数据、地貌数据、土壤数据、水文数据、植被数据、居民地数据、河流数据、行政境界等。自然地理数据在计算机中通常按矢量数据结构或网格数据结构存储,构成地理信息系统的主体。

社会经济数据,主要描述社会、经济、教育、科学技术及生态环境等领域,涉及人类活动的各个方面和生存环境的诸多复杂因素。典型的社会经济数据包括人口普查数据、国内生产总值(Gross Domestic Product,简称 GDP)等。社会经济数据在计算机中按统计图表形式存储,是地理信息系统分析的基础数据。

当前,随着信息技术的飞速发展,众源地理数据(volunteered geographic information,VGI)逐渐成为地理数据的主体。众源地理数据是由大量非专业人员获取并通过互联网向大众提供的开放地理数据(吴炳方等,2018),其主要特点是数据来源于大众无意的采集,采集方没有明确的数据采集目的和特定专业知识。当前,众源地理数据已经成为资源环境领域一种广受欢迎的数据类型,在人类活动感知、人地关系探索和可持续发展方面发挥了重要作用。美国国家气象局早在现代通信技术发明之前,从 1890 年就建立了"公众合作观察者"(Cooperative Observer Program,Coop)项目并开始收集天气数据。基于该项目的很多数据集,已经被广泛地应用到了天气监测、极端天气预警和气候变化等科学研究中。进入21 世纪以来,数码相机、智能手机等消费级硬件设备的发展与普及加速了众源数据的发展。例如,"Geo-Wiki"(https://www.geo-wiki.org)项目通过志愿者提供的带 GPS 信息的照片,对覆盖在卫星图像的现有信息进行反馈和修正;"GIS Cloud"(http://www.giscloud.com)、"Poimapper"(http://www.poimapper.com)、"GeoODK Collect"(http://geoodk.com)、"FieldMap"(http://maptext.com)等众多不同的移动应用程序也被广泛用于众源地理信息采集;ArcGIS 等传统地理信息系统(Geographic Information System,GIS)工具提供商也纷纷开发出面向移动终端的应用程序,其中"Collector for ArcGIS"(http://www.esri.com/software/arcgis/smartphones/collector),用户能够使用"浏览地图"、"地图下载"、"路线规划和导航"、"离线地图"及"轨迹记录"等多样化功能。

4. 气象数据

气象数据是指反映天气情况的一系列数据,主要包括气候、天气两种类型。气候数据通常是用常规气象仪器和专业气象器材所观测得到的各种原始资料集合以及加工、整理、整编所形成的各种再加工资料。天气数据是为天气分析和天气预报服务的一种实时性很强的观测资料,典型的如卫星云图、气象站点统计资料等。

全世界各国为了获得气象数据,建立了各类气象观测站,如地面站、探空站、测风站、火箭站、辐射站、农气站和自动气象站等。我国气象站点门类齐全、分布广泛，台站总数达到 2000 多个。国家气象信息中心每天接收来自国内外主要台站的天气观测资料，日积月累，成为能够反映局部长期气候现象的气候资料。此外，通过其他渠道采集到的与气象关联的水文、地理数据也可以成为气候数据的重要组成部分。

除了气象站点之外，气象卫星也是主要的气象数据获取来源。世界各国发射了一系列气象卫星，如 1960 年 4 月 1 日美国首先发射了第一颗人造试验气象卫星。经过 50 多年的发展，全世界共发射了几百颗气象卫星，已经形成了一个全球性的气象卫星网。我国早在 20 世纪 70 年代就开始发展我国的气象卫星，截至 2021 年底已发射了 19 颗气象卫星，其中 7 颗在轨运行，分别实现了极轨卫星和静止卫星的业务化运行，是继美国、俄罗斯之后第三个同时拥有极轨气象卫星和静止气象卫星的国家。

5. 海洋数据

随着观测技术的发展，海洋观测呈现多元化观测特征，可以实现对海洋信息的实时、立体化观测，主要观测手段包括：

① 海洋调查船。海洋调查船是专门服务海洋科学调查研究，包括综合调查船、专业调查船以及特种海洋调查船等类型。中国第一艘海洋调查船被命名为"金星"号，始于 1956 年，主要适用于浅海综合调查。目前，全球拥有海洋科考船的国家超 40 个，拥有调查船共计 500 余艘，其中中国拥有近 50 艘。

② 海洋浮标。主要借助锚定在海上的观测浮标，对海洋水文、水质、气象等状况进行自动观测。根据浮标在海上所处位置，进一步可分为锚定浮标、潜标、漂流浮标等。海洋锚定浮标最早可追溯于二战时期，得益于计算机、卫星通信等技术的发展，浮标技术从 20 世纪 70 年代后期进入发展的飞跃期。在中国，海洋浮标的开发研制工作始于 20 世纪 60 年代中期，并在 90 年代正式投入使用。目前，中国已是具备完备海洋浮标监测系统的大国之一。

③ 潜水器/深潜器，是指具有水下观察和作业能力的活动深潜水装置，也是海洋资源调查、海洋科学研究的主要工具。早在 1554 年，意大利人塔尔奇利亚发明的木质球形潜水器，对后来潜水器研制产生了巨大影响。第一个可使用的潜水器是英国哈雷于 1717 年设计的。此后，人类对潜水器研制持续改进，不断突破潜水器的下潜深度。中国自行设计、自主集成研制的深海载人潜水器"蛟龙"号，设计最大下潜深度为 7000 m 级，是全球下潜能力最深的作业型载人潜水器。

④ 海洋遥感，是指以海洋及海岸带作为监测、研究对象的遥感，利用遥感传感器远距离非接触观测的特征，获取海洋景观和海洋要素的地球大数据资料。海

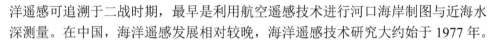

洋遥感可追溯于二战时期，最早是利用航空遥感技术进行河口海岸制图与近海水深测量。在中国，海洋遥感发展相对较晚，海洋遥感技术研究大约始于 1977 年。

⑤ 海洋观测网络。在 1998 年，美国科学家发起全球海洋观测网（Array for Real-time Geostrophic Oceanography，Argo）计划，全世界几十个国家参与其中。该项目旨在准确监测全球海洋上层（0~2000 m）的海洋三维立体信息（如：海水温度、盐度），并有效服务于气候预报。截至 2020 年 2 月中旬，在海上正常工作的 Argo 浮标已经接近 4000 个。

6. 地质数据

地质学以固体岩石圈层作为主要研究对象，是一门研究地球演变过程的自然科学，其目的是探讨地球各个圈层的构造、特征、物质组成及各层之间的作用和演变历史。地质学通过观察自然现象，来发现隐藏在数据中的规律或知识，同时围绕地质学的研究具有典型的密集型科学研究特点。

通过勘察、探测、观测、测试分析等手段采集到的多种科学大数据可统称为地质大数据，地质大数据涉及到地球的各个圈层、地球的形成和演化历史、地球的物质构成变化，还涉及到矿产资源的勘察、开发与利用及人类生存环境的破坏状况和修复情况等。地质数据的采集平台和手段繁多，所获取到的各类数据有不同的组织管理方式（翟明国等，2018），包括钻孔岩芯的描述数据、地质报告文档、野外露头描述数据和野外素描图、填图与照片，以及对地观测数据、检测得到的实时点位数据等。地质大数据有的以纸质文档的形式存在，还有则经结构化处理并存储到 GIS 数据库。地质数据采集方法多样以及描述角度不同造成地质大数据呈现明显的异构性和多模态特性。同时，地质数据的组织方式和结构也不统一，同一个地质体的语义描述在尺度、基准等方面存在较大差距。

7. 生物多样性数据

生物多样性信息学在近些年发展较快，在区域和全球多个层次上生物多样性数据库也不间断地被建设且逐渐变得完备。全球生物多样性信息网络（Global Biodiversity Information Facility，GBIF）拥有全球大型数据库，涵盖了 10 亿余个物种分布信息；美国标本数字化平台（Integrated Digitized Biocollections，iDigBio）、澳大利亚生物多样性信息系统（The Atlas of Living Australia，ALA）等国家水平的数据库，包含的物种分布具体信息也超过数千万条（马克平等，2018）。西方发达国家在生态安全信息、生物多样性等方面有着较明显的技术优势，且以美国的国家生物技术信息中心（National Center for Biotechnology Information，NCBI）和欧洲生物信息研究所（European Bioinformatics Institute，EBI）为代表的机构，拥有国际生物信息相关的核心数据库。

当今，可借助数字化、网络化技术，将标本馆和植物园等进行数字化，并应用多种先进技术将生物多样性资源全方位的描述、表达及分析，从而为决策者、科学家和公众提供一个数字化平台，以此开展相关资源管理、科学研究和科普教育等。中国科学院下属各单位也积累了海量的生物物种及遗传资源信息，并建立了多个生物大数据平台，包括：中国生态系统研究网络（Chinese Ecosystem Research Network，CERN）、国家标本资源共享平台（National Specimen Information Infrastructure，NSII）、中国森林生物多样性检测网络（Chinese Forest Biodiversity Monitoring Network，CForBio）、世界微生物数据中心（World Data Centre of Microorganisms，WDCM）及全球最大的古生物学和地层学专业数据库（Geobiodiversity Database，GBDB）等。

8. 泛在感知数据

泛在感知数据是指通过泛在的感知网络和泛在的传输网络获得的地球大数据，主要包含以空天地观测感知和贴身传感设备感知为代表的主动感知，以及以交通摄像头、监控设备、音视频设备为代表的被动感知两种类型（杨元喜和王建荣，2022）。

空天地观测感知，主要依靠遥感卫星、航天飞机、无人机、地面观测站点等部署的光学传感器、雷达传感器、重力传感器、温度传感器等设备实现天空地一体化的立体观测、感知。空天地观测感知数据也是地球大数据的最主要来源之一。

贴身传感设备感知，主要是在当前大数据、人工智能时代背景下产生的新型数据感知手段，如车载感知终端、智能手机、智能电子手表、车载探地雷达和各类智能穿戴设备等。贴身传感设备感知数据，时间、空间分辨率较高，能够精细刻画人类行为轨迹，是当前研究人群动态的最主要数据来源。

以交通摄像头为代表的被动感知，通过提前部署各种传感设备，持续不间断地采集过往车辆、行人的视频、音频等信息，以及各类移动感知网络信息、互联网电子邮件信息等。被动感知采集的数据量大，持续时间长，是商业活动、产业转型决策、政府决策等的基础。

5.2　地球大数据集成

5.2.1　地球大数据集成面临的主要问题

地球大数据集成就是在物理上或者逻辑上将若干个不同数据中心、不同数据源或者不同性质的数据集中起来进行统一管理、分发与共享，并为用户提供透明、一致的数据访问。鉴于地球大数据海量、多源、异构、分布式存储的特点，地球大数据集成主要面临的主要问题有：

（1）多源地球大数据的异构问题

不同数据源由于其卫星、传感器物理参数等的不一致，造成了在时空分辨率、波谱范围、投影标准、数据类型等方面的差异。地球大数据集成首先需要解决的就是采用一定的集成标准，将这些异构的多源地球大数据集中起来。

（2）分布式存储的网络传输问题

一般来讲，不同类型的地球大数据分别存储在不同的数据中心，如风云卫星数据存储在气象卫星中心，海洋遥感数据存储在海洋卫星中心等。将这些在地理上分布式存储的地球大数据集成统一管理，则面临着网络传输效率、安全性等问题。

（3）集成系统的数据同步问题

不同数据源的数据存储管理系统具有高度的自治性，对于所存储数据具有自主地添加、更新、删除能力。因此，数据集成需要解决在原始数据存储管理系统与集成系统之间的数据一致性问题。

5.2.2　地球大数据集成模式

对于地球大数据集成技术的研究，最有代表性的当属美国国家航空航天局（NASA）。概括起来，NASA 对于其下属的分布式动态数据中心存储的地球大数据集成技术，大致可分为基于数据仓库的数据集成模式、基于联邦数据库的数据集成模式、基于中间件的数据集成模式三种类型，这也在一定程度上代表了国内外地球大数据集成技术的研究进展。

（1）基于数据仓库的地球大数据集成模式

NASA 自 1990 年起就先后成立了 8 个分布式动态数据中心（Distributed Active Archive Centers，DAACs），负责归档并进一步加工由白沙地面接收站（White Sands Complex）接收、并由费尔蒙特中继站（Fairmont Complex）初步处理的 0 级地球大数据（raw data）。在每个分布式动态数据中心 DAAC 部署 EOSDIS 的核心系统（EOSDIS Core System，EOSDIS-ECS），负责地球大数据摄取、归档、产品加工、数据分发和用户服务等。每个分布式动态数据中心生产的标准产品（1 级产品）、增值反演产品（2 级及以上产品）、用户感兴趣产品（用户自定义产品）等，由数据仓库和信息集市负责集成，为用户提供一个 EOSDIS 组织内所有分布式动态数据中心归档数据及产品信息的统一模式视图。这种对于 EOSDIS 组织内的分布式数据中心的数据集成模式即可以被视为基于数据仓库的数据集成模式。

基于数据仓库的数据集成模式，主要是将各异构数据库系统存储的数据源经过加工、整合，转换并复制到一个具有公共数据模型的、面向主题的、全新的数据库系统，以供用户访问。然而，由于各独立数据源存储模式的异构性，采用数据仓库的数据集成模式会产生非常大的数据冗余，需要较大的存储空间。不过该模式可以让用户更方便快捷地查询其所需要的数据信息，以供决策分析。

（2）基于联邦数据库的地球大数据集成模式

EOSDIS 针对非 EOSDIS 组织成员构建了基于联邦数据库模式的客户端—服务器体系架构，允许非 EOSDIS 组织成员下载归档的地球大数据及产品，或者共享自己的数据到 EOSDIS 系统。基于联邦数据库的数据集成模式是在维持各独立数据库系统自治的前提下，通过在各数据库系统之间建立关联，以形成一个数据库管理系统联邦，然后各数据库系统向联邦系统共享各自需要共享的数据。根据各联邦数据库关联程度划分，该模式可以分为松散耦合、紧密耦合两种类型。松散耦合类型不会在联邦数据库中建立全局数据模式，仍旧保持各独立数据库系统的自治性，仅仅只为用户提供统一的数据查询接口，而数据集成过程中面临的数据源异构问题则需要用户自行解决；紧密耦合类型则会建立统一的全局数据模式来映射各个联邦数据库的数据，具有较高的系统集成度，可以有效解决数据源之间的异构性，但集成系统的扩展性较差。

（3）基于中间件的地球大数据集成模式

2005～2008 年期间，随着遥感卫星以及传感器数量的增加，EOSDIS 每天接收的地球大数据总量及数据归档量逐年增加。EOSIDS 的分布式动态数据中心 DAAC 也由之前的 8 个扩建为 12 个，原有的 ECS 系统已经无法满足各数据中心的数据集成及处理要求。因此，随着 "EOSDIS-2015 远景计划" 的实施，各分布式数据中心原有的 ECS 系统逐渐被 S4P（Simple，Scalable，Script-based，Science Processor）、S4PA（Simple，Scalable，Script-based，Science Processor Archive）、S4PM（Simple，Scalable，Script-based Science Processor for Measurements）组合所取代；各数据中心之间的数据仓库也逐渐演变为对地观测系统交换站（EOS ClearingHouse，ECHO）中间件，提供用于数据与信息交换的时间和空间元数据交换平台（Mitchell et al.，2009）。ECHO 起源于 1998 年开始的独立信息管理系统 IIMS（Independent Information Management System）项目，最初目的只是提供一个独立于 EOSDIS—ECS 的地球科学元数据的检索、获取工具。后来，随着地球科学数据社区的加入以及地球科学数据处理模式的演变，IIMS 才逐渐转化为 ECHO 中间件。基于一个公共的元数据模型，ECHO 可以实现所有分布式数据中心存储的 EOS 数据的集成，为用户提供统一的数据查询服务。此外，ECHO 的数据检索采用仓库库存搜索工具 WIST（Warehouse Inventory Search Tool），可以提供基于学科、主题、时间、空间等检索条件的数据查询及订购服务。基于 ECHO 中间件的地球大数据集成模式,即通过在应用层与数据层之间构建中间件 ECHO,向上为用户应用提供统一的数据访问接口,向下实现各数据库系统的集中管理。对于数据查询过程,ECHO 中间件在接收到用户发起的查询请求后,首先将其转化为多个子查询,并将这些子查询提交给集成系统,然后由集成系统与各独立数据库系统进行交互式查询,并向 ECHO 中间件返回最终合并后的查询结果。在整个过程中,中间件不仅屏蔽了各数据库系统的异构性,提供了统一的数据访问机制,而且中间件能够有效提高查询处理的并发性,减少响应时间。

2015 年前后,随着对地观测技术尤其是高分辨率遥感技术的持续发展,世界各地卫星数据中心的地球大数据接收量与归档量呈现爆炸式增长态势,全球范围内的地球大数据集成与共享成为必然趋势。然而,基于 ECHO 中间件的地球大数据集成模式,无法实现对于所集成的遥感元数据的绝对统一访问,这在一定程度上降低了终端用户和程序开发人员对于集成的地球大数据的应用水平。因此,NASA 设计并开发了通用元数据仓库 CMR(Common Metadata Repository),作为原来 ECHO 中间件的替代品,用于编目并归档 EOSDIS 系统的数据和服务元数据。CMR 为世界范围内的数据提供方提供访问接口,任一数据提供方都可以注册并共享自己的地球大数据,所有科研人员都可以基于开源网络数据访问协议 OPeNDAP(Open Source Project for a Network Data Access Protocol)查询并下载所需要的地球大数据,真正实现全球范围内地球大数据的集成与共享。

5.3 地球大数据归档

地球大数据归档,是将传感器采集的对地观测数据、空间科学数据、海洋数据、地质数据,以及由人类活动产生的统计文本数据、众源地理数据等,集成到一个单独的存储系统进行长期保存的过程。归档数据必须建立数据编目,具有索引和搜索功能,以便于后期的数据发现、数据访问。元数据是关于数据的数据,包含了数据的名称、数据采集的时空属性、数据的质量等具体信息,是建立数据编目、索引,提供搜索功能的关键。因此,地球大数据归档过程,其实是对于元数据的管理过程。

5.3.1 一般元数据管理

元数据管理涉及元数据的创建、存储、整合与控制等完备流程,其目的在于有效提升元数据对相关应用的支持能力。元数据管理可以带来诸多收益,例如提升数据分析人员决策的有效性、减少对数据分析处理的时间成本、降低数据管理人员和数据应用人员之间的理解分歧、减少冗余数据等。实际应用中，元数据通常描述的是企业对数据的物理与逻辑结构、技术和业务流程、数据规则和约束等信息。元数据是描述性标签，用来描述数据（如数据库、数据模型、数据元素）、概念（如业务流程、应用系统、软件代码、技术架构）以及它们之间的关系。

1. 元数据的来源

（1）通过用户交互和数据分析定义业务元数据。

（2）通过某些维护支持活动将有关数据质量描述和其他发现添加到元数据存储库中，或者从数据管理系统中获取元数据。

（3）汇总层面（如主题领域、系统特性）或细节层面（如数据库列的特性和编码值）识别元数据。

（4）对相关元数据的适当管理和在元数据之间的导航。

2. 元数据的类型

元数据是对受控环境下数据或数据上下文背景的描述，可视为数据环境中的"目录卡"。数据分为结构化数据和非结构化数据，一般而言，不在数据库或数据文件中的数据多为非结构化数据。非结构数据的元数据的格式通常因需求的不同而不同。总体而言，元数据可以分为以下四类：业务元数据、技术和操作元数据、流程元数据和数据管理制度元数据（马欢等，2012）。

（1）业务元数据

业务元数据从业务角度描述"数据"，包括对业务主题、概念领域、实体、属性等定义，也包括对有效值范围、计算公式、业务规则和算法等描述。业务元数据也使得业务目标与元数据用户紧密关联。

（2）技术和操作元数据

技术和操作元数据为开发人员和技术人员提供了系统信息。技术元数据主要描述数据库表名、字段名、字段属性、数据库对象属性及数据存储特性。通常，可以通过关系型数据库管理系统内的程序或其他软件以获取技术元数据。操作元数据主要面向运维用户的需求，包括对数据迁移、批处理、调度异常处理、任务频率、归档规则、备份与恢复和数据使用等描述信息。

（3）流程元数据

流程元数据通常用于描述或定义系统的其他元素特性的数据，例如待解任务、业务规则、操作流程、工具等。

（4）数据管理制度元数据

数据管理制度元数据是关于监管制度流程、数据管理专员和责任分配的数据。

一般需要数据管理专员来确保数据和元数据在企业范围内是正确的并且是高质量的，进而建立数据共享方式，并进行监控。

3. 元数据管理活动

（1）理解元数据需求

元数据需求是通过与业务用户和技术用户进行沟通，对特定岗位人员的角色、职责、需求等进行剖析而获得。元数据需求包括业务用户需求和技术用户需求。

（2）定义元数据架构

从概念上来说，所有的元数据管理方案或元数据管理环境都包含以下架构层次：元数据创建/获取、元数据整合、元数据存储、元数据交付、元数据应用与管理控制。企业根据需求从下列架构中选出最合适的架构：① 混合元数据架构；② 双向元数据架构；③ 分布式元数据架构；④ 集中式元数据架构。

（3）开发和维护元数据标准

元数据标准有两种主要类型：行业/共识标准和国际标准。通常，国际标准可以认为是制定并执行行业标准的基础框架。值得关注的行业元数据标准包括：① OMC 规范；② 万维网协会（W3C）规范；③ 都柏林核心规范；④ 分布式管理任务组（DMTF）；⑤ 非结构化数据的元数据标准：ISO 5964、ISO 2788、ANSI/NISO Z39.1、ISO 704；⑥ 空间地理标准等。国际标准组织（ISO）发布的 ISO/IEC 11179 是一项主要的国际元数据标准。

（4）标准化元数据的评估指标

量化评估用户的理解、组织的投入以及内容的覆盖度和质量，以达到控制环境中所实施元数据的有效性的目的。评估指标主要应采取定量指标而非定性指标。元数据环境中建议采用的评估标准包括：① 元数据存储库的完整性；② 元数据文档的质量；③ 主数据服务数据合规性；④ 元数据的使用/引用；⑤ 元数据管理成熟度；⑥ 元数据存储库可用性。

（5）构建受控的元数据环境

为减小风险并提高被接收的程度，一般采取分步推进的方式构建一个可控的元数据环境。首先，通过实施试验项目来理解受管理的元数据环境并进行概念验证。进而，根据项目需求进行评估和再评估的工作。元数据管理的沟通和规划工作主要内容是对战略、规划、实施方案的讨论和决策。

（6）创建和维护元数据

使用元数据管理的套装软件需要根据企业需求进行相应的调整，添加元数据等操作可以以手工方式完成，也可以通过元数据创建和更新的工具定期扫描并更新数据库。企业将元数据视为数据的索引，因此在对元数据进行迁移和整合之外，管理好元数据质量也非常重要。

（7）整合元数据

元数据整合过程是将在企业内采集元数据与企业外部数据的元数据进行整合存储的过程。该整合过程将把元数据来源库中所抽取到的业务元数据、技术元数据等数据进行整合，并最终将存储在元数据存储库。

（8）管理元数据存储库

对元数据存储库管理主要指对元数据技术人员行为（如：元数据迁移、存储库更新等）进行控制。这些措施的本质是管理性的，包括监视、响应报告、告警、任务日志和解决存储库环境中的各类问题。在管理过程中的数据操作和接口维护需要以控制措施为标准。

（9）分发和发布元数据

元数据交付层负责将元数据从存储库分发到元数据的使用用户或应用或工具。

（10）查询、报告和分析元数据

元数据对如何使用数据资产和管理数据资产提供指导。而为了满足不同类型的数据资产管理需求，元数据存储库应该具有前端应用程序，支持快速查询和轻松获取等功能。

4. 元数据管理指导原则

建立元数据管理的指导原则包括：建立和保持一套元数据战略和相关政策；具备来自于高层管理者的对企业元数据管理的支持；确保可扩展性；采取迭代和渐进交付的实现方案；在评估、采购和安装元数据产品之前制定元数据战略；建立或采用元数据标准；最大化的用户访问；理解和沟通元数据的必要性和每一类元数据的目的；传播元数据的价值；评估元数据内容和使用情况；采用 XML、消息和 Web 服务等技术手段；建立数据监管制度；定义操作程序和流程并进行监控；为项目和后续管理提供专职的元数据专家；保障元数据质量等。

5.3.2　基于元数据的地球大数据归档

1. 地球大数据元数据标准

根据国际标准化组织（International Organization for Standardization, ISO）制定的 ISO/IEC 11179-1:2015 Information technology — Metadata registries（MDR）—Part 1: Framework 标准和中国颁布的《GB/T 18391.1-2009 信息技术元数据注册系统（MDR）第 1 部分：框架》国家标准，元数据是用于定义和描述其它数据的数

据（ISO, 2015；国家标准化管理委员会，2009）。ISO 在地理信息元数据标准 ISO 19115-1:2014 Geographic information — Metadata — Part 1: Fundamentals 中进一步定义元数据为"关于资源的信息"（information about a resource）（ISO, 2014）。同时，该标准把资源定义为可标识的资产或者完成特定需求的方法（identifiable asset or means that fulfils a requirement），并把数据集（dataset）、数据集系列（dataset series）、服务（service）、文档（document），软件（software）、个人（person）、组织（organization）等作为资源的例子。

元数据来源于数据（资源），又独立于数据（资源）。它提供了对数据特征进行描述的能力，从而在数据共享和服务中发挥了描述、定位、搜索、评估等重要作用。以地球卫星观测影像为例，可以把影像的文件名、观测时间、地面覆盖区域、云量覆盖度、处理质量等关键属性信息组织成影像元数据，进而提供元数据检索功能。用户就能够快速、准确地找到覆盖某个研究区域的历史遥感影像，并可以评估其差别，选择并最终获取最佳影像数据。事实上，元数据是数据共享和服务方法体系的核心，无论是数据获取之前的检索和评估，还是数据服务之前的筛选和定制，都需要采用元数据方法和技术才能实现。

元数据的内容、结构、编码、组织、管理和服务是元数据方法和技术的重要组成部分。在元数据的内容、结构、编码方面，目前已有都柏林核心（Dublin Core）、ISO 地理信息元数据标准《ISO 19115-1:2014 Geographic information — Metadata — Part 1: Fundamentals》、开放地理信息联盟（Open Geospatial Consortium, OGC）元数据服务（Catalogue Service）等基础性的标准可供参考。

（1）都柏林核心（Dublin Core）元数据标准

其中，都柏林核心规定了包含 15 个属性的词汇表，用于描述资源的重要的基本属性（中国国家标准化管理委员会，2010）。"都柏林"这个名字源于 1995 年在美国俄亥俄州都柏林举行的元数据标准邀请研讨会。"核心"是因为这 15 个属性构成的元数据元素极广泛而通用，可广泛用于不同类型的资源。

这 15 个属性的名称及其意义如下。

贡献者：负责对资源做出贡献的实体，比如个人、组织等。

覆盖：资源的空间或时间主题、资源的空间适用性或资源相关的管辖范围。

创作者：主要负责制作资源的实体。

日期：与资源生命周期中的事件相关联的点或时间段。

描述：文本、图形等不同形式的资源描述。

格式：资源的文件格式、物理介质或尺寸。

标识符：在给定上下文中对资源的明确引用。

语言：资源的语言。

出版商：负责提供资源的实体。

关系：与之相关的资源。

权利：资源所持有的权利信息。

来源：一种相关资源，所描述的资源来自该资源。

主题：资源的主题。

标题：为资源指定的名称。

类型：资源的性质或类型。

（2）ISO 19115 元数据系列标准

ISO 先后在 2003 年和 2014 年发布了两个版本的地理信息元数据标准：《ISO 19115:2003 Geographic information — Metadata》和《ISO 19115-1:2014 Geographic information — Metadata — Part 1: Fundamentals》。其中，2003 版本已被采编为国家标准《GB/T 19710—2005 地理信息 元数据》，后者对应的国标版本《地理信息 元数据 第 1 部分：基础》正处于征求意见阶段。

ISO 2014 版更新的 19115 标准包含三部分。第一部分是空间信息的元数据内容规范，第二部分是针对地球卫星观测影像数据和栅格数据的元数据内容规范，第三部分是元数据编码规范。

19115 第一部分定义了地理信息元数据的内容和结构规范。它定义了 MD_Metadata 的对象和其余 12 个相关的对象，共同表征了地理信息资源特征和地理信息元数据的描述性信息。其中，MD_Metadata 对象包含了 metadata identifier、contact、metadata standard 等关于元数据标识符、联系人、适用的元数据标准等信息。其他 12 个相关的对象分别是：数据的标识信息（identification information）、数据和元数据的安全与合法性约束信息（Constraint information）、数据溯源信息（Lineage information）、数据和元数据的更新维护信息（Maintenance information）、地理区域覆盖信息（Spatial representation information）、空间-时间-参量的参考系信息（Reference system information）、数据内容信息（Content information）、图示化服务信息（Portrayal catalogue information）、数据分发信息（Distribution information）、元数据扩展信息（Metadata extension information）、应用模式信息（Application schema information）。

19115 第一和第二部分都采用了 UML 语言来描述元数据的内容和结构。为了进一步规范元数据标准的运用和实践，19115 第三部分采用了 XML 技术定义了元数据内容和结构的编码方案，从而可以无歧义地实现 19115 第一部分和第二部分所制定的元数据模型。19115 第三部分设计了 23 个 XML 程序包用来清晰地描述元数据内容之间的复杂引用关系。

2. 基于元数据的地球大数据归档和服务典型案例

OGC 制定的元数据信息服务提供了元数据管理和服务的能力。OGC 元数据信息服务标准定义了元数据内容模型、元数据信息服务的接口，以及接口在不同基础性通讯协议中的实现。其中，最新的 3.0 版本的元数据信息服务标准采纳了都柏林核心和 ISO 19115 两种元数据内容模型，定义了核心查询关键词和核心查询响应内容模型，定义了元数据查询、元数据更新、元数据收割三种服务接口，并进一步基于 HTTP 协议定义了三类接口的实现。OGC 元数据信息服务标准的制定时间早，已经历经多次的修订和完善。目前，OGC 元数据信息服务标准在国际地球数据共享和服务中拥有广泛的影响，在众多大型地球观测数据共享系统中都得到了应用。

虽然 OGC 元数据信息服务标准的定义非常清晰，但完全实现其全部定义的能力面临较大的技术挑战。目前有两个开源软件可以借鉴，一是 GeoNetwork，另一个是 Pycsw。

（1）GeoNetwork 项目始于 2001 年，是联合国粮食及农业组织（Food and Agriculture Organization of the United Nations, FAO）、联合国世界粮食计划署（World Food Programme, WFP）和联合国环境规划署（United Nations Environment Programme, UNEP）共同支持的空间数据元数据信息系统。它基于 Java 语言开发，提供了强大的元数据编辑和搜索功能，也具备交互式的元数据信息检索和浏览功能。GeoNetwork 目前支持全文搜索，和按照关键字、资源类型、组织、规模等字段搜索元数据信息的能力。它所提供的元数据信息在线编辑工具能够支持 ISO19115 系列标准和都柏林核心标准。它能够支持 OGC CSW、OAI-PMH、OpenSearch、Z39.50 等协议标准。GeoNetwork 目前是 Open Source Geospatial Foundation 开源软件栈的一部分，以 GPL v2 许可证发布。

（2）Pycsw 是一个用 Python 编写的 OGC 元数据信息服务软件，能够实现地球数据元数据信息的管理和服务。它也支持 OGC CSW、OpenSearch、OAI-PMH 等协议。Pycsw 可以独立地管理元数据信息并提供信息检索服务能力，也可以与 GeoNode、CKAN、HHypermap、Open Data Catalog 等开放数据平台软件整合，支持以文件或者数据库的方式完成元数据信息的批量导入，进而提供信息检索和服务功能。Pycsw 目前采用 MIT 许可协议，可在 Windows、Linux、Mac OS X 等主流系统平台上运行。

5.4　地球大数据存储

地球大数据科学涉及学科门类庞杂，各学科领域跨度较大、研究方向差距甚远，导致数据碎片化、分散化，难以有效管理并获得更深层次的知识。数据海量、碎片分散、应用低效已经是当前整个地球科学界面临的严峻问题。因此，亟需建立完善的地球大数据存储、管理技术方法体系与长效运行机制，在地球大数据管理和服务方面取得实质突破（Wang, 2018; Huang, 2021; Zeng, 2021）。

5.4.1　地球大数据的存储管理方式

从整体上看，地球大数据的存储管理方式主要可以分为数据库存储管理方式、基于文件的文件系统存储管理方式以及基于文件和数据库的混合存储管理方式三种类型（吕雪锋等，2011）。

1. 数据库存储管理方式

数据库存储管理方式，主要是借助现有的商业或开源数据库在数据的安全性管理、多用户共享、存储管理和数据传输等方面的优势（李宗华等，2005），利用其支持的大对象数据存储、空间组件扩展、空间数据引擎接口等，实现对于地球大数据的存储与管理，并利用空间索引 R 树（Hu et al.，2005）、BSP 树（Dayal，2009）、K-D 树（Zhang et al.，2014）、R+树（Ruoming et al.，2012）、Hilbert R 树（Lin et al.，2013）等实现数据的检索。

根据数据库模型划分，数据库管理方式主要分为纯关系型数据库管理方式、对象关系型数据库管理方式以及非关系型数据库管理方式三种类型（龚健雅，2001）。

（1）关系型数据库管理方式，是指利用关系型数据库支持的大对象存储技术，或者通过引入复杂的数据类型，来存储管理主数据及元数据。利用纯关系型数据库管理海量地球大数据的典型代表有 Bing Maps 和 TerraServer。Bing Maps 是微软继 Virtual Earth 之后发布的一种在线地图服务平台，提供矢量地图、地球卫星观测影像与 3D 全景影像。其核心关系型数据库 SQL Azure 基于 SQL Server 技术构建，可以将每个瓦片影像作为二进制大对象存储在 BLOBs 中，同时负责管理组件的自动配置和负载均衡，为大量用户访问请求提供快速的数据索引和调度响应（Encarnação，2010）。TerraServer 是世界上最大的在线公共地图集之一，主要通过 Internet 对外提供高分辨率的航空、卫星、地形影像等地球大数据。每个遥感影像数据按照固定像素大小的瓦片存储在 SQL Server 数据库表中的列中

（BLOB），影像文件采用 JPEG、GIF 或 TIFF 等格式（Barclay et al.，2000）。纯关系型数据库管理方式，可以利用成熟的数据库管理系统，数据的完整性、一致性较好，有效地降低了系统的开发难度。但是，一般的纯关系型数据库对于非结构化的、海量地球大数据的支持能力有限，且空间查询、空间分析能力欠缺，用户对于系统的开发应用也会受制于数据库管理系统的管理能力。

（2）在关系型数据库的基础上，引入对象的概念，通过增加空间数据类型、空间关系和操作，实现对主数据的存储和管理，典型的如 Oracle Spatial、Oracle GeoRaster 等。Oracle Spatial 是在关系型数据库管理系统上增加 MDSYS.SDO_GEOMETRY 对象数据类型和对应的空间数据管理函数，从而实现对空间数据提供存储和管理服务（Yang et al.，2014）。利用 Oracle Spatial 可以在单个数据库实例中实现非结构化、有嵌套关系的空间、属性数据的统一存储和管理（王云帆，2011）。相较于基于中间件技术的关系型数据库 ArcSDE，Oracle Spatial 是把纯关系型数据库改造为对象关系型数据库，把空间信息作为一个字段存储，而 ArcSDE 是利用多张关联的表来把空间数据存储到纯关系型数据库中。GeoRaster 主要通过构造对象类型，描述地球大数据模型的元数据，和一系列强大的过程函数来实现对地球大数据的存储、管理与处理。GeoRaster 的出现，使得 Oracle 具备了在不使用其他外部空间数据引擎的情况下也能存储和管理栅格数据的能力（李芳等，2009）。

（3）非关系数据库（Not Only SQL，NoSQL）具有高性能、易扩展、高可用、灵活存储、大数据存储等优点，可以高效存取数据，并实现并发数据访问。基于 NoSQL 数据库的地球大数据存储，以地球卫星观测影像为例，将数据模型分为影像数据、影像元数据、影像金字塔三种。其中，影像数据采用分块设计方案，并将分块的数据进行编码，以编码为 key，以数据块内容为 value，然后按顺序存入 NoSQL 数据库中。影像元数据是规则化的表格数据，可以基于关系型数据库进行建模，并应用关系型数据库实现数据的各类索引、查询、筛选和分析。影像金字塔通过对影像按照不同分辨率进行切片，从而可以实现应用层对影像数据的快速浏览和可视化（王晓蕊等，2015）。

2. 基于文件的文件系统存储管理方式

基于文件的文件系统管理方式，即将地球大数据作为独立文件存储在存储设备或集群文件系统中，利用文件系统的目录分级实现地球大数据的组织与管理。典型代表有 NASA EOS、World Wind、Google Maps、Google Earth 等。

NASA EOS 通过采用统一的地球大数据存储格式（Wei et al.，2007）、建立统一的时空元数据目录框架，提供按照学科、种类属性、关键词、数据类型、数据区域、时间范围等查询方式的"一站式购物"（Mitchell et al.，2009）。同时为了提高数据的互操作性、可用性、数据访问和处理速度，NASA 在 2006 年采用科学产品存档数据管理系统 S4PA，利用 Linux 目录分级组织管理地球大数据文件（Kempler et al.，2009）。

World Wind 采用球面等经纬度格网下的多分辨率影像瓦片层来存储组织地球卫星观测影像数据。每个瓦片影像名称由该瓦片影像所在层级的行列号来命名，在存储时按照"瓦片数据集\层级\行序\行序_列序.影像格式"方式组织管理瓦片影像文件（Boschetti et al.，2008；Bell et al.，2007）。

Google Maps 采用基于四叉树的瓦片数据层叠加技术来存储组织卫星对地观测影像数据。每个瓦片影像参照金字塔模式按照不同的缩放等级依次存储，即按照"瓦片集\放大层级\行序\列序.影像格式"方式，并且每个瓦片父节点下的四叉树瓦片影像按照从左上到右下顺序依次采用字母"QRST"编码索引，每个瓦片影像采用固定大小像素且其格式为 JPEG 与 PNG（Gibin et al.，2008）。

Google Earth 采用多分辨率影像层叠加技术来组织卫星对地观测影像数据，即采用不同分辨率的瓦片影像在 WGS84 经纬度坐标系下按照放大层级依次叠加。每个瓦片影像采用瓦片的列序来命名，参照金字塔模式按照"瓦片数据集\放大层级\行序\列序.影像类型"方式组织文件，影像格式为 JPEG、PNG 或 GeoTIFF（Sample et al.，2010）。

基于文件的文件系统管理方式，可以很好地支持非结构化地球大数据，可以优化文件的存储结构。并且分布式文件系统容易扩展，支持高可用与高并发访问（陈时远，2013），不容易产生网络瓶颈。但是由于所有的数据管理层以及数据访问接口都需要自主开发，增大了系统研制难度（刘伟等，2009）。

3. 基于文件和数据库的混合存储管理方式

基于文件和数据库的混合管理方式，即将地球大数据文件存放在数据库系统以外的文件系统上，数据库系统则对属性数据及数据路径等信息进行存储与管理。典型代表有欧空局 ESA（European Space Agency）（Mitchell et al.，2009）、天地图、中国资源卫星应用中心、中国国家气象卫星中心、中国国家海洋应用中心等。

欧空局 ESA 数据中心通过建立统一的 SAFE 数据存档格式实现在线数据和近线数据的分级存储，采用卫星名称与时间为序的数据库实现数据管理（Fusco et al.，2009；Beruti et al.，2010）。天地图采用"商业数据库 + 文件"的混合方式实现数据存储与管理，既支持数据库存储又支持大文件存储（Gong et al.，2010）。中国资源卫星应用中心数据实体按景组织存储，元数据采用商业数据库管理系统

Oracle 管理，数据产品采用 GeoTIFF 格式，对外提供 2 级归档产品（Wu et al.，2009）。中国国家气象中心采用 SQL Server 与 Sybase 企业级数据库管理，数据实体按照条带组织，卫星分类与日期分类编目，卫星存档数据产品采用国际通用的科学数据格式 HDF（杨军等，2009）。

基于文件和数据库的混合管理方式，有效地解决了随着数据的增加数据管理越来越困难的情况；同时通过数据库系统管理数据路径也可以有效地解决数据拓展的硬件问题，通过数据库本身的检索也非常方便，同时保持了文件系统较高的读写效率。但是，这种存储方式并没有解决文件系统的核心问题，无法保证数据的安全性和一致性，同时对分布式处理和并行计算的支持也不是很好。

5.4.2 地球大数据的存储体系架构

地球大数据存储系统的体系架构，主要有三种形式：集中式的存储体系架构、网络存储体系架构、分布式文件系统存储体系架构。

1. 集中式存储体系架构

特点是将海量数据全部存储于中心服务器上，通过文件的方式对主数据进行组织管理（图 5.1）。中心服务器既存储主数据，也负责对整个系统的控制维护，一般是由高性能服务器组成。主数据的数据结构复杂，不易用纯关系型数据库进行管理，而文件系统能够很好地适应各种复杂的数据结构，并能高效地支持数据的操作和维护。可是数据文件之间不能建立关系，冗余度大，不宜扩充和维护，系统的可扩展性不强。

采用集中管理模式可以使整个系统维护的工作量得到减少，也方便了管理人员的管理操作，但是由于中央服务器的工作量大，容易成为整个系统的瓶颈，当服务器崩溃时就造成整个系统的瘫痪。

2. 网络存储体系架构

采用面向网络的存储体系架构，特点是数据处理和数据存储分离（图 5.2）。网络存储体系架构融合了网络和 I/O 的优点，将 I/O 能力扩展到网络上，特别是灵活的网络寻址能力、远距离数据传输能力、I/O 高效吞吐能力等（Wang et al.，2015）。通过网络连接服务器和存储资源，消除了不同存储设备和服务器之间的连接障碍，提高了数据的共享性和可用性。且可以实现数据集中管理，具有容错功能，整个网络无单点故障。然而，网络存储设备 NAS（Network Attached Storage，网络附属存储）、SAN（Storage Area Network，存储域网络）等一般价格较为昂贵，前期安装和设备成本较高。

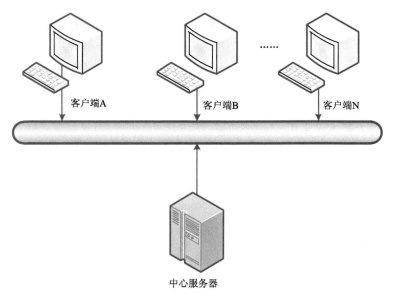

图 5.1　集中式存储体系架构

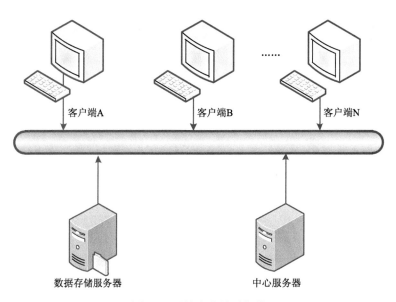

图 5.2　网络存储体系架构

3. 分布式文件系统存储体系架构

分布式文件系统的设计目标是在通用、廉价的硬件平台上构建大容量、高吞吐率和可伸缩的分布式存储架构（图 5.3）。分布式文件系统存储体系架构的特点是将整个系统部署在由通用型桌面计算设备构建的大规模集群之上，将主数据存储在分布式文件系统的各个数据节点上，中心节点通过文件的方式对主数据进行组织管理。具有代表性的分布式文件系统有 GFS（Google file system）、HDFS（Hadoop distribute file system）、KFS（Kosmos distributed file system）、Sector、MooseFS 等，基本都采用 Master/Slave 结构。

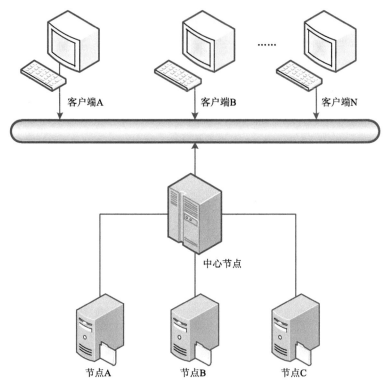

图 5.3　分布式文件系统存储体系架构

　　GFS 是一个管理大型分布式数据密集型计算的可扩展的分布式文件系统，由一个 Master 和大量块服务器构成。Master 存放文件系统的所有元数据，包括名字空间、存取控制、文件分块信息、文件块的位置信息等。在 GFS 文件系统中，采用冗余存储的方式来保证数据的可靠性。为了保证数据的一致性，对于数据的所有修改需要在所有的备份上进行，并用版本号的方式来确保所有备份处于一致的状态。客户端不通过 Master 读取数据，避免了大量读操作使 Master 成为系统瓶颈。客户端从 Master 获取目标数据块的位置信息后，直接和块服务器交互进行读操作（Ghemawat et al., 2003）。

HDFS 是 GFS 的一种开源实现，是 Hadoop 分布式计算框架的数据存储管理的基础。HDFS 也可以用于廉价的硬件平台上，同样具有高容错、高可靠性、高可扩展性、高可用、高吞吐率等特征。在实际的应用中，HDFS 能够处理和管理的数据已经达到 PB 级。然而，HDFS 对小文件的读取却无法做到高效可行，且对于文件的写只能执行追加操作，不可以对文件进行任意修改（Shvachko et al., 2010）。

分布式文件系统存储体系架构的优点是能够很好地适应各种复杂的数据结构，并高效地支持数据的操作和维护。充分利用了集群中各个节点的计算能力和存储能力，并通过副本策略，使整个系统具有平滑的扩展能力和高可用性。然而，该体系架构通常将目录、文件名或文件数据块等的元数据信息存放在 Name 节点的内存中，主要针对大型数据集的存储而优化，不利于大规模的数据块以小文件形式进行存储。此外，快速的数据定位、数据安全性、数据可靠性以及底层设备内存储数据量的均衡等方面都需要继续研究完善。

5.5　地球大数据发布与共享

地球大数据的真正价值在于如何合法地充分应用，数据开放和数据共享成为大数据的关键因素。《开放数据宪章》将开放数据定义为具备必要的技术和法律特性，从而能被任何人在任何时间和任何地点进行自由使用、再利用和分发的电子数据。其定义突出强调了开放数据的两个核心因素，一是数据，是指原始的、未经处理并允许个人和企业自由利用的数据，在科学研究领域它也指代原始的、未经处理的科学数据；二是开放，开放一般来说可以从两个层面上来定义，即技术上的开放和法律上的开放。

如今，地球科学大数据的积累、开放、共享，已经成为世界科技发展的重要资源和推动力。在地球大数据中，数据发布与共享是目前迫切需要解决的问题，对信息化服务需求与日俱增，迫切需要从独占走向共享、从粗放走向精细。本书的第七章"地球大数据共享与服务"将详细描述地球大数据共享的基本概念及原则、技术方法、进展以及典型案例，此处不再赘述。

5.6　地球大数据质量控制

数据质量控制是组织变革管理中一项关键的、持续的支撑流程，旨在制定相应的规格参数，以保障业务需求的数据质量标准。数据质量控制主要包括定义业务需求和业务规则、识别数据异常、数据质量分析，同时也包括对数据质量规则所开展的合规性检查，以及数据在清洗、整合等过程中的标准。此外还包括对问题进行跟踪，并监控已定义数据质量服务的合规性。

地球大数据作为典型的科学大数据，其质量控制是指通过制定一系列的管理方法、技术步骤，开发一定的数据质量控制软件工具，在大众认可的原则指导下，使数据在采集、存储、共享与分发过程中满足相关的质量要求的工艺过程。

5.6.1 数据质量控制步骤

（1）开发和提升数据质量意识

一般而言，数据质量意识同时考虑数据质量问题与其实质影响，同时向监管人员提供系统的数据质量控制方法以及对组织内数据质量的综合考量，另外还需要传达"数据质量问题不能仅仅依靠技术手段解决的"等理念。

（2）定义质量需求

数据是否符合"适用性"需求可根据数据质量维度来度量，并可生成数据质量指标的相应报告。数据质量维度能够体现出高层次指标度量的特点，也可依据此关联来对业务规则进行分类。数据质量的维度包括：准确性、完整性、一致性、时效性、精确度、隐私性、合理性、参照完整性、及时性、唯一性和有效性。

（3）剖析、分析和评估数据质量

定义数据质量指标之前对数据进行评估很关键，可以采取自底而上或自顶而下的方法。自底而上的方法一般是基于自动流程的分析结果，侧重对潜在问题进行分析，如：出现率分析、重复性分析、跨数据集的依赖关系分析、冗余分析及"孤儿"数据记录分析。对自顶而下的方法，记录业务流程和关键的数据依赖关系分析一般需要业务用户进行参与。在此方法中，需要理解业务流程怎么使用数据，同时还要理清楚对于业务应用的成功哪些数据元素是至关重要的。

（4）定义数据质量指标

通常数据质量指标应该能够合理地反映根据前述章节所介绍的数据质量维度所定义的数据质量特性。这些特性包括：可度量性、业务相关性、可接受程度、数据认责制度/数据管理制度、可控性、可跟踪性。定义数据质量指标的过程可总结为：选择一项重要的业务影响；评估出影响业务相关数据元素及数据创建、更新的流程；针对每个数据元素再列出相关的数据需求；对于每一项数据需求，定义相关的数据质量维度以及一个或多个业务规则，以便确定数据是否满足需求；对每一个选中的业务规则，描述度量需求满足度的流程；对于每一个业务规则，定义可接受程度的阈值。

（5）定义数据质量业务规则

清晰地定义出检查数据质量对业务规则流程的满足程度并做相应监控，需要将不满足业务需求的数据值、记录和记录集与有效的数据值、记录、记录集分别记录下来，并生成通知事件，及时向数据资产管理员警示潜在的数据质量问题，而最后建立自动或事件驱动的缺陷数据纠正机制，以满足业务期望。

（6）测试和验证数据质量需求

数据规则符合度为识别数据质量水平特征提供了数据质量测量的客观依据。通过定义数据规则来主动验证数据，可以组织并区分哪些记录达到所期望的数据质量要求，哪些不符合。

（7）确定与评估数据质量服务水平

通过数据质量监控和质量检查来评估数据项对数据质量规则的符合度。数据质量的服务水平协议会就机构对响应和支持的期望、日常数据质量流程相关的角色和职责等给出定义。当问题不能在规定时间内响应时，必须有进一步的上报机制以向管理层报告未能达到的服务水平。

（8）持续测量和监控数据质量

数据质量控制的操作流程取决于可用的数据质量测量和监控服务。结合测量和监控的技术如表 5.1 所示。

表 5.1　结合测量和监控的技术

数据粒度	流动式	批量式
数据项：完整性、结构一致性、合理性	在应用中编辑检查规则、数据项验证服务、特别编码的应用程序	直接查询、数据剖析或分析工具
数据记录：完整性、结构一致性、语义一致性、合理性	在应用中编辑检查规则、数据记录的验证服务、特别编码的应用程序	直接查询、数据剖析或分析工具
数据集：总体测量指标，如记录数、总金额、均值、方差	在处理阶段间隙进行检验	直接查询、数据剖析或分析工具

（9）管理数据质量问题

实施数据质量问题跟踪系统有很多好处，例如将信息和知识共享可提高性能并减少重复工作，且对所有问题的分析将帮助数据质量小组成员识别重复模式、发生频率和潜在问题根源。这些系统涉及部分或所有以下领域：数据质量问题和活动标准化、指定数据问题的处理过程、管理问题上报程序、管理数据质量解决流程。

（10）清洗和校正数据质量缺陷

通过定义业务规则来监控数据对业务期望的满足度将引入两项活动：①确定

错误发生的根本原因并消除；②分离错误数据项，并采用适当措施使其满足预期。某些情况下，只需简单地废除错误结果，并从出错点重新启动信息流程。其他情况下，当直接废除结果不可能时，就需要纠正错误。

（11）设计实施数据质量控制操作程序

采用预定义的规则可以为数据质量验证过程中数据监控及其他数据质量控制操作提供极大便利。通过将数据质量规则融入相关应用服务或数据服务的方式，辅助以其他数据质量工具和技术，综合利用规则引擎、报告工具对数据质量进行监控分析，可有效完善数据生命周期的信息。

（12）监控数据质量控制操作程序和绩效

责任制是监控数据质量治理协议的关键。由于数据质量服务水平协议明确了评估数据质量团队绩效的标准，因此可以合理地预估事件跟踪系统能收集绩效数据，包括问题解决、工作分配问题数量、发生频率、响应时间、诊断时间、解决方案计划时间和解决问题时间等。这些绩效数据可对目前的工作流程效果、系统和资源使用情况提供有价值的见解，同时，也是驱动数据质量控制流程提供持续改进的重要管理数据点。

5.6.2　数据质量工具

数据质量工具可以按活动分成 4 类：分析、清洗、改善和监控。所用的主要工具包括数据剖析工具、解析和标准化工具、数据转换工具、身份解析和匹配工具、改善和报告工具等。

（1）数据剖析

数据剖析是一系列的算法，主要有两种目的：对数据集进行统计分析和数据质量评估；识别数据集内和集之间的值所存在的关系。

（2）解析和标准化

数据解析工具使数据分析师能定义符合规则引擎的模式集，用来区分有效和无效的数据值。行动由具体的模式匹配触发。在解析一个有效模式时，系统提取并重新排列独立组件，形成标准形式。当识别出无效模式时，应用可能会尝试将无效值转换成一个符合要求的值。

（3）数据转换

识别到数据错误时，则会触发数据规则，将错误数据转换成一种目标架构可接受的格式。基于规则的转换将数据值从它们原来的格式和模式映射为目标格式。模式解析组件再进行重排、校正或基于业务规则进行相应更改。

（4）身份识别和匹配

在身份识别过程中需要使用记录关联与匹配方法，运用冗余分析与消除中所使用的相似度评估方法、合并/清除方法、存储方法、数据改善方法、清洗方法，并实施客户数据整合或主数据管理等战略性数据管理举措。两种匹配的基本方法是确定式和或然式。确定式匹配依靠确定的模式和规则，按照指定的权重计算相似度的分值；或然式匹配依赖于统计技术来评估任何一对记录代表相同实体的可能性。

（5）改善

提升数据质量可增加一个组织的数据价值。数据改善是一种提升价值的方法，它通过积累基本实体集的各种附加信息，合并所有相关信息以提供集中的数据视图来实现。数据改善是一种从可选数据源智能化增强数据的处理，它运用了其他数据质量工具中获得的知识副产品，如解析、身份识别和数据清洗。

5.6.3　数据质量控制指导原则

数据质量问题一直存在，日趋明显。数据的质量直接影响到如何成功地实现业务目标。在构建数据质量控制体系时，应提出一系列指导原则，以构成本章所描述的各类处理程序和使用技术。任何支持数据质量的实践活动均需和一项或多项指导原则相结合。在确保数据质量方面，最重要的是建立一个单一的企业级数据架构，并在此基础上建立和维护所有的数据。

5.7　地球大数据安全管理

地球科学是一门研究对陆地、大气和海洋等圈层的科学，通过陆地传感器网络、空间对地观测等多种观测方式可以获得海量的地球科学数据，包括海洋、大气、陆地和与人类活动相关联的数据等，这些数据可以统称为地球大数据。地球大数据具有其独有的特征，比如多来源、多类型、多尺度、多时相、规模大、高复杂性、非结构化等特点，地球科学也是一个典型的数据密集型研究方向（郭华东，2018b）。

数据安全管理主要指数据安全相关策略和规程，旨在保证数据与信息在计划、制定、执行、使用等过程中有恰当的认证、授权、访问和审计等措施。有效的数据安全管理可以限制所有不适当的数据操作（如：访问、更新），也可以确保合适的用户以合理的方式对数据进行使用或操作（Yan, 2020）。

本节从地球大数据安全管理的需求出发，分别从数据采集、数据传输、数据存储和数据分析四个方面来引出安全管理需求，继而针对这四个方面给出相应的安全管理方案，最后给出了存在的挑战以及未来发展的方向，如图 5.4 所示。

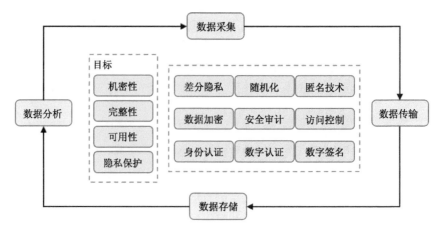

图 5.4 地球大数据安全管理方法

5.7.1 安全管理需求

大数据的四个特性，即规模性（Volume，耗费大量存储、计算资源）、高速性（Velocity，增长迅速、急需实时处理），多样性（Variety，来源广泛、形式多样）、价值稀疏性（Value，价值总量大、知识密度低），使得大数据相应技术也展现出有别于传统技术的新特征。伴随着一系列的数据丢失和个人信息泄露等事件的出现，大数据带来的风险问题逐渐被大众所熟知。2016 年雅虎公司超过 10 亿的用户信息被窃取，包括用户名、密码、生日等内容。2018 年 3 月，Facebook 被爆出超过 5000 万用户信息被滥用。在未经用户同意的情况下，Facebook 的裙带机构利用用户资料数据创建档案，并在总统大选期间给用户做定向宣传。由此可见，大数据时代的安全及隐私保护形势异常艰巨。

对于地球大数据来讲，如前所述，除人类活动相关的数据外（如：网络活动产生的数据），还有很大一部分是来自陆地、海洋和大气的数据，这些数据多是利用各种传感器来进行收集获取，并传输给数据管理平台进行后续的分析等工作。为此，本章从数据采集（也称数据获取）、数据传输、数据存储、数据分析这四个角度，来依次阐述针对地球大数据的安全管理问题。

为了更好的理解这四个方面，我们分别介绍这四个方面（即：数据采集、数据传输、数据存储和数据分析）的安全需求。

1. 数据采集/获取

1）数据的真实性需求

在地球大数据系统中保证数据的真实性需求有两方面的考虑。一方面，在数据采集的过程中，很多是来源于传感器或网络服务运营商，而传感器布置较为广泛，且网络服务运营商安全管理欠缺规范，如果有恶意攻击者故意伪造数据，可能会导致采集的数据缺乏真实性，进而导致分析结果的不准确。另一方面，大数据技术的价值关键在于数据分析和利用，将有价值的数据信息挖掘出来，满足用户的需求。因此数据的真实性也是重中之重，因此对数据的真实性确认、来源验证等需求也是不可或缺的。

2）用户隐私保护需求

在地球大数据系统中，除了需要用传感器采集的数据以外，用户在使用一些网络服务提供商（如腾讯、淘宝等）提供的服务时，产生的数据将会直接由网络服务提供商进行获取。然而对这些企业数据来说，本质上是属于用户的。而对这些企业的安全监管，仅仅通过一些安全技术是很难保证用户的隐私的。因此，在数据获取阶段，尤其是针对用户网络活动产生的数据，用户的隐私保护需求也是必须考虑的需求之一。

2. 数据传输

数据的传输严格意义上来讲，是分为线上传输和线下传输。线下传输可以理解为利用存储媒介来传输数据，媒介的遗失、被窃等物理性损失可能造成用户隐私泄露，这个不在我们考虑范围内。而线上传输，主要是指利用互联网进行传输，在传输过程中，如果数据以明文的形式传输，较为容易被黑客截获。

3. 数据存储

随着结构化数据和非结构化数据量的持续增长，传统的存储结构已经很难满足海量、多元、异构、动态性等特征的大数据的需求。大数据中占很大比重的非结构化数据，通过采取非关系型数据存储技术来完成对数据的抓取、管理和处理。

与传统的封闭式环境下不同，大数据的相关应用通常采用分布式的存储架构，以提供海量数据的存储与分析计算能力。以 Hadoop、Spark 等为代表的通用大数据平台和技术多被大数据应用所采用。而这些平台在设计之初，对用户身份认证、安全审计、授权访问等必须的安全技术考虑甚少，基本上是默认为在可信的环境下，换句话说，最初的 Hadoop 是没有安全机制的。然而随着现在大数据平台的不断发展，比如拿 Hadoop 来讲，已经成为最流行的大数据处理平台之一，但是由于其内部的安全机制不完善，从而出现了篡改数据、越权提交作业等恶意行为。虽然在 Hadoop 不断发展过程中，也进行了一些改进，但是针对大数据平台的用户广泛、场景多样等需求，很难实现大数据环境下的细粒度的安全机制的部署，比如访问控制和安全审计等，也亟需完善大数据平台的安全机制。

4. 数据分析

由于大数据系统中，从数据采集、数据传输、数据存储、数据分析的各个阶段，都存在着大量的个人信息，在发生数据滥用、网络攻击等事件时，都会造成用户个人隐私信息的泄露，而由于大数据本身的特点，因此造成的个人信息的泄露可能比一般的信息系统更严重。这是因为，比如拿关联属性来讲，在数据分析阶段，通过用户数据之间零散的关联属性将特定个人的许多行为数据聚集在一起时，这个用户的隐私就可能会暴露。然而大数据系统中，收集获取到的该用户的信息足够多，因此发生信息泄露时造成的影响也就越大。

此外，基于大数据的分析，也可以应用在用户行为预测方面。比如，社交网络的分析中，可以通过其中的群组特性，发现同组内的用户属性。比如，通过微信、微博等数据，可以发现用户的消费习惯等，便于商家直接进行推送。然而，这些针对这种基于大数据的行为预测分析都造成了用户个人隐私的泄露，也可能会给用户带来困扰。如前所述的 2018 年剑桥分析公司对用户信息的滥用事件，给企业界保护用户隐私敲响警钟。因此，针对大数据系统中的数据分析阶段，必须采取相关的安全和隐私保护技术来保障。

5.7.2 安全管理理论方法

针对上述需求，本小节针对上述四个方面来分别介绍对应的安全措施，来综合描述地球大数据安全管理。

在数据采集/获取和数据传输部分，可以分为认证和安全两方面的规范。其中，认证规范包括数字证书和数字签名等，而安全规范又包括安全通信协议、加密算法等方面的规范。

（1）数字签名

数字签名一般是指数据发送方使用私钥加密报文摘要，并将其与原始的信息附加起来合成数字签名。在接收双方不能完全信任的情况下，就需要除了认证之外的其他方法来解决这些问题。数字签名是解决此类问题的很好解决办法，它能够实现对原始报文的验证、鉴别，并保证报文的完整性、正确性以及发送方对报文的不可抵赖性。

（2）数字证书

经证书认证中心数字签名且包含请求者（拥有公开密钥）信息及公开密钥的文件就是数字证书。基于公开密钥机制的数字签名能够成为网络安全体系的内核，可用于使用公开密钥加密系统以保护、验证公众的密钥。

在数据存储方面，本小节从大数据平台安全的相关技术来介绍，主要以

Hadoop 为例来进行介绍。事实上，随着市场对大数据安全需求的增加，Hadoop 开源系统中可提供身份认证、访问控制、安全审计、数据加密等基本的安全功能。

（1）身份认证

Hadoop 支持两种身份认证：一是简单机制，该机制是默认设置，可根据客户进程的有效 UID 识别用户名，并避免误操作；二是 Kerberos 机制，该机制支持集群服务器间的认证以及客户到服务器的认证。

（2）访问控制

访问控制的作用是控制用户是否可以访问系统及用户能够访问的数据资源。目前大数据安全开源技术在访问控制方面主要有基于权限的访问控制、基于角色的访问控制和基于操作系统的访问控制等几种方式。

（3）安全审计

对于 Hadoop 等开源系统，系统各个组件可提供日志和审计等文件。这些文件在记录数据访问过程的同时，也为数据流向追踪和违规操作挖掘等分析提供数据支撑。

（4）数据加密

在大数据环境下，数据加密保护需要同时考虑数据静态存储于数据传输过程，其重点在于密钥管理。目前 Hadoop 开源技术能够支持通过基于硬件的加密方案，大幅提高数据加/解密的性能，实现最低性能损耗的端到端和存储层加密。加密的有效使用需要安全灵活的密钥管理和分发机制。

在数据分析阶段，主要考虑的是大数据环境下带来的用户隐私保护的问题。这是因为，数据分析可能给用户隐私造成泄露风险。为此，针对地球大数据，采取对应的隐私保护技术包括匿名技术、随机化技术和差分隐私技术。

（1）匿名技术

匿名化作为隐私保护的一个技术手段被较早地提出来，它将数据表中相关个体的标识属性删除以后再进行发布操作。也就是说，通常情况下，原始数据表不符合特定的隐私保护要求，这些表在发布之前都要进行修改，这些修改是通过对表进行匿名化操作来实现的。匿名化的操作有以下几种类型：泛化、抑制、分割、置换和微聚焦。

匿名化算法可在数据发布环境中防止用户的敏感数据信息被泄露，同时又能够保证发布数据的真实性。常见的匿名技术包括 K 匿名、L 多样性等。

（2）随机化技术

随机化技术是一种基于数据失真的为集中式数据进行数据挖掘的隐私保护技术。数据随机化技术的基本思想是对原始数据集加入随机噪声，使得原始数据集的概率分布能够保留下来，从而使得原始信息很难被恢复，以此达到隐私保护的目的。

然而，匿名技术和随机化技术都很难抵御有背景知识的攻击者，但可通过差分隐私技术来解决这个问题。

（3）差分隐私技术

典型的差分隐私机制是通过向一个函数的真实输出添加随机噪声的方法来完成的。常用的添加噪音的方法有 Laplace 机制和指数机制。差分隐私技术是一种新的隐私保护方法，且可以应用到大数据场景下。差分隐私会假定攻击者具有全面复杂的背景知识，可保证在数据集中增加或删除一条记录时不影响计算结果。更为关键的是即便攻击者知道任意一个记录之外所有记录的敏感信息，仍不能够预测该记录的敏感信息。正是因为差分隐私这个性质，使得差分隐私在大数据保护方面产生了有效的影响。

5.7.3 挑战性问题及未来发展方向

基于云安全联盟（CSA）给出的大数据安全和隐私所面临的十大挑战（Murthy & Praveen，2014），并结合上述安全分析，给出分析如下：

（1）分布式编程框架的计算安全性

在分布式计算场景中，在保证数据的安全性的同时又保证数据的可用性是在大数据安全管理中需要考虑到的问题。然而由于大数据本身的特性，导致分布式编程框架的计算安全性很难保障。

（2）非关系型数据的存储安全性

非关系型数据库的数据存储具有高可用、易扩展、性能好的特性，但是存在较多的安全问题。比如授权与验证的安全问题、技术漏洞和成熟度的问题、访问控制和隐私管理模式的问题以及数据管理和保密的问题等。

（3）数据存储与事务日志安全性

数据存储与事务的日志，可以实现对数据的溯源。然而，在管理大规模数据时，很难实现整个地球大数据系统中所有的审计。

（4）终端输入验证与过滤

终端输入验证与过滤，在地球大数据系统中显得尤为重要。因为在数据采集环节，由终端采集的数据量大、种类多，因此给数据的真实性和完整性验证带来困难。

（5）实时安全监控

在大数据环境下，实现对数据安全的监控，可以采用溯源的方式。以 Hadoop 平台为例，对 Hadoop 各组件分别进行基本的日志和审计记录，并存储在其内部。

然而，实现全系统的安全审计仍然较难，实现实时的安全监控更难。

（6）可扩展、可组合、保护隐私的数据挖掘与分析

在数据挖掘与分析中，对用户隐私造成泄露的情况经常出现。因此，如何实现可扩展、可组合的保护隐私的数据挖掘与分析技术仍面临挑战。

（7）强制加密的访问控制和安全通信

地球大数据的关键还是数据，尤其那些起着重要作用的核心数据。然而在数字经济时代，数据流动已成为生产活动的一种合作基础，因此造成了数据共享的情况频繁发生，这就需要更加重视核心数据的安全保障。

（8）精细化访问控制

在大数据场景中包含多种用户角色，且用户需求多样，故而难以细粒度、精细化地控制每个角色的实际权限，使得难以准确地为用户指定可访问的数据范围，实现细粒度的访问较为困难。

（9）细粒度的审计

类似于精细化的访问控制，用户的多样化同样会为实现细粒度的审计带来挑战。

（10）数据世系安全性

由于大数据本身的特点（如前所述），数据的世系安全性将很难得到保障。未来发展的方向，主要在智能化、大数据共享等方向，都是在未来需要考虑并且亟需解决的问题。

（11）安全技术智能化

随着人工智能时代的到来，自然语言处理、机器学习、深度学习、增强学习等技术在诸多应用实践中取得了优秀的成果。比如，AlphaGo 多次战胜了业内围棋高手的事件，被誉为人工智能研究的一项标志性进展。此外，在人脸识别领域，人工智能技术也表现出了不俗的成绩。当考虑到大数据时，由于涉及到海量的多样化数据，传统的安全技术显得力不从心。

数据防泄露技术旨在对用户特定信息进行安全防护，以防止其以违反安全策略规定的形式流出。一般针对数据防泄露的方法包括进程监控、身份认证管理、安全审计、日志分析等，发现、识别敏感数据的流动和使用，并对数据进行警告或适时阻断。通过结合数据防泄露技术与人工智能，可以智能识别数据内容和用户行为分析，并对不同层级的数据进行智能化保护，支持多终端（终端、网络、云端等）敏感数据的协同管控。

（12）基于大数据共享的密文计算技术

汇聚多源数据的计算在大数据应用中越来越多，需要在保证数据机密性的同时实现数据的传输与协作，常见的方式是使用同态加密技术。同态加密技术是对密文进行特定的代数运算得到加密结果，解密后得到的结果与对明文进行相同运

算的结果一样。换言之，他人可对加密数据进行操作处理，但在操作过程中不会泄露数据的原始内容，同时用户使用密钥对处理后的数据进行解密后所得到的恰恰是处理后的结果。该技术似乎既可满足数据应用的需要，又可保护用户隐私，但是同态加密算法的计算开销过高，尤其是当面对海量数据的时候，其带来的计算开销也是不可估量的，也正是这个原因，至今仍无法应用到实际生产中。

此外，在一个互不信任的多用户网络中，当两个或更多个用户不泄露各自私有输入信息的前提下，可借助安全多方计算解决协同执行某项计算任务的问题。但是在实际应用中，该技术通常会出现效率过低的情况，因此也很难应用到地球大数据的安全系统中。

5.8 小　　结

地球大数据来源广泛、体量巨大，往往分散存储在各个行业部门或者不同的数据中心，需要建立稳定、可靠的数据集成、管理机制，在统一的元数据模型指导下实现数据发现与访问。此外，各类地球科学数据在整个数据生命周期中的质量控制和安全管理，直接决定了最终产生的决策价值。当前，随着地球科学数据体量的爆炸式增长以及用户需求的不断增加，全球范围内的地球大数据集成与共享成为必然趋势。因此，建立全球范围内通用性较高的地球大数据集成元数据标准，基于云计算、大数据等新型技术手段提高海量数据发现及访问效率，以及建立基于区块链技术的地球大数据可信共享机制，更大限度地推动数据开放，是地球大数据管理面临的当务之急。

参 考 文 献

陈时远. 2013. 基于 HDFS 的分布式海量遥感影像数据存储技术研究. 北京: 中国科学院大学(工程管理与信息技术学院).

龚健雅. 2001. 空间数据库管理系统的概念与发展趋势. 测绘科学, 26: 4-9.

郭华东. 2018b. 地球大数据科学工程. 中国科学院院刊, 33(8): 818-824.

郭华东. 2018a. 利用地球大数据促进可持续发展. 中国科技奖励(8), 6.

李芳, 邬群勇, 汪小钦. 2009. 基于 GeoRaster 的多源遥感数据存储研究. 测绘科学, 34: 150-151.

李宗华, 彭明军. 2005. 基于关系数据库技术的遥感影像数据建库研究. 武汉大学学报(信息科学版), 30: 166-169.

刘伟, 刘露, 陈荦, 等. 2009. 海量遥感影像数据存储技术研究. 计算机工程, 35: 236-239.

吕雪锋, 程承旗, 龚健雅, 等. 2011. 海量遥感数据存储管理技术综述. 中国科学: 技术科学, 41: 1561-1573.

马欢, 刘晨, 等. 2012. DAMA 数据管理知识体系指南. 北京: 清华大学出版社, 192-194.

马克平, 朱敏, 纪力强, 等. 2018. 中国生物多样性大数据平台建设. 中国科学院院刊, 33(8): 838-845.

汤国安. 2019. 地理信息系统教程(第二版). 北京: 高等教育出版社.

王晓蕊, 杨强根, 陈凤敏, 等. 2015. 基于 NoSQL 的高分高光谱遥感影像存储模型设计与实现. 地球科学(中国地质大学学报), 40: 1420-1426.

王云帆. 2011. Oracle Spatial 空间数据存储管理技术的应用研究. 测绘通报, 76-79.

吴炳方, 张鑫, 曾红伟, 等. 2018. 资源环境数据生成的大数据方法. 中国科学院院刊, 33(8): 804-811.

杨军, 董超华, 卢乃锰, 等. 2009. 中国新一代极轨气象卫星—风云三号. 气象学报, 67: 501-509.

杨元喜, 王建荣. 2022. 泛在感知与航天测绘. 测绘学报, 52(1): 1-7.

翟明国, 杨树锋, 陈宁华, 等. 2018. 大数据时代: 地质学的挑战与机遇. 中国科学院院刊, 33(8): 825-831.

邹自明, 胡晓彦, 熊森林. 2018. 空间科学大数据的机遇与挑战. 中国科学院院刊, 33(8): 877-883.

Barclay T, Gray J, Slutz D. 2000. Microsoft TerraServer: A Spatial Data Warehouse, Proceedings of the ACM SIGMOD International Conference on Management of Data. ACM. Dallas, Texas: 307-318.

Bell D G, Kuehnel F, Maxwell C, et al. 2007. NASA World Wind: Opensource GIS for mission operations. 2007 IEEE Aerospace Conference, Vols 1-9: 4317.

Beruti V, Forcada M E, Albani M, et al. 2010. ESA plans – a pathfinder for long term data preservation. International Conference on Digital Preservation, 1-6.

Boschetti L, Roy D P, Justice C O. 2008. Using NASA's World Wind virtual globe for interactive internet visualization of the global MODIS burned area product. International Journal of Remote Sensing, 29: 3067-3072.

Dayal A. 2009. Hierarchical GIS clustering using principal components. IEEE, 68-71.

Encarna O M. 2010. The World According to Bing. IEEE Computer Graphics and Applications, 30: 15-17.

Fusco L, Cossu R. 2009. Past and future of ESA Earth Observation Grid. Memorie della Societa Astronomica Italiana, 80: 461-476.

Ghemawat S, Gobioff H, LEUNG S T. 2003. The Google File System, SOSP'03, ACM. New York, 37(5): 29-43.

Gibin M, Singleton A, MILTON R, et al. 2008. An exploratory cartographic visualisation of London through the Google Maps API. Applied Spatial Analysis and Policy, 1: 85-97.

Gong J Y, Xiang L G, Chen J, et al. 2010. Multi-source geospatial information integration and sharing in Virtual Globes. Science China-Technological Sciences, 53: 1-6.

Hu H B, Li J, Chen Y H. 2005. The supplementary R-Tree (SRT) algorithm used for GIS resources allocation in Model Base System under Grid environment. IGARSS 2005: IEEE International Geoscience and Remote Sensing Symposium, 1-8(2): 832-835.

Huang X H, Fan J Q, Deng Z, et al. 2021. Efficient IoT Data Management for Geological Disasters Based on Big Data-Turbocharged Data Lake Architecture. ISPRS Int. J. Geo Inf., 10(11): 743.

Jenson J R. 2006. Remote Sensing of the Environment: An Earth Resource Perspective. New York: Pearson Prentice Hall.

Kempler S, Lynnes C, Vollmer B, et al. 2009. Evolution of Information Management at the GSFC Earth Sciences(GES)Data and Information Services Center(DISC): 2006-2007. IEEE Transactions on Geoscience and Remote Sensing, 47: 21-28.

Lin W, Bin C, Yuehu L. 2013. Distributed storage and index of vector spatial data based on Hbase. 21st International Conference on Geoinformatics. 1-5.

Mitchell A, Ramapriyan H, Lowe D. 2009. Evolution of web services in EOSDIS search and order metadata registry(ECHO), Proceedings of IEEE international Geoscience and Remote Sensing Symposium(IGARSS 2009). Cape Town: 371-374.

Murthy, Praveen K, 2014. Top ten challenges in big data security and privacy. International Test Conference: 1.

Shi R M, Qi X L. 2012. Research on mixed indexing model for cloud points. IEEE, 5301-5303.

Sample J T, Ioup E. 2010. Tile-Based Geospatial Information Systems: Principles and Practices. New York: Springer.

Schowengerdt R A. 2007. Remote Sensing: Models and Methods for Image Processing. London: Academic Press.

Shvachko K, Kuang H, Radia S, et al. 2010. The Hadoop Distributed File System. The 26th IEEE Symposium on Massive Storage Systems and Technologies, 1-10.

Wang L Z, Ma Y, Yan J N, et al. 2018. Zomaya: pipsCloud: High performance cloud computing for remote sensing big data management and processing. Future Gener. Comput. Syst. 78: 353-368.

Wang L Z, Ma Y, Zomaya A Y, et al. 2015. A Parallel File System with Application-Aware Data Layout Policies for Massive Remote Sensing Image Processing in Digital Earth. IEEE Transactions on Parallel and Distributed Systems, 26: 1497-1508.

Wei Y X, Di L P, Zhao B H, et al. 2007. Transformation of HDF-EOS metadata from the ECS model to ISO 19115-based XML. Computers & Geosciences, 33: 238-247.

Weng Q. 2011. Advances in Environmental Remote Sensing: Sensors, Algorithms, and Applications. Boca Raton: CRC Press.

Wu X, Guo J, Wallace J, et al. 2009. Evaluation of CBERS Image Data: Geometric and Radiometric Aspects. Innovations in Remote Sensing and Photogrammetr, 91-103.

Yan J, Wang L, Zhang F, et al. 2020. Blockchain application in remote sensing big data management and production. Blockchains for Network Security: 289-313

Yang X, Xu X, Gu X, et al. 2014. Development of a web temporal-spatial information-Application for main crops based on integration of remote sensing and crop model. 2014 the third International Conference on Agro-Geoinformatrics, Berjing, 1-4.

Zeng X Z, Garg S K, Barika M, et al. 2021. SLA management for big data analytical applications in clouds: a taxonomy study. ACM Comput. Surv. 53(3): 1-46.

Zhang Y, Du Y, Ling F, et al. 2014. Example-based super-resolution land cover mapping using support vector regression. IEEE Journal of Selected Topics in Applied Earth Observations and Remote Sensing, 7: 1271-1283.

第6章

地球大数据高性能处理

大数据处理是从大量的、难以理解的、一般是杂乱无章的数据中抽取并推导出对于某些特定人群来说是有价值、有意义的数据。地学大数据处理旨在跨越"数据"与"知识发现"的鸿沟，利用高性能计算框架，通过数据预处理、数据融合、数据抽取与转换、特征提取与增强等手段，将原始采集数据加工成便于分析、便于挖掘、"即时可用"的数据产品。近年来，国际上先后推出一系列地学大数据相关重大计划和研究项目，如美国的"地球立方体"项目，欧盟的"地球模拟器"项目，我国的"地球大数据科学工程"等，都是在高效数据集成、组织的基础上，开发综合、高性能的地球大数据处理引擎，从而实现以整体视角审视地球系统，驱动跨学科、跨尺度宏观科学发现。

6.1　高性能处理框架

海量地球数据及其复杂的模型计算，使得地球大数据处理同时具有计算密集型和数据密集型的特点，传统的单核、串行处理系统已经不能满足海量地球数据处理的需求。因此，基于多核、众核技术的多核处理器、超线程、集群计算、分布式计算、云计算等高性能数据处理框架应运而生，能够利用成千上万个计算核心等实现海量地球数据的高性能、高可靠处理。

6.1.1　单机多核计算框架

单机多核计算就是利用单个计算机的多个中央处理器（Central Processing Unit，CPU），或者图形处理器（Graphics Processing Unit，GPU）的众多核心单元，实现的高性能数据处理。进入 21 世纪，随着多核处理器、超线程（hyperthreading）以及 GPU 技术的出现，地球数据处理由传统的单机处理进入新型硬件架构下的高性能计算阶段。

（1）多核计算技术的发展，使得传统的桌面处理系统执行效率得到明显提升。比如，Erdas Image 2011 允许将所有图像处理流程运行在多台计算机或者单台计算机的多个内核中，从而缩短程序运行时间（杨海平等，2013；Christophe et al.，2011）；Skyline 也利用了多核技术加快了遥感瓦片数据文件的生成速度；此外，PCI Geomatics 也推出了基于高性能计算遥感数据处理系统，其主要研究多以单机多 CPU 和多进程的并行处理方式为主。

（2）GPU 以其高度并行的众核结构以及强大的内存访问带宽，使得其在数据密集型计算方面表现出强大的潜力；此外，GPU 采用的流式处理及单一指令多数据的编程模式，又完全适合于遥感影像数据的处理（Wei and Huang，2011；Su et al.，2013；Price et al.，2014）。因而，GPU 在地学计算领域研究发展迅猛，尤其是在海量遥感数据处理、实际地形实时渲染方面表现出强大计算能力。另外，GPU 芯片质量小、耗能低，尤其适合星上数据的实时处理，如可将 GPU 应用于星载遥感数据压缩等方面。

6.1.2　集群计算框架

集群（Cluster）是一种并行或分布式计算机系统，它由一组完整的相互连接的计算机组成，应该能够作为一个单一的统一计算资源使用。也就是说，集群是通过网络技术连接起来的一组工作站或 PCS。该系统将具有一定网络结构的一组工作站互连起来，充分利用每个工作站的资源，统一调度，协调处理，实现高效计算（申红芳等，2004）。集群是一种造价低廉、易于构筑并且具有较好可扩展性的并行机体系结构。集群系统中的单个计算机通常被称为节点，一般通过高速局域网连接，然后通过单一镜像提供给用户使用（杨海平等，2013）。

集群计算在地球数据处理中的应用最早可追溯至 20 世纪 90 年代中期 NASA GSFC（GodDard Space Flight Center）小组构建的 Beowulf 系统（Dorband et al.，2003）。该系统由 16 个时钟频率为 100MHz 的单机 CPU 处理器通过两个集线器组成互联网集群，可以得到比单网络高出一倍的加速比。第二年，Beowulf-Ⅱ问世，利用奔腾 CPU 处理器，可以得到三倍加速比。1996 年，奔腾专业版（Pentium-Pro）集群处理器在加利福尼亚理工学院（Caltech）诞生，实现了稳定的每秒峰值亿次浮点计算的遥感数据处理能力，这也是集群计算在遥感数据处理方面第一次发挥出了巨大潜能。

然而，直到 1997 年，集群计算一直以来仅仅被构建集群的工程师利用，应用面较窄。1997 年，随着 HIVE（highly parallel virtualenvironment）项目在 GSFC 的成立（El-Ghazawi et al.，2001），标志着集群计算第一次面向普通用户，且 HIVE 第一次实现了每秒峰值 10 亿次浮点计算的遥感数据处理能力。后来的 HIVE 升级版 Thunderhead,是由 256 个双核 2.4 GHz 英特尔至强处理器(Intel Xeon)构成的 512 同构处理器集群,每个节点具有 1 G 内存和 80 G 主存。Thunderhead 系统总处理能力为每秒 2457.6 亿次浮点计算,已经应用在多个遥感研究项目(Lee et al., 2011; Plaza et al., 2009; Plaza and Chang., 2008; Tilton et al., 2006; Plaza et al., 2006)。

1. 集群系统及分类

集群系统通过高速通信网络互联多个独立的计算机系统,利用 PBS、OpenPBS、Maui 等任务调度器可实现集群任务统一调度,使用负载均衡技术协调处理,并通过 xFS、GFS、PVFS、Lustre 等集群并行文件系统提供可扩展的高性能并行数据 I/O 能力,最终实现高效并行处理。集群的规模根据组成的节点多少,从数个到数千个节点不等。节点较多的集群也往往被称作超级计算机(supercomputer)。通过将计算任务分配给集群内不同的计算节点,可以大大提高集群的计算能力。一般来说,集群计算机比工作站具有更高的性能成本比。目前,大多数计算机集群运行的是 GNU/Linux 操作系统,上面安装了常见的并行计算支持软件和数学库,如 MPI、PVM、OpenMP、BLAS、PBS 等,其中大部分都是开源软件,可以免费获取和使用。

依据组成集群系统的计算机体系结构相同与否,集群可分为异构集群和同构集群。此外,随着近年来云计算技术的快速发展,云计算逐渐被引入遥感数据高性能处理领域,逐渐出现了基于云平台的遥感数据高性能处理商业系统或遥感云数据处理及服务原型系统。鉴于云计算的复杂性,将在后续章节具体讲述云计算框架遥感增值产品生产系统。

一般来说,同构集群采用分布式的内存结构,可以聚合每个节点的计算能力,扩展单个节点的内存和计算能力。MPI(message passing interface)是节点间通信的常用接口。相关学者围绕高光谱图像处理、高分辨率图像信息提取等高性能计算场景开展实验。结果表明,在计算效率方面,任务执行总时间随着集群中计算节点数量的增加而减小,但与计算节点数量的成倍增加并不成正比。只有当集群中每个计算节点的计算和通信均衡时,遥感图像数据处理的性能才能得到最大的提升。基于典型的硬件架构,专业人员开发了相关的遥感集群软件,典型的案例如在法国设置的一批融合自动化技术和遥感数据处理技术的大规模遥感数据处理平台"像素工厂",美国国家航空航天局 Landsat WELD 增值产品生产系统,中国科学院对地观测中心,北京一号小卫星处理系统,并行的 PIPS,武汉大学遥感图像处理系统研制的"数字摄影测量网格系统-DPGrid"和中国测绘科学研究院与四维公司联合开发的 CASM ImageInfo。

异构集群通常使用分布式异构系统进行分布式计算。分布式异构系统是指不同系统结构的计算节点通过高速网络相互连接的系统。网络化是高性能计算发展的重要趋势。网格作为一种新型的大规模分布式计算模型，是典型的异构化网络系统。网格将分布式计算机、数据、存储、软件和用户组织成一个逻辑整体，并在此基础上允许各自的应用。它充分利用了计算资源，能够更好地满足大规模计算的发展需要。网格计算的核心问题包括广域存算资源分配、网络安全和用户认证、网格通信协议等。在网格计算中，网格中间件负责连接网格平台层与遥感地理算法实现，它在分布式异构环境中运行，通过提供标准的服务接口来隐藏资源的异构性，为应用场景提供同构无缝的计算环境。主要研究成果包括：适用于海量遥感数据处理的基于网格的动态对地观测系统（Aloisio et al., 2003）；基于网格平台且具有大数据量处理的分布式架构（Hawick et al., 2003）；分布式环境下的遥感数据处理模型及其原型系统 Taries.Net（Shen et al., 2005）。此外，遥感信息服务网格节点（Remote Sensing Information Service Grid Node, RSIN, 由中国科学院遥感应用研究所开发）能够提供大规模遥感数据处理的高通量计算，实现气溶胶光学厚度定量反演、地表温度定量反演等功能。

2. 地球大数据集群处理体系结构

地球大数据集群处理系统，以高性能计算集群为处理核心，配置相应的数据处理算法及软件，从而满足海量地球数据的高效、高可靠性处理需求。概括来看，地球大数据集群处理系统，自下而上，可分为物理层、系统层、通信层、处理层、应用层 5 层架构（图 6.1）。

（1）物理层，即硬件设备层，主要包括集群系统搭建所需要的计算节点、存储节点、管理节点、交换机等。其中，计算节点与存储节点之间往往通过千兆以太网或者 InfiniBand 网络互连构成高性能计算网络，而管理节点与存储节点之间则往往通过高速光纤网络互连构成存储访问网络。

（2）系统层，即高性能计算系统层，主要包括 Linux/Windows 操作系统、文件系统 EXT4（Fourth extended filesystem，第四代扩展文件系统）、NFS（Network File System，网络文件系统）等。通过将硬件设备逻辑映射为统一的系统结构或存储结构，实现用户对于不同硬件的透明访问。

（3）通信层，即中间件层，主要利用 TCP/IP、UDP 等不同类型的通信协议实现各硬件设备间的通信。例如，并行计算系统通信采用消息传递机制 MPI（Message Passing Interface，MPI），客户端与服务器之间采用 ICE 中间件实现用户管理，计算节点与管理服务器之间往往采用套接字 Socket 实现通信。

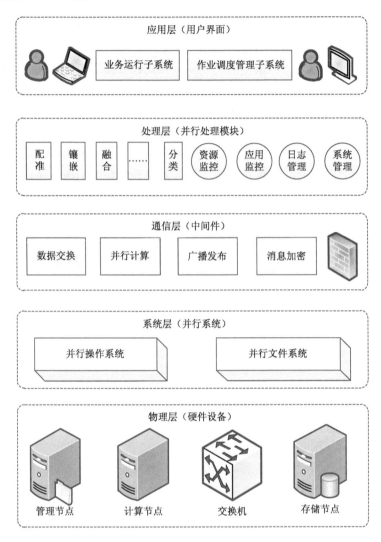

图6.1　遥感数据集群处理系统体系架构（史园莉，2010）

（4）处理层，即分布式处理或并行计算层，主要实现遥感数据处理算法的执行、计算等，如常用的遥感图像几何校正、融合、镶嵌、分类、变化检测等。

（5）应用层，即用户访问界面，用户可以通过鼠标点击等操作实现对于所需求的遥感数据处理功能的选择，或者对集群的运行状态进行查看。

6.1.3　云计算框架

云计算最初由 IBM 公司于 2007 年底提出，是分布式计算、并行计算和网格计算的发展。云计算没有统一的定义，一般包含两层含义：①云计算是一种并行的、分布式的系统，由物理的或者虚拟化的计算资源构成，能够实现"按需使用"、"弹性扩展"、高性能的计算、存储服务；②云计算是一种可以调用的虚拟化的资源池，这些资源池可以根据负载动态重新配置，以达到最优化使用的目的，用户和服务提供商事先约定服务等级协议，用户以用时付费方式使用服务。

云计算的典型特点包括：①服务资源池化：通过虚拟化技术，对存储、计算、内存、网络等资源化，按用户需求动态地分配；②可扩展性：用户随时随地可以根据实际需求，快速弹性地请求和购买服务资源，扩展处理能力；③宽带网络调用：用户使用各种客户端软件，通过网络调用云计算资源；④可度量性：服务资源的使用可以被监控、报告给用户和服务提供商，并可根据具体使用类型（如带宽、活动用户数、存储等）收取费用；⑤可靠性：自动检测失效节点，通过冗余的多备份数据能够继续正常工作，提供高质量的服务，达到服务等级协议要求。

1. 地球大数据云计算

基于云计算的原理、方法与技术，地球大数据云计算需要在充分考虑地球大数据地理属性的前提下，在一般的云计算框架上扩展地理数据存储、处理、可视化等功能，进而实现高性能地球大数据访问和大规模数据处理。地球大数据云提供的数据处理和计算能力，实现了海量空间数据的高效存取与分析操作，能够解决地理信息科学领域的各种计算和数据中心以及数据处理问题。地球大数据云本质是在支持云计算的基础设施中使用地理信息系统平台、软件和地理信息，提供可以按需获取的网络服务（林德根和梁勤欧，2012）。

地球大数据云计算没有统一的定义，一般包含如下含义：①地球大数据云计算的核心是地理信息科学，倡导充分挖掘云计算的潜力（Yang et al.，2011）；②借助云基础设施获取大规模计算能力，地球大数据云计算可以用来解决海量空间数据的分布式存储、计算任务划分、查询检索、互操作和虚拟化等关键性科学问题，有助于提高地球大数据处理和管理能力，为计算密集型和数据密集型的各种地理信息服务提供高性能处理技术（林德根和梁勤欧，2012）。

地球大数据云计算作为云计算技术的一个具体实现，除了具有云计算的数据存储技术、数据管理技术、编程模式等通用关键技术之外，还面临海量空间数据处理与分析的诸多关键科学问题。因此，地球大数据云计算的关键技术主要包括：①搜索、访问、分析和使用海量空间数据；②计算密集型平台；③海量的时空数据和研究成果并发访问；④开发具有时间和空间特征的应用；⑤研究空间数据的时空特点，实现对应用和计算资源的优化分配（林德根和梁勤欧，2012；Rafique et al.，2011）；⑥通过云计算，实现地理信息系统的核心功能，如动态投影和空间

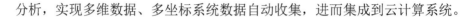

分析，实现多维数据、多坐标系统数据自动收集，进而集成到云计算系统。

2. 遥感云计算

遥感云作为地球大数据云计算更为具体的研究方向，主要研究利用云计算技术提高遥感数据的并行处理效率（Golpayegani el al., 2009）。基于云计算技术，遥感云服务能够整合各种遥感数据和计算资源，通过互联网以按需共享的方式提供的遥感应用服务（任伏虎等，2012）。基于云计算的遥感云服务具有以下两个方面的优势：一方面是借助云计算技术提高遥感数据存储和处理的效率；另一方面是提供了资源共享、按需使用的服务模式。具体来说，遥感云服务应该具有如下特征：①提供随时随地可以访问的基于网络平台的遥感数据处理软件、开发环境和计算设备。②用户无需支付包括技术支持、系统安装、升级维护等产生的人力费用，只需要为自己实际使用的遥感数据和计算资源进行付费。③为遥感数据提供更高效、更可靠的分布式存储与并行处理服务，能够应对紧急任务和高峰期的存储和计算需求。④可以根据不同的业务场景使用需求，选择或组合使用各种遥感数据和各类遥感软件（任伏虎等，2012）。

遥感云作为地球大数据云计算的具体分支，具有海量空间数据的分布式存储与查询检索、海量空间数据的并发访问、计算密集型云平台的构建、互操作与虚拟化等具体问题。具体表现为以下几个方面。

（1）遥感数据云存储方面

目前云平台上的分布式文件系统大部分是基于文件数据流的，设计分布式数据多层剖分和存储策略既要充分考虑遥感影像数据的空间区域访问特性，也要考虑遥感影像的空间区块划分，最终目的是对遥感数据更新和访问的效率进行优化。

然而，目前利用云分布式文件系统和 BigTable 技术的空间数据库管理系统较少。为了对遥感空间数据进行高效的时空表达和索引管理，遥感云存储的研发需要充分考虑设计基于云分布存储平台的空间数据库及其数据存储方式。

（2）遥感数据云处理方面

为了提高遥感数据云处理的效率，基于 MapReduce 等云计算并行处理架构设计遥感图像并行处理方法，用于解决遥感数据分块云存储高效并行处理的问题。遥感云处理平台融合开放式服务元素容器技术，可以实现计算设施、数据资源、算法模块库和业务应用的相互独立。用户借助遥感云处理服务平台可以方便地获取数据处理所需的各种资源，动态构建遥感数据处理流程，完成业务所需的遥感处理任务。

此外，遥感云服务作为一种新型服务模式，还具有自己独有的关键问题，如遥感应用云服务技术与遥感云安全技术等。遥感应用云服务技术是遥感云服务的一大关键问题。遥感应用云服务技术是通过云计算平台，将各种遥感数据应用场景与计算资源连接在一起，提供遥感数据、信息产品、数据处理、应用软件和计算环境的一体化服务，方便用户通过各种终端设备按需使用，并根据使用量进行付费。

遥感应用云服务的实现需要重点考虑以下问题：①通过网络服务化改造、性能定制与资源配置、多用户共享管理和云平台软件更新技术等方式，实现单机版/网络版遥感软件向云服务软件的转变。②针对不同用户的需求，动态构建遥感应用虚拟机、部署更新遥感数据与软件，提供场景保留、数据共享与协同支持。③合理收取遥感应用云服务费用。用户使用遥感云服务的费用大体可分为数据使用费、遥感信息产品使用费、软件使用费、空间使用费、计算资源使用费、平台费、虚拟机服务费、制图服务费和移动服务费。针对用户的收费应该透明可查，收取费用应当按照贡献合理分配到各服务提供商。④为了方便用户获取遥感云平台服务，需要开发便携式专用终端设备，为用户使用遥感云服务平台提供便利。

6.2　地球大数据高性能处理关键技术

地球大数据类型繁杂，典型的如遥感影像、地理矢量数据、地面传感器监测数据、统计文本数据等。然而，依据地球大数据的时间域、空间域处理模式，可以笼统地分为时间序列数据、空间数据两种类型。因此，本节从时间序列数据高性能计算、空间影像数据高性能处理引擎两个方面，分别论述地球大数据高性能计算的关键技术。

6.2.1　时间序列数据高性能处理引擎

时间序列数据高性能处理引擎针对时间序列数据实时计算与处理，实现基于微内核的轻量级任务封装与秒级分发启动。在架构上它采用协程技术实现控制流网络通信，支持大规模集群下的高并发连接，提供数据倾斜计算场景的动态资源调度算法，能够保证数据倾斜场景下单节点满负荷运行。

1. 时间序列数据高性能计算引擎总体架构

如图 6.2 所示，时间序列数据高性能计算引擎使用主从架构设计，具有高吞吐、低延迟等特性。包含 Client、JobManager 和 TaskManager 三个部分。其中，Client 作为系统与用户交互的桥梁，主要负责将用户代码转换为 DAG，同时对其进行相应优化；然后 Client 再将 UDF 和 DAG 序列化并向 JobManager 提交；最后由 JobManager 调度作业并分配到 TaskManager 执行。

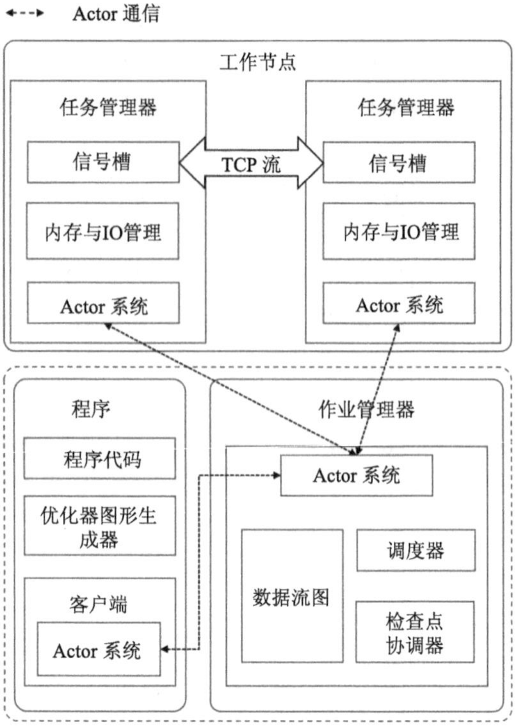

图 6.2　时间序列数据高性能计算引擎总体架构

2. 时间序列数据高性能计算引擎编程模型

时间序列数据高性能计算引擎使用有向无环图（Directed Acyclic Graph，DAG）表示用户作业，DAG 中的节点对应其中的数据处理任务，而边则表示数据流动。DAG 使用过程中会体现出两点优势，一是它允许具有多输入多输出的任务，能够简化数据操作的实现；二是 DAG 中的边能够清晰地表达数据处理路径，这利于系统优化任务调度。

针对系统高实时性数据处理的需求，时间序列计算引擎使用 Dataflow 模型。它将流式数据抽象成分布式的数据流（DataStream），支持由基本输入源（File、Socket 等）和高级输入域（Kafka、Flume 等）进行创建。同时，它可以通过 Map、flatMap、Filter、Union 等常见 Transform 操作实施转换处理并生成新的 DataStream，并能将这些 Transform 操作自动调度与部署于分布式结点上进行并行计算，提高数据处理速度。

3. 时间序列数据高性能计算引擎特点

1）同时支持批式数据处理和流式数据处理

系统计算引擎针对流式数据场景提供低延迟、高吞吐的消息处理机制。它将批处理作为流处理中的一种特殊形式，实现批流统一的高效处理方式，同时降低用户的使用难度。

2）高吞吐量及低延迟消息处理

通过零拷贝、CPU 高速缓存优化等方法，结合 OP 融合机制对系统进行优化，端到端延迟低于 30ms，较 Flink 系统快 2 倍，较 Spark Streaming 快 15.8 倍，且吞吐量达到 Flink 的 2 倍。

3）高可用性及高可靠性

系统使用主从机制确保 JobManager 高可用，借鉴 Chandy-Lamport 等全局一致性快照算法思想提高分布式系统的容错能力，每隔固定时间对系统拍摄全局快照，出错时使用快照恢复，支持 Exactly-once 容错级别。

4）多种网络通信支持

时间序列计算引擎网络通信分为数据流通信、控制流通信两部分。数据流通信具有节点并发度低、数据传输量大和延时敏感等特点，而控制流通信具有节点并发度高、数据传输量小等特点。因此，系统计算引擎对数据流通信和控制流通信分别进行设计。数据流通信基于 Socket 实现，并使用零拷贝等技术优化，做到低延迟、高吞吐量；控制流通信则采用基于协程通道的高并发事务模型 Actor 进行实现，支持单节点上万并发连接。

5）流批混合场景支持

在批式处理系统中，Shuffle 阶段通常会占用几乎全部的网络资源，对网络带宽使用率很高，这严重影响更注重延时影响的流式处理系统。如今工业界将批式处理和流式处理分别部署在两个物理集群，从而减少批式处理对流式处理的影响。在同一集群中可对批式处理、流式处理分别使用不同的网络接口既能做到物理网络隔离，也能降低批式处理中网络带宽对流式处理的影响，同时也可降低维护成本并提高集群资源利用率。

6）微内核操作系统部署

使用微内核操作系统技术的系统可直接部署在裸机或 Hypervisor 上，可减少无关组件冗余带来的性能开销，解决了 Hypervisor 调度与传统操作系统调度之间的冲突问题，支持分布式环境下的秒级任务分发与启动。

7）数据倾斜场景支持

系统通过将计算状态与计算任务解耦，实现了毫秒级 keyed-operator 垂直扩展。扩展过程无需对数据重新分区，且不会引起状态迁移。系统使用垂直调度与水平调度两级调度方案，实现计算资源动态分配，支持数据倾斜场景。

6.2.2　空间影像数据高性能处理引擎

空间影像数据高性能计算引擎针对遥感影像剖分、导入、规模化实时计算等数字地球数据处理与应用，以及遥感影像数据应用分析中常用的快速傅里叶变换（fast Fourier transform，FFT）、K-L 变换（Karhunen-Loeve transform）、色彩空间变换等基本处理，采用高性能计算技术，结合底层分布式系统计算框架，在系统层、算法层进行并行优化，基于 MPI 并行计算标准，构建支持异构计算资源的分布式影像数据计算框架，支持遥感影像剖分投影、变换分析等 4 种以上典型影像处理算法的并行加速，平均性能提高 20%以上。针对遥感影像剖分计算，综合优化性能提升 1 倍以上；支持异构资源优化和任务调度均衡，支持机器学习/深度学习框架并行加速；支持 2 种以上基于典型深度学习/机器学习计算框架的高精度遥感影像目标检测算法加速。影像数据计算引擎采用容器化封装，可以运行在虚拟机或物理机上，支持分布式的集群化部署和运行。

1. 影像数据计算引擎总体架构

影像数据计算引擎的架构如图 6.3 所示，主要包括异构计算资源调度、容器化封装、MPI（message passing interface）并行等功能模块，形成基于异构计算资源的分布式影像数据计算框架，支撑 GDAL 等地理空间数据处理库、sk-learn 等机器学习库中典型计算密集型遥感影像处理算法与大型应用流程，以及

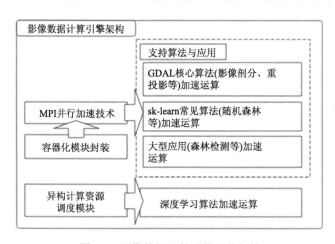

图 6.3　影像数据计算引擎总体架构

TensorFlow/Caffe 等深度学习计算框架的并行加速。目前支持 GDAL 库中的影像剖分与重投影、sk-learn 库中的随机森林推理运算等批量遥感影像处理中可能成为性能瓶颈的典型算法，以及大范围遥感影像森林检测应用加速。

2. 影像数据计算引擎系统特点

1）MPI 并行计算标准

影像数据计算引擎采用高性能计算技术，支持 MPI-2 并行计算标准，支持单机多核处理器和计算机集群处理环境下的消息传递，支持点对点通信和集体通信，其目标是高性能、可伸缩性、可移植性。

影像数据计算接口旨在以一种独立于语言的方式在一组进程之间提供网络同步、通信功能。其库函数包括点对点数据发送/接收操作、进程间数据交换、计算结果同步、获取网络相关信息、进程逻辑拓扑等功能。

影像数据计算引擎定义了三个单向通信操作：MPI_Put、MPI_Get、MPI_Accumulate，分别是对远程存储器的写入、对远程存储器的读取、同一存储器的多任务的操作。还定义了全局、成对、远程三种不同方法用于同步通信。

影像数据计算引擎描述了动态建立通信的三个主要接口：MPI_Comm_spawn、MPI_Comm_accept / MPI_Comm_connect 和 MPI_Comm_join。MPI_Comm_spawn 接口允许 MPI 进程生成 MPI 进程的多个实例，新生成的 MPI 进程集合构成一个新的 MPI_COMM_WORLD 内部通信器。MPI_Comm_spawn_multiple 是备用接口，它允许生成实例的二进制文件具有不同参数。

2）遥感影像处理算法与处理流程并行加速

针对遥感影像处理开源库 GDAL、sk-learn 中计算量大、计算复杂度高、处理耗时长、在批量遥感影像处理中可能成为性能瓶颈的典型算法，例如影像重投影、影像剖分投影等图像处理算法，以及随机森林等图像目标检测与区域分割算法，采用 MPI 并行计算技术，将计算密集任务分配到多个运算节点并行执行，以显著提升影像批处理性能。

① GDAL 地理空间数据处理库典型算法并行加速

GDAL 中的影像重投影算法，涉及图像每个像素点的坐标插值变换，核心运算为创建重投影变换函数，以建立输入图像到输出图像之间的变换规则，包含三个级联转换，第一个是源图像的像素坐标或线坐标到源图像的地理参考坐标转换，第二个是将投影从源图像地理坐标转化到目标图像地理坐标系，第三个是将目标图像地理参考坐标系转化成目标图像坐标，最终完成从 WGS84 大地坐标转换成 WGS84-UTM 高斯平面坐标。GDAL 影像重投影算法测试结果表明，图片大小是影响图像处理时间最为关键的因素。因此，批量图像处理中，采用粗粒度并行，如图 6.4 所示，将图像分配给多个节点，使每个节点处理的图像大小基本相同，在数据通信与存储性能优化前提下，可以达到最优并行性能。经测试，在双路、12 核、24 线程 Intel（R）Xeon（R）CPU E5-2620 v2 @ 2.10GHz 服务器上，基于 GDAL 重投影算法，10 幅图像采用 10 进程并行执行，加速比达到 8.1。GDAL 中的影像投影剖分算法，同样是计算密集型任务，在批量图像处理中，采用 MPI 技术进行粗粒度并行，将图像分配给多个节点并行执行。经测试，在单节点、4 核、8 线程 Intel Core i7 6700 处理器上，在 5 或 6 张图像并行计算时，达到理想的加速比 3.6。

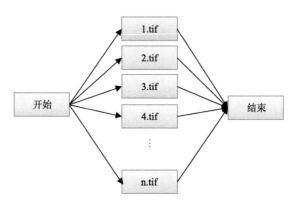

图 6.4　影像重投影粗粒度并行流程

② sk-learn 机器学习库典型算法并行加速

针对批量遥感影像目标检测与区域分割处理中常用的随机森林等计算密集型分类算法，为提高算法推理阶段处理速度，采用 MPI 并行计算技术，将随机森林推理任务平均分配给多个计算节点并行执行，如图 6.5（a）所示。经测试，在单节点、4 核、8 线程 Intel Core i7 6700 处理器上，基于 sk-learn 的随机森林算法，50 维特征向量推理采用 8 线程并行执行，加速比达到 4.8。随着数据体量增大，加速比先上升后下降，如图 6.5（b）所示。在数据量达到 10^7 至 10^8 量级时，能够得到比较好的加速比，此时处理器性能充分发挥，且进程间通信的时间开销远小于随机森林数据推理计算时间开销；在数据量较小时，进程间通信的时间开销大于随机森林数据推理计算所消耗的时间，因此加速比小于 1，即并行以后速度反而会变慢；在数据量较大时，处理器硬件水平的限制使其不能有更好的加速比。

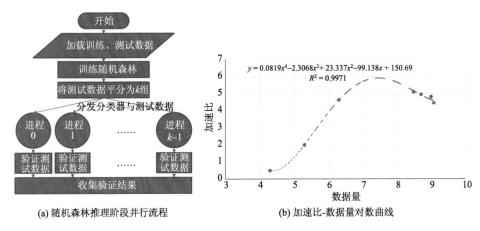

(a) 随机森林推理阶段并行流程　　　　(b) 加速比-数据量对数曲线

图 6.5　随机森林推理流程及效果

③ 遥感影像数据处理分析任务流程并行加速

针对典型遥感影像数据处理分析流程，例如基于大范围、多时相光学遥感影像的森林检测任务，即海量遥感影像数据的快速全流程处理分析，采用 MPI 并行计算技术，将海量遥感影像数据分配到多个计算节点并行执行，如图 6.6（a）所示。经测试，在单节点、4 核、8 线程 Intel Core i7 6700 处理器上，加速比最高可达 10.4，如图 6.6（b）所示。

3）面向机器学习/深度学习运算的异构计算资源调度

影像数据计算引擎支持面向机器学习/深度学习运算的异构 CPU、GPU 计算资源调度。基于 Slurm 实现 CPU、GPU 的集群管理与作业调度，包含三个主要功能：给用户分配独占或非独占式的资源访问；在各节点上执行和监控程序；通过挂起队列实现作业对资源占用的竞争仲裁。

异构计算资源调度架构如图 6.7 所示。其中，Slurmctld 是管理异构节点的守护进程，用于监视资源和作业；Slurmd 是异构计算节点的守护进程，可被看作一个远程 shell 程序；Slurmdbd 是可选的异构资源守护进程，用于在数据库中记录信息。

图 6.7 左侧为异构计算资源调度架构的用户命令，用于初始化或取消作业，也可获取作业、节点、异构集群系统信息。此外，异构计算资源调度架构还有管理员命令，用于监控修改异构集群的配置及管理数据库。

由守护进程管理的对象如图 6.8 所示，主要包括：各节点 Slurm 中的异构计算资源；分区异构计算节点的逻辑集合（不同的分区之间可能有节点的重叠）；作业在指定时间内分配给用户的异构计算资源;作业处理步骤中用户提交的作业。

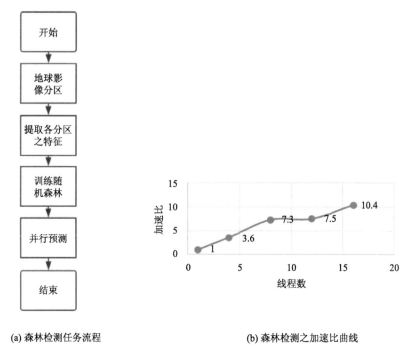

(a) 森林检测任务流程   (b) 森林检测之加速比曲线

图 6.6 　森林检测任务流程与加速比曲线

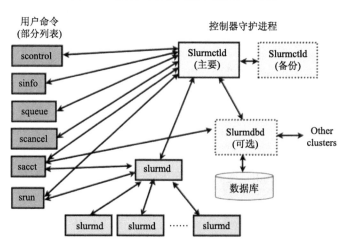

图 6.7 　Slurm 系统架构

Partitions 是异构计算资源调度系统中的任务队列, 每一个 Partition 对异构计算资源有不同的限制。在同一个分区内, 所有机器学习作业按优先级的顺序分配节点, 直至所有 Nodes 被分配完毕。

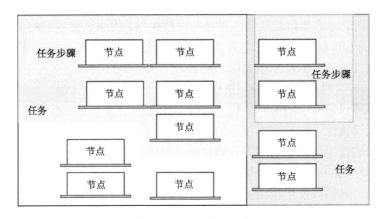

图 6.8　Slurm 管理对象

　　异构计算资源调度系统支持用户提交作业时,显式指定所需 GPU 资源类型和数量,并通过 rCUDA 实现远程 GPU 虚拟化的中间件软件架构,将多个位于不同位置的 GPU 资源分配给同一个应用。

　　4)容器化封装

　　影像数据计算引擎内置影像处理 MPI 并行加速算法实现,支持 GDAL 等地理空间数据处理库、sk-learn 等机器学习库、TensorFlow/Caffe 等深度学习计算框架,采用 Docker 容器化封装,可以运行在虚拟机或物理机上,支持分布式集群化部署和运行。容器封装模块架构如图 6.9 所示。该模块是轻量级虚拟化技术,处理逻辑与内核深度融合,其性能与物理机接近。

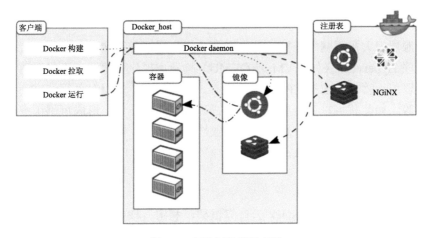

图 6.9　容器封装模块架构

在通信上，本容器封装架构不直接与内核接触，而通过更底层的 Libcontainer 与内核交互。Libcontainer 是一个真正的容器引擎，它通过克隆系统调用直接创建容器，并通过 pivot_root 系统调用访问容器。在容器封装体系结构中，可以通过操作 cgroupFS 文件来管理和控制资源。

这种容器包装系统的另一个优点是分层图像的创新应用。不同的容器可以共享底层的只读镜像，通过写入特定的内容来添加新的镜像层。新的和较低的镜像可以被较高的镜像使用。因此，容器封装系统可以大大提高磁盘的利用率。当多个容器使用相同的基映像时，这大大减少了内存占用。因为当不同的容器访问相同的文件时，它们只使用相同的内存。

6.3 典型案例

6.3.1 高性能遥感云计算系统

高性能遥感云计算系统，基于虚拟化技术整合计算、存储、网络等物理资源构建虚拟化资源池，通过开发部署遥感数据处理及产品生产业务系统、地理信息综合分析系统等，为用户提供集数据、处理、生产、计算平台、存储、综合空间分析等于一体的云端服务，为生态环境监测、国土资源普查、智慧城市等提供行业应用解决方案（Wang et al., 2018; Yan et al., 2018）。高性能遥感云计算系统体系架构，从下到上大致可以分为 5 层，分别是资源层、管理层、计算层、业务层和服务层（图 6.10）。

1. 资源层

资源层中大量用网络连接的计算资源、网络资源和存储资源可以通过虚拟机管理程序 Hypervisor（如 KVM 或 QEMU）构建虚拟化资源池，形成遥感云系统内部可以统一管理的虚拟 CPU、虚拟内存、虚拟磁盘、虚拟对象存储空间以及虚拟网络等。如此就可以完全屏蔽掉异构物理资源的差异性，形成可供用户即时可用的逻辑资源，满足所有终端用户的一致性访问需求，同时也为物理资源的弹性扩展提供了可能（Armbrust et al., 2010; Yao et al., 2015）。

2. 管理层

管理层主要采用 OpenStack 云计算框架，利用其核心组件实现对各虚拟资源的管理。其中，Keystone 组件主要是为云环境的用户的账户和角色信息提供认证和管理服务；Nova 组件可以根据租户需求快速创建虚拟机实例，负责虚拟机或虚

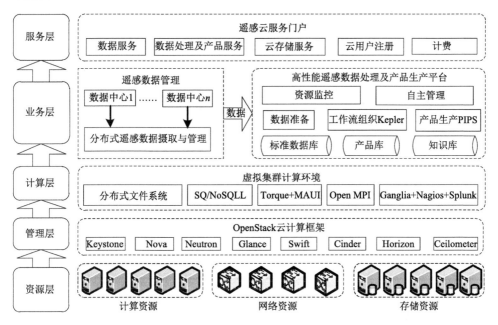

图 6.10 高性能遥感云计算系统体系架构（阎继宁，2017）

拟集群的生命周期管理等；Neutron 组件通过定义虚拟网络、虚拟路由以及虚拟子网，提供云计算环境下的虚拟网络服务，主要包含 Flat、FlatDHCP、VLAN 等模式；Glance 组件是虚拟机镜像管理组件，负责虚拟机镜像的创建、注册、查询、更新、删除、编辑等，可以支持 QCOW2、AKI、AMI 等多种镜像格式；Swift 组件主要为对象存储提供虚拟容器，支持大规模、可扩展系统，具有高容错、高可用等特性；Cinder 组件主要是为运行的虚拟机实例提供数据块存储服务；Horizon 组件主要为 OpenStack 服务管理提供一个基于 web 的模块化的用户界面，用于简化用户对服务的操作；Ceilometer 为资源池监控组件，可以记录下云系统内部所有的资源使用情况，包括用户使用报告及用户统计数据，为系统扩展及用户计费等提供数据支持。

3. 计算层

计算层主要提供虚拟集群计算环境，包括海量遥感数据存储、集群计算和调度、计算环境监控等服务。

海量遥感影像数据主要采用基于 MongoDB 的 OpenStack-Swift 对象存储。每景影像作为一个对象存储在 Swift 对象存储容器，每个对象均被赋予一个域名地址，用户可以通过域名地址对其进行访问。MongoDB 主要实现对遥感影像的元数据和目录数据的分布式存储与管理，并提供快速的元数据检索能力。此外，还可以通过构建多层次索引以提高海量遥感元数据的检索效率。基于 NoSQL 的分布式元数据存储与管理，不仅可以有效提高数据管理和检索效率，还可以避免单点故障（Giachetta，2015）。

虚拟集群的虚拟机实例主要由 OpenStack-Nova 组件调度并生成，然后由块存储组件 OpenStack-Cinder 挂载计算集群的存储卷，为虚拟计算集群提供存储空间。

虚拟集群并行计算环境采用基于消息传递的"裸"并行编程模型 MPI（Message Passing Interface），用于各遥感数据处理功能的高性能并行计算（Gaojin et al.，2015）；集群调度采用资源管理软件 TORQUE 与作业调度软件 Maui 相结合的方案，为虚拟计算集群运行的数据处理及产品生产任务提供资源分配及调度（Ma et al.，2013b）。此外，虚拟计算环境监控采用 Ganglia，并根据实时监控信息弹性调整和分配虚拟计算资源。

多租户资源精确监控，包括基于 Splunk 平台的日志监控与挖掘和基于 Nagios 的资源异常自主报警两部分。日志监控，由 Syslogd 服务器负责记录分布式计算与存储节点的系统日志，并定时将节点日志信息发送到日志收集服务器 syslog-ng，然后进行日志信息汇总与分类清洗，以供生成日志报表和预警分析；资源异常报警，是指在系统资源过载情况下，造成系统性能急剧下降，甚至导致系统宕机，从而发出警告。在此情况下，系统可以根据报警情况进行虚拟机资源的调整，同时系统管理员可进行系统运行状况的调查和分析（Shi and Yuan，2015）。

4. 业务层

业务层主要包括多中心遥感数据管理、遥感数据处理及产品生产高性能计算平台两部分。其中多中心遥感数据管理基于 OODT、SolrCloud 实现，主要提供分布式多数据中心多源遥感数据集成、存储、分布式检索等功能；遥感数据处理及产品生产高性能计算平台主要提供遥感数据处理及产品生产服务，核心处理组件为并行图像处理系统 PIPS，可以提供包括 0-2 级遥感数据预处理、高级产品生产、共性产品生产、专题产品生产等在内的 90 余种串、并行遥感图像处理算法，为农业、林业、矿产、海洋等遥感行业应用提供产品生产服务（Wang et al.，2015；Ma et al.，2015；Ma et al.，2014）。

分布式多源遥感产品生产业务逻辑包括订单提交、订单解析、数据准备及完备性检查、工作流组织、产品生产任务执行、产品管理等过程（图 6.11）。

订单解析主要解决用户提交产品生产订单的可行性分析问题。即通过查询归档遥感数据库检查可能需要的遥感数据源是否已经归档，通过检查遥感产品库检查可能需要的遥感数据产品是否已经生产过并已归档，通过检查工作流库判断可能需要的产品生产工作流是否已经组织等。

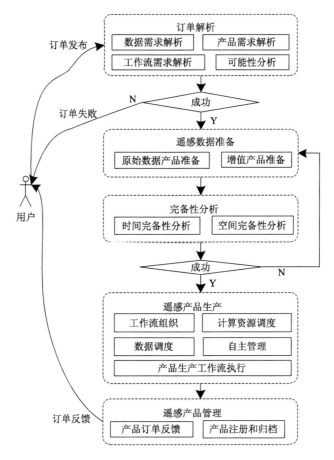

图 6.11 遥感产品生产高性能计算平台业务逻辑

数据准备及完备性检查、工作流组织、生产任务执行主要借助科学工作流 Kepler 完成。

（1）数据准备，主要是指通过对用户任务订单的解析确定所需的遥感数据。一般来讲，产品生产所需数据源为经过几何、辐射归一化之后的标准遥感数据源。其中，辐射归一化是指多源遥感数据的辐射交叉定标、长时间序列辐射归一化以及大气校正等，为定量遥感增值产品生产建立辐射基准；几何归一化是指把多源遥感数据精校正为在几何上能互相配准的影像集合，通过拼接、裁剪进而生产空间无缝的大空间范围遥感增值产品。但是对于某些较高级别的遥感产品，其数据准备过程则较为复杂。如净初级生产力 NPP 产品生产所需数据源为光合有效辐射

PAR 与叶面积指数 LAI 两种产品数据，而 PAR 与 LAI 的生产则需要一些植被指数产品，而植被指数产品生产则需要经过标准遥感数据源。

（2）工作流组织本质上即确定各产品生产算法模块的执行流程，主要基于遥感产品生产逻辑流程组织知识库并通过 Kepler 工作流动态构建。

（3）数据准备和工作流组织完成后，即进入产品生产任务执行环节。一般来讲，每个产品生产任务仅仅在其中一个数据提供分节点执行。若一个节点无法满足生产任务的数据需求，则节点间数据调度采用最小数据迁移原则，即，选择可以提供最大量数据的节点为任务执行节点，其他数据提供节点将所需数据全部迁移到任务执行节点。每个数据分中心计算节点分配与调度，参与计算的节点总数由任务级别及复杂度自动分配，或者由用户指定；而在生产集群中具体哪些节点参与运算，则由 Ganglia 的实时资源监控信息及 Torque PBS、MAUI 确定。此外，为了增强生产系统的鲁棒性，还增加了检查点恢复、超时退出等容错策略。

5. 服务层

服务层是遥感云系统支持的云端服务，主要包括用户注册与认证、用户统计与计费、遥感数据服务、遥感产品生产服务以及遥感云存储服务等。

遥感云用户注册与认证，主要依靠 OpenStack-Keystone 组件完成，实现遥感云用户的在线门户认证与遥感云子系统统一认证，以及用户安全认证等服务。

遥感云用户统计与计费，主要依靠 OpenStack-Ceilometer 组件完成，实现遥感云注册用户的数量及行为统计，并基于统计结果进行用户计费。

遥感数据服务，主要提供遥感数据的在线检索、浏览、订购、下载、转入云存储等服务。其中，遥感数据在线检索包括单一传感器检索、卫星组网检索两种类型。数据检索的空间范围可以直接输入经纬度信息，也可以利用鼠标拉框选择，或者利用行政区划选择（仅限中国境内）；时间范围可以是连续时间区间，也可以跨年度的不连续时间区间。

遥感产品生产服务，主要提供单一或批量遥感数据的在线精处理、反演指数产品生产等服务。

遥感云存储是指基于管理层 OpenStack 组件 Swift 实现的对象存储，主要用于用户选购的原始遥感数据产品、遥感增值产品的在线存储，并可以提供弹性扩展能力。

服务层提供主动服务模式，即根据用户的注册信息、操作历史记录、日志信息等，通过一定的数据分析及挖掘算法，确定注册用户类型及可能需要的服务类型。一旦与该用户相关的数据、产品或服务上线，则通过邮件、短信等方式向用户主动推送，以此来提高遥感云用户服务水平（图 6.12）。

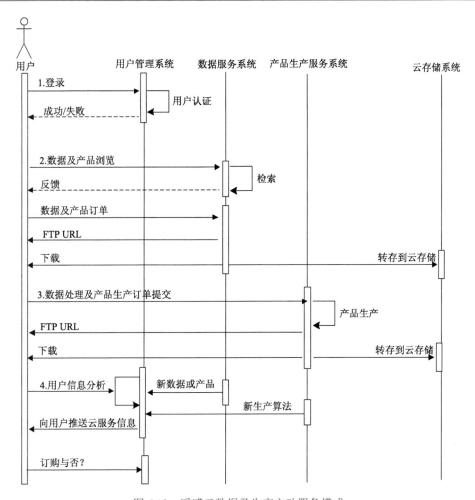

图 6.12　遥感云数据及生产主动服务模式

由图 6.12 可以看出，区别于传统的被动式订单服务模式，遥感云主动服务模式主要具有以下特点：

（1）一旦用户需求的遥感产品生产完毕，用户即可以选择转入云存储。不但避免了用户个人存储能力的限制，而且增强了遥感数据共享的水平。

（2）遥感云个性化主动推荐服务，不但增强了最新遥感数据产品的应用范围，而且为遥感用户提供了更为个性化的服务。

6.3.2　大尺度遥感影像镶嵌

遥感图像镶嵌通常将两幅或多幅具有重叠区域的遥感图像缝合起来形成一幅

覆盖全区的几何配准、辐射均衡、视觉连续的无缝遥感图像镶嵌图。目前，覆盖大区域至全球范围的大尺度遥感图像镶嵌受到了更多的关注，被用于全球土地利用、生态环境变化监测等大规模科学研究中。当镶嵌的区域尺度扩大到覆盖全国、全球等大区域范围时，通常要对覆盖大区域的几百景甚至上千景遥感图像数据进行处理，其处理过程涉及投影变换、几何校正、相邻景遥感图像数据间的图像配准、拼接缝处理及匀色等一系列复杂的处理过程。

大尺度遥感图像镶嵌问题的并行处理中通常采用分而治之的方法，将覆盖大区域的镶嵌处理问题递归分解为大量可以并行处理的镶嵌任务，直至任务划分粒度足够小为止，如图 6.13 所示。其中，每个任务负责某个小区域的图像镶嵌处理。但是，这种分治的递归任务划分方式，则会导致具有不同任务划分粒度的某些镶嵌任务之间存在着数据依赖关系。某些较大数据区域镶嵌任务则依赖于较小数据区域镶嵌任务的镶嵌结果作为数据输入。这种数据依赖关系进而导致在大尺度镶嵌过程中各任务之间存在着前驱后续的执行顺序限制。较大区域镶嵌任务则需要等待其所依赖的较小区域镶嵌任务处理完成后，才能开始处理。而没有数据依赖关系的镶嵌任务则可以并行执行（Ma et al., 2014）。

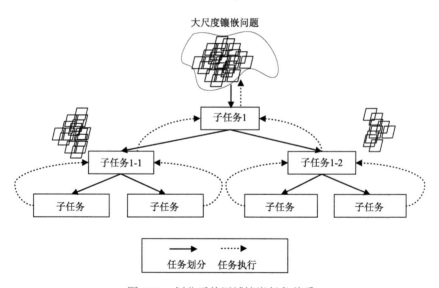

图 6.13　划分后的区域镶嵌任务关系

1. 并行镶嵌任务树的构建方法

大尺度遥感图像镶嵌过程中，大量的遥感图像数据都是乱序的。因此，在大尺度遥感图像并行镶嵌任务树的构建过程中需要对大量乱序的遥感图像数据按空间地理位置进行排序和并对镶嵌任务进行递归划分。而任务树构建的主要问题在于要构建什么类型的任务树以及如何构建。为了提供细粒度任务划分并最大限度地简化核心遥感图像镶嵌并行程序的并行控制逻辑，每个任务只负责处理两幅遥感图像或镶嵌图的镶嵌处理。也就是说，任务树是一个二叉树，每个非叶子任务结点都有两个子任务结点。另外一个重要的问题是，二叉树的形状问题。一个高度较高的不平衡二叉任务树，将会导致较长的任务完成时间，因为较少的任务可以并行执行。最恶劣的情况是，树的高度与任务树相等，此时所有任务都必须按先后顺序执行，任务间并行性极差。换而言之，最好保证每个非叶子任务结点都有两个子任务结点。因此，一个更加扁平形状的平衡二叉树是非常可取的。

我们采用一种简单的平衡二叉树构建方法进行任务树的构建，如图6.14所示。首先，大量乱序的待镶嵌遥感图像按地理位置（path 和 row 号）进行排序，得到一个遥感图像的偏序序列。在地理坐标系统，左上角的遥感图像会有较小的 row 号和较人的 path 号。我们采用一个两级排序算法，先以 path 为主序进行降序排列，再对序列进行以 row 为主序的升序排列。

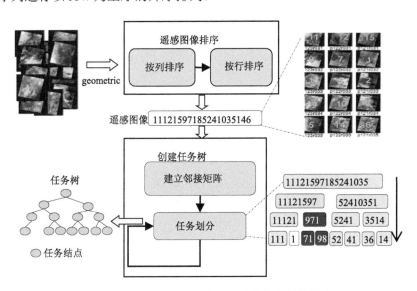

图 6.14　大尺度遥感影像并行镶嵌任务树的构建

随后，根据多景遥感图像之间的邻接关系（是否有重叠区），通过对已排序的遥感图像数据序列进行递归的划分来构建任务树。我们采用邻接表来表示遥感图像数据之间的邻接关系。如果图像 k 和图像 j 之间有重叠区域，则在邻接表中将这对图像 k 和 j 之间的邻接关系标记为 1，否则为 0。我们通过对所有图像对的重叠区检测来构建邻接矩阵，其中重叠区检测则是比较图像对中的两幅遥感图像的四角地理坐标来进行判断。利用自顶向下的任务划分方法，我们将经过排序的遥感图像序列递归地划分成一系列图像子序列。对这些遥感图像子序列的处理任务分别对应任务树中的任务结点。在递归任务划分的每一步划分中，遥感图像序列（对应于任务树中的任务结点 n_i）会被均分为两个包含相同数量遥感图像的子序列 A 和 B。对这两个子序列遥感图像的镶嵌处理任务分别为 T_k 和 T_j，则会分别以任务结点 n_i 左子结点 n_k 和右子节点 n_j 加入任务树，而 n_i 为这两个任务结点的父结点。

但是，在递归任务划分过程中也会在子序列中引入"假"的孤立遥感图像。这里的"假"的孤立遥感图像主要是指该遥感图像在邻接表中表示该图像与其他图像存在邻接关系，但是与当前图像子序列中的遥感图像却没有任何邻接关系。假设在某次划分中产生两个图像子序列 A 和 B，当子序列 A 中存在"假"的孤立遥感图像 k 时，我们则在图像子序列 B 中寻找与图像 k 没有邻接关系且与子序列 A 中的遥感图像具有最多邻接关系的遥感图像 p，随后我们将遥感图像 k 和 p 进行交换。如此，我们可以确保每个子任务都对具有重叠区（邻接关系）的两个遥感图像进行镶嵌处理（Ma et al., 2013a）。

2. 大尺度遥感影像并行镶嵌处理流程

当遥感图像镶嵌的尺度扩大到大区域、全国，甚至是全球范围时，由于遥测特性带来的几何畸变和辐射不连续性使得镶嵌变得更为复杂。此外，大多数常用的商业软件中，镶嵌的一些处理步骤尚未完全自动化，还存在一些人工交互，如拼接线选取。因此，研发的自动镶嵌处理流程，不需要人工干预，镶嵌处理流程如图 6.15 所示，包括投影变换、自动图像配准、色度均衡化、最佳拼接线提取及重叠区匀色处理等多个处理步骤（Ma et al., 2015）。

（1）投影变换。选择一个合理的投影方式，对输入遥感图像进行统一投影。目前，全国范围的遥感图像镶嵌则一般采用 lambert 等角圆锥投影，两个标准纬线为 25°N 和 47°N，中央经线 105°E。

（2）重叠区计算。根据每幅图的地理坐标范围，计算遥感图像之间的重叠区域范围，并在图像之间建立邻接关系矩阵。

（3）图像自动配准。主要用于对具有重叠区域的两幅遥感图像进行自动控制点提取以及基于控制点的几何校正处理，校正两幅遥感图像的几何畸变。在配准处理中，选择其中一幅作为参考图像，对其他图像进行自动控制点提取，以及几何纠正处理。首先，本文采用基于互信息的图像配准算法进行控制点自动提取。

随后，利用基于多项式的仿射变换模型为配准图像之间建立几何映射关系，从而对图像进行重采样，完成几何纠正处理。

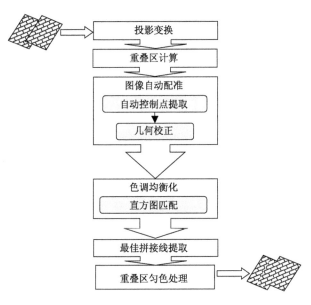

图 6.15　大尺度遥感影像镶嵌处理流程

（4）色度均衡化。采用直方图匹配对两幅遥感图像之间的整体色度进行调整，从而消除其辐射不均衡性。首先，对图像进行直方图统计，随后利用直方图在参照影像与子影像间进行辐射均衡化处理。

（5）最佳拼接线提取及重叠区匀色处理。主要用于消除图像重叠区的拼接线和局部色度不均衡性。在拼接线提取与重叠区匀色中，采用拉普拉斯-高斯金字塔加权融合方法，以取得较好的镶嵌效果。假设两幅待拼接图像 I1 和 I2 拼接完成后，I1 在重叠区域内的图像用 A 表示，I2 在重叠区域内的图像用 B 表示，整个重叠区域用 R 表示，对它们进行匀色处理的步骤为：

步骤 1：在重叠区域 R 内按照某种规则建立一个最佳拼接缝。

步骤 2：对区域图像 A 和图像 B 分别构造拉普拉斯金字塔 LA 和 LB。

步骤 3：对区域 R 内的最佳拼接缝图像构造高斯金字塔，记为 GR。

步骤 4：使用 GR 作为权重，对 LA 和 LB 进行加权平均融合，如式 6.1：

$$\mathrm{LS}_l(x,y) = \mathrm{GR}_l(x,y)\mathrm{LA}_l(x,y) + \left[1 - \mathrm{GR}_l(x,y)\right]\mathrm{LB}_l(x,y) \tag{6.1}$$

步骤 5：对 LS 中的图像进行插值扩大，然后相加，就得到消除拼接缝的最终图像。

6.3.3　全球尺度净初级生产力遥感产品生产

净初级生产力（net primary production，NPP）主要用于衡量植被在光合作用中扣除自身呼吸作用排放后二氧化碳消耗总量。由于云盖等天气影响，单一遥感传感器获取的图像往往存在时间上不连续、空间上不均匀现象。因此，全球尺度的 NPP 遥感产品生产，往往需要多种相近数据源的优势互补、多天合成，如选择全球尺度 1km 分辨率的 MODIS 数据生产 5 天合成的 NPP 产品。此外，为了提高全球尺度遥感产品生产的自动化水平，基于常见遥感产品的上下层级关系，可以利用 Kepler 科学工作流引擎将遥感数据的逻辑处理流程转化为计算机内部实际执行的物理流程，进而实现全球尺度的遥感产品自动化生产。全球尺度 NPP 遥感产品生产系统设计，采用"主分式"框架，即采用一个控制节点负责产品生产订单接收、解析、任务调度、数据调度、结果反馈等；多个数据节点负责存储遥感影像、产品生产任务执行等（Yan et al., 2018）。

1. 遥感产品上下层级关系

借鉴当前常用的遥感数据产品分级标准，同时考虑到遥感产品生产算法流程，将遥感产品分为 4 大层级，从下到上分别是原始数据产品、精处理产品、反演指数产品、专题产品。各个层级根据产品生产方式及数据处理程度又可以分为多个子级，四个大级及各个子级之间均具有上下层级关系（图 6.16）。

（1）原始数据产品

原始数据产品是指从卫星直接接收的数据经过去格式、解压缩、辐射校正、系统几何校正之后得到的数据产品。

（2）精处理产品

精处理产品是指由原始数据产品经过几何精校正、大气校正、镶嵌、融合等生成的几何归一化产品、辐射归一化产品、镶嵌产品和融合产品（张永军等，2012）。

其中，几何归一化产品是指利用几何控制点将不同来源的遥感数据校正生成的在几何上能够互相对准的、空间无缝的影像集合（Wang et al.，2012）。辐射归一化产品指的是经过辐射交叉定标、长时间序列辐射归一化、大气校正等操作得到的定量遥感产品（Zhang et al.，2014）。镶嵌产品指的是由两个或多个具有空间重叠区域的正射校正遥感影像拼接而成的数据产品（Choi et al.，2015）。融合产品是指将不同来源的具有不同空间分辨率、光谱分辨率的遥感数据信息集成得到的数据产品（Li and Wang，2015），应用于从对象检测、识别、标识和分类到对象跟踪、变化检测、决策支持等方面（Zhang，2010）。

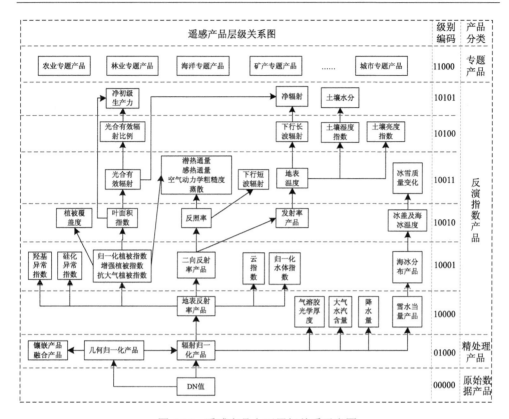

图 6.16　遥感产品上下层级关系示意图

（3）反演指数产品

反演指数产品是指由遥感影像反演得到的、反映陆地、海洋、气象变化特征的各种地球物理参数产品（林剑远和马凌飞，2013；吴慧慧，2014），如归一化植被指数 NDVI（Zheng et al.，2015）、归一化水体指数（normalized difference water index，NDWI）（Sun et al.，2013）、归一化干旱指数（normalized difference drought index，NDDI）（Zhang and Jia，2013）、归一化建筑指数（normalized difference build-up index，NDBI）（Xue et al.，2015）、归一化雪指数（normalized difference snow index，NDSI）（Roy et al.，2016）等。

（4）专题产品

遥感专题产品，指直接面向农业、林业、矿产、海洋、智慧城市等行业应用的遥感专题数据或图件，往往需要借助专家知识，通过遥感数据信息反演、数据解译、制图等综合手段获得（林剑远和马凌飞，2013）。

相较于原始数据产品的加工程度与价值量，精处理产品、反演指数产品与专题产品又可以统称为深加工产品（王坤龙等，2005），或增值产品。

2. 遥感产品生产工作流构建

依据遥感产品的上下层级关系，即可以构建遥感产品生产的逻辑工作流程，然后借助 Kepler 科学工作流引擎转化为计算机内部实际执行的物理流程。Kepler 即是一个在统一的计算框架下，利用工作流将不同的计算系统连接起来，用于生产并执行复杂的科学、工程分析及模型计算的工具。Kepler 项目的主要目的即为科学工作者提供一个可以设计并执行的开源的科学工作流系统，允许用户通过简单的组件拖动快速设计、组织并执行 Kepler 工作流（Yue et al.，2013）。

每个定制完整的 Kepler 工作流模型，包括一个特定领域的 Director，以及至少一个角色 Actor。工作流执行时，Director 控制数据在 Actor 中流动，并按照定制好的流程，调度部署每个 Actor 的迭代执行。其中，Director 指定了计算模型执行的语义，定义了 Actor 如何执行，以及相互之间如何通信；Actor 即独立处理具体任务的组件实体，使用 Parameter 来配置和定制相关的行为，是 Kepler 工作流的执行核心，对应于传统数据分析过程的具体分析算法。此外，每个 Actor 之间通信的接口是 Port，包括 Input Port 和 Output Port 两种类型。Actor 之间通过 Link 连接，Link 决定了每个 Actor 的输入输出，相当于数据分析算法的接口；Actor 之间 Link 的上下层级关系由 Relation 确定，Relation 相当于数据分析算法的执行顺序。在 Kepler 系统中，定制好的科学工作流模型以 XML 文件形式存储，该 XML 文件满足 MoML（Modeling Markup Language）XML 模式要求。

比如，用户提出要生产 30 m 归一化植被指数产品 NDVI（QP_NDVI_30M），根据遥感产品上下层级关系知识库可知，NDVI 的前级数据产品依次为地表反射率产品 REF、几何归一化产品 GN（或辐射归一化产品 RN）、原始遥感数据 DN；同时，根据遥感产品依赖关系知识库可知，QP_NDVI_30M 产品生产的遥感数据可以是 Landsat-TM/ETM/OIL，或者是 HJ1A/B-CCD 数据等。因此，QP_NDVI_30M 遥感产品生产的逻辑工作流如图 6.17。

图 6.17　归一化植被指数产品生产逻辑工作流

然后，基于逻辑工作流即可以组织并生成 Kepler 工作流，如图 6.18 所示（为了表述清晰，我们忽略了实际生产工作流的一些非核心步骤）。在 Kepler 工作流中，NDVI 的上级 Actor 是归一化产品注册（Normal Product Register，NPR），下级 Actor 是产品注册（Product Register，PR），输入是反射率数据，输出是 NDVI

产品。

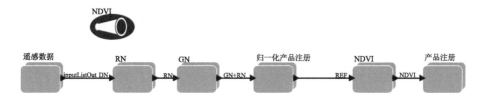

图 6.18　NDVI 生产的 Kepler 工作流示意图

3. 遥感产品生产工作流执行与管理

控制节点的 Kepler 工作流定制完成之后，即可以将生产工作流调度到数据供给量最大的数据节点具体执行。实际运行的 Kepler 工作流，主要包括工作流拆分、节点间子任务调度、次级子任务作业调度、工作流管理等环节（图 6.19）。

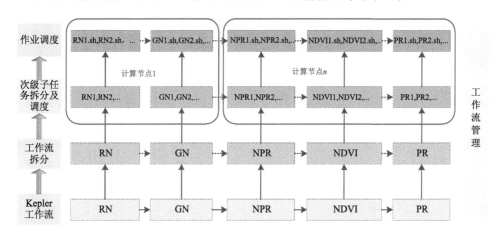

图 6.19　NDVI 生产的 Kepler 工作流执行与管理

（1）Kepler 工作流拆分

根据组成工作流的计算模块类型及顺序，数据节点实际运行的 Kepler 工作流首先会被分解为多个子任务。如对于 QP_NDVI_30M 产品生产的 Kepler 工作流而言，首先会被分解为 RN、GN、NPR、NDVI、PR 共 5 个子任务，各个子任务之间由 Kepler 工作流模块的 Link 连接，由 Relation 确定各个子任务的执行顺序。同时，各个子任务根据处理的遥感影像个数又被拆分为多个次级子任务。如对于 RN 子任务而言，若需要执行 RN 操作的遥感影像个数为 m，则 RN 子任务将会被拆分为 m 个次级子任务。

（2）节点间次级子任务调度

鉴于各个数据节点均部署分布式计算环境，包含众多的计算节点。因此，Kepler 工作流的各个次级子任务将依据 Ganglia 集群监控信息调度到资源空闲节点实际执行。Ganglia 是由加利福尼亚大学伯克利分校发起的开源、可扩展的分布式监控系统，最高可支持包含 2000 个节点的高性能计算系统（如集群、网格等）的实时监控。本系统中，Ganglia 可以为遥感云计算系统提供实时的静态监控数据和系统性能度量信息，如平台网络服务监控、节点资源监控（包括服务器 CPU 使用率、内存使用率、磁盘使用率等）、计算任务监控等。

（3）次级子任务作业调度

此外，各个次级子任务根据算法类型又会被拆分为多个可执行作业，各个作业计算节点及资源分配主要由 Torque PBS、MAUI 共同完成。PBS 是一个广泛应用的本地集群调度器之一，PBS 提供对批处理作业和分散的计算节点（Compute nodes）的控制。PBS 包含 OpenPBS、PBS Pro 和 Torque 三种类型。其中，OpenPBS 是开源版本的 PBS 系统，且发行最早，然而当前却没有较多后续版本；PBS Pro 是商业软件，虽然功能丰富，但价格较为昂贵；Torque 是在 OpenPBS 基础上继续开发的开源 PBS 系统，目前应用最为广泛，本研究中也采用 Torque PBS 实现集群调度及作业分配。

（4）工作流管理及容错

为了提高 Kepler 工作流执行的鲁棒性，制定了检查点恢复、超时退出等容错策略。检查点恢复即为每个 Kepler 工作流设定检查节点，若在执行过程中发生错误，则系统会自动检查最近的完成状态，并将未完成的工作流恢复运行；超时退出即为每个 Kepler 工作流设定最长等待时间，若超出最长等待时间则工作流自动终止，并回收所占用的计算资源。

4. 全球尺度 NPP 产品

5 天合成的全球尺度 NPP 产品生产，用到的数据源主要是 1km 分辨率的 MODIS 数据，共计约 11 TB（Terabyte），时间范围为 2014 年全年。为了顺利完成全球尺度 NPP 产品生产，我们配置了包含 10 个虚拟 OpenStack 节点的云计算集群，每个节点为 x-large 类型的 OpenStack 实例，配置 8 个虚拟 CPU（VCPUs），16 GB RAM 存储，操作系统为 CentOS 6.5，配置 C++编译环境为 GNU C++编译器，O3 级编译优化，配置 MPI 并行计算环境。总运行时间为 135 小时，最终获得 74 幅全球尺度的 NPP 数据产品，从不同月份共选择其中 6 幅 NPP 产品如图 6.20 所示。

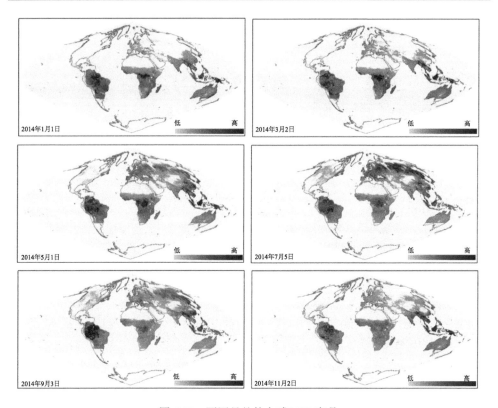

图 6.20　不同月份的全球 NPP 产品

由图 6.20 可以看出，在中纬度地区 NPP 明显受季节变化影响，在每个半球的夏季生产力均达到峰值。例如，对于加拿大和俄罗斯的北方森林，在 7 月份 NPP 达到最大值，到了秋季和冬季则缓慢下降；而对于南美、非洲、东南亚和印度尼西亚的热带雨林，具有全年都具有充足的阳光、温度和丰沛的雨水，全年都具有较高的生产力水平。这是完全符合季节变化规律的，同时也证明了产品生产系统的实用性。

6.4　小　　结

地球大数据海量、非结构化、杂乱无章、来源广泛的特点，造成了"大数据"与"知识发现"的鸿沟。优秀的高性能数据处理框架，以及先进的高性能数据处理引擎，是保证海量"数据"快速转化为"知识"的关键。本章详细论述了单机处理、集群处理以及最为先进的云计算框架，并且从时间序列数据和空间影像数据两个方面细致描述了地球大数据高性能处理的关键技术，为"即时可用"的地球大数据产品生产以及智能挖掘奠定了技术基础。

参 考 文 献

林德根, 梁勤欧. 2012. 云 GIS 的内涵与研究进展. 地理科学进展, 15: 19-28.

林剑远, 马凌飞. 2013. 城市精细化管理遥感专题信息产品评价体系. 建设科技: 64-68.

申红芳, 罗四维, 赵宏. 2004. 集群计算系统的模型结构. 计算机应用研究: 52-55.

史园莉. 2010. 遥感数据集群处理系统架构设计与实现. 北京: 中国测绘科学研究院.

王坤龙, 刘定生, 章文毅, 等. 2005. 卫星数据深加工处理流程自动化分析、设计与实现. 遥感技术与应用: 355-360.

吴慧慧. 2014. 海量遥感影像共性产品生产任务调度模型研究及应用. 开封: 河南大学.

阎继宁. 2017. 多数据中心架构下遥感云数据管理及产品生产关键技术研究. 中国科学院大学 (中国科学院遥感与数字地球研究所).

杨海平, 沈占锋, 骆剑承, 等. 2013. 海量遥感数据的高性能地学计算应用与发展分析. 地球信息科学学报, 1: 28-36.

张永军, 王博, 于晋, 等. 2012. 国产遥感卫星数据高级产品业务化生产技术与系统. 武汉: 第十八届中国遥感大会.

Aloisio G, Massimo C. 2003. A dynamic earth observation system. Parallel Computing, 29: 1357-1362.

Armbrust M, Fox A, Griffith R, et al. 2010. A View of Cloud Computing. Communications of the ACM, 53: 50-58.

Choi J, Jung H S, Yun S H. 2015. An efficient mosaic algorithm considering seasonal variation: application to KOMPSAT-2 satellite images. Sensors(Basel), 15: 5649-5665.

Christophe E, Michel J, Inglada J. 2011. Remote Sensing Processing: From Multicore to GPU. IEEE Journal of Selected Topics in Applied Earth Observations and Remote Sensing, 4: 643-652.

Dorband J, Palencia J, Ranawake U. 2003. Commodity computing clusters at goddard space flight center. Space Commun, 3: 1.

El-Ghazawi T, Kaewpijit S, Moigne J L. 2001. Parallel and adaptive reduction of hyperspectral data to intrinsic dimensionality. Cluster Computin, 1: 102-109.

Gao J H, Wei X, Luo C, et al. 2015. A MPI-based parallel pyramid building algorithm for large-scale remote sensing images. IEEE, 1-4.

Giachetta R. 2015. A framework for processing large scale geospatial and remote sensing data in MapReduce environment. Computers & Graphics-Uk, 49: 37-46.

Golpayegani N, Halem M. 2009. Cloud Computing for Satellite Data Processing on High End Compute Clusters. IEEE International Conference on Cloud Computing: 88-92.

Hawick, Kenneth A, Coddington P D, et al. 2003. Distributed frameworks and parallel algorithms for processing large-scale geographic data. Parallel Computing, 29: 1297-1333.

Lee C A, Gasster S D, Plaza A, et al. 2011. Recent Developments in High Performance Computing for Remote Sensing: A Review. IEEE Journal of Selected Topics in Applied Earth Observations and Remote Sensing, 4: 508-527.

Li X, Wang L L. 2015. On the study of fusion techniques for bad geological remote sensing image. Journal of Ambient Intelligence and Humanized Computing, 6: 141-149.

Ma Y, Wang L Z, Liu P, et al. 2015. Towards building a data-intensive index for big data computing – A case study of Remote Sensing data processing. Information Sciences, 319: 171-188.

Ma Y, Wang L Z, Zomaya A Y, et al. 2014. Task-Tree Based Large-Scale Mosaicking for Massive Remote Sensed Imageries with Dynamic DAG Scheduling. IEEE Transactions on Parallel and Distributed Systems, 25: 2126-2137.

Ma Y, Wang L, Liu D, et al. 2013a. Distributed data structure templates for data-intensive remote sensing applications. Concurrency and Computation: Practice and Experience, 25(12): 1784-1797.

Ma Y, Wang L, Zomaya A Y, et al. 2013b. Task-tree based large-scale mosaicking for massive remote sensed imageries with dynamic dag scheduling. IEEE Transactions on Parallel and Distributed Systems, 25(8): 2126-2137.

Mustafa R M, Butt A R, Nikolopoulos D S. 2011. A capabilities-aware framework for using computational accelerators in data-intensive computing. Journal of Parallel and Distributed Computing, 71: 185-197.

Plaza A, Chang C I. 2008. Clusters versus FPGA for parallel processing of hyperspectral imagery. High Performance Computing Applications, 22: 366-385.

Plaza A D, Valencia, Plaza J, et al. 2006. Commodity clusterbased parallel processing of hyperspectral Imagery. Parallel and Distributed Computing, 66: 345-358.

Plaza A, Benediktsson J A, Joseph W, et al. 2009. Recent advances in techniques for hyperspectral image processing. Remote Sensing of Environment, 113: S110-S122.

Price E, Mielikainen J, Huang M L, et al. 2014. GPU-Accelerated Longwave Radiation Scheme of the Rapid Radiative Transfer Model for General Circulation Models(RRTMG)Springer. IEEE Journal of Selected Topics in Applied Earth Observations and Remote Sensing, 7: 3660-3667.

Roy D P, Kovalskyy V, Zhang H K, et al. 2016. Characterization of Landsat-7 to Landsat-8 reflective wavelength and normalized difference vegetation index continuity Springer . Remote Sensing of Environment, 185: 57-70.

Shen Z, Luo J, Zhou C. 2005. System design and implementation of digital-image processing using computational grids. Computers & Geosciences, 31: 619-630.

Shi M R, Yuan R P. 2015. MAD: a monitor system for big data applications. Intelligence Science and Big Data Engineering: Big Data and Machine Learning Techniques, Iscide 2015, 9243: 308-315.

Su X, Wu J J, Huang B M, et al. 2013. GPU-Accelerated Computation for Electromagnetic Scattering of a Double-Layer Vegetation Model. IEEE Journal of Selected Topics in Applied Earth Observations and Remote Sensing, 6: 1799-1806.

Sun H, Zhao X, Chen Y H, et al. 2013. A new agricultural drought monitoring index combining MODIS NDWI and day-night land surface temperatures: a case study in China. International Journal of Remote Sensing, 34: 8986-9001.

Tilton J C, Lawrence W T, Plaza A. 2006. Utilizing hierarchical segmentation to generate water and snow masks to facilitate monitoring of change with remotely sensed image data. GIScience & Remote Sensing: 43.

Wang J H, Ge Y, Heuvelink G B M, et al. 2012. Effect of the sampling design of ground control points on the geometric correction of remotely sensed imagery. International Journal of Applied Earth Observation and Geoinformation, 18: 91-100.

Wang L Z, Ma Y, Zomaya A Y, et al. 2015. A Parallel File System with Application-Aware Data Layout Policies for Massive Remote Sensing Image Processing in Digital Earth. IEEE Transactions on Parallel and Distributed Systems, 26: 1497-1508.

Wang L, Ma Y, Yan J, et al. 2018. pipsCloud: High Performance Cloud Computing for Remote Sensing Big Data Management and Processing. Future Generation Computer Systems, 78, 353-368. .

Wei S C, Huang B. 2011. GPU Acceleration of Predictive Partitioned Vector Quantization for Ultraspectral Sounder Data Compression. IEEE Journal of Selected Topics in Applied Earth Observations and Remote Sensing, 4: 677-682.

Xue K, Zhang Y C, Duan H T, et al. 2015. A Remote Sensing Approach to Estimate Vertical Profile Classes of Phytoplankton in a Eutrophic Lake. Remote Sensing, 7: 14403-14427.

Yan J, Ma Y, Wang L, et al. 2018. A cloud-based remote sensing data production system. Future Generation Computer Systems. 86: 1154-1166.

Yang, C, Michael G, Huang Q, et al. 2011. Spatial cloud computing: how can the geospatial sciences use and help shape cloud computing? International Journal of Digital Earth, 4: 305-329.

Yao H, Bai C, Zeng D, et al. 2015. Migrate or not? Exploring virtual machine migration in roadside cloudlet-based vehicular cloud. Concurrency and Computation: Practice and Experience, 27: 5780-5792.

Yue P, Di L P, Wei Y X, et al. 2013. Intelligent services for discovery of complex geospatial features from remote sensing imagery . ISPRS Journal of Photogrammetry and Remote Sensing, 83: 151-164.

Zhang A Z, Jia G S. 2013. Monitoring meteorological drought in semiarid regions using multi-sensor microwave remote sensing data. Remote Sensing of Environment, 134: 12-23.

Zhang J. 2010. Multi-source remote sensing data fusion: status and trends. International Journal of Image and Data Fusion, 1: 5-24.

Zhang L P, Wu C, Du B. 2014. Automatic Radiometric Normalization for Multitemporal Remote

Sensing Imagery With Iterative Slow Feature Analysis. IEEE Transactions on Geoscience and Remote Sensing, 52: 6141-6155.

Zheng B J, Myint S W, Thenkabail P S, et al. 2015. A support vector machine to identify irrigated crop types using time-series Landsat NDVI data. International Journal of Applied Earth Observation and Geoinformation, 34: 103-112.

第 7 章

地球大数据云计算平台

　　地球大数据云计算平台，就服务层面而言，是指能够通过网络形式对普通用户提供按需、易扩展的地球大数据存储、处理、分析、可视化等服务能力，普通用户只要能够上网，就可以使用地球大数据云计算平台提供的各种各样的服务，如同用水、用电一样便捷、高效；就技术层面而言，是指基于互联网的超级计算模式，即通过强大的网络通讯、虚拟化技术、分布式计算技术等使得成千上万台高性能计算服务器协同工作，满足用户提交的计算服务需求。地球大数据云计算平台以其海量的数据存储、高性能计算能力以及弹性易扩展的按需服务模式，在支撑联合国可持续发展目标实现、改善人类社会福祉等方面发挥了重大作用。

7.1 云计算平台关键技术

　　地球大数据云计算平台，作为一种典型的面向地球大数据服务的业务型云计算平台，除了具有一般云计算平台构建的共性关键技术之外，还需要具有面向地球大数据的采集、存储、管理、处理、可视化等特有关键技术。此外，鉴于地球大数据云计算平台的服务载体主要是数据，一般不需要向用户直接提供虚拟机等基础设施服务（Infrastructure as a Service，IaaS），而需要提供地球大数据的检索、下载、可视化等数据服务（Data as a Service，DaaS），在线处理软件服务（Software as a Service，SaaS），以及在线编程平台服务（Platform as a Service，PaaS）。

7.1.1 云计算平台共性关键技术

1. 虚拟化技术

　　虚拟化技术是指计算机相关模块在虚拟的基础上而不是真实的、独立的物理硬件基础上运行，能够把固定的计算、存储和网络资源根据不同需求进行重新规划以达到最大利用率的目的。通过虚拟化技术可以实现软件应用与底层硬件相隔离，包括将单个资源划分成多个虚拟资源的裂分模式，也包括将多个资源整合成一个虚拟资源的聚合模式。虚拟化技术根据对象可分为存储虚拟化、计算虚拟化、网络虚拟化等，计算虚拟化又分为系统级虚拟化、应用级虚拟化和桌面虚拟化等（蔺向春，2017）。

虚拟化是云计算的基础，可以将一台物理服务器虚拟化为多台独立的"虚拟计算机"。正是由于虚拟化技术的出现，才使得成千上万台分布在世界各地的物理计算机组成了庞大的虚拟化云计算资源池，从而满足用户应用云计算平台的按需、弹性扩展需求。传统的虚拟化解决方案包括 KVM、Xen、Hyper-V、VMware、Virtual Box 等软硬件虚拟机监视器 Hypervisor，以及架构在 KVM 等 Hypervisor 之上的综合性云管理平台 OpenStack。近年来随着容器技术的出现及快速发展，Docker 虚拟容器引擎以及 Kubernetes 容器编排工具，在云服务中占据了较大的市场份额，代表了当前云计算虚拟化技术的前沿方向（Pandey，2020）。

2. 数据存储与管理技术

海量数据存储、高效查询与访问，是云计算平台最为典型的关键技术，如百度网盘、Google Drive、Microsoft Onedrive 等网络云盘提供的数据存储与管理服务。

对于数据存储而言，云计算平台一般采用分布式文件系统，如 Lustre、GlusterFS、Ceph、GridFS、FastDFS、HDFS 等实现海量数据存储，并采用冗余存储模式保证数据安全。此外，为提高数据吞吐率和访问效率，往往需要针对各个分布式文件系统进行定制性优化，如对于 HDFS 而言需要优化小文件存储灾难（Dhage et al., 2020）。

对于数据高效查询而言，不同类型云存储往往采用不同的解决方案。如，列式数据库云存储除了借助本身的键值检索模式外，还可以采用构建二级索引模式提高主键检索效率；分布式文件系统除了采用本身的文件检索模式之外，还可以构建文件元数据库，建立元数据索引从而提高文件检索效率（Hassan et al., 2021）。

3. 数据处理与编程模型

云计算平台除了具有海量数据存储与管理能力外，还需要具有高性能数据处理能力，定期清除冗余数据以减轻存储负担，增加数据访问的匹配性；或者提供在线编程模型，以 PaaS 形式屏蔽云计算底层信息，直接提供在线编程接口实现数据处理。此外，对于数据即服务 DaaS 而言，云计算平台的高性能数据处理能力可以对存储数据开展索引优化，提高数据检索效率，方便用户分析存储的数据信息；云存储内部还可以实现负载均衡，进一步优化数据读写能力，简化云存储平台运行流程的复杂性。

云计算平台常用的数据处理模型为分布式并行编程框架 MapReduce，即通过任务划分、数据切分以及资源调度，将一个较大的计算任务匹配到不同的计算节点，通过"分而治之"的思想以批处理形式实现高性能处理。近年来，随着大数据技术的进一步发展，以 Spark 为代表的分布式内存计算框架，以及以 Flink 为代表的流批一体化处理框架，逐渐被各个云计算平台采用，成为主流的云计算数据处理框架。然而，究其本质而言，仍旧是沿用了或者部分优化了传统 MapReduce 的"分而治之"思想，以分布式内存计算、流计算等新型计算模式提高海量数据处理效率（葛文双等，2020）。

4. 多用户访问控制与数据安全

云计算平台的数据存储与高性能处理，需要满足多用户隔离性需求，即不同的用户具有各自独立的数据视图，相互之间完全透明，即使是访问并修改相同的云存储数据也保持各自独立的数据内容。因此，云计算平台往往采用多用户认证体系，即通过用户类型、登录密码、有效时限限制、密码修改等安全认证方式实现访问控制管理。此外，为进一步保证云存储数据安全，除了常规的防火墙之外，云计算平台还采取数据加密、数据隔离等技术来保证数据在传输、隔离、存储、清理过程中的安全性。

5. 绿色计算技术

云计算平台往往涉及到成千上万台高性能计算机昼夜不停地协同工作，以及配套制冷设备的运行，都需要消耗大量的电能，不符合绿色节能的环保理念。优化云计算平台的任务调度及资源调度策略，计划控制云计算平台的能量消耗，提高能源使用效率，不但可以降低碳排放，保护能源环境，还可以降低成本，提高工作效率。因此，开发绿色计算技术，研究云计算性能与耗能的最优解，保证质量同时减少能量消耗，是云计算平台需要具备的另一项共性关键技术。

7.1.2 地球大数据云计算平台关键技术

1. 地球大数据集成技术

作为一种典型的时空数据，地球大数据时效性强，传感器采集的数据实时或近实时地集成到云服务平台对于地球大数据服务水平的提升具有重要意义。一般而言，地球大数据集成包括基于数据仓库的数据集成模式、基于联邦数据库的数据集成模式、基于中间件的数据集成模式三种类型（陈跃国，2004）。

基于数据仓库的数据集成模式，主要是将各异构数据库系统存储的数据源经过加工、整合，转换并复制到一个具有公共数据模型的、面向主题的、全新的数据库系统，以供用户访问。然而，由于各独立数据源存储模式的异构性，采用数据仓库的数据集成模式会产生非常大的数据冗余，需要较大的存储空间。不过该模式可以让用户更方便快捷地查询其所需要的数据信息，以供决策分析。

基于联邦数据库的数据集成模式是在维持各独立数据库系统自治的前提下，通过在各数据库系统之间建立关联，以形成一个数据库管理系统联邦，然后各数据库系统向联邦系统共享各自需要共享的数据。根据各联邦数据库关联程度划分，该模式可以分为松散耦合、紧密耦合两种类型。松散耦合类型不会在联邦数据库中建立全局数据模式，仍旧保持各独立数据库系统的自治性，仅仅只为用户提供统一的数据查询接口，而数据集成过程中面临的数据源异构问题则需要用户自行解决；紧密耦合类型则会建立统一的全局数据模式来映射各个联邦数据库的数据，具有较高的系统集成度，可以有效解决数据源之间的异构性，但集成系统的扩展性较差（阎继宁，2017）。

基于中间件的数据集成模式，即通过在应用层与数据层之间构建中间件，向上为用户应用提供统一的数据访问接口，向下实现各数据库系统的集中管理。对于数据查询过程，中间件在接收到用户发起的查询请求后，首先将其转化为多个子查询，并将这些子查询提交给集成系统，然后由集成系统与各独立数据库系统进行交互式查询，并向中间件返回最终合并后的查询结果。在整个过程中，中间件不仅屏蔽了各数据库系统的异构性，提供了统一的数据访问机制，而且中间件能够有效提高查询处理的并发性，减少响应时间。

2. 地球大数据组织索引技术

地球大数据的组织索引，主要包括基于时空记录体系的组织和基于全球剖分网格的多分辨率金字塔瓦片组织两种方式（阎继宁，2017）。

对于遥感数据而言，基于时空记录体系的卫星轨道条带或景组织方式，即原始轨道数据按照接收时间顺序采用轨道条带组织，遥感影像产品采用景单元组织（宋树华等，2013），操作简单，对于遥感卫星数量较少、数据体量较小的数据组织与管理，可以满足存档数据的管理及应用需求。然而，随着遥感数据源种类增多，由于各个遥感数据生产单位之间的轨道条带与景缺少统一的分割标准和位置对应，产品数据标识缺少地学含义，同一地区的多源、多尺度、多时相数据之间缺少空间尺度与位置关联，造成同一区域的不同数据产品关联性差；同一区域的多源遥感数据往往记录在不同的轨道条带中，要想大跨度或者跨部门整合一个特定区域的多源、多时相数据，非常耗时，从而带来遥感数据管理和整合的不方便；此外，不同行业部门往往按自身行业特点独自建立各自的数据组织系统，不同型号卫星往往也采用各自的数据组织方式与记录方式,使得数据信息孤岛现象严重,导致同一区域遥感数据检索、整合与共享困难,降低了数据使用效能(古琳,2008)。

基于全球剖分网格的数据组织方式,将数据按球面剖分单元进行组织与管理,增强了多源数据之间的空间关联性与检索效率,有利于基于空间区域的数据高效检索、整合和共享(关丽等,2009;郭辉等,2009)。对于遥感数据而言,该方式主要应用于数据的无缝组织和可视化视图,解决基于影像的现实世界的真实表达与呈现。相比基于时空记录体系的卫星轨道条带或景组织方式,基于全球剖分网格的遥感数据组织方式,利用一系列规则的、无缝的、具有多尺度层级结构的网格瓦片完整连续覆盖地球表面空间,按照地球空间区域存储组织遥感数据,有利于结合遥感数据的空间特性,将遥感数据的实际应用服务与空间尺度和位置形成直接关联,从而有利于形成基于球面剖分的地球空间位置标识和空间对象标识,建立全球统一的空间存储基准和具有地学含义的数据标识,更好地存储与管理海量遥感数据(Zhe et al.,2015;Wei et al.,2015;Dong et al.,2013)。但是,由于影像剖分与金字塔构建,基于全球剖分网格的遥感数据组织方式,将会产生大量的、10K 左右的瓦片小文件,造成了约 1/3 的数据增量从而导致数据存储空间变大。如果采用分布式文件系统存储,将会产生大量的映射文件和日志文件,造成某些节点出现单点故障,不利于分布式文件系统的存储与管理(Tao et al.,2015;Zi et al.,2013)。

3. 地球大数据在线处理技术

地球大数据在线处理技术,底层计算引擎一般应基于前文所述云计算平台分布式处理和并行编程共性技术,由于地球数据的时空特征及在线制图需求,上层服务往往需要具有自己独特的关键技术。比较有代表性的如 ArcGIS Online、Google Earth Engine、PIE Engine 等。

ArcGIS Online 被用来分享和传播以网络制图和 GIS 服务为代表的地理信息服务平台,专业 GIS 人士通过 ArcGIS for Desktop 或者 ArcGIS for Server 创建地图和其他的 GIS 服务同时分享资源,比如网络地图、影像服务、GP 服务等,这些资源一旦被发布就可以被其他的网络用户发现和使用。通过这种方法,即使是非专业人士,也可以方便地得到组织内的 GIS 信息资源,使得整个组织内的资源整合更加地容易(段文峰,2014)。系统主要功能是提供大量的底图,创建、管理群组和资源,上传、共享地图和应用,从 API、模板和工具创建地图和应用程序,查找相关的有用底图、数据和可配置的 GIS 资源,进行 ArcGIS Online 开发(李朋飞,2017)。

Google Earth Engine、PIE Engine 都是构建在云计算之上的地理空间数据分析和计算平台。通过结合海量卫星遥感影像以及地理要素数据，用户基于云平台可以在任意尺度上研究算法模型并采取交互式编程验证（程伟等，2021），为大规模的地理数据分析和科学研究提供了免费、灵活和弹性的计算资源。

4. 地球大数据可视化技术

地球大数据云计算平台的主要功能之一是可视化展示，以为政府决策提供直观的参考依据。因此，虚拟现实与数字孪生技术是地球大数据云计算平台比较重要的关键技术之一。虚拟现实技术是使用计算机技术为用户创建一个逼真的观感世界，用户能够在虚拟世界中直接观测和操作虚拟实体对象。数字孪生是充分利用物理模型、传感器更新、运行历史等数据，集成多学科、多物理量、多尺度、多概率的仿真过程，在虚拟空间中完成映射，从而反映相对应的实体装备的全生命周期过程。孪生数字是虚拟现实更深层技术，孪生数字的发展是需要虚拟现实的支撑，同时孪生数字的传感器更新、物理模型、运行历史等也会反映到虚拟现实的硬件设备中。对于地球大数据云计算平台而言，虚拟现实与数字孪生技术可以帮助用户快速直观地进行数据观测、数据交互、地球模拟，实现了数字地球的直观展示，方便了地球现象的研究，且能将地球科学数据的研究成果应用到人们的日常生活中。

7.2　典型地球大数据云计算平台

国内外典型的地球大数据云计算平台，主要包括 Google Earth Engine、Sentinel Hub、Open Data Cube、SEPAL、JEODPP、OpenEO、pipsCloud 遥感云等。

7.2.1　Google Earth Engine

Google Earth Engine（GEE）是 Google 公司推出的一款免费地理空间数据云处理网页接口平台，可以对地理空间数据集进行大规模科学分析和可视化。该平台是基于谷歌基础设施上可用的一系列技术构建的，例如大型计算机集群管理系统 Borg、分布式数据库 Bigtable 和 Spanner、分布式文件系统 Colossus 和并行管道执行框架 FlumeJava。

GEE 平台提供数据目录，存储大量地理空间数据，包括各种卫星和航空系统的光学图像、环境变量、天气和气候预报、土地覆盖、社会经济和地形数据集。在提供这些数据集之前，会对这些数据集进行预处理，从而实现高效访问，并消除与数据管理相关的许多障碍。与 ENVI 等传统的遥感影像处理工具相比，GEE 可以实现"巨大"影像快速化、批量化处理。例如，GEE 可以快速进行 NDVI 等植被指数计算，这有助于农作物相应产量情况预测和旱情长势变动的检测、全球森林变化情况的检测等。GEE 提供了丰富的 API，如在线的 JavaScript API 和离线的 Python API。利用这些在线和离线的 API 能够快捷地建立以 GEE 和 Google 云为基础的 Web 服务。对于 JavaScript 版本，还提供了一个 Web 集成开发环境（IDE）（https://code.earthengine.google.com），用户可以轻松地访问可用的数据，应用程序和实时可视化的处理结果。

GEE 使用四种对象类型来表示可以由其 API 操作的数据：①Image 类型表示可以由一个或多个波段组成的光栅数据，这些波段包含名称、数据类型、比例尺和投影；②ImageCollection 类型表示一叠或一个时间序列的图像；③特征（Feature）表示矢量数据，这种类型由一个几何图形（点、线或多边形）和一组属性表示；④特征集合（FeatureCollection）表示一组相关的特征，并提供操作这些数据的函数，如排序、过滤和可视化。为了处理和分析 GEE 公共目录中可用的数据或来自用户私有存储库的数据，GEE 为上面列出的对象类型提供了一个操作符库，这些运算符是在并行处理系统中实现的，该系统自动分割计算，以便在分布式环境中执行。GEE 处理的结果可以在 web IDE 中查看，也可以保存在硬盘、云存储或数据库中。GEE 使用瓦片 Tiles 服务器使数据有效地提供给 web 界面，但是并没有显式地提供此服务，因此用户不能将其集成到其他应用程序中。

GEE 简化后的体系架构如图 7.1 所示。

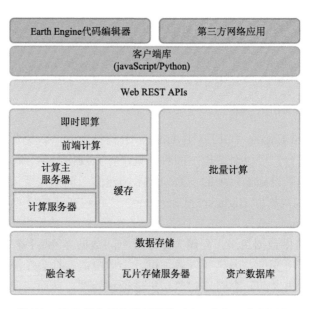

图 7.1 GEE 简化后的系统架构（Gorelick et al.,2017）

简化工作流程为：①GEE Code Editor 和第三方应用程序使用客户端库利用 REST API 向 GEE 系统发送交互式及时处理（图渲染）或批处理（MapReduce 计算）。②交互式即时处理请求由前端服务器预处理，然后将复杂的子查询转发给集群主节点（主节点负责管理整个计算服务池资源分配）。③批处理请求与交互式查询处理方式类似，但是需要利用 FlumeJava 负责任务分发。④交互式处理和批处理服务依靠数据服务集实现，即包含元数据存储和过滤功能的资产数据库。⑤每个组件、服务以及负载均衡由 Borg 集群管理组件实现。单个 workder 节点失效只需单独重启，不会影响其他节点，保证了高可用。

GEE 的主要缺点包括：①它仅在"纵向"上将不同分辨率、多源遥感数据组织在不同的层级上，但"横向"上同一层级中多源遥感数据的组织问题没有进行考虑；②在数据存储方面，它将同一区域、不同分辨率的数据分散地存储在不同的存储节点上，使用"空间换时间"策略进行组织存储。该架构在提供数据服务时，要求所有存储节点与服务都必须时刻在线运行，造成了巨大的系统维护代价和耗电量消耗。

7.2.2　Sentinel Hub

Sentinel Hub（SH）是 Sinergise 开发的一个平台，提供 Sentinel 数据在线访问和可视化服务。这是一个具有公共访问权限的私有平台（https://www.sentinel-hub.com）。与谷歌的 GEE 不同，SH 在不同的付费规则中限制了功能的使用。免费版本只允许查看、选择和下载原始数据，付费版本可以通过 OGC 协议和特定 API 访问数据、处理数据、移动应用程序数据，以及获得更高的资源访问权限和技术支持（Sinergise, 2020）。

SH 平台的功能是通过 OGC 服务和 RESTful API 提供的，用户还可以使用 web 界面来配置特定的服务。Sinergise 不开放 SH 的系统架构，也不提供数据如何存储或处理的信息。因此，我们只能了解 SH 平台所提供的服务与所使用的数据抽象之间的交互关系，如图 7.2 所示。

SH 使用数据源、实例和层的概念来表示其服务中可用的数据。SH 中的数据源基本等价于 GEE 的 ImageCollection 的抽象，表示具有相同波段数和元数据的遥感数据集。目前，SH 上可用的数据源有：Landsat 8 L1C、Mapzen DEM、MODIS MCD43A4、Sentinel-1 GRD、Sentinel-2 L1C 和 L2A、Sentinel-3 OLCI 和 SLSTR 以及 Sentinel-5P L2。用户也可以在 SH 平台中上传自己的数据集。这些数据集被 SH 命名为集合，以云端优化的 GeoTIFF（COG）格式存储在亚马逊 S3 桶中。

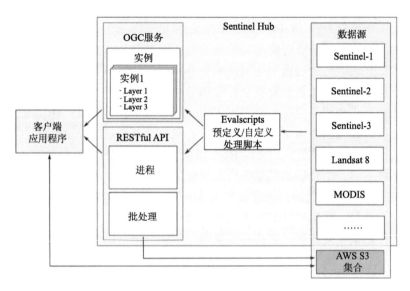

图 7.2　哨兵中心（SH）服务和数据抽象图（箭头表示数据流向）

SH 平台中的实例作为一个独特的 OGC 服务，可以配置为提供一组满足用户需求的层。每一层都与特定数据源的一个或多个波段的处理脚本相关联。SH 将这些脚本称为 Evalscripts，可以作用于用户请求数据的每个像素。在 Evalscripts 脚本执行过程中，用户无法访问像素的邻域数据，但可以在不同波段之间进行操作。此外，Evalscripts 也可以用于 SH API 的单步处理和批处理模块中。在单步处理模块中，用户可以请求一个数据源，通过参数选择，如数据空间范围和时间范围等，并指定一个 Evalscript 脚本用于处理该数据。在批处理模块中，除了在异步处理和结果保存之外，用户操作行为与单步处理完全一致。

SH 的源代码是不开源的，所以不可能扩展它。Sinergise 提供了使用 web 界面和 SH API 示例文档。与 GEE 类似，SH 的服务条款保证用户拥有其内容的知识产权，并且该公司仅将其用于提供云计算平台服务 PaaS。

7.2.3　Open Data Cube

Open Data Cube（ODC），最初被称为澳大利亚地球科学数据立方体（AGDC），是一个由一系列数据结构和工具组成的分析框架，有助于组织和分析对地观测数据。它可以在 Apache 2.0 许可下作为一套应用程序使用（张弛，2021）。该平台目前由分析力学协会、地球观测卫星委员会、联邦科学和工业研究组织、澳大利亚地球科学（GA）和美国地质调查局支持。

ODC 允许对大量对地观测数据集进行编目，并通过一组命令行工具和 Python

API 对其进行访问和操作。图 7.3 说明了 ODC 的体系结构。Data Acquisition and inflow 代表了 ODC 对 EO 数据进行索引前的采集和准备过程。Data Cube Infrastructure 说明了 ODC 的主要核心，其中 EO 数据通过 Python API 被索引、存储和交付给用户。数据和应用平台组成辅助应用模块，如作业管理和认证。

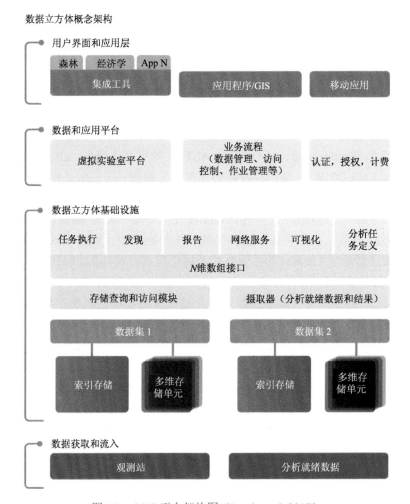

图 7.3　ODC 平台架构图（Lewis et al.,2017）

　　ODC 的源代码及其工具是开放的，并通过许多 git 仓库（https://github.com/opendatacube）正式发布。这些存储库包括用于数据可视化的 web 界面模块、数据统计提取工具以及带有 ODC 中访问和使用索引数据示例的 Jupiter Notebook。

　　负责数据索引的主要模块称为 datacube-core，它由一个 Python 脚本集组成，该脚本集使用 PostgreSQL 数据库对数据的元数据进行编目，并为数据检索提供 API。通过 datacube-core，ODC 可以对存储在文件系统或 web 上的数据进行索引。ODC 平台不使用任何方式在服务器之间进行数据分发，用户选择的文件系统负责确保数据存储和访问的可伸缩性。

ODC 使用 Product 和 Dataset 的概念来表示其目录中索引的数据。产品是数据集的集合，它们共享相同的度量和一些元数据子集。Dataset 表示最小的独立描述、分类和管理的数据集合。这些通常是存储在文件中的场景，共同代表了一个产品（Open Data Cube, 2020）。

ODC 中的数据加载过程包括四个步骤。首先，Product 必须从它的元数据中注册。在第二步中，从将链接到产品的每个文件（Dataset）中提取元数据。为了使这一过程自动化，ODC 为以下仪器/传感器提供了元数据提取脚本：Landsat-5/7/8、Sentinel-1/2、ALOS-1/2、ASTER 数字高程模型（DEM）和 MODIS（Open Data Cube,2019）。使用准备好的文件的元数据，第三步是将这些数据集注册到 ODC 目录中。最后一步称为数据摄取，是可选的，处理从已注册的数据集创建新的 Dataset 的过程。这些新的 Dataset 使用新的存储方案保存，组成一个新产品。在这一阶段，数据可以被重新采样，按时间序列重新组织或分成更小的块存储。生成这些新的 Dataset 的主要目的是优化数据格式，以加快文件系统中数据的读取过程。

为了处理 ODC 实例索引的数据而开发的应用程序需要使用框架的 Python API。这个 API 允许列出被索引的 Products，检索 Products 和 Dataset 以及元数据。数据检索由一个 load 函数执行，该函数接收诸如产品名称、边界框、周期范围和空间输出分辨率等参数。这个函数返回用户应用程序使用的 xarray 对象。为了并行化处理，ODC 有一些通过使用 Celery 框架来使用异步任务队列的例子。然而，使用 ODC 并行处理应用程序是用户的责任。

在数据访问方面，ODC 提供了 WCS、WMS 和 WMTS 等 OGC web 服务的实现。除了这些模块，ODC 还提供了通过容器促进 ODC 部署的工具，一个通过 REST API 公开 ODC Python API 的实现，一个从索引数据中提取统计数据的应用程序，以及一个 web 门户的实现。在这个 web 门户中，可以发现可用的产品、选择和检索数据集（GeoTIFF 和 NetCDF），并通过门户中可用的应用程序执行分析。

目前，ODC 平台还没有工具来促进研究人员之间的应用程序和数据共享。为了让用户能够在另一个 ODC 实例中重现结果，必须手动共享和索引所使用的数据和应用程序。2019 年 6 月，9 家机构正在运营使用 ODC，14 家机构处于实施阶段，33 家机构正在分析其实施情况。最著名的例子澳大利亚地球科学数据立方体（AGDC），这个实例采用一个具有 Lustre 分布式文件系统的计算机集群，存储了超过 30 万张覆盖澳大利亚的 Landsat 图像。

7.2.4　SEPAL

土地监测对地观测数据获取、处理和分析系统（the System for Earth Observation Data Access, Processing and Analysis for Land Monitoring，SEPAL）是为土地覆盖自动监测而开发的云计算平台，通过将 GEE、Amazon Web services cloud（AWS）等云服务与 Orfeo Toolbox、GDAL、RStudio、R Shiny Server、SNAP Toolkit 和 OpenForis Geospatial 等免费软件聚合在一起提供云计算服务。该平台的主要特点是使用先前配置的工具构建一个环境，并管理云平台中计算资源的使用，以方便科学家搜索、访问、处理和分析对地观测数据的方式（FAO,2020）。

SEPAL 是联合国粮食及农业组织（粮农组织）林业部的一项倡议，由挪威资助。它的源代码（https://github.com/openforis/sepal）在 MIT 许可下可用，目前仍在开发中（FAO,2020）。SEPAL 作为一个接口工具，方便其他云服务的访问和集成。SEPAL 实例提供了一个基于 web 的用户访问界面，用户可以在其中搜索或检索数据集，并启动预先配置的云服务器来执行分析。SEPAL 使用 Google Drive 和 Google Cloud Storage 存储对地观测数据和元数据，使用 GEE 进行数据处理和检索，使用 Amazon Web Services（AWS）的 S3 和 EFS AWS 服务存储数据，使用 EC2 AWS 服务作为计算分析的基础设施（图 7.4）。

SEPAL 平台可以通过运行在 AWS 基础设施上的网络平台（https://sepal.io）访问，也可以使用 Vagrant 安装在用户自己的基础设施上，以便管理处理实例。目前，关于在内部基础设施上进行部署的可用文档很少。

在门户网站中，功能分为 4 个区域:进程、文件、终端和应用程序。在进程中，用户可以通过在 web 界面上选择区域、传感器（Landsat 或 Sentinel-1 和 2）和感兴趣的时间段来搜索和检索图像，以便进一步处理或查看。搜索之后，可以选择最佳场景来制作马赛克，并将其下载到用户的存储空间。在文件部分，用户可以浏览以前保存在其存储空间中的文件。在搜索部分中搜索和检索的文件可以从门户网站的这个区域访问和查看。被称为终端的区域允许用户在 AWS 云中启动一台机器。在执行它之前，用户必须从可用的 22 种硬件配置中选择一种。每台机器都与每小时的使用成本相关联。在访问 SEPAL 账户时，用户每月会收到固定数量的积分。可用的机器配置选项是在 AWS EC2 服务中找到的一些可能性。在应用程序区域，用户可以使用应用程序来处理和分析以前存储在用户存储空间中的数据。当选择一个选项时,SEPAL 将应用程序代码部署到用户正在运行的机器上（或者实例化一个新的机器，如果没有活动的机器），并打开一个指向其界面的新浏览器窗口。目前可用的应用程序有 RStudio、Jupyter Notebook、Jupyter Lab 和运行在 R Shiny Server 上的交互式文档。

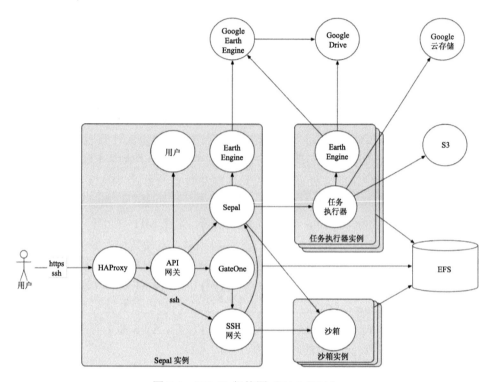

图 7.4　SEPAL 架构图（FAO,2020）

　　虽然 SEPAL 为用户提供了在其 web 界面（文件）上管理和查看数据的功能，但该平台不提供任何访问数据或向服务器发送处理请求的 web 服务。其特点更侧重于计算资源（虚拟机）的管理，并通过 web 界面（Process）帮助 EO 数据提供者进行数据预处理。SEPAL 自动将存储服务连接到用户分配的虚拟机，使以前下载的文件可用于用户的应用程序。在这种环境中，研究人员负责开发充分利用可用计算资源的应用程序。SEPAL 也不提供工具来促进用户之间的分析共享。

7.2.5　JEODPP

　　联合研究中心地球观测数据和处理平台（Joint Research Center Earth Observation Data and Processing Platform，JEODPP）是 Joint Research Center 自 2016 年以来为存储和处理海量对地观测数据而开发的封闭式解决方案。该平台数据存储和数据处理服务器分离，具有交互式数据处理和可视化、虚拟桌面和批量数据处理等功能。数据存储服务器使用 EOS 分布式文件系统，并以原始格式存储数据，仅添加金字塔索引以加快数据读取和可视化。

对于数据可视化，JEODPP 使用 Jupyter Notebook 在线编程环境，并提供一个 API 用于构建预定义函数所代表的处理链对象。构建可视化对象时，关联的处理链不会立即执行，而是只有在使用与对象关联的数据时才执行。这种松散的处理方法与 GEE 用于数据可视化所采用的方法相同。图 7.5 展示了 JEODPP 采用的数据处理和可视化流程，其中左边显示了处理链的注册流程，右边显示了用于可视化的数据交付流程。

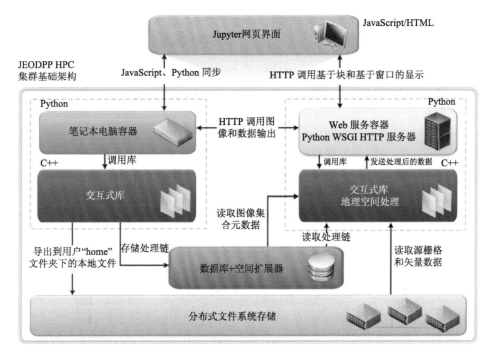

图 7.5　JEODPP 数据交互可视化与处理系统架构

对于虚拟桌面，JEODPP 使用 Apache Guacamole 系统，该系统允许通过浏览器查看远程 Linux 或 Windows 终端，这些终端已经预安装了用于处理对地观测数据的工具（如，R，Grass， GIS，QGIS，MATLAB 等），待处理数据可以通过 EOS 文件系统获得。

对于批处理模式，JEODPP 使用 HTCondor 框架在服务器上调度任务。用户负责将 HTCondor 集成到他们的应用程序中，以便利用集群服务器优势提高数据处理效率。由于 JEODPP 没有提供任何额外的抽象用于访问和操作这些数据，在这种处理模式中用户需要直接访问文件，因此需要了解文件夹结构和存储数据的格式。

当前，JEODPP 没有工具来促使研究人员之间的分析共享，没有开放源代码，分析共享功能仅供 JRC 内部使用。

7.2.6 OpenEO

OpenEO 项目于 2017 年 10 月启动，目的是整合现有可用的海量对地观测数据存储、处理和分析技术。因为对于许多专门从事遥感数据处理研究的用户而言，将个人数据迁移到云计算平台开展数据分析经常会遇到各式各样的困难，既包括技术操作困难，也包括诸如数据隐私方面的非技术困难。OpenEO 通过为科学家提供一种机制来约束他们的应用程序开发，并通过在不同系统中提供单一标准指导数据分析行为，甚至提供了不同供给者上传的处理程序的横向比较。通过这种方法，OpenEO 旨在降低对地观测社区在云计算技术和大型对地观测数据分析平台上的使用壁垒。为此，该系统已被开发为一个通用的开源接口（https://github.com/open-EO）（Apache 许可证 2.0），以促进存储系统之间的集成，并分析欧洲哥白尼计划的对地观测数据和应用程序。

图 7.6 显示了 OpenEO 采用的三层体系结构：①客户端 API 层由 R、Python 和 JavaScript 中的包或模块组成，可以作为研究人员开发分析的入口。这些 API 使用"粒"和"集合"两个术语来描述对地观测数据集。"粒"指的是一个有限

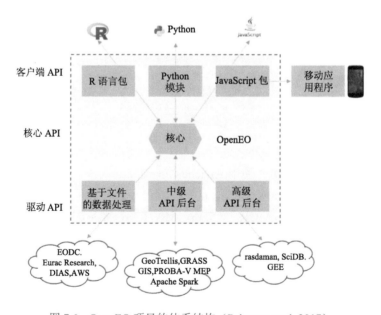

图 7.6　OpenEO 项目的体系结构（Pebesma et al.,2017）

的区域，表示可以独立管理的数据粒度较小。"集合"是共享相同产品规格的数据"粒"序列。②核心 API 层负责标准化客户端 API 请求，实现数据处理平台服务的统一访问。③驱动 API 层负责核心 API 与数据存储和处理服务（后端服务）之间的接口。

OpenEO 使用微服务来实现核心 API。这些网络服务使用 REST 风格体系结构，主要分为以下功能模块。

①检索功能：检索后端服务的功能，例如支持哪些身份验证方法以及可以执行哪些用户定义函数（UDF）；②EO 数据发现：描述哪些数据集和图像集合在后端服务上可用；③流程发现：提供每个后端提供程序可用的处理类型；④UDF 运行时发现：允许发现 UDF 执行的编程语言和环境；⑤作业管理：组织和管理在后端提供程序上运行的任务；⑥结果访问和服务：以 OGC 网络覆盖服务（WCS）或 OGC 网络地图服务（WMS）的形式提供数据恢复和处理结果的服务；⑦用户数据管理：管理用户账户，如存储和处理使用问题；⑧认证：提供用户认证功能。

客户端 API 和核心 API 层之间的交互是使用四个处理元素抽象实现的，这些抽象用于表示用户发送到 OpenEO 网络服务的对象。①流程图，用于定义流程调用，包括预定义函数的输入参数。对于更复杂的处理，这些流程图允许连接多个进程，其中一个进程可以接收另一个流程图作为参数。这种类型的计算调用等同于 GEE 使用的计算调用。②Task 代表了 OpenEO 采用的处理流中使用的另一种抽象。这些 Task 可以是惰性工作、批处理作业或者同步执行的任务。从作业执行开始，用户可以通过 OGC WCS 或 WMS 服务使其处理结果可获取。③OpenEO 使用的第三个抽象是用户自定义函数。在服务器端，它们以不同的方式向应用程序提供数据，表示用户可以在服务器端运行的函数接口。④OpenEO 提供的最后一个抽象是数据视图。该功能允许用户选择和配置要查看的数据的时间和空间分辨率。当只处理要查看的数据时，数据视图允许按需处理，类似于 GEE 的惰性工作模式（OpenEO，2020，2018）。

OpenEO 不严格约束后端用于数据存储或处理的技术，因此并不能保证所有功能函数都可用，也不保证应用程序在不同的后端以相同的方式工作。此外，OpenEO 也不提供计算基础设施来保证科学实验的可重复性。

7.2.7　pipsCloud 遥感云

pipsCloud 遥感云是中国科学院空天信息创新研究院自主研发的遥感大数据存储、处理及产品生产综合性解决方案（Wang et al.,2018）。最初版本来源于 2005 年开发的并行图像处理系统 PIPS（Parallel Image Processing System）（张杰，2016），具有近二十年开发历史，后来经由 2013 年立项的国家高技术研究发展计划（863

计划）项目—"星机地综合定量遥感系统与应用示范（二期）"进一步开发、完善，演变为当前的 pipsCloud 遥感云系统。pipsCloud 遥感云系统基于 OpenStack 虚拟化技术整合海量计算、存储、网络等物理资源构建虚拟化资源池，通过开发部署多数据中心环境下遥感数据集成管理系统、遥感数据处理及产品生产业务系统、大数据综合分析系统等，为用户提供集数据、处理、生产、计算平台、存储、综合分析等为一体的云端服务（图 7.7），为生态环境监测、国土资源普查、智慧城市等提供行业应用解决方案（阎继宁，2017）。

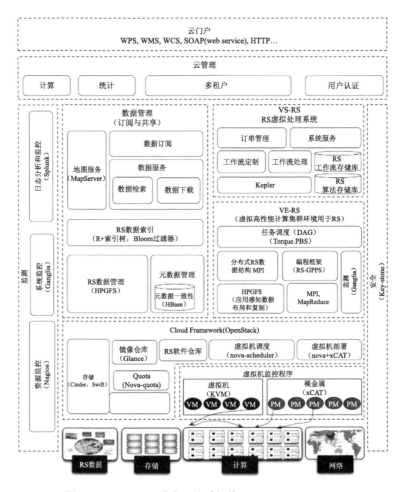

图 7.7　pipsCloud 遥感云体系架构（Wang et al.,2018）

　　pipsCloud 遥感云服务，以面向用户需求为目标，按需提供遥感数据服务、遥感数据处理服务、遥感产品生产服务、遥感计算平台服务、遥感云存储服务五种类型。整体信息服务流程如图 7.8 所示。

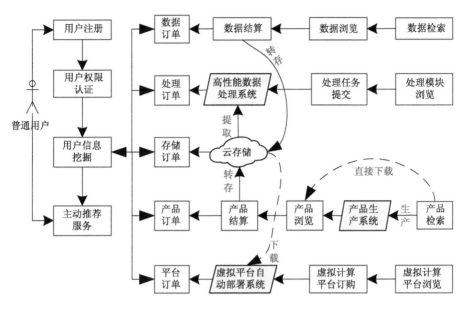

图 7.8　遥感信息服务流程图

（1）遥感数据服务

遥感数据服务子系统，主要提供多源遥感数据的检索、浏览、订购、分发共享、云存储等功能。数据检索包括单一传感器检索、卫星组网检索两种主要类型。数据检索的空间范围可以直接输入经纬度信息，也可以利用鼠标拉框选择，或者利用行政区划选择（仅限中国境内）；时间范围可以是连续时间区间，也可以跨年度的不连续时间区间。数据检索界面的基础地理底图采用 GeoServer 服务器发布，地图界面操作由 OpenLayers 3 实现（图 7.9）。遥感数据云储存主要由OpenStack-Swift 对象存储实现，用户通过申请个人云盘即可以获得云端数据存储服务，包括数据上传、下载、分享、目录创建及删除、扩容、云盘内搜索等功能（图 7.10）。

（2）遥感数据处理服务

遥感数据处理服务子系统，主要提供包括 0～2 级遥感数据预处理、遥感图像增强、遥感数据变换、特征提取、镶嵌、融合等在内的 90 余种串、并行遥感图像处理算法，为农业、林业、矿产、海洋等遥感行业应用提供产品生产服务（图 7.11）。

图 7.9　遥感数据检索界面

图 7.10　遥感云个人云盘存储界面

图 7.11　遥感数据处理服务界面

（3）遥感产品生产服务

遥感产品生产服务子系统，主要提供遥感数据精处理产品生产、反演指数产品生产、遥感专题产品生产三种类型服务。遥感数据精处理主要包括几何归一化、辐射归一化、融合、镶嵌等；反演指数产品主要包括归一化植被指数、归一化水体指数等在内的约 40 种遥感反演指数产品；专题产品主要包括农业专题、林业专题、矿产专题、海洋专题等直接面向应用的遥感数据产品或专题图。用户通过选择产品类型、时间范围、空间范围，即可提交产品生产订单。生产系统通过订单解析、工作流组织及执行、订单状态轮询、产品返回及归档等操作，最终将产品生产结果反馈给用户，供用户直接下载或者转存到个人云盘。遥感云数据处理及产品生产服务界面如图 7.12 所示。

图 7.12　遥感产品生产服务界面

（4）遥感计算平台服务

遥感计算平台服务子系统，主要提供 Windows、Linux 操作系统，ENVI、Erdas Image 遥感图像处理软件，Gdal、OpenCV 等遥感图像处理算法库的自动式部署（图 7.13）。

图 7.13　遥感计算平台服务界面

7.3 地球大数据云计算平台服务可持续发展典型案例—CASEarth Cloud

在前文的论述中已经提及，中国科学院战略性先导科技专项（A 类）"地球大数据科学工程"（CASEarth）是我国科学家应用地球大数据服务可持续发展的重大科技活动。作为 CASEarth 服务可持续发展的重要载体，CASEarth Cloud 是架构在专项私有云服务基础设施之上的，集成了海量数据存储管理、计算、分析挖掘、决策应用、可视化、服务等功能于一体的云服务系统，实现了从数据到信息再到可视化模拟的全过程功能（郭华东，2018）。

7.3.1 基础设施服务

地球大数据云计算平台的基础设施服务，包括云主机、存储服务、计算服务等类型。

1. 云主机

基于云计算技术面向使用者提供虚拟主机和物理主机，同时提供 Hadoop、Spark 等主流大数据处理框架的部署模板，以帮助使用者快速地、一键式地构建自有的大数据处理环境。大数据云系统由 218 台服务器、VM 镜像存储，依托 25Gbps 高速以太网、16Gbps 光纤通道网以集群架构组成。系统内同时配有 CPU 和 GPU 计算资源，其中 CPU 的总核心数超过 10000，总的双精度浮点计算能力 1PFlops。VM 镜像存储裸容量 4PB，IOPS 性能超过 150 万，同时配有 SSD 和机械磁盘，主要用于虚拟机镜像文件的存储，在云管平台软件的控制下，可实现虚拟机在不同物理主机间的迁移。

大数据云系统由七部分组成：资源管理、运维监控、运营管理、系统管理、PAAS 平台、服务目录、扩展服务。

（1）资源管理，云管理平台能够管理 X86 物理服务器、主流存储设备、主流网络设备，在完成虚拟化建设后，能够统一管理计算虚拟化（VMware、KVM）、存储虚拟化（分布式存储）、网络虚拟化（SDN、虚拟路由）、云备份等。支持对多种物理资源、虚拟资源统一抽象建模，以资源池的形式提供服务。

（2）运维监控，包括虚拟资源监控、硬件资源监控、应用资源监控、报表管理、大屏展示、拓扑管理、告警管理。

（3）运营管理，包括申请审批、虚拟数据中心、网络管理、虚拟机管理、计量计费、模板管理。申请审批为用户提供可自定义的申请审批流程；并与门户系统集成，用户可以在门户系统上完成流程审批。

（4）系统管理，包括用户管理、安全管理、日志管理、消息事件、授权管理。

（5）PAAS 平台，包括云数据库、云中间件、原系统容器化改造、数据库管理、

（6）服务目录， 包括云主机、分布式存储、云备份、虚拟网络、云防火墙、软硬云负载均衡、大数据资源管理、物理机管理，虚拟化软件自动部署、数据库管理、弹性伸缩功能。

（7）扩展服务，包括可编程 API、服务扩展、流程扩展、监控扩展、消息扩展、代理扩展；大数据云系统可以通过提供的 RestAPI、SDK，可以与第三方监控工具进行集成，使 IT 部门能够充分利用现有的投资。

2. 存储服务

CASEarth Cloud 数据存储系统总的裸容量≥40PB，由"文件存储系统"和"对象存储系统"两部组成。"文件存储系统"主要用于存储汇交的科研数据，裸容量≥20PB；"对象存储系统"主要用于将汇交的、有价值的科研数据以对象格式存储，方便后期的数据处理和发布共享，裸容量≥20PB。

（1）对象存储系统

对象存储服务是利用 x86 存储服务器集群，基于纠删码容错技术构建的稳定持久、高性能分布式存储服务，具有简单易用、安全、集约等优势。支持虚拟目录层次结构，适合存放现有的任意大小、类型的文件，可支持数十 PB 海量数据存储，存储桶空间无容量上限。用户可以通过 HTTP RESTFul API 和 FTP 协议访问对象数据，并可以很方便在系统网页进行数据上传、下载与共享。

（2）文件存储系统

文件存储设备之上是一个统一的文件存储设备管理系统，可以实现文件存储设备的逻辑虚拟化管理、多链路冗余管理，以及硬件设备的状态监控和故障维护。存储能力达到 50PB，为云服务平台提供基础设施形态的云服务能力，提供统一的存储服务。

3. 计算服务

（1）地球大数据云服务基础平台

地球大数据云服务基础平台是一套可扩展的高性能计算、高通量计算、云计算和大数据分析处理的专用计算机群，通用计算能力达到 1PF，云计算、大数据分析和处理能力 1PF，存储能力达到 50PB；包含一套地球大数据云服务基础平台系统软件，支持异构资源的聚合管理和统一调度，聚合新建和已有计算资源达到 200PF，存储资源达到 300PF，为专项提供基础设施形态的云服务能力，提供统一的计算和存储服务。

（2）深度学习云平台 OMAI

OMAI 深度学习平台是一款面向工业智能、支持国产基础设施的一站式人工智能云服务平台软件。它具备深度学习算法开发、模型训练、推理服务等能力，并以支持高性能计算技术和大规模分布式算法为特色，可实现公有云与私有云部署，从而帮助客户快速、优质地构建人工智能系统与算法能力，助力技术与产品的研发和应用。

OMAI 人工智能云服务系统具有如下特点：

1）高性能：以支持高性能计算领域的系统、算法和应用为特色，分布式训练的速度和规模显著优于开源产品，助力客户实现业务性能飞跃。

2）高效率：基于容器化技术高效管理软硬件资源，提供分布式批处理作业调度机制，有效提升机器资源利用率并降低人工运维管理开销。

3）易使用：提供简洁易用的 Web 控制台和 REST API，预置大量通用算法模型，特别支持多类自动学习能力，助力不同背景的用户快速达成目标。

4）一站式：提供深度学习全生命周期所需的开发环境、训练作业、推理服务、可视化工具等能力，以完整的解决方案帮助客户实现业务的智能化。

7.3.2　地球大数据服务

CASEarth Cloud 数据源主要包括基础地理与社会经济数据、对地观测数据、大气海洋数据和生物生态数据四大类型，采用多种管理方式相融合的混合模式实现数据管理，主要包括数据发现、数据汇交与出版、数据管理、数据共享四种服务（图 7.14）（Guo, 2020）。

1. 数据发现

数据发现主要提供 CASEarth Cloud 存储数据的检索服务，支持关键词全文检索，检索结果包括数据名称、创建时间、数据来源、数据标识、数据简介等元数据信息。原始数据文件由对象存储系统存储，支持注册用户的直接下载。数据发现服务主要提供基础地理与社会经济数据、大气海洋数据、生物生态数据的检索服务，截止到 2023 年 3 月，数据发现服务可以检索的数据条目 4756 条，访问地址为 http://portal.casearth.cn/dataRetrieval。

2. 数据汇交与出版

数据汇交与出版包含数据汇交服务和数据出版服务两种类型，汇聚了中国科学院长期积累的海量多元科学数据资源以及 CASEarth 专项产生的专题数据产品等，提供安全、稳定、规范的数据在线汇交与出版服务，使得出版数据具备可发现性、可重用性和可引用性。该系统于 2018 年 12 月正式上线，持续为专项提供常态化的数据汇交服务，访问地址为 http://repository.casearth.cn/和 https://www.scidb.cn/en/。

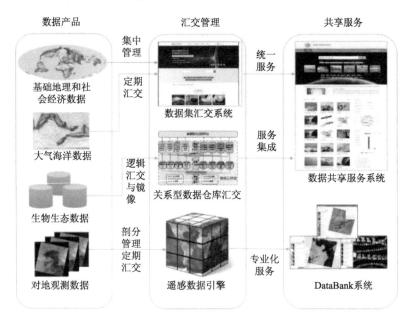

图 7.14　CASEarth Cloud 数据服务

数据汇交与出版服务系统技术架构如图 7.15 所示。基于统一的元数据规范，设计了数据对象 DO 模型和数据对象互操作 DOIP 协议，且按照微服务架构进行了设计。数据存储层依托 CASEarth 专项大数据云服务平台的基础设施与服务，数据集元数据采用 MongoDB 以支持元数据的扩展性；数据字典、权限管理等基础数据采用传统关系型数据库 MySQL 实现；采用 Redis 缓存提升数据读写速度，提升服务响应效率；采用对象存储实现数据实体文件的存储与访问支持。数据访问层按照数据对象 DO 模型进行数据集的封装，并提供 DO 存取服务。服务层按照微服务架构进行各类业务的服务化封装，包括数据集文件上传、项目组织管理服务、数据集管理与审核服务、基于 DOIP 协议的数据访问接口。

数据汇交与出版提供的服务包括：①可定制的数据共享模式，即数据汇交子系统提供可选的数据共享模式，旨在维护数据共享者的数据权益；②GB 级文件的在线上传，对上传文件进行分片切分，异步上传及合并，支持文件上传过程中的启动、暂停、删除等操作；③自动翻译助手，协助元数据填写过程中的英文填报，为扩大数据的传播力及影响力提供基础性服务；④灵活的专项目录层级管理，

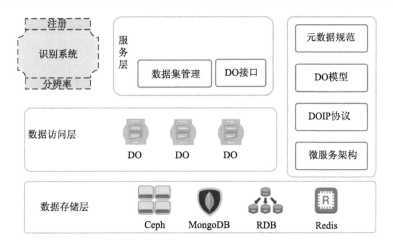

图 7.15 数据汇交与出版服务系统技术架构

支持项目/课题/子课题目录的多级子结构的创建与管理、基本信息维护，提供人员权限及账户信息管理等功能；⑤元数据模板管理与定制，提供统一的元数据管理服务，可通过后台管理系统定制或扩展元数据填写模板；⑥数据统计功能，面向系统管理角色提供数据统计功能；⑦邮件分发服务，后台管理系统嵌入便捷的邮件分发服务，协助专项管理人员分发通知信息；⑧API 服务，提供统一的 API 服务，共享上传数据资源至专项内其他子系统。

3. 数据管理

数据管理 CASEarth DataBank 系统集成多学科优势，形成数据、计算与服务的完整链条，创新大数据时代卫星遥感数据和信息服务模式，促进对地观测数据共享、多学科交叉融合和知识发现。提供长时序的多源对地观测即得即用（RTU）产品集（He et al., 2018），包括 1986 年中国遥感卫星地面站建设以来的全时序陆地卫星数据产品（2018 年提供 20 万景标准数据的 12 种产品，共计 240 万景）；基于 GF1、GF2、ZY3 等国产高分辨率遥感卫星数据制作的 2 m 分辨率动态全国一张图；利用 GF、Landsat、Sentinal 等国内外卫星数据制作的 30 m 分辨率动态全球一张图；重点区域的亚米级 RTU 产品集。制定了全球数据产品格网规范，自主研发了高效的格网数据引擎 Databox，实现长时序数据的标准化组织管理，支持 10TB 级遥感数据秒级快速读取访问。开发了地球数据挖掘引擎，引入人工智能等先进技术，面向一般用户、行业用户和科学家用户，提供不同层次的对地观测数据分析与信息挖掘服务。CASEarth DataBank 服务访问地址为 http://databank.casearth.cn。

CASEarth DataBank 的总体技术架构如图 7.16 所示。

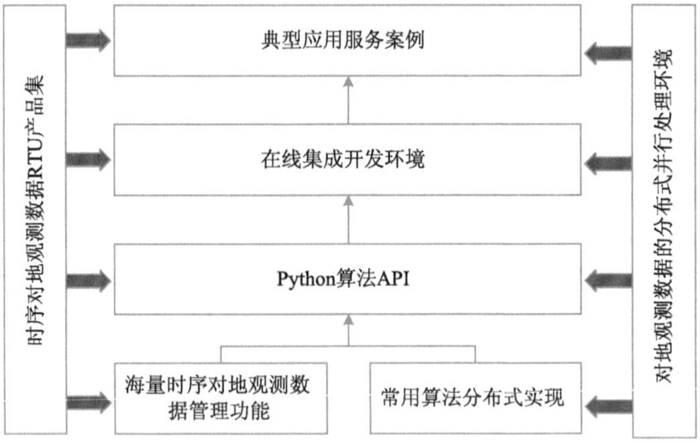

图 7.16　CASEarth DataBank 技术路线图

（1）时序对地观测数据 RTU 产品集

数据来源主要包括卫星数据（如 Landsat 系列卫星、国产系列卫星等）、科学数据（如地表覆盖产品、火烧迹地数据、极地冻融数据等）和其他数据（如基础地理数据、DEM 等）。其中，优先依托中国遥感卫星地面站的数据获取优势与存档数据资源，并结合其它对地观测数据，通过整合加工和标准化处理，建立 1986 年以来中国遥感卫星地面站接收的全时序高质量 Landsat 系列卫星数据 RTU 产品集。

（2）海量时序对地观测数据管理

研发遥感数据管理引擎（DataBox），实现海量时序对地观测数据的导入、存储、管理、高效检索与访问，提供统一的数据接口，并支持特定权限条件下的自定义栅格、矢量数据上传和下载功能。

（3）对地观测数据的分布式并行处理环境

设计多租户高可用并行任务调度框架，实现 PB 级海量对地观测数据的分布式处理。集成丰富的分布式计算算法，主要包括通用的数学运算、栅格数据的常用原子计算操作、矢量数据的常用运算、常用的图像处理算法、通用的机器学习和数据挖掘算法、遥感专业算法、面向应用的高级算法等。

（4）Python 算法 API

提供对地观测数据集检索、数据筛选、分布式计算、数据可视化、数据输出、用户界面开发等 API，支持采用流行的 Python 语言进行各级算法 API 的调用。

（5）在线集成开发环境

开发 Python 脚本在线编辑器，同时集成地图服务功能，在线执行 Python 脚本后可在地图服务中即时、交互式地显示运行结果。

（6）用户与服务

针对不同类型的用户，系统提供不同的服务：

1）普通用户：提供既有数据及结果产品的查询、加载、交互式展示、报表统计分析等功能。

2）专业用户：除查询、加载、展示既有数据产品外，还可利用已经定制好的专业模型，根据用户选定的数据集、时间范围、空间范围进行实时计算并显示结果，亦可进一步进行报表统计分析或时序信息挖掘。

3）科学家用户：提供丰富的应用程序开发接口，用户可查询和加载系统中的数据集，并基于这些 API 设计和开发自定义的服务功能；提供 Web UI 开发支持，使用户可以将算法或流程固化为控件，开发自定义的在线应用；提供 Python 脚本在线编辑器，同时集成地图服务功能，在线执行 Python 脚本后可在地图服务中即时、交互式地显示运行结果（当提交的计算任务耗时较长时，后台可自动根据用户在地图服务中浏览的位置信息优先执行该区域的运算，在最短时间内展示用户浏览区域的运算结果，以达到最佳的用户体验）。提供地图交互功能，例如对地图及结果信息的查询、几何形状的绘制工具等。

4. 数据共享

数据共享服务系统是 CASEarth 专项数据资源发布及共享服务的门户窗口，系统面向专项数据特点提供项目分类、关键词检索，标签云过滤，数据关联推荐等多种数据发现模式；提供在线下载、API 接口访问等多种数据获取模式；支持可定制的多格式数据在线查看、预览和查询；支持面向个性化需求统计、收藏、推荐、下载、评价服务。访问地址为 https://data.casearth.cn/。

核心功能包括：①数据发现与访问，实现基于关键词全文检索、地图时空、项目分类等多种模式的数据集发现访问服务。②数据过滤与排序，支持数据资源标签云展示及其逐级过滤服务，支持多属性条件过滤及定制排序显示。③数据关联与推荐，支持基于数据资源元数据的关联化计算及关联发现服务，支持基于用户行为的数据推荐服务。④数据浏览与展示，构建通用可扩展的数据在线展示管理与服务框架，支持基于文件类型的多种典型数据在线展示服务；支持表格型数据的在线查询与导出服务。⑤数据下载与评价，支持在线页面和 API 接口等方式实现数据集的在线下载访问；支持用户对数据资源打标签、评价、评论分享等社交功能。⑥数据个性化服务，支持用户行为日志的记录，访问及下载历史的展示，支持用户收藏管理和评论管理。⑦数据服务分类统计，支持多种层次的数据资源访问、下载情况分类、统计及展示服务。

7.3.3 地球大数据分析服务

地球大数据挖掘分析云服务 EarthDataMiner，目标为地球大数据领域科学家提供简单易用的挖掘分析环境，汇聚跨领域的共性模型，引入前沿机器学习算法，利用高质高效的模型与算法共享机制，提升多领域综合分析模型的创新设计质量和效率，降低开发难度，实现挖掘分析全流程的开发运行一体化支撑（Liu, 2020）。

1. 功能及特色

主要提供以下功能：①数据资源访问，对接 Databox 引擎，支持对 Databank 汇聚的遥感数据的检索和调用分析；支持用户自己上传文件数据进行管理分析。②Python 代码开发环境，实现代码管理、任务管理等功能，支持用户在线开发和执行 Python 代码，调用系统集成的算法，针对遥感影像数据和文件类型数据进行分析处理，并支持地图展示和图表展示。③挖掘分析模型与算法库管理，集成通用数学运算功能（基本数值运算、数组和矩阵运算、常用统计函数）、栅格数据常用原子操作（波段操作、元数据操作）、通用机器学习和数据挖掘算法（聚类、回归、分类），图像分析算法（语义分割、分类）等，支持用户在代码中调用，支持用户在线进行算法文档检索查看。支持用户对机器学习模型进行训练、保存和复用（Xu, 221）。

主要亮点及特性包括：①提出一体化的地球大数据挖掘分析技术体系并进行原型实现，提供给科学家的是基于 Web 的挖掘分析开发环境，尽可能提供类似桌面版集成开发环境的用户体验，支持目前数据科学最流行的 Python 语言的开发运行。②借鉴 Google Earth Engine 理念提供云服务，并创新的提出算法模型共享的概念，通过定义领域算法模型规范，支持领域科学家不仅共享领域数据，还可以共享训练好的模型或者算法代码。③支持用户开发代码选择跨平台算法库实现应用功能，将逐步推出服务支持 Spark、TensorFlow 等算法的调用，系统自动构建算法执行环境，并通过智能资源调度实现高效算法执行。

2. 系统架构

EarthDataMiner 基于云平台部署，采用通用大数据系统和机器学习系统作为底层计算支撑；在此基础上，提供满足领域特性需求的科学大数据分布式计算处理引擎和机器学习引擎，支持科学大数据分析处理的特殊过程，系统架构如图 7.17 所示。同时，挖掘分析任务具有数据密集型与资源密集型相结合的特征，也存在即时分析、在线分析以及离线分析等差异明显的服务响应需求，因此需要探索提供高效的资源管理和任务调度机制，以满足大规模并发用户的差异化支撑需求（钟华等，2018）。

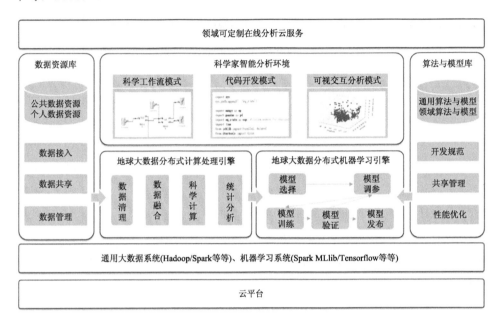

图 7.17　EarthDataMiner 系统架构

算法与模型库提供通用算法及模型、领域算法及模型管理，支持算法和模型的二次开发、共享与性能优化。其中，针对基于大数据训练得到的模型，可探索采用迁移学习等技术实现跨领域共享。数据资源库提供公共数据资源和个人数据资源管理，支持用户在数据资源库方便快捷地查找、导入个人数据资源，并进行数据共享。

EarthDataMiner 提供多种智能分析模式。其中，工作流模式主要面向领域内相对固化的分析场景；代码开发模式主要面向具有研发能力和灵活分析需求的科学家团队；可视交互式分析模式主要面向依赖可视化观察分析的应用场景。未来还可以扩展到虚拟现实、增强现实等更多的分析模式。

EarthDataMiner 通过浏览器提供在线的挖掘分析服务，用户通过注册账户就可开展一站式的分析工作，在此过程中云服务需要确保科学家数据安全和用户分析工作的隔离。此外，需要探索利用微服务架构，实现面向不同科学领域需求的领域化定制（Xu, 2020）。

EarthDataMiner 系统主界面如图 7.18 所示。

图 7.18　EarthDataMiner 主界面

　　其中，文件存储采用 Ceph 对象存储，Python 代码执行基于 Kubernetes 平台和 Jupyter Hub 实现，存储与任务执行支持分布式可扩展处理。系统集成了常用的 Python 算法库，并基于 Databox 开发了遥感影像数据处理算法库，目前已完成森林检测、水鸟识别、遥感地物识别、城市边界检测等 6 个典型领域应用的开发验证。

7.3.4　地球大数据可视化服务

　　数字地球科学平台可视化引擎（DESP Engine）是一套高性能、跨平台、功能完备、易于定制、开发便捷的数字地球可视化引擎。支持多行业扩展的轻量级高效能 GIS 开发平台，能够免安装、无插件地在浏览器中高效运行，并可快速接入与使用多种 GIS 数据和三维模型，呈现三维空间的可视化，完成平台在不同行业的灵活应用。可用于构建无插件、跨操作系统、跨浏览器的三维 GIS 应用程序。DESP Engine 使用 WebGL 来进行硬件加速图形化，跨平台、跨浏览器来实现真正的动态大数据三维可视化，可快速实现浏览器和移动端上美观、流畅的三维地图呈现与空间分析。

　　1. 组成模块

　　采用模块化的设计思想，遵循整体性、开放性、高扩展性、易维护性、实用性、可靠性与稳定性等原则，组件式开发、插件式管理，能够为数字地球科学平台的客户端和其他数字地球应用系统提供简便、易用、多版本的二次开发引擎。

DESP Engine 主要由 DESP Objects（组件集）、DESP Engine for WebGL（浏览器端 SDK）和 DESP Engine for Mobile（移动端 SDK）组成。

（1）DESP Objects（组件集）是一套桌面端的数字地球基础平台的核心组件集，主要包括 despCore（基础组件）、despDB（数据 IO 组件）、despUtil（工具组件）、despAna（分析组件）、despAI（人工智能组件）、despServics（服务组件）、despVis（可视化组件）、despPlugin（插件集）以及多个 despX（扩展组件）等，支持 Windows、Linux 等操作系统（赵许宁，2020）。

（2）DESP Engine for WebGL（浏览器端 SDK）是基于 HTML5 WebGL 的、无插件式的于浏览器端 SDK，将数字地球相关的数据解析、分析、可视化、服务等方法封装为统一的 Web 类库、接口与可复用的 Web 组件，具有兼容性好、操作简洁等优点，能够帮助用户快速构建无插件、跨操作系统和跨浏览器的三维数字地球网络服务系统。DESP Engine for WebGL 包含 despCore（数字地球基础类库）、despDB（数据读写类库）、despAna（分析类库）、despUtil（工具类库）、despVis（可视化类库）、despChart（图表类库）、despAI（人工智能类库）、despX（扩展类库）以及多个 Web 端功能组件等。

（3）DESP Engine for Mobile（移动端 SDK）是适用于移动端的数字地球二次开发引擎，在移动端操作系统、移动端开发语言与运行环境外、移动端底层开发相关的引三维擎与算法的基础上，研发移动端数字地球类库与组件，便于用户快速构建跨操作系统（Android/IOS/鸿蒙等）的三维数字地球应用程序。DESP Engine for Mobile 与 DESP Engine for WebGL 具备类似的模块划分和功能，包括 despCore（数字地球基础类库）、despDB（数据读写类库）、despAna（分析类库）、despUtil（工具类库）、despVis（可视化类库）、despChart（图表类库）、despAI（人工智能类库）、despX（扩展类库）以及多个移动端窗体组件。

2. 功能服务

DESP Enging 可以帮助开发者快速构建三维场景，提供以下功能：

（1）地球大数据解析与可视化

支持 40 多种数据格式解析与加载：地形/影像/矢量、OGC 标准图层、TIF、KML、时序数据、Json/GeoJson、DataBox 图层、三维模型、标量场/矢量场、街景、多媒体等；提供自定义数据插件扩展功能，满足自定义格式的数据的加载与可视化等需求；支持丰富多样的数据可视化形式，包括平面/球面图层、三维场景实体、三维标注、动态特效、体渲染、粒子系统、时序可视化等，能够为用户提供丰富多样、形象直观的数据可视化服务。

（2）空间分析能力

提供 10 余种常见的数字地球空间分析功能，包括空间测量、剖面分析、等高线分析、坡度坡向分析、挖填方分析、地形开挖、淹没分析、卷帘对比、多屏对比、通视分析、可视域分析、缓冲区分析、等时线分析、路径导航等。

（3）场景标绘与管理

为用户提供交互式的三维场景绘制、编辑与管理功能，主要包括三维场景几何图元标绘、态势标绘、模型标绘、粒子标绘等。几何图元标绘包括文本、点、折线、曲线、圆、矩形、多边形、墙、球、圆锥、圆台、圆柱、视锥等；态势标绘包括直箭头、多点直箭头、燕尾箭头、斜箭头、双箭头、闭合曲线、扇形搜索等。

（4）场景与数据特效

提供多种环境特效，包括雨雪雾、光照、大气层、泛光、夜视、立体云等效果；支持包括粒子、动态点、流动线、闪烁、扫描等多种特效，增强了三维场景的表达能力。

（5）场景交互

提供了包括比例尺、导航面板、放大缩小、坐标信息提示、时间轴等多种场景交互工具，可实现视点漫游、路径飞行、视点定位等功能。

（6）图表

提供了线状图、散点图、饼图、矩形树图、旭日图、树状图、关系图、柱状图、平行坐标系、雷达图、河流图、漏斗图、桑基图、等值线、流动线、热力图、方格图、蜂巢图等多种图标，支持 echarts、MapV 等第三方库扩展。

7.3.5 科学与决策支持服务

CASEarth Cloud 科学与决策支持服务，主要包括数字"一带一路"、全景美丽中国、生物多样性与生态安全、三维信息海洋、时空三极环境和数字地球科学平台。

1. 数字"一带一路"

数字"一带一路"地球大数据系统（DBAR），主要包括数据服务、应用服务以及 SDGs 知识库三个主要服务类型，服务访问地址为 http://www.opendbar.cn/。

（1）数据服务主要为用户提供相关数据的 GIS 展示、文件下载、文件检索等。

（2）应用服务主要包括：①TerraView-SDGs，该应用通过收集、整理 SDG 相关数据，提供 SDG 指标全球尺度的可视化、SDG 指标计算数据的浏览、SDG 指标的对比分析以及可视化图表的定制与输出。②TerraView-SatEYE，SatEYEs 是一个在线地图工具，用于为政府、企业和公众提供海量空间数据的便捷访问方式，促进数据的开放和共享。③TerraView-Fire，森林火灾会对人、财产和野生动物造成危险，对森林的健康至关重要，TerraView-Fire 利用遥感卫星探测全球范围内的火点并提供历史火灾数据以及火灾事件的统计分析。④TerraView-COVIDTracker，自 2020 年 COVID 全球疫情发生以来，该应用通过收集、整理 COVID-19 相关数据，提供了一个从多维度了解全球疫情分布情况及变化趋势的可视化窗口，并实现报表的定制和输出。

（3）SDGs 知识库主要为用户普及和展示 SDG 相关的指标知识，提供多种语言的各年度 SDGs 报告文件。

2. 全景美丽中国

全景美丽中国大数据综合集成平台，主要有数据集成、系统集成、模型集成等几大功能（图 7.19）。

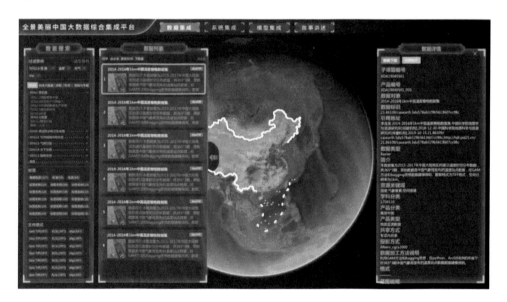

图 7.19　EarthDataMiner 主界面

（1）数据集成，集成了 CASEarth 专项"全景美丽中国"全部课题空间数据，支持分类搜索，数据添加标签，数据可支持在系统地图上进行渲染展示。

（2）系统集成，集成了 CASEarth 专项"全景美丽中国"子课题系统，通过此功能可直接进入各个子系统。

（3）模型集成，提供数据运算模型工具，对用户上传的空间数据进行分析，主要有树种智能识别、动物智能识别、林下地形识别、环境因子分析、土地覆盖、生物量与生产力分析、局地三维景观分析。

3. 生物多样性与生态安全

生物多样性与生态安全 BioONE 大数据平台，以生物物种为核心，广泛整合文献及国内外相关数据库，加工产出中国古脊椎动物数据、中国古人类数据、古 DNA 数据和三维数字形态数据、CAS Earth 生命百科、物种性状特征数据集、生物物种名录、在线中国生物地图、生物遗传资源数据、原始组学数据、重要生物 DNA 条形码数据和植物迁地保护数据等系列数据产品（图 7.20）。建设全球古生物分类名录及化石标本数据、全球微生物资源目录、原始组学数据等具有国际影响力的数据库。研发 1∶50 万植被类型图、物种智能识别工具、大数据在线分析挖掘系统及 BioONE 搜索引擎。

图 7.20　生物多样性与生态安全主界面

4. 三维信息海洋

CASEarth-Ocean 海洋数据可视化决策支持服务系统（"海洋球"），系统前端框架采用 React，同时基于 Cesium 开源三维球体引擎实现数据的三维交互。后端采用 SpringBoot 架构，并结合 Redis 对影像瓦片做优先缓存。数据库采用 MangoDB 实现不同类型站位数据和信息的快速响应。

系统汇聚了浮标、潜标、航次调查等海洋科考据数据以及海洋化学数据、海洋生态数据、海洋地质数据、物理海洋数据等不同学科的海洋数据资源。共形成 11 个专题应用模块：海洋数据获取，全球气候变化，近海生态健康，海洋科学探索，南海岛礁专题，海洋 AI 分析，ENSO 预报，风暴潮灾害预警，海洋生态牧场，近海四维变分同化预报，"一带一路"印度洋环境预报。

5. 时空三极环境

时空三极环境大数据平台（简称三极大数据平台），以地球大数据专项云平台为基础，集成三极多要素数据、三极多圈层模型和大数据分析方法，有效实现了三极数据汇聚、处理、产品研制一体化管理和共享，并提供三极可持续发展评价及决策支持服务。三极大数据平台是地球大数据专项 SDG 平台的子系统，围绕三极气候、海洋、生物、水、城市等 SDGs 目标，平台主要从三个方面为 SDG 指标监测与评估提供支撑：① 提供三极 SDGs 产品共享服务，努力成为联合国可持续发展目标实施数据提供者、生产者；② 开展三极不同区域 SDG 指标的在线计算；③ SDGs 成果可视化展示（图 7.21）。

图 7.21　时空三极环境大数据平台主界面

三极大数据平台的建立，不仅可极大地提升我国三极研究的基础支撑能力、科技服务能力、决策支持能力，而且通过生产新的数据集，从而进一步提高监测指标的覆盖范围，并可提供更及时的数据以填补和重构时间序列的空缺，在此基础上，得到时空分辨率更精细的 SDG 指标监测结果，服务于专项 SDGs 中心建设

（郭华东，2021）。

三极大数据平台，是集 SDGs 数据共享、在线计算及三维可视化分析于一体的信息服务云平台（http://casearthpoles.tpdc.ac.cn/），它是开放数据系统中连接决策者、数据贡献者、数据和数据用户的中介机构。经过 5 年的不断优化，平台已形成存储、处理、加工、分析、挖掘和发布等数据全生命周期规范化管理，部署在中国科学院战略先导专项地球大数据科学工程提供的云平台中，进行业务化运行。三极大数据平台从政策、管理、技术和国际化等方面加强开放数据措施，打破了当前三极 SDGs 数据共享的瓶颈，全球用户都能在统一的共享与交换标准下公开访问和使用由平台集成的 SDGs 数据，共同推动基于大数据驱动的三极科学研究。

三极大数据平台实现了三极 SDGs 数据可视化和决策支持服务，初步建立"数据-信息-决策"的决策支持体系，为三极 SDGs 科学研究提供有力的计算和分析工具，如北极海冰预测及冰区航线智能规划服务已应用到业务部门，提供实时海冰预报信息服务，为北极航道规划、极地治理提供决策依据。三极大数据平台将进一步集成与共享三极协同与对比研究的创新成果，以支持三极地区实现联合国可持续发展，服务于专项 SDG 中心建设。

6. 数字地球科学平台

数字地球科学平台，网站首页集成了数字地球基础平台、地球大数据决策支持公众平台、数字地球应用系统、空间产品生产系统和数字地球后端系统，为这 5 个系统以及系统下的应用进行简要介绍并提供入口。

网站接入统一认证，实现在门户的一次登录就可体验所有系统，减少用户登录次数，提升体验效果。门户网站以视频形式对数字地球科学平台系统实现效果及 CASEarth "数字地球科学平台"项目成果进行展示，并提供搜索功能可以方便地对成果进行搜索展示（图 7.22）。

7.3.6 SDG 大数据平台

1. 专有环境与服务能力

SDG 大数据平台系统采用自主设计的新型超融合系统架构，融合了超级计算、大数据云、数据存储、高速网络四大子系统。具备每秒 1000 万亿次的双精度浮点超级计算能力，50PB 数据存储能力，10000 CPU 核心云计算能力。平台部署了自主研发的大数据管理、计算分析与可视化等核心软件，已汇聚数据量达到 10PB。创建了面向 SDG 应用的集成服务环境，实现了 SDGSAT-1 号卫星运控处理、数据共享服务管理以及 SDG 指标协同分析功能。建成了世界先进的 SDGs

决策支持和综合分析可视化模拟平台。

图 7.22   数字地球科学平台主界面

2. 特色产品与服务

系统整合基础地理、遥感、地面监测、社会统计等多种数据，贯通"大数据存储—管理—计算分析—可视化"流程，集成了百余种专用数据分析与人工智能算法工具，通过统一服务的中英文双语门户系统，为 SDGs 研究与决策提供数据产品按需生产、指标在线计算、交互式分析与决策支持、SDGs 专用数据存储库等核心功能，数据产品按需生产和 SDGs 指标在线计算等多种云服务。科研人员只需通过一台个人计算机连上互联网，就可以实现 TB 量级数据交互式在线分析，按需生产所需的数据产品，以及各类指标在线计算和可视化展示。

3. SDG 工作台

基于云原生架构为科研人员提供集成的在线工作环境。用户可以在线使用多种 SDGs 工具及开源工具软件，访问个人数据及共享数据，申请云资源，在线开展 SDGs 计算分析，在线研发部署个人科研应用。

4. 服务成效与展望

SDG 大数据平台突破了超大规模分布式计算资源统一调度和聚合服务、PB

级格网数据组织管理与计算、地球大数据交互式在线分析等一系列技术瓶颈，已成为联合国技术促进机制促进可持续发展目标在线平台的有机组成，将为联合国2030年可持续发展议程持续作出重要贡献（郭华东，2018；郭华东 等，2021）。

7.4 小　结

地球大数据云计算平台，以其海量存储、高性能计算能力以及按需弹性扩展服务模式，为地球科学数据分析与挖掘提供了保障，为推动人类社会可持续发展做出了卓越贡献（杨明等，2021）。相比于国外，中国的地球大数据云计算平台虽然起步稍晚，但是经过近年来中国高分专项、中国科学院战略性先导科技专项（A 类）"地球大数据科学工程"（CASEarth）等国家重大专项的研究支持，在地球数据归档、云计算平台原型系统构建以及云计算平台服务可持续发展方面取得了巨大成效，引领了该方向的世界前沿。

然而，地球大数据云计算平台仍旧面临着以下挑战：

（1）绿色云计算。云计算作为一种按需供给的弹性集群计算模式，本身是一种绿色计算技术，可以提高社会整体的信息资源利用率。然而，想达到"零碳云"的理想目标，需要在计算模式、资源调度、负载均衡、制冷等各个方面进行优化，对于云计算平台开发、运维都提出了极大挑战。地球大数据云计算平台，作为一种典型的特殊业务型服务模式，如何在地球大数据服务和绿色计算之间找到最优平衡，永远是科技工作者努力的方向。

（2）可信云服务。地球大数据云计算平台，业务繁杂，服务供给与服务对象遍布在各个业务部门。由于各个行业的专业性与特殊性，供给的数据、计算服务不可避免地存在"孤岛现象"，导致云计算平台提供的服务不完全可信。因此，如何在保护行业数据隐私的情况下，尽可能地保证服务可信，将是地球大数据云计算服务提供者追求的目标。

（3）移动云服务。由于地球大数据体量大、多图层数据格式以及多分辨率可视化需求，当前绝大部分的地球大数据云计算平台均无法提供移动端的掌上服务。然而，随着 5G 通讯技术以及移动终端的发展，已经基本满足了移动端地球大数据服务需求。开发适用于移动端的地球大数据云计算服务软件，并能够保证桌面端的用户体验，将是地球大数据云计算平台的发展方向。

参 考 文 献

陈跃国, 王京春, 等. 2004. 数据集成综述.

程伟, 钱晓明, 李世卫, 等. 2022 时空遥感云计算平台 PIE-Engine Studio 的研究与应用. 遥感学报, (2): 335-347.

段文峰. 2014. 无线电智能监测系统中的 GIS 技术研究. 成都: 西华大学.

葛文双, 郑和芳, 刘天龙, 等. 2020. 面向数据的云计算研究及应用综述. 电子技术应用, 46(8): 46-53.

古琳. 2008. 全球遥感数据剖分目录模型. 北京: 北京大学.

关丽, 程承旗, 吕雪锋 2009. 基于球面剖分格网的矢量数据组织模型研究. 地理与地理信息科学, 25: 23-27.

郭华东, 梁栋, 陈方, 等. 2021. 地球大数据促进联合国可持续发展目标实现. 中国科学院院刊, (8): 874-884.

郭华东. 2018. 地球大数据科学工程. 中国科学院院刊, (8): 818-824.

郭辉, 程承旗, 迟占福. 2009. 基于全球剖分模型的遥感影像变化区域表达和分发. 地理与地理信息科学, 25: 9-12.

蒯向春. 2017. 云网融合应用关键技术研究与设计. 南京: 南京邮电大学.

李朋飞. 2017. 遥感云计算中的基础设施关键技术研究. 秦皇岛: 燕山大学.

刘志远. 2020. "地球大数据科学工程"这 2 年: 读懂地球, 在路上——专访"地球大数据科学工程"专项负责人郭华东院士. 科技导报, (3): 132-134.

宋树华, 程承旗, 濮国梁, 等. 2013. 基于 EMD 的遥感影像数据组织模型. 地理与地理信息科学, 29: 21-25.

阎继宁. 2017. 多数据中心架构下遥感云数据管理及产品生产关键技术研究. 北京: 中国科学院大学(中国科学院遥感与数字地球研究所).

杨明, 周桔, 曾艳, 等. 2021. 我国生物多样性保护的主要进展及工作建议. 中国科学院院刊, (4): 399-408.

张弛. 2021. 面向全球变化参数的遥感大数据处理技术研究. 秦皇岛: 燕山大学.

张杰. 2016. 多数据中心协同多源遥感产品生产系统支撑平台关键技术研究. 北京: 中国科学院大学(中国科学院遥感与数字地球研究所)

赵许宁. 2020. 基于 DESP Engine 的邻近空间大气风场可视化自适应研究. 桂林: 桂林理工大学.

钟华, 刘杰, 王伟. 2018. 科学大数据智能分析软件的现状与趋势. 中国科学院院刊, (8): 812-817.

Dhage S P, Subhash T R, Kotkar R V, et al. 2020. An Overview-Google File System(GFS)and Hadoop Distributed File System(HDFS). SAMRIDDHI: A Journal of Physical Sciences, Engineering and Technology, 12(SUP 1): 126-128.

FAO. SEPAL Repository. 2020. Available online: https: //github.com/openforis/sepal/(accessed on 7 February 2020)

Gorelick N, Hancher M, Dixon M, et al. 2017. Google Earth Engine: Planetary-scale geospatial analysis for everyone. Remote Sensing of Environment. 202: 18-27.

Guo H, Chen H, Chen L, et al. 2020. Progress on CASEarth satellite development. Chinese Journal of Space Science，40(5): 707-717.

Hassan M U, Yaqoob I, Zulfiqar S, et al. 2021. HBase 存储架构综合研究——系统文献综述. 对称, 13(1): 109.

He G, Zhang Z, Jiao W, et al. 2018. Generation of ready to use (RTU) products over China based on Landsat series data, Big Earth Data, 2: 1, 56-64, DOI: 10. 1080/20964471. 2018. 1433370.

Lewis A, Oliver S, Lymburner L, et al. 2017. The Australian geoscience data cube—foundations and lessons learned. Remote Sensing of Environment, 202: 276-292.

Liu J, Wang W, Zhong H. 2020. EarthDataMiner: a cloud-based big earth data intelligence analysis platform//IOP conference series: earth and environmental science. IOP Publishing, 509(1): 012032.

Open Data Cube. 2019. Available online: https: //www.opendatacube.org/(accessed on 13 June 2019).

Open Data Cube. 2020. Open Data Cube Manual. 2020. Available online: https: //datacube-core. readthedocs.io/e n/latest/(accessed on 7 February 2020).

OpenEO. OpenEO Documentation. 2020. Available online: https: //openeo.org/documentation/0. 4/(accessed on 10 January 2020).

OpenEO. OpenEO—Concepts and API Reference. 2018. Available online: https: //open-eo.github. io/open eo-api/arch/index. html(accessed on 10 January 2020).

Pandey R. 2020. Comparing VMware Fusion, Oracle VirtualBox, Parallels Desktop implemented as Type-2 hypervisors.

Pebesma E, Wagner W, Schramm M, et al. 2017. OpenEO—A common, open source interface between earth observation data infrastructures and front-end applications. Technical Report. Technische Universitaet Wien: Vienna, Austria.

Sinergise. 2020.Sentinel Hub by Sinergise. Available online: https: //www.sentinel-hub.com/ (accessed on 10 January 2020).

Wang L, Ma Y, Yan J, et al. 2018. PipsCloud: High performance cloud computing for remote sensing big data management and processing. Future Generation Computer System, 78, 353-368.

Wang T, Yao S H, Xu Z Q, et al. 2015. An effective strategy for improving small file problem in distributed file system. 2015 2nd International Conference on Information Science and Control Engineering, Shanghai, 122-126.

Xu C, Du X, Yan Z, et al. 2020. ScienceEarth: a big data platform for remote sensing data processing. Remote Sensing. 12(4): 607. https: //doi.org/10.3390/rs12040607.

Xu C, et al. 2022. A modular remote sensing big data framework. in IEEE Transactions on Geoscience and Remote Sensing, 60: 1-11, Art no. 3000311, doi: 10. 1109/TGRS. 2021. 3100601.

Zhe Y, Wei X Z, Dong C, et al. 2015. A fast UAV image stitching method on GeoSOT. 2015 IEEE International Geoscience and Remote Sensing Symposium, Milan, 1785-1788.

第 *8* 章

地球大数据智能挖掘

人工智能（artificial intelligence，AI）由 J. McCarthy 和 ML Minsky 于 1956 年提出，是一门研究和开发用于模拟和扩展人类智能的理论、方法、技术和应用系统的技术科学（McCarthy et al.，2006）。人工智能的知识发现方法，类似于人脑学习知识的过程（图 8.1），通过历史数据的训练和学习构建完整的知识发现模型；然后，对新输入的数据进行分类和预测，最终获得隐藏的知识和规则（Wang et al.，2009）。基于人工智能的知识发现方法可以充分利用大数据的优势，有效消除海量信息中的不确定性，充分挖掘各类型大数据之间的隐藏关系，从而有助于全面分析地球科学现象和发展规律，以实现对现有信息的详细分析及未来趋势的精准预测。

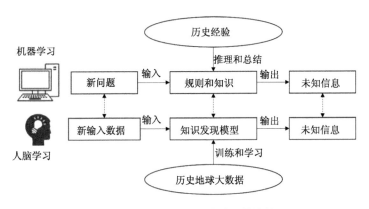

图 8.1　机器学习与人脑学习的比较

近年来，特别是随着深度学习（deep learning，DL）技术的出现和快速发展，基于人工智能的知识发现方法已成为当前地学知识发现的主要分析工具和技术手段。通过对目前基于人工智能的知识发现方法的深入研究，我们根据其发展阶段将它们分为四种典型类型：（a）基于规则的方法，（b）数据驱动的方法，（c）

强化学习方法，以及（d）集成方法（Zhuang et al.，2017）（图 8.2）。

基于规则的方法	数据驱动方法	强化学习方法	集成方法
● 专家系统 ● 决策树 ● 关联规则学习	● k-NN ● DTW ● 朴素贝叶斯 ● 贝叶斯网络 ● SVM & SVR ● 爬山法 ● 遗传算法 ● ANN &CNN ● RNN & LSTM ● 迁移学习	● Q-learning ● Deep Q-learning ● Q-network ● Deep Q-network	● 随机森林 ● AdaBoost

图 8.2　基于人工智能的知识发现方法及其常用算法

8.1　基于规则的地球大数据挖掘方法

基于规则的方法是早期人工智能技术的研究重点，它使用专家知识、约定规则和推理方法从大数据中提取有用的知识。该方法具有很强的解释性，与人类逻辑推理的过程一致。但是可扩展性差，这类似于人类天生具有固定的知识，一旦模型建立，规则就不能随不同时间和场景而改变，导致无法解决没有规则设计的新问题（Li and Chen, 2005; Tseng et al., 2008）。基于规则的知识提取方法主要有专家系统（Goodenough et al., 1987）、决策树（Friedl and Brodley, 1997）以及关联规则学习（Piatetsky-Shapiro, 1991）。

8.1.1　专家系统

专家系统是将某一领域或学科专家的经验、方法和 AI 相结合的产物，在计算机系统强大计算能力的支持下，利用 AI 技术模拟该领域或学科专家的思维过程。在地球科学这一领域，此类方法通常用于解决较为复杂的地学问题（Matsuyama, 1987），其基本原则如图 8.3 所示。

目前，地球科学专家系统利用成熟的专家知识和规则来快速完成信息提取和分类等任务，实现了高效率和低错误率地学数据分析。但是，由于存储在专家系统中的知识是有限的且是人为输入的，所以专家系统一般不具备自动学习和扩展能力，其模型的泛化能力也明显不足。

8.1.2　决策树

决策树是由结点和有向边组成的预测模型，其中每个结点包括内部结点和叶结点的两种类型的结点。一个内部结点代表一个特征或属性，一个叶结点代表一个类别标签。从内部根结点到叶结点的有向路径代表分类规则，这些规则通常从统计结果或专家经验中获得（Xu et al., 2005），其基本原理和分类过程如图 8.4 所示。

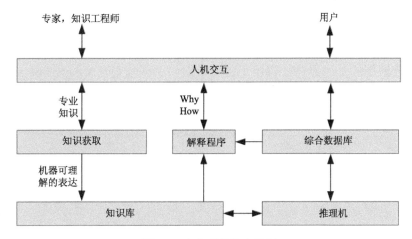

图 8.3　专家系统基本原则

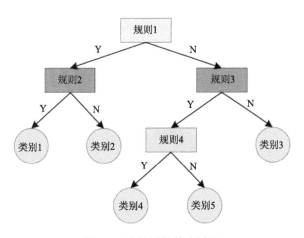

图 8.4　决策树的基本原理

作为典型的基于规则的分类器，决策树非常容易理解和解释，并且可以结合其他决策技术形成集成学习分类器，比如随机森林。然而，决策树的分类结果通常相对依赖于人为设置的分类规则，在大多数情况下不能适应各种不同的情况的场景，以至于其分类结果出现偏差。

8.1.3 关联规则学习

关联规则学习是一种典型的机器学习方法，旨在针对一些预先构建的规则来发现数据集中项集之间的相互关系。在空间地球大数据挖掘过程中，常用的关联规则学习方法主要有 Apriori 和 FP-growth（也称为 FP-Tree）等。

Apriori 是挖掘频繁项集最常用和最经典的算法。其基本思想是基于广度优先搜索策略统计项集的支持度，并通过剪枝的方法生成频繁项集。生成的频繁项集代表了数据集的基本趋势，可用于进一步分析关联规则（Agrawal et al., 1993; Srikant & Agrawal, 1996）。图 8.5 显示了 Apriori 的基本原理和频繁项集挖掘过程。

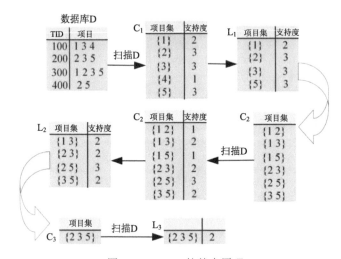

图 8.5 Apriori 的基本原理

Apriori 算法是一种生成一个候选集并检查它是否频繁的方法，但当数据集较大时，Apriori 需要不断地扫描数据集，这同时也会导致运行效率低下。为了解决这个问题，FP-growth 算法在同样的模式构架下，选择将数据集中的项集映射到一个 FP-Tree，然后根据这个 Tree 来寻找频繁项集。相比于 Apriori 算法，FP-Tree 的构建过程只需要扫描数据集两次，大大提高了运行效率（Han et al., 2000）。图 8.6 显示了 FP-Tree 的基本原理和频繁项集查找过程。

基于其工作机制，关联规则学习方法能利用先验知识进行频繁项集挖掘，可以有效地发现隐藏在海量地球数据中的地物特征分布规律。然而，有时候为了找到尽可能多的感兴趣模式，它必须在一个非常大的信息分布空间中展开搜索，无疑需要较多的搜索时间。此外，与决策树方法类似，鉴于先验知识的有限性，此类方法在很多应用中同样受到了限制。

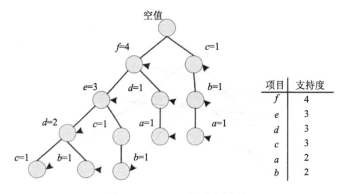

图 8.6 FP-Tree 的基本原理

8.2 数据驱动的数据挖掘方法

数据驱动的知识发现方法，即通过对历史数据的训练和学习，构建完整的数据分析和知识蒸馏模型，并自动的从新输入的数据中提取信息、发现知识（Guo et al., 2014）。该方法随着地球观测数据采集和存储手段的不断发展逐渐推进和普及，特别是随着地球大数据时代的到来，海量的地球观测数据为知识发现方法提供了丰富的学习样本和驱动因素。

数据驱动方法可以直接从大数据中提取深层知识（而不是预定义规则），近年来它已成为知识发现相关领域的热门研究课题（Ghorbani Nejad et al., 2017）。然而，数据驱动方法仍然具有严重的数据依赖性，特别是当训练和学习样本较少或缺失时，极大可能无法获得预期的结果。一般来说，常用的数据驱动方法包括 k 近邻算法（k-nearest neighbor, k-NN）和动态时间规整（dynamic time warping，DTW）、贝叶斯方法、支持向量机（support vector machines，SVM）和支持向量回归（support vector regression , SVR）、启发式搜索、人工神经网络（artificial neural network，ANN）和深度学习（deep learning，DL）、迁移学习等。

8.2.1 k 近邻算法（k-NN）与动态时间规整（DTW）

给定一组输入特征和一组离散输出类别，需要对两者之间的关系进行建模，这就是一个经典的分类问题。对于这类问题可用的算法有多种，其中包括决策树、朴素贝叶斯分类器、SVM 和 k-NN 算法。然而，如果输入特征并非相互独立的，例如时间序列数据，那么 SVM 和朴素贝叶斯算法便不能胜任该任务，因为他们的前提需要输入的特征相互独立。而在非独立条件下，k-NN 算法主要依赖于衡量输入样本之间相似度，因此该类算法表现出其优越性。

在一个 k-NN 分类问题中，如果 k 个最近邻样本中的多数属于一个特定的类别，那么待定样本也属于这个类别并被赋予这些样本的特征，如图 8.7 所示。

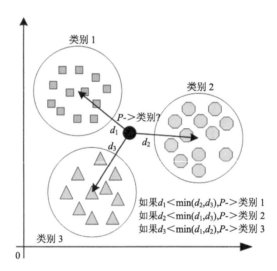

图 8.7　k-NN 的基本原理

经典的 k-NN 算法主要使用欧氏距离来衡量类别之间的相似性，给定两个长度相同且均为 n 的时间序列 Q 和 C，其中 $\vec{Q} = [q_1, q_2, \cdots, q_n]$，$\vec{C} = [c_1, c_2, \cdots, c_n]$，他们之间的欧氏距离定义如下式所示：

$$d(Q,C) = \sqrt{\sum_{i=1}^{n}(q_i - c_i)^2}$$

一般情况下，两个序列之间的时间点如果能够严格对齐，欧氏距离就能够准确地表示他们之间的相似性。然而，在地球科学领域，不同时间年份通过遥感探测获取的时间序列数据会受到诸如云层等天气因素的影响而表现出不同的长度。也就是说，不同年份相同类型特征的时间序列曲线往往无法实现严格的时间对齐，在这种情况下，欧氏距离就无法准确地衡量时间序列之间的相似性。

针对这种序列非线性对齐的情况，动态时间规整能有效地弥补的欧氏距离无法克服时间对齐的问题。给定两个长度分别为 m 和 n 的时间序列 Q 和 C，我们首先构造一个 $m \times n$ 阶矩阵，其中第 i 行 j 列元素表示 q_i 和 c_j 之间的欧氏距离，如图 8.8 所示。

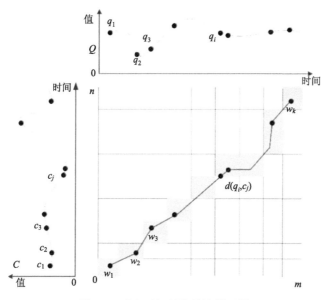

图 8.8　动态时间规整算法原理图

曲线 C 和曲线 Q 表示两个不同时间序列，分别位于图左侧与图上方，黄色方格形成的路径表示 Q 和 C 的最短距离

我们将路径表示为 W，其中 $\overline{W} = [w_1, w_2, \cdots, w_n]$，每一个元素表示 Q 中的一个点与 C 中的一个点之间的欧氏距离：

$$w_k = \sqrt{(q_i - c_i)^2}$$

优化目标是寻找一条代价最小的路径并满足如下规则：

$$\mathrm{DTW}(Q, C) = \frac{1}{K} \times \min\left(\sum_{k=1}^{K} w_k\right) = \frac{1}{K} \times \gamma_K = \frac{1}{K} \times \gamma(i, j)$$

当 K 作为分母时，主要是为了弥补不同长度的常规路径以及必须满足条件 $\max(m, n) \leqslant K < m+n+1$

其中 γ_K 表示最小累计距离，可以通过动态规划将其概括为以下递归函数：

$$r(i, j) = \sqrt{(q_i - c_j)^2} + \min\left(\gamma(i-1, j-1), \gamma(i-1, j), \gamma(i, j-1)\right)?$$

根据上述基于 DTW 的相似性度量思想，我们可以使用 k-NN-DTW 算法对时间序列进行分类。

作为一种简单、易于实现的有监督机器学习算法，k-NN 算法可用于解决大部分数据分类问题。此外，借助基于 DTW 的相似性度量，k-NN 可以克服时间错位问题并获得良好的时间序列分类和变化检测结果。然而，k-NN 和 DTW 都存在计算量大的问题，近几年来，如何提高运算效率仍然是基于 k-NN 和 DTW 算法所面临的主要挑战。

8.2.2 贝叶斯方法

知识发现的贝叶斯方法采用贝叶斯规则从大数据中推断模型参数，以构建机遇特征的概率模型，并使用该模型预测新输入数据集的类型分布（Datcu et al., 1998;Suthaharan, 2019）。空间地球大数据挖掘中常用的贝叶斯方法主要包括朴素贝叶斯分类器和贝叶斯网络等类型。

1. 朴素贝叶斯分类器

朴素贝叶斯分类器是简单"概率分类器"家族的一员（Qian et al., 2015），它基于贝叶斯定理，需要特征向量之间具有较强（朴素）的独立性假设。该方法以一种监督的方式工作，其中的性能目标是使用训练数据集的类标签准确地预测传入的测试数据集。给定一个数据集，在训练过程中，我们已经确定了一个随机抽取的样本属于黄类和绿类的概率，那么在测试阶段，我们需要通过该抽样来计算一个新样本可能属于黄色或绿色类别的概率。基于此，我们必须同时考虑该样本的邻域，并使用朴素贝叶斯分类器进行预测，如图 8.9 所示。

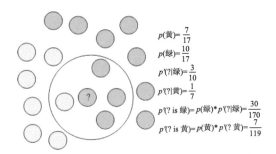

图 8.9　朴素贝叶斯分类器的基本原理

结论是新样本（带问号的圆）属于绿色类的概率较高

2. 贝叶斯网络

与朴素贝叶斯不同，贝叶斯网络假设特征向量之间是相互关联的，并使用有向无环图（Directed Acyclic Graph, DAG）来表示变量的条件依赖关系（Ma et al., 2013）。贝叶斯网络适合分析历史事件，它可以从许多可能的已知原因中准确地确定造成事件的因素（Jiang et al., 2012）。例如，决定员工能否准时到达工作地点的因素包括：员工能否准时起床、公交车能否准时到达车站；员工能否准时起床取决于闹钟是否正常响铃。因此，员工准时到达工作地点的概率是上述三个因素相互依赖和影响的结果，如图 8.10 所示。

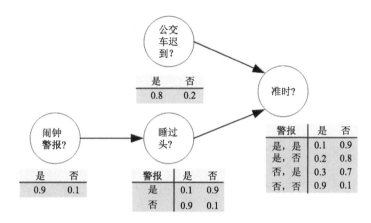

图 8.10　贝叶斯网络的基本原理

朴素贝叶斯分类器假设数据集属性相互独立，因此算法逻辑简单且稳定。然而，正是由于这种独立假设，最终的分类精度并不高，因为实际应用中使用的数据属性往往是相互关联的。

贝叶斯网络对不确定问题具有强大的处理能力。它可以有效地整合多源和可用信息进行知识推理和知识发现，即使训练样本有限、不完整和不确定，仍然可以表现得很好。然而，如何基于现有的数据集和先验知识高效准确地构建贝叶斯网络仍然是当前面临的主要挑战。

8.2.3　支持向量机与支持向量回归

支持向量机（SVM）是一种广义的线性分类器，主要根据监督学习模式对数据进行分类（Zuo & Carranza, 2011）。它最初的目的是通过定义一个最优超平面来提供最大限度地分离两类。给定一组训练数据，每个训练数据被标记为两个类别之一。利用训练数据，SVM 可以构造并训练一个分类模型，该模型可以用来为新的输入数据分配一个类标签，以完成监督分类过程（图 8.11）。此外，SVM 还可以利用核函数将非线性输入数据映射到高维特征空间，从而完成非线性分类问题。

支持向量机回归（SVR）是支持向量机（SVM）的一种推广，是一种常用的回归方法。事实上，回归问题是分类问题的一般化，只是回归问题返回的是连续值，而不是分类问题中的离散值（Awad & Khanna, 2015）。

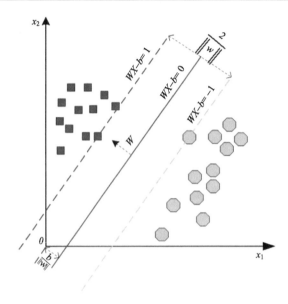

图 8.11　SVM 的基本原理

SVM 和 SVR 不依赖于设计者的经验知识。他们可以基于一个小样本数据集学习、分类和预测，并获得全局最优解。SVM 和 SVR 都具有良好的泛化能力，能够解决超学习问题。但其主要缺点是算法优化过程中涉及大量的矩阵运算，导致模型训练速度较慢。

8.2.4　启发式搜索

1. 爬山法

启发式搜索是一种利用问题所具有的启发式信息来引导搜索过程，以缩小搜索范围，降低问题复杂性的搜索策略。它虽然不能保证一定能找到最优的解决方案，但可以在合理的时间和内存空间内找到更好的或用户可接受的解决方案（Georganos et al., 2018; Morgan, 2016）。在地球科学领域，空间地球大数据挖掘中常用的启发式搜索方法主要有爬山法（Ke et al., 2010）、遗传算法（Dou et al., 2015; Li et al., 2015）等。

爬山法是一种局部搜索算法，其工作机制是首先任意假设一个问题的解，然后通过不断地修改原解来得到一个更好的解。一旦产生了更好的解决方案，新的解决方案就会不断地修改，直到找不到更好的解决方案为止（Ohashi et al., 2003），如图 8.12 所示。

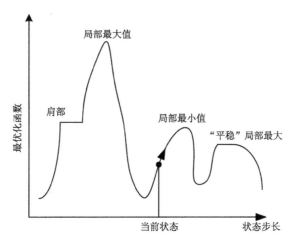

图 8.12　爬山法的基本原理

爬山算法是一种局部优选启发式搜索算法。它随机选择初始解，然后迭代优化。基于它的机制，该类方法避免了遍历所有的数据集，有效提高了搜索效率。然而，这种非遍历搜索模式容易停滞在局部优化中，使得其最终结果可能不是全局最优解。

2. 遗传算法

遗传算法（genetic algorithm, GA）是一种模拟达尔文生物进化和遗传进化过程的自然进化的计算模型，主要通过模拟自然进化的过程来寻找最优解的方法（Tso et al., 1999）。在遗传算法中，往往将优化问题候选解的总体称为个体，而每个个体都有一系列的属性，这些属性由二进制标定 0 或 1 的描述来组成的一系列字符串，它们也被称为染色体或基因型，如图 8.13 所示。

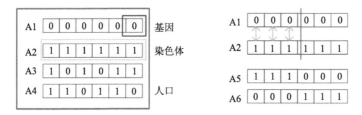

图 8.13　遗传算法的基本原理

在初始情况下，GA 算法首先会产生一系列染色体长度相同但属性不同的个体。其中，个体产生的方式是随机的，或者在某种程度上以一种模式产生，以提高第一代的质量。然后，通过对每个个体进行评估，将适应度高（接近算法目标）

的个体排在第一位，低适合度的个体将在之后进行排名。这一过程将导致迁移种群比上一代更适应环境，这与自然进化类似。基于此，最后一代种群中的最优个体可以被解码为问题的近似最优解（Altiparmak et al., 2006）。

然而，类似于爬山法，在大多数情况下，遗传算法往往得到一个局部最优解或任意解，也不是全局最优解。此外，在 GA 中，个体的基因组往往是早期的解决方案，使得其不适合求解动态数据集。

8.2.5　人工神经网络（ANN）与深度学习（DL）

1. 从 ANN 到 DNN（deep neural networks, DNN）

人工神经网络（ANN），也称为神经网络（neural network, NN），是一种通过模拟生物神经网络（动物的中枢神经系统，尤其是大脑）的结构和功能，而设计并构建的数学模型或计算模型，其基本工作机制是通过大量的人工神经元的连接来实现数据计算与分析。在大多数情况下，ANN 可以根据外部信息结构和属性的不同而改变其内部结构。也就是说，人工神经网络是一个具有自学习功能的自适应系统（Gopal&Woodcock,1996; Rumelhart et al.,1988）。

人工神经网络由多层神经元结构组成，但从各部分结构的基本功能来定义，可以将他们归纳于三个主要部分：一个输入层、一个输出层和一个隐藏层，如图8.14 所示。

输入层：允许众多神经元接受大量的非线性输入信息，即输入向量。

输出层：消息在神经元链路中传输、分析、加权，形成输出结果，即输出向量。

隐含层：输入层和输出层之间由多个神经元和链路组成的层。隐层神经元的数目是可变的，且随着数目的增加，神经网络对非线性特征的识别度和解析度会更加明显，这也使得神经网络的数据处理能力不断提高。

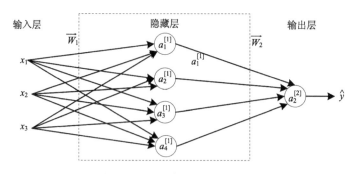

图 8.14　人工神经网络（ANN）

$\vec{W}$ 表示权重向量，$a_j^{[i]}$ 表示隐藏层中第 j 个神经元的激活值

在一个神经网络 ANN 被创建之初，每层神经元之间的连接表示连接信号的初始权重，也被称为连接权重向量，该连接权重向量相当于神经网络的初始记忆。此后，通过将大量历史数据输入到网络中进行训练，对各层的初始权向量不断地进行修正，对知识发现模型不断进行改进，最终实现对目标问题的解决方案，如目标识别和目标分类等。

可以看到，ANN 的隐含层数较少，这使得该神经网络只能获取一些浅层的数据特征。为了进一步挖掘数据集中隐藏的深层特征，特别是随着计算能力的逐步提高，隐含层的数量和复杂度也逐渐增加，最终演化为一种深层神经网络（图 8.15）。在传统的 DNN 网络模型的训练过程中，数据流从输入层单方向的流向输出层，并不会回溯。也就是说，DNN 是一个前馈网络，这意味着该网络其实不具有类似于人脑的学习和修正功能。近几年来，基于传统神经网络模型的基本构架，一些同时包含数据前馈和反向传播结构的深度学习网络模型及相关技术方法也不断被提出（Chen, 2015; Hinton, 2006; Hinton & Salakhutdinov, 2006），各种不同的深层架构也开始出现，并针对不同的任务目标也产生了许多变体。根据其模块功能结构和针对数据类型的不同，主要可以分为两种变体体系结构，它们分别是卷积神经网络（Cheng, 2018; Cheng, 2016; Yue, 2015）和循环神经网络（Fan, 2017）。近几年来，DNN、CNN（convolutional neural networks, CNN）和 RNN（recurrent neural network, RNN）已广泛应用于计算机视觉等领域，并已经成为较为主流的数据处理与分析模型及工具（Krizhevsky, 2012）。

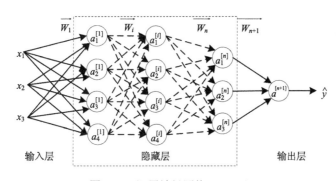

图 8.15　深层神经网络（DNN）

$\vec{W}$ 代表权重向量，$a_j^{[i]}$ 代表第 i 隐藏层第 j 个神经元的激活值

2. 卷积神经网络

作为人工神经网络的变体之一，卷积神经网络（CNN）的隐藏层的层数和复

杂度明显较高，通常包括卷积层、池化层、全连接层和归一化层（图 8.16）。这些不同的隐藏层在图像数据的处理过程中扮演着不同的角色，例如：卷积层会关注并考虑到每个图像像素与其领域像素的相关性，池化层会降低图像的整体容量以提高计算效率、降低噪声影响，全连接层能将图像数据与分类任务进行一对一的相互关联，而归一化层能通过概率统计来实现图像信息的软分类。这些隐藏层的基本功能决定了整个神经网络的工作机制，使得其在计算机视觉领域得到了广泛的认可和应用。

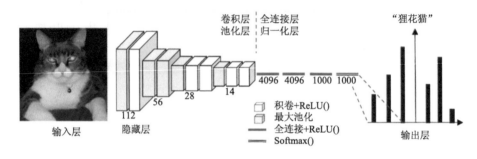

图 8.16 典型的 CNN 架构

CNN 通过局部感受野、参数共享和池化技术自动提取图像的空间特征，并展示了令人印象深刻的图像解析能力。CNN 与 ANN 的区别在于，它不仅可以直接以像素向量作为模型的参数输入，也可以预先对图像进行一些特征提取处理，然后将这些特征值作为模型的参数输入。

然而，模型优化策略方面的问题依然存在，当网络层太深时，梯度下降法很容易将训练结果收敛到局部最小值；此外，池化操作虽然降低了图像噪声对数据分析的负面影响，但也丢失了图像中许多有价值的细节信息，有时候也忽略了局部像素和整体图像之间的相关性。最值得诟病的是，CNN 的学习属于一种监督学习机制，需要大量的训练样本，而这些训练样本往往需要提前进行人工标定，在某种程度上会浪费大量的人力和物力资源，这明显限制了 CNN 的应用范围。同时，这也是 CNN 在地球科学领域尤其是大范围的遥感图像信息处理任务中很少成功的主要原因。

3. 循环神经网络

不同于前馈神经网络的数据流只能向一个方向移动，循环神经网络（RNN）允许数据可以向任何方向流动，以学习数据的各个历史状态。基于这个工作机制，RNN 在某些方面表现出其明显的优势，如手写识别、语音识别、时间序列预测等任务（Graves et al.,2008），其网络结构如图 8.17 所示。

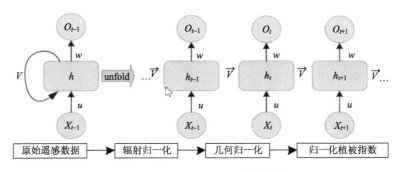

图 8.17　典型 RNN 网络结构图

如图 8.17 左侧所示，x 为输入层，o 为输出层，h 为隐层，V、W、U 为权重，直线箭头表示数据流传输方向，曲线箭头表示循环迭代计算过程。为了更好地理解循环迭代的过程，展开的结构如图所示右边 t 表示计算次数。h_t 表示隐含层在第 t 次计算时的状态，其计算公式如下：

$$h_t = f\left(Ux_t + Vh_{t-1}\right) \tag{8.1}$$

其中 f 为激活函数。由于 RNN 模型需要实现历史数据的长时记忆，因此需要将每一次的隐式状态计算与之前的 n 次计算关联起来，即：

$$h_t = f\left(Ux_t + V_1h_{t-1} + V_2h_{t-2} + \cdots + V_nh_{t-n}\right) \tag{8.2}$$

在这种情况下，计算量将呈指数增长，导致模型训练时间显著增加。基于此，RNN 模型一般不直接用于长期记忆的任务。为了改进这种情况，一种基于此构架的长短时记忆网络（long short-term memory，LSTM）被提出。该模型不仅在 RNN 结构的每一个单元内部构建了多个信息处理规则，也在每一个单元的外部都增加了一种被称为"遗忘"门的阀门结点，这使得 LSTM 模型在长时间序列建模方面的能力显著提升。

同时，LSTM 允许错误信息通过空间中无限数量的虚拟层反向流动，这能有效地抑制在反向传播过程中出现的梯度消失或梯度爆炸问题。基于其工作机制，LSTM 允许学习需要记忆发生在数千甚至数百万个离散时间步骤之前的任务。此外，即使在各个重大事件之间有很长的延迟，LSTM 仍然可以有效工作并同时处理混合了低频和高频成分的数据信号，如图 8.18 所示。

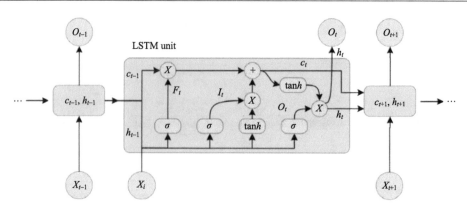

图 8.18　LSTM 单元结构图

8.2.6　迁移学习

迁移学习同样属于一种机器学习方法，它通常使用为一个任务开发的模型作为起点，并在为其他任务开发模型的过程中对其进行重用。其目的旨在从一个或多个源任务中提取已经学习到的网络模型和数据解析方法，并将其重新应用于新的目标任务（图 8.19）。不同的是，传统的机器学习往往试图从一开始就学习知识，而迁移学习试图在新任务的高质量训练数据较少时，将已经学习到的知识从先前的任务转移到新任务。

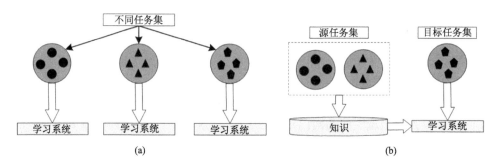

图 8.19　（a）传统机器学习的学习过程；（b）迁移学习的学习过程

迁移学习这种使用训练有素的模型参数作为起点来完成更复杂的模型训练过程，不仅对新任务只需求较少的训练样本，而且有效地提高了模型的泛化能力，特别是在深度学习中引入迁移学习方法将使深度学习训练效率显著提高，例如较为流行的图像分类模型 ImageNet 和 Resnet-50。然而，目前迁移学习的实际应用领域还不成熟，其问题主要表现在如何确定哪种情况更适合迁移学习，如何选择哪种迁移学习方法，以及如何避免负迁移等问题。

8.3　基于强化学习的地球大数据挖掘方法

在强化学习中，即事先未知最优解的情况下，我们通常尝试采用各种可能的方式来解决问题，然后根据正负反馈的结果调整学习方法，不断提高我们的学习能力（Li，2017）。

强化学习的过程可以抽象为一个离散时间随机控制过程，其中代理在特殊环境中进行交互。首先，通过收集初始观测值 $w_0 \in \Omega$，代理在给定的状态下开始，其初始环境为 $s_0 \in S$。然后，在每个时间步 t，代理必须执行操作 $a_t \in A$（François-Lavet et al., 2018）。最后，如图 8.20 所示，它可能会产生以下三个结果：（a）代理获得奖励 $r_t \in R$，（b）状态转换到 $s_{t+1} \in S$，以及（c）代理获取观测值 $w_{t+1} \in \Omega$。

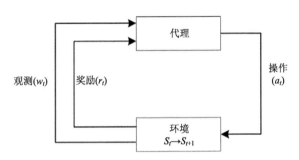

图 8.20　强化学习中的智能体与环境互动图

然而，在传统的强化学习过程中，状态空间和动作空间都是有限维向量空间，这与现实世界的问题不一致，在实际问题中动作空间的维数非常大甚至无限大。因此引入了一个函数来逼近无限的动作空间和状态空间，常用的逼近函数就是深度学习模型。然后，传统的强化学习变成了深度强化学习，它是深度学习和强化学习的结合（Chen et al., 2019a; Dulac-Arnold et al., 2015）。

最常用的传统强化学习模型是 Q-learning，它是最流行但最简单的基于值的算法。Q 为 $Q（s, a）$，即动作 $a（a \in A）$ 在某一特定时刻能在状态 $s（s \in S）$ 获得收益的期望，环境会根据代理的动作反馈做出响应。 因此，Q-learning 算法的主要思想是将状态和动作构造成一个 Q-table 来存储 Q 值，然后根据 Q 值选择能够获得最大收益的动作。 但是，如果状态和动作的数量变得非常多，那么 Q-table 就会变得非常复杂，甚至无法存储这么多的 Q 值。 然后，引入深度神经网络来代替 Q-table 来逼近 Q 值，Q-learning 算法变成了深度 Q-network（DQN）算法（François-Lavet et al., 2018）。

强化学习和深度强化学习已广泛应用于机器人控制、无人驾驶场景、游戏以及与深度学习相结合的目标检测。例如，DeepMind 开发的人工智能 AlphaGo 旨在自我博弈中不断完善象棋对局（Wang et al., 2016），以及卡内基梅隆大学开发的德州扑克人工智能 Libratus 大学在与人类玩家的比赛中不断提高其技能（Gibney，2015）。

在强化学习过程中，智能体可以从没有任何先验知识的情况出发，从奖励信号中学习，并通过自我博弈以可靠和可持续的方式不断改进。这有效地克服了传统的基于规则的方法中缺少或不完整的规则以及数据驱动的方法中缺少训练数据的缺点。特别地，深度强化学习的引入解决了行动空间和状态空间的高维灾难问题。它可以通过不断地尝试和反馈进行自我调整，以获得最优解。然而，无论是强化学习还是深度强化学习，自我博弈的过程都需要相当长的训练时间，并且可用训练样本的利用率很低。此外，奖励函数对参数非常敏感，对参数的微调将导致各种各样的最终结果。因此，自主设置奖励函数，或者将该方法与迁移学习相结合以提高模型的泛化能力，并集成更多的学习模型以充分利用可用的训练样本将是强化学习未来的发展方向。

8.4 基于集成学习的地球数据挖掘方法

基于集成学习的知识发现使用多个模型（如基于规则的模型、数据驱动的模型和强化学习模型），以获得比单独从任何组成模型中更好的结果。目前应用最广泛的集成方法是通过构建和组合多学习者来完成学习任务（Liu & Yao, 1999）。此外，综合应用基于规则、数据驱动和强化学习也已成功得到应用，如 AlphaGo，它集成了蒙特卡罗树搜索、深度学习和强化学习（Silver et al., 2016）。

随机森林和 AdaBoost（自适应增强）算法是分类、回归和其他任务中最常用的集成学习方法（Pal, 2005）。随机森林的操作过程是在训练过程中构建大量的决策树，并输出一个类，即每个决策树的类模式（分类）或平均预测（回归）（Belgiu & Dragut, 2016）。AdaBoost 是一个增强集成模型，它特别适合于决策树。其关键是通过增加错误分类数据点的权重来学习以往的错误，并通过将权重乘以每棵树的预测来进行新的预测（Dou & Chen, 2017）。

这种集成方法可以综合利用每种集成方法的优点，获得比单一方法更高精度的处理结果，易于实现并行化，从而提高了数据处理效率。然而，集成方法倾向于过度拟合异常值或噪声的数据集，最终导致错误的结果。此外，集成方法的黑盒特性也降低了算法的可解释性。

8.5　地球大数据挖掘应用进展

8.5.1　地理领域

地理信息系统是在计算机的支持下，用于地理空间数据采集、存储、处理、查询、分析、利用和可视化的电子计算机信息系统，已广泛应用于多个领域。近年来随着人工智能研究的发展，在其推动下，GIS 领域的研究与应用均得到了进一步的发展，GIS 体系日益丰富和完善。将人工智能技术与各种 GIS 功能相结合，扩展了传统 GIS 中的数据处理的能力，能够有效地识别和分析遥感、航拍等图像中的地理信息，同时通过人工智能技术能够捕捉到动态变化的复杂时空变化，扩展了 GIS 的分析预测能力。遥感影像是对地表的多粒度、多时相、多方面、多层次的综合反映，包含了丰富而详细的数据信息和相关知识，如地球科学知识、社会知识、人文知识等（Bereta et al.，2018）。从海量遥感影像中准确、快速地发现并学习隐藏知识是遥感数据处理及利用的最终目标。

1. GIS 数据智能采集、处理和分析

GIS 所需的数据需要通过各种相应的方法进行采集，目前最常用的方法有两种，一是通过卫星、飞机等进行采集；二是将原始的纸质数据、电子表格、图形文件进行矢量化。目前数据来源最广泛、最真实可靠的是第一种方式。但是通过遥感、飞机等采集的影像往往无法直接使用，需要相关专业人员进行进一步处理，提取需要的信息，工作量较大。深度学习作为目前人工智能发展的一个重要方向，在计算机视觉上取得极大的进展，主要包括图像分类，目标检测及语义分割。将计算机视觉应用于地理空间分析，对卫星影像、航空影像的生成、处理和识别带来了巨大的提升，实现对遥感图像的分类。识别以及变化检测。由于部分场景如室内、隧道等无法使用卫星等进行测量，需要通过同时定位与地图构建（simultaneous localization and mapping, SLAM）技术进行测图，目前传统的 SLAM 技术容易受到光照、天气等因素的影响，随着深度学习目标检测的发展，与深度学习相结合的语义 SLAM 技术受到了广泛关注，通过语义 SLAM 能够预测物体在图像中的位置变化，节省人工标定成本。GIS 与计算机绘图系统的不同在于其提供了对于数据的分析能力，空间分析是 GIS 最为重要的内容之一，体现了 GIS 的本质。空间分析是一种定量分析空间数据的方法，是揭示和阐明所有发生在地

球表面的空间现象的过程，旨在为空间决策、区域规划和政策制定等工作服务。将人工智能与 GIS 空间分析相结合，能够更加有效地揭示数据在空间中的联系，人工智能及 GIS 空间分析在地质、大气、疾病等多个领域均有应用。如环境暴露性分析，将机器学习和 OpenStreetMap（OSM）相结合，通过选择最重要的 OSM 地理特征（例如，土地利用和道路）来预测 PM 2.5 浓度。这种空间数据挖掘方法解决了空气污染暴露建模中关于相关"邻域"的空间和时间可变性的重要问题。在空间流行病中，结合人工智能深度学习的方法，结合传染病及其相关要素的空间分布特征和变化信息，构建传染病的空间回归模型，分析预测传染病的传播趋势及规模，以提前进行预防。

2. 基于规则的遥感土地覆盖分类

专家系统在遥感图像分类中早早就取得了广泛应用。Nagao 和 Masuyama 在 1980 年建立了一个基于知识的复杂场景航空照片识别系统，标志着基于规则的专家系统首次应用于地球科学图像识别领域。该系统采用基于规则的生产系统作为软件结构，采用基于知识引导的图像分割技术以及特征提取相关方法，并首次引入了地物的空间和光谱特征，以提高分类精度（Matsuyama et al., 1980）。2001 年，Willian 等通过使用专家系统，针对 Landsat 专题制图器（Thematic Mapper, TM）图像对亚利桑那州中部凤凰城大都市半干旱地区进行土地利用和土地覆盖（land use and land cover，LULC）制图，为了提高精度，他们将数字高程模型（digital elevation model, DEM）、空间纹理信息和土地利用测量数据等地理参考信息源与遥感图像相结合，其结果验证了专家系统方法在全球城市环境监测任务中的有效性（Stefanov et al., 2001）。2008，Wentz 等通过使用专家系统，针对 2003 年 9 月 22 日的先进星载热发射和反射辐射仪（advanced spaceborne thermal emission and reflection radiometer, ASTER）数据对印度德里进行 LULC 分类，最终取得了 85.55% 的分类准确性，并且自此专家系统也被证明是城市 LULC 分析的有效方法（Wentz et al., 2008）

决策树分类方法同样也广泛用于解决遥感领域的复杂分类问题，如森林成图（Simard et al., 2000）、公园植被制图（de Colstoun et al., 2003）和城市景观制图（Schneider, et al., 2003）。1997 年，Friedl 和 Brodley 在三种类型的遥感数据上提出一种新的决策树分类算法，并评估了几种类型的决策树分类算法的优劣。结果表明，决策树算法在分类精度上始终优于最大似然和线性判别函数分类器（Friedl &Brodley, 1997）。2002 年，McIver 应用基于贝叶斯的决策树分类方法首次解决了 Landsat TM 和 AVHRR（Advanced Very High Resolution Radiometer, AVHRR）影像中土地利用和植被的分类问题（McIver & Friedl, 2002）。2005 年，徐等人提出了一种基于决策树的非参数规则分类器，并针对 Landsat 增强型专题成像仪（Enhanced Thematic Mapper, ETM+）影像在雪城地区进行了地物分类（Xu et al., 2005）。同年，Im 和 Jensen 使用决策树进行遥感分类，并进一步针对 NCI（邻域相关图像）实现了 LULC 变化检测。2011 年，Milap Punia 使用决策树分类算法从德里的高级广域传感器（AWiFS）数据中进行作物种植模式的识别，并成功识别了 13 个类别，如双作物、kharif、rabi 和 zaid（Punia et al., 2011）。2015 年，李采用基于对象的图像分析（object based image analysis, OBIA）分割和决策树分类算法，针对密集的时间序列 Landsat-MODIS 图像进行土地覆盖制图，并成功制作了 30m 分辨率的空间分布作物图，这为农业监测研究提供了重要的技术支持（Li et al., 2015）。

此外，关联规则学习方法可以发现隐藏在遥感图像中的频繁空间模式，并进一步分析它们之间的关系。2001 年，基于一种名为 P-trees（Peano 计数树）的新的空间数据组织模型，Ding 等人建立了一种新的空间数据集关联规则挖掘和分类模型，实验结果评估了该模型在遥感数据挖掘中的有效性（Ding et al., 2001）。2008 年，他们在经典的 Apriori 算法的基础上，开发了一种名为 PARM（Parman efficient algorithm to mine association rules, PARM）的算法，利用 P-tree 对遥感影像数据进行关联规则挖掘，并取得了良好的效果（Ding et al., 2008）。2010 年，王等人提出了一种基于 Apriori 的关联规则算法来解译多光谱遥感图像中的海岸线，针对 Landsat ETM+ 图像进行的实验并验证了所提出的准确解释海岸线方法的有效性（Wang et al., 2010）。2016 年，刘等人提出了一种快速关联规则挖掘算法，使用 Kullback-Leibler 散度的一阶近似来评估各种关联规则之间的相似性，针对各种图像（例如 QuickBird、WorldView-2）的实验结果表明，所提出的快速算法优于广泛使用的 Apriori 方法（Liu et al., 2016）。

3. 基于数据驱动的遥感土地覆盖分类

k-NN 是早期应用于遥感土地覆盖分类的数据驱动类算法。2003 年，通过对比经典 ANN 分类器与传统统计分类器，（Liu et al. 2003）得出了 k-NN 的性能与 ANN 分类器相近，且较优于统计分类方法的结论。2007 年，Gjertsen 开发了一种基于 k-NN 的多源森林调查方法（Multi Source Forest Inventory, MSFI），并用于挪威国家森林调查（Norway Forest Inventory, NFI），相关实验证明了 k-NN 方法的有效性（Gjertsen, 2007）。2008 年，Blanzieri 和 Melgani 提出了一种新的 k-NN 变种分类器，针对三种类型的遥感数据的实验结果证明了所提出方法的性能（Blanzieri & Melgani, 2008）。2009 年，Li 和 Cheng 提出了一种改进的 k-NN 算法，并将其应用于高分辨率遥感图像的面向对象分类，相关实验结果表明，在相同类型的训练集和测试集上，这种改进的 k-NN 算法可以获得较高的分类精度（Li & Cheng，2009）。自 2010 年以来，基于 DTW 距离的 k-NN 算法也开始应用于长时间序列的遥感图像分类和变化检测任务。2010 年，Romani 等人提出了一种基于 DTW 的 LULC 分类方法，并获得了在大多数情况下与专家分类一致的分类结果（Romani et al.，2010）。2016 年，Guan 等人应用基于 DTW 距离的相似性度量方法对单个 MODIS 图像进行分类，大面积的稻田分类实验证明了其方法在 LULC 制图的有效性（Guan et al.，2016）。2016 年，Maus 提出了一种针对 MODIS- MOD13Q1 时间序列进行 LULC 分类的时间加权 DTW 方法，在该方法用于热带森林地区的案例研究表明，所提出的逻辑时间加权方法取得了 87.32% 的最佳总体准确性（Maus et al.，2016）。

朴素贝叶斯分类器和贝叶斯网络在多光谱红外图像亚像素异常检测、遥感图像理解、信息提取、区域分割、分类等方面得到了广泛的认可和应用。Jackson 和 Landgrebe 在 2002 年提出了一种基于光谱和空间像元间相关性的自适应贝叶斯分类方法其利用真实高光谱数据进行的实验结果表明，在训练样本较少的情况下，该方法仍然可以达到与训练样本较多的最大似然分类器相似的分类精度（Jackson & Landgrebe, 2002）。2005 年，Aksoy 等人使用朴素贝叶斯分类器进行区域分割和分类，其针对陆地卫星场景的实验表明，贝叶斯框架有助于创建不能通过单个像素或区域建模的高级类（Aksoy et al.，2005）。2010 年，Ratika Pradhan 开发了一种基于贝叶斯的遥感图像分类算法，取得了 90.53% 的分类精度（Pradhan et al.，2010）。2013 年，Ruiz 等人提出了一种非参数贝叶斯学习方法，针对遥感图像进行土地利用和土地覆盖分类，相比于支持向量机和主动学习方法，贝叶斯方法明显优于其他方法（Ruiz et al.，2013）。2016 年，Li 等人利用贝叶斯网络，成功从超高分辨率（VHR）遥感影像中提取城市土地利用信息，在结合地物空间分布特征的前提下，证明贝叶斯网络能有效提高城市土地利用信息提取的精度（Li et al.，2016）。

近几年来，SVM 与 SVR 也已经成为广泛使用的遥感图像分类算法。2012 年，Vuolo 使用最小二乘支持向量机（Least Square SVM, LS-SVM）算法进行土地覆被制图，并将其与已有的两张土地覆被标定图进行了比较（Vuolo & Atzberger，2012）。Mustafa Ustuner 使用 SVM 针对 RapidEye 遥感图像进行了土地利用分类，其实验结果表明，与传统的最大似然分类法（maximum likelihood classification, MLC）相比，SVM 具有更好的分类能力（Ustuner et al.，2015）。2011 年，Tuia 等人利用多输出支持向量机回归（multi-output SVR，M-SVR）方法估计从遥感图像中提取的不同生物物理参数，与单输出 SVR 结果相比，M-SVR 考虑了特征与生物物理参数本身的非线性关系，在植被覆盖度、叶面积指数和叶绿素含量的估计上表现得更好（Tuia et al., 2011）。2013 年，Okujeni 等人将 SVR 方法与综合混合训练数据相结合，针对德国柏林的 hyperspectral mapper（HyMap）数据对城市土地覆盖进行分类，其实验结果表明，该方法可以实现经验回归，并可以被应用于亚像素映射（Okujeni et al., 2013）。

同时，遗传算法等启发式搜索方法主要应用于遥感图像的分割、聚类和分类。2004 年，Tomppo 等人使用多源 k-NN 算法来估计森林库存量，同时用遗传算法计算光谱数据和辅助数据的"最优"权重，其对实际森林清查数据的实验表明，在遗传算法的帮助下，k-NN 算法的精度得到了显著提高（Tomppo et al., 2004）。2007 年，Coillie 等人使用 GAs 为面向对象的 ANN 分类提供输入特征，结果表明使用 GAs 选择特征可以有效提高 ANN 的分类精度（Van Coillie et al., 2007）。

此外，自 1986 年以来，人工神经网络 ANN，特别是反向传播（back propagation，BP）神经网络（Rumelhart et al., 1988），也已广泛应用于遥感图像分类、变化检测、信息反演等任务。1990 年，Hepner 使用 ANNBP 分类程序在最小训练集中对土地覆盖进行分类，其对比实验表明，神经网络优于监督最大似然分类法（Hepner et al., 1990）。鉴于其在分析视觉图像方面的优势，CNN 也已被广泛应用于遥感数据挖掘和知识发现。2015 年，Yue 等人构建了一个 DCNNs-LR 的框架，通过使用逻辑回归（Logistic Regression, LR）、主成分分析（principal component analysis, PCA）和深度卷积神经网络（DCNNs）来利用光谱和空间特征对高光谱图像进行分类，与以往高光谱分类方法的对比实验表明，该框架在高光谱遥感图像分类中具有更好的性能。2016 年，Castelluccio 提出了一个用于城市区域土地覆盖遥感制图的 CNN 模型，获得了 87%的总体分类准确率（Castelluccio et al., 2015）。同年，Maggiori 等人使用 CNNs 对遥感图像进行了密集型像素级分类，一系列实验表明 CNNs 能提供高细粒度的制图结果（Maggiori et al., 2016）。当然，RNN 和 LSTM 同样被广泛应用于遥感图像分类（Malhotra et al., 2015）。同年，Qu 等人提出了一种针对高分辨率遥感图像的双阶段语义理解模型，它不仅利用了 CNN 提取特征，同时结合了 RNN 及 LSTM 的文本描述，其模型在使用真实的高分辨率遥感图像所进行的实验验证了该混合模型在语义理解方面的良好表现（Qu at al., 2016）。2017 年，Mou 等人提出了一种针对高光谱遥感图像分类的新方法，结果表明通过使用新的激活函数和改进的门控循环单元，这种改进的 RNN 模型能够对将高光谱像素作为序列的数据进行有效分类（Mou et al., 2017; Zhu et al., 2017）。值得注意的是，LSTM 在预测多步的时间序列图像方面具有很大潜力（Broni Bedaiko et al., 2019），当然，随着网络层数的不断增加，LSTM 也将变得非常复杂和耗时。最近的研究结果也表明 LSTM 不能很好地处理超长期依赖问题（Bai al., 2018）。此外，与 CNN 类似，RNN 和 LSTM 同样属于监督学习模型，其训练过程也需要大量的样本，这也是 RNN 和 LSTM 很少成功应用在大范围遥感图像时间序列分类任务中的主要原因。

4. 基于迁移学习的遥感土地覆盖分类

在遥感数据挖掘领域，迁移学习主要用于将训练好的和开放数据集的特征转移到新的深度学习网络中，以弥补训练样本少和训练样本分布不平衡等问题所带来的不足。2015 年，Hu 等人研究了如何将预训练的 CNN 特征参数转换到高分辨率遥感场景分类任务中，并提出了两种通过从不同层面提取 CNN 特征的方案，其实验结果表明，从预处理后的神经网络中提取的特征可以有效地推广到高分辨率遥感图像中，且比图像的中低层特征更具表现力（Hu et al., 2015）。2015 年，Marmanis 等人根据加州大学默塞德分校的土地利用基准，将一个经过预训练的 ImageNet 模型迁移到土地利用和土地覆盖分类任务上，其实验结果表明，使用了该转换后的特征，总体分类精度从先前最好的 83.1%提高到 92.4%（Marmanis et al., 2015）。2018 年，Huang 等人为了解决训练数据不足的问题，将预训练后的 AlexNet 模型迁移到深度卷积神经网络中，并提出了一种针对高分辨率遥感影像绘制城市土地利用状况的半迁移深度卷积神经网络方法。最终结果表明，该半迁移深度卷积神经网络在香港地区土地利用分类的总体精度为 91.25%，Kappa 系数为 0.903；在深圳地区土地利用分类的总体精度为 80%，Kappa 系数为 0.780（Huang et al., 2018）。

5. 基于强化学习的遥感土地覆盖分类

在遥感数据挖掘领域，强化学习和深度强化学习，如 Q 学习和深度 Q 网络，主要用于目标检测和图像分类（Cheng & Han, 2016; Li et al., 2017a）。2013 年，Karakose 提出了一种基于强化学习的人工免疫分类器，利用 Q 学习算法寻找更好的带有免疫算子的抗体。利用基准数据和遥感图像在 MATLAB 和 FPGA 中进行的实验证实了该方法的性能和有效性（Karakose, 2013）。

2018 年，基于 Q 学习和一个 CNN 模型，Li 等人首先提出了一个有效的飞行器探测框架，命名为 RL-CNN。通过与方向梯度支持向量机直方图（Histogram of Oriented Gradient SVM, HOG-SVM）、快速区域卷积神经网络（Faster-RCNN）和多模型快速区域卷积神经网络（MFCNN）的对比实验，验证了该方法的准确性和有效性（Li et al., 2018）。同年，Fu 提出了基于特征融合金字塔网络和 Q-学习的船舶旋转检测模型，叫做 FFPN-RL。在遥感舰船图像数据集上的详细实验验证了 FFPN-RL 舰船检测模型具有高效的检测性能（Fu et al., 2018）。

1997 年，Hsu 开发了一种利用人工神经网络从遥感信息估算降水量的系统

（PERSIANN）。利用红外卫星图像和地面信息估计降雨量，并成功地在日本群岛（使用 GMS 和 AMeDAS 数据）和佛罗里达半岛（使用 GOES8 和 NEXRAD 数据；Hsu et al.,1997）进行了验证。2004 年，PERSIANN 云分类系统（CCS）被开发出来，并成功地用于从红外地球静止遥感图像中提取区域和局部云特征，用于估算细尺度（0.04°×0.04°/30min）雨量分布（Hong et al., 2004）。2000 年，Change 和 Islam 利用两个自建的人工神经网络模型,成功地从华盛顿的一系列遥感图像中的多时相亮温和土壤水分数据中推断出土壤质地，这两个模型是基于亮度温度、土壤水分和土壤介质性质的时空分布之间的物理联系（Chang&Islam, 2000）。2007 年，Biswajeet 和 Saro 利用人工神经网络模型对遥感图像进行了区域滑坡危险性分析，生成的滑坡危险性图与现有的滑坡灾害区数据吻合较好（Biswajeet&Saro, 2007）。

6. 基于集成学习的遥感土地覆盖分类

2005 年，Mahesh 使用随机森林分类器和大地卫星 ETM+图像进行分类。与支持向量机的对比实验表明，随机森林在分类精度和训练方面与支持向量机表现相当（Pal, 2005）。2008 年，Chan 和 Paelinckx 评估了 AdaBoost 和随机森林的标准分类精度、训练时间和分类稳定性。实验结果表明，AdaBoost 和随机森林的总体分类准确率几乎相同，均接近 70%，均优于神经网络分类器（63.7%; Chan & Paelinckx, 2008）。2009 年，Pal 使用随机森林方法结合 SVM 对在剑桥附近收集的遥感数据进行分类。随机森林用于构建树结构以对像素进行分类，而 SVM 模型用于叶节点以区分不同类型的数据（Tooke et al., 2009）。2012 年，Rodriguez-Galiano 利用随机森林分类器对复杂地区的土地覆盖进行分类，并评估了其对数据集噪声和大小的准确性和敏感性。结果表明，随机森林算法能够获得准确的土地覆盖分类，总体准确率为 92%，Kappa 指数为 0.92（Rodriguez Galiano et al., 2012）。2012 年，Mochizuki 和 Murakami 使用了四个分类器，即分类和回归树（classification and regression tree, CART）、boosting 模型的决策树、bagging 模型的决策树和随机森林，进行土地覆盖制图。结果表明，与其他三种分类器相比，随机森林和 boosting 模型的决策树可以获得最高的分类精度（Mochizuki & Murakami, 2012）。2015 年，Ingmar Nitz 利用 9 年时间序列爱尔兰中部 MOD13Q1 图像，使用随机森林确定了一般和特定草地土地覆盖分类的最佳图像采集周期，结果验证了随机森林的分类性能（Nitze et al., 2015）。2018 年，Jin 利用一个随机森林分类器，以 NDVI（normalized difference vegetation index, NDVI）时间序列和灰度共生矩阵（Gray-level Co-occurrence Matrix, GLCM）纹理变量，在一个复杂农业区进行土地覆盖制图。结果表明，随机森林分类器可以获得较高的分类精度（Jin et al., 2018）。

除了随机森林和 Adaboost，还有其他不同的基于人工神经网络、核主成分分析（kernelbased principle component analysis, KPCA）和多分类器系统自动设计的集成学习方法，它们被提出来有效地识别土地覆盖对象和变化点。2000 年，Giacinto 等人设计了一个多分类器自动集成系统，以选择由最不依赖错误的分类器组成的子集。各种遥感图像的分类结果表明，该方法能够设计出有效的多分类器系统（Giacinto et al., 2000）。2001 年，Giacinto 和 Roli 提出了一种神经网络集成的自动设计方法。多源遥感影像的分类结果表明，集成方法能够设计出有效的集成神经网络（Giacinto & Roli, 2001）。在 2002 年，Bruzzone 提出了一种无监督和有监督的综合分类系统，其中给定区域的特定图像可以以有监督的方式被训练，然后以无监督的方式被重新训练以对另一个站点的新图像进行分类。多时相和多源遥感图像的实验结果证实了集成系统的有效性（Bruzzone et al., 2002）。在 2013 年，Du 等人使用了全景锐化和决策层融合的集成方法来从时间序列 QuickBird 和 ALOS 图像中执行变化检测。实验结果表明，集成方法不仅能有效提高空间分辨率和图像质量，而且能很好地减少变化检测中的遗漏错误（Du et al., 2013）。2017 年，Xia 等人提出了一种基于随机森林的集成分类器，用于融合高光谱和 LiDAR 数据集进行分类。在配准的高光谱图像和 LiDAR 数据上的实验结果证明了所提出的集成分类器的有效性和潜力（Xia et al., 2017）。

8.5.2 地质领域

地质学是研究地球演化和发展特征的学科，主要研究对象是地表以下的岩石圈，其研究内容包括地球历史的组成、内部结构和演化等（Muehlberger & William, 1966）。近年来随着地质数据的指数式增长，大数据和人工智能技术在地质勘探和资源勘探等方面发挥了巨大作用（Chen et al., 2020；Thompson et al., 2001）。

1. 矿产勘探

资源勘探领域具有很高的经济效益、极大的数据源和数据量，因此，该领域适合人工智能方法的应用。人工智能提供了快速有效地提取、分析此类数据的潜力，以识别传统方法不易发现或遗漏的矿床隐藏特征，从而允许对目标进行更快速的测试，最终提高了发现率（Woodhead & Landry, 2021）。

人工神经网络（深度学习模型）已经被证明是分类和识别矿物的强大工具（Baykan et al., 2010）。Cracknell 和 Reading 比较了用于地质制图的五种机器学习算法，证明了随机森林算法是使用地球物理数据进行岩性监督分类的首选算法（Cracknell & Reading, 2014）。Rahman 等人使用岩石样本的图像和 XRF 光谱分析数据，使用机器学习算法推断可能的岩石和矿物类型（Rahman et al.，2016）。Diaz 等人通过研究钻孔样本中地质学家标记的数据库，通过图像处理和机器学习算法识别岩石纹理信息（Diaz et al.，2020）。近些年来，机器学习关键技术在矿产资源定量的应用受到广泛关注，Rodriguez-Galiano 等人分别使用人工神经网络、决策树、随机森林和支持向量机进行矿产勘探制图，通过比较这四种结果，他们发现随机森林优于其他三种机器学习方法（Rodriguez-Galiano et al.，2015）。Chen 和 Wu 使用极限学习机回归模型对中国青海省拉陵灶火地区的多金属矿进行定量预测（Chen & Wu，2017）。

目前，深度学习模型已经广泛应用于矿物样品识别领域，并且取得不错的效果。利用大数据和人工智能模型对地质大数据进行分析和挖掘，可以帮助地质学家了解矿床模型，分析矿床形成过程，发现成矿规律，实现辅助矿产勘查开发的目的（Cracknell & Reading，2014）。

2. 地球化学异常识别

由于地质环境的复杂性和地球化学数据分布的未知性，传统的数学和统计方法在识别地球化学异常方面效果不佳。因此，一些机器学习方法已被应用于地球化学异常识别（Twarakavi et al.，2006, Gonbadi et al.，2015）。

机器学习方法的优点是可以很好的处理地球化学数据之间的非线性关系。例如，Twarakavi 等人使用支持向量机，利用阿拉斯加沉积物中金的浓度分布绘制三氧化二砷的浓度图（Twarakavi et al.，2006）。Tahmasebi 和 Hezarkhani 提出一种基于人工神经网络和模糊逻辑的推理系统，对铜矿进行品位估计（Tahmasebi & Hezarkhani，2012）。Chen 等人以中国吉林省南部为研究区域，使用连续受限玻尔兹曼机方法成功识别率该区域的地球化学异常（Chen et al.，2014a）。Geranian 等人使用判别分析和支持向量机两种分类方法应用于表层土壤和钻探数据，以确定伊朗西北部的 Sari-Gunay 金矿床进一步钻探的高含金区域（Geranian et al.，2016）。Gonbadi 等人以伊朗的克尔曼省南部为研究区域，使用有监督的机器学习识别于铜相关的斑岩地球化学异常（Gonbadi et al.，2015）。Luo 等人使用深度变分自动编码器网络来提取矿化的相关特征，用于识别中国福建省西南部与铁多金属成矿有关的地球化学异常（Luo et al.，2020）。Chen 等人提出一种多卷积自动编码器方法，该方法采用非交互网络结构来准确识别地球化学异常（Chen et al.，2019b）。

在地球化学领域，一些基于机器学习的异常检测技术已经投入实践，并取得了良好的效果。在复杂地质条件下的地球化学异常识别与提取依然是人工智能算法研究应用的热点领域之一（Aryafar & Moeini，2017）。

3. 地质灾害分析

地质灾害包括自然因素或者人为活动引发的危害人民生命和财产安全的山体崩塌、滑坡、泥石流、地裂缝、地面沉降等与地质作用有关的灾害，地质灾害往往会对环境和人类社会造成严重破坏。近些年，来自多个来源的各类地球观测数据的急剧增加，以及人工智能技术等数据分析工具的快速发展，使得地质灾害分析取得新的进展，最终目的是减轻这些灾害相关的破坏（Ma & Mei, 2021）。

Stumpf 等人使用随机森林算法，同时将单个滑坡视为对象，并通过同时利用光谱和空间信息来识别滑坡（Stumpf & Kerle, 2011）。Perol 等人提出一种卷积神经网络，用于从单一波形进行地震监测和定位（Perol et al., 2018）。Sun 等人采用一种改进的卷积神经网络，消除 InSAR 数据中的分层大气效应，实现了火山表面变形的直接检测（Sun et al., 2020）。Jiang 等人提出一种自适应神经模糊推理系统与粒子群优化算法相结合的模型，用来预测矿山爆破岩石的破碎度（Jang et al., 2015）。

对于大多数与地质灾害分析相关的任务，监督深度学习模型仍然是目前最简单、最适用的模型，这意味着大规模收集的数据集仍然需要标记。未来，随着可用数据的不断积累和硬件设备的功能越来越强大，人工智能方法也在不断发展，在地质灾害分析中的应用将大幅增加（Ma & Mei, 2021）。

8.5.3 海洋领域

海洋覆盖面占据地球表面 70%以上，从太空中的遥感卫星到海表的船载雷达再到水下声呐等，各类海洋监测数据日益增多，且日趋复杂。海上通信技术的进步，以及物联网、云计算、人工智能的发展，使得对海洋大数据进行有效信息提取更加快捷，海洋监测效率进一步提升。人工智能已被广泛应用在海洋生态环境监测、海洋地貌学、海洋态势感知等领域，并取得了不错的成果。

1. 海洋生态环境监测

人工智能在海洋生态环境监测中的应用，是指利用人工智能技术如机器学习、数据挖掘、深度学习等方法，通过对监测数据（包括图像、声音等）的学习，从海量、冗杂的长期海洋监测数据集中提取、抽象出有利于做出保护决策的信息，以便海洋生态保护相关人员采取相应的措施（González Rivero 等，2020）。

人工智能已被广泛应用在珊瑚礁监测、海洋环境评估、鱼类种群估计等海洋生态环境监测领域中。Collin 等分析了七种经典机器学习算法通过对 LiDAR 派生指标中的八种生物反应进行学习，从而预测物种分布，并对预测效果进行评估。

结果显示，机器学习算法能够较好的预测海洋栖息地生物群落的多样性（Collin 等，2011）。Makarynskyy 等利用人工神经网络（ANN）预测观测地的沉积物浓度，以此评估海洋环境状况，结果显示 ANN 所获得的观测值的归一化均方误差仅为 0.13（Makarynskyy et al.，2015）。Moen 等采用专为物体识别而设计的预先训练的卷积神经网络，以从耳石图像中估计鱼的年龄。该模型在格陵兰大比目鱼耳石的大量图像上进行了训练和验证。结果表明其精度与人类专家获得的记录在案的精度相当（Moen et al.，2018）。González-Rivero 等使用全球珊瑚礁监测数据集评估了深度学习卷积神经网络用于自动图像分析的性能。发现其与专家观察之间没有偏差且高度一致（97%），证明了卷积神经网络在底栖生物丰度估算的误差和可重复性以及成本和效益方面对珊瑚礁监测的优势（González-Rivero et al.，2020）。

以上人工智能在珊瑚礁监测、鱼群估计、底栖群落多样性等场景的应用及其所表现出的高效率、高精度、低成本及低误差的优越性，证明了将人工智能方法应用于海洋生态环境监测是充满前景的。目前存在的问题是学习模型的泛用性有待提升，且多源数据无法被完全利用。如何建立泛用性更广的模型、如何更合理地融合多源数据中的有效特征将是未来一段时间的发展方向。

2. 海洋地貌解译

人工智能在海洋地貌学中的应用，是指利用人工智能技术开展海岸线解译、绘制测深图、底栖图等对海洋地貌展开研究。通过机器学习模型或深度学习神经网络对声学（单波束、多波束声呐）、多光谱遥感影像、高光谱遥感影像、LiDAR 数据等所包含的深度信息、波谱特征或声学特征信息进行提取，以预测海底地形或对底部沉积物进行分类，进而完成海洋地貌相关状况的研究。

人工智能已被广泛应用于海岸线解译、海洋测深绘图、底栖环境制图中，并取得了不错的结果。Wang 等使用类关联规则算法从中国青岛胶州湾的多光谱遥感影像中解译海岸线（Wang et al.，2010）。Milad 等利用支持向量机（SVM）和最大似然法确定从 Charak 港口到 Aftab 港口的海岸线，并以此来计算海岸线的变化，结果显示 SVM 方法比最大似然法具有更高的精度（Bamdadinejad et al.，2021）。Misra 等将 SVM 技术结合回波探测测量值、Landsat 7 ETM+及 Landsat 8-OLI 影像的蓝色、绿色或红色波段反射率，得出荷兰圣马丁岛和阿梅兰湾沿线的浅水测深数据（Misra et al.，2018）。Li 等使用迭代自组织数据分析技术（ISODATA）对中国北方烟台沿海地区底部沉积物的声学底栖图进行分类（Li et al.，2017b）。

人工智能的自动化、高效性和精确性使其能够代替海岸线解译、海洋测深绘图以及底栖环境制图中的劳动密集型操作和复杂任务。但受不同地区、底质特点、传感器差异的影响，需要在具体应用时针对当地特点对模型进行训练。

3. 海洋态势感知

海洋态势感知作为海洋监视的首要任务，是维护国家海洋权益和蓝色国土安全的关键之一。因此利用人工智能实现海洋态势的自动检测、识别和跟踪将极大改善海上安全。将海洋监视所需的视觉感知任务与智能船舶导航所需的视觉感知任务相结合，以形成基于海洋计算机视觉的态势感知综合体，用先进的人工智能技术对载人和自主船舶进行海洋场景解析和辅助决策（Qiao et al., 2021）。

人工智能在态势感知中的应用包括但不限于船舶目标检测和船舶目标追踪。对于海上的暗小目标，Bosquet 等提出了 STDNet，构建了一个区域上下文网络，关注其感兴趣的区域和相应的上下文，并在 720p 视频上实现了对小于 16×16 像素区域的船舶的检测（Bosquet et al., 2020）。Qiu 等人使用 U-Net 框架为自主水面舰艇设计了一个实时语义分割模型，其中海洋场景分为五类：天空，海洋，人类，目标船和其他障碍物（Qiu et al., 2020）。Shan 等人改编了 SiamRPN，并引入了特征金字塔网络（FPN），以适应海洋环境在探测和跟踪海面上昏暗或小目标（像素占不到 4%）的特征，并为船舶创建了一个实时跟踪框架，其船舶目标追踪精度有明显提高（Shan et al., 2020）。

海洋态势感知利用人工智能已经取得了一些理论和技术上的突破，但仍存在两个关键问题待解决，即感知的稳定性和感知模糊目标或小目标的能力都有待提高。如何更好的进行多种识别任务融合，更好的利用多模态数据融合来开展智能海洋态势感知，将是未来一段时间需要研究的方向（Qiao et al., 2021）。

8.5.4 大气领域

人类的生产生活时刻受到天气和气候的影响。近些年来，高温、低温、洪涝、干旱等极端天气对人类的生产和生活带来严重的影响（Trenberth et al., 2013; Xu et al., 2017）。随着全球气候变暖，极端天气事件逐年频发，产生了多种气象灾害，对人类的生命和财产造成了巨大的威胁和损失。因此，对气象的监测与预报变得十分重要，且提出了更高的监测条件要求。现今，发展气象观测技术、提升预报的准确性和时效性，以及开展精细化的气象服务对于智慧气象呈现出至关重要的作用。人工智能作为一种新兴技术使得气象系统具备感知、分析、判断、自适应等能力，并被用于气象观测识别、气象数据处理、天气气候分析预报和商业应用等场景中。

1. 气象观测识别

气象观测旨在对地球大气的物化生特性和大气现象及其变化过程进行连续性、系统性地观察和测定，其中主要观测对象为云、温度、湿度和气压等气象要素，气旋、反气旋等天气系统，冰雹、雷暴等强对流天气现象。覆盖的范围从地面到高空。气象观测作为开展大气科学研究的基础，为气象预报、服务等研究提供多方位的数据支持。近些年来，人工智能技术不断被引进，提升了气象观测识别的准确度。例如，图像识别可以用于雷达图、卫星云图等图像数据识别台风、龙卷风、雷暴、风暴等天气，避免了人眼识别时带来的误差，大大提升了气象预报的准确性。

不同类型的云对于灾害天气的发生和演变具有指示作用（Duda et al., 2013）。近年来，云类型识别在大气科学领域受到了越来越多的关注。目前云的观测主要包括地基遥感观测、空基探测仪观测和天基卫星观测三种手段（Wang et al., 2018）。基于收集的图像数据，支持向量机、随机森林、贝叶斯分类器等方法被用于云图像的分类和识别中。随着深度神经网络的发展，图像处理领域得到了显著的进展（Chen et al., 2014b）。使用卷积神经网络进行云的类型识别和降水情况分析。（Xie et al., 2019）设计了一种卷积神经网络 SegCloud，进行云图像精准分割。此外，他们还建立了一个大小为 400 张图像的云分割数据库，对 SegCloud 网络进行训练。除此之外，（Afzali et al., 2020）设计了一种用于云分类的深度神经网络（DeepCTC）。该模型使用 GOES-16 气象卫星的多光谱图像数据、CloudSat 卫星的云轮廓雷达数据和 GOES-16 的观测数据对网络进行训练和测试。实验结果表明，该模型可以准确快速地完成云类型检测，对高层云、高积云、雨层云和高云等多种类型的云具有较高的分类效果，对于低云分析结果较差。

2. 气象数据处理

传统的气象数据主要包含两类数据，一类是气象观测站、雷达、卫星等设备采集的地面资料、高空资料、卫星和雷达实况数据等。另一类为数值模式预报下的资料。随着观测技术的发展和计算处理技术的提升，物联网、移动终端等智能设备也可以从多方位获取气象数据。这使得气象数据呈现出种类繁多、数据量巨大和结构复杂等特点。同时也对气象数据处理技术带来了诸多挑战问题。近些年来，人工智能技术与传统方法相结合使得数据中具有价值的信息可以高效地被提取出来。

人工智能在气象数据处理的应用主要包括异常数据检测、数据质量控制、观测数据反演与同化、数值模式资料的同化、参数化、预测结果修正等。俄罗斯

Yandex 公司在云计算、天气预报等技术上处于领先水平。它提出了一种专门的 Yanddex.Meteum 天气预报技术，该技术将人工智能技术整合到传统的气象预测模型中，使用卷积神经网络对收集到的 80 万雷达图像数据进行处理，实现了对城市局部区域的准确天气预测。雷达回波数据通常具有变化迅速和复杂性高的特点，为了处理此类数据，中央气象台与清华大学合作推出了一种基于深度神经网络的雷达回波外推方法。相比于传统方法，该方法能取得 40% 的预测准确度提升。

3. 气象分析预报

天气、气候的分析预报对于人类生产生活具有十分重要的指导作用。目前，人工智能技术被广泛地应用到短时临近预测、极端天气预测、灾害天气预测、台风预警等，实现了分钟级别、千米级别的短时预测，促进了气象预测的精细化发展。气象学界已经逐渐使用人工智能系统进行气候模型的评估，利用数据挖掘技术处理海量数据、推出新的气候模型，改善气象分析预测的结果，更好地开展气象预测。

强对流天气由于其巨大的破坏力，对人类的生命和财产造成了严重的威胁。强对流天气通常具有突发性、局地性、系统尺度小、变化快等特点，使得强对流天气的预报成为了气象预报研究中重要的研究热点。基于雷达回波的外推技术和数值天气预报是目前使用最广泛的强对流天气方法。近些年来，深度学习逐渐被使用进行强对流天气的预测研究。例如，（Pulukool et al., 2020）对 TRMM 卫星资料进行分析，采用了对流位能、对流抑制能、风切边和暖区云厚度这个 4 个气象因子用于描述冰雹，并构建了基于自动编码器和卷积神经网络的冰雹预测模型对冰雹进行识别、定位和预测分析。季风是由海陆热力差异导致的大范围内风向随季节显著变化的现象。季风通常具有活动范围广泛、影响深远等特点。对于季风的预报研究对于保障人类正常生产生活具有十分重要的意义。（Ham et al., 2019）构建了一种用于预测海表面温度区域分布的卷积神经网络模型，缓解了当前动力预测系统不足带来的问题。

8.6 小　结

本章总结了地球大数据挖掘中人工智能方法的研究现状，通过对四种常用算法的深入研究，总结出这些方法的优缺点以及未来的发展方向。

（1）基于规则的地球大数据挖掘算法利用专家知识、约定规则和推理方法从大数据中提取有用的知识。具有较强的解释性，但其数据挖掘能力受限于已有的专家知识和规则集合，可能无法处理当前海量、多源、异构的数据挖掘问题。然而，随着知识图谱的逐步发展，基于规则的数据挖掘方法与大数据技术的结合将成为未来的发展方向之一。

（2）数据驱动的地球数据挖掘方法，通过数据转换、数据增强、特征提取、关联规则挖掘、聚类和分类，可以有效地发现隐藏在海量数据中的有价值的信息。特别在当今大数据背景下，数据驱动和大数据驱动方法将成为今后遥感知识发现的主流方法。然而，由于目前计算机的数据处理能力和 GPU（图形处理单元）芯片的高成本，在未来很长一段时间内，深度学习可能不会成为大规模、海量地球数据挖掘的主流方法。长时间序列地球大数据分析、时间序列分类和变化检测的主要手段仍是传统的机器学习方法如 k-NN、DTW 和 SVR。SVM、贝叶斯方法和启发式搜索方法也将在大区域乃至全球区域的特征提取、特征分类和聚类中发挥重要作用。

（3）强化学习方法可以通过不断地自我博弈机制调整模型参数，在不需要大量训练集的情况下获得更好的数据处理结果。这可以有效解决深度学习中训练样本不足或训练样本小的问题，从而提高深度学习模型的泛化能力。然而，深度强化学习方法的自学习过程需要相当长的时间，并且受到当前计算机处理能力的限制，而无法充分发挥其对大面积、长时间序列地球数据的挖掘和全球变化研究的能力。因此，提高深度强化学习的计算效率是其重要的发展方向之一。

（4）集成方法通过集成各种方法的优点，使用并行优化方法提高数据处理效率，是海量地球数据处理的有效手段。然而，在地球数据挖掘领域，除了基于决策树的集成学习方法外，少有应用其他技术的成功集成方法。因此综合考虑各种算法的优缺点，构建一个好的集成学习模型将是地球数据挖掘领域需要研究的方向之一。

此外，得出了这些方法之间的差异性和相关性：

（1）基于规则的数据挖掘算法是通过逻辑推理引擎学习新知识，数据驱动模型是基于假设和先验知识学习潜在模式，强化学习是通过问题引导来学习策略。这三种人工智能方法形成了从知识到数据，再到能力的三部曲。

（2）基于规则的数据挖掘算法可以为数据驱动的方法提供先验知识，有效提高数据驱动知识发现的准确性，由数据驱动模型发现的知识可以作为基于规则的数据挖掘算法对专家知识和规则集的重要补充，强化学习方法可以有效弥补数据驱动模型中训练样本或小训练样本的不足，有效提高数据驱动模型的泛化能力。因此，这三种方法的结合将是解决未来问题的关键。

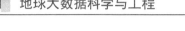
参 考 文 献

Afzali Gorooh V, Kalia S, Nguyen P, et al. 2020. Deep neural network Cloud-Type classification(DeepCTC)model and its application in evaluating PERSIANN-CCS. Remote Sens., 12(2), 316, doi: 10. 3390/rs12020316.

Agrawal R, Imielinski T, Swami A. 1993. Mining association rules between sets of items in large databases. Proceedings of the 1993 ACM SIGMOD Conference. Washington DC, 22: 207-216.

Aksoy S, Koperski K, Tusk C, et al. 2005. Learning bayesian classifiers for scene classification with a visual grammar. IEEE Transactions on Geoscience and Remote Sensing, 43(3), 581-589.

Altiparmak F, Gen M, Lin L, et al. 2006. A genetic algorithm approach for multi-objective optimization of supply chain networks. Computers & Industrial Engineering, 51(1), 196-215.

Aryafar A, Moeini H. 2017. Application of continuous restricted Boltzmann machine to detect multivariate anomalies from stream sediment geochemical data, Korit, East of Iran. Journal of Mining and Environment, 8(4): 673-682.

Awad M, Khanna R. 2015. Efficient learning machines: Theories, concepts, and applications for engineers and system designers. New York, NY: Apress.

Bai S, Kolter J Z, Koltun V. 2018. An empirical evaluation of generic convolutional and recurrent networks for sequence modeling. arXiv, 1803. 01271.

Bamdadinejad M, Ketabdari M J, Chavooshi S M H. 2021. Shoreline Extraction Using Image Processing of Satellite Imageries. J Indian Soc Remote Sensing, 49: 2365-2375.

Baykan N A, Yılmaz N. 2010. Mineral identification using color spaces and artificial neural networks. Computers & Geosciences, 36(1): 91-97.

Belgiu M, Drăguţ L. 2016. Random forest in remote sensing: A review of applications and future directions. ISPRS Journal of Photogrammetry and Remote Sensing, 114: 24-31.

Bereta K, Koubarakis M, Manegold S, et al. 2018. From big data to big information and big knowledge: The case of earth observation data. In Proceedings of the 27th ACM International Conference on Information and Knowledge Management: 2293-2294.

Biswajeet P, Saro L. 2007. Utilization of optical remote sensing data and gis tools for regional landslide hazard analysis using an artificial neural network model. Earth Science Frontiers, 14(6), 143-151.

Blanzieri E, Melgani F. 2008. Nearest neighbor classification of remote sensing images with the maximal margin principle. IEEE Transactions on Geoscience and Remote Sensing, 46(6), 1804-1811.

Bosquet B, Mucientes M, Brea V M. 2020. STDnet: Exploiting high resolution feature maps for small object detection. Eng. Appl. Artif. Intell. 91: 1-16.

Broni B C, Katsriku F A, Unemi T, et al. 2019. El niño-southern oscillation forecasting using complex networks analysis of LSTM neural networks. In Proccedings of the Twenty-Third International Symposium on Artificial Life and Robotics 2018(AROB 23rd 2018)and the Third International Symposium on BioComplexity 2018(ISBC 3rd 2018), 1-7.

Bruzzone L, Cossu R, Vernazza G. 2002. Combining parametric and non-parametric algorithms for a partially unsupervised classification of multitemporal remote-sensing images. Information Fusion, 3(4), 289-297.

Castelluccio M, Poggi G, Sansone C, et al. 2015. Land use classification in remote sensing images by convolutional neural networks. arXiv Preprint arXiv: 1508. 00092.

Chan J C, Paelinckx D. 2008. Evaluation of random forest and adaboost tree-based ensemble classification and spectral band selection for ecotope mapping using airborne hyperspectral imagery. Remote Sensing of Environment, 112(6), 2999-3011.

Chang D H, Islam S. 2000. Estimation of soil physical properties using remote sensing and artificial neural network. Remote Sensing of Environment, 74(3), 534-544.

Chen H, Dai X, Cai H, et al. 2019a. Large-scale interactive recommendation with tree-structured policy gradient. In Proceedings of the AAAI Conference on Artificial Intelligence, 33: 3312-3320.

Chen L, Guan Q, Xiong Y, et al. 2019b. A spatially constrained multi-autoencoder approach for multivariate geochemical anomaly recognition. Computers & Geosciences, 125: 43-54.

Chen L, Wang L, Miao J, et al. 2020. Review of the application of Big Data and artificial intelligence in geology//Journal of Physics: Conference Series. IOP Publishing, 1684(1): 012007.

Chen Y S, Lin Z H, Zhao X, et al. 2014b. Deep learning-based classification of Hyperspectral data. IEEE J Sel Top Appl Earth Obs Remote Sens, 7(6): 2094-2107, doi: 10.1109/JSTARS. 2014. 2329330.

Chen Y, Lu L, Li X. 2014a. Application of continuous restricted Boltzmann machine to identify multivariate geochemical anomaly. Journal of Geochemical Exploration, 140: 56-63.

Chen Y, Wu W. 2017. Mapping mineral prospectivity using an extreme learning machine regression. Ore Geology Reviews, 80: 200-213.

Chen Y, Zhao X, Jia X. 2015. Spectral–spatial classification of hyperspectral data based on deep belief network. IEEE Journal of Selected Topics in Applied Earth Observations and Remote Sensing, 8(6): 2381-2392.

Cheng G, Han J. 2016. A survey on object detection in optical remote sensing images. ISPRS Journal of Photogrammetry and Remote Sensing, 117, 1: 1-28.

Cheng G, Yang C, Yao X, et al. 2018. When deep learning meets metric learning: Remote sensing image scene classification via learning discriminative CNNs. IEEE Transactions on Geoscience and Remote Sensing, 56(5), 2811-2821.

Cheng G, Zhou P, Han J. 2016. Learning rotation-invariant convolutional neural networks for object detection in VHR optical remote sensing images. IEEE Transactions on Geoscience and Remote

Sensing, 54(12): 7405-7415.

Collin A, Archambault P, Long B. 2011. Predicting Species Diversity of Benthic Communities within Turbid Nearshore Using Full-Waveform Bathymetric LiDAR and Machine Learners. PLOS ONE 6(6): e21265.

Cracknell M J, Reading A M. 2014. Geological mapping using remote sensing data: A comparison of five machine learning algorithms, their response to variations in the spatial distribution of training data and the use of explicit spatial information. Computers & Geosciences, 63: 22-33.

Datcu M, Seidel K, Walessa M. 1998. Spatial information retrieval from remote-sensing images. I. Information theoretical perspective. IEEE Transactions on Geoscience and Remote Sensing, 36(5): 1431-1445.

de Colstoun E C B, Story M H, Thompson C, et al. 2003. National park vegetation mapping using multitemporal Landsat 7 data and a decision tree classifier. Remote Sensing of Environment, 85(3): 316-327.

Diaz, Gonzalo F, et al. 2020. Variogram-based descriptors for comparison and classification of rock texture images. Mathematical Geosciences 52(4): 451-476.

Ding Q, Ding Q, Perrizo W. 2008. Parman efficient algorithm to mine association rules from spatial data. IEEE Transactions on Systems, Man, and Cybernetics, Part B(Cybernetics), 38(6): 1513-1524.

Ding Q, Perrizo W, Ding Q, et al. 2001. On mining satellite and other remotely sensed images, DMKD-2001, Santa Barbara, CA, 33-40.

Dou J, Chang K T, Chen S, et al. 2015. Automatic case-based reasoning approach for landslide detection: Integration of object-oriented image analysis and a genetic algorithm. Remote Sensing, 7(4): 4318-4342.

Dou P, Chen Y. 2017. Remote sensing imagery classification using adaboost with a weight vector(wv adaboost). Remote Sensing Letters, 8(8): 733-742.

Du P, Liu S, Xia J, et al. 2013. Information fusion techniques for change detection from multi-temporal remote sensing images. Information Fusion, 14(1): 19-27.

Duda D P, Minnis P, Khlopenkov K, et al. 2013. Estimation of 2006 Northern Hemisphere contrail coverage using MODIS data. Geophysical Research Letters, 40(3): 612-617. doi: 10.1002/grl. 50097.

Dulac-Arnold G, Evans R, van Hasselt H, et al. 2015. Deep reinforcement learning in large discrete action spaces. arXiv preprint arXiv: 1512. 07679.

Fan J, Li Q, Hou J, et al. 2017. A spatiotemporal prediction framework for air pollution based on deep rnn. ISPRS Annals of the Photogrammetry, Remote Sensing and Spatial Information Sciences, 4: 15.

François-Lavet V, Henderson P, Islam R, et al. 2018. An introduction to deep reinforcement learning. Foundations and Trends® in Machine Learning, 11(3-4): 219-354.

Friedl M A, Brodley C E. 1997. Decision tree classification of land cover from remotely sensed data. Remote Sensing of Environment, 61(3), 399-409.

Fu K, Li Y, Sun H, et al. 2018. A ship rotation detection model in remote sensing images based on feature fusion pyramid network and deep reinforcement learning. Remote Sensing, 10(12): 1922.

Georganos S, Grippa T, Vanhuysse S. 2018. Less is more: Optimizing classification performance through feature selection in a very-high-resolution remote sensing object-based urban application. GIScience & Remote Sensing, 55(2): 221-242.

Geranian, Hamid, et al. 2016. Application of discriminant analysis and support vector machine in mapping gold potential areas for further drilling in the Sari-Gunay gold deposit, NW Iran. Natural Resources Research 25, 2: 145-159.

Ghorbani Nejad S, Falah F, Daneshfar M, et al. 2017. Delineation of groundwater potential zones using remote sensing and gis-based data-driven models. Geocarto International, 32(2): 167-187.

Giacinto G, Roli F, Fumera G. 2000. Design of effective multiple classifier systems by clustering of classifiers. In Proceedings 15th International Conference on Pattern Recognition(ICPR-2000), 2: 160-163.

Giacinto G, Roli F. 2001. Design of effective neural network ensembles for image classification purposes. Image and Vision Computing, 19(9-10), 699-707.

Gibney E. 2015. Deepmind algorithm beats people at classic video games. Nature, 518(7540): 465-466.

Gjertsen A K. 2007. Accuracy of forest mapping based on LANDSAT TM data and a KNN-based method. Remote Sensing of Environment, 110(4): 420-430.

Gonbadi A M, Tabatabaei S H, Carranza E J M. 2015. Supervised geochemical anomaly detection by pattern recognition. Journal of Geochemical Exploration, 157: 81-91.

González-Rivero M, Oscar B, et al. 2020. Monitoring of Coral Reefs Using Artificial Intelligence: A Feasible and Cost-Effective Approach. Remote Sensing 12, 3: 489.

Goodenough D G, Goldberg M, Plunkett G, et al. 1987. An expert system for remote sensing. IEEE Transactions on Geoscience and Remote Sensing, 3: 349-359.

Gopal S, Woodcock C. 1996. Remote sensing of forest change using artificial neural networks. IEEE Transactions on Geoscience and Remote Sensing, 34(2): 398-404.

Graves A, Liwicki M, Fernández S, et al. 2008. A novel connectionist system for unconstrained handwriting recognition. IEEE Transactions on Pattern Analysis and Machine Intelligence, 31(5): 855-868.

Guan X, Huang C, Liu G, et al. 2016. Mapping rice cropping systems in Vietnam using an NDVI-based time-series similarity measurement based on DTW distance. Remote Sensing, 8(1): 19.

Guo H, Wang L, Chen F, et al. 2014. Scientific big data and digital earth. Chinese Science Bulletin, 59(35): 5066-5073.

Ham Y G, Kim J H, Luo J J. 2019. Deep learning for multi-year ENSO forecasts. Nature, 573(7775): 568-572, doi: 10. 1038/s41586-019-1559-7.

Han J, Pei J, Yin Y. 2000. Mining frequent patterns without candidate generation. In Proceedings of the 2000 ACM SIGMOD Conference, 29: 1-12.

Hepner G, Logan T, Ritter N, et al. 1990. Artificial neural network classification using a minimal training set comparison to conventional supervised classification. Photogrammetric Engineering and Remote Sensing, 56(4): 469-473.

Hinton G E, Osindero S, Teh Y W. 2006. A fast learning algorithm for deep belief nets. Neural Computation, 18(7): 1527-1554.

Hinton G E, Salakhutdinov R R. 2006. Reducing the dimensionality of data with neural networks. Science, 313(5786): 504-507.

Hong Y, Hsu K L, Sorooshian S, et al. 2004. Precipitation estimation from remotely sensed imagery using an artificial neural network cloud classification system. Journal of Applied Meteorology, 43(12): 1834-1853.

Hsu K, Gao X, Sorooshian S, et al. 1997. Precipitation estimation from remotely sensed information using artificial neural networks. Journal of Applied Meteorology, 36(9) : 1176-1190.

Hu F, Xia G S, Hu J, et al. 2015. Transferring deep convolutional neural networks for the scene classification of high-resolution remote sensing imagery. Remote Sensing, 7(11): 14680-14707.

Huang B, Zhao B, Song Y. 2018. Urban land-use mapping using a deep convolutional neural network with high spatial resolution multispectral remote sensing imagery. Remote Sensing of Environment, 214: 73-86.

Jackson Q, Landgrebe D A. 2002. Adaptive bayesian contextual classification based on markov random fields. IEEE Transactions on Geoscience and Remote Sensing, 40(11): 2454-2463.

Jang H, Topal E, Kawamura Y. 2015. Unplanned dilution and ore loss prediction in longhole stoping mines via multiple regression and artificial neural network analyses. Journal of the Southern African Institute of Mining and Metallurgy, 115(5): 449-456.

Liu J, Xiang J J, Jin Y J, et al.2021. Boost Precision Agriculture with Unmanned Aerial Vehicle Remote Sensing and Edge Intelligence: A Survey. Remote Sensing, 13(21): 4387.

Jiang L, Cai Z, Wang D, et al. 2012. Improving tree augmented naive Bayes for class probability estimation. Knowledge-Based Systems, 26: 239-245.

Bai J Y, Feng R Y, Wang L Z, et al.2021. Weakly Supervised Convolutional Neural Networks for Hyperspectral Unmixing. IGARSS 2021: 3857-3860.

Jin Y, Liu X, Chen Y, et al. 2018. Land-cover mapping using random forest classification and incorporating NDVI time-series and texture: A case study of Central Shandong. International Journal of Remote Sensing, 39(23): 8703-8723.

Karakose M. 2013. Reinforcement learning based artificial immune classifier. The Scientific World Journal, 581846.

Ke Y, Zhang W, Quackenbus L J. 2010. Active contour and hill climbing for tree crown detection and delineation. Photogrammetric Engineering & Remote Sensing, 76(10): 1169-1181.

Krizhevsky A, Sutskever I, Hinton G E. 2012. Imagenet classification with deep convolutional neural networks. In Advances in neural information processing systems : 1097-1105. Red Hook, NY: Curran Associates, Inc.

Li D, Tang C, Xia C, et al. 2017. Acoustic mapping and classification of benthic habitat using unsupervised learning in artificial reef water. Estuarine, Coastal and Shelf Science, 185: 11-21

Li J, Chen W. 2005. A rule-based method for mapping Canada's wetlands using optical, radar and dem data. International Journal of Remote Sensing, 26(22): 5051-5069.

Li K, Cheng G, Bu S, et al. 2017a. Rotation-insensitive and context-augmented object detection in remote sensing images. IEEE Transactions on Geoscience and Remote Sensing, 56(4): 2337-2348.

Li L, Chen Y, Xu T, et al. 2015. Super-resolution mapping of wetland inundation from remote sensing imagery based on integration of back-propagation neural network and genetic algorithm. Remote Sensing of Environment, 164: 142-154.

Li M, Stein A, Bijker W, et al. 2016. Urban land use extraction from very high resolution remote sensing imagery using a Bayesian network. ISPRS Journal of Photogrammetry and Remote Sensing, 122: 192-205.

Li Q, Wang C, Zhang B, et al. 2015. Object-based crop classification with landsat-MODIS enhanced time-series data. Remote Sensing, 7(12): 16091-16107.

Li Y, Cheng B. 2009. An improved k-nearest neighbor algorithm and its application to high resolution remote sensing image classification. In 2009 17th International Conference on Geoinformatics: 1-4.

Li Y, Fu K, Sun H, et al. 2018. An aircraft detection framework based on reinforcement learning and convolutional neural networks in remote sensing images. Remote Sensing, 10(2): 243.

Li Y. 2017. Deep reinforcement learning: An overview. arXiv preprint arXiv: 1701. 07274.

Liu C, Zhang L, Davis C J, et al. 2003. Comparison of neural networks and statistical methods in classification of ecological habitats using fia data. Forest Science, 49(4): 619-631.

Liu J, Chen K, Liu P, et al. 2016. A novel similarity assessment for remote sensing images via fast association rule mining. The International Archives of the Photogrammetry, Remote Sensing and Spatial Information Sciences, XLI-B2, 217-221.

Liu Y, Yao X. 1999. Ensemble learning via negative correlation. Neural Networks, 12(10), 1399-1404.

Luo Z, Xiong Y, Zuo R. 2020. Recognition of geochemical anomalies using a deep variational autoencoder network. Applied Geochemistry, 122: 104710.

Ma Y, Wang L, Zomaya A Y, et al. 2013. Task-tree based large-scale mosaicking for massive remote sensed imageries with dynamic dag scheduling. IEEE Transactions on Parallel and Distributed Systems, 25(8): 2126-2137.

Ma Z, Mei G. 2021. Deep learning for geological hazards analysis: Data, models, applications, and opportunities. Earth-Science Reviews, 223: 103858.

Maggiori E, Tarabalka Y, Charpiat G, et al. 2016. Convolutional neural networks for large-scale remote-sensing image classification. IEEE Transactions on Geoscience and Remote Sensing, 55(2): 645-657.

Malhotra P, Vig L, Shroff G, et al. 2015. Long short term memory networks for anomaly detection in time series. In Proceedings of the 23rd European Symposium on Artificial Neural Networks, Computational Intelligence and Machine Learning, ESANN 2015, Bruges, Belgium: 89.

Marmanis D, Datcu M, Esch T, et al. 2015. Deep learning earth observation classification using imagenet pretrained networks. IEEE Geoscience and Remote Sensing Letters, 13(1): 105-109.

Matsuyama T, Saburi K, Nagao M. 1980. A structural description of regularly arranged textures. Computer Graphics and Image Processing, 18(3): 259-278.

Matsuyama T. 1987. Knowledge-based aerial image understanding systems and expert systems for image processing. IEEE Transactions on Geoscience and Remote Sensing, GE-25(3): 305-316.

Maus V, Câmara G, Cartaxo R. 2016. A time-weighted dynamic time warping method for land-use and land-cover mapping. IEEE Journal of Selected Topics in Applied Earth Observations and Remote Sensing, 9(8), 3729-3739.

McCarthy J, Minsky M L, Rochester N, et al. 2006. A proposal for the Dartmouth summer research project on artificial intelligence, August 31, 1955. AI Magazine, 27(4): 12.

McIver D, Friedl M. 2002. Using prior probabilities in decision-tree classification of remotely sensed data. Remote Sensing of Environment, 81(2-3): 253-261.

Misra A, Vojinovic Z, Ramakrishnan B, et al. 2018. Shallow water bathymetry mapping using support vector machine (SVM) technique and multispectral imagery. International Journal of Remote Sensing 39(13): 4431-4450.

Mochizuki S, Murakami T. 2012. Accuracy comparison of land cover mapping using the object oriented image classification with machine learning algorithms. In 33rd Asian Conference on Remote Sensing, Ambassador City Jomtien Hotel, Pattaya, Thailand.

Moen E, Handegard N O, Allken V, et al. 2018. Automatic interpretation of otoliths using deep learning. PLOS ONE 13(12): e0204713.

Morgan J A. 2016. Simulated annealing approach to temperature–emissivity separation in thermal remote sensing. Journal of Applied Remote Sensing, 10(4): 040501.

Mou L, Ghamisi P, Zhu X X. 2017. Deep recurrent neural networks for hyperspectral image classification. IEEE Transactions on Geoscience and Remote Sensing, 55(7): 3639-3655.

Muehlberger W R, 1966. Earth Science. Science, 152(3724): 950-951.

Napoletano P. 2018. Visual descriptors for content-based retrieval of remote-sensing images. International Journal of Remote Sensing, 39(5): 1343-1376.

Nitze I, Barrett B, Cawkwell F. 2015. Temporal optimisation of image acquisition for land cover classification with random forest and MODIS time-series. International Journal of Applied Earth

Observation and Geoinformation, 34: 136-146.

Ohashi T, Aghbari Z, Makinouchi A. 2003. Hill-climbing algorithm for efficient color-based image segmentation. In IASTED International Conference on Signal Processing, Pattern Recognition, and Applications: 17-22.

Okujeni A, van der Linden S, Tits L, et al. 2013. Support vector regression and synthetically mixed training data for quantifying urban land cover. Remote Sensing of Environment, 137: 184-197.

Oleg M, Dina M, Matthew R, et al. 2015. Combining deterministic modelling with artificial neural networks for suspended sediment estimates. Applied Soft Computing, 35: 247-256.

Pal M. 2005. Random forest classifier for remote sensing classification. International Journal of Remote Sensing, 26(1): 217-222.

Perol T, Gharbi M, Denolle M. 2018. Convolutional neural network for earthquake detection and location. Science Advances, 4(2): e1700578.

Piatetsky-Shapiro G. 1991. Discovery, analysis, and presentation of strong rules. Knowledge Discovery in Data-bases: 229-248.

Pradhan R, Ghose M, Eyaram A. 2010. Land cover classification of remotely sensed satellite data using bayesian and hybrid classifier. International Journal of Computer Applications, 7(11): 1-4.

Pulukool F, Li L, Liu C. 2020. Using deep learning and machine learning methods to diagnose hailstorms in large-scale thermodynamic environments. Sustainability, 12(24): 1-13, doi: 10. 3390/su122410499.

Punia M, Joshi P K, Porwal M. 2011. Decision tree classification of land use land cover for Delhi, India using IRS-P6 AWIFS data. Expert Systems with Applications, 38(5): 5577-5583.

Qian Y, Zhou W, Yan J, et al. 2015. Comparing machine learning classifiers for object-based land cover classification using very high resolution imagery. Remote Sensing, 7(1): 153-168.

Qiao D, Liu G, Lv T, et al. 2021. Marine Vision-Based Situational Awareness Using Discriminative Deep Learning: A Survey. Journal of Marine Science and Engineering 9(4): 397.

Qiu Y, Yang Y, Lin Z, et al. 2020. Improved denoising autoencoder for maritime image denoising and semantic segmentation of USV. China Commun. 17: 46-57.

Qu B, Li, Tao D, et al. 2016. Deep semantic understanding of high resolution remote sensing image. In 2016 International Conference on Computer, Information and Telecommunication Systems (CITS): 1-5.

Rahman A, Timms G, Shahriar M S, et al. 2016. Association between imaging and XRF sensing: A machine learning approach to discover mineralogy in abandoned mine voids. IEEE Sensors Journal 16. 11(2016): 4555-4565.

Rodriguez-Galiano V F, Ghimire B, Rogan J, et al. 2012. An assessment of the effectiveness of a random forest classifier for land-cover classification. ISPRS Journal of Photogrammetry and Remote Sensing, 67(9): 3-104.

Rodriguez-Galiano V, Sanchez-Castillo M, Chica-Olmo M, et al. 2015. Machine learning predictive models for mineral prospectivity: An evaluation of neural networks, random forest, regression trees and support vector machines. Ore Geology Reviews, 71: 804-818.

Romani L A, Goncalves R, Zullo J, et al. 2010. New DTW-based method to similarity search in sugar cane regions represented by climate and remote sensing time series. In 2010 IEEE International Geoscience and Remote Sensing Symposium: 355-358.

Ruiz P, Mateos J, Camps-Valls G, et al. 2013. Bayesian active remote sensing image classification. IEEE Transactions on Geoscience and Remote Sensing, 52(4): 2186-2196.

Rumelhart D E, Hinton G E, Williams R J. 1988. Learning representations by back-propagating errors. Cognitive Modeling, 5(3): 1.

Schneider A, Friedl M A, McIver D K, et al. 2003. Mapping urban areas by fusing multiple sources of coarse resolution remotely sensed data. Photogrammetric Engineering & Remote Sensing, 69(12): 1377-1386.

Shan Y, Zhou X,Liu S,et al. 2020. SiamFPN Deep Learning Method for Accurate and Real-Time Maritime Ship Tracking. IEEE Trans. Circuits Syst. Video Technol. 31: 315-325.

Sun S T, Mu L, Wang L Z, et al.2022.L-UNet: An LSTM Network for Remote Sensing Image Change Detection. IEEE Geoscience and Remote Sensing Letters, 19: 1-5.

Silver D, Huang A, Maddison C J, et al. 2016. Mastering the game of go with deep neural networks and tree search. Nature, 529(7587): 484-489.

Simard M, Saatchi S S, De Grandi G. 2000. The use of decision tree and multiscale texture for classification of JERS-1 SAR data over tropical forest. IEEE Transactions on Geoscience and Remote Sensing, 38(5): 2310-2321.

Srikant R, Agrawal R. 1996. Mining quantitative association rules in large relational tables. ACM SIGMOD Record, 25: 1-12.

Stefanov W L, Ramsey M S, Christensen P R. 2001. Monitoring urban land cover change: An expert system approach to land cover classification of semiarid to arid urban centers. Remote Sensing of Environment, 77(2): 173-185.

Stumpf A, Kerle N. 2011. Object-oriented mapping of landslides using Random Forests. Remote sensing of environment, 115(10): 2564-2577.

Sun J, Wauthier C, Stephens K, et al. 2020. Automatic detection of volcanic surface deformation using deep learning. Journal of Geophysical Research: Solid Earth, 125(9): e2020JB019840.

Suthaharan S. 2019. Big data analytics: Machine learning and Bayesian learning perspectiveswhat is done? What is not? WIREs Data Mining and Knowledge Discovery, 9(1): e1283.

Tahmasebi P, Hezarkhani A. 2012 A hybrid neural networks-fuzzy logic-genetic algorithm for grade estimation. Computers & geosciences, 42: 18-27.

Thompson S, Fueten F, Bockus D. 2001. Mineral identification using artificial neural networks and the rotating polarizer stage. Computers & Geosciences, 27(9): 1081-1089.

Tomppo E, Halme M. 2004. Using coarse scale forest variables as ancillary information and weighting of variables in KNN estimation: A genetic algorithm approach. Remote Sensing of Environment, 92(1): 1-20.

Tooke T R, Coops N C, Goodwin N R. et al. 2009. Extracting urban vegetation characteristics using spectral mixture analysis and decision tree classifications. Remote Sensing of Environment, 113(2): 398-407.

Trenberth K E, Dai A, Schrier G, et al. 2013. Global warming and changes in drought. Nature Climate Change, 4(1): 17-22, doi: 10. 1038/nclimate2067.

Tseng M H, Chen S J, Hwang G H, et al. 2008. A genetic algorithm rule-based approach for land-cover classification. ISPRS Journal of Photogrammetry and Remote Sensing, 63(2): 202-212.

Tso B C, Mather P M. 1999. Classification of multisource remote sensing imagery using a genetic algorithm and Markov random fields. IEEE Transactions on Geoscience and Remote Sensing, 37(3): 1255-1260.

Tuia D, Verrelst J, Alonso L, et al. 2011. Multioutput support vector regression for remote sensing biophysical parameter estimation. IEEE Geoscience and Remote Sensing Letters, 8(4): 804-808.

Twarakavi N K C, Misra D, Bandopadhyay S. 2006. Prediction of arsenic in bedrock derived stream sediments at a gold mine site under conditions of sparse data. Natural Resources Research, 15(1): 15-26.

Ustuner M, Sanli F B, Dixon B. 2015. Application of support vector machines for landuse classification using high-resolution rapideye images: A sensitivity analysis. European Journal of Remote Sensing, 48(1): 403-422.

van Coillie F M, Verbeke L P, De Wulf R R. 2007. Feature selection by genetic algorithms in object-based classification of IKONOS imagery for forest mapping in Flanders, Belgium. Remote Sensing of Environment, 110(4): 476-487.

Vuolo F, Atzberger C. 2012. Exploiting the classification performance of support vector machines with multi-temporal moderate-resolution imaging spectroradiometer(modis)data in areas of agreement and disagreement of existing land cover products. Remote Sensing, 4(10): 3143-3167.

Wang F Y, Zhang J J, Zheng X, et al. 2016. Where does alphago go: From church-turing thesis to alphago thesis and beyond. IEEE/CAA Journal of Automatica Sinica, 3(2): 113-120.

Wang W C, Chau K W, Cheng C T, et al. 2009. A comparison of performance of several artificial intelligence methods for forecasting monthly discharge time series. Journal of Hydrology, 374(3-4): 294-306.

Wang Y, Wang C H, Shi C Z, et al. 2018. A selection criterion for the optimal resolution of Ground -Based remote sensing cloud images for cloud classification. IEEE Trans. Geosci. Remote Sens., 57(3): 1358-1367, doi: 10. 1109/TGRS. 2018. 2866206.

Wang C, Zhang J, Ma Y. 2010. Coastline interpretation from multispectral remote sensing images using an association rule algorithm. International Journal of Remote Sensing, 31(24):

6409-6423.

Han W, Wang L Z, Feng R Y, et al.2020. Sample generation based on a supervised Wasserstein Generative Adversarial Network for high- resolution remote-sensing scene classification. Information Sciences, 539: 177-194.

Tong W, Chen W T, Han W, et al.2020. Channel-Attention-Based DenseNet Network for Remote Sensing Image Scene Classification. IEEE Journal of Selected Topics in Applied Earth Observations and Remote Sensing. 13: 4121-4132.

Chen W T, Ouyang S B, Tong W, et al.2022. GCSANet: A Global Context Spatial Attention Deep Learning Network for Remote Sensing Scene Classification. IEEE Journal of Selected Topics in Applied Earth Observations and Remote Sensing, 15: 1150-1162.

Went E A, Nelson D, Rahman A, et al. 2008. Expert system classification of urban land use/cover for Delhi, India. International Journal of Remote Sensing, 29(15): 4405-4427.

Woodhead J, Landry M. 2021 Harnessing the power of artificial intelligence and machine learning in mineral exploration—opportunities and cautionary notes. SEG Discovery, (127): 19-31.

Xia J, Yokoya N, Iwasaki A. 2017. A novel ensemble classifier of hyperspectral and lidar data using morphological features. In 2017 IEEE International Conference on Acoustics, Speech and Signal Processing(ICASSP): 6185-6189.

Xie W Y, Liu D, Yang M, et al. 2019. SegCloud: A novel cloud image segmentation model using deep Convolutional Neural Network for ground-based all-sky-view camera observation. Atmospheric Measurement Techniques, 13(4): 1953-1961, doi: 10. 5194/amt-13-1953-2020.

Xu Y, Zhou B, Wu J, et al. 2017. Asian climate change under 1.5–4 °C warming targets. Advances in Climate Change Research, 8(2): 99-107, doi: 10. 1016/j. accre. 2017. 05. 004.

Xu M, Watanachaturaporn P, Varshney P K, et al. 2005. Decision tree regression for soft classification of remote sensing data. Remote Sensing of Environment, 97(3): 322-336.

Yue J, Zhao W, Mao S, et al. 2015. Spectral–spatial classification of hyperspectral images using deep convolutional neural networks. Remote Sensing Letters, 6(6): 468-477.

Zhu X X, Tuia D, Mou L, et al. 2017. Deep learning in remote sensing: A comprehensive review and list of resources. IEEE Geoscience and Remote Sensing Magazine, 5(4): 8-36.

Zhuang Y T, Wu F, Chen C, et al. 2017. Challenges and opportunities: From big data to knowledge in AI 2. 0. Frontiers of Information Technology & Electronic Engineering, 18(1): 3-14.

Zuo R, Carranza E J M. 2011. Support vector machine: A tool for mapping mineral prospectivity. Computers & Geosciences, 37(12): 1967-1975.

第 9 章

地球大数据共享与服务

地球大数据是具备空间属性的地球科学领域的大数据，涵盖空间对地观测数据，陆地、海洋、大气及其他人类活动数据（郭华东，2018a）。地球大数据共享和服务指的是面向专业用户和公众用户等提供科学数据，目的是促进海量地球大数据的高效应用，提高地学研究和科学发现的效率，提升公民科学素养。地球大数据共享和服务是充分发挥地球大数据的科学价值和社会价值的关键，有助于地球系统科学的突破性研究和重大科学发现，有助于为人类命运共同体和联合国可持续发展目标等国内外重大战略提供科技支撑和决策支持（郭华东，2019）。

9.1　数据共享与服务的基本原则

科学数据主要包含在自然科学、工程技术科学等领域中，在基础研究、应用研究、试验开发等过程中生成的数据，以及通过观察监测、考察调研、检验检测等方式获取并用于科学研究的原始数据及其衍生数据（国务院办公厅，2018）。我国近年来制定的多项指导性意见共同指出：在互联网经济时代，数据是新的生产要素，是基础性资源和战略性资源，也是重要生产力（习近平，2017；中共中央 国务院，2020）。科学大数据是推动科技创新的强力引擎，是数据密集型科研时代的硬通货，也是通向未来科学研究范式的重要桥梁（郭华东，2019）。科学大数据具有高维、高度计算复杂性、高度不确定性的科学内涵（郭华东等，2014），是国家大数据战略的基石（郭华东，2018b）。科学数据共享与服务是提高我国科技可持续创新能力的基础，是不断增加科技资源存量和战略储备的保障，是促进科学数据资源广泛应用、充分发挥其潜在价值的关键。科学数据共享是一项复杂的系统工程，包括标准规范、分类体系、管理模式、共享机制等（杨雅萍等，2020）。

目前科学数据共享和服务的国际原则中，"可发现、可访问、可互操作、可重用（Findable, Accessible, Interoperable, Reusable）"的 FAIR 原则得到广泛认可。

地球大数据是一种典型的科学大数据，是具有空间属性的地球科学领域大数据，在环境、资源、灾害等领域有重要作用和经济社会价值。因此，地球大数据的贡献与服务也须遵循 FAIR 原则。

FAIR 原则对数据共享和服务的四个方面给出了具体的特征描述，如表 9.1 所示。

表 9.1　科学数据共享 FAIR 原则

可发现 （Findable）	F1：（元）数据被分配一个全局唯一且持久的标识符
	F2：数据提供了丰富的元数据
	F3：元数据中应当清楚明确地包括它所描述的数据的标识符
	F4：（元）数据通过注册或者索引后能够可搜索
可访问 （Accessible）	A1：（元）数据可利用其标识符通过标准化通信协议进行获取
	A1.1 该协议是开放的、免费的、普遍可实现的
	A1.2 该协议在必要时可要求身份验证和授权
	A2：元数据是可访问的，即使数据不再可用
可互操作 （Interoperable）	I1：（元）数据使用正式的、可访问的、共享的和广泛适用的语言进行知识表示
	I2：（元）数据使用遵循 FAIR 原则的词汇表
	I3：（元）数据包括对其他（元）数据的限定引用（qualifiedreferences）
可重用 （Reusable）	R1：（元）数据的描述非常丰富，提供准确相关的属性信息
	R1.1：（元）数据通过清晰且可访问的数据使用许可实现发布
	R1.2：（元）数据与详细的溯源信息相关联
	R1.3：（元）数据符合领域相关的社区标准

9.2　数据共享与服务技术方法

观测和模拟是地球大数据产生的两种主要的来源和途径。其中，原位测量（比如站点、样地、航次等）和遥感观测（比如天基、空基、地基）是主要的地球观测手段。地球模拟大数据的主要来源是气候系统模式或者地球系统模式。原位测量、遥感观测和地球模拟三类数据在数据类型和特征、参与团体和组织、共享规则和传统、数据加工和利用等方面各有特点，其共享与服务技术方法不尽相同，也呈现出独有的特征。

9.2.1　原位测量数据的共享与服务技术方法

以站点、样地和样方等原位测量为主要来源的地球观测科学数据，近年来的数据共享和服务的进展主要表现在三个方面：形成更大的协同观测网络、依靠"公民科学家"、提供基于互联网的在线分析能力。

原位测量的典型代表案例是国家和全球尺度的综合性生态系统观测研究网络（傅伯杰等，2014），如澳大利亚陆地生态系统研究网络（Australia's Terrestrial Ecosystem Research Network, TERN）、中国生态系统研究网络（China Ecosystem Research Network, CERN）、国际长期生态学研究网络（International Long Term Ecological Research, ILTER）。此外还有针对单一生态系统变量的国际合作网络，比如国际通量网络（Global Network of Micrometeorological Flux Measurement Sites, FLUXNET）（Baldocchi et al., 2001）、地基气溶胶观测网络（AERO Sol Robotic Network, AeroNet）（Holben et al., 1998）。

互联网技术的进步，促进了以"众包"为特征的"公民科学"的发展。早期的公民科学特征是自愿贡献计算机能力，参与数据分析，比如伯克利开放式网络计算平台（Berkeley Open Infrastructure for Network Computing, BOINC）项目提供了众包模式的分布式计算平台，用来分析射电望远镜数据、疾病数据、气候数据等。近年来，传感器设备的小型化和智能化，移动互联网的普及，大大促进了生态科学研究的"公民科学家"参与。比如 BudBurst 项目合作收集植物生命周期数据，GoogleEarth 项目合作分享当地照片，CollectEarth 项目合作制作地表覆盖样本数据等。这一发展趋势还体现在公众积极参与到鸟类、入侵物种、河湖水质、噪声污染、空气质量等方面的环境调查（李春明等，2018）。

虽然这类原位测量的生态科学数据的存储量并不巨大，分发和传递的方式往往能够满足数据共享的需求，但改变传统的"下载-本地处理"的研究方式，提供基于互联网的在线数据分析，已经成为重要的数据服务趋势。比如，AeroNet 有超过 25 年的建设历史。国家机构、研究所、大学、个人科学家、企业合作伙伴共同提供了超过 1000 个站点的长期、连续的气溶胶光学、微物理和辐射特性数据库。基于 Giovanni 平台的 AeroStat（Wei et al., 2011）系统提供了基于网络的交互式分析。用户只需要选择绘图类型，选择一个 AeroNet 站点，选择一个或者多个观测数据类型，选定需要处理的时间段，就可以得到统计分析的结果图像，对应的结果数据可以以 CSV 方式下载。类似地，FluxDataONE 系统针对生态通量塔站观测数据，提供了基于互联网的观测站点选择、变量选取、统计分析模型调用、分析结果展示和下载等功能（Yan et al., 2014）。

9.2.2　遥感观测数据的共享与服务技术方法

对地观测的地表环境反演数据和信息产品往往都采用文件系统存储并通过元数据技术，提供检索和查询能力。大型遥感科学数据中心都制订了数据集命名的标准规则保证数据集名称的一致性和唯一性，并采用相对稳定的标准化的目录结构存储每个数据集的数据（Ramapriyan et al., 2010）。

地球环境遥感观测数据的共享和信息服务近年来的主要进展是依赖云计算技术的进步，提供云端存储和交互式分析能力，比如 EOPEN（Gialampoukidis, 2018），Open Science Cloud（Almeida et al., 2017）。其中，谷歌地球引擎（Google Earth Engine, GEE）和开放数据立方体（Open Data Cube, ODC）的方案非常具有代表性。

谷歌地球引擎，基于谷歌公司自有的云基础设施，首次实现了 PB 级海量遥感数据和信息产品的云端存储和在线分析（Gorelick et al., 2017）。用户可以通过交互的开发平台提交分析任务，自动调用后台强大的计算资源，快速地得到分析结果，进而保存和分享。地球引擎平台为科研人员解决了使用高性能计算资源处理海量生态科学数据的技术难题，极大地促进了领域的科学进步，涌现了一批重要的全球生态环境数据产品，比如全球 2000～2012 年的森林变化数据（Hansen et al., 2013），全球 30 m 和 10 m 分辨率的地表覆盖分类数据（Chen et al., 2015; Gong, 2019）。

开放数据立方体是澳大利亚提供的管理和分析海量地球观测数据的开源解决方案。它是一个通用的大型栅格数据集的组织和分析软件系统，提供了地球观测数据的目录管理、面向多种数据源的质量控制和更新策略、基于 Python 语言的高性能查询和数据访问（Application Programming Interface, API）接口。在高性能计算环境中部署 ODC，能够帮助用户实现交互式接口，探索性的对地球观测数据分析。ODC 具体包含了基础的命令行工具、高级分析脚本、数据检索和交互式分析的 Web 应用程序、包含可执行代码的网页分析工具 Jupyter Notebook 等（Lewis, 2016）。澳大利亚对覆盖其全国区域的陆地卫星长达 40 余年的影像进行精确的几何精校正后，运用 ODC，构建了国家卫星遥感历史环境监测数据库，实现了表面水体、海岸线变迁等重要生态环境参量的长时间历史变化状态的分析（Brooke et al., 2017; Lewis et al., 2017）。根据国际地球卫星观测委员会（Committee on Earth Observation Satellites, CEOS）的统计，ODC 已经在 9 个国家大型遥感数据中心部署并业务化运行，还有 14 个系统在建。

9.2.3 地球模拟数据的共享与服务技术方法

基于气候模式或者地球系统模式对重要的地球生态环境开展模拟和预测，具有特殊的研究价值。这个方面的代表性工作是正在进行的第六次国际耦合模式比较计划（Coupled Model Intercomparison Project Phase 6, CMIP6）。CMIP6 定义了一套比较完备的数据组织和质量控制标准，包括变量名称、全局属性定义、标准词汇表（controlled vocabularies）、文件目录索引标准等（Juckes, 2020）。全球 33 家机构的 112 个气候模式或者地球模式注册参加了 CMIP6。他们完成的实验数据在国际层面的数据共享和服务是依托 ESGF（Earth System Grid Federation）软件基础平台（Cinquini et al., 2014）。作为一个全球范围内支持气候变化研究的软件基础平台，ESGF 采用了地理分散的对等架构系统，不同的模式数据节点独立管理，但相互之间通过标准的通用协议和接口进行集成。ESGF 软件平台中集成了模式数据管理、发布、系统安全保障、底层消息传递等组件，也容纳了多个开源社区解决方案，比如应用服务器 Tomcat，全文索引 Solr 等。对于参加 CMIP6 的每个模式研发中心，需要在本地部署 ESGF 软件平台，通过本地的数据检索和访问服务接口实现和其他节点的集成，节点之间彼此信任注册用户并建立访问控制。ESGF 提供了专门的数据检索网站，方便全球用户对 CMIP 历次组织的地球模拟数据的检索和下载。

近年来，地球模拟数据共享和服务也体现出了充分利用互联网技术，除了支持数据检索和下载，也提供在线交互式分析的能力的趋势。比如 The Earth System Model Evaluation Tool（ESMValTool）（Eyring et al., 2016）包含工作流管理器、诊断和图形输出程序，能够完成模式的诊断和评价工作。Climate Data Store（CDS）允许用户构建数据处理工作流，对卫星观测、原位测量、模式预测和季节预报等数据进行在线分析（Raoult et al., 2017）。Copernicus Climate Change Service（C3S）集成了模式数据的多种诊断能力，提供了气候变化驱动因素（例如二氧化碳）和影响（例如冰川减少）的关键指标的可视化分析能力，同时也提供了 PyWPS 的程序访问接口（Thepaut et al., 2016）。Climate4impact 允许研究人员从 ESGF 节点获取数据，也提供了个人空间供上传数据，提供了数据搜索、可视化分析、处理和下载数据集功能（Page et al., 2019）。

9.3　地球大数据共享与服务系统

面向专业用户的高性能地球大数据共享与服务，不但提供地球系统科学的全球科研动态及前沿领域，而且提供便于开展科学研究的数据产品和开发应用工具等。服务应突出系统性和专业性，需要提供天空地一体化地球信息资源，以科学的数据规范和专业的管理措施来存储和发布，将不同尺度、不同类型、不同来源的基础地理信息数据库、对地观测数据库、专题数据库等空间数据和地球信息充分整合，给专业用户提供便捷的数据查询工具、数据可视化功能以及动态分析功能，建成空间连贯、尺度连续的地球信息专业数据库，服务专业用户在研究和教育等特定领域的多样需求。地球大数据系统体系架构如图9.1所示。

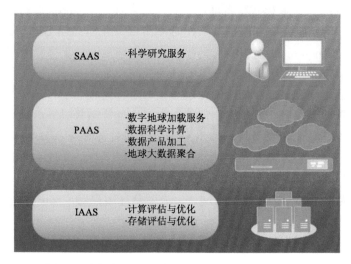

图9.1 高性能地球大数据共享与服务系统体系架构

9.3.1 数据汇聚服务

目前，对地观测数据体量较大，但是没有通过系统且有规则的方式进行管理，现在的大部分数据通常存在于 NetCDF、Word 和 Excel 等半结构化文档和非标准数据格式文件中。这些对地观测数据具有大体量、结构不规则且呈现动态变化的特点，传统的关系数据库系统无法实现对其有效地管理。

集成数据的结构与业务需求绑定在一起，业务逻辑与数据相关，即使数据聚合技术在解决异构信息资源处理方面取得了大量的研究成果，也无法动态扩展。目前需要解决的最重要的任务就是如何在 Internet 环境中有效地组织、管理、配置和利用这些复杂的信息资源，克服信息资源种类和数量不断增加所带来的系统可扩展性的挑战。

数据聚合平台涉及多种数据类型和不同的访问方式，为了使它们成为一个逻辑整体，首先要降低结构异构所带来的访问复杂度。在数据聚合部分，采用资源集成的思想，将不同类型的数据源集成为一个统一的数据抽象，具体解决了使用统一模型对大量异构数据源进行形式化描述的问题。这将最有利于减少它们之间的差异程度。在将各种类型的数据源封装成统一的数据抽象时，应该遵循哪些规则，以确保数据源信息的完整性，从而保证查询结果的正确性。

1. 数据资源分类

从资源使用的角度来看，资源包括数据资源和处理资源，但它们具有相同的服务特征，给定的输入可以返回输出结果。数据资源也可以看作是完成查询功能的一种处理资源，常用的数据资源有相关数据库、虚拟文件系统等。

从数据结构角度，数据汇聚服务将资源划分为结构化、半结构化和非结构化资源。

①结构化的数据可以使用关系型数据库以二维形式的数据表示和存储。一般特点是：数据以行为单位，一行数据表示一个实体的信息，每一行数据的属性是相同的。

②半结构化数据是结构化数据的一种形式，它并不符合关系型数据库或其他数据表的形式关联起来的数据模型结构，但包含相关标记，用来分隔语义元素以及对记录和字段进行分层。因此，它也被称为自描述的结构。半结构化数据，属于同一类实体可以有不同的属性，即使他们被组合在一起，这些属性的顺序并不重要。常见的半结构化数据有 XML 和 JSON。

③非结构化数据是数据结构不规则或不完整，没有预定义的数据模型，不方便用数据库二维逻辑表来表现的数据。包括所有格式的办公文档、文本、图片、各类报表、图像和音频/视频信息等。

数据汇聚的第一步就是对科研工作涉及到的数据资源进行划分，优先汇聚结构化数据和半结构化数据，整理非结构化数据，对无法建立结构的业务数据进行打包封装。

2. 数据源形式化定义

为了便于标识和描述这些资源，统一将数据源形式化定义如下：

{地址，权限，协议，编码，特殊标志，检索语言}

上述对数据源的形式化定义可以统一标识平台中任意一个数据源，但不足以解决数据源间的结构差异的问题。在这一部分中，我们通过分析各种资源的组织形式和结构特征，发现它们都具有不同层次的特征，如关系数据库的元数据可以分为数据库、模式、对象、记录、列等。NetCDF、excel 等文件的元数据可以分为文件夹、文件、表单、行、列等。SOA 服务的元数据可以分为服务、操作、参数及类型等。数据源的元数据也是分层的，所以用分层的数据结构来描述这些资源的元数据是很自然的。数据源的元数据描述一般也称为数据源的模式。当然，对于非结构化数据，其在数据源形式包装内只有一层。

在数据聚合部分,使用基于嵌套关系的数据模型来描述各种数据源的元数据。

它是一种广泛应用于工业生产和军事仿真的数据聚合模型，该模型为异构数据源的集成奠定了基础。

嵌套关系模型也叫非 1NF 模型，它允许关系的分量为关系，并且放宽了关系数据库理论中第一范式的限制（要求每个组件的关系必须是一个不可分的数据项）。因此属性的取值可以是一个关系。数据元素只是嵌套来描述它们的关系。这意味着数据本身就可以维护自己的嵌套关系。每个数据源都可以看作是复杂对象类型的复杂对象。数据源的类型定义引用结构定义，而复杂对象是该定义的实例值。

在关系模型中，实例值是元组的集合，基本的构造符为集合构造符和元组构造符。在类型即关系模式构造中，每个构造函数只使用一次，首先使用 tuple 构造函数，然后使用 set 构造函数，这两个构造函数都可以重复使用。

数据收集扩展到关系的定义，在传统的关系定义中，序列元素的集合是不相关的，重复的元素是无意义的，这里将关系定义为元组的有序多重集，即不可随意改变元组间的前后顺序，因为元组在关系中出现的顺序对于用户来说有实际的意义，例如，数据排序可能是用户的需求。此外，用户有时需要允许相同的两个元组处于相同的关系中。

3. 构建数据源模式的服务

数据源的模式记录了数据源中数据的结构信息，在对各种数据源的模式进行统一描述后，可以对异构数据源采用统一的访问接口，降低数据源的访问复杂度。然而，不同类型的数据源具有不同的元数据信息，如何描述这些元数据及元数据间的联系是下一个需要解决的重要问题。对于每种类型的数据源，以通用数据源和具有代表性的数据源为例，分别描述了结构化、半结构化和非结构化数据源的模式构建服务。

4. 关系数据库的模式构建服务

在数据聚合平台中，关系数据库是数据的主要来源。在数据聚合部分，将关系数据库作为数据源，将其包含的基本表或视图作为子关系。表间引用完整性约束用层次关系表示，具体建模服务如下：

①服务的嵌套层次关系，可以直接说一个结构化的复杂对象，所以数据库节点可以有多个模式，每个模式节点包括多个表和视图。一个节点代表一个表或一个视图，表和视图可以包含多个列。②规则嵌套关系，内在和外在的关系可以有自己的主键。为保持完整性外、内部主键之间的关系应该遵守规则；在相同的嵌套关系中可以出现局部重复元组或子关系。这不会破坏关系的完整性，因为内部

关系的元组可以表示为外部主键和内部主键的全局表示。③在关系数据库中，引用完整性是一种非常重要的完整性约束。大多数数据库管理系统都提供了定义和检查引用完整性的功能。引用完整性描述数据库对象之间的关系，公共数据描述模型也应该能够描述这种关系。

5. 格式文本的模式构建服务

格式文本一般都遵循一定的语法结构，例如描述文档中的数据的标签、行分隔符（如回车和换行符）、垂直行和字段分隔符（如逗号和双引号）以及用于分隔数据的大括号和方括号。这些数据内容都具有或间接含有层次性，其结构都可以用嵌套关系来表示，但是这些格式文本内部数据的结构和存放文本的文件夹结构之间需要消除内、外访问鸿沟，实现不同文档间的统一查询，否则不能互相访问。具体的建模服务描述文档外部的访问路径以及文档内部的数据访问路径，将文件夹等复杂对象以值为其所有子对象的参照的集合作为中间节点，一个简单的对象是一个值为字符串的叶节点。

9.3.2　产品加工服务

1. 数据来源筛选服务

为确保数据产品的质量，数据库承建单位应对原始数据获取来源进行选择，建立数据来源的准入门槛制度，从开始阶段就对数据资源质量进行控制。

考虑到所收集数据的可靠性，数据来源均应为可公开发表的以源数据、地图产品、书籍、手册、综述等为来源的数据。

数据来源筛选服务的质量依据（服务参数）可以包括但不限于以下方面：

①数据生产者和提供者的口碑；

②数据来源的时间、空间、学科范围符合本数据库的使用预期；

③数据来源的数据规模满足需求；

④数据来源使用的数据格式符合需求；

⑤数据来源遵循某一国际或国内知名的数据标准建立；

⑥数据来源的技术指标，如准确度、精确度水平等；

⑦数据来源的主要内容；

⑧数据来源是否具有完整的元数据或相关资料描述。

2. 原始数据标准化预处理服务

为避免原始数据过于庞大，信息过于复杂，数据受噪声数据、空缺数据和不一致性数据的侵扰，必要时，地球大数据产品加工方应对采集得到的原始数据进行标准化预处理。

数据预处理服务的主要目的在于：

①减少误差。消除数据中的一些明显错误、粗差或系统误差。

②提高数据的序列性，尤其是在时间和空间序列上的连续性。

③提高数据的完整性，对单一要素数据进行综合。

一般的原始数据预处理服务方法包括填充空缺值、识别孤立点、消除噪声、纠正数据不一致。

3. 数据集成服务

数据集成服务用于将来自不同数据源的数据整合成一致的数据存储。元数据、相关分析、数据冲突检测和语义异种性的解析都有助于数据集成。

主要服务包括：

①模式匹配：利用数据库的元数据对异构数据进行映射转换，形成模式匹配。

②消除冗余：利用相关性分析的方法检测冗余，消除重复数据。

③数据变换：将数据转换成适合使用的形式。

主要方法包括：平滑、聚集、数据概化、规范化、属性构造、数据归约、数据立方体聚集、维归约等。此外，还包括数据加工模型和算法：数据库承建单位应根据基础数据的类型，建立相应的数据加工模型和算法。例如，针对属性数据加工的要求，建立属性数据加工模型和算法；针对栅格数据加工的要求，建立栅格数据加工模型和算法；针对矢量数据加工的要求，建立矢量数据加工模型和算法。

数据加工应基于统一的模型，如概念模型，地理坐标系，高程参照系，时间模型，统一的文件格式等。

属性数据加工模型的核心是对属性数据进行规范化处理，包括赋予属性数据以空间特征，以及基于数学模型对属性数据进行均一化处理等。

格网化模型可以使属性数据生成标准的数据产品。专题数据产品突出反映一种或几种主要要素或现象。

4. 数据处理加工服务

数据处理加工服务是指对已经采集的数据按照拟定的数据加工模型和算法进行汇总、计算、分析及数字化处理的过程服务。按数据要求，开发处理系统，进行加工处理，产生需要的数据、报表等。图形、多媒体数据按照业务要求进行加工，可以和相应的制作、转换工作相结合。

采集的数据进行加工制作的服务，包括查重、著录、标引、录入、校对、审核、入库等，并最终形成各种专题数据库。

①查重：对收集到的数据在已建数据库中查重。

②标引：分类标引和主题标引。

③录入：按数据库要求的格式录入标引后的数据。

④校对：对数据准确性、数据内容全面性、数据著录规范性等进行校对。

⑤入库：数据存入数据库。

⑥汇总（叠加汇总、超级汇总）：由原始数据汇总生成综合数据。

⑦计算：按各种数学模型和算法对数据进行计算；

⑧分析：对数据进行合理性、准确性、相关性、趋势性等各种统计分析，如对比分析、构成分析、相关分析、时间序列分析等，并生成相应的图形图表。

⑨修复：根据已有残缺或局部数据进行修复，或生成全貌完整数据。

⑩数据审核服务是一种评价服务。这种评价是以审核准则为依据，以审核证据为前提，做出客观的评价。数据审核就是对数据的有效性进行核实。数据审核的目标是确保数据内容与被描述对象相一致，并且质量符合数据产品标准要求。数据审核服务可以贯穿于整个数据资源加工过程之中，可以提供的服务包括数据来源质量评价、数据加工模型与算法质量评价、数据产品质量评价等。

5. 数据更新服务

数据更新服务是对存储在数据库中的数据资源进行补充、修改和删除的工作。

数据更新服务的目标通常是为了维持所承建数据资源的现势性或使其具有连续性。

适宜时候，数据库承建单位宜采用数据更新流程，一般数据更新应订立数据更新计划，计划内容包括更新的频率和周期，数据更新的内容、范围和总量等。执行数据更新时一般应重新执行本数据库采集加工的完整流程。

9.3.3 数字地球加载服务

1. 数据与专题产品快速集成与服务

针对不同类型的数据和专题产品采取不同的引接方法，并采用分布式中间件实现数据从大数据云平台中快速引接集成；与项目一、三、七、九对接，完成对接数据与专题产品的高效存储、快速服务、可视化处理，支撑数字地球平台可视化应用。

研究面向数字地球平台综合展示与网络服务的数据、专题产品快速集成与组织，攻克信息时空关联耦合分析和复杂地球模型的大数据聚合等关键技术，形成具有从地球大数据云服务平台上满带宽数据引接迁移、支持专题产品快速上球的数据与专题产品集成与服务系统，提供地球大数据快速展示的高效数据资源集成与服务；同时面向数字地球可视化对数据服务的要求，研究数据高并发访问、海量存储、集群服务技术及数据组织管理技术，使得数据在交互、传输过程中能够被有效地处理，提高海量数据的分析处理和挖掘能力，为数字地球的数据展示和分析功能提供数据支撑。

主要研究内容如下：

1）数据与专题产品快速引接服务

面向数字地球平台应用系统对于数据和专题产品服务的需求，采用分布式消息中间件，实现项目的云服务平台上数据引接迁移，同时研究异构数据间的引接迁移、格式转换技术，确保数据与专题产品等信息快速上球。

2）面向数字地球可视化应用的信息高效组织与管理服务

为了满足数字地球平台应用系统对于快速响应、高并发访问的需求，建立基于时间、空间、属性和事件的关联模型，解决分散管理的各类数据与专题产品有序组织和多维度关联问题，使其能满足综合分析、数据关联、处理挖掘等可视化应用需求以及 web 端、移动端等可视化应用方式的适应性承载。

3）数据与专题产品自动化服务保障服务

为了满足数字地球平台多模态应用需求，研究数字地球数据与专题产品支撑平台的快速搭建及扩展、自动化运维、高可靠保障相关内容，支撑数字地球平台稳定运行，方便平台整体运维。

2. 专题应用模型插件化集成与快速部署服务

随着数字地球应用领域的扩大以及应用功能的需求增多，需要建立开放的平台和标准的集成规范等，完成多种专题应用模型的持续集成，并为数字地球系统提供稳定可靠的服务；通过研究建立专题应用模型服务注册、发现机制完成应用模型微服务化管理，实现对应用模型的时间、空间、事件、属性、接口的描述，以便对各类专题应用模型进行可靠运维管理；研究系统插件化集成与即时服务，攻克模型开发集成、服务运行支撑、基础资源适配等关键技术，实现地球大数据平台各类模型资源基于网络中心的、面向服务、按需分发、柔性组合、协同运用等支撑保障。

3. 数字地球资源管理与服务研究

为支撑数字地球平台的稳定可靠运行，采集并存储数字地球平台及地球大数据资源服务系统相关计算、服务、信息等资源的数据，研究通过状态数据及其分析挖掘结果的呈现，实现系统的态势、关系、状态的监控管理功能，同时利用分布式流计算系统组件实现海量数据的聚合和分析，以实现数据关联和事件驱动的预警报警功能，主要内容如下：

1）海量时序数据采集、组织和存储服务

利用分布式的采集器和时序数据库实现数字地球平台及地球大数据资源服务系统各类资源数据的汇聚、存储工作，并分层、分级、多状态的资源监控管理方式提供给运维人员使用。

2）多源监控信息关联与分析服务

采集数字地球平台及地球大数据资源服务系统中的设备环境运行信息、系统运行信息、用户访问信息、错误故障信息、入侵信息、系统漏洞等众多数据信息，通过算法模型在各类信息建立数据关联，并与具体事件建立联系，实现以事件为驱动的系统自动报警、预警和诊断工作。

3）基于事件驱动的业务自动化服务

通过服务总线、消息队列、数据触发等技术的研究，实现事件驱动的服务模式和消息机制的大数据架构，完成事件驱动的业务自动化体系与方法研究，支持漏洞与攻击的自动发现与处理，确保数字地球平台安全、可靠运行。

4）基于价值评价的数字地球信息服务

利用分布式计算处理组件和运行在其上的算法模型，对数字地球平台中的多源数据进行计算、分析，绘制数据和用户行为轨迹，完成数据和用户价值评价，并以此为基础，为用户主动推送数据服务，支撑科学发现、平台稳定运行等能力。主要内容如下：

① 数据、服务、用户价值评价服务

利用分布式批处理组件，通过数字地球平台中的数据轨迹分析、用户行为分析等算法对采集的监控和日志数据进行分析，完成对数据流转和用户使用过程记录的实时处理与挖掘分析，实现用户对数据使用的频率、种类等内容的数据轨迹绘制，进一步完成对数据与服务的活跃度、用户价值和等级等的评价。

② 数据与专题产品主动推送服务

利用分布式批处理组件对数据轨迹、用户轨迹、数据使用规律等内容的分析，实现多种数据服务，包括：通过用户使用规律和内容的分析，以支持发现用户异常行为，保障系统安全稳定运行，通过用户分类、推荐算法实现数据服务的主动推送，以支撑科学发现、公众服务；通过数据使用轨迹的统计和分析，支持业务流程再造与优化、决策支持等数据服务。

9.3.4　数据计算服务

如图 9.2 所示，数据的计算服务分为批式计算（batch computing）服务和流式计算（stream computing）服务两种形态：

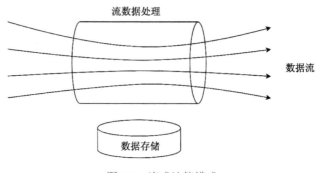

图 9.2　流式计算模式

①批式计算服务对相关数据进行存储，然后再集中计算其中的静态数据。批式计算的大数据计算架构有很多，Hadoop 框架就是其中典型的一种，它是由分布式文件系统 HDFS 负责存储静态数据，并通过 MapReduce 将计算任务分配到各个数据节点上实施计算；

②在流式计算服务中，数据的到来时间和顺序无法确定，相关的数据也无法全部存储起来。所以，当流式数据到来后直接进行实时内存计算，不再对流式数据进行存储。例如，Twitter 的 Storm 就是一种典型的流式数据计算架构。

批式计算和流式计算适用不同的大数据应用场景，优劣互补。批式计算适用于数据要求先存储后计算且实时性要求不高，但更看重数据处理的准确性和全面性的场景。而流式计算的设计目标是在数据的有效时间内获取其价值，它对于那些数据无需存储、实时性要求高、对数据的精确度略低的分析场景更为适合。因此，通常将两种计算方式结合起来使用，以满足不同场景下对数据的计算要求，从而发挥批式计算的高计算精度和流式计算的实时性特点。

9.3.5　科学研究服务

在这个互联网高速发展的时代，伴随数据计算服务的不断发展进步，跨地域、跨机构和跨平台的业务协作成为可能。当前，在很多领域中，比如，医疗诊治、城市应急管理等，由于环境和业务需求的变化很快，使得业务流程很难一开始就定义完备,应用的构造模式渐渐从传统的以技术为中心向以用户为中心进行转变。以用户为中心的地球大数据科学研究服务组合旨在直接地反映用户的需求、提高建模的准确性和降低应用构建的成本，便于用户随时地构建业务流程。

1. 多视图组合模型服务

本组合模型服务围绕科研业务过程中的体征数据，定义了包含数据视图、行为视图和流程视图的服务组合模型。

1）体征数据

在构建服务组合的临机决策中，用户经常将目光投向一些关键数据，这些数据能够反映科研业务过程整体性能或业务指标，这一类关键数据我们称之为体征数据。它涵盖了流程活动的输入输出数据、流程运行时的中间数据和通过用户自定义公式计算的数据。数据模板和数据对象可由简单的数值型体征数据抽象而来。

领域专家定义数据模板和数据对象作为业务资产进行维护。假设对数据对象的操作都可以映射至服务且是唯一的、业务过程中使用的服务均可与数据对象的操作映射。一般的业务用户容易理解对体征数据的抽象，因为它采用了用户熟知的业务知识，并且借鉴了面向对象的设计思想。

2）组合模型服务

业务流程建模的基本问题是让用户以直观、简洁的方式编程，并为用户提供不同的应用视图，帮助其理解整个应用。

约束是利用若干法则或限制条件来规定构成实体的元素之间的关系，包括数据约束和行为约束等。业务约束可以用于控制和管理服务组合，涉及应用运作的各个阶段，其中数据约束体现在描述数据属性之间的依赖关系，行为约束描述服务在应用中的使用模式。基于业务约束构建的服务组合更能适应业务的动态变化，尤其适用于描述业务过程中不能事先确定的部分。

我们的模型提供了服务组合的多个视图：从构建和执行流程的控制流逻辑的视角，为用户提供流程视图；从声明业务约束描述应用的视角，为用户提供数据视图和行为视图，分别面向数据对象的属性和操作的约束。

多视图的服务组合模型 $Muv=\langle Vp, Va, Vo, Ss, So\rangle$。其中，$Ss$ 是服务集合，So 是数据对象的集合，由领域专家事先构造；Vp，Va，Vo 分别是服务组合应用的流程视图、数据视图和行为视图，描述应用的不同侧面，协同建模服务组合。根据多视图服务组合模型，用户可以描述服务组合的建模需求。

我们将流程中事先确定的、以命令式编程定义的流程描述称为应用的预制逻辑。将流程中事先不确定的、用户临机基于多视图合成的流程描述称为应用的临机逻辑。

2. 基于多视图的应用合成服务

基于多视图合成的服务组合的过程包括两类角色：领域专家和一般业务用户。领域专家相比一般业务用户（简称用户），他们掌握领域知识，有一定的 IT 技术和经验。下面介绍这两类角色各自参与服务的过程。

1) 领域专家参与的过程

①构建预制逻辑。领域专家抽象常用的业务过程，使用控制流活动为中心的流程描述（如 XPDL 语言），构建业务流程的预制逻辑。流程结构中不能事先确定的部分，以目标活动占位表示。为了简便分析问题，假设一个业务过程对应领域专家构建的一个流程预制逻辑；一个预制逻辑中至多包含一个目标活动。构建的流程预制逻辑，可被用户在构建应用时使用。

②抽象数据对象。领域专家根据领域内常见的体征数据，抽象得到数据对象。领域专家根据领域的业务需求确定抽象的粒度、层次和内容。数据对象包含属性和操作：属性反映体征数据的状态；操作描述使用对象的方法，且操作映射至底层的服务实现（如 Java 服务、Web 服务、Rest 服务或 Open API 等），如图 9.3 所示。

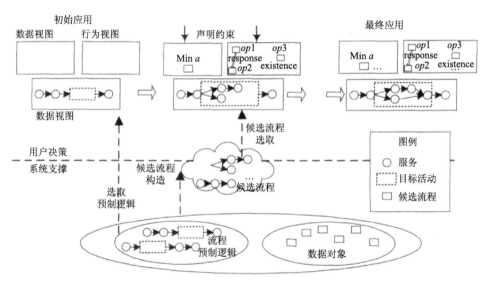

图 9.3　多视图合成的服务组合

2) 用户参与的过程

①初始化应用。根据业务需求，用户在流程视图中配置流程参数和启动流程

执行，为构建的应用选择流程预制逻辑。

②声明约束。为了灵活地描述流程的临机逻辑，用户可以在应用的构造时或运行时，根据业务需求选择需要的数据对象，声明对象相关的约束。

③临机决策。当应用执行至目标活动时，系统会参照用户声明的约束，实现临机逻辑的控制流结构。系统使用临机逻辑候选流程的构造算法，返回的候选流程都满足用户声明的约束。用户从其中选择一种结构继续执行。若系统无法构造符合约束的流程结构，系统将会把存在的问题返回给用户，帮助用户在行为视图和数据视图上修改约束。此阶段是由用户主导、迭代进行的，一直持续到用户确定临机构建结束。之后，应用流程返回预制逻辑执行至结束。如图 9.4 所示。

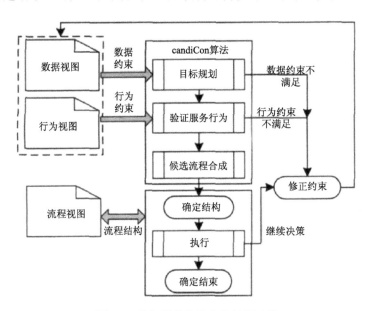

图 9.4　临机逻辑构造和执行的过程

针对用户所面临的挑战，使用一种以用户为中心、多视图合成的服务组合方法，为科研用户提供灵活高效的系统支撑。后续也可以考虑在方法中加入对体征数据变化的预测，为用户声明数据约束提供辅助支持。

9.4　地球大数据共享与服务的研究进展

9.4.1　国外地球大数据共享与服务的代表性进展

地球大数据共享按照应用范围可以大致分为部门级、跨部门级和国际级三个不同的类型。三个类型在数据源管理、共享和服务流程、关键技术难点三个方面差异明显。下面以美国航空航天局（National Aeronautics and Space Administration, NASA）对地观测系统、国际卫星对地观测委员会（Committee on Earth Observation Satellites, CEOS）地球观测遥感卫星影像聚合搜索系统、全球综合对地观测系统（Global Earth Observation System of Systems, GEOSS）为例，介绍典型解决方案的特点。

在全球范围内，美国航空航天局开展对地观测的时间最长，数据建设和服务的经验很丰富，所提出的部门级数据共享和服务的解决方案非常具有代表性。该局在全美建设了 9 个数据分中心。这些分中心在物理位置、针对的应用领域、接收数据的来源、产出数据的特性方面各不相同。尽管各个分中心都采用了相同的软件系统来生产和维护元数据信息，数据共享和服务的功能仍局限于每个数据分中心。

自 2004 年，美国航空航天局提出了新的开放式应用模式：组建集中式的元数据中心 Earth Observing System（EOS）Clearing House（ECHO），负责管理和维护各数据分中心定期生产并汇交的元数据信息。元数据中心对外提供基于开放标准的程序访问接口，实现数据查询和数据订购功能，鼓励第三方通过该接口开发客户端应用或进行系统集成，同时也提供了基于互联网的图形化的查询界面。元数据中心对内提供了数据订购转发的功能，由相应的数据分中心具体处理用户的数据订购。美国航空航天局创建的"数据中心-元数据中心-数据用户"的系统架构和共享模式，非常具有代表性。

跨部门级的数据共享和服务典型案例是地球观测遥感卫星影像聚合搜索系统（CEOS WGISS Integrated Catalogue, CWIC）。它是由国际卫星对地观测委员会的信息系统与服务工作组（Working Group on Information Systems and Services, WGISS）主持构建。该系统旨在对 CEOS 成员国的卫星数据提供集成发现机制，更好地满足来自灾害、健康、能源、气候、水资源、气象、生态、农业和生物多样性等不同的应用领域对卫星观测数据的查询和获取的需求。CWIC 面临的技术挑战在于对地观测数据资源分散在各个成员国的业务系统中，且它们在元数据模型、通信协议、目录结构等方面存在明显的差异。

CWIC 系统采纳了 ISO 19115 元数据内容标准和 OGC 元数据信息服务标准（ISO, 2003），设计了"调制器-解调器"聚合搜索服务模型，提出了查询协议双向转换和属性自动匹配方法，解决了元数据模型和目录服务间的适配难题，建立了查询路径动态优选模型，能够精准地定向分发查询请求，精密地调整请求参数，确保聚合服务请求负载量保持在最低水平。

作为 CEOS 迄今唯一的影像数据聚合搜索系统，CWIC 目前连接了美国航空航天局（National Aeronautics and Space Administration, NASA）、美国地质调查局（United States Geological Survey, USGS）、美国大气与海洋管理局（National Oceanic and Atmospheric Administration, NOAA）、欧洲气象卫星组织（European Organisation for the Exploitation of Meteorological Satellites, EUMETSAT）、巴西国家太空院（National Institute for Space Research, INPE）等 10 大遥感卫星数据中心，提供了 3154 个数据集共计 1.9 亿景图像的聚合搜索能力。

GEOSS 是由国际对地观测组织（Group on Earth Observation, GEO）所推动建立的国际层面地球数据共享和服务的典型案例。GEOSS 致力于实现基于陆地、海洋、天空和太空的对地观测系统所产生的地球科学数据共享和服务的国际性公共基础设施。GEOSS 建设面临的突出技术挑战是如何在全球极其分散和异构的对地观测资源之上，提出一个从未有过的技术解决方案，能够关联、聚合、链接这些资源，实现资源的共享和服务。

GEOSS 最终提出了包含目录注册服务、分布式检索服务、用户界面服务三个组成部分的解决方案。后来进一步提供了数据融合访问服务，提供数据服务能力。目前，GEOSS 已经链接了全球 183 个不同类型的对地观测数据中心，实现了 10 大类 4.2 亿观测资源的共享和服务。

9.4.2　中国地球大数据共享与服务的代表性进展

我国自 20 世纪 80 年代末从政策、试点、机制、平台等多个层面逐步推动科学数据共享，在 2002 年开始了"科学数据共享工程"。截至 2019 年，我国共建立了 30 个国家生物种质与实验材料资源库和 20 个国家科学数据中心。前后历经近 40 年努力，实现了地球系统科学、高能物理科学、基因组科学、人口健康科学等多种学科领域内的科学数据共享和服务。

目前提供地学数据共享和服务的主体可以分为四类：国家部委、国家科学数据中心、国家重大科学工程和商业团体。代表性系统的数据共享和服务功能总结如下。

1. 国家部委大型数据共享平台

（1）风云卫星遥感数据服务网

国家卫星气象中心建设了风云卫星遥感数据服务网。网站提供了风云极轨卫星、风云静止卫星、碳卫星的原始 1 级数据和产品数据的查询和下载功能。此外，网站也提供了质量报告、使用指南、数据格式、辅助数据、广播规范等辅助性和说明性的知识资料。

（2）自然资源卫星遥感云服务平台

自然资源卫星遥感云服务平台由自然资源部国土卫星遥感应用中心负责建设。在数据共享和服务方面，平台提供了高分系列、资源系列、北京一号等遥感卫星数据动态查询分析、历史影像查询下载、国家和各省的卫星覆盖情况统计、影像可视化、卫星轨道预测等功能。

（3）海洋卫星数据服务系统

国家卫星海洋应用中心研发了中国海洋卫星数据分发系统，该系统具有海洋一号 C（Hai Yang 1C Satellite, HY-1C）卫星、海洋二号 B（Hai Yang 2B, HY-2B）卫星、中法海洋卫星（China-France Oceanography SATellite, CFOSAT）和高分卫星数据的查询及下载功能。此外，用户可通过访问海洋卫星数据分发系统和海洋卫星公众号，查询海洋卫星数据分发的实况报告，包括卫星数据当周及历史覆盖、存档和分发实况。

（4）陆地观测卫星数据服务平台

中国资源卫星应用中心负责建设了陆地观测卫星数据服务平台。该数据服务平台提供了多种系列卫星（如资源系列卫星、高分系列卫星、环境减灾系列卫星、实践系列卫星等）的标准产品和专题产品的数据查询和下载、数据采集申请和订单服务、典型城市和地物的影像展示等功能。

2. 国家科学数据中心平台

地球科学、对地观测相关的国家科学数据中心简介如下。

（1）国家地球系统科学数据中心

依托于中国科学院地理科学与资源研究所，国家地球系统科学数据中心共建了 20 余年。中心按照"圈层系统-学科分类-典型区域"多层次开展数据资源的自主加工与整合集成，已建成国内规模最大的地球系统科学数据库群和多学科领域主题数据库。平台制定了详尽的地球科学数据分类体系，提供了地学数据查询和下载、科学数据汇交、知识资料共享、国际数据镜像等功能。

（2）国家海洋科学数据中心

由国家海洋信息中心牵头，采用"主中心+分中心+数据节点"模式，联合相关涉海单位、科研院所和高校等十余家单位共同创建了国家海洋科学数据中心。中心集中管理了我国从 1958 年全国海洋普查至今的所有海洋重大专项、极地考察与测绘、大洋科学考察、业务化观测和国际交换资料。此外，中心还汇集整合了共建单位的卫星遥感、海洋渔业、深海大洋、河口海岸等领域的特色数据资源，制作发布海洋实测数据、分析预测数据及专题管理信息产品。平台提供了分类数据下载、专题信息产品、数据可视化、数据汇交等功能。

（3）国家气象科学数据中心

国家气象科学数据中心由国家气象信息中心牵头建设。平台提供数据目录导航、数据检索服务、数据产品可视化显示与分析、基于地理信息系统的数据可视化显示功能。此外，也提供了程序访问接口、移动应用等服务。

（4）国家地震科学数据中心

该中心已初步建成了 1 个国家地震科学数据共享中心、10 个专业数据共享中心（包括地磁、强震、重力、深部探测、地球空间观测、地壳应力环境、地震地质与地震动力学、地震灾情、定点形变和流动形变分中心）的综合性科学数据共享平台。平台提供了按照科学数据类型、观测业务、产出单位的数据查询和下载服务，提供了科学数据汇总功能，也提供了国内 5 级和全球 7 级以上地震信息的数据订阅服务。

（5）国家空间科学数据中心

空间科学数据中心提供科学数据汇交、数据查询和下载、专题数据共享等功能。此外，数据中心还提供了论文、软件工具和知识图谱的共享服务能力。

（6）国家生态科学数据中心

国家生态科学数据中心是从国家生态系统观测研究网络（National Ecosystem Research Network of China, CNERN）发展而来。中心提供了数据汇交、数据实物资源下载、在线分析平台等功能。

（7）国家冰川冻土沙漠科学数据中心

该中心依托中国科学院寒区旱区环境与工程研究所建立。该数据中心提供了我国寒区旱区研究领域的科学数据的查询和下载、科学数据汇交、专题数据分析等功能。此外，也提供了模型资源、分析算法和分析工具等知识分享功能。

（8）国家青藏高原科学数据中心

国家青藏高原科学数据中心依托中国科学院青藏高原研究所建设。共建单位包括兰州大学、北京师范大学和中国科学院计算机网络信息中心。数据中心已整合的科学数据以青藏高原及周边地区为主，数据类型包括大气、冰冻圈、水文、生态、地质、地球物理、自然资源、基础地理、社会经济。中心提供了科学数据汇交、数据资源查询下载、在线大数据分析、分析模型应用等功能。

（9）国家极地科学数据中心

国家极地科学数据中心依托中国极地研究中心建立。数据资源整合范围以"两船七站"考察体系所获取的科学数据、极地区域科学数据产品、南北极科学考察数据等为主。数据中心提供了科学数据资源查询和下载、专题数据库检索和获取功能。此外，也按照学科和应用领域提供了规范、技术规程、技术手册等标准规范的知识分享服务。

3. 国家重大科学工程数据共享和服务平台

（1）地球大数据科学工程数据共享服务系统

该系统汇集了对地观测（遥感数据）、基础地理、地面监测、大气、海洋、生物生态学科领域数据，提供了多种数据查询方法和获取模式。此外，系统还设计了用户可定制的多格式数据的查询、预览拓展功能，构建了个性化的收藏、推荐和评价服务。

（2）GlobeLand30 全球地表覆盖数据产品共享网

30 m 全球地表覆盖数据（GlobeLand30）是在"全球变化与应对"重大科技专项支持下取得的重要成果，也是中国首个向联合国提供的全球地理信息公共产品。前后建立了 GlobeLand30 2000、2010 和 2020 版。该系统提供了地表覆盖数据的二维和三维方式的浏览、对比和下载能力，也提供了标报、验证、统计和知识地图等新型知识服务功能。

（3）地理空间数据云

地理空间数据云由中国科学院计算机网络信息中心于 2008 年创立并持续升级和维护。该网站已经建立了完善的地理空间数据资源储备库，汇聚了数十颗国际遥感卫星数据和国内资源、高分等系列陆地观测卫星的数据。在数据共享和服务方面，系统提供了对地观测卫星数据的查询和下载功能，也提供了公众参与的数据众包能力，此外也提供了地表高程 DEM 数据切割等独特的在线分析能力。

9.5 地球大数据共享与服务典型案例

基于云存储的多用户地球大数据共享，实质即对于用户建立由云端数据存储模式到多用户数据逻辑存储模式的虚拟映射，通过用户订制、个性化配置等操作实现多用户的遥感数据共享。云端遥感数据存储模式是由云系统管理员统一配置，可以由 OpenStack-Swift 对象存储开发实现。用户数据逻辑存储模式主要是指用户对于订购的地球科学数据设置的自定义视图，比如对所订购多源遥感数据基于时间序列排序、基于空间排序、基于光谱区间分类等，通过对于用户数据存储表结构的增加、删除、修改、查询等操作实现。其中，用户数据存储表由 MongoDB 数据库实现（Wang et al., 2018；阎继宁，2017；Yan et al., 2018；Fan et al., 2018；Huang et al., 2018）。

9.5.1 基于 OpenStack-Swift 的云存储系统构建

OpenStack-Swift 是开源云计算项目 OpenStack 的子项目，主要提供弹性伸缩的、高可用的分布式对象存储服务，适合于存储大规模非结构化数据。

OpenStack-Swift 主要具有以下特征：

（1）极高的数据持久性。Swift 系统中的存储数据一般不会出现错误或数据丢失的情况，可以得到永久保存。

（2）完全对称的系统结构。Swift 的各个存储节点地位均等，没有特殊节点，因此这种完全对称的系统结构可以有效地降低系统的维护成本。

（3）良好的动态扩展性。因为 Swift 各个存储节点是完全对等的，因此扩容的时候只需要简单地增加新节点，系统会自动地迁移、均衡数据，最终使各个存储节点负载均衡。

（4）高可用，即 Swift 系统不存在单节点故障。因为 Swift 是完全对称的系统结构，没有类似 HDFS 等分布式文件系统的"主从"结构，因此不存在单节点故障，系统可靠性较强。

分布式对象存储 OpenStack-Swift，往往由成千上万台服务器和硬盘设备组成，首先需要解决的就是寻址问题，即如何将对象进行分布式地存储。Ring 作为 Swift 的最重要组件，主要用于记录存储对象与位置间的映射关系，即（key, node）。同时，当 Swift 集群出现存储节点的增加或删除时，Swift 系统将基于一致性哈希算法（Karger et al.，1997）实现存储对象的负载均衡，尽可能少地改变已存在 key 和 node 的映射关系。

此外，Swift 还引入"虚拟节点"的概念，避免在改变存储节点的情况下发生大量的数据迁移。"虚拟节点"是实际存储节点 node 在环形空间 Ring 的复制品，一个实际存储节点 node 可以对应若干个"虚拟节点"，且虚拟节点的个数往往远大于实际节点的个数，"虚拟节点"在哈希空间中以哈希值排列。这样，原来对象直接到实际存储节点的映射关系（key, node）变成了先到虚拟节点再到实际存储节点的映射关系（key, virtual node, node）。当实际存储节点 node 数量出现变化时，仅仅需要改变虚拟节点与实际存储节点的映射关系（virtual node, node），而存储对象与虚拟节点的映射关系（key, virtual node）则不会发生变化。因此，可以在较小的数据迁移情况下实现存储的负载均衡，大大增强了系统的存储性能及弹性扩展能力。

基于 OpenStack-Swift 的云存储，每个存储对象根据其 MD5（Message Digest Algorithm 5）编码均被赋予一个域名地址。对象存储容器不具有目录结构，是一个完全扁平化的存储空间，用户可以通过域名地址对存储对象进行访问。具有相同 MD5 编码的文件均被视为相同文件，相同文件在 OpenStack-Swift 云存储中仅被保存一份，具有同一个域名地址。MD5 是 1991 年由麻省理工学院 Ronald L. Rivest 教授设计的加密算法，主要作用是对文件产生"数字指纹"，防止被"篡改"。MD5 编码总长度 128 比特(bit),每两个 MD5 编码发生重复的概率为 $\dfrac{1}{36^{128}}$,通常被认为是唯一的(DeCandia et al.,2007)。每个 OpenStack-Swift 的存储对象,都具有唯一的 MD5 编码,并且该 MD5 编码与对象域名地址具有一一对应关系。基于 OpenStack-Swift 的云存储,每个存储对象的 MD5 编码、域名地址以及其他文件元数据信息均被保存在非关系型数据库 MongoDB 中。当有新的文件需要上传到云存储时,首先要与数据库比对 MD5 编码,若存在相同的 MD5 编码,则新的文件则不需要上传,而只需要创建一个指向已存在文件的链接即可。同理,云存储中的对象复制,也只是创建了一个指向原始文件的链接,Swift 文件系统中存储对象不发生改变。对于多用户文件共享,实质上即建立指向原始文件的链接,文件共享前后的 MD5 编码、域名地址均不会改变。

9.5.2 基于云存储的多用户遥感数据共享

基于云存储的多用户遥感数据共享,实质即面向多用户建立指向 OpenStack-Swift 对象存储的虚拟映射。每个虚拟映射与用户 ID 相关联,不同用户之间相互隔离,存储数据过程互不影响。每个用户对于遥感数据文件的重命名、移动、删除等,仅仅只是对于虚拟映射的修改,对象存储文件并没有实质的变化。虚拟映射表由 MongoDB 数据库存储,实质即遥感云存储对象域名地址与虚拟映射的一

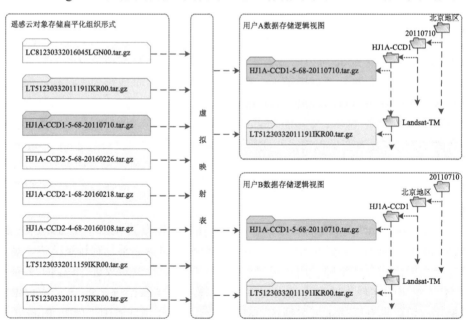

图 9.5 数据共享个性化定制示意图(阎继宁,2017)

一对应关系。此外，用户还可以根据个人喜好，对于共享的遥感数据进行个性化定制，如建立"空间、时间、卫星、传感器"或"时间、空间、卫星、传感器"等多样化目录样式（图 9.5）。

地球大数据云存储个人云盘存储界面如图 9.6 所示。用户通过申请个人云盘即可以获得云端数据存储服务，包括数据上传、下载、分享、目录创建及删除、扩容、云盘内搜索等功能。

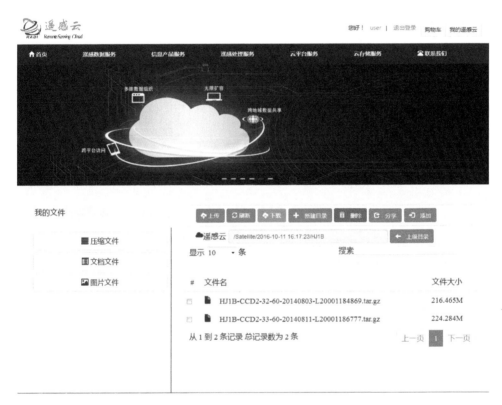

图 9.6 个人云盘存储界面（阎继宁，2017）

9.6 小 结

随着地球大数据的数据量的持续增加，数据应用场景从科学研究到决策支持不断深入，国际开放科学理念正在被普遍接受。数据共享和服务面临着"从多到好""从可有到可信""从数据分发到数据增值全过程""从数据到知识"的四个挑战。建立地球大数据的质量模型，搭建多级互操作体系，囊括领域的数据基础设施，形成地学知识网络，是数据共享和服务研究的重要内容。当前随着计算科学和网络技术的发展，地球大数据共享和服务的方法和技术发展迅速，先后涌现了部门级、跨部门级、国际级的典型案例。中国也先后建成了部委数据共享、国家科学数据中心、国家重大数据工程等代表性成果，为地球大数据开放共享贡献了中国力量。

参 考 文 献

傅伯杰, 刘宇. 2014. 国际生态系统观测研究计划及启示. 地理科学进展, 33(7): 893-902.

郭华东, 王力哲, 陈方, 等. 2014. 科学大数据与数字地球. 科学通报, 59(12): 1047-1054.

郭华东. 2018a. 利用地球大数据促进可持续发展. 人民日报, 2018 年 07 月, http: //paper.people. com.cn/rmrb/html/2018-07/30/nw.D110000renmrb_20180730_2-07.htm.

郭华东. 2018b. 科学大数据——国家大数据战略的基石. 科学中国人, (18): 32-35.

郭华东. 2019. 地球大数据科学工程数据共享蓝皮书. 北京: 科学出版社.

国务院办公厅. 2018. 国务院办公厅关于印发科学数据管理办法的通知: 国办发[2018]17 号. http: //www.gov.cn/zhengce/content/2018-04/02/content_5279272.htm.

李春明, 张会, H. Muki. 2018. 公众科学在欧美生态环境研究和管理中的应用. 生态学报, 38(6): 2239-2245.

习近平. 2017. 习近平主持中共中央政治局第二次集体学习并讲话. http: //www.gov.cn/xinwen/ 2017-12/09/content_5245520. htm.

阎继宁. 2017. 多数据中心架构下遥感云数据管理及产品生产关键技术研究. 北京: 中国科学院大学(中国科学院遥感与数字地球研究所).

杨雅萍, 姜侯, 孙九林. 2020. 科学数据共享实践: 以国家地球系统科学数据中心为例. 地球信息科学学报, 22(6): 1358-1369.

中共中央 国务院. 2020. 中共中央 国务院关于构建更加完善的要素市场化配置体制机制的意见. http: //www.gov.cn/zhengce/2020-04/09/content_5500622. htm.

Almeida A V, Maria M B, Roque L, et al. 2017. The European Open Science Cloud: A New Challenge for Europe. In Proceedings of the 5th International Conference on Technological Ecosystems for Enhancing Multiculturality, 1-4.

Baldocchi D, Falge E, et al. 2001. FLUXNET: A new tool to study the temporal and spatial variability of Ecosystem–Scale Carbon Dioxide, Water Vapor, and Energy Flux Densities. Bulletin of the American Meteorological Society, 82(11): 2415-2434.

Brooke B, Lymburner L, et al. 2017. Coastal dynamics of Northern Australia–insights from the landsat data cube. Remote Sensing Applications: Society and Environment, 8: 94-98.

Chen J J, et al. 2015. Global land cover mapping at 30m resolution: A POK-based operational approach. ISPRS Journal of Photogrammetry and Remote Sensing, 103: 7-27.

Cinquini L, et al. 2014. The Earth System Grid Federation: An open infrastructure for access to distributed geospatial data. Future Generation Computer Systems, 36: 400-417.

DeCandia G, Deniz H, et al. 2007. Dynamo: amazon's highly available key-value store. SIGOPS Oper. Syst. Rev. 41, 6(December 2007), 205-220. https: //doi.org/10.1145/1323293.1294281.

Eyring V M, et al. 2016. ESMValTool(v1. 0)—A community diagnostic and performance metrics tool for routine evaluation of Earth system models in CMIP. Geoscientific Model Development, 9: 1747-1802.

Fan J Q, Yan J N, Ma Y. 2018. Big Data Integration in Remote Sensing across a Distributed Metadata-Based Spatial Infrastructure. Remote Sensing, 10(1): 7.

Gialampoukidis I. 2018. Earth observation and social multimedia data fusion for natural hazards and water management: the H2020 EOPEN project paradigm. 2nd International Conference for Citizen Observatories for natural hazards and Water Management. Venice, 27-30.

Gong P. 2019. Stable classification with limited sample: transferring a 30-m resolution sample set collected in 2015 to mapping 10-m resolution global land cover in 2017. Science Bulletin, 64(6): 370-373.

Gorelick N, Hancher M, et al. 2017. Google Earth Engine: Planetary-scale geospatial analysis for everyone. Remote Sensing of Environment, 202: 18-27.

Hansen M, Potapov C P V, et al. 2013. High-Resolution Global Maps of 21st-Century Forest Cover Change. Science, 342(6160): 850-853.

Holben B N, Eck T F. 1998. AERONET—A Federated Instrument Network and Data Archive for Aerosol Characterization. Remote Sensing of Environment, 66(1): 1-16.

Huang X H, Wang L Z, Yan J N, et al. 2018. Towards Building a Distributed Data Management Architecture to Integrate Multi-Sources Remote Sensing Big Data. HPCC/SmartCity/DSS: 83-90

ISO, 2003. ISO 19115: 2003 Geographic information—Metadata.

Juckes M. 2020. The CMIP6 Data Request(DREQ, version 01. 00. 31). Geoscientific Model Development, 13(1): 201-224.

Karger D R, Lehman E, Leighton F T , et al. 1997. Consistent hashing and random trees: distributed caching protocols for relieving hot spots on the World Wide Web. Symposium on the Theory of Computing. Proceeding of the 29 Annual ACM Symposium on Theory of Computing, 654-663.

Lewis A, Oliver S, et al. 2017. The Australian geoscience data cube—foundations and lessons learned. Remote Sensing of Environment, 202: 276-292.

Lewis A. 2016. Rapid, high-resolution detection of environmental change over continental scales from satellite data–the Earth Observation Data Cube. International Journal of Digital Earth, 9(1): 106-111.

Mark D, Wilkinson, et al. 2016. The FAIR Guiding Principles for scientific datamanagement and stewardship. Scientific Data, 3: 160018.

Page C, Som De Cerff W, Pliegerv M, et al. 2019. Ease Access to Climate Simulations for Researchers: IS-ENES Climate4Impact, IEEE.

Ramapriyan H K, Behnke J, et al. 2010. Evolution of the Earth Observing System(EOS)Data and Information System(EOSDIS), 2006 IEEE International Symposium on Geoscience and Remote Sensing, Denver: 309-312.

Raoult B, Bergeron C, Alos A L, et al. 2017. Climate service develops user-friendly data store. ECMWF Newsletter No. 151–Spring: 22-27.

Thepaut J N, Dee D. 2016. The Copernicus Climate Change Service(C3S): Open Access to a Climate Data Store. EGU General Assembly Conference Abstracts.

Wang L, Ma Y, Yan J, et al. 2018. PipsCloud: High performance cloud computing for remote sensing big data management and processing. Generation Computer Systems, 78: 353-368.

Wei J C, Leptoukh G, Lynnes C, et al. 2011. AeroStat: NASA Giovanni Tool for Statistical Intercomparison of Aerosols. AGU Fall Meeting Abstracts, IN51C-1604.

Yan A, Lv B, Liu F, et al. 2014. FluxDataONE: an integrated solution for the management, visualization, and analysis of flux data for agricultural and ecological studies. IEEE Journal of Selected Topic in Applied Earth Observations and Remote Sensing, 7(11): 4523-4529.

Yan J, Ma Y, Wang L, et al. 2018. A cloud-based remote sensing data production system. Future Generation Computer Systems, 86: 1154-1166.

第 *10* 章

地球大数据区块链可信共享

区块链在地球科学和大数据领域的应用还处于起步阶段,但可以预测,区块链技术与地球科学研究的结合必将成为地球大数据科学研究的一个热点。地球大数据价值的发挥取决于多源数据的高效融合和可信共享。目前地球大数据的应用面临着"数据孤岛"问题、数据流通安全隐患、数据质量参差不齐等诸多困难,严重制约了地球大数据的共享以及整体价值的发挥。区块链技术有望成为摆脱当前困境的有效手段,实现多方数据的合作共建、数据源头可追溯、数据质量有保障的地球大数据共享平台,助力地球大数据科学迈上新的高度。

10.1 区块链基本概念与信息架构

10.1.1 区块链的基本概念

区块链可视为一种分布式数据存储机制和可信数据流转平台,包括一个按时间序列组成的数据区块系列,该系列使用密码学方法把交易信息记录到区块,每个区块记录了一批当时的交易信息,生成了一套分布式存储、不可篡改的唯一数据记录,并通过共识机制实现了不依靠任何中心机构的可信交易(Wikipedia,2016)。区块链技术结合智能合约技术,可以更灵活地对数据编程和操作,已经成为一种新的去中心化基础架构与分布式计算范式(袁勇等,2016)。在大数据时代,区块链的去中心化(邵奇峰等,2018)、不可篡改(Arvind et al., 2016)、可追溯(Arvind et al., 2016)等特性引起了各界学者的广泛关注,目前,它已经在医疗、工业物联网、教育、建筑等众多数据密集型领域崭露头角(王辉等,2020;杨现民等,2017)。

根据节点参与方式和使用场景的不同,区块链可分为公有链、私有链和联盟链(Antonopoulos, 2014)。公有链不需要单个实体来运行网络,是完全去中心化的,任何个人或者机构都不可以控制或篡改其中数据的读写,例如,搭建在公有链上的比特币系统就拥有去中心化的特点。私有链则仅保留底层区块链网络的去中心化，其上层管理是完全中心化的，例如央行数字货币、蚂蚁金服等。私有链的各种权限被掌控者完全掌控，所有节点必须服从严格的准入机制。联盟链的去中心化程度处于公有链和私有链之间，其区块链系统由多个机构合作进行部署，其计算节点由各个机构按比例占据，例如 Hyperledger Fabric 系统等。联盟链达不到完全的去中心化，它的组织架构存在多个中心。这种组织架构既保证了节点不被某一家机构完全控制，又满足了部署区块链监管与审计模块的需求，完全去中心化会极大增加监管难度（何蒲等，2017）。

2019 年初，国家网信办正式通过了《区块链信息服务管理规定》，标志着我国正式迎来对于区块链信息服务的"监管时代"（中华人民共和国国家互联网信息办公室，2019）。地球大数据中不可避免地包含一些个人敏感信息以及涉及国家安全的城市地理信息、关键矿产资源分布信息等，其数据流通受到国家有关部门的外部监管既是必然的也是必要的。因此，适于部署监管与审计功能的联盟链有望成为地球大数据与区块链结合的主要形式。

10.1.2 区块链的技术体系

在 2020 年，中国人民银行正式发布了《金融分布式账本技术安全规范》，其中包括一个安全体系框架，如图 10.1 所示。除了实现区块链所需的基础硬件和软件外，该框架包含四个主要层，包括节点通信、账本数据、共识协议、智能合约，它还包括核心为密码算法、主要内容为身份管理与隐私保护的安全组件，以及涵盖监管支撑、运维要求、治理机制框架之外的链外扩容内容，基本涵盖了当前大多数区块链通用技术。

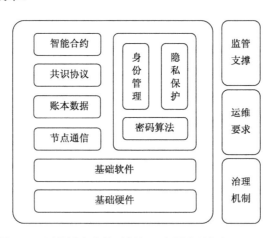

图 10.1　区块链安全体系框架（中国人民银行，2020）

1. 节点通信

区块链数据通过网络进行数据传递，过程中可能出现丢包、伪造、篡改、截获等问题，所以区块链的节点通信安全是保证整个区块链系统高效可靠的前提。区块链节点的通信方式主要包括 P2P 协议、Gossip 协议、节点发现、传播机制、区块同步、消息交互等模块。当前区块链网络层加密协议的主流是端到端的加密协议，例如，采用的是 TLS 协议的 Hyperledger Fabric，采用的是 RLPx 协议的 Ethereum。应当结合实际应用需求，选择具体采用的协议，通过制定特定的传播协议和数据验证机制，使得区块链系统中的所有节点都能够参与区块数据的维护与验证过程。

2. 账本数据

账本数据作为区块链系统架构基础，包括区块结构、交易结构、默克尔树等。核心是通过哈希函数来锁定前后两个区块形成的链式结构，即每个区块的头部都保存前一个区块的哈希值，自身的哈希值又保存在下一个区块头中。区块与区块之间依次连接从而形成一条固定的哈希链，因此任何细微的改动都会带来区块自身哈希值的改变，同时还会影响到后面区块的哈希值。这种牵一发而动全身的结构保证了区块链的信息完整性、可靠性和不可篡改性。

3. 共识协议

由于区块链系统中每个节点都可以发布自己校验的区块，各个节点对某些交易记录可能出现分歧。例如在地球大数据场景下，可能存在两个机构对同一个数据集宣布所有权的情况，这时就需要各节点采用共识协议来解决（夏清等，2017）。一个良好的共识协议是保证区块链系统准确高效运转的必要条件。目前主流的共识协议包括工作量证明算法 PoW、权益证明算法 PoS、委托股权证明算法 DPoS、拜占庭容错机制 BFT 等，其中拜占庭容错机制的变种算法较多，这里统称为*BFT。不同共识协议在安全假设的可靠性、可用性、完整性上存在一定的差异，需要根据不同的应用场景在交易吞吐率、容错率、效率、资源消耗、安全性威胁等方面做折中选择。以上四种共识机制的对比如表 10.1 所示。

4. 智能合约

起初，区块链仅能支持脚本语言实现一些简单功能，而这显然不能满足诸如大数据交易存证之类的复杂需求，智能合约便应运而生。智能合约是在一个区块链系统上，可以被交易触发执行的合约，其行为由合约代码控制，而智能合约的

表 10.1　主流共识协议对比

	PoW	PoS	DPoS	*BFT
适用场景	公有链	公有链/联盟链	公有链/联盟链	联盟链
代表应用	BitCoin	Cosmos	EOS	Hyperledger fabric
容错率	小于 1/2	小于 1/2	小于 1/2	小于 1/3
交易吞吐率（tps）	7	15～250	300 及以上	1000 及以上
效率	低	中	高	高
资源消耗	高	中	低	低
安全性威胁	算力集中	候选人作弊	候选人作弊	候选人作弊

账户则保存合约的状态。智能合约由 FISCO BCOS 使用 Solidity 语言进行开发，运行在 Ethereum 的虚拟机（EVM）上，它保证了一旦合约代码提交到区块链之后就再也无法篡改，只能通过终止合约或发布新版本代码的方式使得旧版本代码失效。因此，智能合约被视为是一套可以在不受监管、无干预的环境下自主运行的以数字形式定义的承诺与执行这些承诺的协议（李万胜，2019）。

5. 安全组件

安全组件在区块链系统中起到为上层应用屏蔽底层技术细节，以及为上层应用提供可靠服务的作用，是区块链系统中承上启下的重要一环，提高了区块链系统的整体可用性（姚前等，2020）。主要包含以下技术：

（1）签名技术：区块链接口层可以设置针对交易数据的数字签名模块，对交易数据的发送地址进行隐私保护。

（2）权限控制：在区块链应用中应对各参与方做到角色清晰、职责分明，不同参与方对 API 调用需要赋予不同的权限。

（3）访问控制：采用 Token 等机制进行访问控制，通过授权之后的访问，还需要经过数据校验、过载保护、异常封装等安全访问控制模块，防止出现用户故意或黑客利用程序漏洞造成频繁调用、系统过载等。

（4）节点控制：在联盟链和私有链中，全节点和轻量级节点的加入、退出需要有节点控制机制，例如采用中心 CA 机制。

（5）临时密钥：在一些重要的区块链业务或者具有高保密性要求的业务中，通过生成临时密钥，保障区块链业务数据的前向安全性。

6. 链外扩容

区块链的链外扩容内容包括监管支撑、安全运维、安全治理三个方面。监管支撑为监管功能及特性提供技术支撑要求；安全运维是为保障安全运行所应支持的运维要求；安全治理包含出现问题后的治理机构以及相关的管理措施。地球大数据与国土资源安全息息相关，严监管和防风险是重中之重，因此防范敏感数据泄露、监管非法行为也是区块链体系架构不容忽视的重要部分（姚前等，2020）。

10.2　地球大数据可信共享

10.2.1　地球大数据共享面临的挑战

地球科学是一门以地球系统为研究对象的基础学科，其研究内容广阔，研究历史悠久，建立了许多有价值的数据库。同时，由于近年来对地数据采集技术的进步与数据展现方式的多样化，数据量呈现爆发式的增长（周永章等，2021；Sellars et al.，2013）。这些海量数据的获取与整理往往耗费大量资源，虽然一些国内外科研机构已经着手整合地球演化的全球数据，但大量的地球科学数据仍分散在各个实验室、国家和地区，导致数据服务范围和价值降低，也影响了科研工作的效率。

此外，当代地球科学的研究已经从针对地球系统的某一特殊组成部分，或者某一特殊事物的研究，逐渐扩展到对地球系统中不同时空尺度下多学科的综合研究。特别是在海量的地球大数据背后，隐藏着大量的成矿、成藏、成灾信息和规律，需要对这些数据进行挖掘、提取信息并发现相关规律。地球大数据的价值是科研人员在使用过程中逐步发掘出来的，在发现一些简单规律、开发出简单产品后，地球大数据才能达到相当的广度和深度。这时一些有关更具普适意义的共性科学问题会浮现或抽象出来，才能获得更高质量的地球大数据产品（严光生等，2015）。因此，地球科学数据的共享是实现地球科学信息资源广泛应用的基本前提和必要手段。

1. 各机构缺乏互信基础

目前，地球大数据科学缺乏完善的共享机制。数据分享没有系统的规划与策略，地球大数据缺乏战略定位清晰、有效的数据积累和共享策略。其根本原因在于各机构缺乏互信基础。至今，各类地球大数据源分散存储在各自独立的数据中心且采用各自相互独立的数据存储容器，"数据孤岛"局面已然形成，造成科研资源的巨大浪费。过去，科学家们习惯于将数据存储在自己的服务器的孤岛中，甚至认为这些数据属于隐私范畴。数据的流通没有提前规划，缺乏数据隐私保护、数据可靠流通的激励机制的缺失是很多科学家缺乏"数据上链"意识的原因。如何在开放、透明、高效的基础上共享地球大数据，保障数据生产者和分享者的合法权益，构建良性的互信基础，是当前亟需解决的问题。

2. 地球大数据价值外化途径不足

当前地球大数据共享建设主要依靠国家对各类地学数据中心的投资，用户向数据网站提交数据请求即可获取数据。然而，科研工作者仍主要通过与数据所有者联合申请项目、签订协议、通过网络、从各大地学数据中心平台、向熟人索取和购买等方式来获取数据，但很多地学数据共享平台之间缺乏互操作性（诸云强等，2016）且个人之间消息交流范围有限，导致各大数据平台、拥有地学数据的公司企业和个人逐渐形成新的数据"孤岛"，限制了地学数据价值的外化（李亚珍等，2020）。

10.2.2　区块链打造可信共享平台的优势

面对互信基础缺失的情况，可信的中心式的信用机构可以满足应用需求，但成本很高，数据交易不透明，且面临单点失效风险。目前已经有学者提出基于区块链的数据安全共享机制，例如 Liu 探索了区块链在医疗数据共享中的应用，记录医疗数据的操作，保护共享数据的完整性，但该方案仅把区块链当作去中心化的平台，忽略了对数据交易公平性的保护（Liu, 2016）。决策在我们的数字化社会中扮演着越来越重要的角色，因此需要可靠的数据。

中国地质大学（武汉）计算机学院地学大数据安全团队李甜甜、任伟等人提出了一个公平的大数据交换（交易）方案，可用于地学大数据的可信共享，该方案结合了智能合约、不经意传输协议和以太坊支票，既保证了交易的公平性和自主性，又能保护交易信息的隐私性（Li et al., 2020）。该团队的项悦欣、任伟等人还提出基于数字水印的且能够提供版权保护的区块链大数据共享方案，该方案能够提供区块链数据共享中的版权保护（Xiang et al., 2021）。下面对这两个方案简要介绍如下。

1. 可保护数据隐私的地学大数据共享方案

该方案基于智能合约和遗忘传输协议，提出一种支票系统。简言之，智能合约用来实现交易自主权和交易时间控制，遗忘传输协议用来实现公平性和交易隐私保护。具体的实验验证已经在以太坊上开展。

以太坊支票。提出了一种通过以太坊支票进行交易的系统，可以实现购买者 S_2 向拥有者 S_1 支付购买数据所需的金额，使得交易更加简短和便利。以太坊支票系统的实现需要部署两个智能合约（SC_1，SC_2），其中合约 SC_1 用于交易，合约 SC_2 用于存储代币。S_2 必须在 SC_2 中有足够多的代币存储才能开始交易。支票的具体定义为：

$$\text{Cheque} = \left(\text{PK\_S}_1 \| \text{Token} \| \text{Date} \| E(R, \text{PK\_S}_1) \| \text{Hash}(R)\right)$$

PK_S_1 为拥有者 S_1 的公钥，Token 为购买者 S_2 需要支付的代币数额，Date 为记录交易时间的时间戳，R 为由购买者 S_2 产生的一个随机数，$E(R, \text{PK\_S}_1)$ 为 S_2 用 S_1 的公钥加密随机数 R 的结果，Hash(R) 是 S_2 用某哈希算法计算的 R 的哈希值。生成支票后，购买者 S_2 用自己的私钥 SK_S_2 对支票进行签名，签名后的支票记为：

$$\text{Cheque} = \text{Sig}(\text{Cheque}, \text{SK\_S}_2)$$

当购买者 S_2 将签名后的支票 Cheque_发送给智能合约 SC_1，拥有者 S_1 可以在智能合约 SC_1 上下载支票。S_1 使用支票时，先用 S_2 的公钥验证 S_2 的签名，然后用自己的私钥 SK_S_1 解密 $E(R, \text{PK\_S}_1)$ 得到 R' 并上传到智能合约 SC_1，智能合约 SC_1 计算 R' 的哈希值并与支票中的哈希值 Hash(R) 进行比较，若相同则验证通过，SC_1 将 S_1 的地址以及代币的数量发送到合约 SC_2，SC_2 从 S_2 的代币余额中扣除代币后，会将等量代币发送到 S_1 的地址上。

（1）参数设定。拥有者 S_1 和购买者 S_2 需要在交易开始前完成一些参数的设定。S_1 和 S_2 需要协商将数据分为 n 块；S_2 选择需要购买的块数为 k（$0<k<n$）；S_1 设置 S_1 的保证金金额和 S_2 的保证金金额，分别为 Deposit_S_1 和 Deposit_S_2（Deposit_S_1 = Deposit_S_2）。

（2）数据交换过程初始化。为了保证交易过程的公平性，拥有者 S_1 需要完成以下操作：将数据分成 n 块并上传到星际文件系统 IPFS 云端，从云端获得 n 个数据地址及其对应的密钥 HK_i；用 S_2 的公钥 PK_S_2 加密每一个 HK_i，记为 $E(\text{HK}_i, \text{PK\_S}_2)$；生成 n 个对称密钥 AK_i，用 AK_i 加密 $E(\text{HK}_i, \text{PK\_S}_2)$ 记为 EHK_i，将所有的 EHK_i 上传到智能合约；向智能合约支付押金 Deposit_S_1；将自己的公钥 PK_S_1 上传到智能合约。与此同时，购买者 S_2 也要完成一些相关的操作：向智能合约支付押金 Deposit_S_2；将自己想要购买的数据块数发送给智能合约；上传自己的公钥 PK_S_2 到智能合约。

（3）遗忘传输协议的初始化。在交易开始之前，为了不经意传输协议能正常进行，参与交易的双方需要完成一些工作：首先拥有者 S_1 生成 n 对公钥-私钥，记为（PK_i, SK_i），其中 $1 \leqslant i \leqslant n$；购买者 S_2 在确定好自己要购买 m 块数据后，利用对称密钥算法生成 m 个密钥，记为 $\{K_1, K_2, \cdots, K_m\}$。

（4）交易 m 块数据。S_1 向合约发送 EHK_i 以及 PK_i；S_2 从 $\{\text{PK}_1, \text{PK}_2, \cdots, \text{PK}_n\}$ 中任意选择 m 个，然后用这 m 个公钥分别加密 $\{K_1, K_2, \cdots, K_m\}$，分别记为 $\{\text{EK}_1, \text{EK}_2, \cdots, \text{EK}_m\}$ 上传到智能合约。S_2 需要计算 K_i 的哈希值，将哈希$（K_1）$，哈希$（K_2）$，$\cdots$，哈希$（K_m）$ 上传到智能合约；S_1 用 $\{\text{SK}_1, \text{SK}_2, \cdots, \text{SK}_n\}$ 分别解密 $\{\text{EK}_1,$

EK_2, …, EK_m}中的每一个即 D（EK_j, SK_i），将结果记为 DK_{ij}；S_1 用 $n×m$ 个解密得到的密钥分别加密{AK_1, AK_2, …, AK_n}；S_2 用{K_1, K_2, …, K_m}解密加密的{AK_1, AK_2, …, AK_n}，可以得到 m 个正确的数据密钥；S_2 向智能合约发送付款支票 Cheque 以及 Tokens；S_2 确认已购买的数据，并可以决定是否与 S_1 继续进行交易；智能合约返还押金 Deposit_S_1 和 Deposit_S_2。

（5）交易剩余数据。拥有者 S_1 和购买者 S_2 向智能合约分别支付押金 Deposit_S_1 和 Deposit_S_2；拥有者 S_1 将 SK_1, SK_2, …, SK_n 用 S_2 的公钥 PK_S_2 加密后发送至智能合约；购买者 S_2 用私钥 SK_S_2 解密上一步的结果，得到 n 个 SK_i，然后 S_2 从选出的 m 个 PK_i 中任意选择一个，假设是 PK_x；S_2 用 SK_1, SK_2, …, SK_n 解密 EK_x。S_2 将得到的内容进行解密得到{AK_1, AK_2, …, AK_n}，并解密对应的{EHK_1, EHK_2, …, EHK_n}，最终得到所有的 n 个数据地址密钥{HK_1, HK_2, …, HK_n}，也就得到了所有的 n 块数据；购买者 S_2 确定数据无误后，向智能合约发送支票和代币；智能合约返还押金 Deposit_S_1 和 Deposit_S_2。

2. 可保护数据版权的地学大数据共享方案

该方案提出的系统主要由五个重要步骤组成，分别是：上传数据、合约初始化、交易响应、交易执行、交易监控。另外，Alice 为拥有者而 Bob 为数据买家。

（1）上传数据。Alice 将水印嵌入数据，之后将嵌入水印的数据进行加密，最后上传到某指定的地址中进行存储，具体过程见图 10.2。

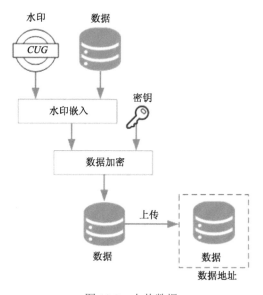

图 10.2　上传数据

（2）合约初始化。当 Alice 将经过处理的数据上传后，Alice 再将相关参数上传至智能合约中，对智能合约进行初始化，具体过程见图 10.3。

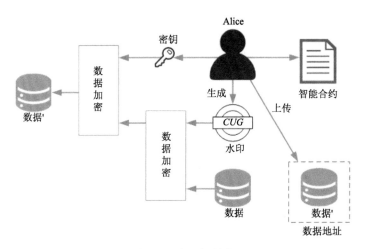

图 10.3　合约初始化

（3）交易响应。Bob 可以从智能合约中获取 Alice 想要交易数据的相关信息（例如数据地址等），核对参数后，若 Bob 认为 Alice 声明的数据与其上传的数据一致，则 Bob 可以上传相关参数以及 Alice 期望报价的金额到智能合约中，开始交易，具体过程见图 10.4。

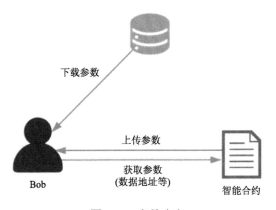

图 10.4　交易响应

（4）交易执行。Bob 发起交易后，Alice 和 Bob 两人根据智能合约上约定的参数进行交易，具体的交易过程见图 10.5。

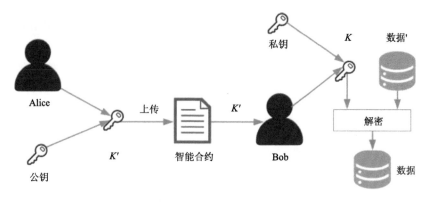

图 10.5　交易执行

（5）交易监控。Bob 在交易前验证 Alice 上传数据的哈希值判断 Alice 是否上传所声明的数据，交易过程中可以利用比对哈希值判断 Alice 是否传递了所声明的加密密钥，同时 Bob 可以在交易后比对 Alice 数据中的数字水印信息与智能合约上声明的是否一致。

利用区块链的分布式系统，实现信息中心间的点对点连接，在数据标识与智能合约技术的配合下，实现存储、更新、备份、验证数据。区块链技术有望成为解决地球大数据多方共享合作难题的方案，其优势如下（周玉科，2020）：

（1）去中心。各个个体是地理信息数据的使用者，同时也是生产者，尽可能地去除数据分享过程中的媒介，让数据的需求者与拥有者直接交换。

（2）去信任。利用分布式的共享总账架构，信息可以在整个链上共享，所有节点均可以互相检测，经得起集体核查，即便信息共享的双方相互陌生也不用担心信用问题，这保证了分享者对数据使用过程中的被引用权、知情权以及决定权。

（3）集体维护。利用区块链的分布式计算以及存储的技术，脱离系统上和硬件上的中心化管理方式，以点对点的形式，保证节点间信息共享的安全性。用户终端仅需维护自身的数据，便能够实现数据的集成共享，提高了账本的同步效率，解决了地学数据存在海量性特点的问题（周永章等，2021；李亚珍等，2020）。

10.2.3　可信共享新模式：区块链+联邦学习

区块链+联邦学习架构有望成为地球大数据可信共享的新模式。联邦学习是一种基于分布式的机器学习方法，将数据存储和模型训练转移至本地用户，为有效保障用户的隐私安全，本地用户仅与中心服务器交互模型的更新。这与区块链在应用领域、架构特点、隐私保护机制等方面具有很强的共同性、互补性和契合度。在地球大数据场景下，各机构在本地完成数据处理和训练，然后将训练好的模型上链确权等待交易，既保证了数据的隐私性，又能在一定程度上满足各机构对更大数据集的需求（李凌霄等，2021）。

10.2.4　区块链技术在地球大数据可信共享中的应用

在实际部署中，区块链作为地球大数据可信共享交换平台的控制平面，可以实现安全接入、发布验证、数据确权、权力流转、访问控制、数据评价、过程审计、共享确责等功能。为了确保安全性，各机构的数据仍存储在本地，不改变现有的数据存储模式，仅把少量数据索引和权限信息提交到区块链。

具体实施方法可以参考以下内容：

（1）数据发布者将共享数据的元数据、数据指纹、访问控制方法等公布在区块链上，在链上建立一条共享数据项。通过共享数据项将数据资源与身份信息绑定并登记存储，明确数据权属信息及其有效性，并完成对共享数据项的权限设置和其它条件要求设置，保证数据的完整性和不可篡改性。这一过程可通过智能合约完成。

（2）数据使用者在已发布的数据中查询所需数据，并发起数据请求，申请获取数据访问权限。数据发布者根据数据使用者的请求进行判断，若判断通过，数据发布者在链上授予数据使用者访问控制权限，并将数据资源访问方法以加密的方式返回给数据使用者。

（3）数据使用者解密得到数据资源访问方法，远程访问并获取数据资源。数据使用者本地数据服务根据链上的授权信息，判断使用者是否具有获取数据的权限。通过后，将数据资源通过加密信道传输给数据使用方。数据资源既可以传输到数据使用者本地进行处理，也可以传输到可信计算环境，利用提供的高效数据处理服务进行计算后，再将结果返回数据使用者本地（孟宏伟等，2021）。

10.3　地球大数据可信溯源

10.3.1　地球大数据溯源面临的挑战

数据溯源是使用标记或者函数推导等方法，完成数据从产生到消亡的整个生命周期内经历的所有处理以及变换的信息的描述，保证从原始数据衍生的数据的真实性和可靠性（胡韵等，2020）。在地球大数据的生命周期中，数据从被采集存储为数字形态起，会经历许多次数据加工和处理。在最终产品到达用户手中之前，原始数据要经过数据采集方、数据加工方、数据服务方、数据共享方等多个实体。在这个过程中，位于数据供应链后端的用户处于天然的弱势地位。一方面，用户无从了解经手数据的各方是否对数据诚实地进行了传输或加工，用户获得的产品存在被恶意添加垃圾数据、恶意删除或隐瞒部分数据等可能性；另一方面，即使各方都诚实地交付了产品，数据篡改还可能发生在网络传输中。如何保证用户得到的数据质量，以及如何验证目标数据是否具有数据发布方所声称的质量是当前地球大数据流通所面临的主要困难之一。

目前，数据溯源的方法种类有很多，其中包括逆查询法、标记法、数据追踪法、图论知识和查询语言追踪法以及存储定位法等（胡韵等，2020；王芳等，2019）。这些方法的本质均是利用已标记好的信息或隐含的语义信息构建一个大型关系网络，再将溯源数据视作一般数据，利用数据库和文件系统对溯源数据进行管理。然而对于地球大数据而言，上述传统方法面临以下挑战：

（1）地球大数据包含海量的多源异构且变换复杂的数据，采用传统的数据库会出现查询处理效率较低，结果和性能不可靠等问题；

（2）传统数据溯源方法的应用范围都仅限于单个企业或机构内部，而地球大数据的数据贡献方通常是多家科研机构，建立一个各机构都完全信任的中心型数据库的设想可能并不现实；

（3）传统数据库的安全模型主要针对外部防御，通过控制用户访问和修改数据的权限，从而保障数据的安全性（胡韵等，2020）。但是，这些安全措施无法防止内部授权用户对溯源数据进行修改、删除等操作，存在安全隐患。

10.3.2　区块链助力地球大数据溯源

地球大数据精确溯源的直接目的是对各数据集进行全生命周期的监管，从而达到保证数据质量和界定数据权属的目标。产品供应链溯源是区块链最重要的应用场景之一，有助于解决传统方法中存在的信息不对称、数据难共享、产品难验真、信息难传递等顽疾（姚前等，2020）。可以预测，区块链与地球大数据的结合，可以较好地解决地球大数据验证数据所属权和完整性的问题。目前，已经有研究采用区块链技术打造大数据交易溯源的框架（袁健等，2021；刘耀宗等，2018），其核心思想大致如下：

（1）通过各区块链节点为数据打上时间戳，使前后传播的数据产生异质性；

（2）通过智能合约实现数据在不同主体间传播时的产权流动；

（3）通过分布式账本，即多方主体互相监督和互相制约的机制，保证这个过程行之有效。

在地球大数据溯源场景下，区块链中的造币交易和付币交易分别对应数据采集并上链的操作和数据加工以及所有权转让等操作。各机构均通过智能合约执行上述操作，保证数据流通过程中的公平性。最后，区块链节点将这些数据流通信息加上时间戳并打包上链，此外还需要验证每条数据流通信息是否能通过数据所有者的数字签名校验，区块链中的其他节点均可以验证区块的有效性和完整性。利用区块链技术完成对地球大数据进行精确溯源有以下几点优势：

1. 去中心化结构打破互信壁垒

在区块链的去中心化框架下，地球大数据的数据流通记录以分布式的形式存储于区块链的全节点上，参与地球大数据建设的各机构都可以查询并验证其中任意数据集从采集到形成数据产品中的全过程。此外，分布式的存储结构还能有效避免单点失效问题，区块链网络上任一节点数据发生损毁都可通过其他节点的备份恢复，增强了系统的可用性和稳定性。

2. 共识机制助力数据确权

地球大数据通过区块链进行注册和认证，从而使得大数据资产的所有权、来源、流通路径和使用权得到确认，数据流通记录变得透明且可追溯。另外这份记录通过共识机制可以被区块链上的所有节点所认可。明确的数据权属使得数据作为资产进行流通时更有保障，有助于让数据真正实现资产化（井底望天等，2017）。

总的来说，在地球大数据场景下，区块链可以对数据的使用进一步规范，授权范围更加精细，从而保障数据所有者的权益。

10.3.3　地球大数据可信溯源的研究展望

1. 数据权属定义问题

数据溯源是一个技术问题，另外，它还是一个管理问题（王芳等，2019）。虽然数据溯源可以很好地完成数据确权的工作，但如何定义数据的权属并不是一件容易的事，涉及技术、商业和法律等多方面。在产权不清晰的前提下，拥有数据的主体没有动力将数据分享出去，否则会带来自身利益的损耗。如果无法保护数据产权，数据一旦出售就会面临被无限次倒卖的风险，数据的市场价值也因无限的供给量而骤减。因此应当加快数据领域的制度建设，可从以下数据权利方面作参考（井底望天等，2017）：

（1）数据拥有权：像物理财产一样明确数据的拥有权，拥有权可变更且可分割。

（2）数据隐私权：明确什么数据能够披露，披露到什么样的程度。

（3）数据许可权：约束什么用户在什么时间有权利看数据，此权利可撤销且可转移。

（4）数据审计权：由审计机制来监督用户按照规范的许可进行数据使用，确保用户在许可规范内使用数据，因此产生数据审计权。

（5）数据分红权：基于数据外部性，获得数据使用许可的一方在使用数据时会产生新的价值，拥有者有权利要求获得回馈。

2. 数据溯源粒度控制问题

数据溯源从结构层次上可以分为粗粒度溯源和细粒度溯源。粗粒度溯源就是把所有处理过程当作一个黑箱，处理过程的所有输出依赖于所有输入，即屏蔽处理的所有内部细节；细粒度溯源过程要分析所有处理过程内部的处理逻辑，探索影响具体输出的输入项。目前地球大数据对于溯源粒度的要求还只是在粗粒度层面，能够查询并验证数据全生命周期的记录和权属即可。而在细粒度层面要解决的问题更为具体，例如某机构最终给出的地球大数据产品一旦出现问题，如何通过溯源机制直接定位到产生问题的数据处理阶段并明确责任方。而目前国内外对此问题的研究尚不充分，但针对地球大数据的细粒度溯源研究具有实际应用价值，应当引起重视。

3. 区块链溯源查询效率问题

在地球大数据溯源系统中，除了新数据集上链记录外，每一项新增的数据流通记录都必须引用一项已存在的数据流通记录，这是由区块链的 UTXO 模型保证的。根据此原理可以较为快速地完成数据集的向前和向后追溯，形成完整的数据全生命周期记录。然而，在实际使用中用户还会有其他需求，如查询某机构所拥有的全部数据，或者在某段时间内该机构经手的全部数据处理记录等（梁鸣霄，2018）。区块链系统通常采用以空间换时间的方式加快查询效率，即事先建立一个以各机构为主体的索引数据库，例如比特币钱包就采用了 LevelDB。这显然加剧了区块链节点的存储负担。对于地球大数据而言，其元数据格式就比虚拟货币系统中的交易元数据格式复杂许多，导致每一条数据记录本身就需要更多的链上存储空间。因此，事先建立索引数据库的模式很有可能存在问题，查询效率优化是在未来的研究中尚待解决的问题。

10.4　地球大数据共享评估

10.4.1　地球大数据共享评估面临的挑战

地球大数据是一种无形的信息资产，它与一般资产一样可以进行流通和交易，同时又具有一定的特殊性。地球大数据中的一个数据集在其全生命周期中通常要经过多种算法或模型的处理，才能从最初的原始数据转变成高价值的信息产品。在流通过程中，数据集除了所有权的变动，还会因各机构参与数据分析而产生价值的变化。原始数据的质量、各机构对数据的分析处理、产品生产过程中的精度控制等因素直接影响最终产生的决策价值。地球大数据的共享评估，就是评估地球大数据在全生命周期不同阶段的价值，从而直接决定了各机构对于数据决策的贡献，进而影响各机构在这一过程中所应得的分红（尹传儒等，2021）。

然而在实际操作层面，地球大数据共享面临以下难点：

1. 数据规范不统一

由于数据源的千差万别，各机构采集的地球数据格式天然存在很大的差别。地球大数据涵盖了社会统计数据、航空监测数据、多源卫星数据、导航定位数据和地面调查数据五大类别，其中既有结构化数据又有非结构化数据，数据差别之大可想而知。集成多源异构地理地质数据是地球大数据的重要目标之一，规范各类数据标准是实现这一目标的前提，但数据规范不统一对地球大数据的集成管理造成了很大困难。例如，当前国际通用的遥感数据元数据标准有 Directory Interchange Format（DIF）9、DIF 10、ECHO 10 Collection、ECHO 10 Granule、ISO 19115-1:2013 和 ISO 19115-2:2009 共六种之多。因此必须统一数据规范，才能将地球的空间信息、时间信息、属性信息有效融合，才能使地球大数据在科研创新和社会服务领域发挥重要作用。

2. 数据质量参差不齐

即使数据标准和规范格式相同,地球数据在语义和粒度方面也可能存在区别，导致数据质量参差不齐。一方面，各机构采集的原始数据难免会有缺漏或错误之处，也可能混有大量无效数据，对后续地球大数据的预测分析工作造成阻碍。因此不仅必须对数据进行清洗，还需要正确评估采集到的数据质量，确保其他机构在使用数据前已较为充分地了解目标数据。另一方面，数据粒度对数据质量的影响尤为重要。粒度指地球大数据中数据单元的尺度级别和详细程度。数据越详细，尺度级别越低，粒度就越小，其数据价值就越大；数据综合程度越高，尺度级别越高，粒度也就越大，其数据价值就越小。粒度的详细程度是对地球大数据中数据质量的综合度量。不对数据粒度进行区分直接使用会直接影响到地球大数据的可用性，最终导致决策数据质量低、决策不可信等严重问题（吴冲龙等，2014）。

3. 数据价值难以准确衡量

准确衡量数据价值才能制定合理的取费标准,才能规范地球大数据市场环境。

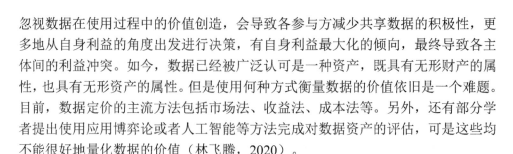

忽视数据在使用过程中的价值创造，会导致各参与方减少共享数据的积极性，更多地从自身利益的角度出发进行决策，有自身利益最大化的倾向，最终导致各主体间的利益冲突。如今，数据已经被广泛认可是一种资产，既具有无形财产的属性，也具有无形资产的属性。但是使用何种方式衡量数据的价值依旧是一个难题。目前，数据定价的主流方法包括市场法、收益法、成本法等。另外，还有部分学者提出使用应用博弈论或者人工智能等方法完成对数据资产的评估，可是这些均不能很好地量化数据的价值（林飞腾，2020）。

10.4.2 区块链助力地球大数据共享评估

1. 智能合约规范数据格式

数据通过区块链进行注册和认证时，具有统一的格式要求，以便可以明确该链上的数据的语义以及度量衡。这样，不仅能够实现数据标准的统一，还可以在多源数据融合时实现解读的快速性和清晰化。基于区块链的智能合约技术，可以制定统一的元数据模型和编码规则。由于智能合约一旦发布就不可修改，各机构必须按照制定的规则上传数据。智能合约在区块链各个节点上被存储以及同步，区块链能够根据智能合约上的代码完成自动验证。另外，智能合约的执行过程是公开透明的，从而导致执行过程以及执行结果是可审计的，这不仅提高了多源数据的集成效率，而且还不存在单点失败问题。

2. 共识机制保证数据质量可靠

数据质量问题归根结底是信任问题。如果各中间机构处理步骤的算法精度不明确，导致最终的决策产品不可信。如何保证每一步数据处理流程的参数设置是完全正确的，如何保证每一步数据处理得到的信息产品都是高质量的，进而由此得出的决策知识也是可信的，是当前遥感数据处理及产品生产过程中面临的主要问题之一。区块链共识验证数据，是基于群体共识支持的数据质量和数据精度。只要制定好了数据标准，就能通过设计对应的共识验证来达到确定数据质量的目的。同时，区块链的数据溯源可以提高数据的可信度。多方可以检查相同的数据源，甚至通过给出评级来表明数据的有效性。区块链使得数据的质量拥有了前所未有的强信任背书；同时，也保证了数据分析结果的准确性和数据挖掘的程度。

3. 区块链助力数据价值衡量

未来的地球大数据市场需要有适用性强的数据定价模型，既能量化由数据的使用历史和随时间变化所形成的基础价值，又能计量当前这次使用中可量化的价值，计算出合理的数据定价。另外如果这次交易由多方数据参与，应当根据各方的数据贡献大小对各方数据进行分别定价。

数据定价的关键在于对交易历史和各方贡献的明确。区块链的数据可追溯性以及不可篡改性可以保证对数据的使用与交易历史的明确，有助于实现对各方贡献的衡量，以便设计出适用性更强的数据定价模型。例如，将一次定价变为多次定价，根据一定时期内数据所发挥的价值，按周期对各方的贡献进行分红。从更广泛的角度来看，对数据的估值应考虑以下因素（井底望天等，2017）：

（1）数据被无限次共享，价值却不会损失，但数据的多次复制使得所有权复杂化，从而增加了成本。

（2）数据使用次数越多能侧面体现其价值越大，不像许多物理资产会在使用中贬值。

（3）数据价值会随时间衰减。

（4）数据越精确，价值越大。

（5）多个独立数据源的融合会带来 1+1>2 的效果。

（6）更多的数据不一定带来更多的价值。

（7）数据不会在使用过程中损耗，反而会越用越多；相反，如果数据不适用，则会徒增存储成本，成为负债。

10.5　地球大数据区块链可信共享典型应用

比特币是区块链技术的一个成功应用，但它仅仅是一种虚拟货币支付体系的应用。其实区块链技术还可以应用到社会的各个方面。现如今，区块链技术已经来到了 3.0 时代，即面向以人类社会发展为基础的应用，它不仅局限于虚拟货币和数字金融领域的应用，更是在社会多个其他领域展现出了良好的发展前景（王辉等，2020；杨现民等，2017）。

目前，区块链与地球大数据的结合已在海洋科学、遥感等领域率先起步，主要利用了区块链的公开透明、去中心、可溯源、不可篡改等特征，尝试搭建一个可信的数据共享机制（文莉莉等，2020；Yan et al.，2020）。在地球大数据中，数据共享是目前最迫切需要解决的问题，对信息化服务需求与日俱增，迫切需要从独占走向共享、从粗放走向精细。如今地球大数据源分布在全球多家不同机构，而区块链技术很有可能成为打破各机构信任壁垒的有力武器。一方面，去中心化的区块链架构对于分布式数据集有着天然的适应性。另一方面，区块链本身就是一个无限增长的分布式账本，有足够的可扩展性应对地球大数据不断增长的数据

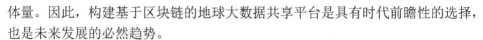

体量。因此，构建基于区块链的地球大数据共享平台是具有时代前瞻性的选择，也是未来发展的必然趋势。

作为典型的地球大数据，遥感数据在存储管理与处理方面面临"可信"需求。对于遥感数据管理而言，如何有效跟踪各类数据源的采集、存储、处理、应用链条并保证其不被篡改，溯源各级数据产品的精确来源，力争各数据源都能够发挥其最大的应用价值服务于国计民生，是当前遥感数据管理亟需解决的难题；对于遥感数据处理及产品生产而言，各类遥感数据源在各级别处理及产品生产过程中的精度控制直接决定了最终产生的决策价值。例如，各卫星地面站点分发的二级遥感数据，需经过进一步的几何精校正、大气校正等流程才能应用于地表参数反演、信息提取等过程。然而，如何评价几何精校正、大气校正过程的处理精度，使得后续加工的增值产品质量较高，由其得出的决策知识受信并服务于更为广大的用户，是遥感数据产品生产面临的重大问题。

10.5.1 遥感大数据可信共享面临的主要问题

（1）无法检测遥感数据在传输、共享过程中是否被篡改，用户得到的数据质量无法保证。

遥感数据源自卫星地面站接收到服务于社会大众，需要经历遥感数据采集方、初级数据加工方、数据提供方、数据服务方、数据共享方等角色的共同服务，而如何保证数据在整个"采集-传输-供给"的链条中没有被任意篡改，如何保证用户得到的遥感数据确实是由数据采集方的数据直接加工的数据产品，是当前面临的主要问题之一。

（2）无法溯源遥感数据在整个生命周期中经历了哪些处理流程，缺少可信的数据处理记账账本。

用户得到的遥感数据，自卫星地面站接收后，需要经历数据解包、云检测、系统几何校正、系统辐射校正、几何精校正、辐射校正、大气校正等处理流程。一般而言，由原始数据到辐亮度产品主要由卫星地面站接收处理系统完成，而由辐亮度产品到表观反射率产品以及各级别信息产品则由数据服务方或者用户自行完成。如何精确记录数据整个生命周期中所经历的处理流程，增加遥感数据价值实现过程中的透明性，为用户提供一个真实可信的遥感数据源是当前遥感数据管理面临的主要问题之一。

（3）无法评价遥感数据在整个生命周期中各级处理步骤的算法精度，导致最终的决策产品不可信。

遥感数据自原始数据到信息产品，需要经历层层算法或模型处理过程。然而，每一步骤的处理算法可能有多种选择或需要设置多种参数，如何保证每一步数据处理流程的参数设置是完全正确的，如何保证每一步数据处理得到的信息产品都是高质量的，进而由此得出的决策知识也是可信的，是当前遥感数据处理及产品生产过程中面临的主要问题之一。

10.5.2 基于区块链技术的遥感大数据管理

基于区块链技术的遥感大数据管理，主要利用区块链的公开透明、去中心、可溯源、不可篡改等特征精确记录各级遥感数据在采集、存储、处理和应用的过程中经历了哪些处理流程，解决数据被任意篡改而导致的最终决策数据质量低、决策不可信问题。

当前，各类遥感数据源分散存储在各自独立的数据中心且采用各自相互独立的数据存储容器，如陆地卫星数据中心主要存储了 Landsat 系列卫星数据，风云卫星中心主要存储了 FY 系列卫星数据等。鉴于各数据中心归档的遥感影像数据体量庞大、存储格式多样，将原始遥感影像直接记录在区块链中是不现实的。因此，拟基于统一的遥感元数据模型，如 ISO19115 元数据系列标准模型，将各中心遥感影像数据对应的元数据进行统一集成，并将元数据哈希值记录到数据链区块中，而原始影像仍旧保留在各自数据中心的存储或云存储中。此外，为了防止已经被区块链记录的遥感影像数据线下被修改，每个遥感影像被集成入链的同时将被标注数字水印，保证链上链下数据存储的一致性。

依据数据集成、存储、入块、共享的处理流程，基于区块链技术的遥感大数据管理技术主要涉及分布式数据集成、分布式元数据入链、分布式数据存储和数字水印、可信共享四部分。

1. 分布式数据集成

分布式数据集成，主要通过主动或被动方式摄取各个卫星数据中心的遥感数据源的元数据，实现分散存储的多源遥感数据统一发现、统一访问。遥感数据元数据，是遥感影像数据的描述性信息，是关于遥感影像数据的标识、成像时间、成像地点、产品级别、质量、空间参考系等特征的信息。目前，各卫星数据中心采用的遥感元数据标准不一，对于多源卫星遥感数据集成管理造成了巨大的困难，因此，可以基于区块链的智能合约技术制定统一的元数据模型和编码规则。智能合约会被存储和同步在区块链各个节点，区块链会根据智能合约上的代码自动执行验证。由于智能合约的执行过程公开透明，使其执行过程和执行结果是可审计的，能提高多源遥感数据的集成效率且不存在单点失败。区块链上的智能合约主要包括遥感元数据提取脚本、文件摄取脚本、文件传输脚本、文件标识脚本、文件入链脚本等。

首先，遥感元数据提取脚本（metadataCrawler）会针对各卫星数据中心的数据类型，在一定时间间隔内自动重复地执行元数据提取过程。同时，提取出的遥感元数据会按照设定的统一元数据模型，转换为标准元数据并存储于各个数据中心的缓存目录。

然后，文件摄取脚本（fileIngestion）会在一定时间间隔内自动重复的扫描各数据中心的元数据缓存目录，并启动预摄取（PreIngest）进程，通过 MD5（Message Digest 5）文件校验比较区块链数据中心是否已经集成各数据中心的遥感影像元数据。若区块链数据中心已经存在该遥感影像元数据，则进入下一影像文件元数据的比较过程；若不存在，则由文件传输脚本（fileTransfer）将元数据信息传输到区块链数据中心的文件缓冲，等待数据入链。

最后，文件入链脚本（fileintoBlock）会定期自动扫描区块链数据中心文件缓存容器。同时，为防止已入链元数据的重复摄取，文件入链脚本（fileintoBlock）仍旧通过预摄取（PreIngest）进程二次比较某一遥感影像元数据是否已经入链。若未入链，则由文件标识脚本（fileEncoding）对于该元数据进行元数据标识，并由文件入链脚本（fileintoBlock）向区块链数据中心发起元数据入链请求。

分布式遥感数据集成过程如图 10.6 所示。

图 10.6　分布式遥感数据集成示意图

2. 分布式元数据入链

各卫星数据中心将原始遥感数据（DN）注册到区块链，即构建了该数据的创世区块。然后基于该数据的处理、变换、产品生产等数据修改过程（图 10.7），均需要遵循以下区块入链步骤：

步骤 1　入链申请（交易）产生

假如区块链中的用户 A 想修改海洋卫星数据，则需要使用所在数据中心的私钥为待入链海洋数据进行数字签名，并将数字签名附加到本次入链申请（交易）

尾部以制作入链申请单（交易单）T_{AC}。

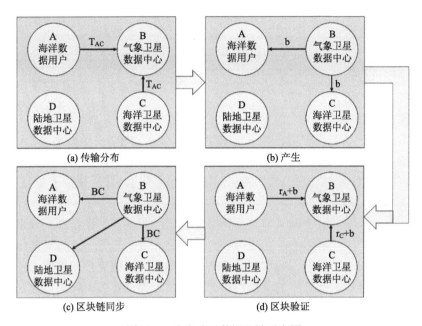

图 10.7　分布式元数据入链示意图

步骤 2　入链申请（交易）广播

区块链中的用户 A 将入链申请单（交易单）T_{AC} 广播到区块链网络中的其他节点 B 和 D，B 和 D 都会将大量未验证的入链申请（交易）哈希值收集到各自区块中。

步骤 3　区块产生

若区块链中未参与此次交易的节点 B 最先完成共识机制验证，则节点 B 将会成为矿工节点。矿工节点负责产生新的区块 b，并将此区块签名和盖上时间戳。为了降低潜在的风险，本研究中的共识机制约定矿工节点不能处理涉及到自己的交易。

矿工节点 B 的产生采用 DPoS（delegated proof of stake）共识机制实现。DPoS 共识机制的基本思路类似于"董事会决策"，即系统中每个股东节点可以将其持有的股份权益作为选票授予一个代表，获得票数最多且愿意成为代表的前 101 个节点将进入"董事会"，按照既定的时间表轮流做矿工节点，对入链申请（交易）进行打包结算并且签署（即生产）一个新区块。每个区块被签署之前，必须先验证前一个区块已经被受信任的代表节点所签署。"董事会"的授权代表节点可以从每笔入链申请（交易）中获得积分，同时要成为授权代表节点必须缴纳一定量的积分，其积分数量相当于生产一个区块获得积分的 100 倍。授权代表节点必须对其他股东节点负责，如果其错过签署相对应的区块，则股东将会收回选票从而将该节点投出"董事会"。因此，授权代表节点通常必须保证 99%以上的在线时间以实现盈利目标。DPoS 共识机制中每个节点都能够自主决定其信任的授权节点且由这些节点轮流记账生成新区块，因而大幅减少了参与验证和记账的节点数量，可以实现快速共识验证。

步骤 4　区块验证

矿工节点 B 将新产生的区块通过 P2P 网络传播给网络中所有节点（A、C、D）进行全节点验证。其他节点将确认该区块中所包含交易的有效性，确认没被双花（重复消费）并且具有有效的数字签名后，接受该区块，并反馈给矿工节点 B。

步骤 5　区块链同步

新产生的区块 b 被全网其他节点验证通过后，将被矿工节点 B 正式链接到区块链中得到新的区块链 AC，无法再篡改。然后，全网其他节点将被同步获得当前时刻区块链的最新状态。为保证系统的稳定性，全网的算力随着区块创建的时间不断变化，以保证新产生的遥感数据产品不会因为计算效率问题而无法入链。

3. 分布式数据存储和数字水印

分散存储在各个数据中心的遥感数据的元数据被摄取后，影像数据将被密钥中心分发一个私钥并利用智能合约脚本 dataEncryption 进行数字签名，明确其元数据确实进入了区块链；一旦链下的影像数据发生变动，则其对应的数字签名将会发生变化，以此保证链上链下数据的一致性。

此外，入链元数据信息包含的影像文件路径，将使用各自数据中心的被分发的私钥进行签名，签名后文件路径信息将被隐藏。因为区块链的分布式账本是公开的，这意味着每个人都可以搜索或者浏览已经被集成的所有遥感数据。而有些遥感数据是需要付费下载的，因此本方案将遥感元数据区块链中的文件路径进行了加密隐藏，而需要用户提供私钥作为身份认证和解密密钥，只有匹配得到正确的签名后，才会向授权的用户展示被隐藏的文件路径，数据交互系统再访问影像文件所在的数据中心存储容器并向用户返回需要的遥感影像数据。此处的用户私钥由密钥中心根据注册用户性质分发，如付费用户、免费用户等。

4. 可信共享

基于区块链的地球大数据可信共享，实质即通过共识机制获取地球大数据的文件存储路径，从而建立指向共享用户存储目录的虚拟映射。每个虚拟映射与用户 ID 相关联，不同用户之间相互隔离，存储数据过程互不影响。每个用户对于数据文件的重命名、移动、删除等，仅仅只是对于虚拟映射的修改，各机构的存储文件并没有实质的变化。虚拟映射信息通过用户私钥进行数字签名后存储在区块链中，从而保证了用户个人信息的隐私性（图 10.8）。

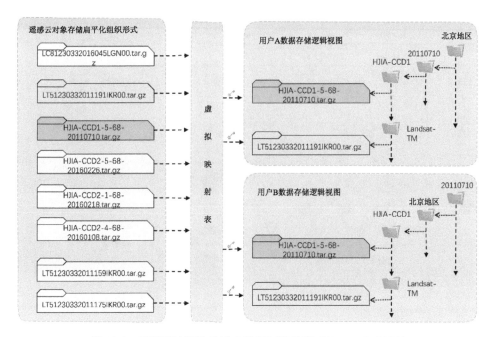

图 10.8　基于区块链的地球大数据可信共享（Yan et al., 2020）

10.5.3　基于区块链技术的遥感数据可信共享系统

基于区块链的遥感大数据可信共享系统逻辑架构，自下而上可分为数据层、网络层、共识层、激励层、合约层和应用层（图 10.9）。

1. 数据层

数据层封装了由各数据中心实体数据及生产的数据产品构建的元数据区块以及相关的数据加密、数字水印以及时间戳标注等技术。主要涉及到数据集成、元数据标识构建、数据入块、影像数据添加数字水印、数据共享等过程。

2. 网络层

网络层封装了区块链系统的组网方式、消息传播协议和数据验证机制等要素。结合实际应用需求，通过设计特定的传播协议和数据验证机制，可使得区块链系统中每一个节点都能参与区块数据的校验和记账过程，仅当区块数据通过全网大部分节点验证后，才能记入区块链。

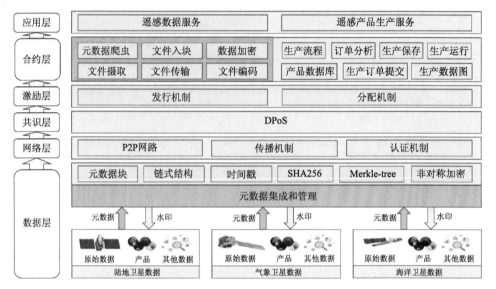

图 10.9 基于区块链技术的遥感数据可信共享系统逻辑架构（Yan et al., 2020）

3. 共识层

共识层封装了区块链各节点称为矿工的共识机制，在遥感数据可信关系法中具体指的是授权股份证明（delegated proof of stake, DPoS）共识机制。只有通过共识机制验证的矿工才能获得记账权限。区块链中共识机制的构建，能够在决策权高度分散的去中心化系统中使得各节点高效地针对区块数据的有效性达成共识。

4. 激励层

区块链共识过程通过汇聚大规模共识节点的算力资源来实现共享区块链账本的数据验证和记账工作，因而其本质上是一种共识节点间的任务众包过程。去中心化系统中的共识节点本身是自利的，最大化自身收益是其参与数据验证和记账的根本目标。因此，必须设计激励相容的合理众包机制，使得共识节点最大化自身收益的个体理性行为与保障去中心化区块链系统的安全和有效性的整体目标相吻合。区块链系统通过设计适度的经济激励机制并与共识过程相集成，从而汇聚大规模的节点参与并形成了对区块链历史的稳定共识。本研究中，激励机制具体指的是节点的积分奖励，每个入链的数据中心节点均需要赚取足够的积分才能够成为董事会节点，参与区块链的管理工作。

5. 合约层

如果说数据、网络和共识三个层次作为区块链底层"虚拟机"，分别承担数据表示、数据传播和数据验证功能的话，合约层则是建立在区块链虚拟机之上的商业逻辑和算法，是实现区块链系统灵活编程和操作数据的基础。

合约层封装区块链系统的各类脚本代码、算法以及由此生成的更为复杂的智能合约。本研究中，合约层主要封装了数据管理和产品生产两类脚本，负责遥感数据的集成、入链、下载、共享及产品生产等过程。

6. 应用层

应用层则封装了区块链的各种应用场景和案例，主要包括分布式遥感数据集成应用、遥感数据检索、遥感数据共享、遥感数据产品生产等应用案例。

10.6　小　　结

地球大数据溯源是数据价值评估的重要依据，进一步有助于建立公平透明的审计与激励机制，推动地球大数据向优、向好发展。通过区块链记录数据访问控制授权全流程，对数据共享过程进行审计，并通过定价和积分的方式，激励数据发布者，不仅可以保障分享者的知识产权，更能看到数据分享对学科发展带来的推动作用以及对自身价值的认可。

区块链凭借安全、可信、共享的特点深刻促进着当前社会的各领域的发展，针对将区块链技术应用于数据安全共享领域的科研机构，应在明确业务需求的基础上，建立符合自身业务需求的数据安全共享体系，避免数据共享过程中发生的危险事故。以数据为核心的机构应加强数据安全开放与可信共享，进而提升整体运行效率、激发创新活力，重视数据安全共享流程、标准与规范的制定，及时有效地应用区块链等新兴技术，促进区块链价值体系逐步完善。利用区块链技术，搭建各方共同参与的地球大数据资源安全共享系统，各数据提供方共同维护数据资源的准确性与有效性，共同承担监管责任，构建系统且全面的地球大数据可信共享体系。

参 考 文 献

何蒲, 于戈, 张岩峰, 等. 2017. 区块链技术与应用前瞻综述. 计算机科学, 44: 1-7.

胡韵, 胡爱群, 胡奥婷, 等. 2020. 大数据背景下数据可追踪性应用分析与方法研究. 密码学报,

7: 565-582.

井底望天, 武源文, 赵国栋, 等. 2017. 区块链与大数据打造智能经济. 北京: 人民邮电出版社.

李凌霄, 袁莎, 金银玉. 2021. 基于区块链的联邦学习技术综述. 计算机应用研究, 38(11): 3222-3230.

李万胜. 2019. 区块链 DAPP 开发入门、代码实现、场景应用. 北京: 电子工业出版社.

李亚珍, 郭建文, 吴阿丹. 2020. 区块链技术在地学数据共享中的应用可行性分析. 遥感技术与应用, 35: 759-766.

梁鸣霄. 2018. 面向地球系统科学数据共享的数据推荐研究. 南京: 南京师范大学硕士学位论文.

林飞腾. 2020. 大数据资产及其价值评估方法: 文献综述与展望. 财务管理研究, 6: 1-5.

刘耀宗, 刘云恒. 2018. 基于区块链的 RFID 大数据安全溯源模型. 计算机科学, 45: 367-381.

孟宏伟, 唐聪, 李军, 等. 2021. 基于区块链的数据共享交换方法研究. 河北省科学院学报, 38: 17-23.

邵奇峰, 金澈清, 张召, 等. 2018. 区块链技术: 架构及进展. 计算机学报, 41: 969-988.

王芳, 赵洪, 马嘉悦, 等. 2019. 数据科学视角下数据溯源研究与实践进展. 中国图书馆学报, 45: 79-100.

王辉, 刘玉祥, 曹顺湘, 等. 2020. 融入区块链技术的医疗数据存储机制研究. 计算机科学, 47(04): 285-291.

文莉莉, 邬满. 2020. 基于区块链的海洋数据采集与共享系统. 信息技术与网络安全, 39: 9-13.

吴冲龙, 刘刚, 田宜平, 等. 2014. 地质信息科学与技术概论. 北京: 科学技术出版社.

夏清, 张凤军, 左春. 2017. 加密数字货币系统共识机制综述. 计算机系统应用, 26: 1-8.

严光生, 薛群威, 肖克炎, 等. 2015. 地质调查大数据研究的主要问题分析. 地质通报, 34: 1273-1279.

杨现民, 李新, 吴焕庆, 等. 2017. 区块链技术在教育领域的应用模式与现实挑战. 现代远程教育研究, (2): 34-45.

姚前, 朱烨东. 2020. 中国区块链发展报告(2020). 北京: 社会科学文献出版社.

尹传儒, 金涛, 张鹏, 等. 2021. 数据资产价值评估与定价: 研究综述和展望. 大数据, 7(4): 14-27.

袁健, 王雪凤. 2021. 基于三链的艺术品区块链存证溯源模型. 计算机应用研究, 38(10): 2915-2918, 2925.

袁勇, 王飞跃. 2016. 区块链技术发展现状与展望. 自动化学报, 42: 481-494.

中国人民银行. 2020. 金融分布式账本技术安全规范. https://www.cfstc.org/bzgk/gk/view/bzxq. jsp?i_id=1855. [2020-02-05]

中华人民共和国国家互联网信息办公室. 2019. 区块链信息服务管理规定. http://www.cac.gov. cn/2019-01/10/c_1123971164.htm. [2019-01-10]

周永章, 左仁广, 刘刚, 等. 2021. 数学地球科学跨越发展的十年: 大数据、人工智能算法正在改变地质学. 矿物岩石地球化学通报, 40: 556-573.

周玉科. 2020. 利用区块链技术促进地球科学数据共享的思考: 概念与方案. 测绘与空间地理信

息, 43: 13-16.

诸云强, 宋佳, 潘鹏. 2016. 地学数据共享发展现状、问题、对策研究. 中国科技资源导刊, 46: 55-63.

Antonopoulos M. 2014. Mastering Bitcoin. USA: O'Reilly Media.

Arvind N, Joseph B, Edward F, et al. 2016. Bitcoin and Cryptocurrency Technologies: A Comprehensive Introduction. USA: Princeton University Press.

Li T, Ren W, Xiang Y, et al. 2020. FAPS: A fair, autonomous and privacy-preserving scheme for big data exchange based on oblivious transfer, Ether cheque and smart contracts. Information Sciences, 544: 469-484.

Liu P T S. 2016. Medical record system using blockchain, big data and tokenization // Springer. International Conference on Information and Communications Security. Singapore: Springer, 254-261.

Sellars B S, Nguyen P, Chu W, et al. 2013. Computational Earth Science: big data transformed into insight. EOS: Transactions American Geophysical Union, 94: 277-278.

Wikipedia. 2016. 区块链. https: //zh.wikipedia.org/wiki/区块链. [2016-10-21]

Xiang Y, Ren W, Li T, et al. 2021. A multi-type and decentralized data transaction scheme based on smart contracts and digital watermarks. Journal of Network and Computer Applications, 176: 102953.

Yan J, Wang L, Zhang F, et al. 2020. Blockchain application in remote sensing big data management and production. IET Digital Library, 12: 289-313.

第11章

地球大数据伦理与隐私保护

　　地球大数据由具有空间属性的与地球科学相关联的大数据构成，包括陆地、大气、海洋及人类活动的数据。对这些数据进行科学有效地管理、治理与分析，对于实现地球系统多维度的态势感知和动态监测具有重要意义。然而，地球大数据本身具有的"大数据资产"属性，也必然引起伦理和隐私保护的重要难题，如近年来频繁出现的数据泄露、数据窃取、大数据杀熟等问题。因此，本章将针对地球大数据治理及其伦理与隐私保护问题重点讲述。

11.1　地球大数据治理

11.1.1　地球大数据治理的背景

　　随着大数据体量和价值的指数级增长，科学数据成为科技进步、经济发展和国家安全的基础性战略资源，也被公认为是继物质和能量之后的第三类资源。近年来，全球主要发达国家相继将科学数据治理列入国家发展战略，科学研究也由此进入数据密集型科学发现范式的全新阶段（王淑强等，2020；郭华东等，2014）。2011 年，欧盟发布了一份关于"开放数据：创新、增长和透明治理的引擎"的声明；2012 年初，美国推出了一个大数据研究和发展倡议（Big Data Research and Development Initiative），旨在通过分析数据和获取知识以提升科学发现和创新研究的能力；澳大利亚政府 2013 年发布了"澳大利亚公共服务大数据战略"（Office of Science and Technology Policy，2014；闫建等，2015）。2014 和 2015 年，中国政府正式提出"国家大数据发展战略"，将大数据视作战略资源并上升为国家战略。此后，中国政府相继颁发了"促进大数据发展的行动纲要（2015）""政务信息系统整合共享实施方案（2017）""政务信息资源目录编制指南（试行）（2017）""科学数据管理办法（2018）"[①]等多项政策文件，从国家战略层面对

---

① 国务院. 国务院办公厅印发《科学数据管理办法》. [2018-04-02].

大数据共享和治理的政策进行规划和部署，推进大数据汇聚、共享和开放，取得了诸多进展。

此外，大数据服务和可持续发展也受到了国际组织的广泛关注。2012 年联合国"全球脉动"（UN Global Puls）计划发布了"大数据促进发展：机遇与挑战"报告，阐述了大数据带来的机遇、挑战和应用。国际科学理事会（International Council for Science）在"2016～2017 年战略计划"中强调了大数据管理和科学利用对于发掘新知识的重要性，并与国际社会科学理事会联合发布了推进全球可持续发展的跨学科合作倡议（黄如花等，2016）。

作为典型的科学大数据，地球大数据既有大数据的通用特征及属性，又具有自己独特的规模大、来源广、多时相、高动态性等特点。地球大数据为人们认识地球和知识发现提供了全新的思维，为科学研究引入了新的方法论和新的范式，同时也为数据集成管理、隐私保护、伦理等方面带来了巨大挑战。因此，地球大数据治理是一项复杂而艰巨的任务，面临着地学领域独有的技术挑战，需要开展面向地球大数据服务和治理的体系化研究。

11.1.2　地球大数据治理面临的挑战

地球大数据治理指的是利用现代信息技术和手段，在保证数据资产可用性和完整性的前提下（司莉等，2013），对获取到的数据资产管理行使权力和控制的活动集合。地球大数据治理是一个管理体系，包括组织、制度、流程和工具，最终目标是提升数据价值。由于地球大数据在海量性、多时相、动态性等方面的特征，传统的数据治理方案难以满足地球大数据治理所需的高效性以及安全性需求，当前地球大数据治理面临的重大挑战主要体现在以下几个方面：

海量数据：互联网数据中心（IDC）研究报告预测 2020 年全球数据量将达到 40 万亿 GB，其中约 80% 的数据与空间位置相关（Gantz et al.，2012；Li et al.，2014）。地球大数据具有海量、异构、多源、多时相、多维度等特点，传统的数据治理方法对于海量地球大数据而言性能和效率过低。因此亟需构建面向海量地球大数据服务的新型数据治理体系。

异构性：地球大数据来源广泛，既存在不同业务应用系统方面的系统异构性，也存在数据逻辑结构和组织方式方面的模式异构性，这必然会导致在地球大数据存储、传输和处理过程中技术手段上的差异性。如何构建统一规范的数据标准来管理地球大数据，提高数据分析、共享和管理的效率，提升数据的价值及其服务效能，也是目前急需解决的重要问题之一。

非平稳：地球大数据是由具有空间属性的地球科学领域大数据构成，数据获取方式复杂多样，时空关联性和物理关联性强。从信息论角度来说是典型的非平稳信号，具有明显的动态性和瞬时性，即分布参数或者分布规律随时间、空间等因素变化，其随机波动难以预测（何国金等，2015）。因此，如何对地球大数据进行实时动态地监测和分析也是目前地球大数据治理面临的重要挑战之一。

多尺度：地球大数据具有空间多尺度和时间多尺度的特点，在不同观察层次上所遵循的规律和体现的特征存在差异。解决这种由不同级别地球大数据应用服务子系统引入的多尺度识别误差和感受野受限问题，需要借助灵活多样的数据处理技术支持，兼顾高层语义信息和几何细节信息，同时建立符合多样化应用需求的多尺度模型及相关分析方法，这必然会加剧地球大数据处理全流程中数据吞吐和算力支持的巨大压力。这是"数据密集型计算"面临的重要挑战之一（何国金等，2015），也是分层次多维度构建新型地球大数据治理体系必须应对的重要挑战之一。

安全性：地球大数据在收集、存储、分析和共享过程中，存在遭受恶意攻击、数据泄露、违规传播等安全性风险。特别是涉及到国家安全、国土安全、军事安全等方面的地球大数据，一旦被恶意窃取、篡改或泄漏，将会造成不可挽回的损失（刘丽香等，2017）。近年来频发的各类数据泄漏事件，如"棱镜门"事件、土耳其数据泄露事件、黑客干预美国大选事件等，都对国家安全和社会稳定构成了严重危害。因此，亟需探索先进的技术手段和技术安全战略，构建面向地球大数据的安全防护体系。

11.1.3　地球大数据治理体系

应对上述地球大数据治理面临的重大挑战，必须从战略思维、系统思维和方法论的视角，开展面向地球大数据服务和治理的体系化研究。以下将分别从地球大数据管理、地球大数据仓储，以及地球大数据管理政策和标准体系方面较系统分析目前已有的研究成果。

为了增强地球科学、环境科学和空间科学领域的数据管理、系统化、标准化及交流服务，1957 年世界数据中心（World Data Center，WDC）建立，是最早开展数据管理和技术合作的科学数据组织。世界数据中心 WDC 自成立以来，不仅在地球科学、环境科学和空间科学等领域做出了重要的贡献，而且其倡导的科学开放和数据共享的理念为地球大数据的发展提供了重要的数据支撑。近年来，世界数据中心涉及的学科范围越来越广，导致在学科总体布局、数据服务能力及数据互操作性等方面出现了一系列问题。为了提供可持续发展的数据支撑服务，2008 年国际科学联合会和其他学科中心共同讨论并建立了全新的 WDC（王卷乐等，2009），即世界数据系统（WDS）科学委员会。此后，其他发达国家也陆续建立国家科学数据中心,例如全球变化数据系统(DAACS)和全球变化主目录(GCMD)等(NASA, 2007; 2005; CCMEO, 2005)。其中,英国地调局收集和保存的数据集超过 400 个,涵盖了地球科学大数据的多个方面,采用实物资产分散存储、电子数据资源统一管理的地质资料管理方式(王淑强等, 2020)。其中绝大多数电子数据资源由英国地调局下属的英国地球科学数据中心统一管理和集成,相关的实体资产,如原始纸质档案记录、岩芯、岩石和化石样品等,分散保存在数十个博物馆和研究机构中。

在地球大数据仓储方面,世界主要国家近年来部署了一系列地球大数据相关重大计划和研究项目,借此驱动跨学科、跨尺度宏观科学发现(中国科学院文献情报中心课题组, 2021)。这些计划和项目是以大数据、云计算和人工智能等新一代信息技术为基础,通过建立统一数据描述、基准与组织框架和数据共享机制,实现从存储管理到共享服务的全生命周期地球大数据仓储架构,为地球系统科学研究提供实时感知和模拟预测支持。

2020 年 Lin 和其他利益相关者,如研究人员、赞助商等,合作制定了 TRUST 原则(Lin et al., 2020),该原则包含透明度(transparency)、责任(responsibility)、用户关注点(user focus)、可持续性(sustainability)和技术(technology)五个方面,旨在为促进利益相关方合理沟通和数据持续管理提供一个公认的框架。透明度指明确存储库的使用策略,并告知用户使用数据的所有可能限制;责任指可信存储库应负责管理其持有的数据并为用户提供相关数据服务;用户关注点指在目标用户社区对存储库的实际使用中,可以根据不断变化的社区需求及时做出调整;可持续性指确保可信存储库有足够的资金持续为用户提供安全持久的数据服务;技术指存储库的功能需要借助软件、硬件和技术服务实现。地球大数据仓储涉及到大数据存储、表示、处理、传输、可靠性及可用性等关键问题,涵盖元数据管理、主数据管理、数据标准管理、数据质量管理、数据安全管理、数据服务管理等方面,是在数据治理策略的指导下最大限度的发挥数据资源质量、数据共享效率和开发利用能力。

尽管我国在地球大数据仓储方面起步相对较晚,但近年来在地球大数据科学相关研究方面已经取得了明显的进展和突破。例如,2019 年中国数字地球大会发布的地球大数据原型系统,2020 年中国发布的《地球大数据支撑可持续发展目标报告(2020)》等。此外,2020 年中国自然资源部整合构建的地球科学“一张图”大数据体系,力求从地球大数据全生命周期的高效管理、科学组织、应用集成、智慧服务等方面,为城市规划、建设和管理提供资源、环境、生态、灾害、空间信息支撑服务。

在地球大数据管理政策方面,美国国家自然基金委员会 NSF 启动的“地球立方体"项目，寻求以整体视角审视地球系统并创建管理地球科学知识的基础设施（郭华东，2018a）；欧盟委员会 2020 年 11 月通过了《欧洲数据治理条例（数据治理法）》建议稿，以促进各部门和成员国之间的数据共享（黄志涛，2020）。2018 年 3 月中国国务院办公厅印发的《科学数据管理办法》中指出，"科学数据管理遵循分级管理、安全可控、充分利用的原则，明确责任主体，加强能力建设，促进开放共享"（国务院，2018）。2019 年 9 月中国在第 74 届联合国大会发布了《地球大数据支撑可持续发展目标报告》，展示了中国利用地球大数据技术支持 2030 年议程落实和政策决策的探索和实践。2021 年 6 月中国政府发布了《中华人民共和国数据安全法》，以"规范数据处理活动，保障数据安全，促进数据开发利用，保护个人、组织的合法权益，维护国家主权、安全和发展利益"。行业部门也相继出台大数据管理相关政策，例如国家发改委 2016 年 1 月发布的《关于组织实施促进大数据发展重大工程的通知》，国土资源部 2016 年 7 月发布的《关于印发促进国土资源大数据应用发展的实施意见》，环境保护部 2016 年 3 月发布的《生态环境大数据建设总体方案》。表 11.1 展示了部分国内科学数据管理相关政策。

表 11.1 国内科学数据管理相关政策汇总

机构类型	发布机构	政策名称	发布时间（年/月）
政府部门	国务院	《科学数据管理办法》	2018/3
		《政务信息资源管理暂行办法》	2016/9
行业机构	国家海洋局	《中国极地考察数据管理办法》	2018/3
	科技部	《国家科技资源共享服务平台管理办法》	2018/2
		《国家重点基础研究发展计划资源环境领域项目数据汇交暂行办法》	2008/3
	国防工局	《高分辨率对地观测系统重大专项卫星遥感数据管理暂行办法》	2018/1
	国家海洋信息中心	《海洋生态环境监测数据共享服务程序（试行）》	2015/12
	中国气象局	《气象信息服务管理办法》	2015/3
		《气象资料共享管理办法》	2001/11
	国土资源部	《国土资源数据管理暂行办法》	2010/9
	中国地震局	《地震科学数据共享管理办法》	2006/6

续表

机构类型	发布机构	政策名称	发布时间（年/月）
领域数据中心	国家地震科学数据共享中心	《数据共享规范标准》	2016/4
	国家生态系统观测研究共享服务平台	《国家生态系统观测研究网络数据管理与共享条例》	2013/12
	国家人口与健康科学数据共享平台	《医药卫生科学数据共享网暂行管理办法》	2008/9
		《医药卫生数据共享管理细则》	2008/1
		《中医药科研课题数据汇交管理办法》	2007/10
		《地球系统科学数据共享联盟章程》	2008/12
	国家地球系统科学数据共享平台	《地球系统科学数据共享平台章程》	2008/12

在数据标准体系研究方面，为实现地球系统科学数据资源集成与共享服务规范化，2009 年投入运行服务的中国"地球系统科学数据共享平台"，已经形成包括机制条例、数据管理、系统平台和用户服务 4 大类 21 个管理规范与技术标准，整合了包括地理科学、资源科学、人文过程、极地研究、空间科学、地球物理、对地观测等主体数据库，为我国地球系统科学的基础研究和学科前沿创新提供有力的科学数据支撑。截至 2020 年，美国开放地理空间信息联盟（OGC）制定的互操作规范，旨在实现分布式环境下世界范围内地理空间数据和地理信息资源的共享，共制定 22 项抽象规范、158 项执行标准、1 项 OGC 参考模型、20 项白皮书、304 项公共工程报告、70 项最佳实践文档和 145 项讨论稿（王卷乐等，2020）。国家标准化组织 ISO/TC211 为促进地理信息领域的规范化和地理信息系统的互操作，结合地理信息与现代信息技术，对数据管理、数据交换、数据处理中的地理信息语义和结构、服务组件及其行为进行了定义，并制定了 ISO 19100 地理信息系列标准（姜作勤等，2003）。

数据治理和数据保护政策是地球科学大数据推广应用的基础保障。目前，世界各国对数据治理和数据保护的范围、思路、措施等存在差异，具体表现在数据管理政策、数据保护对象、敏感数据定义、参与方及范围、数据监管者、数据主体权利、数据控制者义务等方面。例如，欧盟《一般数据保护条例》（GDPR）面向欧盟各成员国，注重个人信息保护及其监管；美国采取分散立法方式保护公民隐私权，联邦、各州和专门委员会可以分为分别立法或管理；英国在《开放数据白皮书》中对公共数据和个人数据进行规范保护，并将开放数据划分为大数据和个人数据。2014 年，世界范围内来自学术界、工业界、资助机构和学术出版商的多元化利益相关者共同发起了指导科学数据管理的倡议，倡导科研活动产出的数据应该支持开放共享和数据跨域访问，实现可发现（findable）、可访问

（accessible）、可互操作（interoperable）和可重用（reusable）4个目标，简称为"FAIR原则"。由于不同国家和地区采用不同的数据管理及访问策略，探索和解决开放数据审查、数据重用管理、数据共享的公平性保证等问题，是地球大数据治理过程中必须应对的重要挑战。针对这一问题，2020年3月四大国际数据组织：CODATA（Committee on Data of the International Science Council）、RDA（Research data alliance）、ISC-WDS（International science council-would data system）和GO FAIR（Global open fair）共同提出了Data Together计划，以促进科学数据共享和推进数据驱动科学的研究（王卷乐等，2021），图11.1展示了上述四个组织的职责和功能。在Data Together计划中，每个组织分别承担不同的核心任务、不同的关键实施过程和不同的预期成果，通过开放透明的协作，实现更加有效地共享和大规模的数据重用，进而达到优化全球科研数据生态系统的目的（WDS，2020）。

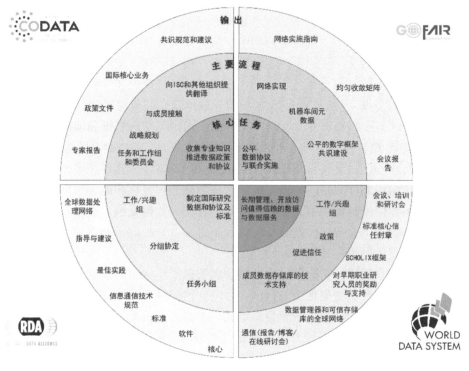

图11.1　Data Together计划（WDS，2020）

11.1.4　地球大数据治理现存问题及发展趋势

近年来，世界主要发达国家都将地球大数据研究上升至国家战略层面，地球大数据正成为驱动地球科学创新发展和地球科学发现的新引擎。与发达国家对比，我国的地球大数据治理在政策和实践方面都存在较大的改进空间，具体表现为以下几点：

（1）现有地球大数据治理标准体系覆盖领域不全面，并且大多未能周全考虑各利益相关方的公平性。因此，需要结合理论研究和实践探索的实际情况，从国家、行业和组织三方利益平衡和共识的视角，分别构建系统化的地球大数据治理标准体系。

（2）现有地球大数据治理政策在标准化和互操作性方面还存在一定的缺失，数据孤岛、共享困难和数据冗余问题仍然十分突出。已有的面向地球大数据收集、分析、存储等技术解决方案，尚无法同时满足海量地球大数据在高效性、安全性和准确性方面的需求，这是地球大数据安全高效共享面临的一个严峻挑战。

（3）现有地球大数据治理政策的落实情况参差不齐。《科学数据管理办法》明确指出"加强和规范科学数据管理，保障科学数据安全，提高开放共享水平"等要求，但在实施过程中仍存在监管不严、反馈不足、流通限制等突出问题，直接和间接数据泄漏情形还时有发生，这说明一些治理政策措施并未达到预期效果。

（4）现有地球大数据治理政策对数据价值量化缺乏统一的标准。目前国际上对数据资产价值的理解和定义并未统一，尚未建立权威的地球大数据资产价值评估和量化模型。不同组织或个人对数据资产的贡献难以评估，在一定程度上阻碍了地质大数据的跨域或跨境流通。

（5）现有地球大数据治理政策对数据责任主体界定不清晰。不同类型的地球大数据理应采取不同的数据处理技术，并分别建立不同的数据治理规则和策略。数据治理规则及策略缺乏区分性和多样性，必然导致数据监管和治理中主体责任不清、数据质量不高、信息共享不足、业务协同不深等问题。

通过分析和调研不同国家和国际组织在地球大数据领域的研究现状，结合我国地球大数据研究和实践情况，对未来地球大数据治理的发展趋势总结为以下几个方面：

（1）语义、拓扑、几何和分层等高层特征可能成为未来地球大数据治理标准体系的重要参考指标。在大数据背景下，一些传统的低层数据特征，如颜色、长度、形状、属性等，可能不再适合作为唯一的参考依据。随着地球系统科学的深入研究和创新发展，相关学科中一些新兴的技术和特征表达应该纳入到地球大数据治理标准体系中。

（2）保证数据管理的可持续性是提升地球大数据治理能力的关键环节。现有的全球数据治理机制提倡国家、企业和个人三方利益都能达成一定程度的共识和平衡。根据不同情况有差别地制定相应数据管理策略，为使各利益相关方的利益保障更具可操作性，需要构建完备的数据管理体系、实现准确的责任划分，并研究保证利益公平性的方法。

（3）为实现持续有效的地球大数据治理，需要构建科学合理的数据分析模型以充分挖掘出其潜藏的数据价值，并建立高效的数据处理工作流以及高可用、高可靠的数据处理平台以快速处理海量数据。将地球大数据治理与分析相结合，研究和开发面向地球大数据的分析方法、技术和工具，才能真正实现地球大数据高效能治理和高质量发展，为可持续发展奠定基础。

（4）数据的开放共享是发挥地球大数据资源价值的关键。数据的流通和共享可以明显提高数据的利用率并提升数据的潜在价值。实现地球大数据的安全有效共享，需要在保护相关方权益和发挥大数据效用之间取得平衡。建立较完善的地球大数据治理标准体系以提高不同领域数据间的互操作性，解决地球大数据治理过程中开放数据审查、数据重用管理和数据公平性保证等问题是未来研究中的一个热点问题。

（5）提升数据质量与挖掘数据价值成为地球大数据治理中需要考量的重要因素。建设跨学科协同和多学科融合的地球科学大数据平台，必须利用先进的信息技术，如区块链、超级计算、复杂网络、知识图谱、人工智能、云计算等，提高数据治理自动化和标准化水平，真正实现安全高效的地球大数据治理。

11.2 地球大数据的伦理问题

11.2.1 地球大数据伦理相关背景

地球大数据是大数据的重要组成部分，主要是指与地球相关的大数据，是地球科学、信息科学、空间科技等交叉融合形成的大数据（郭华东，2018b）。地球大数据为人们认识地球和发现知识提供了全新的思维，为科学研究引入了新的方法论和新的范式。深刻认识和合理利用地球大数据的宏观、动态监测能力，探索并研究数据获取、按需汇聚、融合集成、开放共享与数据分析等技术方法，可为可持续发展评价提供重要信息保障和科学决策支持（郭华东，2018b）。地球大数据对于区域、行业和企业发展的重要性不言而喻，大数据资产会带来巨大的社会财富和经济效益，也可能引起相关产业的不当竞争和恶性垄断，例如，近年来频繁出现的数据泄露、隐私窃取、大数据"杀熟"、灰色产业链等问题，其背后都折射出大数据伦理和法制建设的重要性。类似于云计算、人工智能、移动互联网技术，地球大数据技术本身无所谓"好、坏"。地球大数据伦理属于"科技伦理"范畴，主要指地球大数据在使用和流通过程中应遵守的价值准则、行为规范和社会责任。地球大数据的生产者、使用者和持有者等相关利益方或个体可能出于不同的目的和动机，导致在应用服务中呈现出"积极"或"消极"的影响。因此，只有营造健康高效和有序可控的地球大数据发展环境，才能真正发挥地球大数据的价值优势，实现自由流动、安全可控、公平竞争的可持续发展目标及战略。

数据不像我们生活中的商品，难以直接衡量其价值。地球大数据只有应用在使用、交换、流通等环节，并成为国家治理、决策支持、业务改进和科技创新的构成要素时，才能体现出巨大的潜在价值。从伦理学的角度来看，基于合乎逻辑的、理性的思维，论证和解决大数据技术如何正确利用以及如何有效实施的问题，前者属于实质伦理问题，后者属于程序伦理问题（邱仁宗，2014）。作为伦理学的一个重要方面，数据伦理更关注于行为规范和道德准则。地球大数据处理涉及到数据获取、挖掘、计算、存储、传输、展示和共享等环节，需要多学科、多维度的技术支撑，不恰当的技术运用、主体因素的干扰或不规范的监管治理，都会导致不同程度的数据伦理和隐私安全问题。

隐私和治理通常被视为数据伦理研究的关键内容。Warren 等人将隐私定义为"不受干涉"或"免于侵害"的"独处"的权利（Warren et al.，1890）。从哲学角度来看，当主体隐私不被尊重的时候，主体的自由就会受到限制，因此对隐私的侵犯会被视为对人的基本道德权利的侵犯（唐凯麟等，2016）。然而，在大数据背景下，数据挖掘技术越来越先进，数据监控范围越来越广泛，行为数据和个人隐私越来越多地暴露于互联网中。斯皮内洛指出："信息已经成为一种商品"（斯皮内洛，1999），这意味着数据信息可以被定价和交易。由此导致了一种"数据价值"评估的不对称性问题。例如，交易一般涉及多方利益，数据拥有者通常认为数据知情权以及隐私权的优先级大于交易产生的利益；而其他利益相关方可能更看重利益而不是权利。2017 年 Herschel 等人借助四种伦理学理论，即康德主义、功利主义、社会契约论和美德理论，展示如何正确使用大数据技术的问题。Mittelstadt 描述了数据伦理学关注的五个主要领域，包括知情同意权、隐私权（包括匿名化和数据保护）、数据所有权、认识论和客观性以及大数据鸿沟。在应对大数据伦理问题方面，2015 年薛孚等人提出通过完善政策制度和法律法规，借助教育、培训和管理等途径，探求风险和创新之间理想的伦理平衡点，从而最大限度规避因认知不清、技术缺陷、监管不力导致的数据伦理问题（薛孚等，2015）。2016 年唐凯麟等人提出通过树立正确的大数据隐私观，坚持开展针对大数据隐私伦理的道德教育，探索行之有效的大数据技术方法，完善大数据隐私伦理相关的道德标准及法律法规，才能实际解决隐私伦理方面的失范现象（唐凯麟等，2016）。

11.2.2　地球大数据伦理面临的相关挑战

充分挖掘和利用地球大数据的科学价值，建立面向多学科融合与大数据驱动的科学发现和技术创新体系，才能更有效地为"一带一路"、"美丽中国"、"数字中国"和人类命运共同体建设提供科技支撑和决策支持服务。当前地球大数据正在为人类可持续发展发挥重要作用，特别是在气候变化、自然灾害、生态退化、水土污染、森林火灾、温室气体、大气雾霾等方面已经取得许多积极进展。但在地球大数据研究热潮中也需要冷思考，尤其是正确认识和应对地球大数据可能带来的伦理问题。作为大数据的重要组成部分，地球大数据可能带来的伦理问题主要体现在三个方面，即隐私泄漏问题、信息安全问题和数字鸿沟问题。导致这些问题的主要根源来自大数据应用主体的道德素质缺失、大数据技术自身的不完善和不成熟、大数据使用者的伦理原则和立法缺失（李亚薇，2020）。只有正确认识和深刻理解这些问题产生的背景与根源，从方法论层面来系统全面的思考和解决，才能更好地发挥地球大数据的科学价值，才能更有效地趋利避害并整合创新。

目前，应对和解决地球大数据的伦理问题存在以下重要挑战：

1. 数字身份

数字身份是一种在网络空间中流行的概念，是指可以独一无二地描述一个人的数据，或指可以用数字形式表示的有关一个人的所有信息总和（邱仁宗，2014）。数字身份的使用给人们带来了便利，可以有效解决因丢失实体身份证而造成的不便，但是身份数据数字化也会带来一系列的威胁，甚至可能被不法分子盗用从事违法犯罪活动。此外，由于身份数据具有关联性，通过检索主体身份的姓名可能获取到一些个人的隐私信息。例如，我们在医院就诊时，只想给医院提供我们的病历、健康状况等信息，可能并不想暴露个人的财务状况。然而，如果我们的病历信息等被不法分子利用，他们就能够根据身份关联性，并结合社会工程学获取到更多的信息，甚至可以刻画出一个鲜活的人物形象。因此，主体身份的数字化和数据化在给人们提供便利的同时，也带来了伦理上的挑战：数据表征一个人，不是主体想把自己塑造成什么样的人，而是用客观的数据展示出主体是什么样的人，即在自然被人类使用大数据技术改造的过程中，技术过程和结果反而成为一种支配人、压制人的力量（薛孚等，2015）。在地球大数据背景下应对和解决数据权力、隐私安全、公平正义和身份认同等伦理问题，必须先约束和规范不同数字身份主体的网络行为，然后才能有效界定不同主体行为的伦理原则和基线规范。

2. 数据安全

近年来，大数据泄漏事件频发，例如，2013 年"棱镜门"事件，2018 年在印度政府身份数据库 11 亿公民记录曝光事件，2020 年微软客户服务和支持记录泄漏事件，2021 年 Facebook 特大数据泄露事件等，2022 年美国最大输油管道网络入侵事件等。地球大数据应用和服务过程会经历采集、传输、发布、共享、存储、挖掘、使用和销毁等环节，每个环节都可能面临不同程度的安全风险。由于大数据安全在技术研究、产业应用、监管服务方面方兴未艾，数据安全产品、解决方案、服务体系尚未成熟。另一方面，由于地球大数据独特的性质，传统数据安全保护技术无法直接应用，已有平台的安全机制亟待改进和完善，不同场景下的应用访问控制更加复杂，这对地球大数据应用和服务都提出了新的挑战，典型表现在数据安全保护难度更大、信息泄漏风险加剧、数据真实性保障困难及数据所有者权利难以保障等四个方面。对于地球大数据而言，相关行业对数据安全的认知与理解不深，相关的法律法规及政策缺失，专有的数据安全保护技术不足，数据安全评估、评测和运营存在短板等，都已严重阻碍地球大数据的深度利用和价值挖掘，并对未来数据共享、跨境流通和安全治理形成了严峻的挑战。

3. 数据共享与挖掘

数据共享往往涉及到交易多方的利益，由于尚未明确数据在交易后应该或不应该使用在哪些方面，因此就存在利益相关者为了自身利益二次贩卖数据，或者采用技术手段对数据进行不当处理的问题。目前尚未明确制定法律法规对数据共享范围及程度进行约束，导致数据权益保护与使用效率之间难以取得一种有效的平衡。大数据天然具有共享的优势，便于无限制的复制和近乎零成本的传播。区别于传统的生产要素，大数据可能被拥有者或购买者多次出售，从而获得超常的回报或收益。此外，数据挖掘技术也是用来分析和预测犯罪行为的一类有效工具，但如果使用不当或被不法分子利用，就可能追溯到具体的个人或者群体，这就涉及到数据拥有者知情权的问题。一般来说，数据收集过程大多满足知情权，但是数据经过处理后可能被再次共享或者用作违规预测。例如，通过用水量可以判断出该住户是否有常住人口，通过用水时段可以判断出住户在家及外出的时间段，结合社会工程学可以推断出住户的职业等信息，甚至可以预测出住户未来的行为。地球大数据作为一种重要的战略资源，其开放共享和互通互用具有特殊性，现阶段由于缺乏地球大数据开放共享的政策措施及实操指南，相关大数据技术支撑和服务能力不足，地球大数据价值难以实现最大程度的挖掘和利用，从而对地球大数据的应用服务和可持续发展构成了严峻挑战。

4. 数据孤岛

为满足日益增长的地球大数据应用需求,打破数据共享和流通应用的瓶颈,既要提升科学研究分析和技术集成应用能力,也要探索大数据驱动的科学研究和应用服务新范式。地球大数据来源广泛,数据量巨大,数据结构复杂,数据格式多样,数据来源、数据结构以及数据格式上的不同容易造成数据间彼此孤立,影响数据之间的交互性,这是地球大数据发展到一定阶段必然会面临的问题,也是地球大数据高效共享需要解决的一大难题。造成"数据孤岛"的另一个原因是数据的公平性问题,数据不是商品,难以准确地标注价格。因此,在数据交换和共享的同时保证利益相关者的公平性也是一项挑战。此外,从数据伦理的角度来看,数据拥有者对交易的数据存在安全性方面的担忧。为避免数据交易导致信息泄漏,数据拥有者会尽可能不交出手中的关键数据,这也是数据孤岛形成的另一重要原因。因此,我们需要打破地球大数据共享和流通的瓶颈,厘清地球大数据流通、传播和共享的范围及界限,确保共享数据的真实性、准确性和时效性,增强地球大数据的共享服务支撑能力,促进地球大数据与其他科学数据的交叉融合和综合应用。

5. 地球大数据监管治理

构建科学有效的数据共享和监管治理生态系统,必须建立实际可行的地球大数据管理政策,创新数据共享的模式和技术方法,突破地球大数据共享的瓶颈和壁垒,加强数据流通过程的追溯能力,保障数据利益者的权利公平性,提高数据生产者的共享积极性。然而,在实际应用中,地球大数据多用作中间数据,难以通过最终数据形式判断数据的来源并甄别侵权的程度(何国金等,2018);网络环境的虚拟性容易使人们放松对自身的道德约束,由于监管机制模糊化及行为边界不清晰,所以出现了很多因利益驱动逾越道德边界的行为(Mittelstadt et al.,2016);此外,当前地球大数据的流通和共享过程中,还存在安全保障和激励措施不健全、技术支撑和保障体系不完整、责权利不一致以及难以提供持续性保证等问题。打通地球大数据采集、处理、分析到共享分发的完整链路,提高数据流通和数据挖掘的效率,必须依托多学科交叉融合的技术优势,建立数据、计算、服务一体化的数据共享新模式,为创新地球大数据共享服务可持续发展生态提供技术支撑。为了实现这一目的,需要坚持技术和制度并重的指导思想,实现数据共享流通全流程的可监控可追溯(何国金等,2018),保障数据利益者的公平权利,构建支持可持续发展的地球大数据共享新环境和新模式,这也是解决地球大数据伦理问题必须面对的重要挑战之一。

11.2.3　地球大数据伦理问题的解决思路

大数据具有的强大张力，对人类生产生活、思维方式和科学创新带来革命性变革，随之产生了大数据时代独特的伦理问题。导致这些问题的主要原因是大数据应用主体的道德素质缺失、大数据技术自身的不完善和不成熟、大数据使用者的伦理原则和立法缺失（李亚薇，2020）。其中，主观原因包括公民的数据保护意识薄弱，对数据泄漏或被窃取所带来的风险和威胁重视程度不够，以及海量数据交易各方追求利益最大化而忽略道德伦理等方面；客观原因主要包含当前大数据技术尚未成熟，大数据伦理道德相关规范以及大数据监管制度尚未健全，地球大数据伦理问题相关法律法规有待完善，互联网身份的虚拟性、匿名性、隐蔽性给违法犯罪分子提供了可乘之机等方面。

结合上述原因，治理地球大数据伦理问题可以从以下几个方面展开：

（1）加强地球大数据伦理问题宣传力度，树立顺应大数据时代发展的伦理价值观。人是实践伦理规范的主体，任何理解和改变世界的行为都必须以人为主体，这是一个基本前提条件（Mittelstadt et al.，2016）。在大数据时代来临之前，人们更倾向于把数据封闭起来，不愿意暴露自己的消费数据和行为轨迹等信息。然而，随着互联网和云服务技术的发展，越来越多的人更倾向于在浩瀚的数据宇宙中浏览并获取需要的数据，以及分享自己的数据。因此，"自由、开放、共享"成为了大数据时代的共同宣言（Herschel et al.，2017）。然而，大数据作为一个新兴技术，人们对于这项技术的理解还不够透彻，特别是对于数据安全方面的威胁还不够重视。可以通过组织社会宣传活动、行业培训等方式，加强数据伦理准则和道德责任宣传力度，提高隐私和数据保护安全意识，在根源上平衡大数据时代给人们带来的便捷与风险，明确可以在互联网中共享和发布什么样的信息内容，从而更好地治理大数据带来的伦理问题。

（2）完善地球大数据相关技术方法，弥补目前技术层面安全性的缺失。对于目前存在的地球大数据伦理问题，最好的解决办法还是进一步改进技术（易书凡，2020），坚持以人为本的发展理念，从技术层面提高数据的安全性。例如，克隆技术刚兴起的阶段也掀起了一番波澜，但随着技术的不断完善，质疑这项技术的声音也逐渐减少。因此，解决目前地球大数据存在的伦理问题，要从技术层面对存储和传输过程中的敏感数据进行加密或脱敏处理，以保证数据的机密性和可用性；在产品的开发过程中，应该明确保证数据安全性所需的技术手段；在数据挖掘和数据分析过程中，应该明确限制分析和使用范围，不能超出主体所授权的范围（李亚薇，2020），从而弥补目前大数据技术在数据安全方面的不足。

（3）完善地球大数据伦理相关法律法规，制订相关道德伦理规范并对行为进行约束。功利伦理学提出，"每个人所实施的行为或者所遵循的道德准则应该为每一个相关者带来幸福感"（阎娜等，2011）。美国联邦健康保险流通与责任法案（*Health Insurance Portability and Accountability Act*, HIPAA）的目的就是保护患者的个人隐私（黄欣荣，2015），然而在现实生活中，该法案的实施存在很多的不确定性，这说明只有法律法规的约束是远远不够的。通过制订相应的道德原则或伦理对人们的行为进行约束，使得隐私保护和数据合法共享之间达到一种相对平衡的状态。在大多数情况下，隐私权依附于各种其它的权利之中（Mittelstadt et al.，2016）。因此，明确数据挖掘、存储、传输、发布以及二次利用等环节中的权责关系，加强行业自律和道德规范引导，规范大数据技术应用的标准、流程和方法（易书凡，2020），从法律法规及相关政策方面对大数据技术的合理使用和有序共享进行约束。

（4）建立健全的地球大数据监管制度，提高数据使用性质和用途的透明度。鼓励政府和相关部门建立健全的数据监管制度，对数据泄露和侵犯隐私的行为采取惩罚措施。此外，可以结合新兴技术，例如采用区块链技术对数据进行监管，保障数据可追溯性以及数据使用途径的透明化。但是，也需要注意监管的边界和条件。如果政府过度监管，可能导致获取和共享数据的途径被阻断。因此，应该在保障数据安全和公众适度自由的前提下，构建自由与监管程度合适的伦理原则（Mittelstadt et al.，2016）。

大数据技术是一把"双刃剑"，在享受大数据技术便利的同时，我们也要正确看待这项新兴技术带来的客观存在的伦理问题（杨维东，2018）。简单来说，是找到一个大数据技术创新与存在风险之间的伦理平衡点，达到既能满足公众利益，又能保护公民隐私的目的。面向海量地球大数据的开放共享需求对原有的数据管理制度和服务原则发起了挑战。因此，结合目前实际情况，应制定自由、公正、信任的道德原则，弥补现有大数据技术安全方面的缺陷，约束和规范使用大数据技术的行为，从而防止大数据伦理失范行为的发生（雅克·蒂洛等，2008）。

11.3　地球大数据隐私保护

11.3.1　地球大数据隐私保护背景

随着科学技术的快速发展，在这个"数据为王"的时代，大数据技术为人们的生活带来了前所未有的便利，但也带来了大量安全和隐私相关的问题及隐患，严重阻碍了大数据技术的健康发展。近年来，存储于传感器、记录档案、社交网络等网络空间中的海量数据呈指数级增长，以及不同来源日益增长的数据积累，一旦其成为网络攻击的目标，可能造成大规模数据泄露或不可估量的安全风险，从而打破了信息共享与隐私保护之间的相对平衡（鹿玮，2021；董淑芬等，2021）。随着地球大数据信息积累以及智能挖掘算法的进步，即使对数据进行匿名化处理，数据集之间依然存在关联性，不法分子仍可以通过大数据分析获取更多的隐私信息，导致各种敏感和隐私信息的泄漏。例如，张华平等（2014）结合 1700 万新浪微博的用户数据对"微博生态系统"进行深度分析，利用用户影响力模型和宏观特征大数据挖掘方法提取出特定的行为模式。据统计，2013 年发生的 500 多起重大数据泄露事件属于无意中泄露，其中 16.7%的信息通过网络被披露，14.7%的信息通过电子邮件形式被披露（Sokolova et al., 2016）。因此，找到大数据技术有效利用与隐私保护之间的平衡是一个非常具有挑战性的问题。大数据隐私保护实质上仍属于数据隐私保护问题，而数据隐私一般指数据拥有者不愿意披露敏感数据及其数据所表征的特性（Zhou et al., 2009）。

11.3.2　地球大数据隐私保护面临的挑战

地球大数据具有海量、多源、异构、多时相、多尺度、高度复杂化等特点，正在为地球科学中的数据密集型研究及科学发现提供支持。为了避免大数据挖掘泄露用户隐私及其敏感数据特征，应该对大数据进行必要的和专业的保护。由于地球大数据具有类型多样、总量庞大、结构复杂以及需要快速处理等特点，传统的数据安全与数据保护技术很多都不再适用。以下结合隐私保护的几个基本原则（Voigt et al., 2017），探讨了适用于地球大数据的隐私保护面临的主要挑战：

（1）公开透明原则：必须向用户披露所有的数据收集机制，即用户必须清楚数据收集者所使用数据的来源和用途，并始终保留对数据的知情权和选择权。

（2）目的明确原则：数据收集必须在满足目的明确的条件下进行，未经数据拥有者允许不得将数据用于约定之外的其他目的。

（3）最少收集原则：在得到数据拥有者允许的前提下，使用者只能以最少收集原则收集需要的数据。

（4）使用限制原则：除非数据拥有者同意或者法规要求，否则在其他情况下数据不应被公开或被用于明确收集目的以外的情形。

（5）安全保障原则：在数据收集、传递和使用过程中应保证数据的机密性、完整性以及可用性。

（6）存储限制原则：必须按照规定的形式存储数据并且尽可能的缩短存储时长。

针对地球大数据的特点，并结合上述隐私保护的基本原则，以下从四个方面分析地球大数据隐私保护研究面临的主要挑战：

（1）隐私泄漏：一旦不法分子获取到涉及主体信息的大数据及其数据碎片，就可以利用大数据分析技术从中挖掘出有用情报及线索，不法分子可能实施敲诈勒索，也可能借助社会工程学推理出大数据主体的行为轨迹，甚至可能从碎片化的信息中掘取出一些敏感信息，从而造成经济损失或数据泄露等严重后果。

（2）隐私度量：对于地球大数据来说，隐私度量及量化主体的隐私水平是十分必要的。通过度量给定的大数据保护系统所能提供的真实的隐私保护水平，分析影响隐私保护技术实际效果的各种度量指标，从而为地球大数据保护系统设计和实施提供重要的参考依据，如何客观准确地隐私度量是隐私保护的挑战之一。

（3）关联攻击：随着数据分析和数据挖掘技术不断深入，在多源异构的地球大数据综合分析中，攻击者可能链接和汇聚多种不同类型的数据集，利用多维、时空、层次、关联等特征，通过经由属性分析、实体分析、对比分析和时空分析等途径的关联攻击，定向挖掘并分析出数据中隐含的主体信息或潜在规律，从而对地球大数据隐私保护形成严重威胁。

（4）算法可扩展性及效率：在大数据背景下，算法可扩展性主要指隐私保护算法在海量数据集或数据量快速激增时在处理效率方面的性能及影响程度。随着地球大数据规模的不断增加，对隐私保护算法在可扩展性和处理效率方面提出了更高要求，传统的隐私保护算法大多不再适用。针对地球大数据特点特征提出可扩展性好、处理效率高的新隐私保护算法也是目前面临的一项重大挑战（方贤进等，2017）。

11.3.3　地球大数据隐私保护研究现状

针对上述四项重大挑战，许多学者都提出了解决方案，研究内容主要集中在防止隐私数据泄露的差分隐私技术、防止数据入侵的加密算法、匿名化数据发布及访问控制机制等（王祥等，2021）。其中，与地球大数据隐私保护紧密相关的关键技术包括：

1. 匿名保护技术

随着大数据应用服务的快速发展，数据开放共享较以前更加频繁，与之紧密相关的隐私保护问题也日益突出。为了解决上述问题，许多学者提出在数据发布前要对数据进行脱敏处理，即对某些数据进行匿名处理，主要包括：k-匿名技术，ℓ-diversity 以及 t-closeness 技术。

其中，k-匿名技术是指通过泛化（将数据分为不同的等价类）和隐匿（不发布某些数据项）技术，发布精度较低的数据，使得同一个准标识符至少有 k 条记录，保证观察者无法通过准标识符连接记录（Sweeney et al.，2002）。然而，k-

匿名技术也存在一定的缺陷，即对数据进行处理后，数据的可用性一般会降低。此外，由于攻击者通常具有背景知识，k-匿名技术并不能保证针对使用背景知识的攻击者的隐私。为了抵御上述攻击，Machanavajjhala 等（2007）提出了 ℓ-diversity 技术，该技术通过裁剪算法和数据置换等方法对敏感数据出现的频率进行平均，要求在一个等价类中至少有 L 个"良好表示"（well-represented）。为了解决 ℓ-diversity 无法抵御属性泄露攻击的问题，Li 等（2007）等人提出了一个新的隐私概念，称为 t-closeness，它要求敏感属性在任何等价类中的分布与整个表中属性的分布接近，即两个分布之间的距离不应超过阈值 t，该技术选择使用推土机距离度量（earth mover distance measure）的方法来满足 t-closeness 的要求。

2. 数据加密技术

王国峰等（2021）针对大数据平台下的用户隐私保护问题，提出了一种将数据以密文的方式上传到服务端的数据加密方案，并提出了针对不同场景的大数据加密方案，包括分布式文件加密、分布式数据库加密和关系数据库加密。此外，同态加密技术、对称加密技术、公钥加密技术以及安全多方计算等都是针对数据加密的常见算法。

全同态加密方案简单来说就是一种不需要密钥仅利用密文就可以实现对明文进行任意操作的加密方案，一般由四个算法组成：密钥生成（keygen）、加密（encrypt）、求值（evaluate）和解密（decrypt）（黄刘生等，2015）。第一个同时满足加法和乘法同态的同态加密技术由 Gentry 于 2009 年首次提出，该技术基于理想格（ideal lattice）中的最近向量问题的困难性，允许在不解密的情况下对加密数据计算任意布尔和算数电路。2010 年，Smart 等（2010）提出了一个密钥和密文大小相对较小的全同态加密方案，该方案沿用 Gentry 的构造，即从近似同态（somewhat homomorphic）方案生成一个全同态方案。2014 年 Gentry 等（2012）提出了一种更简单的方法，使用非常接近 2 的幂的模数，突破了同态模归（homomorphic module reduction）的瓶颈，该方法比通用二元电路方法更容易描述和实现，并且允许将密钥的加密存储为单个密文，从而减少公钥的大小。他们的方法与 Smart-Vercauteren 相结合，而 Smart-Vercauteren 技术仅适用于依赖环 LWE（或理想格中的其他困难性假设）的方案，为了克服这种局限性，Brakerski（2012）提出使用 Peikert-Vaikuntanathan-Waters（PVW）方法将许多明文元素打包成单个 Regev 类型的密文，可用于对打包密文执行 SIMD 同态操作。2012 年他们再次提出了一种基于 LWE 的全同态加密的尺度不变全同态加密方案，其安全性可以从 GapSVP 问题的最坏情况的难解性假设（具有准多项式近似因子）规约而来，而以前的构造只能从 GapSVP 问题进行量子规约（Brakerski et al., 2013）。2012 年，

López-Alt 等（2012）基于简约理想格中标准安全性的系统提出了一个完全同态的方案。然而，该方案需要一个非标准的假设。为了解决这个问题，Bos 利用 Brakerski 引入的技术，并基于标准格假设和循环安全假设构建新的完全同态加密方案。此外，他们提出了一种通过消息空间上的 CRT 将密文扩展到多个环元素来加密较大输入明文的方法。为了简化同态加密方案的复杂度，Van（2010）仅使用基本的模算术构造了一个简单的全同态加密方案，这样的可引导加密方案不是在多项式环上使用理想格，而是仅在整数上使用加法和乘法。为了在保证语义安全的前提下减少全同态加密的公钥大小，Coron（2012）提出了一种压缩技术，实现了使用 10.1 MB 的公钥获得完整的加密方案。此外，他们还为 DGHV 方案提出了一种新的模数转换技术。该技术可以使用新的 FHE 框架。全同态加密在大数据和云计算环境下有重要用途。但目前已知的全同态加密算法通常需要消耗大量计算资源和计算时间，一些算法也存在精度丢失、误差偏大等问题。随着云计算与边缘计算服务的发展，全同态加密算法有着十分广泛的发展空间和应用场景。

互联网的发展为多人共同执行计算任务提供了契机，为了执行此类计算，一个实体通常必须知道所有参与者的输入，但是半可信的中间实体使得隐私保护成为需要关注的问题。安全多方计算的思想最早由姚期智（Yao, 1982）通过百万富翁问题提出来的。百万富翁问题简单来说指的是两个富翁在不告诉对方自己拥有的真实财产数量的前提下，如何比较谁更有钱。安全多方计算指的是每个参与方都各自拥有私有数据（分别是 a 和 b），并试图计算某些函数 $f(a,b)$，而不相互透露任何其他信息 [即除了知道 $f(a,b)$ 可以被推断以外的任何内容]。理论上，安全多方计算问题一般是可以使用电路评估协议解决的。虽然这种方法具有普遍性，但由此产生的协议的通信复杂性取决于要计算功能的电路的大小。Crépeau（2002）将安全多方计算扩展到使用量子输入和电路进行计算。此外，这个方案也展示了在不诚实的玩家数量小于 $n/6$ 的前提下，如何执行任何多方量子计算。为了提高安全多方计算的效率，Atallah（2001）为一些特定的几何问题提供了简单的解决方案，并开发了一些解决其他几何和组合问题有用的构建模块。Asharov（2012）使用全同态加密构建了一种低交互性，低通信的多方计算协议，该协议可以抵御完全恶意的攻击者，容忍任意数量的损坏，并在通用可组合性框架中提供安全性。

安全多方计算使一组用户能够评估其各自输入的某些功能，同时在整个计算过程中保持这些输入的加密。然而，现有的解决方案要么严重依赖于用户交互，要么需要使用相同的公钥对输入进行加密，因此导致面向实践的应用非常有限。为了克服上述挑战，Peter 等（2013）提出了一种基于加法同态加密的新技术，这种方法不需要任何用户交互（数据上传和下载除外），并且允许对使用不同公钥加密的输入评估任何动态选择的函数。其中假设存在两个非共谋但不受信任的服务器，服务器之间通过加密协议共同执行计算，在半诚实模型中该协议被证明是安全的。地球大数据应用服务对隐私保护和协作计算的需求是迫切的，特别是面向无可信第三方情形下的安全共享问题。目前，虽然针对一些具体应用场景已经提出了一些特定的安全多方计算方案，但在实际应用过程中，仍然存在计算量大、效率低、验证困难以及不能离线计算等问题，突破这些问题对于化解数据共享与隐私保护的矛盾具有十分重要的意义。

3. 差分隐私技术

差分隐私技术是一种基于数据失真的技术，它通过在数据中添加噪声使数据失真，从而达到保护数据隐私的目的。为了实现在保证数据库信息准确性的同时达到保护信息隐私安全的目的，Dwork（2006）首次提出一种新的衡量标准，即差分隐私。然而，当一个数据集的底层空间稀疏时，添加噪声将大幅增加发布数据的大小，也就是说它隐含地创建了大量的虚拟数据点，掩盖了真实数据并导致其近乎无法使用。为了克服这一缺陷，Cormode 等（2011）提出一种直接发布噪声数据紧凑摘要的方法，该方法直接从输入数据生成汇总，而不是具体化大量的中间噪声数据，简化了其中汇总噪声数据的过程。传统的差分隐私研究主要集中在静态数据的处理方面，每个计算都是一个"一次性"对象，对于同样的数据进行多次计算的结果相同，因此重复计算是没有意义的。

数据分析的许多应用涉及到重复计算，例如，对于交通状况、搜索趋势或流感的发生率等情形，算法必须允许连续观察系统的状态。为了解决这一问题，Dwork 等（2010a）研究持续观察下的差分隐私，探讨了以保护隐私的方式维护计数器的问题，并提出了泛隐私（pan-privacy）的概念（Dwork et al., 2010b）。在泛隐私算法中，即使数据的内部状态对于对手可见，其隐私的属性仍可以有所保留。

为了实现用户非自适应地询问多个线性查询，Hardt 等（2010）表明噪声复杂度由与查询集相关的两个几何参数决定，从而提出了基于线性查询集合的k-模方法，使用几何随机游走的方法从高维凸体中均匀采样，可以为任何 $d \leq n$ 的噪声复杂度提供严格的上限和下限。在现有的解决方案中，ε-差分隐私提供了最强的隐私保障。然而，现有的实现 ε-差分隐私的数据发布方法大多没有提供数据可用性保证，如果输出数据集用于回答 count 查询，则查询答案中的噪声可能与数据中的元组数量成正比，这会使结果失去作用。为了克服这一挑战，Xiao 等（2010）提出了一种数据发布技术，可确保 ε-差分隐私，并为范围计数查询提供准确的答案。这项技术的核心是一个框架，该框架在向数据添加噪声之前对数据应用小波变换。

Hay 等（2009）提出了一种可以显著提高一般直方图查询类别准确率的方法，其中采用了分层求和以及最小二乘差分隐私保护法，设计了一个查询集来保留有用的约束，可实现寻找差分隐私下查询答案的最佳策略。Blum（2013）提出了一种减少查询结果误差的机制，保证错误仅随查询类的 VC 维度增长。考虑到放宽效用的保证，这个方案还给出一个隐私保护多项式时间算法，该算法对于任何半空间查询都将提供答案，这些答案对查询的一些小扰动是准确的。该算法不释放合成数据，而是释放另一种能够表示每个查询答案的数据结构，用于发布离散域上的间隔查询和轴对齐矩形的恒定维度类的合成数据。

在差分隐私技术应用方面，Li 等（2011）将差分隐私技术与 k-匿名技术相结合，提出了一种满足差分隐私的输出扰动的替代方法，即在开始时添加随机采样步骤并修剪对改变单个元组过于敏感的结果，这种方法可能适用于微数据发布以外的设置。实验结果表明，添加随机采样步骤可以显著提高差分隐私算法提供的隐私保护水平。此外，这篇论文也提出了 f -smooth（ρ, δ）-差分隐私的概念，为数据发布提供足够隐私保护的能力。

2015 年 Hu（2015）首次基于已部署的电信（telco）大数据平台，针对数据挖掘应用实现了三种基本的差分隐私架构。研究发现，当采用弱隐私保证时（例如，隐私预算参数 ε≥3），所有差分隐私架构的预测精度损失都小于 5%。然而，当假设采用强隐私保证时（例如，隐私预算参数 ε≤ 0.1），所有差分隐私架构都会导致 15%～30% 的精度损失，这意味着真实的工业数据挖掘系统难以在这种情况下很好地工作。

在位置隐私保护研究中，已有的解决方案大多基于传统的匿名化、模糊和密码学技术，但这些技术在大数据环境中实效甚微。例如，传感器网络包含大量敏感信息，必须妥善保护，为此 Yin 等（2017）提出一种满足差分隐私约束的位置隐私保护方法，最大限度地发挥工业物联网中数据和算法的效用。针对位置数据价值高、密度低的特点，Yin 等人结合实用性和隐私性构建多级位置信息树，并利用差分隐私的索引机制，根据树节点的访问频率选择数据。在此基础上，采用拉普拉斯方法对选择数据的访问频率添加噪声。Du 等（2001）开发了一个新框架以促进解决隐私保护数据库查询、隐私保护的科学计算、隐私保护入侵检测、隐私保护的统计分析和隐私保护数据挖掘等问题。另外，朱天清等人提出了多种基于差分隐私的大数据隐私保护方案（Zhang et al., 2019; 2018; Xiong et al., 2019），可以有效地解决地球大数据分发、共享、外包存储过程中的隐私保护问题。

4. 访问控制技术

访问控制是系统对用户身份及其欲访问的资源或数据请求进行限制，以确定是否授予或拒绝其访问权限的过程，主要包含"鉴别"和"授权"两个过程，鉴别主要用来检验主体的身份，授权主要用于限制用户的访问级别。常用的访问控制模型包括：自主访问控制（discretionary access control, DAC）模型，强制访问控制（mandatory access control，MAC）模型和基于角色的访问控制（role based access control，RBAC）模型。

在地球大数据背景下，访问控制呈现出一些新的特点，例如，判定依据多元化、判定结果模糊（或不确定）化和多种访问控制技术融合化（李昊等，2017）。从访问控制的角度来看，地球大数据海量、多源（多元）、异构、多时相、多维度等特征带来的问题和挑战主要集中在如下方面：访问控制策略制定和授权管理的困难性、细粒度访问控制策略描述的困难性、多样化访问控制需求描述的困难性、数据分享中个人隐私保护的困难性以及大数据分析架构上访问控制与授权管理的困难性（李昊等，2017）。

在地球大数据背景下，RBAC 存在一定的局限性，主要表现在角色划分和授权管理中存在授权不足或者过渡授权的问题（Molloy et al., 2012）。基于属性的访问控制 ABAC 能够克服 RBAC 方案中集中式管理的缺陷，通过属性描述访问权限并实现最小访问授权。例如，Longstaff 等提出了一种基于属性访问控制的大数据应用，支持面向电子健康记录场景的查询修改和属性控制（Longstaff et al., 2016）。然而，基于属性的访问控制应用于大数据环境中，仍然需要可信第三方和可信服务器的支持（高振升等，2021）。

近年来，基于风险的访问控制思想被引入大数据领域，用来提高大数据的风险评估和安全管理（惠榛，2015；王静宇，2020）。结合云环境和区块链技术的大数据访问控制研究成为新的热点。Yang（2014）以属性加密（ABE）技术为基础，提出了一种利用动态策略更新云中大数据的访问控制方案，通过使用旧的访问策略和先前的加密数据来实现外包策略的更新，避免加密数据的传输以降低数据所有者的计算工作量。刘敖迪等（2019）针对大数据分布式管理的特点，提出了一种基于 ABAC 模型和区块链的大数据访问控制机制，通过区块链事务管理访问控制策略及实体属性，实现访问控制信息的不可篡改性、可审计性和可验证性，并利用智能合约的访问控制方法实现对大数据资源自动化的访问控制。基于云服务和区块链的访问控制技术有广泛的应用前景，但是针对大数据环境中的访问控制需求仍存在诸多挑战，尤其表现在动态访问控制、链上空间优化和大数据隐私保护等方面（高振升等，2021）。

11.3.4　地球大数据隐私保护发展趋势

综上所述，结合当前地球大数据隐私保护面临的挑战及研究热点，总结出大

数据隐私保护未来研究的主要方向如下：

（1）地球大数据隐私保护技术与新兴信息技术相结合，例如人工智能、云计算、区块链等，以有效提高隐私保护的安全性和可用性。例如，在集中式云存储环境下，单点故障可能会造成大数据泄漏或丢失，访问控制策略可能被不法分子篡改。从已有研究结果可知，将区块链与隐私保护技术相结合，采用分布式架构和智能合约机制可有效降低上述威胁带来的危害。

（2）研究和发展地球大数据匿名化技术。大数据环境更有利于数据的收集、存储和分析，这也为攻击者提供了强大的数据分析工具。攻击者能够从多个数据源中提取出足够多的数据信息实现去匿名化，从而使得现有的匿名化保护失效。在大数据匿名化研究中，不仅要考虑大数据的动态更新特点，也要考虑减少重要属性的信息损失以及提高匿名化处理效率的问题，还需要考虑避免攻击者联合历史和碎片数据进行分析和推理。因此，需要研究面向地球大数据匿名化的不同攻击模型和信息丢失度量。此外，提出新的隐私和效用指标也是未来发展的趋势之一。

（3）研究和发展地球大数据加密存储技术。在大数据和云计算环境下，通过云基础设施能够明显提高地球大数据的应用服务支撑能力。将敏感或重要的数据存放在云服务器中，既需要第三方服务器提供可信执行环境支持，也需要保证在传输、交换和共享过程中数据不被窃取、偷窥、篡改或泄露。其次，大数据加密和存储会不可避免地加重云平台和用户的计算开销，同时也会对数据的使用和共享形成诸多的限制。因此，研究适用于大数据平台的数据加密和存储技术，是实现地球大数据安全服务和隐私保护必须解决的关键问题之一，近年来提出的全同态加密技术、代理重签名技术和大数据审计技术等是一些重要的探索。

（4）研究和完善地球大数据监管体系。互联网的匿名性和隐蔽性给大数据信息监管带来了一定的困难和障碍。解决地球大数据监管面临的问题，一方面需要完善地球大数据治理相关的法律法规，对利益相关方行为进行约束，加强数据伦理准则和道德责任宣传力度，提高地球大数据隐私保护的安全意识；另一方面需要研究面向地球大数据安全保护的相关技术方法，弥补目前技术方法层面的缺失，从技术层面保障数据流通的可追溯性和使用途径的可控性。因此，要从地球大数据监管治理和生态构建的视角出发，打通地球大数据采集、处理、分析到共享分发的安全流通链路，建立数据、计算、服务一体化的数据共享新模式，真正为地球大数据可持续发展提供生态支撑。

11.4　地球大数据治理的伦理与隐私典型案例

本节将以地理、地质和社交网络大数据作为三个典型案例论述地球大数据治理的伦理和隐私保护问题。

11.4.1　地理大数据伦理与隐私

地理大数据是大数据概念的延伸，特指来源于大量传感器（环境传感器或人类传感器）并带有地理空间信息的大数据。地理大数据之所以"大"，其原因有三：一是地理大数据承载了大量关于地球环境和社会各方面的地理参考数据，其呈现方式多种多样，包括遥感图像、众包地图、带有地理位置信息的视频和照片、移动电话数据、交通卡交易信息、基于位置的社交媒体内容和 GPS 轨迹等；二是地理大数据更新速度快、数据维度高、形式多样、准确性高；三是多源数据集在观测方式、数据内涵和时空尺度上存在复杂且多样的联系。地理大数据的不断增长，在环境、能源、人口、交通等领域为人类社会发展不断创造便利，但同时也带来了信息泄露的风险，这将危害国家公共安全，威胁个人隐私。

1. 国家公共安全和个人信息安全

从国家公共安全来讲，在数据获取方式和数据挖掘技术快速发展的背景下，地理大数据由于形式多样、准确性高且内部联系复杂，容易造成国防要素和重要国民经济要素信息泄露。例如，众包地图由于符合当今互联网发展的趋势，具有生产成本低、生产效率高，以及满足用户个性化需求等优势，广泛应用于外业测绘数据采集、地图应用等环节。但是，由于众包采集的地理信息数据来源于普通大众，多为非专业人员，可能不了解地理信息相关法律法规，缺乏安全保密意识，如果标注、上传的信息未经严格审核，有可能泄露国家秘密、危害国家安全。目前国外已经有较成熟的地图众包案例（如 OSM，Waze 等），用户可以轻松获取从北京的小胡同到详细铁轨线路等重要交通枢纽的信息，平面位置精度约 3m。

从个人信息安全来讲，地理大数据对隐私的威胁并不来自于通过 GIS 检索的信息，而是来自于那些对含有个人信息的关联地理信息检索后推理而得出的相关信息，信息越多，可以挖掘到的信息就越丰富，这些信息可共同绘制出一张个人信息图谱。例如，部分手机应用会记录软件的使用时间和使用位置的经纬度，基于这些数据可以实现对个人的精确定位和活动路径的历史轨迹回放，并分析出手机用户经常活动的地点、时间和频率。此外，各式各样的基于位置的服务（如打车服务、外卖服务）都收集了大量用户个人信息和用户行为信息，这些信息不

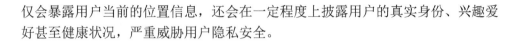

仅会暴露用户当前的位置信息，还会在一定程度上披露用户的真实身份、兴趣爱好甚至健康状况，严重威胁用户隐私安全。

2. 位置隐私泄露

随着基于位置服务应用程序的高速发展，出现了许多移动定位设备，例如汽车导航、嵌入 GPS 定位系统的手机、平板电脑和位置传感器等。目前各大厂商都已推出各自的基于位置的服务应用程序，这些应用程序基于用户向位置服务器发送的实时位置，向用户提供相应的查询结果。例如，谷歌地图的导航服务，百度糯米的地理位置附近范围搜索服务，微信的共享地理标签服务。在 2014 年的春节前后，百度与央视进行合作，采用基于位置的服务（location based service，LBS）技术结合大数据与地图可视化播报春节期间人口的迁移情况。

定位服务可以给人们的生活带来巨大便利，同时居心叵测的攻击者也发现海量位置数据的利用价值，伴随而来的便是一系列隐私泄露问题的发生。如果位置服务器遭到恶意攻击，则会造成用户个人敏感信息的泄露。目前已有相关研究工作指出，攻击者如果对用户的轨迹数据进行分析，既可以获得用户的家庭住址、工作地点以及兴趣点，还可以进一步推断出用户的兴趣偏好、出行模式、社交习惯等隐私信息。

曾有专家试图确认通过位置追踪能够收集的用户个人信息的数量，开发了相关应用程序，安装在 69 名用户的设备上，经过两周的运行，追踪了超过 20 万个位置信息，识别了大约 2500 个位置，并收集了 5000 条与人口统计学和个性有关的个人信息。该应用程序能够根据收集到的位置信息，推断出志愿者的健康状况、社会经济状况、种族和宗教信仰等用户的隐私信息。2010 年 7 月的两项调查报告显示，使用 LBS 服务的用户，有将近一半的人担心自己的位置隐私被泄露。在社交网站上有个人资料的美国居民中，有 50%的人担心自己的隐私受到威胁。据美国媒体 Quartz 报道，谷歌一直在利用安卓手机收集用户附近通信塔的地址信息，即使用户完全关闭了定位服务。谷歌也曾承认监视安卓用户的这一行为，当安卓用户靠近蜂窝数据信号塔，打开 Wi-Fi 或 GPS 的情况下，就会向谷歌公司发送所在的位置信息。虽然谷歌没有透露监视安卓用户的目的，但无论出于何种用途，这一行为都有侵犯用户隐私的嫌疑。

3. 高清影像暴露用户隐私

随着高分遥感传感器技术的飞速发展，越来越多携带高清摄像头的卫星平台发射升空，地物空间分辨率由传统的千米级逐步向米级甚至亚米级迈进。高分辨率遥感图像的产生，不仅使土地利用、城市规划、环境监测等民用方面有了更便利、更详细的数据来源，而且，对于军事目标识别、战场环境仿真来说有着更为重要的意义。

然而，高分辨率遥感数据覆盖范围广，部分数据采集频率较高，且数据采集并不受地方政府约束及政策影响。因此，数据采集过程不可避免的就会拍摄到与个人隐私相关的信息。此外，随着当前以人工智能为代表的计算机视觉技术的飞速发展，通过数据融合、迁移学习等手段，可以在借助无人机、街景照片等辅助数据的情况下，实现高分遥感影像中个人位置的精准跟踪与定位，这无疑造成了用户隐私的暴露。

11.4.2　地质大数据伦理与隐私

地质大数据中蕴含了大量涉及国家利益的基础性、战略性数据信息，如大比例尺航磁数据、高精度数字高程模型等。然而，当前国际网络安全形势十分严峻，数据泄露和数据窃取连年加剧已成常态，美国、韩国等已开展面向未来战争的军事地形智能化提取相关研究（李万伦，2020）。由于地质大数据多源（元）异构、复杂高维、数据类型多样的特点，现有的数据保护和访问控制技术难以直接应用在地质大数据环境（李昊，2017），使得地质大数据系统容易成为被攻击和利用的目标。

敏感数据是当前地质大数据共享困境引发的根源之一。地质大数据中含有丰富的敏感语义信息，现阶段海量地质数据正面临"不敢公开、不能公开、不会公开"的复杂局面。一方面，近年来国家连续颁布了一系列法律、法规和政策，从法律和制度层面严厉（强制）禁止敏感数据泄漏，例如，《数据安全法（2021）》、《测绘地理信息管理工作国家秘密范围的规定（2020）》等；另一方面，当前缺乏面向地质云环境特点而设计的专有数据保护技术。一些经常使用的数据保护技术，如数据加密与数字水印等，很可能将敏感数据变换成无意义的乱码或者出现明显的失真，这种异常的数据变化愈发引起攻击者的关注。在大数据、人工智能时代背景下，地质敏感数据也容易被攻击者构建的深度神经网络智能提取、恢复或篡改；更有甚者，随着地质大数据共享服务的逐步推广，地质资料或样本中一旦存在蓄意或无意引入的敏感数据，这些数据将随着共享服务的延伸呈现"雪崩式"传播特点。地质敏感数据影响深远，亟需从源头上开展深层次、系统化、智能化的敏感数据保护，构建安全可控的新型地质大数据共享保护体系。

11.4.3　社交网络大数据伦理与隐私

互联网现在已经成为了人们生活与工作中所必不可少的一部分，在现今的互联网应用中，社交媒体因为其交互的实时性和巨大的用户量受到了人们广泛的关注,在这些社交媒体软件中,最常被用户使用的软件有 Facebook,whatapp,Insgram 和 Tik Tok 等,这些社交网站每时每刻都有大量的用户在社交网络上发表状态。在这些社交网络平台的影响下,现代社交网络的关系变得更为多样化和复杂化,仅仅是 Facebook 每天都会有 5 亿以上的活跃用户和超过 3.5 亿张图片上传。

社交媒体的兴盛为人类社会的生活带来巨大便利。然而,随着社交网络用户的增多,其所蕴含的巨大数据也受到了居心叵测的攻击者的关注,伴随而来的便是一系列隐私泄露问题的发生。如果一位社交媒体中的用户信息遭到恶意攻击,则会造成用户个人敏感信息的泄露。目前已有相关研究工作指出,攻击者如果对用户在社交媒体中所发表的内容进行分析,既可以获得用户的兴趣点及其行为轨迹,还可以进一步推断出用户的兴趣偏好、出行模式、社交习惯等隐私信息。

社交网络的隐私泄露已成为社交媒体巨头所面临的严重挑战问题之一。2018 年 3 月 17 日,美国纽约时报和英国卫报共同发布了深度报道,该报道声称,Facebook 上超过 5000 万用户信息数据被一家名为"剑桥分析"(Cambridge Analytica)的公司不当获取,用于在 2016 年美国总统大选中针对目标受众推送广告,从而影响大选结果。Facebook 官方声明中表示该项行为是剑桥分析和 APP 开发者 Aleksandr Kogan 滥用了用户数据所造成的。仅仅不到一年的时间,在 2019 年 4 月,该公司的两个数据集又被暴露在公共互联网上。这些信息涉及 5.3 亿多 Facebook 用户,包括电话号码、账户名和 Facebook id。两年后的 2021 年 4 月,这些数据被免费发布于暗网中。2021 年 6 月,职业网络领英(LinkedIn)发表声明称一名自称为"God User"的黑客通过他们的 API 接口抓取并转储了约 5 亿用户的信息数据集并发布于暗网中。在国内,各大社交媒体平台也深受隐私数据泄露的影响,2019 年一名开发人员使用自己开发的爬虫软件实施了长达 8 个月的数据爬取,在这段时间内,该黑客从阿里巴巴(Alibaba)中文购物网站淘宝上抓取了 11 亿条用户数据,虽然这名软件开发者没有获得密码等加密信息,但得到了一些不在淘宝网站上公开显示的数据,包括电话号码和用户名片段等。2020 年 3 月,新浪微博宣布,攻击者获取了其部分数据库,影响了 5.38 亿微博用户及其个人信息,包括真实姓名、网站用户名、性别、位置和电话号码。据报道,攻击者随后在暗网上以 250 美元的价格出售了该数据库。这些数据的泄露不仅使社交网络的用户受到困扰,还让攻击者有充足的数据来推断用户的行为习惯。

11.5　小　　结

地球大数据固有的"大数据资产"属性为数据治理和隐私保护带来了巨大挑

战。本章论述了地球大数据治理的时代背景及面临的重要挑战，厘清了地球大数据治理体系，指出了地球大数据治理未来的发展趋势，并从伦理和隐私保护两个方面重点论述了地球大数据治理需要关注的重要难题。最后，以地理大数据、地质大数据和社交网络大数据作为典型案例，进一步重申了地球大数据治理的伦理和隐私保护问题。

参 考 文 献

董淑芬, 李志祥. 大数据时代信息共享与隐私保护的冲突与平衡. 南京社会科学, 2021(5): 45-52+70.

方贤进, 肖亚飞, 杨高明. 2017. 大数据及其隐私保护. 大数据, 3(5): 45-56.

高振升, 曹利峰, 杜学绘. 2021. 基于区块链的访问控制技术研究进展. 网络与信息安全学报, 7(6): 68-87.

郭华东, 王力哲, 陈方, 等. 2014. 科学大数据与数字地球. 科学通报, 59(12): 1047-1054.

郭华东. 2018a. 地球大数据科学工程. 中国科学院院刊, 33(8): 818-824.

郭华东. 2018b. 利用地球大数据促进可持续发展. 中国战略新兴产业, 33: 94.

何国金, 王桂周, 龙腾飞, 等. 2018. 对地观测大数据开放共享: 挑战与思考. 中国科学院院刊, 33(8): 783-790.

何国金, 王力哲, 马艳, 等. 2015. 对地观测大数据处理: 挑战与思考. 科学通报, 60(Z1): 470-478.

黄刘生, 田苗苗, 黄河. 2015. 大数据隐私保护密码技术研究综述. 软件学报, 26(4): 945-959.

黄如花, 周志峰. 2016. 近十五年来科学数据管理领域国际组织实践研究. 国家图书馆学刊, 25(3): 15-27.

黄欣荣. 2015. 大数据技术的伦理反思. 新疆师范大学学报(哲学社会科学版), 36(3): 46-53+2.

黄志涛. 2020. 欧盟委员会公布《欧洲数据治理条例》提案以促进成员国数据共享. 互联网天地, (12): 45.

惠榛, 李昊, 张敏, 等. 2015. 面向医疗大数据的风险自适应的访问控制模型. 通信学报, 36(12): 190-199.

姜作勤, 刘若梅, 姚艳敏, 等. 2003. 地理信息标准参考模型综述. 国土资源信息化, (3): 11-18.

李昊, 张敏, 冯登国, 等. 2017. 大数据访问控制研究. 计算机学报, 40(1): 72-91.

李万伦, 吕鹏, 孟庆奎, 等. 2020. 国外军事地质学热点问题. 地质论评, 66(1): 189-197.

李亚薇. 2020. 大数据隐私伦理问题研究. 乌鲁木齐: 新疆师范大学.

刘敖迪, 杜学绘, 王娜, 等. 2019. 基于区块链的大数据访问控制机制. 软件学报, 30(9): 19.

刘丽香, 张丽云, 赵芬, 等. 2017. 生态环境大数据面临的机遇与挑战. 生态学报, 37(14): 4896-4904.

鹿玮. 2021. 浅析大数据安全与隐私保护. 冶金与材料, 41(3): 149-150+152.

邱仁宗, 黄雯, 翟晓梅. 2014. 大数据技术的伦理问题. 科学与社会, 4(1): 36-48.

司莉, 邢文明. 2013. 国外科学数据管理与共享政策调查及对我国的启示. 情报资料工作, 2013(1): 61-66.

斯皮内洛 R A . 1999. 世纪道德: 信息技术的伦理方面. 北京: 中央编译出版社.

唐凯麟, 李诗悦. 2016. 大数据隐私伦理问题研究. 伦理学研究, (6): 102-106.

王国峰, 雷琦, 唐云, 等. 2021. 大数据环境下用户数据隐私保护研究. 网络安全技术与应用, (7): 67-69.

王静宇, 刘思睿. 2020. 大数据风险访问控制研究进展. 计算机科学, 47(7): 10.

王卷乐, 石蕾, 徐波, 等. 2020. 我国科学数据标准体系研究. 中国科技资源导刊, 52(5): 45-51+77.

王卷乐, 孙九林. 2009. 世界数据中心(WDC)回顾, 变革与展望. 地球科学进展, 24(6): 612-620.

王卷乐, 王玉洁, 张敏, 等. 2021. 2020 年地球数据科学与共享热点回眸. 科技导报, 39(1): 105-114.

王淑强, 王卷乐, 李扬, 等. 2020. 基于文献计量学的国际地球科学数据管理研究进展. 全球变化数据学报(中英文), 4(3): 299-313.

王祥, 李红娟, 丁红发. 2021. 基于风险访问控制的大数据安全与隐私保护. 电子技术与软件工程, (13): 236-238.

薛孚, 陈红兵. 2015. 大数据隐私伦理问题探究. 自然辩证法研究, 31(2): 44-48.

雅克·蒂洛, 基思·克拉斯曼. 2008. 伦理学与生活(第九版). 北京: 世界图书出版公司北京公司.

闫建, 高华丽. 2015. 发达国家大数据发展战略的启示. 理论探索, (1): 91-94.

阎娜, 王伊龙, 李子孝, 等. 2011. 美国健康保险流通与责任法案对临床研究的影响. 中国卒中杂志, 6(12): 971-974.

杨维东. 2018. 有效应对大数据技术的伦理问题. 《人民日报》, http: //theory.people.com.cn/n1/2018/0323/c40531-29884157.html.

易书凡. 2020. 疫情防控下的大数据价值与隐私伦理问题研究. 哈尔滨师范大学社会科学学报, 11(6): 45-51.

张华平, 孙梦姝, 张瑞琦, 等. 2014. 微博博主的特征与行为大数据挖掘. 中国计算机学会通讯, 10(6): 36-43.

中国科学院文献情报中心课题组. 2021. 国际地球大数据领域研究态势与热点趋势. 新华文摘, (24): 156-157.

Asharov G, Jain A, López-Alt A, et al. 2012. Multiparty computation with low communication, computation and interaction via threshold FHE, Annual International Conference on the Theory and Applications of Cryptographic Techniques. Springer, Berlin, Heidelberg: 483-501.

Atallah M J, Du W. 2001. Secure Multi-party Computational Geometry. In: Dehne F, Sack J R, Tamassia R. (eds)Algorithms and Data Structures. WADS 2001. Lecture Notes in Computer Science, 2125. Springer, Berlin, Heidelberg.

Avrim B, Katrina L, Aaron R. 2013. A learning theory approach to noninteractive database privacy. ACM 60, 2, Article 12(April 2013), 25 pages.

Big Data across the federal government. [2014-08-23]. http: //www.whitehouse.gov/sites/default/ files/microsites/ostp/big-data-fact-sheet-final-1. pdf.

Brakerski Z, Gentry C, Halevi S. 2013. Packed ciphertexts in LWE-based homomorphic encryption, International Workshop on Public Key Cryptography. Springer, Berlin, Heidelberg: 1-13.

Brakerski Z. 2012. Fully homomorphic encryption without modulus switching from classical GapSVP, Annual Cryptology Conference. Springer, Berlin, Heidelberg: 868-886.

Cormode G, Procopiuc M, Srivastava D, et al. 2011. Differentially private publication of sparse data. arXiv preprint arXiv: 1103. 0825.

Coron J S, Naccache D, Tibouchi M. 2012. Public key compression and modulus switching for fully homomorphic encryption over the integers, Annual International Conference on the Theory and Applications of Cryptographic Techniques. Springer, Berlin, Heidelberg: 446-464.

Crépeau C, Gottesman D, Smith A. 2002. Secure multi-party quantum computation//Proceedings of the 34 annual ACM symposium on theory of computing: 643-652.

Du W, Atallah M J. 2001. Secure multi-party computation problems and their applications: a review and open problems, Proceedings of the 2001 workshop on New security paradigms: 13-22.

Dwork C, Naor M, Pitassi T, et al. 2010a. Differential privacy under continual observation, Proceedings of the forty-second ACM symposium on Theory of computing: 715-724.

Dwork C, Naor M, Pitassi T, et al. 2010b. Pan-Private Streaming Algorithms, Proc. Of ICS: 66-80.

Dwork C. 2006. Differential privacy, International Colloquium on Automata, Languages, and Programming. Berlin: Springer, 1-12.

Gantz J, Reinsel D. 2012. The Digital Universe in 2020: Big Data, Bigger Digital Shadows, and Biggest Growth in the Far East. IDC's Digital Universe Study Executive Summary. http: //idcdocserv.com/1414.

Gentry C, Halevi S, Smart N P. 2012. Better bootstrapping in fully homomorphic encryption, International Workshop on Public Key Cryptography. Springer, Berlin, Heidelberg: 1-16.

Gentry C. 2009. Fully homomorphic encryption using ideal lattices, Proceedings of the forty-first annual ACM symposium on Theory of computing: 169-178.

Hardt M, Talwar K. 2010. On the geometry of differential privacy//Proceedings of the forty-second ACM symposium on Theory of computing: 705-714.

Hay M, Rastogi V, Miklau G, et al. 2009. Boosting the accuracy of differentially-private histograms through consistency. arXiv preprint arXiv: 0904. 0942.

Herschel R, Miori V M. 2017. Ethics & big data. Technology in Society, 49: 31-36.

Hu X, Yuan M, Yao J, et al. 2015. Differential privacy in telco big data platform. Proceedings of the VLDB Endowment, 8(12): 1692-1703.

Li N, Qardaji W H, Su D. 2011. Provably private data anonymization: Or, k-anonymity meets differential privacy. CoRR, abs/1101. 2604, 49: 55.

Li Q, Li D. 2014. Big data GIS. Geomatics and Information Science of Wuhan University, 39(6):

641-644.

Lin D, Crabtree J, Dillo I, et al. 2020. The TRUST Principles for digital repositories. Scientific Data, 7(1).

Longstaff J, Noble J. 2016. Attribute based access control for big data applications by query Modification//2016 IEEE Second International Conference on Big Data Computing Service and Applications (BigDataService). IEEE.

López-Alt A, Tromer E, Vaikuntanathan V. 2012. On-the-fly multiparty computation on the cloud via multikey fully homomorphic encryption. In: STOC: 1219-1234.

Machanavajjhala A, Kifer D, Gehrke J, et al. 2007. l-diversity: Privacy beyond k-anonymity. ACM Transactions on Knowledge Discovery from Data (TKDD), 1(1): 3-es.

Mittelstadt B D, Floridi L. 2016. The ethics of big data: current and foreseeable issues in biomedical contexts. The Ethics of Biomedical Big Data: 445-480.

Molloy I, Chari S. 2012. Generative models for access control policies: applications to role mining over logs with attribution//Proceedings of the 17th ACM Symposium on Access Control Models and Technologies: 45-56.

N Li, Li T, Venkatasubramanian S, et al. 2007. Privacy Beyond k-Anonymity and l-Diversity, 2007 IEEE 23rd International Conference on Data Engineering: 106-115, doi: 10.1109/ICDE. 2007. 367856.

NASA Distributed Active Archive Centres. 2005. http: //gcmd.gsfc.nasa.gov/.

NASA's Global Change Master Directory. 2007. http: //gcmd.gsfc.nasa.gov/.

Peter A, Tews E, Katzenbeisser S. 2013. Efficiently Outsourcing Multiparty Computation Under Multiple Keys, IEEE Transactions on Information Forensics and Security, 8(12): 2046-2058, Dec. doi: 10.1109/TIFS. 2013. 2288131.

Smart N P, Vercauteren F. 2010. Fully homomorphic encryption with relatively small key and ciphertext sizes, International Workshop on Public Key Cryptography. Springer, Berlin, Heidelberg: 420-443.

Sokolova M, Matwin S. 2016. Personal privacy protection in time of big data//Challenges in computational statistics and data mining. Springer, Cham, 365-380.

Sweeney L, Anonymity K. 2002. A model for protecting privacy. International Journal of Uncertainty, Fuzziness and Knowledge-Based Systems, 10(5): 557-570.

Van Dijk M, Gentry C, Halevi S, et al. 2010. Fully homomorphic encryption over the integers, annual international conference on the theory and applications of cryptographic techniques. Berlin: Springer, 24-43.

Voigt P, Von dem Bussche A. 2017. The eu general data protection regulation (gdpr). A Practical Guide, 1st Ed. Cham: Springer International Publishing, 10: 3152676.

Warren S D, Brandeis L D. 1890. The Right to Privacy. Harvard Law Review, 4(5): 193-220.

Xiao X, Wang G, Gehrke J. 2010. Differential privacy via wavelet transforms. IEEE Transactions on knowledge and data engineering, 23(8): 1200-1214.

Xiong P, Zhu D, Zhang L, et al. 2019. Optimizing rewards allocation for privacy-preserving spatial crowdsourcing, Computer Communications, Elsevier, 146(15): 85-94.

Yang K, Jia X, Ren K, et al. 2014. Enabling efficient access control with dynamic policy updating for big data in the cloud, IEEE INFOCOM 2014-IEEE Conference on Computer Communications, IEEE: 2013-2021.

Yao A C. 1982. Protocols for secure computations, 23rd annual symposium on foundations of computer science (sfcs 1982). IEEE:160-164.

Yin C, Xi J, Sun R, et al. 2017. Location privacy protection based on differential privacy strategy for big data in industrial internet of things. IEEE Transactions on Industrial Informatics, 14(8): 3628-3636.

Zhang L, Xiong P, Ren W, et al. 2018. A differentially private method for crowdsourcing data submission, Concurrency and Computation - Practice & Experience, Wiley, 31(19).

Zhou S G, Li F, Tao Y F, et al. 2009. Privacy preservation in database applications: A survey. Chinese Journal of Computers, 32(5): 847-861(in Chinese with English abstract).

第 12 章

地球大数据与数字孪生地球

近年来，全球性问题频发，如人口膨胀、资源短缺、环境恶化、生态失衡、水质恶化、瘟疫蔓延等，无不昭示着作为唯一栖息地的地球，对于承载人类文明发展已经不堪重负（董其上等, 1998）。从地球科学入手，以系统观为核心指导思想，建立数字孪生地球系统，梳理总结物理地球运行内在规律，科学管理地球是尝试从根本出发解决全球性问题的核心方案。

12.1 数字孪生与地球管理

12.1.1 数字孪生的基本概念

数字孪生思想的起源，是来自于美国国家航空航天局（NASA）提出并开展的阿波罗计划。该计划旨在构建如似双胞胎的航空航天飞行器，两者之间可以进行全方位状态同步，以帮助航天工作者掌握飞船在任务中的状态。2014 年，Grieves 教授在白皮书《Digital twin: manufacturing excellence through virtual factory replication》中首次定义并阐述了数字孪生的概念模型（Grieves, 2014）。

数字孪生概念包含三个主要部分：现实空间中的物理产品、虚拟空间中的数字产品，以及联系虚拟和现实的数据和信息。如图 12.1 所示，对于一个航空航天工程的数字孪生是针对物理空间中的每一个部分，利用大量传感器采集的多源异构数据，同时完成虚拟空间与物理空间对象的同等构建，从零部件的设计到航天飞机整体架构组建以及到最后飞行器执行飞行任务时的轨迹，都在虚拟空间进行模拟、设计和预演。并且，利用物理空间采集的监测数据，在虚拟空间中反应物理实体状态的同时，还会将总结的经验知识反馈于物理空间，为物理空间的部件、整体以及飞行任务安排提供理论上的决策支持，显著降低了物理空间中反复设计的时间开销，增强了实体的稳定性。进一步，在 2017 年，Grieves 教授定义了两种类型的数字孪生：数字孪生原型（digital twin prototype, DTP）和数字孪生实例

（Digital Twin Instance, DTI）。数字孪生包含在数字孪生环境（Digital Twin Environment）之中（Grieves et al.，2017）。

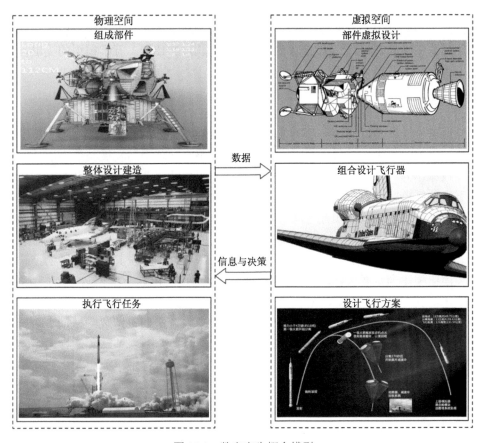

图 12.1　数字孪生概念模型

在 Grieves 教授定义的引导下，Schluse 等学者也提出了 Experimentable Digital Twins（实验性数字孪生，EDT）的新概念，并详细描述了其核心开发流程，如何进行系统级仿真，并实现智能系统（Schluse et al.，2016）。Madni 等学者讨论了结合数字孪生与物联网和系统仿真在模型系统工程领域上的优势（Madni et al.，2019）。文章中详细定义了四个级别的数字孪生，即前数字孪生、数字孪生、自适应数字孪生、智能数字孪生。Bao 等学者从车间制造过程的角度定义了三种类型的数字孪生模型，分别是产品数字孪生、过程数字孪生和操作数字孪生（Bao et al.，2019）。Ullah 提出了三种类型的数字孪生，即对象孪生、过程孪生、现象孪生（Sharif，2019）。尽管经过不同学者的阐述，数字孪生的概念有了不同解释，但数字孪生的概念模型还是集中在同一个框架之下，即物理实体、虚拟仿真体以及数据和信息的链接，而其核心的意义也围绕概念化、比较和协作展开。模型在参照上的特点包括：互操作性、可伸缩性、可扩展性和保真度（Schleich et al.，2017）。Tao 提出了五维数字孪生模型，包括物理实体、虚拟实体、服务、数字孪生数据和信息连接（Tao et al.，2017; Tao et al.，2018）。五维模型的提出，拓宽了数字孪生模型探索不同领域的能力。

12.1.2 地球管理概述

地球管理，是以理论科学为依托，以可持续发展为目标，通过计划、控制、协调、组织等手段，合理调度规划资源，实现整个地球平衡发展与生态活动的过程。地球作为一个由大气、水域、陆地及生物组成的复杂系统，涉及的领域包括且不限于气象、海洋、地质、生物、生态等诸多方面（熊金辉等，2007），各领域内部复杂的机理以及相互之间紧密的关联，使得系统性实现地球管理研究异常困难。

早在 1988 年，美国地球系统科学委员会，以探究地球及其组成部分的结构机理和演化规律为主要目标，在《地球系统科学》一书中定义了"地球系统科学"并阐述了其主体思想（NASA Advisory Council, 1988）。在地球系统科学中，地球的各子系统是相互作用的，而不是单个组件的集合。全球对地观测技术、概念模型和数值模型是研究地球演化和全球变化的主要手段。随着地球观测技术的不断革新，海量地球大数据为刻画地球自然环境、人文社会提供了有力支持。在地球系统科学各子领域研究中，也取得了较多的突破：海洋学领域包括海洋环流状态（Jungclaus et al.，2013）、冰川演变（Notz et al.，2013）研究；大气学领域包括大气组成（Giorgetta et al.，2018），生物与气候关联影响（Wang et al.，2019）研究；地质学领域包括坡面水文对地表变化影响（Fan et al.，2019），土地开发利用管理（Harrison et al.，2020）研究等。这些研究从不同侧面描述了地球内在演变规律，为地球管理提供了相应的理论支持。但随着观测技术在空间和时间分辨率上的显著发展，理论模型的流数据处理效率，模型的鲁棒性，都面临着巨大的挑战。

数字孪生，是一种将现实物理空间映射至虚拟数字空间并进而反馈指导物理世界的理论模型。数字孪生，从理论提出之初应用于航空航天和军工这类特定领域（Glaessgen et al.，2012），到目前广泛应用于城市交通、电力和车间流水线生产等各类领域（Tao et al.，2019），在大数据实时处理、系统监控、过程仿真、决策支持等方面展现出了突出的能力。数字孪生地球，可以将地球空间、社会空间和知识空间紧密结合在一起，地球空间和社会空间提供海量实时流数据至数字空间，通过数值模型、统计分析模型、数据挖掘模型等方法，在进行实时状态监测反馈的同时，挖掘数据背后潜在的规律、模式，总结为系统知识库，用于评估与预警地球系统当前及未来可能存在的变化与风险。对于特定的风险，在数字空间进行不同决策的预演，定量判断在决策空间中，不同方案的增益效果，最终向地球系统提出定量测试后的最优建议，完成地球系统的高效动态管理。

12.2　数字孪生地球：连接地球空间、社会空间与知识空间

在数字孪生概念模型在各个领域开疆扩土的同时，针对地球的数字孪生研究也逐渐成为焦点。人类一直在努力预测和了解地球，更好的预测能力赋予了在不同环境（如天气、疾病或金融市场）中的竞争优势。地球科学的一个成功案例是天气预测，通过整合更好的理论、增强计算能力和建立了观测系统，将大量数据同化到建模系统中，极大促进了大气气候领域的发展，保障了在短时预测上的准确性，但长时段预测、季节性气象预测、洪水或火灾等极端事件预测仍然是主要挑战。对于预测生物圈中的动态变化尤其如此，生物圈不仅由生长或繁殖等生物演变规律为主导，还受到火灾和山体滑坡等随机事件的强烈控制干扰。在过去的几十年中，此类预测问题并未取得太大进展。

特别是随着地球观测手段的多元化和快速发展，海量地球大数据可以进行实时采集。截至 2019 年存储量都已远远超过数十 PB，并且数据还以每日数百 TB 的增量增长，超过几百颗不同时空分辨率的卫星传感器实时收集对地观测数据，覆盖米级至千米级的遥感观测，以及地表及以下和大气中的观测。这些多源异构地球系统大数据在 4 个特征——容量、速度、多样性和准确性上都有了极大的进步。

因此，数字孪生地球，是从地球大数据中提取可解释的信息和知识，整合多学科知识，构建实时反映地球状态的理论概念模型。在本小节中，从数字孪生地球的基本架构展开，对其关联的地球空间、社会空间、知识空间分别进行阐述，以阐明数字孪生地球的构建逻辑及其研究发展现状。

12.2.1　数字孪生地球基本架构

地球系统包含了大气圈、水圈、陆地岩石圈、冰雪圈和生物圈等复杂的相互作用与反馈，涵盖了自然与人类相互作用的方方面面，直接涉及了数学、地理、物理、化学和生物等多个学科，间接则涉及到社会和经济等诸多领域（赵宗慈等，2020）。数字孪生地球是以定量刻画大气、陆地、海洋循环等地球各子系统之间相互作用模式为目标，认识、理解全球演变过程和机制，并进一步模拟和预估地球变化的核心工具。通过设置不同的目标约束（如何减排、如何增汇等），数字

孪生地球系统得到最有效、最合理的处理方案，从而为寻找最优科学路径提供强有力的技术和工具支持。

　　数字孪生地球系统的框架如图 12.2 所示。由于人类文明作为环境中最重要的影响因素之一，在物理空间中，主要的研究对象分为两大类，自然环境类与社会文明类。其中自然环境类中，根据地球系统科学中对不同圈层的定义，分别有大气环境、陆地环境、海洋环境与冰川环境；对于社会文明类，根据人类社会中关心的因素，分为居住地规划、人口的空间分布、社会经济与政治变化。虽然在此图中，分别分成了两个部分，但实际上，自然环境和社会文明是相互关联的，在此仅仅是从分类的角度，才将其划分开。

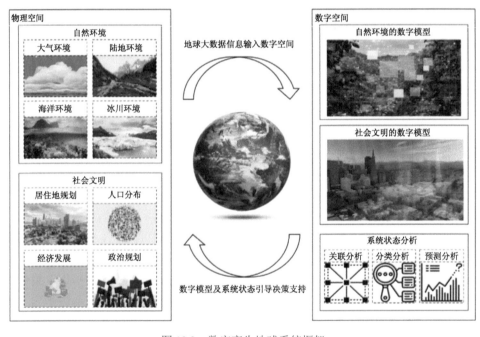

图 12.2　数字孪生地球系统框架

　　对于众多的地球物理要素，利用多样的观测手段，实时采集大量的多源异构地球大数据，并传递至数字空间中，支撑数字模型的开发。对于自然环境与社会文明两个部分，是关联紧密的复杂系统，将采用多模型耦合方法，对于不同领域的数值模型，探寻其边界，将多学科知识结构整合，形成以地球为对象的整体数字模型。该模型利用实时数据同步当前状态，可根据专家经验知识，直观判断当前状态下的隐含状态。但进一步对于高并发的流数据，在数字空间中，也提供智能状态分析算法库，分析各要素之间的关联，对特定要素进行分类、预测等分析，定量判断系统发展态势。在专家经验知识与智能算法库的帮助下，数字空间不仅辅助当前系统状态的诊断，还提供对未来趋势的评估预警，为进一步的地球系统规划提供定量的决策支持。

在数字孪生地球的框架下，物理空间中的地球空间和社会空间，在多源数据采集技术下，以信息的形式，流入数字空间。数据以多尺度特点覆盖了地球空间与社会空间的变化特征，并将此特征赋予数字空间中虚拟模拟模型。在此基础上，根据模拟结果，设计对应的数据分析方法，完成模拟模型从数据表象评估到模式规则上的预警决策支持，在专家经验知识之外，形成由数据驱动的知识空间。该知识空间提供对应地球当前状态的预警评估信息，并且提供对应的合理解决方案，支持地球系统的可持续发展。

12.2.2　数字孪生地球的地球空间

地球是一个复杂的巨系统。地球空间作为数字孪生地球在物理空间中的核心部分，获取海量的多源异构观测数据，是强化数字空间中的虚拟模拟刻画地球空间能力的保证。

自半个世纪前发射第一颗地球观测卫星以来，截至 2017 年全球共发射了 510 多颗地球观测卫星对地球进行综合观测。地球观测卫星的空间分辨率和光谱分辨率越来越高，数据传输速度和存储容量也相应提高（Guo，2012; Ma et al.，2015; Chi et al.，2016）。机载和星载传感器产生的遥感数据量以每天 TB 级的速度增加，单个数据集可以达到 1GB。到 2014 年，仅欧洲航天局的地球观测数据量就超过了 1.5 PB（He et al.，2015）。随着 Landsat 和 Sentinel 计划的数据开源政策的提出（European Commission，2013; Wulder et al.，2014；Guo et al.，2017），第一次将地球大数据的概念提上议程，并将其视为数字地球的关键驱动因素（Baumann et al.，2016; OGC，2017）。历年产生的对地观测数据总量如图 12.3 所示。在地球观测领域，哥白尼 Sentinel-2 卫星提供的高分辨率图像，为欧洲哥白尼计划的核心数据来源。根据当前的部署计划，两颗 Sentinel-2 卫星中的每颗每天都会产生超过 1.7TB 的数据。从 2015 年 Sentinel-2A 的开发阶段开始以来，已采集超过 370 万张图像。Sentinel-2 星座通过双卫星（2A/2B，相距 180°）覆盖了地球的绝大部分地表，宽达约 290 km，赤道重访时间为 5 天，其中在高纬度地区更为频繁，13 个多光谱波段的空间分辨率覆盖了从 10m 到 60m（Drusch et al.，2012）。Sentinel-1 卫星遥感主要提供了大量的雷达数据以支持更多元的对地研究。

此外，随着网络技术的发展，Web 2.0、移动设备、公民参与和众包已成为收集与地理相关的社会经济数据的另一个流（Salk et al.，2016）。原位传感器网络数据（例如 OpenStreetMaps）、来自移动设备的 GPS 跟踪数据、地理社交媒体数据（例如 Twitter）和众包/志愿地理信息数据有助于数据的增加（Goodchild，2007；Ramm et al.，2011；Evans et al.,2014）。

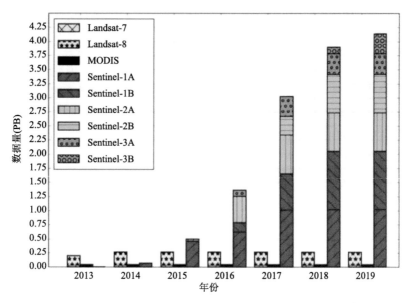

图 12.3　对地观测卫星载年产生数据量（Soille et al.，2018）

地球大数据作为探索世界的资源、看世界的革命、思考世界的创新，被视为新数据密集时代的"战略高地"。在对地遥感技术的日新月异下，各种地球观测采集平台获取的卫星图像的数量、种类和速度不断增加，实现了在高空间分辨率和高时间分辨率尺度上综合分析，为解决地球上的空间问题提供了全新角度。至今为止已经在许多应用领域取得了一些研究成果，典型应用包括大面积土地利用变化监测，例如（非法）雨林砍伐监测（Maus et al.,2016）等；观察亚洲、非洲和南美洲不明确和混乱的城市结构及其变化（Bachofer，2017）；或对地震和洪水等自然和人道主义灾难做出迅速反应（Lang et al.,2017；Schwarz et al.,2018）。随着数据量的上升，在后期将会进一步拓宽研究应用领域，在生物学、生态学、地质学或海洋科学等多个以地球系统科学为核心研究目标的学科大展身手。

在实时的多源异构大数据持续采集的支撑下，地球空间以信息的形式接入到数字孪生地球的系统中，为后续数字空间里的地球建模提供了基础信息，也为整个数字孪生架构上层设计提供了扎实的数据基础。

12.2.3 数字孪生地球的社会空间

社会空间与地球空间作为物理空间中的研究对象，同样是由数据作为核心支撑，以提供足够的信息，在数字空间中构造社会空间的数字孪生体。但对于社会空间，数据采集的技术将不再仅依赖于遥感技术的支撑，而是以物联网（Internet of Things，IoT）为核心思想，以各类传感器为主要的信息收集手段，完成社会空间与数字孪生地球系统的联系。

物联网被视为继个人计算机、互联网和移动通信网络发明之后的另一次信息和工业浪潮，被视为未来全球经济发展的主要动力。2005 年以来，物联网的发展浪潮席卷全球。许多国家提出了物联网的长期国家战略，并在服务层面完成概念阶段后进入实质性实施期。例如，日本的宽带接入无处不在，以人为本，主要目的是提供人与人、人与物、物与物之间的通信；韩国的智能家居使居民能够远程控制电器并享受高质量的双向交互式多媒体服务；新加坡下一代 I-Hub 旨在通过安全、无处不在的网络实现下一代"U"型网络。所有这些和类似的举措奠定了物联网的基础。

2009 年 1 月，IBM 首次提出了"智能地球"的构想，即通过在河流、电网、铁路、公路、森林、医药等多个领域全面使用传感器监测以形成物联网系统。2009 年 9 月，欧盟批准了由欧洲研究项目集群（CERP）提出的物联网战略研究路线图，命名为 CERP-IoT，旨在对物联网领域的相关研究成果，尤其是传感器技术，进行促进、分享和宣传。在我国，由中国联通提出了基于云计算的全国统一平台，将引领中国创建和实施开放发展的物联网模式。总体来说，物联网平台可以分为四种类型：电子政务平台、企业平台、公司平台和业务平台。

1. 电子政务物联网平台

为了促进电子政务信息系统的演进和管理，地方/区域/国家政府应通过利用涵盖其所负责的所有相关领域的物联网平台，使用更多的管理智能。例如，"智慧城市"发展的物联网服务可能包括交通控制、公民安全、环境保护、节水、健康、教育等。

电子政务物联网是促进城市/地区/国家经济发展和管理的支撑基础。它由政府的公益计划资助，逐步推动电子政务向物联网发展。电子政务物联网平台需要信息关联，防止"信息孤岛"效应，保障网络和信息安全。这类物联网平台由于其公益属性和社会属性，无法成为通用物联网运营平台的通用商业模式。经济发展规律决定了这些物联网平台不具备商业投资价值，无法吸引风险投资。它们只能由政府/公共行政部门独立实现。

2. 基于企业和公司的物联网平台

为提高自身的竞争力和服务保障，市场化企业和公司需要独立资助的物联网项目，以实现更高效的生产管理、仓储、配送、运输、物流、营销和供应链管理。

基于企业和公司的物联网平台用于相应企业/公司的内部管理，由独立投资支持。这些类型的物联网平台最终服务于社会、用户，最终产品将进入数百万家庭。因此，信息资源管理需要融入市场管理。

3. 面向业务的物联网平台

通过吸引投资和发展战略性产业部门，纯粹面向商业的物联网可能成为现代经济的重要推动者和刺激因素。经济发展的加速，信息市场资源的优化和整合，需要所有终端用户和终端设备参与，构建现代产业，建立在有价值的物联网商业模式和平台上。例如，在产品物流中使用射频识别（RFID）可以实现物流信息的自动获取、标识识别，以及可靠的货物交付、安全的海关和跟踪可视化。

物联网综合信息中心被设想为通用物联网平台的重要组成部分，统一物联网综合应用市场的组织、实施和规划，以吸引商业资本投资。信息中心由物联网服务提供商进行运营，这可能很快成为除现有服务提供商类型之外的另一个主要参与者。有价值的物联网商业模式的存在和验证将激励投资者对合适的通用物联网平台的投资开发。

社会空间的信息由多个不同类型物联网系统通过不同手段采集，并通过高性能计算方法进行集中预处理与存储，消除信息孤岛的同时，也拓宽了从不同领域对研究对象的刻画，在数字孪生地球的数字孪生体中加入了更多的人类活动因素，增加了系统对随机事件、状态突变的评估预警能力。

12.2.4 数字孪生地球的知识空间

在地球空间和社会空间以多源异构地球大数据的方式，将大量的信息传输到数字空间中的同时，也促进了数字化实体构建的科学研究。在本节中，将介绍基于地球大数据，使用知识发现、全球变化和数字地球科学等方法完成数字化实体构建。

1. 地球大数据促进知识发现

地球大数据通过挖掘信息和从地理空间数据中发现知识，以一种新的方法了解地球。这个过程不仅仅是简单的信息提取，更侧重于挖掘大数据背后隐含的非显而易见的模式、规则和知识。通过这个过程，可以探索关键信息以及每个子系统与地球各种生物物理变量的相关性。

同时，海量的地理空间数据使知识发现的过程从"模型驱动"转变为"数据驱动"。然而，值得注意的是，地球大数据的高效数据挖掘仍处于起步阶段，但发展与地球大数据相关的创新理论和发现方法迫在眉睫（Guo et al.，2016）。

为了处理海量的地球观测数据，需要传输、存储、管理、处理、计算和共享地理空间大数据的技术。因此，利用地球大数据发展知识发现的理论和方法论已成为地球科学领域的重大科学问题。

2. 地球大数据支持全球变化研究

全球变化已被视为对全球可持续发展的重大威胁。为了在全球范围内解决多学科问题，全球变化研究面临着从地球相互作用子系统中获取各种数据并进行处理的重大挑战（Chen，1999；Chen et al.，2008）。这使得通过监测全球变化在大规模、长期时间序列中的进展来收集来自地球系统各个要素的数据并进行相应的处理、分析和模拟变得非常重要。

地球大数据提供了长时间序列和多个时空尺度，涵盖了地球的所有圈层，例如大气圈、水圈、岩石圈和生物圈。这为天地一体化对地观测系统和全球准实时、全天候地球数据采集网络提供保障。

通过对地球系统的持续和长期监测，科学家们能够利用先进的地理空间处理技术来模拟和分析地球的动态表面过程，揭示时空变化机制。这对于利益相关者制定科学战略并采取行动应对全球变化以实现可持续发展非常有帮助。从这个意义上说，地球大数据为加强全球变化新方法的研究提供了强有力的支持。

3. 数字地球新阶段：地球大数据

在新的大数据时代，数字地球旨在将海量的多维、多分辨率、多时态地理空间数据和社会经济数据以及分析算法和模型集成到一个综合分析和应用系统的框架中。数字孪生地球致力于将海量、有价值的跨学科科学数据拼接起来，不仅涵盖大气、地理、地质、环境、生态等领域，还涵盖信息科学、空间科学、认知科学等领域，同时与人文社会科学密切相关。通过分析这些海量数据期望可以描述、分析、建模和预测地球系统的动态过程以及人类与地球之间的相互作用（郭华东，2014）。

为应对地球大数据的挑战，数字地球系统应坚持对地球的综合和系统观测，研究地球系统模型的数据密集型方法，从而增加知识发现。依托基础设施和高速互联网，数字地球系统可以连接多颗卫星和地理信息中心，完成空间数据的采集、传输、存储、处理、分析和分发。地球大数据将进一步产生更多的数字地球产品、服务和应用。

12.3　数字孪生地球支持高效管理：案例分析

本节将从一个风暴潮灾害数字孪生系统的设计构建，介绍地球高效动态管理流程。风暴潮一般是由于热带气旋、温带天气系统、海上飑线等风暴过境所伴随的强风和气压骤变而引起的局部海面振荡或非周期性异常升高（降低）的自然现象。在沿海地区，风暴潮很有可能引起沿岸区域水位上涨，甚至导致海水冲毁海岸、造成海水倒灌。本节预期通过该应用研究，能够对岛礁区域的不同风险等级进行评估和区域划分，为岛礁区域的发展规划、海洋防灾减灾、工程设计及选址提供科学依据（Wang et al., 2020; Wang et al., 2022）。

面向风暴潮灾害的模拟、预测、预警等需求，收集自有记录以来影响南海岛礁海域的所有热带气旋资料。根据收集的资料，重构历史风暴潮灾害的气压场与风场，形成岛礁海域历史热带气旋灾害数据库。将历史上造成损失严重的风暴潮灾害，作为风暴潮灾害模拟、预警的重要参考。

由于海岛礁区域本身具有地形崎岖复杂，地貌类型多样的特性，需要研发精细化的风暴潮灾害数值模拟，结合热带气旋相关数据、潮位信息以及精细的岛礁DEM、岸线数据，实现风暴潮的全过程模拟。同时还需要对潮位站在风暴潮灾害中的增水信息进行分析，并利用历史热带气旋数据系统中的历史数据对模型进行验证。根据岛礁内部高精度地物信息，耦合地表径流模型，建立风暴潮漫滩速率与时间变化的计算模型，对风暴潮淹没过程快速模拟，计算岛礁相关区域的最大增水和最高潮位。

基于上述风暴潮漫滩模式的淹没水深，评估灾害危险性等级及岛礁脆弱性等级。基于岛礁上重要基础设施空间分布，评估岛礁面对灾害的脆弱性，根据其增水淹没状况，评估灾中危险性，并在此基础上建立数学模型确定指定区域内危险性、脆弱性和抗灾能力所对应的权重，确立岛礁风暴潮灾害风险评估的标准方法与技术体系。该评估体系直观反映风暴潮灾害对岛礁的影响，为后续岛礁基础设施建设及防灾设施建设提供理论决策支持。

如图12.4所示，风暴潮灾害具有多样化的数据来源，主要分为海洋水文气象类数据及地形地貌类数据。其中海洋水文气象类数据包括，温度、盐度、密度、潮位、热带气旋的气压场、风场、路径等；地形地貌类数据包括，数字高程数据、岸线数据、基础地理信息等。根据历史风暴潮灾害记录，选取极端规模的风暴潮灾害，作为后续模拟评估的目标灾害，以进行岛礁抗灾的压力测试。

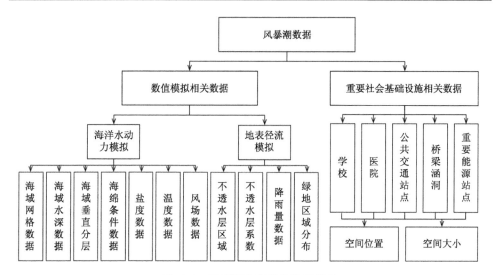

图 12.4　风暴潮灾害相关数据整理

本研究的技术路径框架如图 12.5 所示。在融合历史模式热带气旋数据与采集数据的基础上，耦合水动力模型以及地表径流模型，模拟致灾过程。在此基础上评估灾情，并进一步挖掘出致灾因子，为进一步岛礁开发以及防灾工作提供决策支持。

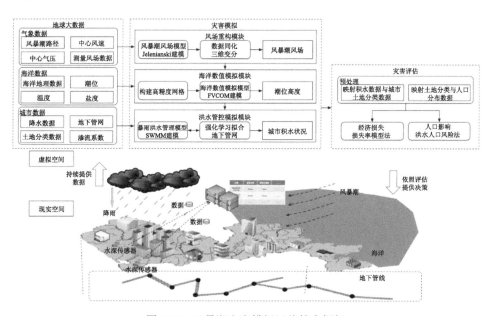

图 12.5　风暴潮灾害模拟评估技术框架

为充分考虑海岛礁区域在风暴潮灾害中海水内漫的物理过程，结合典型的风暴潮案例历史数据，对风暴潮历史事件进行模拟。首先对于典型风暴潮模拟案例，采用广泛使用的风场建模方法——Jelenianski 模型，该模型利用风暴潮最大风速半径 R，移动速度 V_c，最大风速 V_m，中心气压 P_0，中心位置坐标 (x_c, y_c)，以及计算点的坐标 (x, y)，利用以下公式计算气压场和风场：

$$V = \begin{cases} \dfrac{r}{r+R}\left(V_{cx}\vec{u} + V_{cy}\vec{v}\right) + V_m\left(\dfrac{r}{R}\right)^{\frac{3}{2}}\dfrac{A\vec{u} + B\vec{v}}{r}, & (0 < r \leqslant R) \\[3mm] \dfrac{R}{r+R}\left(V_{cx}\vec{u} + V_{cy}\vec{v}\right) + V_m\left(\dfrac{R}{r}\right)^{\frac{1}{2}}\dfrac{A\vec{u} + B\vec{v}}{r}, & (r > R) \end{cases} \qquad (12.1)$$

$$P = \begin{cases} P_0 + \dfrac{1}{4}\left(P_\infty - P_0\right)\left(\dfrac{r}{R}\right)^3, & (0 < r \leqslant R) \\[3mm] P_\infty - \dfrac{3}{4}\left(P_\infty - P_0\right)\dfrac{R}{r}, & (r > R) \end{cases} \qquad (12.2)$$

其中，A 和 B 为风力向经纬度坐标系投影的转换因子，为通常情况下大气气压。而由于 Jelenianski 模型只在热带气旋区域模拟准确，随着计算点远离气旋中心，准确度逐渐下降。因此，此处采用 NASA 提供的空间分辨率为 0.25 度的 CCMP 数据进行时空融合，用低空间分辨率的海洋卫星采集数据校正模式数据以保证模型精度。

在历史气压场及风场的基础上，因岛礁区域地形地貌复杂，拟以水动力数值模拟模型 FVCOM 为基础，历史热带气旋气压场和风场数值为主要驱动，构建风暴潮模型。该水动力数值模拟模型，在区域内进行有限差分方法，构建有限网格，利用动量方程、连续性方程、温度盐度扩散方程、状态方程等微分方程，表征海流数值模式的基本物理规则。其中动量守恒是基于以下公式进行计算：

$$\frac{\partial u}{\partial t} + \vec{V} \cdot \nabla u - fv = -\frac{1}{\rho}\frac{\partial P}{\partial x} - \frac{1}{\rho}\frac{\partial q}{\partial x} + \frac{\partial}{\partial z}\left(K_m\frac{\partial u}{\partial z}\right) + F_u \qquad (12.3)$$

$$\frac{\partial v}{\partial t} + \vec{V} \cdot \nabla v + fu = -\frac{1}{\rho}\frac{\partial P}{\partial y} - \frac{1}{\rho}\frac{\partial q}{\partial y} + \frac{\partial}{\partial z}\left(K_m\frac{\partial v}{\partial z}\right) + F_v \qquad (12.4)$$

$$\frac{\partial w}{\partial t} + \vec{V} \cdot \nabla w = -\frac{1}{\rho}\frac{\partial q}{\partial z} + \frac{\partial}{\partial z}\left(K_m\frac{\partial w}{\partial z}\right) + F_w \qquad (12.5)$$

其中 (x, y, z) 分别为三维笛卡儿坐标系，$\vec{V} = (u, v, w)$ 为对应坐标系的速度分量，

F_u,F_v,F_w 为对应坐标系下的动量项，f 为科氏力参数，P 为压强，由海洋表面空气压强 P_a 与流体静压 P_H 组成，q 为非流体静压，ρ 为密度，K_m 为垂向涡流粘性系数。连续性方程保证速度分量在对应方向上偏导综合为 0 即可，即 $\partial u / \partial x + \partial v / \partial y + \partial w / \partial z = 0$。同理对于温度及盐度守恒计算公式如下：

$$\frac{\partial T}{\partial t} + \vec{V} \cdot \nabla T = \frac{\partial}{\partial z}\left(K_h \frac{\partial T}{\partial z}\right) + F_T \tag{12.6}$$

$$\frac{\partial S}{\partial t} + \vec{V} \cdot \nabla S = \frac{\partial}{\partial z}\left(K_h \frac{\partial S}{\partial z}\right) + F_S \tag{12.7}$$

其中 T 与 S 分别为温度和盐度，K_h 为热垂向涡流系数，F_T 与 F_S 为温度及盐度扩散项。对于当前研究，该模型采用非结构化的三角形网格，相较于结构化的方形网格，有极强的复杂地形贴合能力，可以构建在岛礁附近空间分辨率为 100 m 左右的网格，并基于干湿网格判别技术，使得 FVCOM 拥有风暴潮岛礁海陆两地的潮位模拟能力。进一步将 FVCOM 模拟陆地增水模型与地表径流模型 SWMM 进行耦合。基于下垫面数据、排水数据、增水数据等，SWMM 模型同样通过建立地表汇流的连续性方程、曼宁公式、地下管道与管道节点汇流控制方程，以及表征地表下渗的专家经验 Horton 模型，构建陆地地表径流模型。为解决地下管网数据无法获取的问题，在城市区域预设定了地下管网结构，利用马尔可夫决策，通过城市提供的多次内涝水深测量数据拟合地下管网。在拟合地下管网结构之后，将海洋数值模拟的潮位数据，作为 SWMM 模型的输入，达到模拟灾害、预测灾害模型构建的目的。将 FVCOM 模拟的陆地水位作为 SWMM 模型的输入水量，在充分考虑岛礁上基础设施分布、排水泄洪设施的影响下，来定量模拟岛礁的灾害抵御能力。并利用热带气旋历史数据系统中与热带气旋数据对应的气压场、风场、天文潮、风暴增水、总水位、漫滩范围等观测信息对风暴潮的数值模拟结果进行验证。

在充分收集岛礁上各类基础地理信息资料，特别是土地利用现状和重要承灾体分布资料的基础上，参照国家海洋局颁布的《风暴潮防灾减灾技术导则》对各区域的脆弱性等级进行确定。以模拟出的城市内部积水高度为基础，结合城市功能区分类和城市土地利用数据，根据国家海洋局提出的《土地利用现状分类与脆弱性等级范围对应关系表》和《重要及易发生灾害承载体脆弱性等级参考表》中的受灾程度进行评估。直接经济损失采用损失率模型法，根据模拟得到的城市区域内积水状况，对土地分类计算每一个承灾体的积水状况，从承灾体出发，衡量单位承灾体的损失率，面积及造价：

$$S = \sum_{i=1}^{l} s_i = \sum_{i=1}^{l} V_i L_i N_i \tag{12.8}$$

其中 S 为直接经济损失；V_i, L_i, N_i 为承灾体价值，损失率及面积。受灾人口评估采用洪水人口风险法，根据洪水人口风险法（英国水利研究院提出）建立洪水特征、位置、人口特征在评估中的影响关系。

针对深圳市在历史上经历的两次风暴潮灾害，2016 年风暴潮"妮妲"和 2018 年风暴潮"山竹"，构建了风暴潮灾害的数字孪生模型。经过模拟，在风暴潮"山竹"中深圳市海域紧邻市区的仅有蛇口站和盐田站，积水模拟水位与蛇口验潮站记录的潮汐数据进行比较，平均准确率为 93.51%，盐田的准确率为 87.86%，模拟结果准确。对于风暴潮"妮妲"，强台风中心在 2016 年 8 月 2 日在深圳市大棚区和盐田区两次登陆。根据 8 月 3 日 18 时在深圳市区域模拟的水深，结合评估算法，得到危险性等级图，如图 12.6 所示。

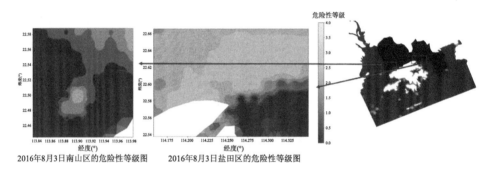

2016年8月3日南山区的危险性等级图　　2016年8月3日盐田区的危险性等级图

图 12.6　风暴潮"妮妲"中深圳市危险性等级图

基于上述分析，评估得到了 2016 年风暴潮"妮妲"和 2018 年风暴潮"山竹"灾害中直接经济损失（图 12.7）为 36.79 万元和 2.65 亿元，与官方统计相近（广东省海洋与渔业厅统计"妮妲"直接经济损失 36 万元，广东省自然资源厅统计"山竹"直接经济损失 2.55 亿元），模拟准确。评估 2016 年风暴潮"妮妲"灾害中受影响人数为 1.86 万人（图 12.8），受伤 24 人，无死亡；"山竹"受灾人数为 2.81 万人，受伤 41 人，无死亡，与官方统计相近（广东省海洋与渔业厅统计"妮妲"受灾人数为 1.83 万人，并未在深圳市区域造成人员死亡。中国应急管理部统计"山竹"造成广东、广西、海南、湖南和贵州 5 省区共计 5 人死亡，在深圳市未造成人员死亡），模拟结果准确。

根据直接经济损失和受影响、受伤、死亡人数模拟结果，可以分析得到：作为深圳市政治经济中心以及人口活动密集的行政区，宝安区、南山区及福田区由于地理位置邻接海、地势较低,是风暴潮灾害中直接经济损失和受灾人数的集中地区。风暴潮"妮妲"和风暴潮"山竹"从大鹏新区方向登陆,导致该区域也存在大量海水涌入问题,但由于目前该区域以山地为主,人口分布稀疏,生活、商业、工业用地较少,未造成太多损失。为减少风暴潮灾害所导致的损失,需要对宝安区、南山区和福田区的防洪堤进行加固,并在风暴潮灾害来临之前增设防洪沙袋,以减少风暴潮灾害对城市造成的损失。

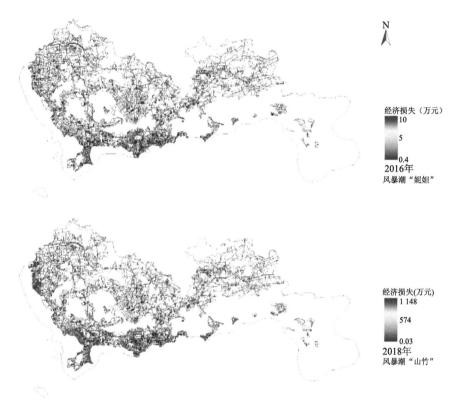

图 12.7 在风暴潮"妮妲"和风暴潮"山竹"中深圳市直接经济损失分布图

本节中,设计了一个风暴潮灾害数字孪生系统,从数据采集,预处理,数字空间孪生体的构建,到最后评估灾害影响状况,实时地监测城市系统的受灾情况,提供有效的防灾减灾的决策支持,对城市的灾害管理起到关键作用,实现了数字孪生地球模型的动态管理。

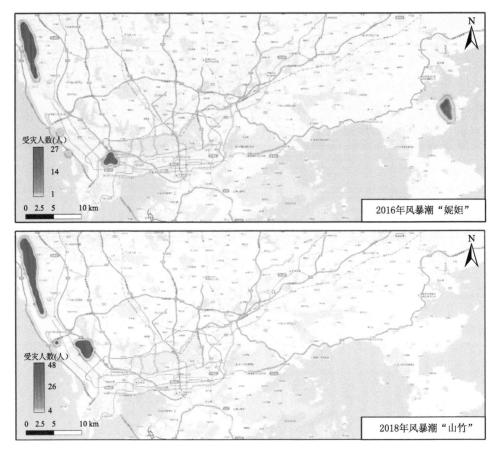

图 12.8　在风暴潮灾害"妮妲"和风暴潮"山竹"中深圳市受灾人数分布热力图

12.4　小　　结

本章从地球管理面临的严峻挑战入手，引出数字孪生地球是支撑地球系统高效动态管理的重要手段。进而，从数字孪生的定义及理论架构、数字孪生地球模型的设计构建和利用数字孪生地球模型提供管理决策支持这三个方面，层层递进，介绍数字孪生针对地球管理问题上的研究。最后，详细描述了风暴潮灾害数字孪生系统，以实际案例证明了数字孪生在地球管理方面的支撑作用。

参 考 文 献

董其上, 厍成荣. 1998. 地球科学 21 世纪的地球管理学. 地质科技管理, (S1): 6-8.

郭华东, 王力哲, 陈方, 等.2014.科学大数据与数字地球.科学通报, 59(12): 1047-1054.

熊金辉, 黄卫祖, 金成洙. 2007. 地学本体与地球系统科学知识体系建设. 中国地理学会 2007 年
　　学术年会论文摘要集.中国地理学会、南京师范大学、中国科学院南京地理与湖泊研究所、
　　南京大学、中国科学院地理科学与资源研究所: 中国地理学会, 1.

赵宗慈, 罗勇, 黄建斌, 等. 2020. 人工智能应用于地球系统科学. 气候变化研究进展, 16(1):
　　126-129.

Bachofer F. 2017. Assessment of building heights from pléiades satellite imagery for the Nyarugenge
　　sector, Kigali, Rwanda. Rwanda Journal, 1(1S).

Bao J, Guo D, Li J, et al. 2019. The modelling and operations for the digital twin in the context of
　　manufacturing. Enterp Model Inf Syst Archit, 13: 534-556.

Baumann P, Mazzetti P, Ungar J, et al. 2016. Big data analytics for earth sciences: The EarthServer
　　approach. International Journal of Digital Earth, 1-27.

Chen S, van Genderen J. 2008. Digital Earth in Support of Global Change Research. International
　　Journal of Digital Earth, 1(1): 43-65.

Chen S. 1999. The "Digital Earth" as a Global Strategy and Its Master Point. Journal of Remote
　　Sensing, 3(4): 247-253.

Chi M, Plaza A, Benediktsson J A, et al. 2016. Big Data for Remote Sensing: Challenges and
　　Opportunities. Proceedings of the IEEE, 104(11): 2207-2219.

Drusch M, Del Bello U, Carlier S, et al. 2012. Sentinel-2: ESA's Optical High-Resolution Mission for
　　GMES Operational Services. Remote Sensing of Environment, 120: 25-36.

European Commission. 2013. Commission Delegated Regulation(EU)No 1159/2013 of 12 July 2013
　　supplementing Regulation(EU)No 911/2010 of the European Parliament and of the Council on
　　the European Earth monitoring programme(GMES)by establishing registration and licensing
　　conditions for GMES users and defining criteria for restricting access to GMES dedicated data
　　and GMES service information. Retrieved from http: //data.europa.eu/eli/reg_del/2013/1159/oj.

Evans M R, Oliver D, Zhou X, et al. 2014. Spatial Big Data Case Studies on Volume, Velocity, and
　　Variety. In Big Data Techniques and Technologies in Geoinformatics, edited by Hassan A.
　　Karimi, 149-176.

Fan Y, Clark M, Lawrence D M, et al. 2019. Hillslope hydrology in global change research and Earth
　　system modeling. Water Resources Research, 55(2): 1737-1772.

Giorgetta M A, Brokopf R, Crueger T, et al. 2018. ICON-A, the atmosphere component of the ICON
　　Earth System Model: I. Model description. Journal of Advances in Modeling Earth Systems,
　　10(7): 1613-1637.

Glaessgen E, Stargel D. 2012. The digital twin paradigm for future NASA and U.S. air force
　　vehicles//Honolulu: The 53rd AIAA/ASME/ASCE/AHS/ASC Structures, Structural Dynamics
　　and Materials Conference, AIAA 2012-1818.

Goodchild M F. 2007. Citizens as Sensors: The World of Volunteered Geography. GeoJournal, 69(4):

211-221.

Grieves M, Vickers J. 2017. Digital twin: mitigating unpredictable, undesirable emergent behavior in complex systems. Kahlen FJ, Flumerfelt S, Alves A, editors. Transdisciplinary perspectives on complex systems. Springer, Cham: 85-113.

Grieves M. 2014. Digital twin: manufacturing excellence through virtual factory replication. White paper, 1: 1-7.

Guo H, Wang L, Liang D. 2016. Big earth data from space: a new engine for earth science. Chinese Science Bulletin, 61(7): 505-513.

Guo H. 2012. China's Earth Observing Satellites for Building a Digital Earth. International Journal of Digital Earth, 5: 185-188.

Guo H. 2017. Big Earth data: a new frontier in Earth and information sciences. Big Earth Data, 1(1-2), 4-20.

Harrison S P, Gaillard M J, Stocker B D, et al. 2020. Development and testing scenarios for implementing land use and land cover changes during the Holocene in Earth system model experiments. Geoscientific Model Development, 13(2): 805-824.

He G, Wang L, Ma Y, et al. 2015. Processing of Earth Observation Big Data: Challenges and Countermeasures. Chinese Science Bulletin(Chinese Version), 60: 470-478.

Jungclaus J H, Fischer N, Haak H, et al. 2013. Characteristics of the ocean simulations in the Max Planck Institute Ocean Model(MPIOM)the ocean component of the MPI‐Earth system model. Journal of Advances in Modeling Earth Systems, 5(2): 422-446.

Lang S, Schoepfer E, Zeil P, et al. 2017. Earth Observation for Humanitarian Assistance. GI_Forum 2017, 1: 157-165.

Ma Y, Wu H, Wang L, et al. 2015. Remote Sensing Big Data Computing: Challenges and Opportunities. Future Generation Computer Systems, 51: 47-60.

Madni A, Madni C, Lucero S. 2019. Leveraging digital twin technology in model-based systems engineering. Systems, 7: 7.

Maus V, Câmara G, Cartaxo R, et al. 2016. A time-weighted dynamic time warping method for land-use and land-cover mapping. IEEE Journal of Selected Topics in Applied Earth Observations and Remote Sensing, 9(8), 3729-3739.

NASA Advisory Council. 1988. Earth system science: A closer view.National Academies.

Notz D, Haumann F A, Haak H, et al. 2013. Arctic sea-ice evolution as modeled by Max Planck Institute for Meteorology's Earth system model. Journal of Advances in Modeling Earth Systems, 5(2): 173-194.

OGC2017. Big Geospatial Data–an OGC White Paper. Retrieved from http: //docs.opengeospatial. org/wp/16-131r2/16-131r2.html

Ramm F, Topf J, Chilton S. 2011. OpenstreetMap: Using and Enhancing the Free Map of the World. Cambridge: UIT Cambridge.

Salk C F, Sturn T, See L, et al. 2016. Assessing Quality of Volunteer Crowdsourcing Contributions: Lessons from the Cropland Capture Game. International Journal of Digital Earth, 9(4): 410-426.

Schleich B, Anwer N, Mathieu L, et al. 2017. Shaping the digital twin for design and production engineering. CIRP Ann Manuf Technol, 66: 141-144.

Schluse M, Rossmann J. 2016. From simulation to experimentable digital twins. IEEE Int Symp Syst Eng, 1-6.

Schwarz B, Pestre G, Tellman B, et al. 2018. Mapping Floods and Assessing Flood Vulnerability for Disaster Decision-Making: A Case Study Remote Sensing Application in Senegal//P.-P. Mathieu & C. Aubrecht(Eds.), Earth Observation Open Science and Innovation. Cham: Springer International Publishing: 293-300.

Sharif Ullah AMM. 2019. Modeling and simulation of complex manufacturing phenomena using sensor signals from the perspective of Industry 4.0. Adv Eng Informatics, 39: 1-13.

Soille P, Burger A, De Marchi D, et al. 2018. A versatile data-intensive computing platform for information retrieval from big geospatial data. Future Generation Computer Systems, 81: 30-40.

Tao F, Liu W, Liu J, et al. 2018. Digital twin and its potential application exploration. Comput Integr Manuf Syst, 24(1): 1-18.

Tao F, Zhang M, Neea A Y C. 2019. Digital twin driven smart manufacturing. Amsterdam: Elsevier, 5-7.

Tao F, Zhang M. 2017. Digital twin shop-floor: a new shop-floor paradigm towards smart manufacturing. IEEE Access, 5: 20418-20427.

Wang B, Shugart H H, Lerdau M T. 2019. Complexities between plants and the atmosphere. Nature Geoscience, 12(9): 693-694.

Wang Y, Chen X, Wang L, 2020. Effective IoT-Facilitated Storm Surge Flood Modeling Based on Deep Reinforcement Learning. IEEE Internet Things J, 7(7): 6338-6347.

Wang Y, Chen X, Wang L. 2022. Differential semi-quantitative urban risk assessment of storm surge inundation. In ISPRS Workshop on Geo-Information for Disaster Management(Gi4DM 2022), Beijing, China.

Wulder M A, Coops N C. 2014. Make Earth observations open access. Nature, 513(7516), 30-31.

第13章

地球大数据助力全球变化研究

全球变化研究中依据各变量在地球物质转化和能量平衡过程中相对作用大小的定性（或定量）认知，将其分为敏感因子和一般因子。将那些对地球物质转化和能量平衡具有重要影响或敏感响应的环境变量（或因子）称为敏感因子，即"全球变化敏感因子"。传统的非遥感空间观测方式难以获取全球变化的部分敏感因子，或者难以获得精确的空间尺度上的全球变化因子，而遥感在多尺度观测上具有不可替代的优势。过去几十年来，随着遥感技术的发展，从外层空间对各敏感因子的获取能力，包括时间、空间分辨率和精度在不断提高，这些信息是人类理解地球系统及其变化的基础数据，并在全球变化研究中受到越来越广泛的应用（郭华东，2010）。

然而，现有的变化遥感观测和信息提取的定量化、集成化、智能化水平远不能满足全球变化研究的预期需求，需要大力提高。借助地球大数据探究全球变化因子与空间观测之间的相互作用机理与模式识别，可以提高全球变化敏感因子的空间遥感监测水平，实现多平台遥感数据互验互校。有利于充分地掌握全球变化敏感因子的时空变化规律，提升全球变化研究中模式与分析的准确性，对于有效驱动全球环境变化系统各种过程的模拟具有重大科学意义。

13.1 全球变化敏感因子概述

空间对地观测技术可以快速、实时、动态、准确地监测全球和区域尺度的环境变化问题，也可以实时、快速地进行跟踪和监测突发性极端环境事件，具备传统监测方法无可比拟的优势。国际社会和公众从不同层次对全球变化给予了越来越多的关注。全球变化对人类的生活、生产甚至生存都具有重大影响，在一些发达国家遥感空间信息技术已经被用于仿真展现人类生活环境对全球变化的若干响应，有必要通过结合科学的数据，仿真模拟人类生活环境对全球变化的响应，为政府决策、推动公共认知做出贡献。

13.1.1　全球变化敏感因子研究意义

全球变化敏感因子的空间监测与认知是推动中国经济社会可持续发展、支撑我国乃至全球协同遥感观测的重要保障。

（1）全球变化监测是中国经济社会可持续发展的迫切需要

人类活动导致了迅速而剧烈的地球环境变化，地球环境的变化反过来也影响着了人类活动。随着我国经济快速的快速发展，环境资源被过度开发和消耗，进而造成了严重的环境污染和生态破坏。近年来极端天气事件（如台风、暴雨洪涝、干旱以及冰雪灾害事件）发生频率和强度的增加与全球变化关系密切，它们正对自然和人类系统产生严重威胁。随着全球变化成为日益国际化的问题，各国已越来越多地将全球环境变化因子监测研究与国家利益以及国际政治和外交联系在一起。建立我国特有的全球变化监测系统，不仅是我国科学研究工作的迫切需要，也是维护国家权益和建立和谐世界的外交工作的迫切需要。全球变化敏感因子是可快速反映地球变化的指标，精准、快速地监测敏感因子的变化是国家生态环境保护及经济宏观决策的基础，是中国经济社会可持续发展的迫切需要。

（2）对地观测技术发展是国家科技实力提升的重要标志

全球变化监测涉及到地球气候系统的五大圈层（大气圈、水圈、生物圈、土壤圈、岩石圈）诸多因子及其相互作用关系，针对大气、陆气、海气过程感应指示全球变化的重要指标包括地球辐射平衡、气溶胶、臭氧层、水汽、降水量、地表反照率、冰川变化、湖泊进退、地表河流、土地覆被、植被生产力、全球极区海冰、区域海洋风场、海面高度异常、海面温度以及海洋生物学参数等。

对地观测技术由于具有宏观、快速、准确等特点，已成为宏观全球环境变化因子监测不可替代的重要技术手段。但我国对地观测监测全球变化因子的基础性研究，仍存在许多不足，远远不能满足当前全球变化研究的应用需求。对于哪些指标可采用对地观测技术进行有效的监测以及如何确定其最佳监测光谱分辨率、时间分辨率和空间分辨率，我们不仅缺乏理解，更没有形成实用模型数据库。其主要原因是各学科之间的渗透、交流、综合少，各研究之间相互独立，很少进行学科之间交叉，使得一些遥感模型反演在数学上甚至是病态的。因此，我国迫切需要对全球环境变化因子多尺度变化规律及相应遥感信息机理进行多学科交叉综合研究，开拓全球变化对地观测的技术与理论方法。在多学科交叉的综合研究基础上，依托我国特有的全球变化响应区开展多平台对地观测实验，探索全球变化敏感因素的空间观测机理和方法，全面提升我国复杂全球变化因素对地观测理论与技术水平，突破对地观测的应用瓶颈，扩大对地观测的应用领域。

（3）全球变化空间观测方法支撑中国乃至全球协同遥感观测

国际全球变化研究经过近 20 年的发展，已形成了以大型国际计划为框架的研究体系。目前在轨道上运行的卫星传感器可以提供大量高精度、高分辨率的地球大气、海洋和表面的空间和时间观测。这些卫星传感器在电磁波谱、重复观测频率、空间分辨率、方向和模式方面都存在差异，利用这些不同的卫星进行全球协同监测是当前遥感监测的重要趋势（吴炳方，2016）。

我国科学家围绕全球变化问题做了大量的地面观测研究，并建立了大气环流模式和海洋环流模式，冰雪与气候耦合模式等，取得了一系列非常有益的学术成就，但是对于遥感观测综合研究还存在诸多问题。例如，当前我国在围绕全球变化进行的系统对地观测研究方面还比较薄弱，未能很好地为全球变化研究和地球观测技术发展做出贡献。作为一个负责任的大国，中国科学家需要对全球变化研究做出更大贡献。因此，利用我国的全球变化响应区域优势，进行空间观测全球变化敏感因子的机理与方法研究不仅将树立我国全球变化研究及全球协同遥感观测的地位，还为全球变化研究和全球协同遥感观测做出更多更大贡献。

全球变化敏感因子的空间监测与认知是深入开展全球变化研究、探索时空演变规律的科学依据。

（1）全球变化因子的定量提取是深入开展全球变化研究的前提

IPCC 报告中指出，地表变化对气候的作用与对大气的作用同样重要，但是目前对地观测领域却没有与其重要性相当的研究，尤其是陆表关键参数在气候、水文模型中没有得到很好的应用。全球变化的进一步深入研究有赖于遥感反演的变化因子，实现真正的定量化和时空连续性，满足大气、陆气、海气过程等模型的要求。

（2）全球变化因子过程模型为多平台观测数据同化奠定了理论基础

在全球变化因子的遥感数据同化反演中，基于变化因子探测机理模型，通过有效利用多平台不同传感器的观测数据，解决了单一传感器在信息提取及反演中的许多问题。并且基于多种因子的时空变化响应模式融合多源遥感数据进行综合因子变化信息的提取，有望实现地球变化异常预测预警，为多平台空间观测带来广泛的应用前景。

（3）多源对地观测数据为全球变化因子的时空演变观测奠定了数据基础

对地观测技术的发展增进了人类获取地球系统数据的认知方式。多源对地观测弥补了观测空间及时间分布的不均匀，为科学研究大气、陆地、海洋提供长期、稳定的空间数据，并对全球变化研究起到基础性支撑作用。利用目前常用的业务化运行的传感器对地观测数据分析哪些指标可采用对地观测技术进行有效的监测，以及其最佳监测光谱分辨率、监测时间频率和监测空间分辨率，可以为未来空间观测提供科学依据，对我国遥感事业的发展将起到了重要作用。

13.1.2　全球变化敏感因子认知方法

针对全球变化三大焦点问题（或未来风险）——碳收支、水安全、粮食安全涉及的能量平衡、水循环、碳循环、冰冻圈变化与海洋环境关键参数，基于大数据平台的多源全球变化关键参数数据产品，对比和分析全球变化关键参数的季节、年际和年代际变化特征，揭示其区域差异和空间关联性特征（郭华东，2013）。利用时间序列分析、空间聚类分析、突变检测等方法，研究全球森林碳汇与海洋初级生产力，高亚洲地区、干旱与半干旱地区、全球农业主产区水安全敏感因子，与粮食安全密切相关的全球贫困敏感因子的空间分布规律、时间变化规律，敏感因子异常变化发生的空间敏感区和时间敏感段及其成因，揭示敏感因子的时空变化过程，异常变化的驱动因子。利用时间滞后相关、空间遥相关等方法，研究圈层内与圈层间的敏感因子间的相互影响机制，认知圈层内与圈层间敏感因子的关联关系（左丽君，2021）。围绕全碳、水安全、贫困，研究全球变化相关敏感因素的准确认知方法，分析全球变化敏感因素、敏感因素与焦点、趋势变化模型之间的相关性，研发针对三大焦点的综合大数据分析技术模型（吕政翰，2019）（图13.1）。

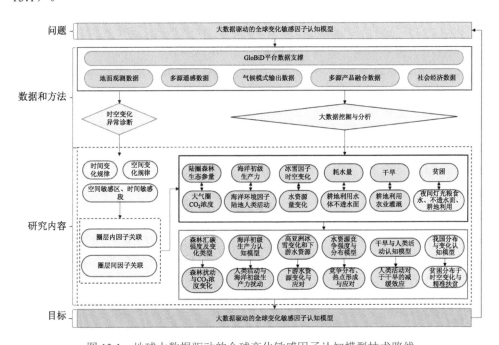

图 13.1　地球大数据驱动的全球变化敏感因子认知模型技术路线

13.2　冰冻圈水相态转换敏感因子

围绕全球变化重大科学问题和国家重大战略需求，以对全球变化有敏感响应和重要影响的青藏高原为实验研究区，通过对地观测和地面观测结合的手段，分析全球变化敏感因子的时空特征及其影响。面向全球变化研究需求，拓展全球变化敏感因子探测方法，将遥感参数应用于气候变化研究模式，提出全球变化敏感因子的遥感参数模式化方案。

13.2.1　冰川敏感因子时空特征

1. 基于干涉 SAR 失相干特性的冰川边界信息提取

由于内陆冰川表面失相干问题严重，可以通过比对冰面和非冰覆盖区域相干系数差异性特征，然后借助阈值法进行冰川边界提取（姚治国，2010）。基于地学信息图谱和景观信息图谱理论和方法，利用 Arc/Info Grid 中的地图代数语言将各期冰川专题数据（如从多源遥感数据提取的 1976 年、1990 年、1999 年、2003 年、2007 年等系列冰川数据）以时间先后为序进行集成，建立冰川变化图谱。图谱方法可以有效检测并屏蔽多时相、时间序列影像之间对冰川分类差异而带来的冰川变化不确定，可以提高山地冰川动态变化分析的准确性（周建民，2010）。x 基于该方法所得数据集，可进行多时段、不同地形地貌单元冰川分布空间变化特征分析，进而对青藏高原的 79 条冰川面积变化时空特征开展研究。研究发现 1970 年以来青藏高原冰川普遍退缩，近年来出现加速退缩趋势，且面积小于 1 km^2 的小冰川明显比大冰川退缩迅速。但是冰川变化存在显著空间差异性，沿喜马拉雅山脉冰川退缩幅度最大，高原中部次之，西北部喀喇昆仑-西昆仑冰川基本稳定，甚至出现个别冰川前进的现象。

2. 冰川冰量变化

基于合成孔径雷达差分干涉测量技术、ICESat/GLAS14 高程数据、光学立体像对 DEM 生成技术及冰面高程差分 GPS 实测数据的交叉验证，建立山地冰川厚度（冰面高程）变化的提取技术方法，为山地冰川冰量变化对海平面变化的贡献研究奠定了方法基础（Xing，2009）。利用 SAR 干涉数据经干涉处理后获得的冰川表面形变变化量来探测冰川的厚度变化，可达到厘米级精度。本方法选取青藏高原中部唐古拉山冬克玛底冰川作为实验区进行验证。试验结果显示在 SAR 数据覆盖的时间区间内该冰川表面有明显的厚度变化，主要表现为冰川的末端都在消融，冰川最上端的粒雪盆区域在积累的特征（图 13.2）。另外，研究还发现冬克玛底冰川的中部位置出现了消融和积累并存的现象，冰川中轴线以东消融而以西却是在积累（Zhou，2011a）。

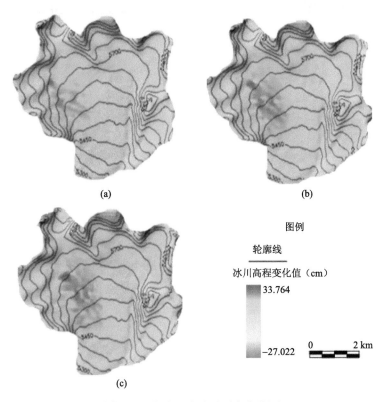

(a)

(b)

图例

轮廓线

冰川高程变化值（cm）

33.764

−27.022

0   2 km

(c)

图 13.2   冬克玛底冰川厚度变化图

ICESat 高程数据与 SRTM DEM 计算的结果显示，在 2000～2009 年间喜马拉雅西段纳木那尼冰川厚度减薄速率为 0.58m/a 水当量，介于物质平衡的实测结果（0.56 m/a 水当量）和 GPS 测量的冰面减薄结果（0.65m/a）之间。考虑到三种方法对冰川表面积雪密度处理方式的不同，研究人员认为 DEM 方法的精度适合于冰量变化的研究。在更长时间尺度上（1969～2000 年），青藏高原中部唐古拉冰川群处于明显消融状态，平均厚度累积减薄 12.4 ±6 m，变化范围为−57.2 ±6 m 到 32.8 ±6 m，减薄速率为 0.4m/a；南面和东面的冰川消融非常明显，北面的冰川具有一定的积累（图 13.3）。就单个冰川而言，南面和东面的冰川呈现冰川末端和顶端消融明显，中间消融较慢，两侧具有一定积累的特点；北面的冰川除个别呈现明显消融，其余都得到了一定的补给，呈现积累的趋势（Xing，2011）。结合冰川冰量的时间变化，研究人员基于2006年12月4日ALOS/PRISM生成的DEM数据和1974年1:50 000 国家基础DEM数据，进一步研究了冰川消融对径流的影响，计算出珠峰北坡绒布流域平均每年的冰川消融量为0.06 km^3/a，根据绒布河实测水文径流数据，该流域冰川消融对径流的贡献率在 60%左右（Zhou, 2011b）。

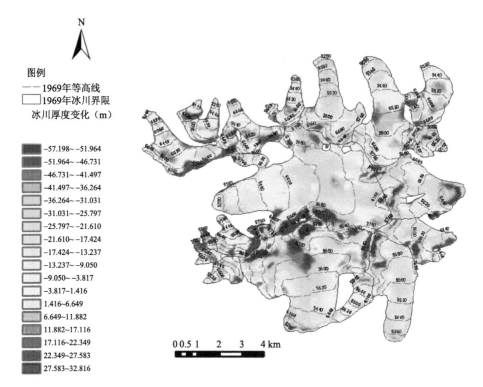

图 13.3   1969～2000 年冰面高程变化空间分布图

3. 基于极化雷达数据的冰川瞬时雪线精确提取

在经过正射纠正以及辐射校正的雷达图像上采用支持向量机算法，将冰川区分为湿雪区、裸冰区以及周边区域（如裸地、岩石等）。分类图上的湿雪区和裸冰区之间的界线即可认为是瞬时雪线。这种方法既简化了分类步骤，又保证了雪线的精确性（Huang et al., 2013）。另外，通过对比研究区内获取的不同冰川雪线高程，发现唐古拉山南向的冰川比北向的冰川具有更高的雪线高度（图 13.4），差距大约在 40～70 m，这表明南向冰川接受太阳照射更多，湿雪退缩到更高的海拔高度。据此，在采用 1997～2007 年间 18 幅 ASAR、ERS-2、RADARSAT-2 的

SAR 影像，结合历史记录和实地考察，对冰川进行综合、连续的观测之后，研究发现了冰雪对 C 波段的响应特征和揭示了 1997～2007 雪线变化规律（图 13.5）（Lei，2012）。

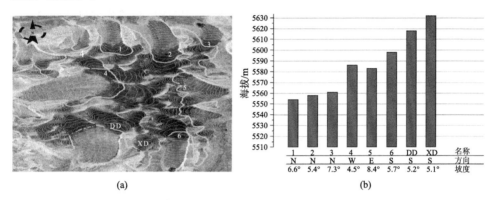

名称	1	2	3	4	5	6	DD	XD
方向	N	N	N	W	E	S	S	S
坡度	6.6°	5.4°	7.3°	4.5°	8.4°	5.7°	5.2°	5.1°

(a)　　　　　　　(b)

图 13.4　雪线/等高线与雷达正射图像叠加（a）；区域内不同冰川的海拔高度以及朝向/坡度（b）

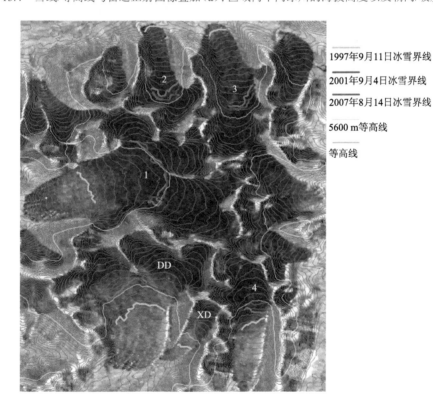

—— 1997年9月11日冰雪界线

—— 2001年9月4日冰雪界线

—— 2007年8月14日冰雪界线

—— 5600 m等高线

—— 等高线

图 13.5　通过 SAR 图像提取的冰川 1997～2007 年冰雪界线

4. 冰川运动

基于 SAR 干涉测量技术建立了适用于山地冰川运动速度提取的方法,针对我国西部典型冰川开展了运动速度提取试验,所得结果通过实地测量数据的验证后呈现出了较高的精度,有效地解决了人工无法到达区域的山地冰川运动速度的提取问题和克服了常规测量中只能获取到冰川表面上单点运动速度的局限性(Huang,2011)。此外,以往研究利用 SAR 差分干涉测量和偏移量追踪法获取了慕士塔格地区 11 条冰川从 2008 年到 2010 年的冰川运动速度,对该区域的不同形状、位置和朝向的冰川运动速度进行了对比分析(Huang,2010)。为了便于对该区域冰川的变化情况进行深入分析,研究将该区域的冰川按北、东、南、西四个方向分为 A、B、C、D 四个区。通过对结果的分析发现如下特征。①该区域西部和南部的冰川运动快于东部和北部的冰川运动速度;②冰川的运动速度受到冰川面积大小、冰下地形的影响较大;③冰川表碛物对冰川运动速度的影响明显;④冰川运动速度年季变化较明显的现象都集中在运动速度比较快的冰川上。另外研究也对每条冰川的运动速度特点进行了量化分析,并发现慕士塔格冰川群冰面的运动特点非常复杂,不同冰川运动特点差异显著,这些特点主要与冰川的形状、大小和地理位置相关(Zhen et al.,2010)。

13.2.2 冻土敏感因子时空特征

1. 冻土表面形变

研究人员采用时间序列干涉 SBAS(小基线)技术,对 2003~2010 年间 45 景 ENVISAT-ASAR 影像进行处理,获取了青藏高原北麓河地区的长期形变和季节性形变数据集。北麓河地区的高相干点主要集中在铁路、公路、山区的裸岩以及稀疏植被区。气候变暖导致冻土层融化,从而引起地表长期沉降,形变速率介于 $-8\sim-2$ mm/a(Tang,2011)(图 13.6)。铁路、公路和山区裸岩较为稳定,年形变速率分别为 -1.01 mm/a、-1.47 mm/a 和 -0.75 mm/a。稀疏植被区的形变速率区域差异明显,具体表现为高海拔、较干旱地区较为稳定,低海拔特别是河谷流域因为水分补给充足,冻土发育良好而受气候影响较大,沉降明显,最大年沉降速率超过了 1cm。与长期形变不同,季节形变主要由活动层季节性的冻融循环引起。可以依据平均气温,把一年分为冻土结冻期($<0℃$,10 月中旬至来年 5 月中下旬)和融化期($>0℃$,5 月下旬至 10 月中旬)。当温度低于 0℃时,活动层内的水分会结冻成冰,体积增大,致使地表抬升或者开裂。当温度高于 0℃时,活动层内的冰融化成水,体积减小,形成气孔,上层地表在自身重力下挤压气孔,从而引起地表下沉。这种规律可以概括为"冻胀融沉"，可以最直接地体现在稀疏植被区的形变探测结果中（图 13.7）。在有显著长期沉降和无显著长期沉降的这两类有代表性的区域中，均表现出了季节性的"冻胀融沉"变化，一年中变化幅度大于 1cm。图 13.7 还展示了季节性的气温变化，总体表现为与地表季节形变周期相同，趋势相反。

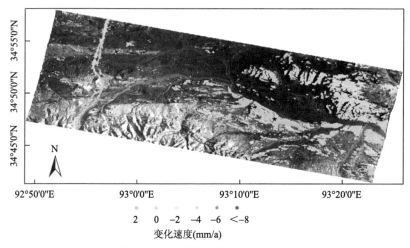

图 13.6　北麓河地区年形变速率图

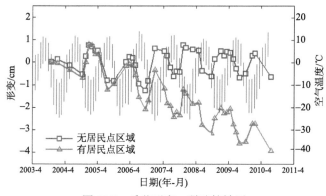

图 13.7　季节形变—稀疏植被区

2. 土壤水分

有研究者提出了一种新的基于物理的单频率被动微波辐射计土壤水分反演算法。这种土壤水分反演算法优点在于不受极化依赖的假设，它主要是基于植被光学厚度和零阶辐射传输模型，把植被和地表粗糙度二者的影响综合为一个影响参数。然后基于该影响参数，通过 H/V 两个同频率下极化通道确定土壤水分相关的表达式，并带回到辐射传输方程中。最后，利用微波极化差异指数（MPDI）消除地表温度的影响，通过非线性迭代算法取得 MPDI 观测值与 MPDI 模拟值之间的绝对值最小差来确定土壤水分最优值（陈权，2012）。

研究人员通过对比多尺度土壤温湿度观测网实测值对算法反演土壤水分数据产品与 NASA AMSR-E、SMOS 官方土壤水分产品在时间序列上差异性特征，结果发现二者在整体趋势演变和具体数据值上都基本与地面实测数据保持一致，这进一步验证了该算法的有效性和科学性（图 13.8）（Zhen，2014）。

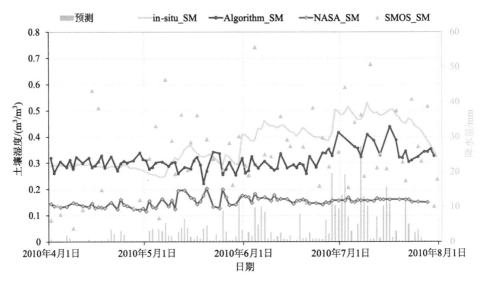

图 13.8 站点实测的土壤水分与算法反演的土壤水分及 NASA AMSR-E、SMOS 官方土壤水分产品的时间序列对比（2010 年 4 月 1 日～2010 年 7 月 31 日）

13.2.3 湖泊敏感因子的时空特征

有学者对青藏高原不同区域的 9 个湖泊开展了系列湖泊敏感因子相关研究（图 13.9）。①用 Landsat 数据以单波段阈值法为基本方法获取湖泊面积数据，分析湖泊年内面积变化特征；②利用 ICESat 数据以平均值法获取湖泊水位数据，建立高程与面积数据之间的关系，反演出面积数据所对应的高程值；③利用水量估算模型分析湖泊不同季节的年际相对水量变化特征；④基于气象站降水量和平均气温分析不同湖区湖泊变化对气候变化的响应。研究结果显示，2003 年以来青藏高原湖泊变化呈现很大的空间差异特征。具体如下：①藏南湖区佩枯错和玛旁雍错湖泊呈现出退缩趋势，并且春季年际相对水量变化率小于秋季；②相反地，羌塘湖区的五个湖泊呈现扩张趋势，其中纳木错在春季年际相对水量变化率大于秋季；③类似地，柴达木湖区青海湖和藏东湖区扎陵湖均呈现扩张趋势，并且都表现出在春季的年际相对水量变化率大于秋季。气候变化（气温、降水、蒸发）和冰川消融对青藏高原不同区域湖泊水位变化的影响如表 13.1 所示（赵永利，2014）。

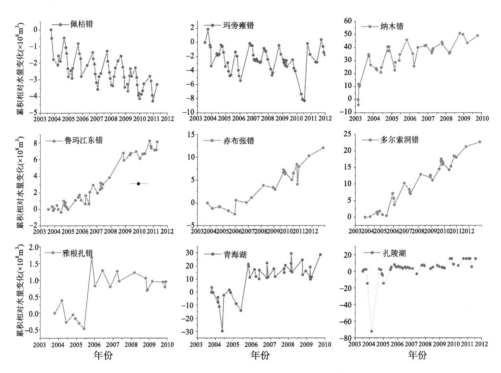

图 13.9　青藏高原不同区域湖泊水量变化

表 13.1　1974～2003 年玛旁雍错流域冰川和湖泊变化

变化类型	面积（km²）	变化比例（%）	年均变化面积（km²/a）	年均变化比例（%/a）
湖泊区	744.04	4.90	1.32	0.17
冰川区	100.34	7.26	0.27	0.25
1974～1990 退缩的冰川区域	3.24	2.99	0.20	0.19
1990～1999 退缩的冰川区域	2.91	2.77	0.32	0.31
1999～2003 退缩的冰川区域	1.43	1.41	0.36	0.35
1974～1990 前进的冰川区域	0.03	0.03	0.00	0.00
1990～1999 前进的冰川区域	0.02	0.01	0.00	0.00
1999～2003 前进的冰川区域	0.00	0.00	0.00	0.00
1974～1990 减少的湖泊区域	27.24	3.48	1.70	0.22

续表

变化类型	面积（km²）	变化比例（%）	年均变化面积（km²/a）	年均变化比例（%/a）
1990~1999 减少的湖泊区域	19.33	2.54	2.15	0.28
1999~2003 减少的湖泊区域	8.94	1.20	2.24	0.30
1974~1990 扩大的湖泊区域	4.37	0.56	0.27	0.03
1990~1999 扩大的湖泊区域	5.41	0.71	0.60	0.08
1999~2003 扩大的湖泊区域	11.53	1.55	2.89	0.39
非冰川/湖泊区	6892.19			

13.3　陆面敏感因子

探讨并验证陆面敏感因子的遥感探测机理和多源遥感反演新技术，开展陆面敏感因子遥感探测结果的同化方法研究，能够为开展复杂陆面环境的全球变化区域遥感参数化模式模拟提供重要数据支持。探索陆面敏感因子遥感器探测系统指标优化和配置的新理论新方法，将提高对地观测系统对全球变化敏感因子的有效观测。

13.3.1　植被物候空间观测及气候变化响应与驱动

气候变化会影响植被物候期，物候期变化通过影响生态系统生产力（赵晶晶等，2012），进而影响陆地生态系统碳收支平衡（刘玲玲等，2012）。有研究基于北美通量观测站的4级通量数据，应用物候期相对阈值提取方法，将2个北美阔叶林共20年返青期、枯黄期和生长季长度与生态系统生产力响应关系进行对比（赵晶晶等，2013）。研究表明：①三个物候期中，返青期与生产力的响应关系最优；②全年GPP与生长季长度变化相关性显著水平较弱（最高为0.05）；③同纬度下垫面均质性越好的阔叶林生态系统，物候期与同期生产力变化显著相关水平越高；④全年NEP与生长季长度无显著相关性，随着春季返青期的提前和枯黄期的延迟，上、下半年GPP和RE的累积量均有增加趋势。

研究利用马里兰大学整理的GIMMS AVHRR NDVI数据，根据对生长季模拟分析，采用NDVI动态阈值方法确定植被的生长季参数（返青期、生长盛期、枯黄期、生长季长度）。根据反演的植被物候参数，分析了物候参数的年际变化趋势，如图13.10和图13.11所示。

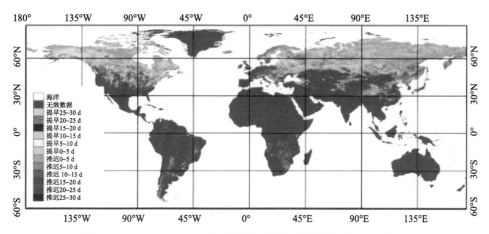

图 13.10 1982~2006 年全球植被返青期变化趋势空间分布格局

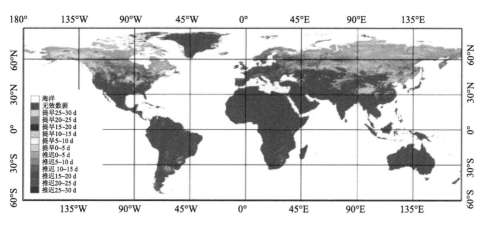

图 13.11 1982~2006 年全球植被枯黄期变化趋势空间分布格局

基于物候参数 1982~2006 的年际变化趋势,统计全球的不同植被类型枯黄期推迟和提早的象元数目,平均推迟的天数,以及不同植被类型推迟象元数目所占的百分比。结果表明从 1982~2006 年全球不同植被类型枯黄期 80%以上呈现出推迟趋势,平均推迟 8 天/24 年,不同植被类型差异较大。

以往研究进一步分类了物候的气候变化响应幅度,发现在北半球中高纬度地区,气温是限制植被生长的主要气候因子。1982~2006 年不同植被类型对应 5 月份平均温度每升高 1℃,返青期平均提早 10 天;生长季长度平均延长 15 天;不同植被类型对应的年均气温每升高 1℃,生长季长度平均延长 18 天。

13.3.2 锡林浩特 C3、C4 草地遥感监测与气候变化响应

气候变化将改变温带草原 C3 和 C4 功能群的分布格局，对全球碳循环和区域牧草生产力产生巨大影响。研究基于 2010 年和 2011 年草地群落生物量及群落调查结果，将锡林浩特草地群落分为 PC3、C3C4、C4C3、PC4 四类群落。研究结合 MODIS NDVI 数据集，寻找四类群落季相生长差异，并基于物候差异特征建立分类决策树，对锡林浩特草原 C3 和 C4 植物进行了遥感分类（Liu，2011），锡林浩特草原 C3、C4 草地遥感分类如图 13.12 所示，总体精度达 87.3%，Kappa 检验值为 0.83。PC3 群落分类精确度在所有群落分类中最高，其次是 PC4 群落的分类结果（Guan et al.，2012）。

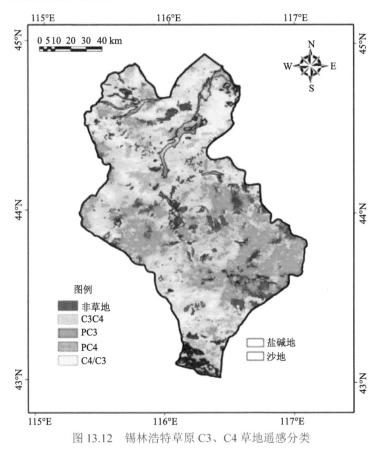

图 13.12 锡林浩特草原 C3、C4 草地遥感分类

另外，以往研究对 2011 年的 23 个地面观测样地的数据进行了三次重复访问，其中有效生物量数据值有 66 个。基于此，分析得到了 C3、C4 草原生物量的最优

反演模型，并选定锡林浩特草原地区打草场和围封样地的 C3、C4 群落作为研究区域，分析了 2000～2011 年期间锡林浩特草原 C3、C4 植被生物量的季节性特征及其气候变化响应特征，研究结果发现：

（1）C3、C4 植物群落在生长季的多年平均生物量呈单峰曲线。具体地，盛夏之前，C3 植物群落的生长速率和生物量始终处于领先地位，之后 C3 群落将进入生长"休眠状态"，而此时是 C4 植物群落生长速率和生物量积累的旺盛时期。5 月份是 C3 与 C3/C4 混合植物群落生物量增长率最高时期，分别为 44.50% 和 28.92%；而 8 月份是 C4 植物群落生物量增长趋势最为明显时期，生物量变化率达 31.13%。

（2）研究期间 C3/C4 草原年生物量与累积降水之间呈正相关关系，与其他因子之间存在负相关关系。有效积温和生长季均温的升高对 C4 群落的干扰明显弱于对 C3 和 C3/C4 年最大生物量影响。4 月份温度回升可以有效促进返青期的 C3 与 C3/C4 群落生物量积累。7 月和 8 月月均温与 C3 群落生物量之间存在显著的负相关关系，而月均温对其他两个群落没有显著性影响。

（3）降水可以有效促进植物群落生物量的积累，C3 群落年内最大生物量的增幅明显高于其他两个群落，其中夏季降雨对 C3 植物群落生物量积累影响最为显著。逐月时间序列分析结果显示，C4 群落生物量累积在 4～6 月份受到降水的影响最强，而 C3 群落则在 5 月、7 月受到降水的影响较强，7 月受降水影响尤为明显。此外，降水对 C3、C4 群落的影响规律在锡林浩特和北美大草原差别显著。

13.3.3　植被 FPAR 空间观测及气候变化响应与驱动

基于 GIMMS NDVI 数据，利用反演全球 1982～2006 年长时间序列的 FPAR 对植被 FPAR 年际、季节变化进行空间观测（Peng，2012a），研究气温、降水、ENSO 现象、森林砍伐与植树造林等对 FPAR 时空变化的驱动（Peng，2012b）。研究结果发现结合 NDVI 与 SR（简单指数）共同反演 FPAR 结果更为准确（Peng，2011）；全球尺度的 FPAR 空间变化不仅受植被类型的影响，而且还受季节变化的影响。纬向上，北纬 30 度以北季节变化非常明显，呈单峰曲线。在赤道附近，尤其是北纬 10 度至南纬 20 度之间，由于常绿植被的影响，FPAR 季节变化不太明显。1982～2006 年全球 FPAR 年际变化率主要集中在–0.1～0.1 之间，但在部分地区出现了年际变率接近甚至大于 0.2 的情况。研究得出气温、降水对 FPAR 的影响存在季节与空间两方面的差异（图 13.13 和图 13.14），全球范围内各季气温降水对 FPAR 有显著影响的区域仅为 12%～45%（Peng，2012c），ENSO 所引起的极端干旱对亚马逊热带雨林地区的 FPAR 有显著作用。除了气候变化外，森林砍伐与植树造林等人类活动对以东南亚与中国三北防护林为代表区域的 FPAR 影响也很明显。

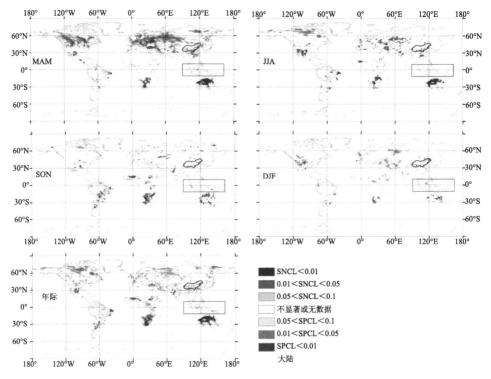

图 13.13　FPAR 年际变化与气温的相关性空间观测

图中圈定的区域为单独分析的区域

13.3.4　区域卫星观测大气 CO_2 浓度的时空变化

有研究利用 GOSAT 卫星观测反演的 2010～2012 年间的大气 CO_2 浓度数据，评价并分析了 GOSAT 卫星观测刻画的区域和全球大气 CO_2 时空变化特征，进一步探索卫星观测在碳汇/碳源引起的大气 CO_2 浓度变化监测方面的应用潜力（Zhao，2011）。

GOSAT 卫星观测结果指出 2010～2012 年全球陆地大气 CO_2 浓度水平为 380～400 ppm（图 13.15），观测年增长量 1.9～2.2ppm（图 13.16），和地面大气本底浓度观测站的观测结果基本一致。

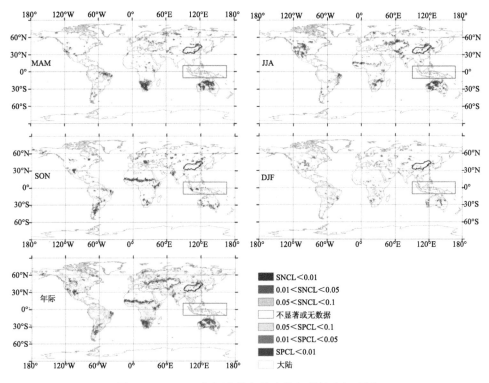

图 13.14　FPAR 年际变化与降水的相关性空间观测

图中圈定的区域为单独分析的区域

　　将 GEOS-Chem 模型（基于物理大气传输模型、生态吸收模型以及人为和自然排放估计的模拟）模拟的 CO_2 浓度与 GOSAT 观测的 CO_2 浓度进行比较（图13.17），可以发现 GOSAT 观测的数值普遍低于模型模拟的数值，而 GOSAT 观测的 CO_2 浓度数值的变化率则明显大于模型模拟的数值。卫星观测可以客观地实时掌握观测点的 CO_2 浓度，因此与模型模拟相比，通过卫星观测得到的大气 CO_2 浓度的空间变化可以更客观地说明人为源等对 CO_2 浓度的贡献。另外，卫星观测和模型模拟之间的一致性在区域方面显示出不同的结果（布然，2014）（图13.18）。在美国陆地区域显示了高度一致性的结果，相关系数在 0.8 以上；而在中国夏季模型高于卫星观测约 2ppm，冬季模型低于卫星观测 1ppm 左右，相关系数为 0.7。剖析 GEOS-Chem 模型驱动参数（卫星遥感反演的叶面积指数、植被分布、人为排放统计数据等）不确定性，GEOS-Chem 模型可能低估了夏季中国植被的碳汇能力，而对比于模型模拟，卫星观测对冬季取暖人为排放活动引起的 CO_2 浓度的变化更为敏感。

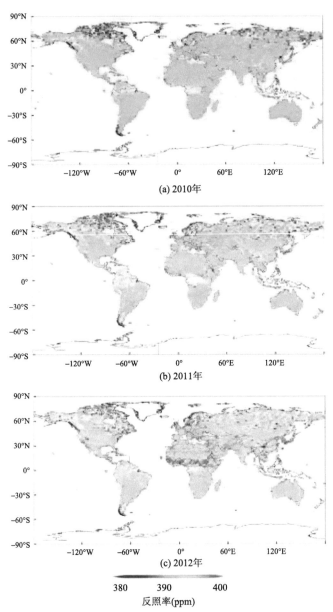

图 13.15　GOSAT 观测的 CO_2 浓度年均值

13.3.5　环渤海与青藏高原地表反照率变化的对比分析

　　地表反照率（Albedo）是陆面辐射能量收支的重要参数之一。有研究课题以人文与自然环境截然不同的环渤海北京地区和青藏高原黄河源区玛多为研究区，

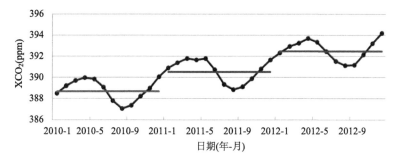

图 13.16　GOSAT 观测的全球 CO_2 浓度的季节变化和年增长量

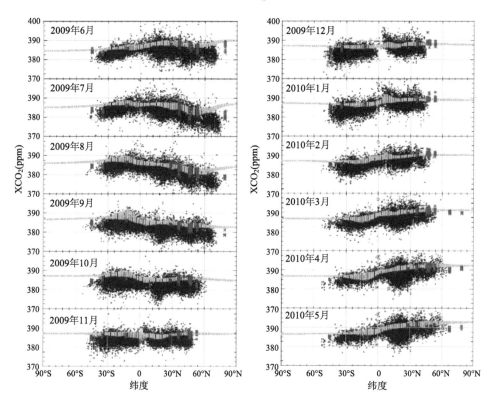

图 13.17　原始 footprints 的 XCO_2（黑色）、GEOS-XCO_2 日均值（绿色）、TCCON-XCO_2 日均值（红色）数据的全球比较

针对多年时间系列的 MODIS-Albedo 卫星遥感数据,对比分析了区域 10 年来地表反照率的时间序列变化特征及其驱动因子，以揭示土地利用以及自然环境的变化对地表能量辐射平衡的影响（Zhou，2009）（图 13.19）。综合分析结果显示：①北京近 10 年来整个区域的年均值总体并没有呈现出明显的年变化;②玛多区域

的整体年变化受雪覆盖影响很大，区域 Albeo 年变化总体呈现增加趋势；③无论是季节还是年变化，玛多区域的地表反照率变化幅度均大于北京区域。

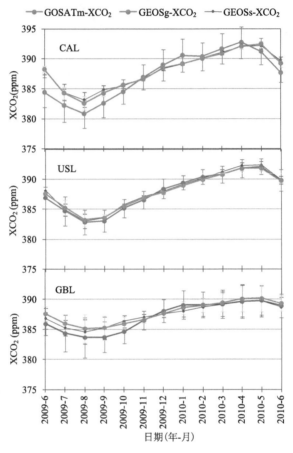

图 13.18　GOSAT 观测和模型模拟的区域 CO_2 浓度季节变化的比较

CAL 为中国区域、USL 为美国陆地区域、GBL 为全球陆地区域

在青藏高原不同地物类型地表反照率对比及时间变化规律方面，本研究针对 2009 年 8 月在青藏高原玛多地区进行的地面反照率观测实验，分析了不同地物类型的反照率差异及其时间和季节变化（Zhang et al.，2011a）。

（1）不同地物类型反照率的季节变化

针对青藏高原玛多地区的紫花针茅草原、高山草甸、湿地以及人类居住区的地面反照率季节变化分析如图 13.20 与图 13.21 所示，结果显示湿地反照率的季节变化明显，紫花针茅草原的季节变化幅度明显小于湿地。

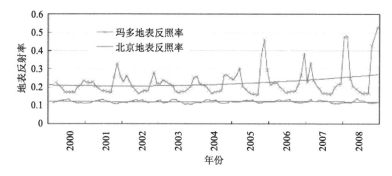

图 13.19 研究区 Albedo 的季节变化和年变化趋势

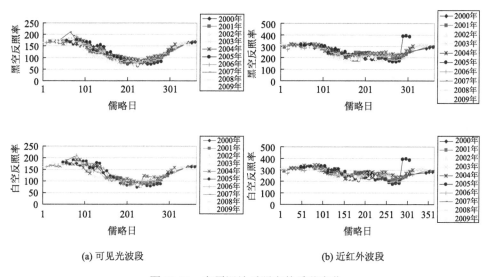

(a) 可见光波段   (b) 近红外波段

图 13.20 高原湿地反照率的季节变化

（2）青藏高原草原的反照率日变化特征

研究基于 2009 年 8 月使用 CMP3 Albedo 短波波段测量仪器对青海玛多地区的典型草原紫花针茅和藏松草湿地草甸的反照率值进行日变化观测如图 13.22 和图 13.23 所示。研究结果显示湿地草甸显示了明显的日变化特征，而紫花针茅草原的反照率没有明显变化。这主要是由于紫花针茅草原区域土壤含水量低、日平均气温 8.6℃，而湿地土壤含水量高、日平均气温 7.6℃，反照率的日变化与区域环境有关（焦全军，2012）。

13.3.6 青藏高原湖泊水文要素空间观测与气候变化响应

湖泊水量收支等湖泊水文要素的变化反映着高原气候干湿的变化，对气候变化有着重要的指示意义，是响应全球变化的陆面敏感因子之一，亦是揭示陆面敏感因子对气候变化尺度和强度响应的重要参照系（Zhang et al.,2011a）。

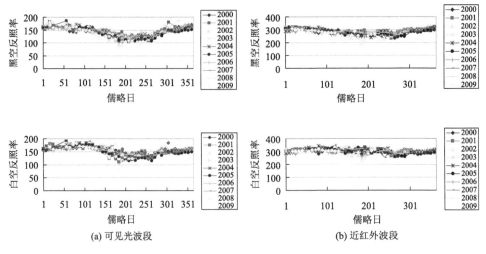

(a) 可见光波段　　　　　　　　　　(b) 近红外波段

图 13.21　紫花针茅草原反照率的季节变化

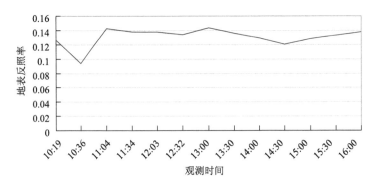

图 13.22　地面观测紫花针茅草原反照率的日变化

　　研究以青藏高原典型湖泊——纳木错为研究区，首先基于多源遥感数据获取典型湖泊水位、水量与关键环境要素的信息，为湖泊水量平衡的遥感水文模拟构建提供数据支持；然后结合地面气象观测数据，应用遥感水文模型模拟湖泊水量平衡的动态过程和主要气候因子的响应特征，进而预测未来不同气候情景下湖泊水量平衡的可能变化（Zhang et al., 2011b）。

　　纳木错是青藏高原中部最大的湖泊，湖面海拔 4718 m，是世界上海拔最高的咸水湖。1979 年测得湖面海拔为 4718m，水面面积约 1920 km^2，2005～2007 年实测数据显示最大深度超过 90 m。

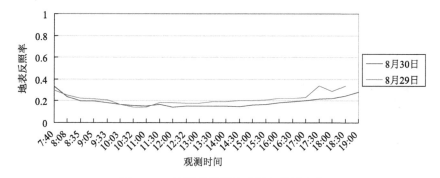

图 13.23　地面观测湿地反照率的日变化

1. 青藏高原典型湖泊关键环境要素参数的多源遥感识别

利用多源卫星遥感数据（Landsat MSS/TM/ETM、资源卫星）以及卫星高度计数据（ICESat/GLAS），结合野外高精度湖泊测深数据推求纳木错的水位-库容曲线，首次构建了 20 世纪 70 年代以来纳木错水位和水量序列，为纳木错水量平衡模拟提供数据支撑（图 13.24）。

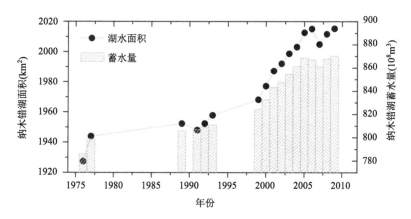

图 13.24　1976～2009 纳木错水量和面积年际变化趋势（Zhang et al. 2011b）

基于遥感影像数据和地面实测数据，获取了 1976～2009 年湖泊水量的年际变化序列。研究结果发现，纳木错多年平均水量为 $84.24 \times 10^9 \, m^3$，湖泊最大深度约 98 m；1976～2009 年湖泊水量以 $0.27 \times 10^9 \, m^3/a$ 的速率增加，2010 年以后水量增加速度大于之前；湖泊水量呈现"从每年的 4 月份开始增加，到 9 月底 10 月初然后开始减少，到下一年的 3 月份再开始增加"的年内波动规律（图 13.25）。

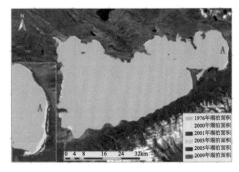
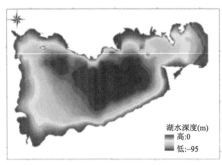
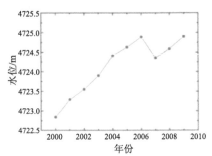

图 13.25　纳木错湖底 DEM、湖泊面积及水位年际变化图

如图 13.26 所示，2000～2009 年间常年积雪区呈明显退缩趋势，对比 2000 年，2005 年和 2009 年，常年积雪面积占全流域面积的百分比分别为 0.14%，0.09% 和 0.02%。植被返青期有提前的趋势（变化速率 1.2 d/a），生长期有延长的趋势（变化速率 1.29 d/a）。纳木错水位从 4722.84 m 上升至 4724.90m，大约上升了 2.06 m，速率为 0.20 m/a，2000～2005 年间上升速率大于 2006～2009 年间。湖冰持续日期有缩短趋势。纳木错流域多因子分析结果显示温度和降水是限制植被生长的重要因子，二者之中植被生长与降水相关系数更大；湖泊水量与气温呈显著相关，说明了气候变暖引起的冰雪融水补给的增加对湖泊水量的贡献显著。

2. 青藏高原典型湖泊水量平衡的遥感水文模拟

青藏高原水文资料稀少，难以获取基于站点实测的径流或水位资料以满足传统水文模拟率定与验证之需。为此，在以往研究的基础上，借鉴高寒地区现有水文模拟技术，运用适合青藏高原地区的遥感水文模型，以气象水文数据、遥感识别或反演的环境因子为模型的输入参数，对纳木错的水量平衡过程进行动态模拟，计算纳木错水量收入、支出和蓄存状况，揭示近 30 年来湖泊水量补给、消耗的年内及年际变化特征。水文模型的主要控制方程见表 13.2。

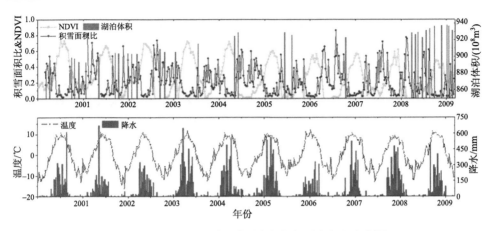

图 13.26　纳木错流域环境要素与气候要素年际变化图

表 13.2　水文模型的主要控制方程

变量	表达式
X: 流域降雨滞留量	$X(t) = P(t)F\left(\dfrac{X_0(t)}{P(t)}, \alpha_1\right)$
X_0: X 的上限	$X_0(t) = E_0(t) + S_{\max} - S(t-1)$
Q_d: 直接径流	$Q_d(t) = P(t) - X(t)$
W: 自由水量	$W(t) = X(t) + S(t-1)$
Y: 可能的蒸散发	$Y(t) = W(t)F\left(\dfrac{E_0(t) + S_{\max}}{W(t)}, \alpha_2\right)$
R: 地下水补给量	$R(t) = Y(t) - W(t)$
ET: 实际蒸散发	$ET(t) = W(t)F\left(\dfrac{E_0(t)}{W(t)}, \alpha_2\right)$
S: 土壤水储量	$S(t) = Y(t) - ET(t) + SM(t)$
G: 地下水储量	$G(t) = (1-d)G(t-1) + R(t)$
Q_b: 基流	$Q_b(t) = dG(t-1)$

模型的基本结构：对于湖泊水量平衡的模拟而言，模型的基本结构可表述为：

$$\Delta V = P_{\text{lake}} + Q_{\text{in}} - E_{\text{lake}} - Q_{\text{out}}$$

其中，V 是湖泊蓄水量（mm）；P_{lake} 和 E_{lake} 是湖面降水和蒸发量；Q_{in} 和 Q_{out} 是湖泊流入量和流出量，Q_{out} 等于湖泊出流量与渗漏量之和，Q_{in} 等于流域的总径流（Rt）。Rt 的模拟可在提出的基于 Budyko 假设的降雨径流模型的框架下进行。根据 Budyko 假设，有：

$$ET = P \cdot F(\varphi, \alpha)$$

其中，ET 为实际蒸散发；P 为降水；α 为参数；φ 是干燥指数，表示为 $\varphi = E_0 / P$。$F(\varphi,\alpha)$ 的函数形式可取为：

$$F(\varphi,\alpha) = 1 + \varphi - \left[1 + \varphi^{1/(1-\alpha)}\right]^{1-\alpha}$$

湖面蒸发的模拟：由于研究区缺乏相应的水面蒸发观测资料，研究采用 Penman-Monteith 模型估算湖面蒸发量，其表达式为：

$$ET_0 = \frac{0.408\Delta(R_n - G) + \gamma \dfrac{900}{T + 273} U_2(e_s - e_d)}{\Delta + \gamma(1 + 0.34U_2)}$$

其中，Δ 为当气温为 T 时的饱和水汽压曲线斜率（kPa/℃）；R_n 为冠层太阳净辐射（MJ/m^2·d）；G 为土壤通热量（MJ/m^2·d）；γ 表示干湿常数（kPa/℃）；T 表示月平均气温（℃）；U_2 为 2m 高处风速（m/s）；e_s、e_d 分别表示气温为 T 时的饱和水气压以及实际水汽压（kPa）。在 Penman-Monteith 公式计算得到的潜在蒸发的基础上，根据研究区邻近点区域 Penman-Monteith 蒸散发与蒸发皿观测资料的关系，对 Penman-Monteith 的计算结果进行修正。

基于月尺度的遥感水文模型，利用 ICESat 数据进行模型率定，进行了纳木错水位变化的模拟（图 13.27），结果表明：

（1）纳木错多年平均水量为 84.24×10^9 m^3。

（2）1980～2010 年间湖泊水位从 4719 m 上升至 4724.93 m，水位上升了 5.93 m；1980～2010 年湖泊水量共增加 9.32×10^9 m^3，且 2000 年之后水量增加速度大于之前，揭示了近 30 多年以来湖泊水量稳定增加的事实。

（3）湖泊水量平衡多年平均值为正（0.37×10^9 m^3/a），导致了水位的持续上升。

（4）与湖面蒸发相比，湖泊水位对湖面降水量变化响应更为敏感。

总结来看，研究基于多源遥感数据填补了纳木错长时间序列湖泊水位、水量信息的空白，为现代湖泊演化规律及其对气候变化响应机制等科学问题的研究提供重要的科学数据。

13.3.7　青藏高原湖冰遥感观测与气候变化响应

通过混合像元分解的方法对 2000～2009 年共计 377 景 MODIS 影像进行处理，反演不同时期青海湖面冰覆盖面积。MODIS 数据的空间分辨率为 500m，因此一个图像像元对应的地面区域面积为 0.25 km^2，在这样一个区域中，往往会包含不同类型的地物。例如在湖岸附近，同一个像元中可能既包含水体又包含土地；又

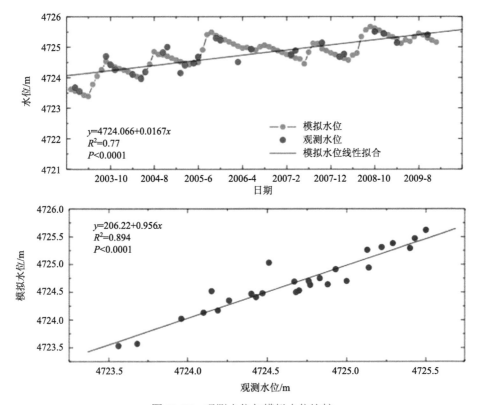

图 13.27　观测水位与模拟水位比较

例如在湖面结冰初期，同一个像元中可能既包含冰又包含水体；更进一步的，在湖面结冰初期的湖岸附近，同一个像元中可能同时包含水体、土地和冰。混合像元分解可以对遥感图像像元对应的地面区域所包含的地物类型和各类型地物所占比例进行反演，是解决上述问题的主要手段（Zhang et al., 2011c）。若端元提取的结果中有某个端元对应"冰"这一地物，那么这个端元在各个像元中对应的丰度乘以每个像元对应的面积 0.25 km^2，即可得到每个像元中冰覆盖的面积，进而将湖面区域像元中的冰覆盖面积求和，即可得到总的结冰面积。目前，混合像元分解普遍使用的是线性光谱混合模型，分为端元提取和丰度反演两个阶段（Luo et al., 2010）。综合考虑研究目的、数据量、传感器特点、算法精度和速度等因素，选用顶点成分分析算法进行端元提取，选用全约束最小二乘法进行丰度反演。

　　由于 MODIS 数据波段数量与地物复杂性之间的矛盾，端元提取结果具有一定偶然性，无法保证"冰"端元一定存在，因此在顶点成分分析算法之前增加了一个预处理步骤，即通过先验知识获得符合 MODIS 数据波段特征的湖冰光谱，以此作为初始端元并对影像数据进行正交子空间投影。数据处理流程如图 13.28

所示。

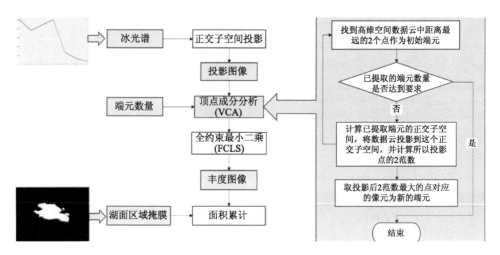

图 13.28　数据处理流程图

利用混合像元分解算法，依据 2000～2009 年间 378 景青海湖区域 MODIS 数据（455×387，7 波段，8 天合成）进行青海湖冰覆盖面积估计。冰的光谱 e_0 通过在 MOD09A1_2000049 图像中选定冰覆盖区域并取平均光谱得到（图 13.29）。

经过混合像元分解后，得到 378 个青海湖冰覆盖的丰度图（灰度图像），青海湖区域 MODIS 影像及冰的光谱曲线显示了从 2002 年 11 月到 2003 年 3 月一个结冰周期中部分 MODIS 图像丰度反演的结果，可以很明显的看出冰覆盖从少到多再到少的过程（图 13.29）。

湖冰遥感反射率及 MODIS 波段分布图为实测的湖冰遥感反射率光谱曲线（图 13.30）。厚冰的遥感反射率明显高于薄冰，且在 350nm～2500nm 的整个波段都处于较高的状态，由此推断从普通水体到薄冰再到厚冰遥感反射率不断增加，反射率越高冰层越厚。此外，湖冰在反射率光谱上的峰谷特征也和水体不尽相同。在蓝波段二者的遥感反射率都处于较低水平，从蓝波段到绿波段反射率逐渐上升，在 560nm 附近达到最大值。从绿波段到近红外波段冰的反射率持续下降，在短波红外段反射率基本维持在 0.02 左右。水体从近红外开始到短波段红外波段反射率基本为 0。根据湖冰的遥感反射率特征采用标准化雪指数（NDSI）提取冰雪分布：

$$\text{NDSI} = （\text{Band4} - \text{Band6}）/（\text{Band4} + \text{Band6}）$$

其中，Band4、Band6 分别为 MODIS 4 波段及 6 波段反射率；NDSI > 0.2 且 Band6 <0.45 时为雪/冰。采用冰雪区分指数（SID）进一步区分冰和雪，实现湖冰分布的遥感提取：

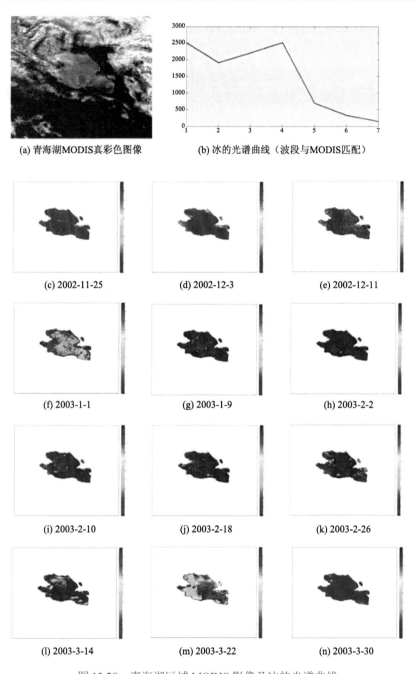

(a) 青海湖MODIS真彩色图像　　　　　(b) 冰的光谱曲线（波段与MODIS匹配）

(c) 2002-11-25　　　　　　(d) 2002-12-3　　　　　　(e) 2002-12-11

(f) 2003-1-1　　　　　　(g) 2003-1-9　　　　　　(h) 2003-2-2

(i) 2003-2-10　　　　　　(j) 2003-2-18　　　　　　(k) 2003-2-26

(l) 2003-3-14　　　　　　(m) 2003-3-22　　　　　　(n) 2003-3-30

图 13.29　青海湖区域 MODIS 影像及冰的光谱曲线

$$SID = (Band5 - Band6) / (Band5 + Band6)$$

其中，Band5、Band6 分别为 MODIS 5 波段及 6 波段反射率；SID < 0.1 为冰，SID ≥0.1 为雪。

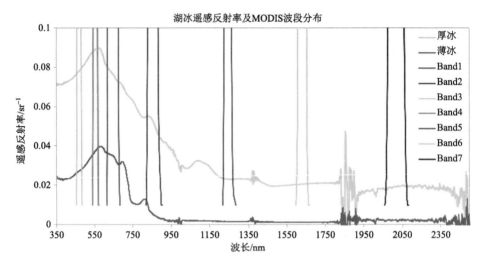

图 13.30　湖冰遥感反射率及 MODIS 波段分布图

根据遥感提取的湖冰分布和水表温度可以进一步分析湖冰的封冻日期、解冻日期和湖冰持续日数（表 13.3）。封冻期为湖面温度连续 16 天低于 0℃，并且湖冰面积达到总面积的 20%；解冻期为温度连续 16 天高于 0℃，并且湖冰面积减少到湖泊总面积的 20%以下。以青海湖为例，表 13.3 表明从 2000 年以来青海湖湖冰的封冻日期有推迟的趋势，解冻日期趋向于提前，湖冰持续时间缩短。青海的

表 13.3　青海湖 2000~2010 年湖冰消融情况

年份	2000~2001	2001~2002	2002~2003	2003~2004	2004~2005	2005~2006	2006~2007	2007~2008	2008~2009	2009~2010
封冻日期（月/日/年）	12/10/2000	12/19/2001	12/22/2002	12/25/2003	12/18/2004	12/16/2005	12/21/2006	12/24/2007	12/20/2008	12/19/2009
解冻日期（月/日/年）	4/7/2001	4/7/2002	4/3/2003	3/29/2004	4/6/2005	4/6/2006	4/6/2007	4/6/2008	3/30/2009	3/29/2010
湖冰持续天数	118	109	102	95	99	111	106	104	101	100

水表温度数据也验证了以上结论，且水表温度趋势线逐年升高，从 2000 年的 1.75℃升高到 2011 年的 4.75℃，11 年间平均水温升高了 3℃，该变化比气温变化更为剧烈，进一步验证了全球变暖的趋势（Lei et al., 2011）。

13.4　典型干旱-半干旱区环境敏感因子

13.4.1　西北干旱-半干旱区植被时空变化特征及气候变化响应分析

1. 西北干旱-半干旱区植被时空变化特征

通过对 1982~2006 年我国干旱、半干旱区植被的时空变化研究，发现我国干旱、半干旱区植被整体上呈改善趋势（李军媛等，2012），不同地区的植被年增长率也不同（Guo et al., 2009）。内蒙古地区的年增长率最高，达到 0.0003/a，其次是甘肃和宁夏地区（李舒婷等，2019）。研究区 NDVI 的空间变化趋势呈现明显的空间性差异特征，植被 NDVI 呈明显增长趋势的地区主要分布在内蒙古的锡林浩特地区，明显下降趋势的地区主要分布在内蒙古的东北部地区（图 13.31）。

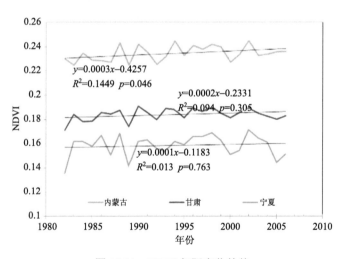

图 13.31　NDVI 年际变化趋势

通过对 1982~2006 年不同季节植被变化的研究发现不同季节的植被变化也存在差异，不同季节不同地区的植被变化呈现明显的地域差异性（图 13.32）。春季，植被以改善趋势为主[图 13.32（a）]，NDVI 明显上升的区域主要分布在内蒙古呼伦贝尔草原、锡林浩特草原和甘肃省南部地区。内蒙古北部和通辽市等部分地区植被 NDVI 呈下降趋势。夏季，内蒙古中部地区植被 NDVI 呈上升趋势，而内蒙古北部地区、宁夏、甘肃南部地区植被 NDVI 呈明显的下降趋势[图 13.32（b）]。秋季，植被以改善为主，整个研究区植被 NDVI 呈上升趋势，只有极少部分地区植被 NDVI 呈下降趋势[图 13.32（c）]（阿娜日等，2017）。

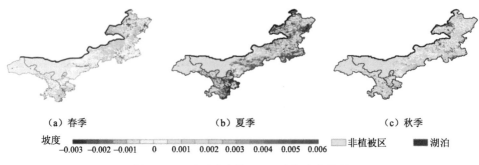

（a）春季　　　　　　　　（b）夏季　　　　　　　　（c）秋季

坡度　　　　　　　　　　　　　　　　　　　　　　　　　　　　　■非植被区　■湖泊
　　　−0.003 −0.002 −0.001　0　0.001　0.002　0.003　0.004　0.005　0.006

图 13.32　不同季节的 NDVI 空间变化趋势

2. 西北干旱−半干旱区植被对气象因子（温度、降水）的响应

为了分析气候因素对植被的影响，以往研究分析了不同季节植被 NDVI 和相应季节温度、降水的空间关系，不同季节的温度、降水对植被的影响不同（Li et al.，2009）。春季，研究区大部分植被 NDVI 和春季温度呈正相关性，内蒙古的东北部植被 NDVI 和春季温度的相关性较强[图 13.33（a）]。夏季，内蒙古中部的锡林郭勒草原、甘肃的东部的植被 NDVI 和温度呈负相关[图 13.33（b）]。秋季，研究区大部分植被 NDVI 和温度呈正相关，在内蒙古北部地区的植被与秋季温度的相关性没有与春季的强。呼伦贝尔草原与鄂尔多斯草原地区的植被 NDVI 与秋季温度呈负相关性[图 13.33（c）]。春季，除了内蒙古的北部地区，大部分地区植被 NDVI 和降水呈正相关，春季降水有助于植被的生长。夏季，内蒙古中部的锡林浩特草原植被 NDVI 和降水呈正相关，且相关性比较强，此区域属于干旱−半干旱区，夏季降水有助于此区域草地的生长。内蒙古北部、甘肃南部植被 NDVI 和降水呈负相关，此区域的植被类型主要是森林，森林生态系统的自我调节能力较强，相对较稳定，降水对森林的影响作用较弱[图 13.33（e）]。秋季，除了甘肃省的东部，大部分研究区植被 NDVI 和降水呈负相关，秋季植被的生长期已接近尾声，降水对植被的生长影响相对比较小[图 13.33（f）]。

13.4.2　北美大平原不同功能类型草地的分布及其对气候变化的响应

北美大草原上 C3 和 C4 两种植物功能类型混杂生长，气候条件和人类活动对草原生态系统的影响较大（郭华东，2010）。目前，大部分对 C3 和 C4 植被的研

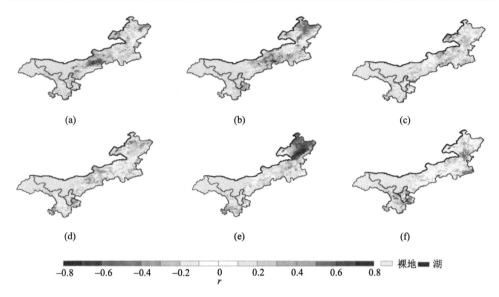

图 13.33　NDVI 与温度［（a）春季、（b）夏季、（c）秋季］和 NDVI 与降雨的相关性［（d）
春季、（e）夏季、（f）秋季］

究都是采用传统的野外调研方法，基于遥感数据对不同功能类型植被的研究较少
（Wang et al., 2013）。基于多时序 MODIS 数据进行草原功能类型高精度提取，研
究草原功能类型转化对全球气候变化和人类因素的响应，可以为草原功能类型划
分提供新的思路和方法。研究内容主要是对不同功能类型植被进行分类，分析不
同功能类型植被的空间分布、演替及对气候因子的响应，讨论 C3 和 C4 植被变化
的影响因素。基于遥感数据对北美大草原提取一系列的物候参数，并基于这些参
数用决策树分类方法确定 C3 和 C4 植物功能类型的分布，分析了北美大草原不同
功能类型植被分布和气候因子的关系。

1. 北美大草原不同功能类型植被（C3、C4）的精确分类

在北美大草原，不同功能类型的植被，NDVI 的时间轨迹大致相同，但是显
示出不同的物候特征（Zhang et al., 2011b）。C3 高秆草比 C4 高秆草的返青期
早，生长季长。C3 低秆草和 C4 低秆草返青期和生长期随气候的变化呈现出差异
（Wang et al., 2013）。在气候温和的情况下，C3 低秆草和 C4 低秆草返青期、生
长期和高秆草一致。而农作物由于收获周期的不同，物候期也不同（Zhang et al.,
2011b）。基于 2000～2009 年 MODIS09A1 反射率数据以及北美大草原不同功能
类型植被（C3、C4）的 NDVI 的变化特征（图 13.34），基于物候学的决策树分
类方法对北美大草原 C3、C4 植被和主要年度农作物进行分类。

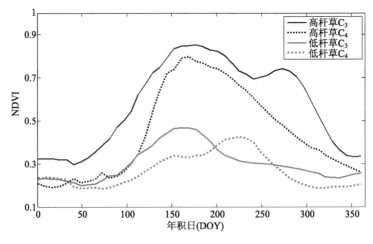

图 13.34　北美大草原不同功能类型植被 NDVI（滤波后）的变化

　　用基于物候学的决策树分类方法（图 13.35）对北美大草原 C3 和 C4 植被和主要年度农作物进行分类，获得 2000～2009 年北美大草原植被功能类型图，不同功能类型植被的分布存在明显的空间差异性。C4 草地主要分布在大草原的南部，C4 高秆草主要分布在东部，而 C4 低秆草主要分布在西部。在相同的经度范围下，相对于 C4 草地，C3 草地主要分布在纬度较高的地区，C3 高秆草主要分布在东部，而 C3 低秆草主要分布在西部。分析不同功能类型植被的变化情况发现，10 年来年度农作物相对稳定，在大草原南部生产力更强的 C3 高秆草牧场替代了原生的 C4 草原（图 13.36）。

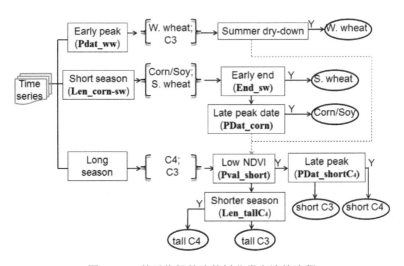

图 13.35　基于物候的决策树分类方法的流程

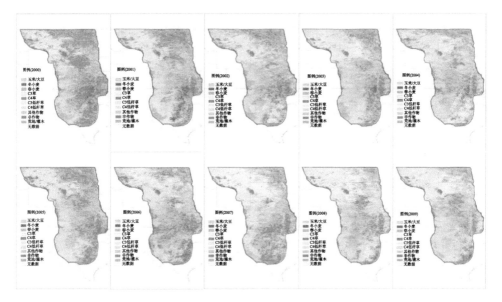

图 13.36　北美大草原不同功能类型植被变化（2000～2009）（Wang et al., 2013）

2. 北美大草原不同功能类型草地（C3、C4）的分布对气候变化的响应

自 150 多年前欧洲移民开发新大陆以来，美国境内的北美大草原已发生了很大程度的变化。尤其是东部茂盛的原生 C4 高秆草原（Tallgrass Prairie）已经有 95% 以上被开垦成农田。即使是不适合农作物生长的地区，也往往引进生长周期更长的 C3 高秆草以提高牧场产量。因此，北美大草原普遍转变成 C3、C4 混合草原（图 13.37）。

混合草原对气候变化的敏感性比其他草原更复杂。气候对大草原上不同草地类型分布的影响主要受地理因素和季节性决定。分析北美大草原 2000～2009 年草地的年际空间变化和气候因子的关系，结果表明二者存在统计学上的相关性。这种相关性因草地功能类型和生长季的不同而存在显著差异。在以 C4 高秆草为主的草原，C4 草对温度的响应比较敏感，而 C3 草对降水的响应比较敏感。在以矮秆 C4 草为主的草原，C4 草地在春、夏两季末对降水的响应比较敏感。在以秆 C3 草为主的草原，早春海拔较高地区的草地生长主要受温度影响。在混合草原，C4 高秆草春季对降水的响应比较强，而秋季对温度的响应比较强。混合草原早春低降水量和低温有助于 C3 矮秆草的生长，而夏季高降水量有助于 C3 高秆草的生长（图 13.38）。

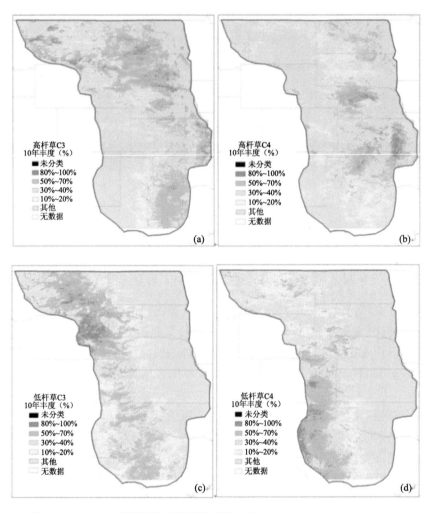

图 13.37 北美大草原四种功能类型草地的混合分布（Wang et al., 2013）

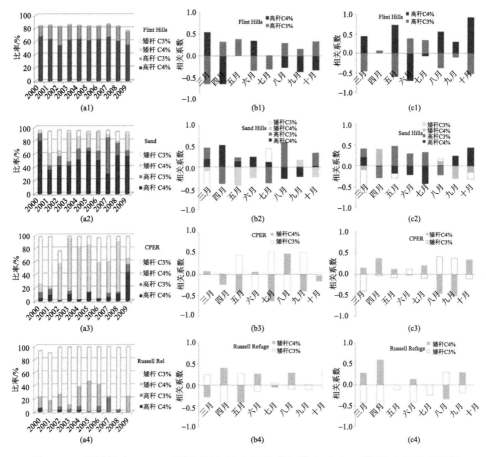

图 13.38　不同站点 C3、C4 所占的比率（a）及其与降水（b）、温度（c）的相关性

13.5　数据的不确定性对全球变化认知的影响

研究全球变化关键参数之间的相关性，数据产品的绝对精度、相对精度、噪声等因素以及时空尺度转换与时序数据插补的不确定性对于相应的要素时空分异特征检测的影响；研究数据时间序列的长度与精度对相应全球变化过程的趋势性、突变性、周期性等规律的检测与识别的影响；研究空间数据和台站数据本身的质量、精度及其对时空分异的刻画能力，评估不同数据及其特征对刻画全球变化现象的不确定性，开展全球变化相关数据的时空代表性及不确定性评估（刘敏，2008）。基于不同时空分辨率的多源数据，研究全球变化过程多模式、多过程的模拟结果中的不确定影响的传递机理，研究全球变化时空规律认知受到的数据不确定性或者时空代表性差异的影响。

13.5.1 全球变化相关数据的时空代表性及不确定性评估

利用云共享平台的地面观测数据、多源空间对地观测数据、再分析资料等，针对碳循环、水循环等过程的若干关键参数，开展有针对性的强化观测实验，利用地面验证和 30m 分辨率数据产品，通过数据一致性分析、有效数据比例统计等方法分析相关数据的时空代表性和不确定性，研究空间数据和台站数据本身的质量、精度以及对于全球变化参数时空分异的刻画能力。利用智能化处理技术和 GIS 空间分析等手段，揭示其时空分布特征（包括区域差异、季节性、年际变化趋势和规律），对比分析多源数据的时空信息一致性、差异、绝对值、变化幅度和不确定性，对现有数据的时空代表性和不确定性做出系统评价。

13.5.2 数据不确定性与全球变化认知

针对云共享平台碳循环、水循环等过程相关数据，基于野外台站观测数据、外场科学实验观测数据、数值模拟、再分析资料等多源数据集，对比分析多源数据由于观测手段、生成方法、观测样本代表性、数据数量和时空分布等因素的异同所导致的对碳循环、水循环等格局和过程刻画的不一致性。研究变量之间的相关性、数据产品的绝对精度、相对精度、噪声等因素以及时空尺度转换与时序数据插补的不确定性对于相应的要素时空分异特征检测影响。研究数据时间序列的长度与精度对相应全球变化过程的趋势性、突变性、周期性等规律的检测与识别的影响（Lane et al.，1994）。

针对不透水面、耕地变化、火烧迹地等数值模式关键参数的数据时空代表性和不确定性特点，选取典型区域/关键区、典型时段和典型事件开展数值模拟研究。探索通过"升/降尺度"等方法将不同时空分辨率的多源对地观测数据应用到相应数值模式中的方法。分别利用 CLM（Community land surface model，陆面模型）、WRF（Weather research and forecasting model，区域气候模式）、CESM（Community earth system model，全球气候模拟系统）、大气化学传输模型（GEOS-CHEM）、水文模式（DWBM）等数值模式，针对不同关键参数设计敏感性试验，研究输入数据的不确定性对区域和全球尺度上的地表能量平衡过程、水循环过程、碳循环过程和区域/全球气候模拟结果的影响。基于多尺度、多过程的数值模拟结果，与不同数据产品进行交叉比较，进行集成分析，研究多源数据作为模式参数导致的数值模式模拟结果的不确定性；分析数据不确定性在全球变化过程数值模拟中的影响和传递机理，揭示数据时空代表性和不确定性问题对于相关全球变化时空规律认知的影响。

13.5.3　全球变化关键参数的星地数据融合集成研究

结合全球变化关键参数数据不确定性对全球变化研究结果影响的分析结果，发展土地覆盖、地表温度、土壤湿度、降水、地表蒸散发、植被生产力、海平面高度、大气 CO_2 浓度等围绕碳循环、水循环若干关键环节的相关数据包融合集成方法。基于数据的不确定性、时空代表性等评估的先验知识，结合全球 30m 分辨率数据产品及数值模拟试验分析的结果，对相关全球变化关键参数的所有可收集数据源进行优选，生成集合体现所有数据源优势的融合集成产品来源最优组合。针对所选产品数据源的特点，利用云共享平台的地面数据观测以及模糊集合理论、混合像元分解、加权平均、神经网络、卡尔曼滤波、贝叶斯估计、聚类等算法进行融合集成方法的优选。结合中国地区的地面观测数据，对于中国及周边区域数据进行深度优化，大幅提高区域数据的可靠性，进而提高全球数据的精度。生成长时序的全球土地覆盖融合集成数据产品。开展深度优化的全球地表温度、降水、土壤水分、地表蒸散发产品、植被生产力、海平面高度、大气 CO_2 数据的融合集成。应用新生成的高质量与高精度全球变化关键参数的数据融合产品，综合多种统计分析方法和技术手段，开展深入的时空变化规律研究，以期加深对碳循环、水循环等若干全球变化关键格局和过程的科学认识（刘良云等，2021）。

13.6　小　结

综合利用遥感、地理、地面监测等多类型地球大数据，通过多学科知识交叉融合，突破全球变化过程中环境敏感因子的空间观测领域存在的关键问题。面向冰冻圈、陆面、大气中全球气候变化模式需求，以及支持一些特定地区（青藏高原、环渤海、西北干旱-半干旱区和北美大平原）研究，利用地球大数据分析全球变化敏感性因子及其空间特性，建立面向全球变化科学命题的陆面、海洋和大气复杂因子的地球大数据监测机理的理论基础、方法论。最后，基于不同时空分辨率的多源地球数据，研究全球变化时空规律认知受到的数据不确定性或者时空代表性差异的影响。

参 考 文 献

阿娜日, 包玉海, 包刚. 2017. 1982～2010 年蒙古高原植被覆盖动态变化及其气候的关系. 内蒙古林业科技, 43(4): 5.

布然. 2014. 草原区域 CO_2 吸收与大气 CO_2 浓度变化关系研究. 西安: 西安科技大学.

陈权, 曾江源, 李震, 等. 2012. 遥感监测介电常数与土壤含水率关系模型. 农业工程学报, (12):

171-175.

郭华东, 朱岚巍. 2013. 空间观测全球变化敏感因子的机理与方法. 中国科学院院刊, 28(4): 7.

郭华东. 2010. 全球变化敏感因子的空间观测与认知. 中国科学院院刊, 25(2): 167-169.

焦全军, 张兵, 赵晶晶, 等. 2012. 基于航空高光谱影像的青海省玛多县高寒草原景观格局特征分析. 草业学报, 21(2): 43-50.

李军媛, 徐维新, 程志刚, 等. 2012. 1982~2006 年中国半干旱, 干旱区气候与植被覆盖的时空变化. 生态环境学报, 21(2): 268-272.

李舒婷, 周艺, 王世新, 等. 2019. 2001~2015 年内蒙古 NDVI 时空变化及其对降水和气温的响应. 中国科学院大学学报, 36(1): 48-55.

李震, 廖静娟. 2011. 合成孔径雷达地表参数反演模型与方法. 北京: 科学出版社.

刘良云, 白雁, 孙睿, 等. 2021. "全球生态系统碳循环关键参数立体观测与反演" 项目概述与研究进展. 遥感技术与应用, 36(1): 11-24.

刘玲玲, 刘良云, 胡勇. 2012. 1982~2006 年欧亚大陆植被生长季开始时间遥感监测分析. 地理科学进展, 31(11): 1433-1442.

刘敏. 2008. 基于 RS 和 GIS 的陆地生态系统生产力估算及不确定性研究. 南京: 南京师范大学.

吕政翰. 2019. GOSAT 卫星在监测大气二氧化碳中的应用. 科技风, (13): 1.

吴炳方, 高峰, 何国金, 等. 2016. 全球变化大数据的科学认知与云共享平台. 遥感学报, 20(6): 1479-1484.

姚治国, 赵黎明. 2010. 湖冰遥感监测方法综述. 地理科学进展, 29(7): 803-810.

赵晶晶, 刘良云. 2012. 物候变化对北美温带落叶阔叶林生态系统生产力的影响. 植物生态学报, 36(5): 363.

赵晶晶, 刘良云. 2013. 基于通量塔观测资料的北美温带植被物候阈值提取方法. 应用生态学报, 24(2): 311-318.

赵永利. 2014. 西藏羊卓雍错流域冰川-湖泊动态变化研究. 干旱区资源与环境, (8): 6.

周建民, 李震, 邢强. 2010. 基于雷达干涉失相干特性提取冰川边界方法研究. 冰川冻土, (1): 133-138.

左丽君, 吴炳方, 游良志, 等. 2021. 地球大数据支撑粮食可持续生产: 实践与展望. 中国科学院院刊, 36(8): 885-895.

Guan L, Liu L, Peng D, et al. 2012. Monitoring the distribution of C3 and C4 grasses in a temperate grassland in northern China using moderate resolution imaging spectroradiometer normalized difference vegetation index trajectories. Journal of Applied Remote Sensing, 6(1): 063535.

Guo H, Fan X, Wang C. 2009. A digital earth prototype system: DEPS/CAS. International Journal of Digital Earth, 2(1): 3-15.

Huang L, Li Z, Tian B, et al. 2013. Monitoring glacier zones and snow/firn line changes in the Qinghai–Tibetan Plateau using C-band SAR imagery. Remote Sensing of Environment, 137: 17-30.

Huang L, Li Z. 2010. Derivation of glacier velocity from SAR data with feature tracking//Geoscience & Remote Sensing Symposium. IEEE.

Huang L, Zhen L I. 2011. Comparison of SAR and optical data in deriving glacier velocity with feature tracking. International Journal of Remote Sensing, 32(9-10): 2681-2698.

Lane L J, Nichols M H, Osborn H B. 1994. Time series analyses of global change data. Environmental Pollution, 83(1-2): 63-68.

Lei H, Zhen L. 2012. Comparison of different methods in glacier snow line detection using the polarimetric SAR image// Geoscience & Remote Sensing Symposium. IEEE.

Lei L, Zeng Z, Wu Y, et al. 2011. Detecting and assessment of snow lines change with climate warming based on MODIS data in The NIANQINGTANGLHA of TIBET Plateau//2011 IEEE International Geoscience and Remote Sensing Symposium. IEEE: 3214-3216.

Li X, Guo H, Li Z, et al. 2009. Sub-canopy soil moisture inversion using repeat pass Shuttle Imaging Radar C polarimetric synthetic aperture radar interferometric data. Journal of Applied Remote Sensing, 3(1): 033553.

Liu L, Cheng Z. 2011. Mapping C3 and C4 plant functional types using separated solar-induced chlorophyll fluorescence from hyperspectral data. International journal of remote sensing, 32(24): 9171-9183.

Luo W F, Zhong L, Zhang B, et al. 2010. Independent component analysis for spectral unmixing in hyperspectral remote sensing image. Spectroscopy and Spectral Analysis, 30(6): 1628-1633.

Peng D, Liu L, Zhang B, et al. 2011. Comparisons of FPAR derived from GIMMS AVHRR NDVI and MODIS product//2011 IEEE International Geoscience and Remote Sensing Symposium. IEEE: 1842-1845.

Peng D, Zhang B, Liu L, et al. 2012a. Seasonal dynamic pattern analysis on global FPAR derived from AVHRR GIMMS NDVI. International Journal of Digital Earth, 5(5): 439-455.

Peng D, Zhang B, Liu L, et al. 2012c. Characteristics and drivers of global NDVI-based FPAR from 1982 to 2006. Global Biogeochemical Cycles, 26(3).

Peng D, Zhang B, Liu L. 2012b. Comparing spatiotemporal patterns in Eurasian FPAR derived from two NDVI-based methods. International Journal of Digital Earth, 5(4): 283-298.

Tang W J, Yang K, Qin J, et al. 2011. Solar radiation trend across China in recent decades: A revisit with quality-controlled data. Atmospheric Chemistry and Physics, 11: 393-406.

Tian B, Li Z, Zhu Y, et al. 2010. Quantifying inter-comparison of the microwave emission model of layered snowpacks(MEMLS)and the multilayer dense media radiative transfer theory(DMRT)in modeling snow microwave radiance. IEEE.

Wang C, Hunt E, Zhang L, et al. 2013. Spatial distributions ofC3 and C4 grass functional types in the US great plains and their despendency on inter-annual climate variability. Remote Sensing of Environment, 138: 90-101.

Xing Q, Guo H, Wang C, et al. 2009. Synthetic aperture radar image simulation system. Proceedings of SPIE, 7840.

Xing Q, Li Z, Zhou J, et al. 2011. Comparison of aster gdem and srtm dem in deriving the thickness change of small dongkemadi glacier on Qinghai-Tibetan Plateau. IEEE International Geoscience and Remote Sensing Symposium, 3171-3174.

Xu B, Cao J, Joswiak D R, et al. 2012. Post-depositional enrichment of black soot in snow-pack and accelerated melting of Tibetan glaciers. Environmental Research Letters, 7(1): 17-35.

Zhang B, Lei L, Zhang L, et al. 2021a. Assessment of albedo changes and their driving factors over the Qinghai-Tibetan plateau//2011 IEEE International Geoscience and Remote Sensing Symposium. IEEE: 2765-2768.

Zhang B, Sun X, Gao L, et al. 2011c. Endmember extraction of hyperspectral remote sensing images based on the ant colony optimization(ACO)algorithm. IEEE transactions on geoscience and remote sensing, 49(7): 2635-2646.

Zhang B, Wu Y, Zhu L, et al. 2011b. Estimation and trend detection of water storage at Nam Co Lake, central Tibetan Plateau. Journal of Hydrology, 405(1-2): 161-170.

Zhen L I, Zeng J Y, Chen Q, et al. 2014. The measurement and model construction of complex permittivity of vegetation. Science Bulletin, (4): 12.

Zhen L, Zhou J, Tian B, et al. 2010. Interferometric and polarimetric SAR for glacier investigation in west China. Proceedings–of SPIE - The International Society for Optical Engineering, 7841(1).

Zhou J, Zhen L, Qiang X. 2011b. Monitoring thickness changes of mountain glacier by differential interferometry of ALOS PALSAR DATA// Geoscience & Remote Sensing Symposium. IEEE.

Zhou J, Zhen L. 2011a. Estimation the motion of Dongkemadi Glacier in Qinghai-Tibet Plateau using differential SAR interferometry with corner reflectors// Geoscience & Remote Sensing Symposium. IEEE.

Zhou X, Zhang B, Lei L, et al. 2009. Variation of albedo with the increased impervious surface in Beijing-Tianjin area of China//2009 IEEE International Geoscience and Remote Sensing Symposium. IEEE, 4: IV-326-IV-329.

第 14 章

地球大数据认知 "美丽中国中脊带"

从黑河到腾冲的人口密度突变分界线即"胡焕庸线"（以下简称"胡线"），是我国东、西部区域发展不平衡典型现象的分界线。"胡线"深刻影响了国家的均衡发展、生态文明建设、共同富裕、民族振兴乃至国防安全，我们需要面向全国来考虑东西部发展不平衡、不充分的破解之策。破解"胡线"涉及诸多要素，只依靠单一学科或单一数据不足以解决，需要从自然与社会复合的地球系统中研究解决方法，这需要多学科、大数据的综合分析与战略研判。地球大数据是一种典型的科学大数据，可以综合开展多要素的时空演变过程分析，研究"胡线"的形成条件及其变化，为国家的宏观决策提供科学支持。

因此，利用地球大数据科学认知"胡线"东西两侧区域发展不平衡，面向国土空间新布局和区域协调新发展，把"胡线"向东西两侧扩展 100～600km 不等，构建"美丽中国中脊带"（以下简称"中脊带"）则是缩小"胡线"两侧发展不平衡不充分的战略抓手。利用地球大数据研究与认知从"胡线"到"中脊带"的内涵变化，以及未来科学战略举措具有重要的现实意义与深远的战略意义。

14.1 地球大数据认知 "胡焕庸线" 两边不平衡与不充分现象

1935 年，胡焕庸在《中国人口之分布——附统计表与密度图》一文写道："年来中外学者，研究中国人口问题者，日见其多，中国人口是否过剩，国境以内，是否尚有大量移民之可能，其实当今亟须解答之问题，各方面对此之意见，甚为分歧"（胡焕庸，1935）。

针对这个亟须回答的问题，胡焕庸在统计资料不全且难以收集的情况下，克服种种困难，终于铸就该不朽的名作。"今试自黑龙江之瑷珲，向西南作一直线，至云南之腾冲为止，分全国为东南与西北两部，则此东南部之面积，计四百万平方公里，约占全国面积之百分之三十六，西北部之面积，计七百万平方公里，约占全国面积之百分之六十四；惟人口之分布，则东南部计四万万四千万，约占总人口百分之九十六，西北部之人口，仅一千八百万，约占全国总人口之百分之四"，人口比例"其多寡之悬殊，有如此者。"（胡焕庸，1935）这条"瑷珲—腾冲线"被后人称为"胡焕庸线"。

14.1.1 历史地认知"胡焕庸线"形成的动态过程

1935 年，胡焕庸先生提出从瑷珲—腾冲的中国人口地理分界线。"胡线"的本质是中国作为传统的农业大国人口格局的近现代基本界定，是中国人口密度在近代形成的一条突变线。

回顾自秦汉一统中华奠定以后中国的版图基础以来，两千年间，中国人口随着科学、技术、气候及生产力的变化以及不同时期国力的变化，人口数量以及人口密度突变线也在不断变化。

根据历史统计数据，西汉时期81.0%的人口分布在长江以北；而到东汉时期，长江以南地区人口比重上升到 33.6%。初唐时北方人口仅占 45.4%。明洪武年间形成了以今山西-湖北-湖南-广东西缘为线的东密西疏的人口分界线。清嘉庆二十五年（1820 年）形成接近今天"胡线"但是呈 30°方向延伸的线。当时全国人口4.3 亿，线南侧人口比重为 71.4%，北侧占 28.6%。到 1935 年，线南侧人口占比约为 96.67%，北侧约占 3.35%（若扣除当时的蒙古人口，线西部占当时全国人口3.21%，东南侧占 96.79%）。根据 2010 年第六次全国人口普查数据，"胡线"西部人口占全国比例 6.35%。1935～2010 年的 75 年间，西部人口比例增加了 3.14%，比 1935 年翻了一番；西部人口的绝对数量 7300 万，更是比 1935 年 1800 万增长了 3 倍多。

总之，人口密度与人口分界线两侧比例的变化过程，大体上与中国国土开发空间的变化历程相一致，形成近代中国人口密度突变分界线经历了二千年来由汉—唐的南—北向分界线转为明朝时期东—西向分界线，再演变为之后的东北—西南向人口密度突变分界线的历史变化过程。

14.1.2 客观地认知"胡焕庸线"两边的自然条件差异

中国的国土空间南、北跨越纬度近 50°，热带—寒温带俱备；东西跨越经度超 60°，湿润—干旱区兼有。海洋、陆地，山川原隰各样俱备，孕育了丰富的生物多样性，这是中华各民族繁衍生息的自然背景基础，是中华文明绵延数千年不绝的重要自然因素。

中国东部季风湿润气候、西部干旱与高寒气候的基本背景，决定生产形态、初级生产力的差异，影响初期社会发展形态的起点与后期的进程。东、西部于是走向不同的生产与生活方式—即东部以种植农业生产方式及其农业社会组织为主，西部以畜牧业为主要生产方式及其相应的社会组织，产生两者的不同与差异。

实际上，整个欧亚大陆就是农、牧二元结构的对立统一（图 14.1）。农、牧业的不同生产与发展特性，决定发展水平与速度的不同，形成社会结构与形态以及演进过程的差异。在历史上，欧亚大陆上农业、牧业民族之间的冲突与交融，构成这个大陆的发展历史进程。丝绸之路在一定程度上也是这一对矛盾关系的产物。之后，欧、亚不同国家，先后通过工业革命的改造与完善，科学、技术、文化与社会也相应实现凤凰涅槃和革旧鼎新，逐渐形成今日之态势。

图 14.1　欧亚大陆生产类型空间分布图

（注：图中"农业类型分界线"根据《世界农业地域类型分布图》改绘）

图 14.2 显示的是 5000 年气候变化情况。由图可见，两千年来，汉、唐均是处于温度较高时期，明末处于最冷期。自明朝之后，气温波动上升并贯穿整个清朝时期，到民国温度上升到比较基准线（0℃）附近。1951～2010 年的 60 年来，我国平均气温整体呈明显上升趋势，但局部时段、地区有降温现象。在 1989 年之后，我国平均气温以正距平为主，近 30 年是近百年来我国最暖、气温上升幅度最大的时期，接近汉、唐时期温度。温度的变化影响降水、储水的空间分布与变化。西部降水量、流域的水储量在一些地区呈现上升趋势。总体看，西部气温与降水的变化对于西部发展具有关键作用。

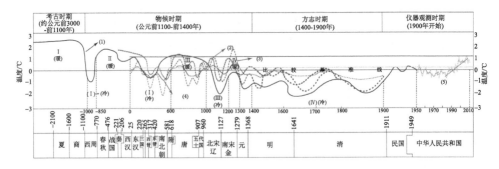

图 14.2　5000 年以来中国的气温变化情况

文献资料来源：（1）竺可桢（1972）；（2）郑景云等（2001）；（3）郑景云等（2010）；（4）葛全胜等（2012）

　　图 14.3 显示的是未来我国可持续发展生态本底情况的情景模拟与预测。净初级生产力（net primary production, NPP）是植物生长季内通过光合作用固定大气中 CO_2 形成的光合产物量或有机碳量，NPP 是生态系统中其他生物成员生存和繁衍的物质基础，是评价生态安全和人口承载力的重要指标。联合国政府间气候变

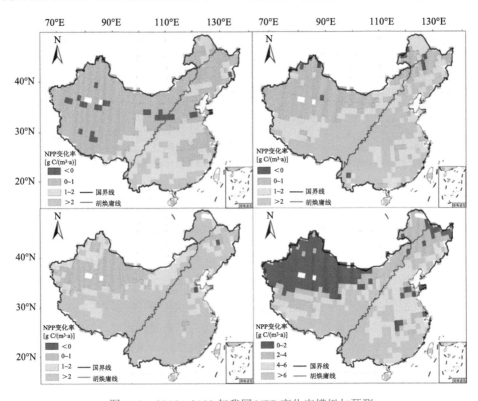

图 14.3　2015～2100 年我国 NPP 变化率模拟与预测

化专门委员会（IPCC）共享社会经济路径（SSP）是第六次国际耦合模式比较计划（CMIP6）对未来社会设定的发展模式，我们选择 SSP126（低强迫）、SSP245（中等强迫）、SSP370（中-高强迫）、SSP585（高强迫）四种情景的结果进行模拟分析。

从图 14.4 可见，未来不同情景下我国 NPP 总值虽然西部占比依旧较少，但均有逐年增长的趋势，其中 SSP370 情景下，西部占比在 2100 年达到了全国总值的 39.49%。综上分析，未来中国西部生态环境逐渐向好、生态发展承载力具有逐渐加大的趋势。

14.1.3　辩证地看待"胡焕庸线"两边的社会经济差异

传统的中国也是东部农业、西部畜牧业的二元结构综合体。中国国情的这个基础背景，是形成东边成为经济相对发达区、西边区域经济相对落后这样不平衡的先决条件与历史背景状态。于是，有的专家认为：80 年来"胡线""岿然不动"。这需要辩证地看待这个"变"与"不变"的情景。

（1）在人口、经济比例的增长速度方面，"胡线"两侧能基本以同步增速发展，有些指标西侧半壁比东侧半壁还略高。显示宏观经济政策起到积极的作用。

西北半壁人口比例增加速度显著。1935 年，"胡线"划分中国东南人口比例为 96.67%，西北为 3.35%，若扣除当时的蒙古人口，线西部占全国人口的 3.21%，东南人口占 96.79%。根据全国人口普查数据，到 2010 年，"胡线"西部人口占全国比例增加到 6.35%（表 14.1）。75 年间，西部人口比例比 1935 年翻了近一番；"胡线"西部人口的绝对数量增加 7300 万，更是比 1935 年的 1800 万增长了 3 倍多。"胡线"西侧人口比例增长显著。"胡线"绝非所谓的"岿然不动"（郭华东，2016）。

表 14.1　1935～2015 年胡焕庸线两侧人口数量统计表

年份	占全国的比例（%）	
	东南半壁	西北半壁
1935	96.79	3.21
1964	95.33	4.67
1982	94.21	5.79
1990	94.08	5.92
2000	93.84	6.16
2010	93.49	6.35

表 14.2　1950～2016 年胡焕庸线两侧经济总量占比变化表（%）

年份	1950	1960	1970	1980	1990	2000	2010	2016	占比变化幅度
东南半壁	96.25	93.96	95.21	94.90	94.87	95.76	94.07	94.41	微减少 1.84
西北半壁	3.75	6.04	4.79	5.10	5.13	4.24	5.93	5.59	微增加 1.84

　　经济发展指标中，西北半壁与东南半壁相比，其所占的比重在缓慢增长。1950 年，西北半壁的经济总量在全国占比为 3.75%，到 2016 年增加到 5.59%，增加了 1.84%（表 14.2）。财政收入方面，西北半壁占比由 1950 年的 1.4%增加到 2016 年占比 3.37%。综上所述，由于国家宏观调控发生作用，西部经济逐年向好。

　　（2）在高质量发展方面，西北半壁与东南半壁相比有明显的差距，且其有逐渐变大的趋势。因此需要进一步加强宏观经济政策的调控、支持及引导。

　　西北半壁外向经济薄弱，边境的地缘优势有待发挥。2000～2016 年间，西北半壁经济外向度 20%，始终低于全国同期 40%～50%的平均水平。西北半壁拥有 33 个国家二类以上重点口岸（占全国总数的 63.5%），边境的地缘优势未能充分发挥。"胡线"两侧资产投入情况变化如表 14.3 所示。

表 14.3　1980～2016 年胡焕庸线两侧资产投入情况变化表（%）

年份	东南半壁		西北半壁		全国合计	
	全社会固定资产投资	实际利用外资	全社会固定资产投资	实际利用外资	全社会固定资产投资	实际利用外资
1980	94.61	100	5.39	0	100	100
1985	93.52	98.76	6.48	1.24	100	100
1990	94.16	98.85	5.84	1.15	100	100
1995	95.16	98.99	4.84	1.01	100	100
2000	94.47	98.46	5.53	1.54	100	100
2005	93.74	97.4	6.26	2.6	100	100
2010	92.62	96.13	7.38	3.87	100	100
2016	93.62	96.28	6.38	3.72	100	100
历年平均	94	98.1	6	1.9	100	100

　　能源消耗大，绿色发展水平低。1980～2016 年，东南半壁和西北半壁电力消费量历年平均增长速度分别为 8.38%和 10.28%，西北半壁增速快于东南半壁，人均电力消费量总体上西北半壁高于东南半壁，西北半壁高耗能产业比重大，节能效率低下，绿色发展质量明显低于东南半壁。

城市化水平、质量和城市群发展明显滞后于东南半壁。

2000 年以来,在城市群战略的推进过程中,西北半壁围绕兰州、西宁、银川和呼和浩特,克拉玛依等呈现少量集聚,城市化水平多处于中低等水平和低等水平,2008~2017 十年间城市化水平高值区的集聚程度不增反降,与东南半壁高度集聚化发展的趋势相反,城市化水平和质量的差距进一步拉大。

区域发展新因素、新动能明显不足。

东南半壁教育资源总量占据全国 90%~98%,而西北半壁占 2%~10% 不等;东南半壁技术创新能力指标占全国 98%,而西北半壁约占 2%。1998~2017 年,"胡线"两侧,创新环境、创新投入、创新产出及综合创新指数,基于全国平均水平作对比,区域创新总体呈现"东强西弱、东稳西动"的整体格局。

经济水平、人民生活收入等重要指标的绝对差距在增大。根据统计数据,1950~2016 年的 66 年间东南、西北半壁的情况:人均 GDP 增速基本一致(约9.7%),但绝对值差额以 9.28% 的速度加速拉大;人均地方财政收入增速一致(10.9%),但绝对值差额在以 8.49% 的速度加速拉大;人均全社会固定资产投资增速一致(18.7%),但绝对值差额也在以 4.87% 的速度加速拉大。1980~2016年东南、西北半壁的情况:城镇居民人均可支配收入相对差距呈缩小趋势,但绝对差额以 28.9% 的速度加速拉大;农村居民人均可支配收入相对差距呈缩小趋势,但绝对差额以 16.4% 的速度加速拉大;城镇在岗职工平均工资绝对差距波动中以 16.2% 速度加速拉大。每万人在校大学生数绝对差距也以历年平均3.69% 的速度加速拉大。

以上数据表明,70 多年来,"胡线"东南、西北半壁经济、社会等指标均在快速整体提升。尽管党和政府采取一系列的政策与措施积极支持西部发展,并且西部在与自身比较获得长足的发展与改善,但在缩减东西部的差距方面,由于历史的积累与体量以及两边区位的不同,虽然西北半壁有的指标(如所占全国 GDP的比重从 1950 年占比 3.75% 到 2016 年增加到 5.59%)成效明显,但有的没有达到差距明显改善甚至有差距扩大的情况。这些因素在某种程度上在加速人口向东部流动的现象,需要引起我们高度重视,也需要寻找更加科学、合理与有效的办法与措施。

14.2 从"胡焕庸线"到"中脊带"

14.2.1 "中脊带"产生的历史必然性

"胡线"是中国东、西部发展不平衡的分界线,是近代中国作为传统农业国家人口密度突变的分界线（郭华东等，2016；王心源等，2017）。传统上的中国是东部农业、西部畜牧业的二元结构综合体。这个基本国情是形成东北半壁相对发达、西北半壁相对落后的先决条件与历史背景。自新中国成立以来，党和政府一直高度重视西部的发展问题。在人口、经济比例的增长速度方面，"胡线"西北半壁整体上都是呈现正向增长速率态势，显示国家的宏观经济政策起着积极的作用。然而，在高质量发展能力与潜力方面，由于历史的积累以及两边区位的不同，"胡线"西北半壁与东南半壁相比有明显的差距，且其有逐渐变大的趋势。正因如此，需要进一步加强宏观经济政策的调控，更加主动地减少东、西部发展不平衡的条件与影响因素，寻求与创造区域充分发展的机遇与因素。

社会主义的中国一直在为消灭发展的区域不平衡、消减贫富差距做出巨大的努力。但是，由于东、西部自然本底的不同，以及相应的经济条件基础与积累的差异，缩小东、西部的经济差异绝非一日之功、一蹴而就，而是一个长期的、不断努力的过程，更是一个（相对）平衡—不平衡的动态过程。

在消除西部与东部的经济差距过程之中，一方面，要大力在西部直接支持新兴产业、特色产业，布局新型城镇化建设等；另一方面，由于中国东、西空间距离大，特别是沿海发达区城市群距离西部有数千千米，使得东部城市群难以产生直接的辐射影响。这客观需要在东-西接合部，建立一个超大发展带，形成全国的内循环枢纽，去承东启西、东转西换，畅通国内大循环与带动西部全域的新型可持续发展，实现东西联动传递带、新旧动能转换带的形成，实现中国经济发展的自主性、可持续性的提升。

14.2.2 地球大数据支撑"中脊带"划定及其战略地位

"胡线"不仅仅是人口地理学中的一条重要界面，更是一条稳定的国情地理界线。"胡线"两侧人口密度、经济和社会发展水平、发展潜力具有很大的差异，深刻影响了国家均衡发展、生态文明建设、共同富裕、民族振兴乃至国防安全，具有重大的应用价值（丁金宏等，2021）。因此，破解"胡线"，不是仅仅着眼这条人口密度突变线的问题，而是要站在世界发展潮流的前沿，面向全国来考虑东西部发展不平衡、不充分的破解之策。"胡线"的空间观测研究，需要从现代发展战略的科学角度，从全局、整体来研究社会、经济与生态环境的协调发展。具体而言，要结合自然科学、经济科学、人文社会科学以及空间信息科学与技术，基于多元/多要素的地球空间大数据，历史、客观、辩证地研究中国人口分布以及"胡线"形成的条件及其变化，综合开展人口-城镇-资源-环境-政策等相关要素的时空演变过程分析，为国家宏观决策提供科学支持。"胡线"的形成蕴含着千年长时间尺度和跨越几千公里的大空间尺度，科学内涵丰富，仅仅统计的或者遥感的数据都不能解决该问题，仅仅地理学知识或者经济学知识也不够，必须要从自然与社会复合的地球系统中、从可持续发展角度、从创新驱动与中华民族伟大复兴梦想实现角度，来研究破解"胡线"及其破解问题。空间地球大数据具有重要优势（郭华东，2015；Guo et al.，2017）。

利用空间技术宏观、客观、快速的优势，以大数据理念和技术作支撑，对于农牧交错带进行科学划定，在综合考虑自然、经济、社会、人口和政策因素基础上提出破解"胡线"的对策。涉及的数据包括：1978 年以来美国陆地卫星系列数据；1992～2010 年美国军事气象卫星全球夜间灯光遥感数据；中国资源卫星遥感数据；20 世纪 80 年代末，2000，2010 年中国城镇密度 1km 栅格数据集；1935年以来 7 次人口统计数据；全国 30m、90m DEM 数据；全国 753 个气象站点数据；中国相关年份社会经济统计数据、城市人口数据；自主生产数据；野外调查与研讨，在新疆、陕西、甘肃、宁夏、河南、黑龙江、吉林、辽宁、四川、重庆、云南 11 个省（直辖市、自治区）的 30 个市（县）进行调研，与调研的省（直辖市、自治区）及其市（县）相关厅、局、委、办、中心，以及有关的企业召开座谈会 30 余次。

1. 黑河—腾冲农牧交错带边界的划定

"胡线"的自然-人文本底是农牧交错带，农牧交错带是生态脆弱带。黑河—腾冲农牧交错带是容易受到来自人为、自然干扰而发生"态"跃变的区，在业态上表现为农业与畜牧业交变的界区。利用势能分析模型，研究区划定黑河—腾冲带所毗邻的东、西部多稳态生态群落的东、西半壁的边界，从而确定不同生态系统状态的共存区域，即两种状态发生转换的脆弱区域（图 14.4）。所谓多稳态（alternative stable states），是指系统在同样的外界条件下，可以表现出结构和功能截然不同的多种稳定状态。20 世纪 70 年代，Holling（1973）和 May（1977）在研究生态动力系统时，用多稳态来描述系统在相同的条件下，可以得到多个不同稳态解的现象（Holling et al.，1973；　May et al.，1977）。

2. 黑河—腾冲农牧交错带的划定

综合运用因子分析法和朴素贝叶斯分类器（Naïve Bayes classification）（Cooper et al.，1992；杨青生等，2007）、K 最近邻（KNN）等分类算法，利用空间地球大数据，将全国划分为农业县、牧业县和农牧交错县，并结合专家经验最终划定黑河—腾冲农牧交错带（图 14.5）。

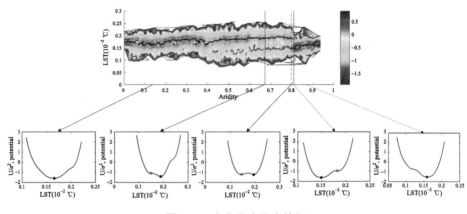

图 14.4　东北段多稳态特征

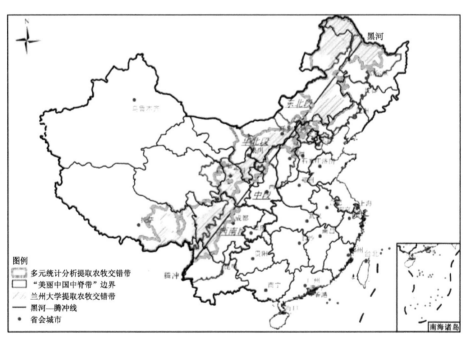

图 14.5　黑河—腾冲农牧交错带与美丽中国中脊带地理位置示意图

　　该方法划定的黑河—腾冲农牧交错带范围体现出自然与人类共同作用的综合特征。首先，该带是稳定的连续，表明这是个稳定的自然地带性景观特征；第二，由于该带计算数据来自县（区）统计，故边界考虑到县（区）级行政单位边界完整性。本方法划定的黑河—腾冲农牧交错带，与周立三先生的内蒙古及长城沿线农林牧区（周立三等，1981）、王峥、张丕远的生态环境过渡带（王铮等，1995）、陈全功等的农牧交错带（陈全功等，2007）均有基本的吻合性。同时在一些局部地区又有不同，尤其是西南地区，其山地海拔的垂直地带性和特殊的生态环境造成了差异（图 14.6）。

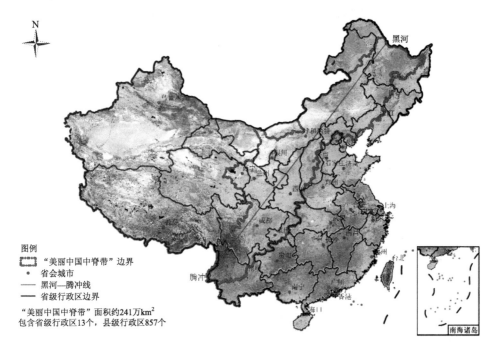

图 14.6 "美丽中国中脊带"空间位置图

3. "美丽中国中脊带"划定及其战略地位

在黑河—腾冲农牧交错带及其边界划定的基础上，考虑到未来形成以国家公园为主体的自然保护地生态可持续发展模式，基于"胡线"东、西两侧的农牧交错带与新发展需要，我们划定自东北—西南的未来新发展国土空间（王心源等，2021）。在呈金鸡形状的中国版图上，此区处于"中脊"的位置，遂命名为"美丽中国中脊带"（图 14.6）。这一关键地带涉及黑龙江、吉林、辽宁、内蒙古、河北、山西、陕西、甘肃、宁夏、青海、四川、重庆、云南等 13 个省、自治区、直辖市全域或者局部，面积达 $2.4 \times 10^6 \text{km}^2$，呈 45° 纵贯我国东北—西南区域，并且北联东北亚，西南接东盟诸国，区位极其重要。此区也是我国集中连片贫困区集聚带，是生态战略防护带，又是国家空间战略安全带。

"中脊带"是在新时代国土空间宏观布局新的要求下，适应未来的生态环境、经济新形态、生活新方式与当代科技新发展等自然-社会-人文等综合要素下形成的高质量社会发展带，是构建未来生态-生产-生活高质量的新型发展空间，是数字技术支持下智能化、智慧化管理的智慧动能带，是新基建示范与引领、率先打造构画 5G+的发展战略示范带，是 21 世纪国家战略安全需要的"新三线"战略防御带。通过该带产生承接东部产能溢出并向西辐射的效应与机制，把该带的"绿水青山"变为区域发展的"金山银山"，成为国内-国际双循环的重要通道。

14.2.3 从"胡焕庸线"到"中脊带"是科学认知的改变

1. "胡线"刻画线东、西两侧人口密度的差异

胡焕庸根据当时的县（区）为统计口径的人口数据，分别做了人口分布图和人口密度图。事实上，胡焕庸并没有在其文章的附图中直接画出"瑷珲—腾冲"这根直线。这是由于该图是按照行政县域进行的人口统计，即在一个县域内人口被看作是均匀分布的。所以，如果从瑷珲—腾冲直接拉一条直线，那么就会破坏一些县域的完整性，从而打破按照县域人口分布均匀的假设前提。

人口数量、质量与密度可以综合反映社会、经济、生活方式与环境状况。作为农业大国，中国当前人口格局的形成是在社会-经济-科技-环境等因素综合作用长期演化的结果。在西汉时期，中国人口最稠密的地区是在黄河冲积平原和太行山以东、黄河以北的河北平原。葛剑雄提出那时人口疏密分界线应该是燕山—太行山—中条山—淮河（葛剑雄，2014）。此后经历了"永嘉丧乱""安史之乱""靖康之变"等几次大规模自北向南的人口迁徙活动，以及明清及民国时期"山西洪洞大槐树移民""湖广填四川""闯关东""走西口"等几次大规模移民，使得中国人口分布的格局在不断调整。1935 年，胡焕庸提出以"瑷珲—腾冲线"将我国人口分布分为东南和西北人口疏密悬殊的两部分，这反映的就是近代中国人口密度分布格局的状况（王心源等，2021）。

基于《中国人口之分布——附统计表与密度图》（胡焕庸，1935）一文中给出的数据进行较精确分析，研究发现 1935 年若扣除现在属于蒙古国的地区人口，则"胡线"西部人口占总数的 3.21%，东南人口占 96.79%。到 2010 年第六次人口大普查，"胡线"西部人口占全国比例增加到 6.35%。75 年间，西部人口比例增加了 3.14%，比 1935 年约翻了一番，"胡线"西部人口的绝对数量更是 1935 年的约4 倍。"胡线"两边无论相对数量或是绝对数量绝不是什么"岿然不动"。近代—当代的人口密度变化速度与人口增长速度变化的转折大概在 20 世纪 70 年代后期—80 年代初期，这个时间的分界也暗示中国脱离传统农业发展模式而伴随全球化征程开始走向了新的发展模式。

"胡线"是中国近代的人口密度分布的突变线。至于这条线与一些自然要素甚至人文要素的应和，那是因为这条线位于农牧交错带背景下。我们既不能把"胡线"与降水线、生态线、文化转换线等分界线等同，也不必用"胡线"去综合它们。丁金宏教授认为，"胡线"原本就是反映中国人口分布的疏密情况，是中国人口地理的重要分界线。"少量关于胡焕庸线的引申研究和应用属于穿凿附会的形式命题，是对胡焕庸线概念的一种不恰当的'学术消费'，是不值得提倡的。"（丁金宏等，2021）

2. "中脊带"：规划未来新发展空间

农牧交错带是自然与人类共同作用形成的一种生产、生活空间。中国东北—西南走向的农牧交错带，是纬度地带性与经度地带性再加上山地垂直地带性下的人与自然共同作用的综合反映。由于自然条件的差异，中国农牧交错带又形成东北段与西南段的不同。东北段的农牧交错带是纬度地带性与经度地带性的叠加。北方农牧交错带生产特点的形成也许可以追溯到距今 4500—4300 年前龙山时代的前期（胡松梅，2020）。而西南段，由于青藏高原东缘及中高山地的影响，呈现出山地农牧交错带的特性，即在纬度地带性与经度地带性上再叠合山地垂直地带性的作用，形成诸多民族分布其中。

"中脊带"是基于"胡线"东南、西北两侧传统的半农半牧的生产与生活空间，并考虑未来国家战略新发展需要而建议划定的自东北到西南的地域空间。在呈金鸡形状的中国版图上，此区处于"中脊"的位置（图 10.7）。在划定边界时，考虑到县（区）级行政区域的完整性并进行适当调整。此区是我国相对贫困区集聚带，是生态战略防护带，也是国家战略空间安全带（王心源等，2021）。

14.2.4 从"胡焕庸线"到"中脊带"：发展方式转变

1. 中国传统农业的持续密集型生产发展模式特征

中国历史发展模式是指曾经真实存在于过去中国的发展模式。一言以概之，是在以农业为主流产业的历史演进过程形成的发展模式。形成的朝代更迭、不断复生的封建社会管理与经营过程一直延续 2000 余年。

Samir 提出地中海/欧洲发展道路与中国的发展道路从一开始就截然不同：欧洲中心的历史资本主义不断将生活在农村的居民大量驱赶出去，这种历史资本主义必然造成人口的大量外流，后来征服了美洲才得以疏解外流人口的问题（Samir，2012）。而在 19 世纪下半叶之前的中国，资本主义发展道路就完全不同，它是确立而非泯除农民争取土地的权利，并从而强化农业生产，同时将工业制造分散到乡村地域。这使得中国在当时许多的物质生产领域都大幅超越欧洲。一直到工业革命的成功，才造就了现代欧洲超越中国。

正是中国传统文化的民本思想对于中国政治和经济组织模式的稳定，建构了一种生产力发展的模型——筑基于农业持续的密集生产，于是形成"胡线"东侧的中国传统农业的精耕细作特点。在中国东部，如黄淮海平原区，从农业发展、商品交换、市场形成及其演变的城镇体系空间结构基本符合克里斯·泰勒的理想城镇体系空间结构形成的要素与条件（王心源，2001a；王心源，2001b），在长三角城镇体系空间结构同样具备这样的特征（陆玉麒，2005）。这些情况表明：中国传统农业的精耕细作，以及逐渐形成的城镇及其体系空间结构，是在农村市场服务为中心基础上演化发展起来的一种模式。

2. "中脊带"新发展方式的战略思考

相比于东、西部的生态环境承载力，"中脊带"的承载力可谓介于其间。"中脊带"是为了缩减东西部发展不平衡、获得区域发展更充分而提出的战略对策。"中脊带"是要把经济建设、政治建设、文化建设、社会建设、生态建设、国防建设等多方面融入高质量发展之中，其未来空间战略发展规划至少考虑 6 个方面。

（1）把"中脊带"作为新型基础设施建设的示范带。新型基础设施建设（以下简称"新基建"）通过吸收当代新科技革命成果，实现国家生态化、数字化、智能化、高速化、新旧动能转换与经济结构对称态，建立现代化经济体系的国家基本建设与基础设施建设。新基建主要包括 5G 基站建设、特高压、城际高速铁路和城市轨道交通、新能源汽车充电桩、大数据中心、人工智能、工业互联网等领域，涉及诸多产业链，是以新发展为理念，以技术创新为驱动，以信息网络为基础，面向高质量发展需要，提供数字转型、智能升级、融合创新等服务的基础设施体系。作为具备一定生态承载力的"中脊带"，是率先进行新基建的理想国土空间区域。

（2）把"中脊带"作为构建国土空间战略发展新格局的重要组成部分。从整个欧亚大陆的角度，可将我国划分为 3 个一级国土空间区域，把"中脊带"作为构建国土新的战略空间格局的一级区域来规划发展，并根据"美丽中国中脊带"自然与社会、经济、文化等的不同，可以分为"三段"（"四区"）（图 14.1）：东北段（Ⅰ）——黑龙江、兴安生态旅游经济带区；中段 1（Ⅱ-1）——鄂尔多斯—呼和浩特—张家口—大同—锡林郭勒生态经济文化带区；中段 2（Ⅱ-2）——西安—兰州—银川—太原生态经济文化带区；西南段（Ⅲ）：重庆—成都—昆明—瑞丽生态经济带文化区。

（3）把"中脊带"打造成为内外循环发展的枢纽通道。"中脊带"位于中国版图重要的、特殊的位置与区域，处于中国东北—西南贯通的枢纽位置。"中脊带"作为东西联动的传递带、新旧动能的转换带、新基建的示范区，是"双循环"的枢纽，更是内需新经济的重要启动区。打造此枢纽可以首先以"成渝双城经济圈"—"西安城市经济圈"—"昆明经济圈"并与中—缅通道连接为启动段，构建拉动中国西南区域发展动力区，打造西部合作的改革开放发展平台，再向北部延伸，逐步构建区域联动一体化发展。

（4）把"中脊带"建设成为生态安全屏障带、国防安全保障带与新的宜居生活区。① "中脊带"跨越不同的自然与人文地带，自然生态环境丰富多样，民族与人文资源丰富多彩。有利于打造新型城乡宜居生产-生活-康养带。把"两屏两带"（青藏高原生态屏障、黄土高原—川滇生态屏障、东北森林带、北方防沙带）进行整合，构造"中脊带"成为一个完整的生态安全屏障带；把"中脊带"的"四区"打造成四季旅游与康养的宜居生活带，构建自然-文化-服务高质量旅游带，打造成为具有象征意义的消费区。② 面对全球变化、海平面上升，以及世界百年未有之大变局，把"中脊带"南北联通向的巨大空间建设成为国家战略安全带成为必要。"中脊带"东侧边界距离海岸线从 $100\sim1000$ km 不等，因此能有效避防海平面上升带来的灾害与风险。"中脊带"穿越众多山川，具有重大的国防空间价值——其可以在空间上对"老三线"进行延展，打造成为中国"新三线"防御地带。

（5）"中脊带"要创造并形成区域新型城镇化的发展模式。由于现代快速、方便的交通、信息与物流，打破过去联通的限制，打破以农村市场服务为中心的"中心地"理论成为可能。一个城市不再是仅仅与其周边地区紧密关联，而是在功能、信息、物流、文化等领域跨地域空间进行联系。"中脊带"的新型城镇化要强调适宜性、差异化、个性化的特色与高质量发展，宜居、众多小城镇既在空间分离又在物流、资金、信息、人员上联系的"群"与"带"。

（6）把"中脊带"发展战略与国家其他战略相对接助力复兴梦想实现。"中脊带"发展模式要适应新时代的要求，要适应自然环境变化的要求，要适应中华民族伟大复兴中国梦的要求。在"中脊带"要进行生态-环境、经济-社会、人口-文化全域发展整体未来规划设计，把新型城镇化、振兴东北、中部崛起等战略与乡村振兴战略统筹起来，把北部的中蒙俄经济走廊、西南孟中印缅经济走廊发展贯穿起来，实现人-地协调平衡的共同新发展。

14.3　构建"中脊带"的若干建议

"中脊带"的战略布局，是缩小与减少东西部发展不平衡、实现各区域充分发展的重要抓手之一。为此，从提升西部发展质量与水平、构建中国东西部循环的枢纽角度提出如下四条建议。

（1）以创新西部跨越式发展、高质量发展新模式为出发点，挖掘西部发展新要素，激活西部发展新动能，维护西部发展的良好环境

西部高质量发展与东部要有区别对待。要挖掘西部发展新要素，激活西部发展新动能，维护好西部发展的良好环境。当下，做好如下几点：

瞄准高质量发展目标，跨越进入生态经济发展模式。扬弃传统畜牧业生产模式，用高质量发展目标，跨越进入生态经济发展模式。积极探索西部新农村建设模式，稳妥安排传统农牧业向生态农业转换。西部曾经是传统农牧业发展的重要基地，也是众多少数民族的聚居地。在向新的业态过渡中，在民族融合过程中，要防止机械的、粗暴的民族间的交流与"融合"，要做和风细雨的工作，在经济、文化活动交流中，逐步培养各民族的和谐、融合。

激活西部的资源优势，产生新的发展动能。西部土地面积广大，盘活未利用土地、提升土地资源利用效率；西部光、热、风、水力资源丰富，发展综合的绿色能源利用方式；西部民族特色多样、山光水色各异，名贵旅游资源丰富，发展融合文旅、高质量旅游业态。

加强西部教育针对性的发展，前瞻性培育第四产业人才。从缩小东-西部创新发展的根本动力差距入手，加强西部教育针对性的发展。落实国家出台的中西部教育方案与措施，加快培育西部一、二、三产业人才，前瞻性培育为第三产业服务的第四产业——或称之为数字产业、知识产业或信息产业的人才。全面并加强开展西部素质教育，为深入西部改革与新开发、未来高质量发展所需人才储备人力资源。

创新引进与稳定人才的环境，不拘一格地使用好人才。当前的"胡焕庸线"西北半壁在高层次产业结构培育上必须逐步实行，要立即采用一些有效的办法引进人才。不求立即所用，但求马上所"有"。人才的吸引与稳定，是一个人才作用发挥的小环境，以及整个省份、城市（社区）的大环境的影响。

要保持"胡线"西北半壁较低的房价的比较优势，维护西部良好环境。西部较低的房价，就是减小东、西部人民群众在经济收入差距的有力、有利的举措之一，使得民众将更多资金用于消费、购物、旅游等领域；就是减小西部企业生产

成本，从而增强西部企业的竞争力，实体经济获得发展。务要防止房地产资本的炒作，致使房价过快上行损害西部社会的稳定与人民群众的生活安定及人才队伍的稳定，导致企业的生产成本增加。维护好西部发展需要稳定、良好的环境。

（2）把"中脊带"构建成内外循环的枢纽，国内大循环流通的主干带

"中脊带"位于中国版图重要的、特殊的位置与区域，处于中国东北-西南的贯通枢纽位置。作为东西联动传递带、新旧动能转换带、新基建示范区。把此区作为双循环的枢纽，成为内需新经济的重要启动区。打造此枢纽，可以首先以"成渝双城经济圈"-"西安城市经济圈"-"昆明经济圈"并与中-缅通道连接，构建拉动中国中-南区域发展动力区，打造西部合作的改革开放发展平台，再向北部延伸，逐步构建区域联动一体化发展，从而铸就"美丽中国中脊带"成为内外循环的枢纽，国内大循环流通的主干道。

（3）把"中脊带"建成生态安全屏障，国防空间战略安全区

建成东西部生态安全屏障，构建宜居生活带，引领象征性消费（IP）。把"美丽中国中脊带"内的国家生态"一屏"（"黄土高原、川滇生态屏障"）、"两带"（"东北森林带"、"北方防沙带"）与东、西两侧附近的"一屏"（青藏高原生态屏障）、"两带"（"北方防沙带""南方丘陵山地带"）进行整合建设，构造成为一个完整的生态安全屏障。同时，把此区构建成为一个宜居、美好的生活带。由于"中脊带"跨越不同的自然地带与气候区，自然生态环境丰富多样；"中脊带"是农牧业交错带，民族多样、人文资源多彩，新型新农村的新型城乡宜居生产-生活-康养资源丰富。把"美丽中国中脊带"划分为三段的不同功能：东北段、中段及西南段。东北段为冬季冰雪旅游区与夏季康养区；西南段与中段为春、秋季旅游与康养区。构建自然-文化-服务高质量旅游带，打造成为象征性消费（IP）区。

建成中国"新三线"防御地带，国防空间战略安全区。未来战争可能是军事的，或者生物的，或者金融的，或者网络的等，必须要有一个足够大的空间为未来的可能假设情景做"备胎"，把"中脊带"这样一个占中国陆地国土空间约1/4的南北联通向的巨大空间建设成为国家战略安全带，超特大突发事件"备胎"新空间。"胡焕庸线"距离中国东部海岸线从 100~1000km 不等，可以把"中脊带"打造成为中国"新三线"防御地带。此带穿越众多山川，具有重大的国防空间价值（图 14.7）。

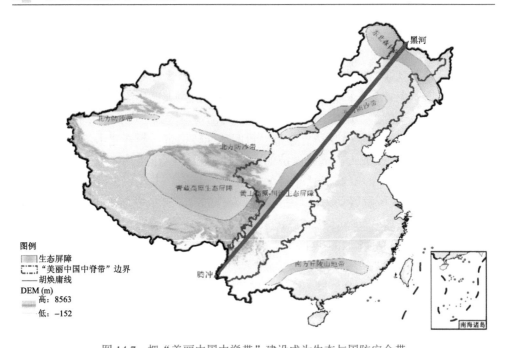

图 14.7　把"美丽中国中脊带"建设成为生态与国防安全带

（注：图中"生态屏障"，根据国务院关于印发全国主体功能区规划的通知中"生态安全战略格局示意图"改绘）

（4）把"中脊带"作为构建国土发展新格局的国家区域发展战略

如同四十年前的沿海开放带，对于带动中国特别是东部的发展起到重要作用。正由于"美丽中国中脊带"具有沟通东西，承接南北的地缘优势，承载创新发展、健康发展、国防安全、人民幸福的重大使命，因此具有重大的空间发展战略价值，建议形成 "美丽中国中脊带"作为构建国土空间开发保护新格局、国家区域重大发展战略。特别是随着国家脱贫攻坚战略的良好实施效果，这一关键地带的发展得到了国家"精准扶贫"和"美丽中国"建设政策的大力扶持，得到沿线（带）的地方政府、科研院所、生产单位等积极响应，在线两端黑河、腾冲市分别建有"胡焕庸线公园"，在线西南段的四川省已经建立"数字胡焕庸线研究院"，西北地调中心也把"胡焕庸线"沿线有关区域纳入未来发展的科研计划等。我们在调研中，一些省份、地区都表达出积极参与的愿望。这些前期工作，对于建设"美丽中国中脊带"做出很好的准备与铺垫工作。

14.4　小　　结

回顾中国过去两千多年包括民国时期的发展道路，西部开发的注意力始终在

"农耕"与"土地"上。中国特色社会主义新时代的要求,中华民族伟大复兴的期盼,使得"胡线"的"破解"成为必须。

破解"胡线",解决中国东西部发展不平衡、不充分问题,首先需要西部地区更快速的高质量发展。首要的是要激活西部资源与生产潜力,比如打造西部特色高附加值的生态—文旅产业、把西部地区打造成为中国绿色能源基地、走西部城镇化之路等,进而实现高质量、更快速发展。其次,要消灭贫穷、消灭差距,这是一个从不平衡-平衡-新的不平衡-新的平衡的一个动态过程。新发展要从"土地"中解放出来。中华民族的复兴、中国新的国土空间发展格局不能仅仅考虑中国版图上农业的生产承受力与容纳农业人口的问题,而是要着眼在整个国际特别是欧亚大陆中新的空间布局、中国东西部社会-经济-生态-安全的承载力的平衡问题,以及中国特色社会主义高质量的发展问题。就构建中国国土空间开发保护新格局来看,"美丽中国中脊带"将成为中国缩小东、西部发展不平衡、不充分的关键地带。

在当前大数据、人工智能时代背景下,地球大数据为深刻认识"胡线""中脊带"提供了数据基础。利用地球大数据,可以实现新时代背景下的"胡线""中脊带"的较精准刻画,改变科学认知,更充分地了解中国东西侧人口、经济、社会差异,助力中华民族伟大复兴梦想之实现。

参 考 文 献

陈全功, 张剑, 杨丽娜, 等. 2007. 基于 GIS 的中国农牧交错带的计算和模拟. 兰州大学学报: 自然科学版, (5): 24-28.

丁金宏, 2016. 跨学科对话: 经济战略与地理约束. 探索与争鸣, (1): 36-38.

丁金宏, 程晨, 张伟佳, 等. 2021. 胡焕庸线的学术思想源流与地理分界意义. 地理学报, 76(6): 1317-1333.

范立君, 2005. 1931~1937 年东北关内移民的特点及性质. 中国历史地理论丛, 20(4): 36-43.

葛剑雄, 2014. 亿兆斯民. 广州: 广东人民出版社.

郭华东, 2015. 空间地球大数据——地球科学研究的新引擎. 来源: 光明日报: http://theory. people.com.cn/n/2015/0703/c40531-27247803. htm.

郭华东, 王心源, 吴炳方, 等. 2016. 基于空间信息认知人口密度分界线——"胡焕庸线". 中国科学院院刊, 31(12): 1385-1394.

胡焕庸, 1935. 中国人口之分布——附统计表与密度图. 地理学报, 2(1): 33-74.

胡璐璐, 刘亚岚, 任玉环, 等. 2015. 近 80 年来中国大陆地区人口密度分界线变化. 遥感学报, 19(6): 928-934.

胡松梅. 2020. 全球视野下中国北方农牧交错带的形成——以榆林地区公元前三千纪动物考古研究为例. 光明日报, 2020-7-29(16).

陆玉麒, 董平, 2005. 明清时期太湖流域的中心地结构. 地理学报, 60(4): 587-596.

王心源, 范湘涛, 郭华东, 等. 2001. 自然地理因素对城镇体系空间结构影响的样式分析. 地理科学进展, 20(1): 67-72.

王心源, 范湘涛, 邵芸, 等. 2001. 基于雷达卫星图像的黄淮海平原城镇体系空间结构研究. 地理科学, 21(1): 57-63.

王心源, 郭华东, 骆磊, 等. 2021. 从"胡焕庸线"到"美丽中国中脊带": 科学认知的突破与发展方式的改变. 中国科学院院刊, 36(9): 1058-1065.

王铮, 张丕远, 刘啸雷, 等. 1995. 中国生态环境过渡的一个重要地带. 生态学报, (3): 319-326.

吴玉珍, 吴玲琍, 2001. 中国西部开发的历史回顾与思考. 社科纵横, 16(2): 19-20.

杨青生, 黎夏, 2007. 贝叶斯概率与元胞自动机的非线性转换规则. 中山大学学报(自然科学版), 46(1): 105-109.

竺可桢. 1972. 中国近五千年来气候变迁的初步研究. 考古学报, 1: 15-38.

周立三, 孙颔, 沈煜青, 等. 1981. 中国综合农业区划. 北京: 农业出版社.

Cooper G, Herskovits E, 1992. A Bayesian method for the induction of Bayesian networks from data. Machine Learning, 9(4): 309-347.

Guo H D, Liu Z, Jiang H, et al. 2017. Big Earth Data: a new challenge and opportunity for digital Earth's development. International Journal of Digital Earth, 10: 1-12.

Holling C S. 1973. Resilience and stability of ecological systems. Annual Review of Ecology & Systematics, 4(1): 1-23.

May R M, 1977. Thresholds and breakpoints in ecosystems with a multiplicity of stable states. Nature, 269(5628): 471-477.

Samir A, 2012. 历史发展的两条道路——欧洲与中国发展模式的对比: 起源与历程. 林深靖, 译. 开放时代, (8): 63-72.

第15章

地球大数据支持"一带一路"倡议

"一带一路"建设作为一个国际性构想，具有覆盖范围广、建设周期长、涉及领域宽等特点，需要在广泛空间进行开发建设。在推进"一带一路"建设中，地球大数据大有可为，也必须有所作为。

15.1 大数据时代的"一带一路"

"丝绸之路经济带"和"21世纪海上丝绸之路"合称为"一带一路"。2013年秋，中国国家主席习近平在对中亚和东南亚国家进行访问期间，于9月提出建设"新丝绸之路经济带"的合作倡议，紧接着10月又提出建设"21世纪海上丝绸之路"的战略构想。"一带一路"倡议表达了一个中国参与和融入世界经济的愿望和方式，顺应了广大发展中国家追求经济社会进步的需要和期待。"一带一路"是21世纪我国实行改革开放的重大举措，是中华人民共和国成立以来最大的国际合作计划，是我国与共建国家共同发展的宏伟蓝图。"一带一路"建设是全球治理中的关键一环，是构建人类命运共同体的重要实践（郭华东，2016）。

"一带一路"跨越亚、欧、非三大洲，它涵盖44亿人口，GDP规模达到21万亿美元，分别占世界的63%和29%，是当下的"世界最大的经济带"。2015年"一带一路"共建与相关地区、六大经济走廊均具有巨额投资，其资源、环境、基础设施、农业等建设项目储备库涉及投资资金超过8900亿美元，中国与"一带一路"共建国家和地区的贸易总额稳步增长，2016年中国与"一带一路"共建国家贸易总额达到9536亿美元，占到中国与全球贸易的25.7%。在世界处于大发展大变革大调整时期，和平发展仍是时代主题，共建"一带一路"将是一条繁荣发展前途光明之路。作为一项世纪工程，共建"一带一路"考虑的是长远的成效和影响，需要用科学、技术、创新来推进"一带一路"建设。

"一带一路"共建各国荒漠化问题突出，面临湖泊萎缩、冰川积雪加速消融、植被退化等一系列问题，加之不合理的人类活动，社会、经济可持续发展正面临严重威胁。粮食安全与水资源不足问题也是"一带一路"共建国家面临的共性问题，发展中国家多属农业国，随着经济社会快速发展和全球气候变化影响，人增地减水缺的矛盾越来越突出。此外，自然灾害也是影响"一带一路"可持续发展的另一个威胁因素。全球约有85%的重大地震、海啸、台风、洪水和干旱灾害发生在丝路区域。1995～2014年间，全球遭受灾害损失最严重的10个国家中，有7个位于"一带一路"地区。因此为保障"一带一路"资源环境与经济社会发展的可持续性，亟须摸清矿产资源、土地资源等自然资源的空间分布以及生态环境的区域划分，揭示其动态演化态势与发展趋势以及建设开发利用的潜在风险。

地球大数据作为新型的战略资源，是开展区域生态环境监测、可持续发展评价的重要手段。地球大数据能够把大范围区域作为整体进行认知。"一带一路"建设涉及的就是这样的大范围区域。"一带一路"具有范围广、周期长、领域宽等特点。地球大数据可对"一带一路"的资源环境格局与发展潜力进行宏观科学认知与评估，为可持续发展提供重要信息保障和科学决策支持。充分利用地球大数据，携手促进"一带一路"可持续发展，不仅可以服务美丽中国和数字中国建设、服务人类命运共同体建设，同时也会促进联合国可持续发展目标的实现，使人类和地球迎来更美好的未来。

地球大数据可以成为认识"一带一路"的新钥匙，成为"一带一路"区域自然资源、生态环境、气候与灾害、社会经济等信息获取的新手段。在推进"一带一路"的过程中需要空间数据和社会经济数据等海量数据的支持，需建立针对"一带一路"的大数据信息汇聚与共享机制，特别是利用空间观测等长时间序列大数据进行专题信息的监测和信息共享（胡志丁，2017）。由郭华东院士发起的"数字丝路"国际科学计划，得到了20多个国家和国际组织的全力支持（郭华东等，2016）。"数字丝路"利用遥感卫星、导航卫星、通讯卫星和地基观测、海基观测获取的不同信息，建设空间大数据共享平台，海量的"一带一路"生态环境及社会经济数据逐步实现全面共享，并以开放访问的方式，使科学家、决策者和公众用户及时掌握"一带一路"生态环境的历史变化、发展过程和演化趋势。

值得重视的是"一带一路"所独具的自然资源、生态环境、气候变化与灾害及社会经济等相关数据量巨大、结构复杂、来源多样化，在对多源异构的"一带一路"地球大数据进行综合分析的过程中，需要建立"一带一路"地球大数据分析与决策支持能力，最终实现"一带一路"地球大数据的信息集成化、数字化、可视化，并完成资源、生态等不同要素的综合评价（宋长青等，2018）。

15.2　地球大数据支撑"一带一路"倡议及研究

随着遥感技术、物联网技术等数据获取手段的快速发展，"一带一路"资源、环境、生态等领域的数据爆炸性增长，在数据处理的全流程中，处理与分析的速度远低于数据获取的速度，数据处理模型的定量化、自动化、智能化程度不高，使大量的科学信息数据无法派上用场，亟须根据"一带一路"地球大数据的特点，提出其管理与信息挖掘方法和模型，制定可能的对策与解决方案，包括如何利用最新的技术手段、多元化的软件工具连续获取资源、环境等各个领域的数据，如何开发系统化的应用平台对获取到的数据进行完整的生命周期管理，如何建立"一带一路"地球大数据挖掘分析一体化环境，如何通过物理驱动模型以及最新的机器学习、深度学习模型等对"一带一路"资源要素、环境要素等进行数据挖掘，并完成数据分析可视化综合平台的搭建等（吴胜涛，2018）。

中国科学院地球大数据科学工程专项，聚焦联合国 2030 年可持续发展目标，立足"一带一路"资源环境生态科学研究前沿，以地球大数据信息挖掘为主线，依托空间对地观测技术，整合"一带一路"区域自然资源、生态环境、气候和自然灾害风险、社会经济等丰富的多源学科数据和研究成果，集成监测、实验、模拟、分析手段，开展了"一带一路"自然资源、生态环境、气候变化与灾害、社会经济多学科研究，揭示了"一带一路"多要素、多时空、多维度动态变化的时空规律，为"一带一路"规划和建设提供宏观战略科学决策信息支持（邬明权，2020）。

15.2.1　"一带一路"建设的自然资源基础

自然资源合理利用是"一带一路"建设开展的重要基础，对自然资源的开发利用必须以不破坏生态系统为前提，这要求人们在制定方案时，必须全面深入地研究资源情况，建立起科学合理的保护资源、维护生态环境、实现经济和环境协调发展的评估制标准，而"一带一路"地域广袤，气候生态类型多样，现有的资源监测技术体系还需要依据监测地域的特征，进一步地完善现有的监测技术体系，快速、动态开展对资源开发现状及后备资源的监测。

地球大数据可以因地制宜，丰富完善现有的资源调查与评估方法，提升方法的适应性，提升"一带一路"资源禀赋数据产品的准确性与完备性，科学高效地服务资源调查与评估；借助地球大数据、云计算、众源采集、深度学习等新技术，创新性发展大尺度资源调查方法，推动资源调查领域技术方法的创新，助力"一带一路"资源禀赋数据产品的快速摸底与战略评估；通过系统的资源监测与评估，厘清导致资源禀赋发生变化背后的自然与社会驱动力，提高"一带一路"全球变

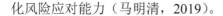

化风险应对能力（马明清，2019）。

15.2.2 "一带一路"的可持续开发生态保障条件

"一带一路"区域横跨亚非欧大陆和海洋，生态环境复杂多样，具有典型的宏观大尺度的空间特征，在生态敏感度、稳定性和抗干扰能力上，表现出一定的脆弱性。在全球气候变化和人类活动的强烈干扰下，"一带一路"区域出现了生态结构变化显著、灾害频发、自然海岸线大量丧失等多种生态问题。

空间观测技术具有尺度大、范围广、时效性高的特点，是研究资源环境宏观格局和时空变化的有效手段。利用空间观测为代表的地球大数据，研究"一带一路"区域生态环境演变格局，有助于科学认知"一带一路"建设中面临的典型生态环境问题和潜在的生态环境敏感与脆弱区，为开展"一带一路"工程建设和生态环境监测与综合评估提供方法与技术支撑。

15.2.3 "一带一路"气候变化和灾害风险挑战

"一带一路"共建国家多为发展中国家，对气候变化的观测资料较为匮乏，部分地区地面观测资料获取困难，同时卫星观测数据缺乏地面验证和评估，对气候变化事实的认识能力亟需加强。目前关于气候变化的数据种类多，发布机构多，而高质量的数据是把握气候变化时空规律的关键和必要基础。

针对气候变化中的关键敏感因子和极端事件，如何实现对极端反常天气和自然灾害的精准监测，对灾情的趋势及发展情况进行全天候监控和评估，为灾害的防控提供强有力的支持，成为亟待解决的重大科学问题。然而，由于气候资料的可获得性和可靠性等多方面因素，很多地区尚缺乏完善的相应研究，此外国内针对"一带一路"共建国家的灾害统计研究仍较欠缺。

地球大数据的运用，将有助于建立"一带一路"共建国家（地区）的"气候变化星地数据库"，通过分析高分辨率再分析资料，进一步剖析该地区气候变化事实和响应，实现对关键气候因子和极端事件的空间特征和年际、年代际动态特征更好的理解，实现针对跨季度的温度、降水及气象灾害季度的短期气候预测，为防灾减灾和有序适应气候变化提供科学信息。

15.2.4 认知"一带一路"自然与文化遗产保护与发展

自然与文化遗产是"一带一路"共建国家和地区文化多样性与生物多样性的重要载体，更是表征一个国家的鲜明旗帜，保护世界遗产已成为当前世界各国普遍关注的全球热点问题之一，自然与文化遗产保护也是海外投资风险评估的一个很重要维度。

通过充分挖掘利用我国丰富的世界自然文化遗产资源，跨境整合宝贵的自然文化遗产资源，构建文化发展与合作的广阔市场与空间，可以突破原有文化发展的资源与地域瓶颈，实现文化共建、利益共享（范周，2016），从而极大拓宽"一带一路"共建国家自然文化遗产的利用空间，唤起各国的共同记忆，有效消除意识形态隔阂与民族信仰差异，夯实互联互通的社会根基。

"一带一路"文化与自然遗产研究将揭示文化与自然遗产本体与赋存环境对全球变化和人类活动影响的响应机制，剖析文化遗产病害机理与应对策略，为文化与自然遗产的监测保护与可持续发展提供数据基础与平台支撑（王文，2019）。

15.3　地球大数据支撑"一带一路"研究

根据"一带一路"区域的特点，地球大数据对"一带一路"的支持分为 5 个方面："一带一路"地球大数据分析与决策支持系统、"一带一路"资源调查与评估、"一带一路"生态环境监测与评估、"一带一路"气候变化和灾害风险、"一带一路"自然-文化遗产保护与发展。

"一带一路"地球大数据分析与决策支持系统，根据"一带一路"区域纷繁芜杂的信息，通过建立"一带一路"地球大数据分析与决策支持系统，利用多种简洁的形式表达和传播"一带一路"地球大数据信息，提供"一带一路"专题评估模型和决策分析模型，使政府决策者、专家学者与公众代表能够一目了然地了解"一带一路"区域的基本状况，为展示和分析各国各行业发展趋势提供一个简洁直观的观察分析平台，为解读和把握"一带一路"倡议提供分析和决策支持平台。

"一带一路"资源调查与评估，聚焦于联合国 2030 年可持续发展目标，以保障粮食、畜产品、水资源、森林与可再生资源安全，利用"一带一路"地区的海量多源异构数据，对"一带一路"国家及重点区域的资源进行调查，建立多尺度资源要素数据库，通过构建多种资源要素综合监测技术体系，动态监测"一带一路"各国家、地区资源开发和储备现状。

"一带一路"生态环境监测与评估，通过综合利用以空间观测为代表的地球大数据，研究"一带一路"区域生态环境演变格局，提供表征"一带一路"生态环境状况和时空变化的数据和产品，同时以构建生态环境评估关键要素为基础，构建生态环境评估指标体系和综合评估模型，通过评估"一带一路"地区的生态环境承载力，分析得到"一带一路"建设中面临的典型生态环境问题和潜在的生

态环境敏感与脆弱区。

"一带一路"气候变化和灾害风险，聚焦"一带一路"沿线气候变化、极端气候和自然灾害风险的宏观动态特征，实现区域气候和自然灾害风险时空变化综合评估与预警的高精准信息化和宏观认知，同时整理"一带一路"极端气候和相关自然灾害的发生频率、致灾事件、影响范围等相关资料，通过研究"一带一路"沿线典型区重大灾害快速识别体系与气候变化关键敏感因子，揭示"一带一路"典型区域极端气候和相关自然灾害发生规律和成因。

"一带一路"自然-文化遗产保护与发展，以"一带一路"自然-文化遗产保护与发展为研究对象，从遗产本体、遗产赋存环境要素等角度，提供面向高层决策、科学研究、公众服务的"一带一路"自然与文化遗产监测与评估的数据集及关键技术。同时结合全球变化和人类活动等历史数据，揭示重要历史时期丝绸之路主导文明影响区域格式的时空演变趋势。

15.4 地球大数据认知"一带一路"

15.4.1 丝路资源调查与评估

研究中开展了资源动态监测与开发利用评估，构建了精细农用地、水循环要素综合监测技术体系，实现了"一带一路"粮食生产形势综合监测。

1. 农用地监测与评估

在现有的农作物种植结构调查系统的基础上，针对非洲农用地、南亚与东南亚水田特征，设计了基于众源方式的农用地数据获取 GVG 手机 APP，通过该 APP，用户仅需要使用遥感影像图确定位置，并拍照标注农用地类型，在连接 Wi-Fi 的状态下，相关数据会自动备份至云端后台服务器。

综合 2017～2019 年覆盖赞比亚全国的所有哨兵二号和高分系列光学卫星影像数据，完成了 2018 年度赞比亚 10m 高分辨率的耕地分布数据产品的研发。通过与津巴布韦大学的合作，利用海量多源异构的遥感数据、GVG 众源地面调查数据，使用云计算和大数据技术实现海量数据的管理和挖掘分析，共同完成了2017～2019 年覆盖津巴布韦全国 10m 高分辨率的耕地分布数据产品的生产。

2. 草地资源监测与评估

根据非洲不同地区草地类型特点，基于 2018 年 30 m 分辨率全年时间序列的Landsat-8 数据对北部非洲（埃及、突尼斯、摩洛哥），东部非洲（埃塞俄比亚、

肯尼亚），南部非洲（坦桑尼亚、赞比亚、莫桑比克、津巴布韦）共 9 个典型国家
进行了草地 II 级类分类，总体分类精度达到 70% 以上，如图 15.1 所示。

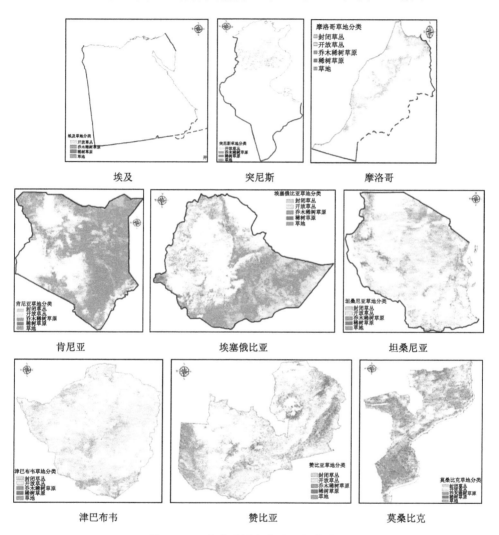

图 15.1　9 个典型国家草地 II 级类分布

3. 水循环要素监测

综合集成应用多源数据和模型模拟技术发展了降水、土壤水分、地表水体、
蒸散发等 4 个具有不同时空分辨率的水循环要素时间序列创建方法，并在"一带
一路"部分区域生产了水循环要素监测数据，"一带一路"区域 2000～2018 年年

降水总量空间分布如图 15.2 所示。

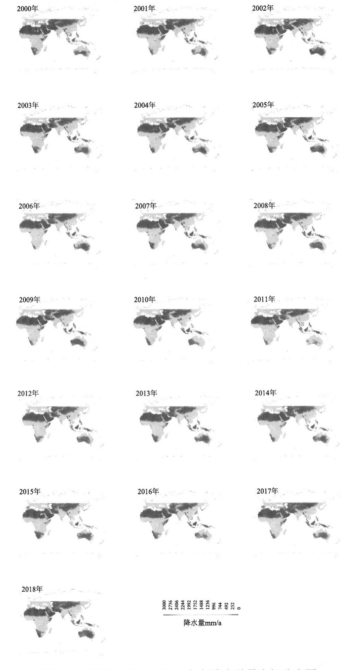

图 15.2　研究区 2000～2018 年年降水总量空间分布图

4. 东北亚东北虎栖息地森林资源调查

森林面积是东北亚东北虎核心栖息地森林资源评估的基础。采用 1990 年、2000 年和 2010 年 Landsat TM/HJ-1A/B 卫星遥感数据，提取了东北亚东北虎栖息地核心区域的森林面积与类型分布。

15.4.2　丝路生态环境监测与评估

通过提取"一带一路"生态环境要素并分析生态环境时空变化，建立了多尺度生态环境要素数据库，对中亚-西亚、海岸带、六大廊道、10 个典型重大项目进行生态环境影响评估。

1. "一带一路"区域生态环境监测

针对中亚-西亚生态环境承载力，分别评估了研究区水土承载力、草地承载力、森林承载力等，准确提取了耕地、森林、草地、湖泊、湿地等关键生态环境要素产品，完成了 1990 年、2000 年及 2010 年的土地覆盖和利用数据生产。

2. 典型重大工程项目监测与分析

利用网络爬虫和遥感技术，探索境外重大工程项目的主动监管方法研究，形成并编制了《"一带一路"重大工程地球大数据监测与分析》报告，共 11 万字，收录了我国境外的 1169 个铁路、公路、桥梁、港口、机场、产业园区、能源、矿山等重大工程项目，摸清了我国境外重大工程项目的分布格局和发展态势，探索了我国境外 7 大类重大工程项目的监管方法，"一带一路"重大工程项目分布如图 15.3 所示。

15.4.3　丝路气候变化和灾害风险

研究影响"一带一路"区域气温、降水异常的关键大气环流系统和外强迫因子，整理了"一带一路"典型灾害的发生频率、致灾事件、影响范围等资料，构建"一带一路"典型区重大灾害快速识别和监测方法体系，研发了气候变化关键敏感因子的集成数据产品，实现了暴雨、高温等大气要素场预报。

构建了基于地球大数据的 SDG 11. 4. 1 指标的监测与评估体系并提供案例示范，提出了适用于全域和典型自然-文化遗产监测与评估的共性关键技术，形成了自然-文化遗产本体与赋存环境及文化舆情的数据集和专题产品，实现了重要历史时期丝绸之路主导文明影响区域格局时空演变的数字化再现，研制了形成自然-文化遗产监测与评估信息服务系统原型。黄山世界遗产地树种分类结果如图 15.4 所示。

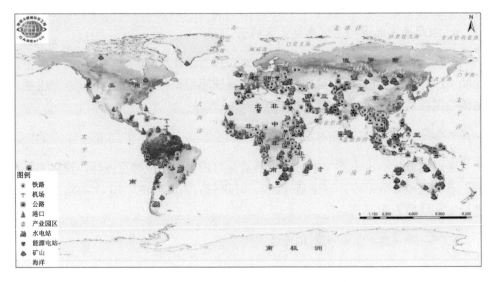

图 15.3 "一带一路"重大工程项目分布

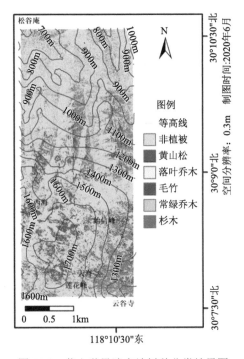

图 15.4 黄山世界遗产地树种分类结果图

15.5 "一带一路"地球大数据服务平台

"一带一路"地球大数据服务平台,面向特定用户提供"一带一路"地球大数据集成与汇交服务,面向国际机构和相关政府提供 SDGs 评估数据与模型服务,面向公众和国内相关机构提供基础数据和信息服务。

15.5.1 应用目标及技术流程

1. 应用目标

"一带一路"地球大数据服务平台主要应用目标包括联合国可持续发展目标评估、发展中国家空间基础设施构建与服务和"一带一路"国家投资决策与风险评估支持。面向的用户分别为国际组织和机构、定向研究人员、"一带一路"国家相关机构以及我国相关政府机构与企业。平台提供数据集成与访问、科学算法应用、模型计算交互、基础信息访问与可视化,集成并建立 PB 级的"一带一路"地球大数据分析与决策支持系统,形成覆盖"一带一路"区域的多类型数据、多专题产品、综合决策产品的集成、标准化、查询、下载和在线生产等基础性能力,并提供稳定、全方位的数据共享、决策支持服务。此外,为揭示"一带一路"资源、生态、气候与灾害、人类活动等格局与变化机制,还需要前瞻、科学地提供区域可持续发展协同应对战略决策支持(图 15.5)。

2. 技术流程

"一带一路"地球大数据分析与决策支持系统服务平台围绕联合国 2030 SDGs 的评估在"一带一路"国家的实践,探索以数据驱动的评估和决策支持服务相关国家和国际组织。服务平台从数据集成、数据存储检索、数据可视化以及决策分析支持模型,建立全链条的"一带一路"地球大数据服务平台的技术流程(图 15.6)。

15.5.2 系统逻辑架构

"一带一路"地球大数据服务平台采取分层方式管理,每一层相对独立,并以技术服务的方式提供对上下两层的接口,通过信息化制度与标准保障其协调工作(图 15.7)。

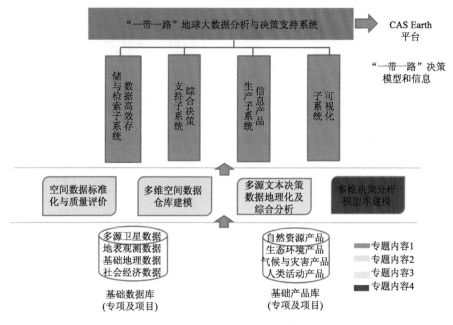

图 15.5　服务功能参考示意图

（1）基础设施层：基础设施层提供"一带一路"地球大数据分析与决策支持系统服务平台的基础软硬件支撑，是系统正常、稳定、安全可靠运行的重要保障，包括硬件平台、网络环境和基础软件平台。其中硬件基础设施主要包括计算集群和存储集群两部分组成，计算节点的配置主要为双通道计算服务器，内存配置为128G。存储结点为 Lustre 的存储集群。基础软件平台主要包括操作系统、网络环境、基础计算与存储与平台，项目初期云平台拟采用 OpenStack 的开源方案，其中初期使用以 Docker 容器作为基础软件设施的技术方案。

（2）大数据计算与存储层：负责对自然资源资产气象监测与评估数据库所有的数据资源进行统一的管理，包括结构化文件和非结构化文件，通过数据存取接口、数据管理接口和空间数据接口为应用层各个系统的应用提供数据接口服务。

（3）应用层：对多个模块组合封装，形成对数据管理、数据采集、数据转换、统计分析与评估、综合集成、工作网站、数据服务等业务管理应用的逻辑实现。

（4）表现层：提供可视化与用户交互功能，综合展示数据管理、调查评估、共享服务等各项应用，为系统运行单位和主管决策部门提供多层次的服务。

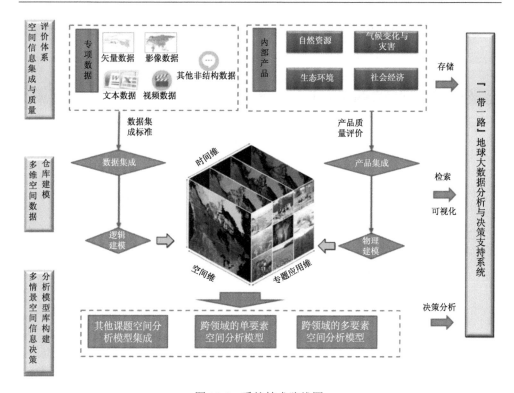

图 15.6　系统技术路线图

15.5.3　子系统设计

"一带一路"地球大数据服务平台的技术指标包括：

（1）建立"一带一路"区域多要素、多时空尺度、多维度地球大数据仓库，形成不少于 40 类数据、产品的集成能力，包括实现多数据源的地球大数据集成，支持网络数据的自动化采集，支持数据质量控制，包括格式校验、数据重复、缺失、格式异常检查、质量评价等。

（2）建立面向四大专题方向的综合决策支持评估体系和决策模型库，包括单一领域、单一要素对多要素、多要素对多要素、多要素对单一要素 4 类决策情景、10 类专题模型的综合分析。

（3）建立"一带一路"地球大数据分析与决策支持系统，提供 4PB 级地球大数据存储与检索服务、面向决策主题和确定决策群体的拓展性决策支持、固定周期与应急双模式决策信息服务的决策支持环境。

因此，需要涉及数据高效存储与检索子系统、决策支持子系统、信息产品生产子系统，以及可视化子系统。

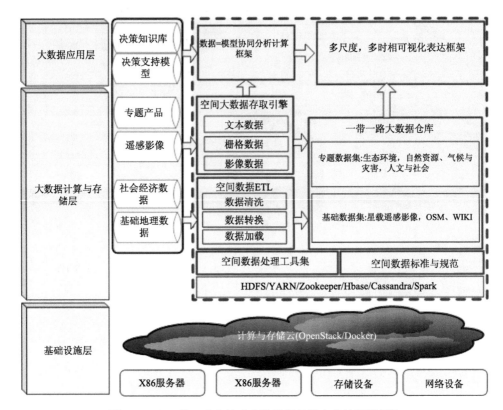

图 15.7　"一带一路"地球大数据服务平台总体逻辑架构

（1）"一带一路"地球数据高效存储与检索子系统

设计基于多层结构的高效存储数据模型，通过建立分布式缓存降低复杂地球数据存取逻辑和计算逻辑，降低请求延迟；针对列式存储环境下空间查询困难以及索引区域变化容易导致索引重建的问题，突破分布式可扩展索引及空间高效检索等关键技术研发面向"一带一路"地球大数据分析与决策支持的可扩展、高可用的海量地球数据存取子系统。

（2）"一带一路"综合决策支持子系统

基于"一带一路"多维数据仓库的数据信息，以及多维决策支持模型库的综合决策模型信息，开展面向决策主题和确定决策群体的拓展性决策支持模块研发，实现多个决策支持模型的耦合与插件模块式开发，并支持用户定制的模块拓展功能。

（3）"一带一路"决策信息产品生产子系统

根据综合决策支持子系统的决策模块，实现"一带一路"地球大数据分析与决策支持系统常规决策产品的生产，开展"一带一路"地球大数据分析与决策支持系统常规产品生产及其精度验证研究，并针对重大自然灾害、重大产业投资项目等对产品生产周期要求较快的决策支持需求，通过构建与专项数字地球平台、大数据与云服务之间的快速数据通道，实现应急信息的快速获取与处理，提供固定周期与应急双模式决策信息支持。

（4）"一带一路"可视化子系统

在多源空间信息产品存储与 ETL 子系统的支持下，开发 B/S 结构的"一带一路"可视化子系统，可以实现"一带一路"自然资源、生态环境、气候变化与灾害、社会经济等关键要素、现象及其变化过程的集成化数字再现；提供开放式用户编写命令结合封装部分固化应用的开放模式，在 web 端支持交互展示及实现各类关键要素的浏览、查询、统计、制图等功能；作为平面展示平台，在"一带一路"区域提供更为方便的数据展示及共享应用。

15.5.4　数据资源

1. 数据架构总图

根据数据来源划分，平台管理的数据资源可以分为三类：通过互联网采集的公开数据、存储在可移动存储设备中的数据、用户上传的数据等（图 15.8）。

根据数据类型划分，目前，平台计划管理的数据资源可以分为四类：栅格数据、矢量数据、文本数据、多媒体数据等。四类数据在数据格式、数据采集方式、可以运行的算法、计算结果的展示等方面都存在着本质的不同，为了以尽可能一致的方式对数据进行管理和使用，需要用数据模型对不同的数据资源加以描述。

平台的数据首先要经过"网络数据采集"或"本地数据上传"流程导入到平台的基础数据存储中，其间需要根据数据类型识别或套用不同的数据模型。然后对存储后的原始数据进行预处理，包括元数据提取、知识库抽取、索引构建、数据挖掘等，得到扩展数据存储，"基础数据存储"与"扩展数据存储"将共同为业务应用提供支持。

2. 数据模型

为了满足系统对多种格式数据的处理需求，将对数据的处理逻辑与程序代码解耦，本项目拟采用数据模型对数据进行描述，数据/算法模块的程序将解析数据模型中的描述，从而获取对数据集进行处理所需要的相关信息，进而开展数据导入/数据采集/数据索引等相关运算。

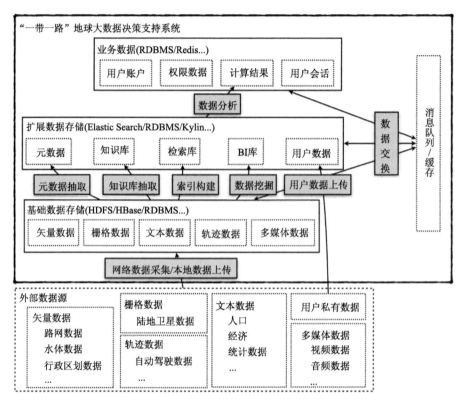

图 15.8　数据架构参考示意图

数据模型采用由<Section>-<Key>-<Value>组成的二阶键值对组织方式，为了方便处理，可以使用 JSON 格式进行存储（表 15.1）。其中 Section 可以理解为由键值（Key-Value）对组成的集合，建议 Section 保持相对稳定，Key-Value 对则相对灵活，可扩展。数据模型应建模数据的方方面面，包括数据类型，数据采集方式，数据处理方式，数据可视化方式等的描述。为了方便处理，建议 Section 和 Key 的命名都为英文小写字母，单词之间以下划线分割，对取值则没有要求。

3. 数据抽取

数据抽取有三种主要的方式：网络采集、本地数据上传、用户数据上传。其中，网络采集方式针对的是通过互联网可以公开访问的数据集，如陆地卫星（Landsat-8）数据集、MODIS 数据集、GDELT 数据集等；本地数据上传方式针对的是项目组或合作方预先采集好的数据，可能为独立的数据集，也可能与网络采集的数据集有重叠；用户数据上传方式针对的是用户私有的数据，用户上传后可以与系统数据集共同开展科学计算。图 15.9 简单的描绘了数据导入的过程。

表 15.1　数据模型

组（Section）	键（Key）	值（Value）	描述
core	type	Raster Vector Structured DotCloud …	数据集类型，枚举值，可能的取值包括：栅格数据、矢量数据、结构化数据、点云数据…
	is_system	true|false	是系统数据还是用户私有数据
	name	String	数据集名称，全局唯一
ingest	type	web / local / upload	数据导入类型：Web 爬取，本地上传，用户上传…
	list_url	String	如果是 Web 爬取类型的，则 list_url 是更新列表文件的 URL
	pipeline	List\<String\>	数据采集完成后的后处理程序列表
……	……	……	……

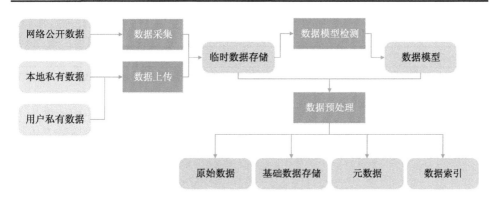

图 15.9　数据导入过程

4. 数据 URI 与数据存储

为了方便数据管理，有必要为各类数据设计全局唯一的数据标识方案。同时，为了将数据的物理存储方式与数据使用方式解耦，需要设计数据标识与数据存储的映射关系。这里可以参考 Android 系统中对内容 URI 的设计思想，设计数据 URI。本项目中，将数据 URI 定义为如下的格式：

```
ebds://[sys|usr]/<data-set-name>/<abstract-data-path>/<data-id>
```

在上述格式中：

"ebds://"为数据 URI 的协议名，固定不变；

[sys|usr]用于标识数据集的类型为系统数据集或用户私有数据集，未来也可以扩充更多类型；

<data-set-name>为系统给每一个数据集分配的唯一数据集标识，系统数据集由系统分配，用户私有数据集可以设置为"用户 ID+随机数"的形式。

<abstract-data-path>为与实际存储路径无关的抽象数据路径，用于在数据集中定位，如 2017/12/26/123/32/可以用来标识 2017 年 12 月 26 日采集的 PATH=123，ROW=32 的陆地卫星数据集，而这个路径和实际数据在系统中的存储位置无关

<data-id>为数据记录在该数据集中的唯一标识，这里数据记录指的是数据集中数据的最小访问单位，如遥感卫星影像中的一幅图片/一个文件或关系型数据库中的一行。

在上述格式中，允许使用通配符"*"来匹配一组数据。

除了上述数据 URI 的定义外，为了将数据 URI 与数据的存储解耦，每一类数据集还需要提供数据 URI 与数据物理存储之间的映射逻辑、数据 URI 与数据类型之间的映射逻辑、面向数据 URI 的数据增删改查三个接口的程序实现（表 15.2）。

表 15.2　数据存储格式表

接口名称	接口定义	描述
URI2Storage	String uri2Loc（Uri uri） String loc2Uri（String path）	uri2Loc 函数将一个数据 URI 映射到在该数据集下的物理存储路径 loc2Uri 函数将一个物理存储路径映射到数据 URI 上
URI2MIME	String uri2Mime（Uri uri）	uri2Mime 函数将一个数据 URI 映射到该数据的类型上，如 TIFF/Text/Object 等，数据类型可以供系统判断该数据可以使用何种类型的算法来进行访问和处理，以及对应何种类型的数据可视化方法
dao	int insert（Uri uri, Object data） int update（Uri uri, Object data） List<Object> query（Uri uri, …） int delete（Uri uri）	这里的四个函数分别对应数据的增删改查四种操作，由于数据类型多样，数据规模较大，这里可以参考 Android 中内容提供器部分的 CRUD 接口定义做适当的调整，待完成

15.5.5　系统实现

平台以分布式存储作为数据后端，采用 RAID 等冗余技术保证存储系统的安全性。在 Lustre 系统的支持下，构建统一的海量数据存储。计算硬件以双通道计

算服务器作为基本的计算节点，计算节点与存储平台采用高速网络连接，软件平台以开源技术架构为基础支撑。

在基础软件设施方面，以虚拟化、可伸缩、数据驱动、强解耦作为技术选型的基本原则，虚拟化以轻量级容器技术平台 Docker 为支撑，计算和存储采用通用大数据平台 Hadoop 生态系统下的 SPARK 和 HDFS 作为后端基础平台。考虑到地球大数据处理、挖掘与可视化过程中的技术要求，我们充分利用目前已有开源软件平台，在其基础上做客户化的开发。

如图 15.10 所示，系统的部署主要分为三个部分，前端服务器集群、应用层服务器集群、数据及算法层服务器集群。其中数据及算法层服务器集群部署数据采集和导入服务、数据存储相关服务（ElasticSearch，HDFS，HBase，PostgreSQL等）、数据访问相关服务、算法相关服务（Spark，YARN 等）、消息队列服务（Kafka、

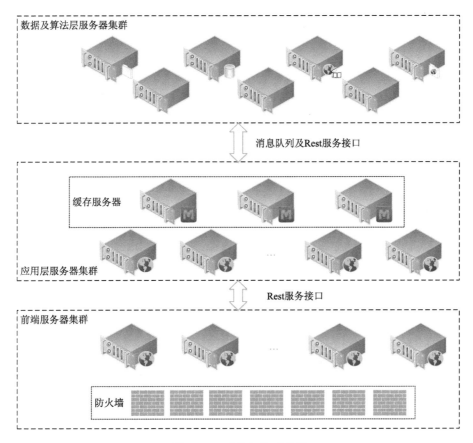

图 15.10　系统架构示意图

Redis）等。应用层服务器集群部署应用层所需要的各项服务、缓存服务等。前端服务器集群部署系统防火墙、前端框架服务等应用程序。

15.6 小　　结

"一带一路"是我国提出的突破性、全局性重大战略和国际倡议，其包括 65 个国家，44 亿人口，具有范围广、周期长、领域宽、时空域等特点，是我国面对世界发展新格局制定的实现中国梦的重大布局。在这项雄伟的建设工程中，以空间对地观测技术为主导的地球大数据可以发挥重要的作用，特别是在全局宏观分析、长周期动态监测中更具有独特优势，其产出可为国家和国际合作者提供先期科学支持。构建基于地球大数据的"数字丝路"，不仅可形成"一带一路"信息的重大基础设施，更可为"一带一路"决策者和参与者提供决策支持，对保障"一带一路"的建设和可持续发展具有重大意义。

参 考 文 献

范周. "一带一路"的文化遗产价值体现与保护利用. 遗产与保护研究, 2016, 1(1): 18-21.

郭华东, 肖函. 2016. "一带一路"的空间观测与"数字丝路"构建. 中国科学院院刊, 31(05): 535-541+483.

郭华东. 2016. 空间科技助力"一带一路"建设. 中国科技奖励(2): 6.

胡志丁, 陆大道, 杜德斌, 等. 2017. 未来十年中国地缘政治学重点研究方向. 地理研究 36(02): 205-214.

马明清, 袁武, 葛全胜, 等. 2019. "一带一路"若干区域社会发展态势大数据分析. 地理科学进展 38(7): 1009-1020.

宋长青, 葛岳静, 刘云刚, 等. 2018. 从地缘关系视角解析"一带一路"的行动路径. 地理研究 37(1): 3-19.

王文, 刘玉书, 梁雨谷. 2019. 数字"一带一路"：进展、挑战与实践方案. 社会科学战线(06): 72-81.

邬明权, 王标才, 牛铮, 等. 2020. 工程项目地球大数据监测与分析理论框架及研究进展. 地球信息科学学报 22(7): 16.

吴胜涛, 周阳, 傅小兰, 等. 2018. "一带一路"沿线文化与合作交往模式探究：基于社交媒体大数据的心理分析. 中国科学院院刊 33(03): 298-307.

第 *16* 章

地球大数据支撑可持续发展目标实现

16.1 可持续发展理念

1966 年，美国经济学家鲍尔丁（Kenneth E. Boulding）在《即将到来的太空船地球经济学》一文中，提出了宇宙飞船经济理论："人类赖以生存的地球就像在茫茫无垠的太空中飞行的宇宙飞船，要靠不断消耗自身有限的资源而生存，如果不合理开发资源、破坏环境，就会像宇宙飞船那样走向毁灭。然而，人口和经济的不断增长，最终会将这艘小小的飞船内有限的资源开发完，人类生产、消费所排出的废物最终将使这飞船舱内完全被污染。到那时，整个人类社会就会崩溃。"（Boulding，2015; 1966）因此，必须合理地开发和利用资源，切实保护人类赖以生存的生态环境，这是循环经济思想的早期萌芽（崔如波，2004）。

1972 年，联合国于斯德哥尔摩召开"人类环境会议"，提出《人类环境宣言》，鼓舞和指导世界各国人民保护和改善人类环境。

在 20 世纪 80 年代，"可持续发展"作为一个明确的概念，首次在由国际自然资源保护联合会、世界自然基金会、联合国环境规划署共同出版的资源保护文件《世界自然保护策略：为了可持续发展的生存资源保护》中提出。1981 年，美国自然资源学家和经济学家布朗（Lester R. Brown）出版《建设一个可持续发展的社会》一文，提出以控制人口增长率、保护自然资源基础和开发可再生能源等手段来实现全人类的可持续发展（杨欢进等，1995）。1987 年，以英国布伦特兰夫人为主席的世界环境与发展委员会（WCED）宣告了报告《我们共同的未来》。这份报告正式应用了可持续发展的观念，并对此做出了比较系统的阐述。该报告中，可持续发展被定义为："能满足当代人的需要，又不对后代人满足其需要的能力构成危害的发展。"

1992 年，联合国于巴西里约热内卢召开了"环境与发展大会"，会上通过了以"可持续发展"为核心的《里约环境与发展宣言》和《21 世纪议程》等重要文件。《里约环境与发展宣言》重申了《人类环境宣言》，致力于加强国际国家间的合作，砥砺实行可持续发展，着眼于解决全球化自然环境与人类发展问题；并提出了有关国家合作、民主介入、社科管理的实行等 27 项原则。《21 世纪议程》是为保障全人类共同的未来提出的一个全球化的框架，并要求地球上所有国家都要承担责任，但各国需要承担的责任和应该首先解决的问题各有不同，尤其是在全球发达国家以及发展中国家之间。该框架首先承认没有发展就无法保护和再生人类的生息区域，因此也就不能期待在全新的国际合作的形势下对于自然资源和环境资源总是共同进行管理。

我国还根据《21 世纪议程》制定了《中国 21 世纪议程——中国 21 世纪人口、环境与发展白皮书》，共 20 章，78 个方案领域，并作为我国国内以及对外可持续发展整体战略的实施方案。随后，党的十五大、第九届全国人大四次会议逐步实现了可持续发展战略从确立到全面推进的重大进展。党的十八大以来，生态文明建设及其治理体系作为可持续发展的中国实践。此后，我国积极响应联合国 2030 可持续发展议程，并同"十三五"规划等中长期发展战略相结合。碳达峰碳中和目标、污染防治攻坚战等政策更是着重污染物治理的可持续目标实施。以可持续发展实验区与国家可持续发展议程创新示范区为代表的试点体现了对不同类型地区可持续发展战略实践模式的探索（马涛等，2022）。

16.2   可持续发展的指标体系及评估方法

随着全球经济和社会的快速发展，自然资源的过度消耗、生态环境的恶化、世界范围内社会发展的不平衡等环境和社会问题日益严重。为应对这些全球性挑战，2015 年 9 月 25 日，193 个成员国通过了《变革我们的世界：2030 年可持续发展议程》。该议程包括 17 项可持续发展目标和 169 项具体目标，如降低全球儿童死亡率、使更多的人摆脱极端贫困等。这些可持续发展目标需要通过政府决策过程来实现，包括政策、计划、规划和项目。衡量可持续或不可持续城市发展方向的进展，需要借助适当的可持续发展指标进行量化。可持续发展指标体系旨在评价决策的环境、社会和经济后果的系统和全面的办法。简而言之，需要建立一个兼顾环境、社会和经济方面的相对完整的综合指标体系和评估方法，用于可持续性发展的评价和国家发展决策。

16.2.1   可持续发展指标体系的定义和特征

可持续发展指标体系是对可持续发展事物或现象的量化描述和研究的评价体

系和架构，其中可持续发展指标是综合反映社会某一方面情况的定量化信息，具有信息量丰富，层次分明的特点。

"可持续发展"的概念具有丰富的内涵，其主要涵盖了经济、资源和环境可持续发展概念。作为地球发展演进的最高层，"可持续发展"指标体系应有效反映可持续的主要内容，具体如下：

（1）可持续发展指标体系属于多学科背景的综合体。可持续发展问题是一个综合多学科背景的研究课题，因此需要跨多个领域进行相关研究。

（2）可持续发展指标表现信息定量化，能够简化复杂现象，使所表征的信息具有代表性且便于理解，具有向公众揭示、指明含义的能力。

（3）可持续发展指标也有"持续性"。可持续发展是一个连续不断的持续过程，及时准确地获取数据以用作评价是最关键的。如果不能及时、持续地获取，就无法良好地进行评价；此外，可持续发展理论一直在持续完善中，目前为止还未形成成熟的方法，随着可持续发展研究方法的不断进步，可持续指标体系将会不断完善，随时间的变化，以及新方法和新理论的出现，满足国家实际需求进行改进。

（4）可持续发展指标具有创新性。可持续发展理论与传统社会经济学理论存在一定的继承关系。可持续发展系统是一个复杂的巨系统，其复杂性决定了必须对传统以及如今的研究方法有重大突破。

16.2.2 可持续发展指标体系的建立原则

可持续发展与社会、经济、环境、生态、科技和能源等方面息息相关，国内外研究者普遍认为，从可持续发展概念的提出到可持续发展程度的量化，合理地构建指标体系至关重要。科学合理的指标体系有利于全面充分地了解国家和地区的发展与可持续发展目标之间的差距，并实时矫正发展方向，促使可持续发展从理论层面进入到具体实施阶段。为了确保指标体系的科学性和合理性，规范化可持续发展指标的选取必须遵循一些基本原则。

邵超峰等（2021）提出了基于中国可持续发展战略的可持续发展指标体系设计应符合以下 5 个标准：①科学性原则：指标体系建立在科学基础上，能够反映可持续发展的状况，形成相互联系的主体和整体，同时保证其研究方法具有一定的科学依据。②可扩展性原则：评价指标体系需具有一定的弹性、可扩展性。③系统性原则：指标体系的建立要能够全面考察可持续发展目标的落实情况，根据可持续发展的系统思想进行建立。利用各指标间相互关系形成一个目标明确、整体有效、层次分明、相互衔接的有机主体。④适应性原则：指标体系国家具有考核统计基础和普查综合条件。⑤数据可得可靠性原则：指标评价体系应该是可测量的、切实可行，不是主观描述，指标涉及的内涵数据应该能够形成长期监测报告，以获取明确的结论，确保评价指标可跟踪、可测度、准确性。

另外，郝晓辉（郝晓辉，1998）指出单一指标难以界定可持续发展进程，必须有一定数量的指标才能覆盖可持续发展的所有重要方向，并且指标定义应该要明确、可复现、可理解并且切实可行。

同时，研究者也指出坚持科学性原则、全面性原则和可行性原则同样也十分重要。其中可行性主要体现在两个方面，首先评价指标在数量上要能准确计算，其次指标应尽量精简。可持续发展的基本框架不一定会形成一套共同的可持续指标，指标体系应该将发展的阶段性和发展问题的区域性考虑在内。可持续发展指标是具有区域特点的，各国对指标的选择可能有所不同。例如，以能源为主题的化石原料资源指标只对拥有这种资源的国家有用，这说明能源主题指标在这些国家并不多余。

16.2.3　可持续发展指标体系的构成

可持续发展依赖于自然环境的质量，包括自然资源再生、生命支持系统与生物多样性的维持或改善。根据可持续发展评价对象的不同可以分为社会、经济、环境、科技和能源等方面。

适当的指标必须反映经济和纯粹的环境问题，布伦特兰委员会和《21 世纪议程》都推动了资源和环境核算这方面的工作以反映可持续发展中经济和纯粹的环境问题。事实上，《21 世纪议程》明确要求建立综合环境和经济核算，以补充联合国国民核算体系。该体系为许多国家的国民收入（国内生产总值）核算提供了框架。在可持续社会发展问题上，《人类发展报告》在 1990 年提出了人类发展指数，该指数基于人类健康、教育水平和经济水平，三个基础变量的均值来表征综合指标。该指标所需要的数据比较容易获得，且模型和计算方法简单。但是其忽略了环境可持续发展指标。指标体系建立在理论框架上，在框架的指导下，指标的选择符合逻辑，指标之间的关系明了，层次清晰。

国际上可持续发展指标体系研究主要包括：

（1）经济合作与发展组织（经合组织）"压力-状态-响应"框架在环境指标的制定中具有特别大的影响力。该框架关注三个关键变量：环境压力（包括潜在压力，如人口变化、经济增长、结构变化和公众关注，以及临近压力，如土地使用变化和废物排放）；环境本身的状况（特别是污染和废物的程度）；以及社会的反应（政府政策、个人和企业采取的措施、环境行动主义等）。

（2）联合国可持续发展委员会（UNCSD）参考经济合作与发展组织提出的"压力-状态-响应"（PSR）经典概念模型，结合《21 世纪议程》内容，将 PSR 模型进一步修改为"（DFSR）概念模型［驱动力（Driving Force）-状态（State）-反应（Response）］"。联合国可持续发展委员会提出的体系囊括了驱使力指标、状态指标和响应指标，覆盖社会、经济、环境和制度四大系统，共 134 个指标构成。其中，驱使力指标用来度量影响可持续发展的人类活动、进程和模式。该指标体系的概念模型是基于环境类发展指标发展起来的，它比较适合描述环境受到压力和环境退化之间的因果联系，缺乏对社会和经济指标的详细描述和量化。

（3）联合国统计局（UN Statistics Division）基于 DFSR 概念模型并参照《21 世纪议程》中每个章节内容对指标进行分类，提出了一套综合了环境与相关社会经济的体系指标框架 FISD（Framework for Indicators of SD）。依据《21 世纪议程》提及的社会经济问题、自然环境问题、自然资源、废弃物、人类环境及自然灾害等近十个方面的问题，FISD 发展指标框架包含了气候、经济、机构和固体污染物等四个方面，指标数目达 88 个，但是其指标分布不均衡，反映环境方面指标比较多，社会经济方面指标偏少，缺乏反映制度方面指标，不利于决策者对可持续发展进程进行决策。

（4）世界银行于 20 世纪末提出了以"国家财富"和"真实储蓄"为主体依据的度量体系（World Bank Group，1997）。该指标结合可持续发展要素试图对传统的资本概念进行扩展，通过计算自然资本、生产资本、人力资本和社会资本等指标来测算可持续发展能力。这种指标体系虽然丰富了财富的概念，但是由于资本计算的方法比较模糊，使得以单一的货币尺度衡量一个国家财富指标受限。

步入 21 世纪，随着建立可持续发展指标体系的日益丰富，国际上的研究者们对可持续发展指标的研究更为具体。各学科研究者致力于从不同的角度对可持续发展评估进行研究，旨在为决策者提供社会福利变化的直接信息。一些学者普遍认为传统的指标 GDP 等不足以反映人类福祉的改善。1990 年由诺贝尔奖获得者 Amartya Sen 的统筹下，联合国开发计划署（UNDP）开发了新型评价指标：人类发展指数（Human Development Index，HDI）。人类发展指数是评估可持续发展和排名不同国家的最广泛使用和参考的指数之一。人类发展指数是一个优秀的综合指数，它的次级指标具有组成简单、代表性强、内涵丰富的特点。人类发展指数由三个（同等加权）次级指标组成：收入、预期寿命和教育。然而，如果将人类发展指数作为可持续发展指标，则存在严重问题，即缺乏环境指标。在缺失环境问题考虑方面导致建立可持续发展指标时只揭示了可持续发展的部分内涵，这些都概括性的适用于可持续发展战略在特定领域的实施，这不利于整体把握可持续发展的深刻含义。因此，一些指数通过添加环境和生态方面的指标修正了这一点，如人类可持续发展指数（Bravo，2014）和人类绿色发展指数。人类可持续发展指数（HSDI）包括社会-经济和资源-环境维度的指标，其中 6 个指标代表资源和环境方面，即 CO_2 排放量、PM10 颗粒浓度测算、森林面积比例、受威胁动物比例、土地保护比例面积、一次能源利用率（Li et al., 2014）。HGDI 中的另外六项指标显示了社会责任经济层面，即低于最低食物能量的人口比例入学标准、收入指数、预期寿命、教育指数、人口获得教育的机会、改善卫生设施和人民获得改善的饮用水的机会。HGDI 和 HSDI 是人类发展指数最新和被广泛引用的两种修改。

可持续发展和数字化发展是塑造经济和社科的主要趋势，这两个领域之间的联系预示着促进可持续发展的机遇。但是可持续性挑战一直没有得到详细的描述，而环境和社会景观正在急剧恶化，显示出显著的可持续性差距（Bergek et al., 2019）。《联合国 2030 年议程》提出的可持续发展目标成为全球共识的和治理的指南针，通过应对人类面临的生态、社会和经济挑战，弥补了可持续性差距。城市化已经成为界定人与生态系统关系的重要问题之一。衡量朝向可持续或不可持续的城市发展的进展需要在适当的可持续性指标的帮助下进行量化。我们的评估旨在通过识别在城市环境下可持续发展指标的制定和实施中面临的主要问题，并提出补救意见。针对联合国提出的 2030 可持续发展目标（sustainable development goals，SDGs）对可持续城市内涵的解读；王鹏龙等（王鹏龙等，2018）针对城市可持续发展指标体系做了研究，其以 SDG11 为指导，结合传统遥感数据、统计数据与大数据等，根据不同国家的生态环境、社会经济等特征建立城市发展体系框架。

16.2.4 可持续发展的评估指标体系

可持续发展的理论指标体系研究的最终出发点和根本目标是通过人类自然驱动力-区域环境现状压力、状态-社科-资源经济与自然环境之间的动态作用与相互过程的认识，建立综合模型。可持续发展能力评估是指通过区域发展趋势和发展现象，将复杂的系统信息定量化，直接有效地表征国家或地区的可持续发展程度，其核心是为决策者提供信息，为管理决策提供理论支持，分别构建定量化和定性化指数评估技术，形成城市可持续发展评估体系。定性的方法可以为决策者指明方向，定量的方法则可以准确测度到达这一目标的距离。

目前，大量的研究者致力于从不同的角度对可持续或发展的评价进行研究。在联合国现有信息库的基础上，Dalevska 等（2019）开发了一种对可持续发展社会经济参数进行综合评估的方法学方法。该方法结合经济学和数学建模的方法，用以估计国际贸易和投资关系发展的程度、预期寿命的程度、生活水平和经济增长来源影响下的国际实体的繁荣程度。如：分析与综合方法、系统方法与抽象方法、建模方法（模糊逻辑模型、Saati 层次法、Mamdani 算法）、定量与定性比较方法、理论泛化方法。该方法有助于实现以可持续发展为方向的国民经济战略。

Cobb（1989）构建了包含环境和社会维度的经济可持续性指数 Welfare（ISEW），并随后进行了一些修改（Cobb et al.，1994）。Wackernagel 和 Rees（Wackernagel et al.，1997）提出了生态足迹（Ecological Footprint，EF），这是利用所需资源与可用资源的比值来衡量生态可持续性。Esty 等（2005）构建了环境可持续性指数（environmental sustainability index，ESI），该指数由五个组成部分和 21 个指标组成。随后 Esty 等（2006）对 ESI 进行了修订，增加了人类健康和自然资源管理的指标，从而创建了环境绩效指数（EPI）。

可持续发展代表了经济、社会和环境方面发展的协调和配置，在此基础上 Jin 等（2020）提出了包含经济、资源环境和社会三个维度的 12 个国家可持续发展指标（national sustainable development index，NSDI），并采用熵值法计算了 12 个指标的权重，努力将可持续发展指标体系研究应用到社会经济生活中，在实践和应用中不断地调整改善可持续发展评价指标。

全球可持续发展是一个融合了地球空间、社会空间及知识空间的巨型复杂系统。采用数据驱动的方法，结合可持续发展指标与其目标之间的关系采用一系列定量和定性的方法来评估可持续发展进程。近年来，人工智能技术和大数据在解决城市问题上展现出了明显的优势。大数据技术和人工智能的应用影响着人类的福祉、全球繁荣以及可持续发展目标的实现。遥感对地观测数据为该指标以及国家和区域规模的可持续发展目标的规划和决策提供至关重要的信息。利用对地观测知识可支持可持续发展目标（郝晓辉，1998）。可持续发展指标要求各国定期提供数据，以便通过空间和时间对其进行评估。地球观测有助于提供该指标以及在补充或加强国家官方数据来源方面发挥重要作用。

国内外对可持续发展评估的方法众多，主要是基于统计学的方法，其包括层次分析法、主成分分析法、因子分析法、ESDA 模型。社会统计学一般选择能反映可持续发展内容的关键指标，并建立一套科学、合理的指标体系以及相应的评价方法来评估国家可持续发展水平。社会统计学因其良好的结构性，信息丰富以及易于与现有的统计系统相结合等特点，是国内外学者研究可持续的主要方向。

16.3　联合国可持续发展的目标与任务

2015 年 9 月 25 日，联合国在纽约召开了可持续发展专业峰会，联合国的近两百个成员国和地区在可持续发展峰会上正式提议并通过近二十个可持续发展目标（UN，2015）。中国可持续化特色发展目标，在 2000～2015 年千年发展目标（MDGs）到期之后继续指导 2015～2030 年的全球发展工作。这 17 个目标建立在千年发展目标所取得的成就之上（薛澜等，2017；朱婧等，2018）。

联合国可持续发展目标包括 17 个可持续发展目标和 169 项具体目标，其中 17 个可持续发展目标见图 16.1。

图 16.1　17 个可持续发展目标

16.4　SDGs 面临的问题与挑战

数据缺失、发展不均衡、目标间关联且相互制约等问题正在成为 SDGs 实现的主要挑战，2020 年全球新冠疫情的暴发使 SDGs 如期实现面临更为严峻的局面，这对科技创新提出了更高的需求（UN, 2020）。目前，SDGs 落实面临的挑战主要包括 4 个方面。

16.4.1　数据缺失

联合国秘书长安东尼奥·古特雷斯在《2020 年可持续发展目标报告》中特别强调需要更好地利用数据，尤其是更加注重发挥科学技术和创新在数据采集中的作用（UN, 2020）。《2030 年可持续发展议程》通过之后的近 6 年时间里，本处于无方法、无数据状态的 SDG 指标均得到了改善；但截至 2020 年 12 月，仍有 42% 的指标处于有方法、无数据状态（IAEG-SDGS, 2021）。而有方法、有数据指标的量测以统计方法为主，缺乏有效空间分布信息。不同尺度、客观精准的空间数据可为 SDGs 实现提供必要的数据支撑（Guo et al., 2021）。整体而言，由于缺少充分有效的数据支持，无法对全球范围内约 68%的 SDG 指标进行及时有效地监测（Campbell et al., 2019）。

面向全球环境变化导致的极端高温热浪、火灾频次增加、海洋酸化、富营养化加剧、持续的土地退化、生物多样性减少、农业生产生态环境影响增加等问题，采集科学数据，及时定量评估其状态，准确预测其未来趋势，将为有效应对上述问题，促进 SDGs 实施提供重要参考。

16.4.2　发展不均衡

受经济发展水平和资源环境压力制约，很多发展中国家面临着儿童生长迟缓比率高、教育覆盖率低、城市住房和公共空间不足、抵御灾害能力差、难以获得安全卫生的淡水资源、基础设施不足等问题，其定期、有效收集与分析数据的能力也普遍较弱，尚未能有效利用先进技术开展 SDG 指标进展监测与评估（Guo et al., 2020）。数据的缺乏可使上述问题"隐形"，在一定程度上加剧了这类地区的弱势。

16.4.3　目标间关联且相互制约

SDG 指标体系涉及面广，时间跨度长，指标间相互依存、相互关联，其涉及的内容体现了整体性与多样性的统一、层次性与有机性的结合、复杂性与可行性的整合（Sachs et al., 2021）。厘清 SDG 指标体系间的内在关联，采集标准统一、可量化的科学数据，提出客观、有效的指标监测和评估方法模型，成为亟待突破的重要方向，也是 SDGs 实施面临的主要挑战之一。同时，对于数据生产的现势性和质量之间潜在的权衡关系也值得重点关注（ElMassah et al., 2020）。

16.4.4　新冠疫情的冲击

新冠病毒全球蔓延虽然是公共卫生安全领域的事件，但对全球可持续发展的各个方面都造成了巨大的冲击，已演变成经济和社会危机（Nature Editorial, 2020）。许多国家的卫生系统已临近崩溃的边缘，全球一半劳动力的生计受到严重影响。超过 16 亿学生离开学校，数千万人重返极端贫困和饥饿（Sachs et al., 2021）。全球可持续发展得分自 2015 年实施以来首次下降（Sachs et al., 2021）。与此同时，疫情还危及对实现 SDGs 至关重要的数据生产，许多国家的实地数据采集受到了严重干扰。

16.4.5　大数据应对

如何应对 SDGs 实现的挑战，大数据特别是地球大数据具有强大能力和重大作用。大数据指海量、高速、复杂和可变的数据集合，需采用先进技术以实现信息的捕获、存储、分发、管理和分析（Gandomi et al., 2015）。地球大数据是具有空间属性的地球科学领域大数据。它不仅具有海量、多源、异构、多时相、多尺度、非平稳等大数据的一般性质，同时还具有很强的时空关联和物理关联，以及数据生成方法和来源的可控性（Guo et al., 2016, 2017）。目前，广泛用于 SDGs 研究的地球大数据主要包括卫星遥感数据、传感网络数据、轨迹数据、社会经济统计数据、观点和行为数据、交易数据及调查数据等（Ferreira et al., 2020）；其中，卫星遥感数据在与环境相关的 SDG 指标应用中较为常见（Runting et al., 2020）。从地球大数据在 SDGs 研究中发挥的作用来看，地球大数据能够通过生产新的数据集，从而进一步提高监测指标的覆盖范围，并可提供更及时的数据以填补和重构时间序列的空缺，在此基础上，得到时空分辨率更精细的 SDG 指标监测结果（Allen et al., 2021）。总之，地球大数据可促进理解地球自然系统与人类社会系统间复杂的交互作用和发展演进过程，可为实现 SDGs 作出重要贡献。

16.5　地球大数据支撑 SDGs 实现

联合国于 2015 年启动的技术促进机制，从科学、技术和创新出发，推进落实《2030 年可持续发展议程》；《2019 年全球可持续发展报告》以"未来即现在，科学促进可持续发展"为主题，提出 6 个切入点、4 个杠杆的手段，指导可持续发展的转型（Messerli et al., 2019）。

2018 年，中国科学院启动了战略性先导科技专项（A 类）"地球大数据科学工程"（CASEarth），而利用地球大数据服务 SDGs 是该专项的一个重大目标（Guo et al., 2020）。CASEarth 以科技创新促进机制为导向，结合地球大数据的优势和特点，推动地球大数据服务于 SDG 2（零饥饿）、SDG 6（清洁饮水和卫生设施）、SDG 11（可持续城市和社区）、SDG 13（气候行动）、SDG 14（水下生物）和 SDG 15（陆地生物）6 项 SDGs 的指标监测与评估，在数据产品、技术方法、案例分析和决策支持方面作出贡献（郭华东，2019;Guo et al., 2020）。地球大数据科学为研究和实现全球跨领域、跨学科协作提供了一种解决方案，是技术促进机制支撑 SDGs 实现的一项创新性实践。

CASEarth 通过 4 个方面助力联合国 SDGs 科技实践与落实（图 16.2）：① 发射可持续发展科学卫星（SDGSATs），支撑相关 SDG 指标监测与评估研究；② 构建可持续发展大数据信息平台系统，从数据共享、产品在线按需生产、指标在线计算、成果可视化演示方面为 SDG 指标监测与评估提供支撑；③ 发布"地球大数据支撑可持续发展目标"年度系列报告,展示地球大数据支持《2030 年可持续发展议程》落实的新进展;④ 利用地球大数据构建 SDGs 的方法体系,实现 SDG 指标监测与评估。

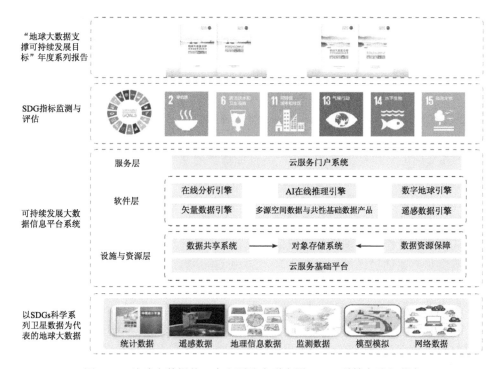

图 16.2　地球大数据从 4 个方面助力联合国 SDGs 科技实践与落实

16.5.1　研制可持续发展科学卫星 1 号（SDGSAT-1）

SDGSAT-1 是全球首颗专门服务《2030 年可持续发展议程》的科学卫星。该卫星由 CASEarth 研制,计划于 2021 年 10 月发射。SDGSAT-1 拥有热红外、微光和多光谱成像仪 3 种载荷,具有 300 km 幅宽的数据获取能力,11 天可实现全球覆盖。通过昼夜全天时、多载荷协同观测,SDGSAT-1 旨在实现"人类活动痕迹"的精细刻画,为表征人与自然交互作用的 SDG 指标提供专属数据支撑。

16.5.2　构建可持续发展大数据信息平台系统

该平台系统基于对象存储系统和云服务模式,实现 SDGs 数据的统一存储、管理与计算服务,以及面向公众、科研人员和决策支持 3 类服务场景。该平台提供了中英双语门户系统、科研工作台和 SDGs 专用存储库 3 个主要功能模块。其中，科研工作台通过对接 Data Box、Earth Data Miner 等多个数据计算引擎和数据环境，集成了包括森林覆盖、水体分布、土地利用率在内的 SDGs 数据生产和指标计算工具，并为用户提供应用间共享的存储空间，以满足科研人员/团队的数据计算分析需要。同时，该平台服务于 SDGs 的技术应用推广工作，为 SDGs 实现提供全球数据支撑和决策支持。

16.5.3　发布"地球大数据支撑可持续发展目标"年度系列报告

2019～2021 年，CASEarth 撰写"地球大数据支撑可持续发展目标"年度系列报告，由中国国家领导人在联合国大会高级别会议期间发布。其中，《地球大数据支撑可持续发展目标报告（2019）》被列为中国政府参加第 74 届联合国大会的 4 个正式文件之一和联合国可持续发展目标峰会的 2 个文件之一，为国际社会填补数据和方法论空白、加快落实《2030 年可持续发展议程》提供了新视角、新支撑；在联合国成立 75 周年、《2030 年可持续发展议程》通过 5 周年之际，《地球大数据支撑可持续发展目标报告（2020）》由中国国家领导人在 2020 年 9 月 26 日减贫与南南合作高级别视频会议期间发布，为各国加强《2030 年可持续发展议程》落实监测评估提供借鉴（郭华东，2019; Guo, 2020）。

（1）《地球大数据支撑可持续发展目标报告（2019）》

报告重点围绕六个 SDG 目标和指标总结了 27 个研究案例，包括 27 个数据集和 14 个方法模型，在典型地区、国家、区域以及全球四个尺度上就数据产品、方法模型和决策支持相关 SDG 目标和指标落实取得重要进展。被列为中国政府参加第 74 届联合国大会的四个正式文件之一和 2030 可持续发展目标峰会的两个文件之一。

（2）《地球大数据支撑可持续发展目标报告（2020）》

报告展现了中国利用科技创新推动落实 2030 年可持续发展议程的探索和实践，充分展示了地球大数据技术对监测评估可持续发展目标的应用价值和广阔前景，开拓了在联合国技术促进机制框架下利用大数据、人工智能等先进技术方法支撑 2030 年议程落实的新途径和新方法。系列报告的发布凸显了中国过去 5 年在科技领域为 2030 年议程落实所作的努力和贡献，为科技创新促进可持续发展提供了中国经验和中国方案，为科技支撑 2030 年议程全球落实发挥了积极作用（林文，2020）。

在联合国成立 75 周年、联合国 2030 年可持续发展议程通过 5 周年之际，王毅委员在 9 月 26 日减贫与南南合作高级别视频会议期间发布中国科学院撰写的《地球大数据支撑可持续发展目标报告（2020）》，为各国加强 2030 年可持续发展议程落实监测评估提供借鉴。该报告是继 2019 年后，第二次在联合国大会高级别会议期间发布相关报告。

（3）《地球大数据支撑可持续发展目标报告（2021）》

2021 年是联合国正式发起可持续发展目标（Sustainable Development Goals，SDGs）未来十年行动计划的开局之年，人类实现 2030 年可持续发展议程仍面临严峻挑战，全球新冠疫情的暴发对议程的落实也产生了严重影响。科学技术是应对这些挑战，推动和落实联合国 2030 年可持续发展议程的重要杠杆。9 月 6 日，国家主席习近平向可持续发展大数据国际研究中心（以下简称中心）成立大会暨 2021 年可持续发展大数据国际论坛致贺信中指出"科技创新和大数据应用将有利于推动国际社会克服困难、在全球范围内落实 2030 年议程"；联合国秘书长安东尼奥·古特雷斯在中心成立致辞中强调，"借助联合国技术促进机制的发展机遇，以科学支撑决策，推动创新、寻求解决方案……推动科技界助力可持续发展目标的实现"。

报告利用地球大数据的优势和特点，推动大数据服务于 SDG2 零饥饿、SDG6 清洁饮水和卫生设施、SDG11 可持续城市和社区、SDG13 气候行动、SDG14 水下生物和 SDG15 陆地生物六项 SDGs 的指标监测与评估及多指标交叉分析，展示了科学技术支撑 SDGs 落实的创新性实践。

1. SDG2 零饥饿

（1）外驱动力和地球系统的相互作用

SDG2 旨在消除饥饿、实现粮食安全、改善营养状况和促进可持续农业发展，是全球可持续发展的基础及重要议题。2030 年可持续发展议程实施已五年有余，然而零饥饿目标实现进展缓慢。受地区冲突、气候变化、经济衰退（近年主要受新冠肺炎疫情影响）等因素影响，全球层面饥饿和粮食安全问题持续加剧。中度或重度粮食不安全发生率已连续六年缓慢上升，至 2020 年达到 30.4%。食物不足发生率在连续五年保持稳定后，2020 年上升了 1.5 个百分点，使得到 2030 年实现零饥饿目标变得更具挑战。为实现全球零饥饿目标，联合国粮食及农业组织（Food and Agriculture Organization of the United Nations，FAO）提出了涉及粮食安全供应、获取、利用、稳定、能动和可持续性各维度的六大粮食体系转型潜在途径，并将技术、数据和创新列为两大类加速因素之一（FAO et al.，2021）。

跟踪监测和评估零饥饿可持续发展目标的实现程度及变化过程，可以明确不同区域粮食安全各维度问题的广度和深度，为制定区域粮食体系转型方案提供支撑。目前，SDG2 各项指标的监测评估主要通过统计调查的方式实现（FAO，2020），时效性难以保障。新冠疫情进一步给数据获取的及时性带来了挑战（FAO et al.，2021）。发展及时信息获取渠道是形成及时反馈快速行动的重要前提。与此同时，为了获取对数据联系和关系的洞察力，提高政策制定者和广大公众的决策能力，地理空间信息和统计信息的融合被认为是数据创新的一个重要领域（UN, 2021）。特别是对于社会、经济、环境各可持续发展维度高度综合的零饥饿目标，多源数据融合是形成认知发现，进而提供决策支撑的重要手段。

（2）2019 年主要贡献

围绕食物供给及其保障相关指标监测中存在的技术难点，创新对地观测数据与其他多源数据融合的指标/亚指标评估方法；聚焦目标实现的关键区域，开展指标评估及进程监测，形成指标评估数据产品；针对目标实现的重要指标：生产性和可持续农业比例，开展案例分析，提出构建更为可持续的粮食生产系统的措施。具体贡献如表 16.1 所示。

表 16.1　2019 年地球大数据科学工程专项主要贡献

指标	案例	贡献
2.4.1 从事生产性和可持续农业的农业地区比例	中国粮食生产可持续发展进程监测	方法模型：融合多元数据多学科模型的土地生产力、水资源利用和化肥施用风险亚指标评估方法 决策支持：实现中国耕地利用可持续进程监测及驱动因素贡献评估，提出构建更为可持续的粮食生产系统的措施

（3）2020 年主要贡献

围绕反映营养需求满足和粮食生产保障两个指标，报告提出了作物产量潜力遥感评估方法模型，生产了开展指标评估的三套数据产品，形成了促进粮食供需平衡的三方面决策建议，如表 16.2 所示，为地球大数据支持全球 SDG2 的实现提供了技术示范。

（4）2021 年主要贡献

围绕反映粮食可持续生产的具体目标 SDG 2.4，提出了基于对地观测数据的复种指数提取方法、遥感与统计等多源数据融合的作物空间分布制图方法、基于农业生态理论的数据驱动型高效生态农业模式，分别从政府治理和农户管理两个层面提供粮食可持续生产的决策支撑，如表 16.3 所示，丰富地球大数据支持全球零饥饿目标实现的数据、技术和决策库。

2. SDG6 清洁饮水和卫生设施

（1）背景介绍

SDG6 目标设定为"为所有人提供水和环境卫生并对其进行可持续管理"。根据联合国水机制发布的最新评估报告，全世界仍有数十亿人生活在没有安全管理的饮用水和卫生设施的环境中。许多饮用水源正在枯竭，水污染在加剧，高耗水工业、农业和能源行业还在持续增长，以满足不断扩大的人口数量的需求。

表 16.2　2020 年地球大数据科学工程专项主要贡献

指标	指标层级	案例	贡献
2.2.1 五岁以下儿童发育迟缓发病率（年龄标准身高小于世卫组织儿童生长发育标准中位数-2 的标准偏差）	Tier I	中国 5 岁以下儿童生长迟缓变化	数据产品：中国 5 岁以下儿童生长迟缓率变化数据集 决策支持：揭示区域发展趋势差异，提出重点关注区域
2.4.1 从事生产性和可持续农业的农业地区比例	Tier II	中国耕地可持续集约化利用潜力评估	数据产品：中国耕地复种指数及潜力空间分布数据集 决策支持：提出中国耕地可持续集约化利用实现路径
		中国粮食生产可持续性提升潜力评估	数据产品：中国三大主粮作物产量提升潜力及化肥减量空间数据集 方法模型：作物产量潜力遥感估算模型 决策支持：提出产量增加及化肥减量潜力格局，为提升中国粮食生产可持续性提供决策支持

表 16.3　2021 年地球大数据科学工程专项主要贡献

指标	指标层级	案例	贡献
2.4.1 从事生产性和可持续农业的农业地区比例	Tier II	中国近 20 年耕地复种指数时空变化	方法模型：高精度耕地复种指数遥感监测模型 决策支持：为管理耕地复种系统实现粮食可持续生产提供决策支持
		中国主要作物分布及其时空变化	数据产品：2000 年、2015 年中国 14 种主要作物空间分布数据集 方法模型：融合遥感时序数据、统计调查数据、作物农时历的作物空间分布制图模型
		黄河下游中低产田高效生态农业模式实践	方法模型：基于农业生态系统理论、信息技术及现代农业技术的高效生态农业模式 决策支持：通过集成传感器网络技术和大数据管理平台，为高效生态农业生产模式的构建提供决策支撑

　　为解决清洁饮水和卫生设施目标实现过程中存在的问题，并重新带领世界走上实现可持续水资源管理目标的道路，联合国提出了包括融资、数据和信息、能力发展、创新、治理在内的加速行动计划（UN-Water, 2020）。其中，数据和信息是指通过数据生产、验证、标准化和信息交换，包括利用连贯一致的数据、创新的方法和工具来优化涉水监测和评估。

近年来快速发展的地球大数据技术大大地提升了 SDG6 的监测与评估能力。这些技术手段通过远程感知、定期重访、快速信息提取实现了相关指标的高时空分辨率监测，在节省资金、节约时间的同时，提供了更为准确和全面的评估结果。然而即便如此，截至目前，联合国成员国平均拥有的 SDG6 指标的数据仅为三分之二，有 38 个成员国拥有的数据甚至不到全部指标的一半（UN-Water, 2021），迫切需要通过发展技术和体制能力及基础设施，进一步提高国家层面监测 SDG6 指标的能力（卢善龙等，2021）。

过去 2 年地球大数据支撑 SDG6 目标监测与评估的案例研究实践，推动中国在监测和评估 SDG6 目标进展方面取得了长足的进步，完成了面向全国范围开展 SDG6.3 改善水质和 SDG6.6 保护和恢复与水有关的生态系统状况评估的技术积累和应用示范。本章在延续 2019 年、2020 年模型方法、区域和全国评估示范的基础上，围绕 SDG6.3 改善水质、SDG6.4 提高用水效率、SDG6.5 水资源综合管理和 SDG6.6 保护和恢复与水有关的生态系统 4 个子目标，评估了中国实施水质、水量和水生态一体化管理的成效，并开展了部分指标的全球示范应用。本章节中各案例研究成果是对联合国 SDG 数据库系统中关于中国数据集的有益补充。运用大数据技术方法客观和准确地评估中国 SDG6 目标实现进程对其他发展中国家也具有重要的示范意义。

（2）2019 年主要贡献

通过案例例证了地球大数据技术对 SDG6 目标实现的支撑作用。重点是应用卫星遥感、互联网、统计等多源数据，通过时空数据融合和模型模拟方法，实现了 SDG6.3.2 指标的高分辨率监测，如表 16.4 所示。

表 16.4　2019 年地球大数据科学工程专项主要贡献

指标	案例	贡献
6.3.2 环境水质良好的水体比例	中国地表水水质良好水体比例分析	数据产品：2016、2017 年中国省级地表水水质良好水体比例

（3）2020 年主要贡献

针对 SDG6.3.2 指标，创建了一种湖泊水体透明度提取算法，为全球湖泊水环境监测提供方法和案例示范；针对 SDG6.4.2 指标，发展了一种用水紧张程度评估方法，为全球含冰川径流干旱区的用水调配提供案例示范；针对 SDG6.6.1 指标，为中国履行《湿地公约》具体行动和全球湿地保护行动提供关键数据支撑，如表 16.5 所示。

表 16.5　2020 年地球大数据科学工程专项主要贡献

指标	指标层级	案例	贡献
6.3.2 环境水质良好的水体比例	Tier II	中国湖泊水体透明度时空分布格局	数据产品：生产了中国湖泊水体透明度时间序列数据集（2000～2019 年）
			方法模型：创建了一种基于双波段反射率的湖泊水体透明度监测评估算法
			决策支持：揭示区域发展趋势差异，提出重点关注区域可为中国及全球水环境监测与治理提供决策支持
6.4.2 用水紧张程度：淡水汲取量占可用淡水资源的比例	Tier I	中国西北干旱区疏勒河流域用水紧张程度评估	方法模型：创建了一种耦合冰川模块的用水紧张程度算法
			决策支持：为全球含冰川径流干旱区流域水资源合理分配提供参考依据
6.6.1 与水有关的生态系统范围随时间的变化	Tier I	中国沼泽地时空分布	数据产品：提供中国沼泽湿地数据集（2015 年）和红树林、互花米草数据集（2015 年、2018 年）
			方法模型：集成面向对象与多层决策技术的中国沼泽湿地、红树林和互花米草提取算法
			决策支持：为中国履行《湿地公约》提供决策依据
		国际重要湿地水体动态变化	数据产品：生产了亚欧非 86 个国际重要湿地水体分布数据集（2000～2018 年）
			决策支持：为全球国际重要湿地的保护管理提供了决策支持

（4）2021 年主要贡献

本章 5 个案例的主要贡献重点体现在数据产品发展和决策支持两个方面，数据产品贡献包括全国湖泊水体透明度数据集、全球大型湖泊水体透明度数据集、全国自然和人工水体分布数据集、全国沼泽湿地分布数据集，以及长时序全球农作物水分利用效率数据集；在决策支持方面，开展的中国水资源综合管理评估结果将直接支撑优化和改进我国现有的水资源管理制度，而关于湖泊水体透明度、自然和人工水体分布、沼泽湿地动态变化等评估结论将支撑不同行政区水环境治理和水生态保护相关工作的开展，如表 16.6 所示。

3. SDG11 可持续城市和社区

（1）背景介绍

过去几十年，全球一直处在快速的城市化进程中。虽然城市区域占全球陆地覆盖面积比例小于 1%，但其贡献了全球 75% 的国内生产总值（Gross Domestic Product，GDP），消耗了 60%～80% 的能源以及产生 75% 的全球垃圾和碳排放

（Elmqvist et al.，2019；黄春林等，2021）。

表 16.6　2021 年地球大数据科学工程专项主要贡献

指标	指标层级	案例	贡献
6.3.2 环境水质良好的水体比例	Tier II	湖泊水体透明度动态变化监测与评价	数据产品：中国湖泊水体透明度遥感监测数据集（1985~2020 年，每 3 年，30m）；全球大型湖泊透明度遥感监测数据集（2010 年、2015 年、2020 年，500m） 决策支持：为湖泊水生态恢复与保护工作的开展提供基础数据和科学评估结果参考
6.4.1 按时间列出的用水效率变化	Tier I	全球农作物水分利用效率变化评估	方法模型：全球尺度基于多源遥感数据并结合作物生长过程的作物水分利用效率评估方法 数据产品：全球作物水分利用效率空间分布数据集（2001~2019 年，每年，1km）
6.5.1 水资源综合管理的程度	Tier I	中国水资源综合管理评估	决策支持：支撑开展水利治理体系和治理能力优化和提升工作
6.6.1 与水有关的生态系统范围随时间的变化	Tier I	2000~2020 年中国自然和人工水体变化	数据产品：中国自然和人工水体分布数据集（2000 年、2005 年、2010 年、2015 年、2020 年，30m） 决策支持：为开展地表水资源调查评估提供基础数据和科学评估结果参考
		2010~2020 年中国沼泽湿地时空动态	数据产品：中国沼泽湿地空间分布数据集（2010 年、2015 年、2020 年，30m） 决策支持：为湿地保护与恢复提供基础数据和科学结果参考

　　快速的城市化导致全世界 40 亿的城市人口面临着日益严重的空气污染、基础设施和服务匮乏以及无序的城市扩张等问题。尤其是 2020 年初突发的新型冠状病毒感染，暴露出许多城市由于缺乏充足和负担得起的住房、公共卫生系统，以及城市基础设施不足等而导致的脆弱性。超过 90%的新冠肺炎病例出现在城市地区，新冠疫情更加剧了世界上人口稠密的非正规居住区和贫民窟的 10 亿居民的困境。

　　为了实现城市的可持续发展，联合国提出了 SDG11"建设包容、安全、有抵御灾害能力和可持续的城市和人类住区"，该目标对于实现所有可持续发展目标至关重要。截止到 2021 年 3 月 29 日，15 个 SDG11 指标中 10 个指标在监测与评估中面临数据缺失问题（IAEG-SDGs，2021）。为了应对城市化带来的挑战以及 SDG11 指标监测与评估存在的问题，150 个国家提出了国家城市计划，其中近一半处于实施阶段。确保这些计划得到良好执行，则有助于城市以更加可持续和包容的方式发展。中国成功遏制新冠肺炎快速传播表明，中国城市社区在调整适应新规范方面具有非凡的弹性和适应性。只有推进数据驱动的包容和可持续的城市发展才能确保城市从疫情中恢复，才能更好地应对未来城市灾害和城市公共卫生事件的发生。

过去 2 年的地球大数据支撑 SDG11 指标监测与评估案例研究实践，展现了中国在 SDG11 目标落实中的数据产品、方法模型、决策支持三个方面的成果与贡献（Guo et al.，2021）。本章节在延续 2019 年、2020 年模型方法、区域和中国评估示范的基础上，利用地球大数据方法监测与评估公共交通（SDG11.2.1）、城市灾害（SDG11.5.1/11.5.2）、开放公共空间（SDG11.7.1），并开展中国市级尺度的 SDG11 多指标综合评估。本章节中各案例研究成果是对联合国可持续发展目标数据库系统中关于中国数据集的有益补充，对于客观评估中国 SDG11 落实具有重要的示范意义。

（2）2019 年主要贡献

为应对城市面临的基本公共服务缺乏、交通拥堵、住房短缺、基础设施的不足和空气污染增加等诸多严峻挑战，充分发挥地球大数据的特点和技术优势，为中国及全球提供 SDG11 监测及评估经验。报告主要围绕 5 个指标，在中国尺度上开展 SDG11 指标监测与评估。中国在 SDG11 指标监测中的数据产品、方法模型、决策支持三个方面的贡献，具体如表 16.7 所示。

表 16.7　2019 年地球大数据科学工程专项主要贡献

指标	案例	贡献
11.2.1 可便利使用公共交通的人口比例，按年龄、性别和残疾人分列	中国可便利使用公共交通的人口比例	数据产品：中国区域公共交通信息数据
		方法模型：提出一种简便的指标核算方法，能为其他国家开展本指标评价及结果的国际对比提供经验借鉴
		决策支持：为开展中国尺度城市可持续发展综合评价提供数据支撑
11.3.1 土地使用率与人口增长率之间的比例	中国城镇化监测与评估	数据产品：2015 年（SDGs 基准年）全球 10 m 分辨率高精度城市不透水面空间分布信息
		方法模型：提出利用多源多时相升降轨合成孔径雷达（SAR）和光学数据结合其纹理特征和物候特征的全球不透水面快速提取方法；开展了 SDG11 的中国本地化实践评价方法
		决策支持：为开展中国尺度城市可持续发展综合评价提供数据支撑

续表

指标	案例	贡献
11.4.1 保存、保护和养护所有文化和自然遗产的人均支出总额,按资金来源(公共、私人),遗产类型(文化、自然)和政府级别(国家、区域和地方/市)分列	SDG 11.4 内涵解析和指标量化	数据产品:中国 244 个自然保护区分东、中、西部单列人均支出统计图表以及单位面积支出统计图表;黄山世界遗产地遥感生态指数(RSEI)25 年时间序列数据集
		方法模型:提出"加大单位面积资金投入,保护和捍卫世界文化和自然遗产"
11.6.2 城市细颗粒物(例如 $PM_{2.5}$ 和 PM_{10})年度均值(按人口权重计算)	中国城市细颗粒物(PM$_{2.5}$ 与分析)	数据产品:中国 2010～2018 年 $PM_{2.5}$ 年平均产品
11.7.1 城市建设区中供所有人使用的开放公共空间的平均比例,按性别、年龄和残疾人分列	中国城市开放公共空间面积比例	数据产品:中国城市建成区公共空间面积指标评价数据集
		方法模型:提出一种简便的指标核算方法,能为其他国家开展本指标评价及结果的国际对比提供经验借鉴
		决策支持:为开展中国尺度城市可持续发展综合评价提供数据支撑

(3)2020 年主要贡献

为应对城市面临的住房短缺、交通拥堵、城镇化加剧、遗产地人类活动增加、空气污染加剧、基本城市公共服务缺乏与基础设施不足等诸多严峻挑战,充分发挥地球大数据的特点和技术优势,为中国及全球提供 SDG11 监测及评估经验。报告主要围绕六个指标开展 SDG11 指标监测与评估,为全球贡献中国在 SDG11 指标监测中的数据产品、方法模型、决策支持三个方面的成果,如表 16.8 所示。

表 16.8 2020 年地球大数据科学工程专项主要贡献

指标	指标层级	案例	贡献
11.1.1 居住在贫民窟和非正规住区或者住房不足的城市人口比例	Tier I	中国城市主城区棚户区人口占比估算	数据产品:中国 27 个城市 2019 年棚户区矢量边界及人口占比数据
			方法模型:提出一种基于深度学习语义分割模型的棚户区提取方法
11.2.1 可便利使用公共交通的人口比例,按年龄、性别和残疾人分列	Tier II	中国可便利使用公共交通的人口比例	数据产品:按年龄、性别分列的 2015、2018 年 1 km 分辨率中国可便利使用公共交通人口分布数据集
11.3.1 土地使用率与人口增长率之间的比率	Tier II	中国城镇化进程监测与评估	数据产品:1990～2018 年共 7 期中国 433 个城市建成区数据集
			方法模型:提出"经济增长率与土地使用率之间的比率"新评价指标

续表

指标	指标层级	案例	贡献
11.5.1 每 10 万人当中因灾害死亡、失踪和直接受影响的人数	Tier II	中国减少灾害损失及促进脆弱区可持续发展状况监测	数据产品：2013～2019 年中国灾害损失评价指标数据；2009～2019 年玉树地震恢复重建及可持续发展状况监测产品
			决策支持：展现中国大幅减少各种灾害造成的死亡/受灾人数和直接经济损失，有效推动灾害脆弱区可持续发展
11.5.2 灾害造成的直接经济损失（与全球国内生产总值相比）、重要基础设施的损坏和基本服务的中断次数		深圳市风暴潮灾害淹没影响评估	数据产品：2016 年风暴潮"妮妲"和 2018 年风暴潮"山竹"的深圳市 4km 积水深度数据集
			决策支持：针对风暴潮灾害，进行数字孪生，对不同强度的风暴潮进行模拟并评估造成的人口和经济影响
11.7.1 城市建设区中供所有人使用的开放公共空间的平均比例，按性别、年龄和残疾人分列	Tier II	中国城市开放公共空间面积比例	数据产品：2015 和 2018 年两期全国城市开放公共空间面积比例数据集
SDG11 综合评估	Tier I/Tier II	中国省域尺度SDG 11 多指标综合评价	数据产品：中国 340 个地级市多指标综合评价数据集
			决策支持：为中国主要城市可持续性评估提供支持，为中国区域其他 SDGs 目标的综合评价提供参考

（4）2021 年主要贡献

为应对部分城市面临的住房短缺、交通拥堵、基本城市公共服务缺乏与基础设施不足等诸多严峻挑战，充分发挥地球大数据的特点和技术优势，为中国及全球提供 SDG11 监测及评估经验。报告主要围绕八个指标开展 SDG11 指标监测与评估，为全球贡献中国在 SDG11 指标监测中的数据产品、方法模型、决策支持三个方面的成果，如表 16.9 所示。

4. SDG13 气候行动

（1）背景介绍

联合国可持续发展目标中设立 SDG13 "采取紧急行动应对气候变化及其影响"（以下简称：气候行动），主要聚焦减缓气候变化和适应气候变化影响，提高应对能力。基于地球大数据优势，本章聚焦气候行动三个具体目标：抵御气候相关灾害（SDG13.1）、应对气候变化举措（SDG13.2）、气候变化适应和预警（SDG13.3）。

表 16.9 2021 年地球大数据科学工程专项主要贡献

指标	指标层级	案例	贡献
11.2.1 可便利使用公共交通的人口比例，按年龄、性别和残疾人分列	Tier II	中国可便利使用公共交通的人口比例	数据产品：按年龄、性别分列的 2015 年、2018 年、2020 年 1km 分辨率中国可便利使用公共交通人口分布数据集 方法模型：按年龄、性别分列的中国公里格网人口数据提取方法
11.5.1 每 10 万人当中因灾害死亡、失踪和直接受影响的人数 11.5.2 灾害造成的直接经济损失（与全球国内生产总值相比）、重要基础设施的损坏和基本服务的中断次数	Tier I/ Tier II	2010~2020 年中国地市级自然灾害总体损失年际变化	数据产品：2010~2020 年逐年地市级每十万人受灾人口、每十万人死亡失踪率、直接经济损失占地区生产总值监测指标数据集 方法模型：SDG11.5 标准化数据集，扩展了 SDG11.5 指标的时空监测粒度
11.7.1 城市建设区中供所有人使用的开放公共空间的平均比例，按性别、年龄和残疾人分列	Tier II	中国城市绿地空间变化	数据产品：2000 年、2010 年和 2020 年 3 期中国城市建成用地矢量边界、30m 空间分辨率城市绿地空间组分数据产品 方法模型：城市绿地空间组分提取方法
11.1.1、11.2.1、11.3.1、11.7.1	Tier I/ Tier II	中国主要城市景观的社区尺度变化与可持续发展指标	数据产品：2015 年、2020 年中国主要城市社区尺度景观数据和景观样本数据 方法模型：城市景观的场景建模与提取方法；城市景观样本启发式学习方法
SDG 11 综合评估	Tier I/ Tier II	2015~2020 年中国城市 SDG 11 多指标综合评价	数据产品：中国 SDG11.2.1、11.3.1、11.5.1、11.5.2、11.6.1、11.6.2、11.7.1 多指标综合评价数据集 决策支持：为中国地级城市可持续性评估提供支持，为中国区域其他 SDG 目标的综合评价提供参考

2016~2020 年间的平均气温达到有记录以来的最高值，比工业化前水平升高了 1.1℃（WMO，2020）。气候变化已是人类灾害损失的主要驱动因素（黄磊等，2021）。气候变化和极端性会带来气温、降水分布的不平衡加剧，导致高温热浪、干旱、洪水等灾害频发。气候变化除了通过极端天气导致自然灾害的直接影响，还会对自然生态系统和生物多样性、粮食安全、水安全、能源安全等产生深远影响（IPCC，2019），有些变化的影响目前并不完全明确，需要加强监测和预警。

温室气体的不断排放和累积是全球升温的最主要因素，因此，减缓气候变化失控最有效的方法就是尽快减少排放并实现碳中和（IPCC，2019）。中国将提高国家自主贡献度，采取更加有力的政策和措施，二氧化碳排放力争于 2030 年前达到峰值，努力争取 2060 年前实现碳中和。预期中国的碳达峰、碳中和战略，将使本世纪末全球平均气温相较于不采取行动降低 0.2～0.3℃，提高实现《巴黎协定》控制全球升温幅度的可能性（CAT，2020）。

目前，SDG13 所有指标中，只有 SDG13.1.1 因灾死亡人数和 13.2.2 年温室气体排放量两个指标处于 Tier Ⅰ，即有方法有数据，其余六个指标都处于 Tier Ⅱ，即有方法无数据的状态。有些目标即使有数据，也多以统计数据为主，缺少明确的时空分布变化信息，难以为气候变化应对的科学决策提供有力支撑。

气候变化影响的空间范围广、时间周期长，需要地球大数据发挥自身优势，回溯过去的踪迹，监测当前的状态，并指明气候行动未来的方向和趋势。本年度的报告中，我们重点关注沙尘暴极端天气的变化及其影响，碳排放的规律和自然碳汇的潜力，海洋对气候变化的响应。通过连续的观测，揭示其变化规律和空间格局，为可持续发展提供决策支持。

（2）2020 年主要贡献

SDG13 包含两个案例，对应两个具体目标，主要涉及气候变化相关灾害、气候变化应对两个方面。数据集方面，在以往统计数据基础上，提供了中国高温热浪空间分布数据集、主要农作物物候集合概率预测数据集；在方法模型方面，提出了多种非平稳模型、参数化和非参数化混合的气象数据均一化方法；在决策支持方面，提出小麦和玉米开花期、成熟期提前，可能对农作物产量造成威胁，需要提前进行应对。本报告将为人们更全面地理解气候变化的影响，减缓和应对气候变化带来的一系列问题提供新的方案，如表 16.10 所示。

表 16.10　2020 年地球大数据科学工程专项主要贡献

指标	案例	贡献
13.1 加强各国抵御和适应气候相关的灾害和自然灾害的能力	中国极端高温热浪灾害的强度和频率	数据产品：均一化序列气温数据集 方法模型：多种非平稳模型、参数化和非参数化方法混合
13.2 将应对气候变化的举措纳入国家政策、战略和规划	气候变化对中国主要农作物物候影响预测	数据产品：未来气候变化情景下近期中国主要农作物物候集合概率预测数据集 决策支持：为中国粮食生产应对气候变化提供决策依据

（3）2021 年主要贡献

本章围绕抵御气候相关灾害（SDG13.1）、应对气候变化举措（SDG13.2）、气候变化适应和预警（SDG13.3），在中国和全球尺度开展研究，通过 5 个案例，为 SDG13 提供了 5 套数据产品，1 个创新方法，以及 4 项决策支持，如表 16.11 所示。

表 16.11   2021 年地球大数据科学工程专项主要贡献

指标	案例	贡献
13.1 加强各国抵御和适应气候相关的灾害和自然灾害的能力	近 10 年中国沙尘天气年际变化	数据产品：2010～2020 年沙尘天气的年际范围数据 决策支持：为沙尘天气防治，沙尘源治理提供了理论依据
13.2 将应对气候变化的举措纳入国家政策、战略和规划	中国温室气体浓度时空变化	数据产品：近 5 年中国 CO_2、NO_2 时空变化数据 决策支持：为中国碳达峰提供判断依据
	气候变化对中国森林净生态系统生产力的影响	数据产品：1981～2019 年全国森林净初级生产力和净生态系统生产力产品 决策支持：评估中国森林碳汇潜力，为自然碳汇提供依据
	土地覆盖变化对全球净生态系统生产力的作用	数据产品：2001～2019 年全球净生态系统生产力评估数据 决策支持：提供全球净生态系统生产力变化状态及驱动因素，为实现碳中和目标提供支撑
13.3 加强气候变化减缓、适应、减少影响和早期预警等方面的教育和宣传，加强人员和机构在此方面的能力	全球海洋热含量变化	数据产品：1993～2020 年全球海洋热含量遥感数据集 方法模型：综合海表卫星遥感观测与浮标观测资料，利用人工神经网络方法构建适用于全球尺度、多层位、长时序的海洋热含量遥感反演模型

5. SDG14 水下生物

（1）背景介绍

海洋生态系统的安全，直接关系到全人类的健康和福祉。从全球范围来看，至今，SDG14 大部分具体目标的实施效果并不理想。2021 年 4 月 21 日联合国发布的《第二次全球海洋综合评估》报告结果显示：2015 年以来，来自人类活动的许多压力继续使海洋生态系统退化，如红树林和珊瑚礁。压力主要包括与气候变化相关的影响、不可持续的捕捞、入侵物种的引入、造成酸化和富营养化的大气污染、过度输入营养物质和有害物质、越来越多的人为噪声以及管理不善的沿海开发和自然资源开采等。联合国秘书长安东尼奥·古特雷斯在报告发布会上呼吁世界各国和所有利益相关者要进一步关注报告提出的警示。

中国政府一直高度重视和支持联合国海洋可持续发展的相关议程。在加快建设海洋强国等战略目标引领下，中国海洋事业飞速发展，在大力减少海洋污染、科学恢复海洋生态、合理扩展海洋经济等方面都取得了显著的成果。但是，由于中国沿海地区人口密集、经济发展迅速，对海洋资源的需求大，中国海洋可持续发展也面临严峻的挑战，需要更好地利用数据和创新技术服务 SDG14 的实施。

地球大数据具有宏观、动态监测能力，已成为我们认识海洋的新钥匙和知识发现的新引擎（Guo et al.，2016）。过去 2 年利用地球大数据及其相关技术方法，在服务 SDG14 实现方面做了大量的努力和探索，在数据集生产、评估模型构建等方面积累了较好的实践经验（王福涛等，2021）。

本报告在延续 2019 年、2020 年模型方法、区域和全国评估示范的基础上，围绕 SDG 14.2 保护海洋生态系统子目标，评估了中国实施红树林保护、滨海养殖池管理和藻华监测预警的成效。本报告中各案例研究成果能够为准确把握海洋可持续发展相关重大问题，并制定应对策略，提供新的数据和技术支撑。

（2）2019 年主要贡献

利用中国科学院地球大数据科学工程提供的数据集和模型方法，重点围绕海洋污染和海洋生态系统健康 2 个方向，在典型地区上开展 SDG14 指标监测与评估，为全球贡献中国在 SDG14 指标监测中的方法模型、数据产品、决策支持三个方面的成果，如表 16.12 所示。

表 16.12　2019 年地球大数据科学工程专项主要贡献

指标	案例	贡献
14.1.1（a）沿海富营养化指数；（b）塑料碎片密度	中国近海典型海域富营养化评估	方法模型：构建适用于中国近海富营养化评估的第二代综合评估体系；科学评估我国近海典型海域富营养化状况 决策支持：参与中国近海富营养化评价海洋行业标准的制定；撰写富营养化评价国际报告并提交联合国环保署
14.2.1 基于生态系统的方法管理海洋区域的国家数量	中国近海典型海域生态系统健康评估	方法模型：针对典型研究海域构建评估指标体系

（3）2020 年主要贡献

利用地球大数据，重点围绕减少海洋污染、保护海洋生态系统两个方向，在中国近海及典型地区开展指标监测与评估，通过三个案例为全球贡献中国在 SDG14 目标监测相关的数据产品、方法模型与决策支持成果。案例名称及主要贡献见表 16.13。

（4）2021 年主要贡献

利用地球大数据，重点围绕保护海洋生态系统（SDG 14.2）子目标，在中国近海及典型地区开展指标监测与评估，通过三个案例提供相关的数据产品、方法模型与决策支持成果。案例名称及主要贡献见表 16.14。

表 16.13   2020 年地球大数据科学工程专项主要贡献

指标	案例	贡献
14.1 到 2025 年，预防和大幅减少各类海洋污染，特别是陆上活动造成的污染，包括海洋废弃物污染和营养盐污染	中国近海海洋垃圾与微塑料分布变化分析	数据产品：中国近海海洋垃圾与微塑料分布数据集
		决策支持：揭示中国近海海洋垃圾与微塑料的污染现状、区域分布及变化特征，服务典型区海洋垃圾与微塑料污染防控
14.2 到 2020 年，通过加强抵御灾害能力等方式，可持续管理和保护海洋和沿海生态系统，以免产生重大负面影响，并采取行动帮助它们恢复原状，使海洋保持健康，物产丰富	中国近海典型海湾生态系统健康评估	数据产品：胶州湾、大亚湾、四十里湾典型海湾生态环境要素数据集
		方法模型：基于海域生态系统结构、服务功能的健康评估方法
		决策支持：揭示中国近海典型海湾环境因子对生态系统关键要素变化贡献，为保护沿海生态系统提供科学依据
	中国近海筏式养殖变化监测	数据产品：中国沿海重点省份筏式养殖监测数据集
		方法模型：基于深度学习的海洋筏式养殖智能提取方法

表 16.14   2021 年地球大数据科学工程专项主要贡献

指标	案例	贡献
14.2 到 2020 年，通过加强抵御灾害能力等方式，可持续管理和保护海洋和沿海生态系统，以免产生重大负面影响，并采取行动帮助它们恢复原状，使海洋保持健康，物产丰富	黄海大型藻藻华监测和预警	方法模型：黄海大型藻藻华监测和预警方法体系，包含基于地球大数据云平台的飘浮藻类空间分布快速提取方法，及基于四维变分同化预报模式的大型藻藻华漂移轨迹实时预测方法
		决策支持：为沿海地市有害藻华灾害预警预测与综合决策提供信息支持
	中国红树林动态变化	数据产品：2015 年、2018 年、2020 年中国国家尺度红树林空间分布数据集
		方法模型：基于机器学习的红树林快速提取方法
		决策支持：周期性监测海岸带红树林空间分布、为保证海洋生态系统的生物多样性和抵御灾害能力提供支持
	中国滨海养殖池动态变化	方法模型：基于地球大数据和云平台的大尺度滨海养殖池快速识别方法
		决策支持：解析滨海养殖池的时空变化特征，能为海岸带和水产养殖业的可持续管理决策制定提供科学支撑

6. SDG15 陆地生物

（1）背景介绍

SDG15 目标设定为"保护、恢复与促进陆地生态系统可持续利用，可持续管理森林、防治荒漠化、制止和扭转土地退化、遏制生物多样性的丧失"。2030 年可持续发展议程已经通过 5 年有余，然而我们面临的形势仍十分严峻，如全球森林面积（SDG15.1.1）仍在稳步下降（FAO，2020）、全球约 75%的土地仍处于退化（SDG15.3.1）状态、全球重要生物多样性场所被保护比例有所增加（SDG15.1.2,SDG15.4.1），但是红色名录指数（SDG15.5.1）仍在持续减少（UNEP，2021），按现在进度 SDG15 目标在 2030 年很难实现（UN，2019）。

SDG15 进展评估是了解进展、明确差距并采取有效干预的关键。随着数据可用性增加与技术方法发展，SDG15 涵盖的 14 个指标中 8 个指标处于 Tier I 分级状态（有数据、有方法）。然而，这些指标的获取方法主要以统计手段为主，缺乏跨尺度（全球-区域-国家-典型地区）上的可拓展性，很多数据获取能力有限的国家也无法定期提供数据。因此，有必要利用前沿技术，如对地观测、人工智能、公众科学等进一步开展多尺度、空间化的 SDG15 指标状态及进展监测关键技术研究，从数据、方法、工具与决策建议等角度有所贡献，进而为 SDG15 目标的实现提供科技支撑。

本报告聚焦大尺度生态系统质量及动态评估体系构建、物种级重要草地生态系统保护空缺识别、重要濒危植物精细化空间分布模拟、全球山地绿色覆盖指数（Mountain Green Cover Index，MGCI）动态监测及重要物种栖息地面积与质量评估等 5 个方向，以地球大数据为手段对其涉及的关键数据、方法缺口开展了研究，以期为 UN 机构及相关国家在 SDG15 指标监测及落实方面，提供数据产品、模型方法及决策支撑。

（2）2019 年主要贡献

利用中国科学院地球大数据科学工程提供的数据集和模型方法，重点围绕 SDG15 中的 2 个指标，在中国及典型地区尺度上开展 SDG15 指标监测与评估，为全球贡献中国在 SDG15 指标监测中的数据产品和决策支持方面的成果，如表 16.15。

数据产品方面：面向 SDG15 中的保护区比例与红色名录等指标，生产生物多样性、物种红色名录指数等数据产品，为 SDG15 指标监测提供夯实的数据基础，支撑《中国落实 2030 可持续发展议程国别方案》。

决策支持方面：利用建立的模型方法库与生产的数据产品，聚焦 SDG15.1.2 与 SDG15.5.1，开展面向 SDG15 的指标评价与监测，形成评价或评估报告，为区域发展提供决策支持与发展建议，如表 16.15 所示。

（3）2020 年主要贡献

面向全球-中国-典型地区三个尺度，实现了 SDG15 多指标的动态、空间精细化、定量监测与评估，从数据产品、方法模型及决策支持三个角度为陆地生物可

表 16.15　2019 年地球大数据科学工程专项主要贡献

指标	案例	贡献
15.1.2 保护区内陆地和淡水生物多样性的重要场地所占比例，按生态系统类型分列	中国钱江源国家公园保护地有效性评估	数据产品：钱江源国家公园生态系统数据集、钱江源国家公园生物多样性数据集 决策支持：钱江源国家公园生物多样性保护与管理对策
15.5.1 红色名录指数	中国受威胁物种红色名录指数评估	数据产品：中国物种红色名录指数数据
	大熊猫栖息地的破碎化评估	数据产品：全国大熊猫栖息地的现状分布数据，近 40 年全国大熊猫栖息地变化数据 决策支持：大熊猫栖息地的演变特征与保护建议

持续发展指标动态监测和评价提供了有力的支撑。针对 SDG15.1.1 指标，实现了全球 30m 分辨率森林覆盖产品的及时更新（2019 年），发展了综合时空谱多维特征的森林精细类型提取方法体系；针对 SDG15.1.2 指标，提出了中国生物多样性保护分区方案及保护修复建议；针对 SDG15.3.1，科学开展了中国土地退化零增长跟踪评估并分析了其全球贡献，深入分析了中国典型地区沙漠化与水土流失动态及驱动力；针对 SDG15.5.1，深入剖析了中国植物多样性致危因素并提出了保护对策，如表 16.16 所示。

表 16.16　2020 年地球大数据科学工程专项主要贡献

指标	指标层级	案例	贡献
15.1.1 森林面积占陆地总面积的比例	Tier I	全球/区域森林覆盖现状（2019 年）	数据产品：全球 2019 年森林覆盖数据产品（30m 分辨率） 方法模型：全球尺度机器学习森林分类方法 决策支持：为全球及重点区域森林状况评估提供依据
		中国长江流域森林类型时空分布	数据产品：2018 年长江流域森林类型分布数据集（10m 分辨率） 方法模型：提出基于多规则时间序列遥感影像合成方法与一种综合时空谱多维特征的森林类型提取框架
15.1.2 保护区内陆地和淡水生物多样性的重要场地所占比例，按生态系统类型分列	Tier I	中国生物多样性保护和可持续利用分区	数据产品：中国生物多样性保护和可持续利用三个分区数据集 决策支持：将全球三个分区的方案在中国落地，并结合"全国重要生态系统保护和修复重大工程"，提供生态系统保护和修复对策建议

续表

指标	指标层级	案例	贡献
15.3.1 已退化土地占土地总面积的比例	Tier I	中国土地退化零增长跟踪评估及其全球贡献	数据产品：全球土地退化/恢复数据集 决策支持：基于 IAEG-SDGs 指标体系，全球共享数据，实现了中国土地退化零增长跟踪评估，并客观分析了中国的全球贡献
		黄土高原大规模绿化与水土保持及黄河泥沙关系	方法模型：构建了植被覆盖水土保持功效定量评估模型 决策支持：明确了黄土高原水土保持功效空间差异，为水土流失防治提供决策支持
		中国北方半干旱区及周边沙漠化时空动态及治理成效评估	数据产品：1975～2015 年长时间序列北方半干旱区及周边沙漠化动态数据产品 决策支持：开展了近 40 年中国北方半干旱区及周边沙漠化发展过程与驱动力评估，为沙漠化防治提供支撑
15.5.1 红色名录指数	Tier I	中国植物多样性致危因素与保护对策	数据产品：中国植物多样性风险分布与保护空缺分布 方法模型：发展和完善物种多样性遭受的威胁压力确定方法 决策支持：明晰中国植物多样性的保护空缺，建议通过主动保护策略与恢复管理策略相结合的方式，保护物种赖以生存的栖息地

（4）2021 年主要贡献

面向全球-中国-典型地区三个尺度，实现了 SDG15 多指标的动态、空间精细化、定量监测与评估，从数据产品、方法模型及决策支持三个角度为陆地生物可持续发展指标动态监测和评估提供了有力的支撑。针对 SDG15.1 具体目标，构建了国家尺度生态系统质量及动态评估体系、明确了中国草地生态系统保护现状及差距；针对 SDG15.1.2 和 SDG15.4.1 指标，突破了濒危物种空间分布精细化模拟技术；针对 SDG15.4.2 指标，研制了 2015 年、2020 年高分辨率山地绿色覆盖指数数据集；针对 SDG15.5 具体目标，开展了越冬白鹤栖息地的时空动态监测，为有效保护珍稀物种栖息地提供了重要支持，如表 16.17 所示。

16.5.4　地球大数据支撑 SDGs 实现

CASEarth 通过科学和技术杠杆，以及食物系统和营养模式、城市与城郊发展、全球环境公域等 3 个切入点，充分展示地球大数据助力 SDGs 实现的支撑作用（图 16.3）。

表 16.17 2021 年地球大数据科学工程专项主要贡献

指标	指标层级	案例	贡献
15.1 到 2020 年，根据国际协议规定的义务，保护、恢复和可持续利用陆地和内陆的淡水生态系统及其服务，特别是森林、湿地、山麓和旱地	/	中国生态系统及其质量动态变化评估	数据产品：2000 年、2015 年中国生态系统质量数据集
			决策支持：揭示了中国大规模生态保护恢复背景下生态保护恢复成效，为中国生态系统保护提供决策支持
		中国草地生态系统保护现状及空缺	数据产品：中国重要草地生态系统名录及空间分布产品数据集
			决策支持：识别了草地保护空缺，为后续草地保护提供了重要支撑
15.1.2 保护区内陆地和淡水生物多样性的重要场地所占比例，按生态系统类型分列 15.4.1 保护区内山区生物多样性的重要场地的覆盖情况	Tier I	珍稀濒危植物精细空间分布大数据模拟	方法模型：珍稀濒危植物空间分布大数据模拟模型
15.4.2 山区绿化覆盖指数	Tier I	全球山地绿色覆盖指数高分辨率监测	数据产品：全球 2015 年、2020 年两期山地绿色覆盖指数数据集
15.5 采取紧急重大行动来减少自然栖息地的退化，遏制生物多样性的丧失，到 2020 年，保护受威胁物种，防止其灭绝	/	越冬白鹤栖息地时空分布动态监测	数据产品：1993～2018 年鄱阳湖湿地白鹤栖息地空间分布数据集

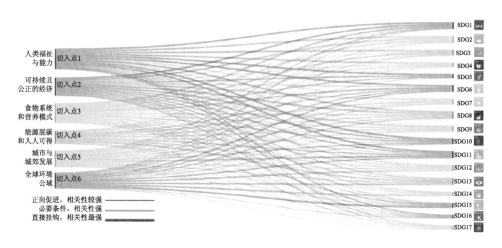

图 16.3 6 个切入点与 17 项 SDGs 之间的关系

（1）食物系统和营养模式。针对 SDG 2.2.1（5 岁以下儿童生长迟缓率），

CASEarth 监测了 2002～2017 年中国 5 岁以下儿童生长迟缓率空间格局及动态变化(图 16.4)，并发现监测期间中国 5 岁以下儿童生长迟缓率从 18.8%下降至 4.8%，已达到 SDG 2.2.1 对应目标（5.9%）。针对 SDG 2.4.1（从事生产性与可持续农业的农业地区比例），提出了集成多学科模型的粮食生产可持续发展进程监测方法

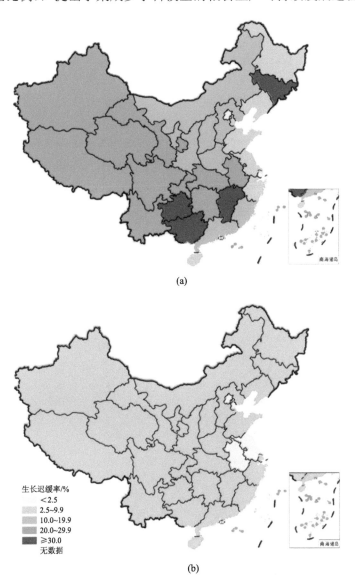

(a)

(b)

图 16.4　2002 年（a）和 2017 年（b）中国各省份 5 岁以下儿童生长迟缓率分布
（港澳台地区数据暂缺）

（Zuo et al., 2018）；并发现 1987～2015 年，中国粮食生产的单位环境影响减小，粮食生产系统朝着更为可持续的方向迈进。

（2）城市与城郊发展。针对 SDG 11.2.1（公共交通），CASEarth 生产 2015 年、2018 年、2020 年分性别、年龄段的高精度精细人口公里格网数据（Cheng et al., 2020），结合公共交通网络数据，分性别、年龄段对可便利使用公共交通的人口比例进行定量评估，发现 2020 年中国可便利使用公共交通人口整体比例达 90.15%，与 2018 年相比上升 9.59%。针对 SDG 11.3.1（城镇化），生产了 2015 年和 2018 年全球 10 m 分辨率不透水面产品、1990～2020 年城市建成区数据集，为该指标监测提供数据支撑（Sun et al., 2019; Jiang et al., 2021a）；扩展 SDG 11.3.1 指标体系，从经济、社会和环境 3 个维度分析了自 20 世纪 90 年代以来中国城市化时空演变格局，并对 2020～2030 年中国城市土地利用效率进行预测和分析，揭示了中国城市化趋向协调发展的历史进程和主要挑战（Jiang et al., 2021b）（图 16.5）。通过省、市两级尺度 SDG 11 多指标综合评估，为中国城市包容、城市安全、城市土地利用、城市环境等方面监测与评估提供数据支撑和决策支持，为全球城市可持续发展提供中国方案（Guo, 2020）。

（3）全球环境公域。针对 SDG 15.1.1（森林覆盖），CASEarth 自主生产了 2019 年全球 30 m 分辨率森林覆盖数据产品，精度 86.45%，结果显示全球森林总面积为 36.92×10⁸ hm²，约占全球陆地总面积的 24.78%；从大洲角度来看，南美洲森林覆盖率最高（47.45%），大洋洲森林覆盖率最低（12.80%）（图 16.6）（Guo, 2020）。

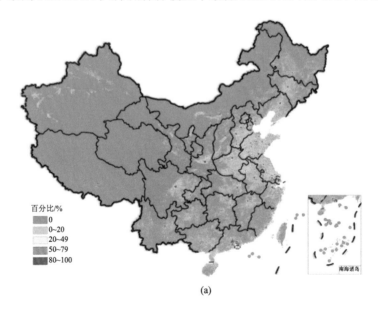

(a)

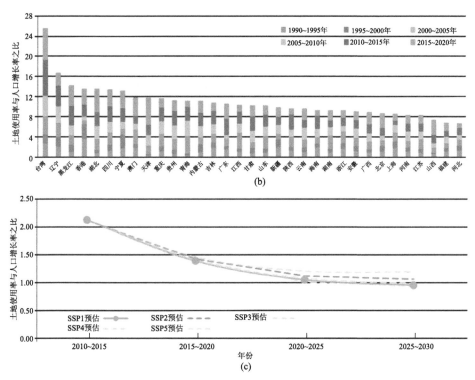

图 16.5　中国城镇化进程监测与未来情景模拟

（a）2018 年中国全域不透水面制图；（b）1990～2020 年中国城市土地利用效率评估；（c）2010～2030 年中国城镇化未来情景模拟

图 16.6　2019 年全球森林分布状况图（Guo, 2020）

16.6　全球首个 SDGs 大数据研究机构

科技创新是实现 SDGs 的重要手段。联合国的技术促进机制和中国提出的创新驱动理念高度契合，二者都是通过科技创新促进各领域发展和 SDGs 的实现。2020 年 9 月 22 日，国家主席习近平在第 75 届联合国大会一般性辩论上宣布，中国将设立可持续发展大数据国际研究中心，为落实《联合国 2030 年可持续发展议程》提供新助力。在经过近一年的筹备工作之后，可持续发展大数据国际研究中心（CBAS）于 2021 年 9 月正式成立。

CBAS 定位：CBAS 是全球首个以大数据服务联合国 SDGs 的机构，是可持续发展科学研究中心、数据信息服务与技术创新中心、全球可持续发展高端智库、人才培养与培训能力建设中心，以支持联合国相关机构和成员国落实《2030 年可持续发展议程》。

CBAS 主要任务：建立可持续发展大数据信息平台系统；开展 SDG 指标监测与评估科学研究；研制和运行可持续发展系列科学卫星；建设科技创新促进可持续发展智库；提供面向发展中国家的教育和培训。

CBAS 致力成为地球大数据支撑 SDGs 实现研究的引领者。CBAS 利用大数据、人工智能、空间信息等新兴科技，加强自然科学、社会科学和工程学等多学科知识的交叉融合，深入理解地球自然系统与人类社会系统间复杂的交互作用和发展演进过程，开拓地球大数据驱动的可持续发展研究新范式。

CBAS 是"一带一路"发展中国家 SDGs 大数据方法的传播者。通过支持和发展"数字丝路"国际科学计划，中心不断加强数字丝路国际卓越中心建设，构建形成共同研究、优势互补、互利共赢的"一带一路"SDGs 大数据合作开放基地，并以"数字丝路"国际科学计划的国际卓越中心为支点，形成具有不同区域优势和研究特色的、辐射周边地区的 SDGs 大数据合作网络（Guo，2018）。

CBAS 是科技创新促进 SDGs 实现的推动者。CBAS 建立全球 SDG 指标监测与评估体系，为把握 SDGs 实现的总体进程，定量解读全球及相关国家和地区在具体 SDG 指标上的动态变化趋势，以及所面临的可持续发展问题等提供科学依据和决策支持。

16.7　小　　结

联合国《2030 年可持续发展议程》是一项为人类、地球与繁荣制定的宏伟战略行动计划，包含经济、社会和环境 3 个方面，由 17 个可持续发展目标、169 个具体目标及 230 个指标组成。目前，联合国、各国政府、国际组织等正在开展联合国可持续发展目标（SDGs）指标体系构建以及指标监测评估研究。但由于 SDGs 在具体实施过程中面临许多挑战，其中数据缺失是监测 SDGs 各个目标最艰巨的挑战。数据统计体系不完善、不一致以及指标体系缺失是造成数据缺乏和质量不高的主要原因；SDGs 监测的评价指标模型化问题复杂，受限于数据的可获取性，在进行综合评价时，并不是所选指标均能模型化实现。因此，如何科学建立综合、交叉、多要素相互作用评价模型库是一个难点问题。

为应对上述问题和挑战，地球大数据科学工程专项提出基于地球大数据的科技创新以促进可持续发展目标实现。以地球大数据平台为基础，综合集成资源、环境、生态和生物领域的数据库、模型库和决策方法库，构建可持续发展评价指标体系和决策支持平台，对资源、环境、生态等方面的可持续性进行有效的监测和评估，将地球大数据纳入联合国和我国的支撑可持续发展评价体系中，同时也服务于我国的生态安全和资源安全保护工作（郭华东，2018）。

当前，由于极度缺乏数据交换、存储和处理的数字基础设施，受疫情影响，低收入国家和地区 SDGs 基本数据的收集和分析能力显著降低，SDGs 实现进程受阻。全球从新冠肺炎疫情中复苏，实现更具韧性的发展也面临新的挑战和机遇。各国政府制定的经济复苏计划，将面临高污染、高碳的不可持续发展方式与绿色、低碳的可持续发展方式的选择。各国政府、国际计划和组织等在推动科技创新促进 SDGs 实现中发挥了不同的作用。但是，亟待各利益攸关方携手，制定一个系统的科技创新促进 SDGs 实现路线图，以统筹协调全球科技资源，支撑 SDGs 实现。

我国科技界在利用地球大数据服务可持续发展方面已开展了全面实践。为以系统性和整体性的理念去研究 SDGs 实现面临的一系列重大科学问题，还需要重点开展以下 5 个方面工作。

（1）提升 SDGs 数据服务能力。研究 SDGs 数据资源实时获取、按需汇聚、融合集成、开放共享与分析技术方法，形成地球大数据支撑 SDG 指标评估的技术和方法体系，研发 SDG 指标评估的系列空间信息产品，并实现向联合国各机构、成员国等的开放共享。

（2）加强 SDG 指标监测与评估科学研究。结合深度学习、人工智能、区块链、空间信息等前沿技术，研究 SDG 指标监测的新方法和新模型，实现 SDG 指标动态、快速监测；研究 SDG 指标实现预测模型，为未来 SDGs 实现评估提供治理仿真指导。

（3）研发 SDGs 科学系列卫星。针对 SDGs 主要指标的特定需求，设计和规划 SDGs 系列科学卫星，结合国内外已有卫星资源，综合论证 SDGs 科学系列卫星载荷的性能指标，支撑系列高性能 SDGs 科学卫星研制，以期向联合国成员国提供 SDGs 研究专有卫星数据。

（4）建设科技创新促进可持续发展智库。开展科技创新促进可持续发展路线图研究，发展地球大数据支撑可持续发展系列案例，研究科技创新驱动"一带一路"区域可持续发展的技术实践方案，支持重大研究成果的集成分析和重大决策的交互式情景推演，为联合国和我国科技创新促进可持续发展提供支持。

（5）面向发展中国家的教育和培训。面向发展中国家，特别是"一带一路"共建国家和地区，提供地球大数据服务于 SDG 指标监测和评估的专业人才教育培养和能力建设，构建 SDGs 数据服务、SDG 指标体系本地化处理、SDG 指标监测前沿技术、SDG 指标在线计算和 SDG 指标评价等方面的能力建设体系，提升"一带一路"SDGs 实现的科技能力。

参 考 文 献

崔如波, 2004. 构建循环经济发展模式. 探索, (5): 86-88.

郭华东, 2018. 地球大数据科学工程. 中国科学院院刊, (8): 818-824.

郭华东. 2019. 地球大数据支撑可持续发展目标报告(2019). 北京: 科学出版社.

郝晓辉, 1998. 中国可持续发展指标体系探讨. 科技导报, (11): 42-46.

黄春林, 孙中昶, 蒋会平, 等. 2021. 地球大数据助力"可持续城市和社区"目标实现: 进展与挑战. 中国科学院院刊, (8): 914-922.

黄磊, 贾根锁, 房世波, 等. 2021. 地球大数据支撑联合国可持续发展目标: 气候变化与应对. 中国科学院院刊, 36(8): 923-931.

林文, 2020. 《地球大数据支撑可持续发展目标报告(2020)》发布. 中国自然资源报, 2020-10-01 (07 版).

卢善龙, 贾立, 蒋云钟, 等. 2021. 联合国可持续发展目标 6(清洁饮水与卫生设施)监测评估: 进展与展望. 中国科学院院刊, (8): 904-913.

马涛, 谭乃榕, 洪涛. 2022. "十四五"时期中国可持续发展战略的地方分解与响应. 学习与探索, (5): 127-134.

邵超峰, 陈思含, 高俊丽, 等. 2021. 基于 SDGs 的中国可持续发展评价指标体系设计. 中国人口·资源与环境, 31(4): 1-12.

王福涛, 于仁成, 李景喜, 等. 2021. 地球大数据支撑海洋可持续发展. 中国科学院院刊, (8): 932-939.

王鹏龙, 高峰, 黄春林, 等. 2018. 面向SDGs的城市可持续发展评价指标体系进展研究. 遥感技术与应用, 33(5): 784-792.

薛澜, 翁凌飞, 2017. 中国实现联合国 2030 年可持续发展目标的政策机遇和挑战. 中国软科学, (1): 1-12.

杨欢进, 徐慧荣. 1995. "可持续发展": 一种新的经济发展观. 生产力研究, (1): 10-15+20.

朱婧, 孙新章, 何正. 2018. SDGs 框架下中国可持续发展评价指标研究. 中国人口·资源与环境, 28(12): 9-18.

Allen C, Smith M, Rabiee M, et al. 2021. A review of scientific advancements in datasets derived from big data for monitoring the Sustainable Development Goals. Sustainability Science, 16(5): 1701-1716.

Bergek A, Boons F, Fuenfschilling L, et al. 2019. An agenda for Sustainability transitions research: state of the art and future directions. Environ. Innov. Soc. Transit, 31: 1-32.

Boulding K E, 2015. The economics of the coming spaceship earth. Radical Political Economy. Routledge, 357-367.

Bravo G. 2014. The Human Sustainable Development Index: New calculations and a first critical analysis. Ecological indicators, 37: 145-150.

Campbell J, Sahou J, Sebukeera C, et al. 2019. Measuring Progress: Towards Achieving the Environmental Dimension of the SDGs. Nairobi: United Nations Environment Programme.

Cheng Z F, Wang J H, Ge Y. 2020. Mapping monthly population distribution and variation at 1-km resolution across China. International Journal of Geographical Information Science.

Climate Action Tracker(CAT), 2020. The recent wave of net zero targets has put the Paris Agreement's 1.5℃ within striking distance.

Cobb C W, Cobb J B. 1994. The Green National Product: A Proposed Index of Sustainable Economic Welfare. Lanham, MD: University Press of America.

Cobb C W. 1989. The Index for Sustainable Economic Welfare. Boston, MA, USA: Beacon Press.

Dalevska N, Khobta V, Kwilinski A, et al. 2019. A model for estimating social and economic indicators of sustainable development. Entrepreneurship and Sustainability Issues, 6(4): 1839.

ElMassah S, Mohieldin M. 2020. Digital transformation and localizing the sustainable development goals(SDGs). Ecological Economics, 169: 106490.

Elmqvist T, Andersson E, Frantzeskaki N, et al. 2019. Sustainability and resilience for transformation in the urban century. Nature Sustainability, 2: 267-273.

Esty D C, Levy M A, Srebotnjak T, et al. 2005. Environmental Sustainability Index: Benchmarking National Environmental Stewardship. New Haven, CT, USA: Yale Center for Environmental Law & Policy.

Esty D C, Levy M A, Srebotnjak T, et al. 2006. Environmental Performance Index. New Haven, CT, USA: Yale Center for Environmental Law & Policy.

FAO, 2020. Factsheets on the 21 SDG Indicators Under FAO Custodianship. A Highlight of the Main Indicators with the Greatest Gaps in Country Reporting, Rome.

FAO, 2020. Global Forest Resources Assessment 2020: Main report. Rome, Italy.

FAO, IFAD, UNICEF, et al. 2021. The State of Food Security and Nutrition in the World 2021: Transforming Food Systems for Food Security, Improved Nutrition and Affordable Healthy

Diets for All. Rome, Italy.

Ferreira B, Iten M, Silva R G. 2020. Monitoring sustainable development by means of earth observation data and machine learning: A review. Environmental Sciences Europe, 32: 120.

Gandomi A, Haider M. 2015. Beyond the hype: Big data concepts, methods, and analytics. International Journal of Information Management, 35(2): 137-144.

Guo H D, Chen F, Sun Z C, et al. 2021. Big Earth Data: A practice of sustainability science to achieve the Sustainable Development Goals. Science Bulletin, 66(11): 1050-1053.

Guo H D, Nativi S, Liang D, et al. 2020. Big Earth Data science: An information framework for a sustainable planet. International Journal of Digital Earth, 13(7): 743-767.

Guo H D, Wang L Z, Liang D. 2016. Big Earth Data from space: A new engine for Earth science. Science Bulletin, 61(7): 505-513.

Guo H D. 2017. Big Earth data: A new frontier in Earth and information sciences. Big Earth Data, 1(1/2): 4-20.

Guo H D. 2018. Steps to the Digital Silk Road. Nature, 554: 25-27.

Guo H D. 2020. Big Earth Data in Support of the Sustainable Development Goals. Beijing: Science Press, EDP Sciences.

IAEG-SDGS. 2021. Tier Classification for Global SDG Indicators. New York: Interagency and Expert Group on SDG Indicators.

IPCC, 2019. Summary for Policymakers. IPCC Special Report on the Ocean and Cryosphere in a Changing Climate.

Jiang H P, Sun Z C, Guo H D, et al. 2021. An assessment of urbanization sustainability in China between 1990 and 2015 using land use efficiency indicators. npj Urban Sustainability, 1: 34.

Jiang H, Sun Z, Guo H, et al. 2021. A standardized dataset of built up areas of China's cities with populations over 300, 000 for the period 1990–2015. Big Earth Data.

Jin H, Qian X, Chin T, et al. 2020. A global assessment of sustainable development based on modification of the human development index via the entropy method. Sustainability, 12(8): 3251.

Kenneth E B. 1966. The Economics of the Coming Spaceship Earth. Resources for the future forum on environmental quality in a growing economy.

Li X X, Liu Y M, Song T, 2014. Calculation of the green development index. Social Science China, 6: 69-95.

Meadows D H, Meadows D L, Randers J, et al. 1972. The Limits to Growth: A Report for the Club of Rome's Project on the Predicament of Mankind. New Haven: Universe Books.

Messerli P, Murniningtyas E. 2019. Global Sustainable Development Report 2019: The Future is Now-Science for Achieving Sustainable Development. New York: United Nations.

Nature Editorial. 2020. Time to revise the Sustainable Development Goals. Nature, 583: 331-332.

Runting R K, Phinn S, Xie Z Y, et al. 2020. Opportunities for big data in conservation and sustainability. Nature Communications, 11: 2003.

Sachs J, Kroll C, Lafortune G, et al. 2021. The Decade of Action for the Sustainable Development Goals: Sustainable Development Report 2021. Cambridge: Cambridge University Press.

Sun Z C, Xu R, Du W J, et al. 2019. High-resolution urban land mapping in China from Sentinel 1A/2 imagery based on Google Earth Engine. Remote Sensing, 11(7): 752.

UN, 2015. Transforming our world: the 2030 Agenda for Sustainable Development.

UN, 2019. The Sustainable Development Goals Report 2019. New York: United Nations.

UN, 2021. The Sustainable Development Goals Report 2021. New York: United Nations.

UN. 2020. The Sustainable Development Goals Report 2020. New York: United Nations.

UN. Millennium Development Goals. (2001-09-06)[2021-07-31]. https: //www.un.org/millennium goals/. https: //www.un.org/millennium goals/.

UN-Water. 2020. The Sustainable Development Goal 6 Global Acceleration Framework.

UN-Water. 2021. Summary Progress Update 2021 – SDG 6 – water and sanitation for all. Geneva, Switzerland.

Wackernagel M., Rees W. 1997. Our Ecological Footprint. Basel, Switzerland: Birk house Publishing.

WCED. Report of the World Commission on Environment and Development: Our Common Future. (1987-03-20)[2021-07-31]. http: //www.un-documents.net/wced-ocf.htm.

World Bank Group, 1997. The World Bank Indicators of Environmentally Sustainable Development. New York.

Zuo L J, Zhang Z X, Carlson K M, et al. 2018. Progress towards sustainable intensification in China challenged by land-use change. Nature Sustainability, 1(6): 304-313.

附　录

地球大数据（数字地球）大事记

1. 1999 年 11 月 29 日～12 月 2 日，首届国际数字地球会议在北京召开，发表《数字地球北京宣言》，通过了每两年举办一届国际会议的决议。

2. 2000 年，"数字地球国际会议"国际指导委员会成立。

3. 2001 年 6 月，第二届国际数字地球会议在加拿大弗雷德里克顿成功召开。

4. 2003 年 9 月，第三届国际数字地球会议在捷克布尔诺成功召开。

5. 2005 年 3 月，第四届国际数字地球会议在日本东京成功召开。

6. 2006 年 5 月，国际数字地球学会经国务院批准正式成立。全国人大常委会副委员长路甬祥院长任 ISDE 创始主席，美国前副总统、诺贝尔奖获得者戈尔任特别顾问。ISDE 秘书处现设在中国科学院对地观测与数字地球科学中心。

7. 2006 年 8 月，第一届国际数字地球峰会在新西兰奥克兰成功召开。

8. 2007 年 6 月 5～9 日，第五届国际数字地球会议在美国旧金山成功召开。

9. 2008 年 11 月，第二届国际数字地球峰会在德国波茨坦成功召开。

10. 2008 年 3 月，《国际数字地球学报》正式创刊，郭华东任主编。

11. 2009 年 9 月 9～12 日，第五届国际数字地球会议在北京成功召开，发表《2009 数字地球北京宣言》。

12. 2009 年 11 月 17 日，在美国华盛顿召开的第六届地球观测组织全会上，国际数字地球学会正式被吸纳为由 83 个国家、58 个国际学术组织组成的政府间国际组织"地球观测组织"成员，成为全球地球空间信息科学领域的重要国际组织之一，标志着学会的国际影响力在不断地提升。

13. 2010 年 6 月 12～15 日，第三届国际数字地球峰会在保加利亚内塞巴尔成功召开。

14. 2011 年 3 月 16 日～18 日，"面向 2020 数字地球理念"（"Digital Earth Vision 2020"）高层研讨会在北京召开，15 位国内外专家参加了研讨。与会专家一致认为，有必要分析数字地球的发展现状，结合社会科技变革的驱动力和趋势，以更广阔视角提出面向 2020 数字地球理念，引领数字地球的全球发展。

15. 2011 年 8 月 23～25 日，第七届国际数字地球会议在澳大利亚珀斯成功召开。

16. 2012 年 9 月 2～4 日，第四届国际数字地球峰会在新西兰惠灵顿成功召开。

17. 2013 年 8 月 26～29 日，第八届国际数字地球会议在马来西亚古晋市成功召开。

18. 2016 年 7 月 7～8 日，第六届数字地球峰会在北京国际会议中心成功召开，30 余个国家及相关国际组织的 300 余位代表参加会议。

19. 2016 年 11 月 7～10 日，在俄罗斯召开的地球观测组织大会期间，组织召开数字丝路科学计划研讨会，邀请联盟支持单位参加会议并介绍数字丝路科技联盟的情况，为联盟成立搭建国际网络。

20. 2017 年 4 月 4～6 日，第十届国际数字地球会议在澳大利亚悉尼召开，来自 27 个国家的 600 余位专家学者参会。

21. 2017 年 4 月 5 日下午，由国际数字地球学会主导的"数字丝路国际科技联盟"成立仪式在澳大利亚悉尼召开。

22. 2017 年 10 月，国际科学理事会(International Council for Science，ICSU)主席在台北举办的第 32 届全会上宣布国际数字地球学会为其正式会员。

23. 2017 年 12 月第二届"数字丝路"国际会议在香港召开，"数字丝路"国际计划科学规划书全球发布。国际数字地球学会是会议的协办单位，学会秘书处全力参与。

24. 2017 年 12 月，《地球大数据（英文）》正式创刊，郭华东任主编。

25. 2018 年 4 月 17～19 日，国际数字地球学会主办第 7 届数字地球国际峰会，在非洲摩洛哥杰迪代市(El Jadida, Morocco)召开，是数字地球系列国际会议首次在非洲举办。

26. 2019 年 8 月 7 日，国际数字地球学会加入联合国全球地理空间信息管理专家委员会的地理空间国际学会联盟（UNGGIM GS）。

27. 2019 年 9 月 24～27 日，第十一届国际数字地球会议暨庆祝国际数字地球会议二十周年庆祝大会（1999—2019）在意大利佛罗伦萨成功举办，发表了"2019 数字地球佛罗伦萨宣言"，授予郭华东院士学会终身名誉主席和学会会士称号。

28. 2019 年 9 月 26 日，《地球大数据支撑可持续发展目标报告（2019）》在美国纽约联合国总部召开的第 74 届联合国大会上发布。

29. 2019 年 11 月 18 日，数字地球领域第一本专著《Manual of Digital Earth》正式发布，Huadong Guo, Michael F. Goodchild 和 Alessandro Annoni 任联合主编。

30. 2019 年 11 月 18～20 日，首届中国数字地球大会在北京召开，主题为"地球大数据促进可持续发展"。

31. 2020年，"面向2030数字地球理念"线上举行，来自14个国家的26位参会代表，包括中国、美国、奥地利等国家科学院院士进行了深入的交流与讨论。在会议讨论的基础上，将陆续产出两篇重要文章，发表在领域内重要国际学术期刊上，作为数字地球学科发展的重要指导。

32. 2020年9月26日晚，《地球大数据支撑可持续发展目标报告（2020）》作为中国政府在第75届联合国大会上正式文件发布。

33. 2021年9月6日，可持续发展大数据国际研究中心（简称：SDG中心）在京成立，是全球首个以大数据服务联合国2030年可持续发展议程的国际科研机构。

34. 2021年9月26～27日，《地球大数据支撑可持续发展目标报告（2021）》在2021年可持续发展论坛上由中方正式发布。

35. 2021年11月，全球首颗专门服务2030年议程的可持续发展科学卫星1号（SDGSAT-1）成功发射。2022年7月，SDGSAT-1圆满完成半年期在轨测试任务，正式交付使用，开展科学研究工作。

36. 2022年4月，SDG中心承办了金砖国家可持续发展大数据论坛，发布了金砖国家可持续发展数据产品，为国际社会开展可持续发展目标科学研究提供科学示范。

37. 2022年9月6～8日，2022可持续发展大数据国际论坛北京举行。

38. 2022年9月20日，《地球大数据支撑可持续发展目标报告(2022)》在联合国"全球发展倡议之友小组"部长级会议上由中方正式发布。

39. 2023年7月11～14日，第13届数字地球国际研讨会(ISDE2023)在希腊雅典举行。

40. 2023年9月6～8日，2023可持续发展大数据国际论坛在北京举行。

41. 2023年9月6日，可持续发展大数据国际研究中心举行的第三届可持续发展大数据国际论坛开幕式上，发布了全球首部城市夜间灯光遥感图集《SDGSAT-1卫星微光影像图集》，为城市可持续发展研究提供数据支持。

42. 2023年9月7日，共建"一带一路"倡议十周年回顾与展望研讨会暨中国中亚"黄金30年"交流会在位于哈萨克斯坦首都阿斯塔纳的纳扎尔巴耶夫大学举办。

43. 2023年9月6日，以强化科技创新在促进2030年议程落实上的作用，推进科学、技术和知识共享，为"一带一路"可持续发展做出贡献为主要内容的《数字丝路北京宣言》在第七届数字丝路国际会议闭幕式上发布。